MIKROELEKTRONIK

Herausgegeben von

Walter Engl
Hans Friedrich
Hans Weinerth

G. Schumicki · P. Seegebrecht

Prozeßtechnologie

Fertigungsverfahren für integrierte
MOS-Schaltungen

Unter Mitarbeit von N. Bündgens, T. Evelbauer,
H. Fehling, J.-H. Fock, J. Frick, R. Schneider,
B. Strycharczyk und F. Zimmermann

Mit 221 Abbildungen

Springer-Verlag Berlin Heidelberg NewYork
London Paris Tokyo Hong Kong Barcelona

Dr. rer. nat. Günter SCHUMICKI

Philips GmbH Röhren- und
Halbleiterwerke
Abt. Technologie Entwicklung
Stresemannallee 101
W-2000 Hamburg 54

Dr.-Ing. Peter SEEGEBRECHT

Fraunhofer-Institut
für Festkörpertechnologie
Abt. Integrierte Schaltungen
Paul-Gerhardt-Allee 42
W-8000 München 60

Herausgeber der Reihe:

Prof. Dr. rer. nat. Walter L. ENGL

Institut für Theoretische Elektrotechnik
RWTH Aachen
Kopernikusstraße 16
W-5100 Aachen

Dr.-Ing. Hans FRIEDRICH

Siemens AG, HL BA
Balanstraße 73
W-8000 München 80

Dr.-Ing. Hans WEINERTH

Gesellschaft für Silicium-Anwendungen
und CAD/CAT Niedersachsen GmbH (Sican)
Vahrenswalder Straße 7
W-3000 Hannover 1

ISBN 3-540-17670-5 Springer-Verlag Berlin Heidelberg New York

Druck: Color-Druck Dorfi GmbH, Berlin; Bindearbeiten: Lüderitz & Bauer, Berlin
60/3020-543210 – Gedruckt auf säurefreiem Papier

Geleitwort der Herausgeber

Mikroelektronik entscheidet als Schlüsseltechnologie über den Fortschritt auf vielen Feldern moderner Technik und beeinflußt damit weite Bereiche von Produktion und Dienstleistung. Indem sie Informations- und Kommunikationstechnik, Automatisierungstechnik und Datenverarbeitungstechnik als Grundlage dient, ist sie gleichzeitig die Basis einer Informationsgesellschaft, in der neben Kapital und Arbeit die Verarbeitung von Daten eine zentrale Rolle einnimmt.

Angesichts der zentralen technischen und wirtschaftlichen Bedeutung der Mikroelektronik muß es vorrangiges Anliegen sein, die vorhandenen Kenntnisse und Fähigkeiten auf diesem Gebiet zu verbessern, weiterzuentwickeln und zu publizieren, um sie einem möglichst großen Kreis Interessierten zugänglich zu machen.

Diesem Ziel dient die Buchreihe »Mikroelektronik«. Die Herausgeber haben sich bemüht, für dieses umfassende Vorhaben ein für die deutsche Mikroelektroniklandschaft repräsentatives Autorenteam zu gewinnen, in dem Hochschulen, Forschungsinstitute und die Industrie gleichermaßen vertreten sind.

Die Reihe behandelt aktuell und praxisnah nahezu alle Aspekte der Mikroelektronik, wobei neben den Grundlagen sowohl Entwurf, Fertigung und Test Integrierter Schaltungen als auch Produkte und Anwendungen die Themenschwerpunkte sind. Jeder Band ist einem bestimmten Einzelthema der Mikroelektronik gewidmet, wobei Aspekte des Anwenders von Integrierten Schaltungen besonders berücksichtigt werden.

Walter Engl, Aachen
Hans Friedrich, München
Hans Weinerth, Hannover

Vorwort

Die "Fertigungstechnologie für VLSI-Schaltungen" behandelt moderne Herstellungsmethoden für integrierte Schaltkreise hoher Packungsdichte. Chronologisch entsprechend der Abfolge der Prozeßschritte eines Produktionsprozesses werden die einzelnen Verfahrensabschnitte von der Herstellung des Ausgangsmaterials bis hin zur Passivierung des fertigen Bauelementes beschrieben. Ergänzend sind Kapitel über Prozeßcharakterisierung, Design-Regeln, Zuverlässigkeit und Reinstraumtechnologie hinzugefügt, so daß ein Einblick in das gesamte Gebiet der Fertigungstechnologie für Halbleiter möglich wird.

Die Kapitel beinhalten jeweils eine kurze Einführung in das Sachgebiet sowie eine ausführliche Diskussion der beschriebenen Prozeßstufe mit den zum Verständnis nötigen Grundlagen. Das Buch richtet sich an Studierende der Fachrichtungen Angewandte Physik und Elektrotechnik mit dem Schwerpunkt Mikroelektronik. Für den zukünftigen Technologen soll es Einstieg und Referenz sein, dem Schaltungsdesigner zur Ergänzung des Spezialwissens dienen.

Alle Autoren arbeiten in einem Technologen-Team, das gemeinsam MOS-Prozesse entwickelt. Auf der Basis dieser Erfahrungen ist das Buch entstanden. Der Schwerpunkt des Buches liegt daher auf Verfahren und Prozessen, die bereits integraler Bestandteil existierender Produktionsprozesse sind. Praxisnah wird über Modul-Entwicklung, Prozeßintegration, Design-Regeln und Ausbeute gesprochen.

Zum besonderen Dank sind die Autoren dem Management von Philips Components für die Randbedingungen beim Schreiben dieses Buches verpflichtet.

Außerdem ein herzliches Dankeschön an Herrn K.H. Pissot und Herrn R. Wolters für ihren Beitrag zur Metallisierung, Frau P. Burkhardt von Philips Components sowie Frau G. Reiner vom Fraunhofer Institut für Festkörpertechnologie für die Herstellung der Abbildungen, Frau G. Bothe, Frau Ch. Schäding für die Bereitstellung von SEM-Fotos, Frau M. Hartan für ihre Hilfe bei der Koordination der verschiedenen Aktivitäten, Herrn R. Mölleken, Herrn B. Krüger und Herrn Dr. J. Utzig für die Erstellung des endgültigen Manuskripts. Ohne ihre Hilfe und konstruktiven Vorschläge wäre das Schreiben dieses Buches nicht möglich gewesen.

Hamburg / München, im Februar 1991

Günter Schumicki
Peter Seegebrecht

Inhaltsverzeichnis

1 Einleitung

P. Seegebrecht, G. Schumicki

Wie kein anderer Wirtschaftszweig hat die Mikroelektronik in den vergangenen
25 Jahren eine beispiellose Entwicklung durchgemacht. Die Fortschritte der
Mikroelektronik haben sich dabei in sehr eindrucksvoller Weise in der Leistungsfähigkeit, der Zuverlässigkeit und den Kosten pro Funktion der elektronischen Systeme niedergeschlagen. Das dramatische Wachstum dieses Marktes
spiegelt sich in dem wachsenden Integrationsgrad wider, der sich nach dem
bekannten Mooreschen Gesetz etwa alle drei Jahre vervierfacht [1.1].

Der Integrationsgrad, d.h. die Anzahl der Funktionsblöcke auf dem Chip,
ist proportional dem Produkt aus Bauelementdichte und Chip-Fläche. Die
Steigerung des Integrationsgrades wurde daher in der Vergangenheit und wird
auch noch in der Zukunft durch die Verkleinerung der integrierten Strukturen
und die Vergrößerung der Chip-Fläche erreicht. Abb. 1.1 demonstriert diese
Entwicklung beispielhaft für Mikroprozessoren und Kundenschaltkreise [1.2].
Mit eingetragen in dieser Darstellung sind die Epochen der Mikroelektronik.
Während sich die sogenannten MSI-Schaltkreise (Medium Scale Integration)
nur durch einige hundert Transistoren mit Minimalstrukturen von $> 6\,\mu\mathrm{m}$ aus-
zeichneten, waren es bei den LSI-Schaltkreise (Large Scale Integration) bereits

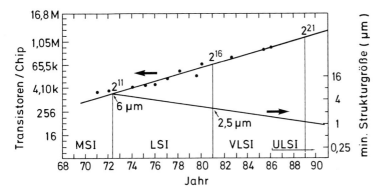

Abb. 1.1. Anzahl der Transistoren von Mikroprozessoren und Kundenschaltungen in
MOS-Technik als Funktion des Jahres der Ankündigung

einige tausend Transistoren mit Minimalstrukturen von $> 2,5\,\mu$m und bei den VLSI-Schaltkreisen (Very Large Scale Integration) einige hunderttausend Transistoren mit Minimalstrukturen $> 1\,\mu$m. Wir befinden uns heute am Beginn des ULSI-Zeitalters (Ulta Large Scale Integration), gekennzeichnet durch Schaltungen mit einigen Millionen Transistoren und Minimalstrukturen $< 1\,\mu$m. Im gleichen Zeitraster stieg die Chip-Fläche von ca. 10 mm^2 (MSI), 40 mm^2 (LSI), 80 mm^2 (VLSI) auf über 100 mm^2 (ULSI). Der Trend hin zu dem höheren Integrationsgrad wurde zwangsläufig von der Zunahme der Prozeßkomplexität bei der Herstellung der integrierten Schaltungen begleitet. Tabelle 1.1 illustriert diesen Trend am Beispiel der MOS-Technik. Mit aufgenommen ist die Entwicklung der MOS-Technik von der PMOS *Al*-Gate-Technik über die NMOS *Si*-Gate-Technik bis hin zur heute allgemein als ULSI-Technik anerkannten CMOS-Technik.

Tabelle 1.1. Trend in der Prozeßkomplexität. Es stehen t_{ox} für die Gateoxidstärke, L_{eff} für die Kanallänge und x_j für die Eindringtiefe der Source/Drain-Inseln

	Al-Gate PMOS	Si-Gate NMOS				Si-Gate CMOS		
	1969	1972	1975	1978	1981	1984	1987	1990
t_{ox} in nm	150	120	110	70	50	40	25	20
L_{eff} in μm	10	6	5	3	2	1,6	1,0	0,8
x_j in μm	2	1	0,8	0,5	0,4	0,35	0,3	0,25
Maskenzahl	5	5	6	7...10	7...10	8...12	10...15	12...18
Scheiben-Ø in Zoll	2	2	3	4	4	5	6	6...8

An den Fertigungsprozeß - häufig auch kurz als Technologie bezeichnet - derart komplexer Schaltkreise werden hohe Anforderungen mit Hinblick auf Prozeßführung, Prozeßumgebung und nicht zuletzt auch an das Personal gestellt.

Die Prozeßtechnik für die Herstellung integrierter Schaltungen ist das Thema dieses Buches. Es behandelt ausschließlich die MOS-Technologie, der der heute erreichte Grad der Miniaturisierung zu verdanken ist.

Das zweite Kapitel handelt von der Prozeßumgebung, dem Reinraum. Der Begriff Reinraum bezeichnet ein integrales Konzept zur Herstellung der integrierten Schaltungen, das die Anforderungen nach maximaler Reinheit mit den Anforderungen einer industriellen Produktion nach Wirtschaftlichkeit, Zuverlässigkeit und Sicherheit vereinen muß. Das dritte Kapitel ist dem Ausgangsmaterial für die Herstellung integrierter VLSI-Schaltungen gewidmet: dem Silizium. Behandelt werden die Herstellungsverfahren der Siliziumscheiben sowie deren charakteristische Eigenschaften.

Die Kapitel 4 bis 11 behandeln die Einzelprozesse, die, sich wiederholend, bei der Herstellung integrierter Schaltungen zum Einsatz kommen. Kapitel 4 behandelt die Strukturerzeugung mit Hilfe lithographischer Systeme, Kapitel 5 die Strukturübertragung auf der Basis nasser bzw. trockener Ätzverfahren. Die Kapitel 6 bis 8 (Thermische Oxidation, CVD-Verfahren, Metallisierung) können der Klasse der Schichtherstellung, Kapitel 9 bis 11 (Diffusionsverfahren, Ionenimplantation, Reinigungsverfahren) der Klasse der Schichtmodifikation zugeordnet werden. Abb. 1.2 zeigt eine Querschnittsdarstellung durch einen CMOS-Inverter und gibt ein anschauliches Bild von der Vielfalt der Schichten und Strukturen (und damit von der Prozeßkomplexität), aus denen eine integrierte Schaltung besteht. Bei der Herstellung integrierter Schaltungen werden diese Einzelprozesse in einer wohldefinierten Reihenfolge abgearbeitet. Das Zusammenfügen der Einzelprozesse zu einem Gesamtprozeß unter Berücksichtigung der möglichen Wechselwirkungen zwischen den Einzelprozessen wird als Prozeßintegration bezeichnet (Kapitel 12).

Die Entwicklung des Herstellungsprozesses für integrierte Schaltungen wird formal mit der Dokumentation des Prozeßablaufes (Flowchart) und dem Festlegen der Design-Regeln abgeschlossen. Kapitel 13 behandelt sowohl die Erstellung der Design-Regeln als auch die Techniken, mit deren Hilfe bereits auf dem Markt erprobte Schaltungen durch lineare Verkleinerung ihrer Abmessungen für mehrere Prozeßgenerationen einsatzfähig gemacht werden können (Shrink-Verfahren). In allen Phasen einer Prozeßentwicklung ist die Prozeßcharakterisierung beteiligt. Dabei treten sehr unterschiedliche Aufgabenbereiche auf, die in Kapitel 14 behandelt werden.

Ein wichtiges Aufgabegebiet ist die Erarbeitung der Grundlagen für die Prozeßsteuerung und -kontrolle, Thema des Kapitels 15. Hier werden die Spezifikation und die Methoden für die Überwachung und Steuerung des zukünftigen Fertigungsprozesses festgeschrieben.

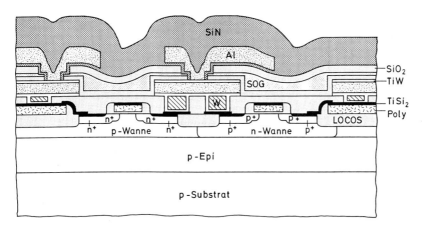

Abb. 1.2. Schematische Querschnittsdarstellung eines CMOS-Inverters in *Si*-Gate-Technologie mit Zweilagenmetallisierung

Am Ende des Fertigungsprozesses wird die Ausbeute an brauchbaren Chips und deren Zuverlässigkeit bestimmt. Kapitel 16 zum Abschluß dieses Buches beschäftigt sich mit dieser Problematik. Es werden behandelt Ausbeute- und Zuverlässigkeitsprobleme, Analysemethoden und Lebensdaueruntersuchungen an Testschaltungen und Produkten.

2 Reinstraumtechnologie

F. Zimmermann, G. Schumicki

2.1 Einleitung

Seit der Einführung der ersten integrierten Schaltungen mit wenigen hundert Funktionen Mitte der sechziger Jahre ist innerhalb kürzester Zeit die Komplexität bis in den Bereich 10^6 Funktionen pro Schaltkreis angestiegen. Entscheidend für diesen steilen Anstieg in der Integrationsdichte ist neben den Fortschritten in der Beherrschung der Produktionstechniken die Verwendung immer kleinerer Strukturbreiten bei den Bauelementen. Die minimalen Abmessungen der Strukturen haben sich von 5 bis 6 μm bis heute zu weniger als 1 μm verringert. Das ist nicht der Status in einigen wenigen Forschungslaboratorien, sondern ein industrieller Standard für die Massenproduktion von Schaltungen.

Ein typisches Produkt einer gegenwärtigen Halbleiterfertigung enthält bis zu 13 Maskenebenen (siehe Kapitel 4) und 1,2 μm kleine Strukturen. Um eine wirtschaftliche Ausbeute (Anzahl funktionsfähiger Schaltungen pro bearbeiteter Halbleiterscheibe, siehe Kapitel 16) zu erhalten, darf die Anzahl der Defekte pro Flächeneinheit nicht größer sein als $D = 1\,\mathrm{cm}^{-2}$. Nahezu alle Defekte werden durch Partikel unterschiedlicher Herkunft hervorgerufen (Abb. 2.1). Bei

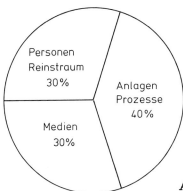

Abb. 2.1. Partikelquellen in der Halbleiterfertigung

minimalen Strukturbreiten von 1,2 μm sind Partikel bis herunter zu mindestens 0,5 μm Durchmesser Ursache von "tödlichen", d.h. zum Ausfall führenden Defekten. Aus diesen Randbedingungen, deren Einhaltung eine industrielle Fertigung erst sinnvoll macht, resultieren extreme Anforderungen an die Reinheit der Fertigungsumgebung sowie der Medien und Geräte, mit denen die Scheiben während des Herstellungsprozesses in Berührung kommen.

Aus den Anfängen der Reinraumtechnik in den Forschungslabors (Sandia National Laboratories) hat sich ein integrales Konzept für eine Reinstraumtechnologie entwickelt, das die gesamte Umgebung des Fertigungsprozesses einschließt unter folgenden Aspekten:

- Reduzierung des Partikelgehalts und der Partikelgröße der Umgebungsluft durch Filtration: 1 bis 10 Partikel pro Kubikfuß größer als 0,5 μm (zum Vergleich: in Büroluft befinden sich ca. 10^6 Partikel pro Kubikfuß);
- Reinhaltung des Fertigungsbereiches durch Verwendung einer vertikalen, turbulenzarmen Verdrängungsströmung der Luft (laminar flow) unter Berücksichtigung von aerodynamischen Gesichtspunkten bei der Aufstellung und Gestaltung der Einrichtung;
- Kontrolle und Reduktion der Partikelemission unterschiedlicher Quellen;
- Isolation des Reinstraumes durch Schleusensysteme von der "schmutzigen Umwelt";
- Kontrolle aller hineinfließenden Materialien, Medien und Güter unter dem Aspekt der Partikelkontrolle.

Der Begriff Reinraum kennzeichnet einen Bereich mit kontrollierter Sauberkeit, kontrollierter Umgebung und kontrolliertem Zugang. Der Reinraum ist nicht mehr eine begrenzte Einrichtung an einem Arbeitsplatz, sondern ein integrales Konzept zur Halbleiterherstellung, das die Anforderungen nach maximaler Reinheit mit den Anforderungen einer industriellen Produktion nach Wirtschaftlichkeit, Zuverlässigkeit und Sicherheit vereinbaren muß.

In diesem Kapitel wird im wesentlichen auf die konstruktiven und lufttechnischen Aspekte sowie auf Besonderheiten im Betrieb von Reinräumen eingegangen. Die spezifischen Probleme, die mit besonderen Prozessen und Anlagen verbunden sind, werden in den entsprechenden Kapiteln behandelt. Abschließend werden Entwicklungstrends in der Reinstraumtechnologie aufgezeigt, insbesondere auch unter dem für industrielle Anwendungen wichtigen Aspekt der Investitions- und Betriebskosten.

2.2 Reine Fertigungsräume

2.2.1 Grundbegriffe, Definitionen, Meßverfahren

Innerhalb eines kontrollierten Umfeldes ist der Reinraum ein geschlossener Bereich, der durch (mindestens) folgende Parameter definiert ist:

- Reinraumklasse,
- Luftströmungsgeschwindikeit und Anzahl der Luftwechsel
  des gesamten Raumes pro Stunde,
- Raumdruck gegenüber der Umgebung,
- Temperatur,
- relative Luftfeuchtigkeit,
- maximal zulässige Gebäudevibrationen,
- maximal zulässiger Schalldruckpegel.

Dieser Satz Parameter ist gleichzeitig die Grundlage für den Entwurf und die Ausführung von Reinräumen.

Die Reinraumtechnik hat sich in den fünfziger Jahren in den USA entwickelt. Die dabei entwickelte Klassifizierung für die Luftreinheit ist internationaler Standard geworden. Abb. 2.2 zeigt die Einteilung in Reinraumklassen gemäß

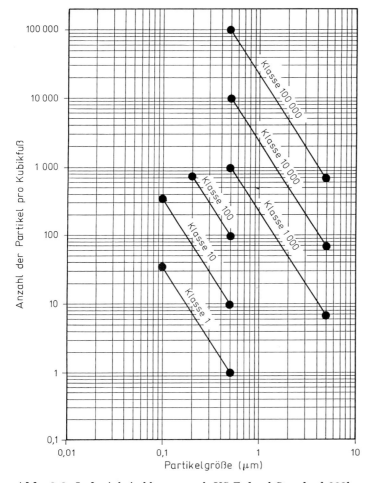

Abb. 2.2. Luftreinheitsklassen nach US Federal Standard 209b

US Federal Standard 209b, unterschieden nach Partikeln pro Volumen für verschiedene Partikelgrößen [2.1]. In praktisch ausgeführten Reinräumen wird man an günstigen Stellen (z.B. an den Luftaustrittsfiltern) immer deutlich niedrigere Partikelzahlen messen als durch die Klasse zugelassen. Entscheidend ist jedoch, daß die Reinraumklasse eingehalten wird auf der Arbeitsebene, auf der sich die empfindlichen Produkte, die Siliziumscheiben, bewegen. Sie muß sichergestellt sein innerhalb der Schwankungsbreite normaler Betriebsbedingungen (Personenzahl, Bewegung etc.) und Umweltbedingungen (örtliches Klima).

Die Luftgeschwindingkeit ist im wesentlichen vorgegeben durch die gewünschte Reinraumklasse (siehe Abschnitt 2.2.2). Die anderen Parameter wie Temperatur, Luftfeuchtigkeit etc. werden durch die Anforderungen der Anlagen und Prozesse bzw. durch die Vorschriften über Arbeitsplatzgestaltung bestimmt (z.B. Schalldruckpegel); typische Parameter in modernen Reinsträumen siehe Tabelle 2.1.

Tabelle 2.1. Typischer Satz Parameter für einen modernen Reinraum

Reinraumklasse	1
Luftgeschwindigkeit	$0,4\,\mathrm{m/s}$
Raumdruck	konstruktionsabhängig
Temperatur	$21\,°\mathrm{C} \pm 0,2$
rel. Luftfeuchte	$45\,\% \pm 2,5$
max. Gebäudevibration	$0,1\,\mu\mathrm{m}, 2\ldots 10\,\mathrm{Hz}$
max. zul. Schalldruckpegel (Arbeitsbereich)	$55\,\mathrm{dB}$

Zentrale Aufgabe der Meßtechnik in Reinräumen ist die Messung und Überwachung des Partikelgehalts in Luft, Prozeßgasen, Medien und Anlagen. Die optischen Partikelzähler, die mit dem Streulichteffekt arbeiten, sind zur Zeit in der Reinraummeßtechnik die meist verbreiteten Meßsysteme. Abb. 2.3 zeigt den prinzipiellen Aufbau eines Meßsystems mit Laserlichtquelle [2.2]. Die Nachweisgrenze liegt bei $0,1\,\mu\mathrm{m}$ großen Partikeln; in der Auswertung werden die detektierten Teilchen gezählt und nach Größen klassifiziert. Die Geräte sind leicht transportabel und dienen der Überwachung von Filtern vor Ort als auch der Messung des Partikelniveaus an Arbeitsplätzen. Für rohrgeführte Gase und Flüssigkeiten sind ähnliche Geräte verfügbar, lediglich bei stark korrosiven Medien gibt es Einschränkungen hinsichtlich der Materialien der Meßzelle. Alle anderen Parameter eines Reinraumes werden mit den Standardmethoden der Klima- und Gebäudetechnik überwacht.

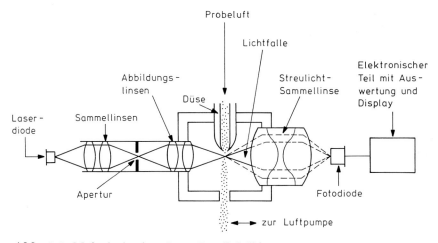

Abb. 2.3. Meßprinzip eines Laser Partikelzählers

2.2.2 Luftbehandlung und Strömungsführung

Der Partikelgehalt der Reinraumluft muß in der Regel ein bis zwei Klassen niedriger sein als die geforderte Gesamtklasse des Reinraumes, da durch andere Einflußgrößen (siehe Abb. 2.1) Partikel hinzugefügt werden.

Abb. 2.4 zeigt das Schema des Luftkreislaufes eines großflächigen Reinraumes der Klasse 100 oder besser. Die angesaugte Luft wird in mehreren

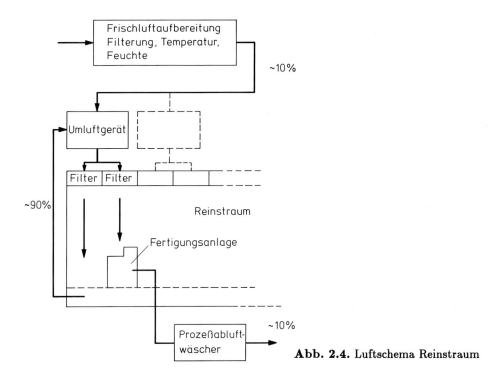

Abb. 2.4. Luftschema Reinstraum

Stufen vorgefiltert und klimatisiert (Temperatur, Feuchte). Die so aufbereitete Außenluft wird von den Umluftventilatoren durch die Endfilter (Schwebstofffilter, HEPA-, ULPA-Filter) in den Reinraum geblasen. Der Abscheidegrad der Filter für Partikel bestimmt die Qualität der Reinraumzuluft (Tabelle 2.2).

Tabelle 2.2. Abscheidewirkungsgrade HEPA-Filter

Abscheidegrad in %	Partikelgröße in μm		
	0,50	0,30	0,12
99,95	X		
99,97	X	X	
99,99	X	X	X
99,9995			X

Ideal wäre es, diese sehr gut kontrollierbare Luft auf dem kürzesten Wege auf die Scheiben gelangen zu lassen, d.h. die Filter unmittelbar über oder neben den Handlingbereich der Scheiben zu plazieren. Der notwendige Bewegungsraum für die Personen, der Einbau und Betrieb der Prozeßanlagen erfordern jedoch normalerweise einen Einbau der Filter in der Raumdecke. Daher ist für die weitere Partikelbilanz der Luft ihr Strömungsverlauf entscheidend.

In der Praxis werden zwei prinzipiell unterschiedliche Strömungsformen angewandt:

- die turbulente Verdünnungsströmung,
- die turbulenzarme Verdrängungsströmung (laminar flow).

Bei der turbulenten Verdünnungsströmung (Abb. 2.5) wird die saubere Luft an einzelnen Stellen eingeblasen, mit dem Ziel im gesamten Raum die vorhandene Partikelkonzentration durch Vermischung zu "verdünnen". Die gefilterte Luft tritt durch Drallauslässe mit einer Geschwindigkeit von 1 bis 1,5 m/s ein. Bedingt durch die starke Wirbelbildung, werden kleine, schwebende Partikel nur sehr langsam aus dem Reinraum entfernt. Eine starke, lokale Partikelerzeugung wird sich auf einen relativ großen Raumbereich auswirken. Mit diesem System ist eine Reinraumklasse von 1000 erreichbar bei einem 60-fachen Raumluftwechsel pro Stunde.

Niedrigere Partikeldichten besser als Klasse 1000 erreicht man nur mit einer turbulenzarmen Verdrängungsströmung (laminar flow, Abb. 2.6). Die Luft tritt aus einer gleichmäßig mit Endfiltern belegten Reinraumdecke aus und durchströmt den Raum senkrecht nach unten mit einer Geschwindigkeit von 0,20 bis 0,45 m/s. Die Luft verläßt den Raum auf dem kürzesten Weg über einen gelochten Doppelboden oder über seitliche Wandöffnungen über dem

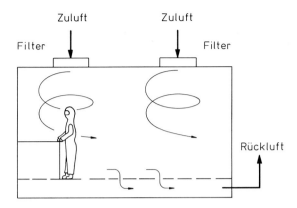

Abb. 2.5. Turbulente Verdünnungsströmung

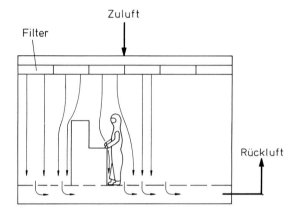

Abb. 2.6. Turbulenzarme Verdrängungsströmung (Laminar Flow)

Fußboden. Diese Art der Luftführung hat gegenüber der Verdünnungsströmung zwei entscheidende Vorteile:

- Partikel, (insbesondere kleine, die nicht durch ihr Eigengewicht nach unten fallen) werden aus der kritischen Arbeitsebene heraus nach unten und aus dem Reinraum heraus transportiert;
- die streng senkrecht gerichtete Strömung isoliert einzelne Arbeitsbereiche voneinander, sodaß keine Querkontamination auftreten kann. Insbesondere werden impulsartig auftretende Partikelemissionen lokal begrenzt (Bewegung von Personen, Geräteteilen).

Mit diesem Strömungsverlauf ist eine Reinraumklasse 1 bei 0,45 m/s und ca. 600-fachem Luftwechsel pro Stunde zu erreichen.

Um die grundsätzlich guten Möglichkeiten der laminaren Strömung in einem realen Fertigungsreinraum zu nutzen, muß die Aufstellung und Einrichtung von Arbeitsplätzen nach aerodynamischen Gesichtspunkten erfolgen. Ziel ist es, die Strömung in Form und Geschwindigkeit so wenig wie möglich zu stören.

Im folgenden werden einige Hauptproblempunkte und ihre Lösungsmöglichkeiten angesprochen:

1. Die Abströmung der Luft beeinflußt sehr stark die Parallelität und senkrechte Ausrichtung der Reinraumströmung. Optimal ist ein gelochter Doppelboden in ausreichender Höhe. Partielle Abdeckungen des Doppelbodens durch Geräte oder seitliche Wandauslässe für die Luft bewirken eine seitliche Ablenkung.

2. Der Weg zwischen Filterdecke und Arbeitsfläche muß frei sein von Verbauungen (Wandregale, Lampen, Ablagen etc.). Wo sie unvermeidlich sind, ist für eine wirbelarme Auslegung zu sorgen. Kritisch sind alle Anordnungen, bei denen sich "stromaufwärts" (von der Si-Scheibe aus gesehen) Partikelquellen (Wirbel) befinden.

3. Über geschlossenen, waagerechten Flächen (Arbeitstische, Regale) bildet sich eine Stauzone mit unkontrollierten Querströmungen (Abb. 2.7). Solche Flächen werden für die Luftströmung transparent bei einem Anteil von 80 bis 90 % offener Fläche (Lochbleche, Gitterroste, Abb. 2.8). Alternativ können geschlossene Flächen an der Reinraumwand stehen, um eine gezielte Querströmung zu erreichen (Abb. 2.9).

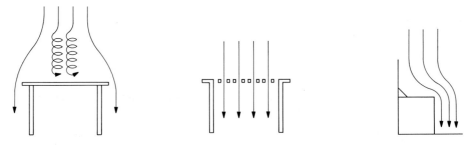

Abb. 2.7. - 2.9. Strömungsführung an Arbeitsflächen im Reinstraum

4. Im Strömungsschatten von Vorsprüngen, Kanten oder Lampen entstehen ortsfeste Wirbel, in denen durch Speicherung Partikelkonzentrationen auftreten, die die zulässige Reinraumklasse um ein Vielfaches übersteigen. In langgestreckten Wirbelzonen kommt es zu Querkontaminationen, z.B. unter breiten Leuchtenbändern in einer Filterdecke.

5. Wärmequellen im Reinraum (Mikroskoplampen, Heizplatten, Aggregate von Anlagen) stören durch thermischen Auftrieb das Strömungsfeld bis

hin zu Strömungsumkehr. Soweit möglich sollten sich Wärmequellen in Anlagen durch geeignete Aufstellung außerhalb des Reinraumes befinden, kleinere Wärmequellen können mit einer Kapselung und einer gesonderten Luftabsaugung versehen werden.

6. Bei einigen Prozessen und Anlagen enstehen im Betrieb toxische oder korrosive Gase oder Dämpfe. Um eine Kontamination der Reinraumluft zu vermeiden, werden sie mit einem separaten Abluftsystem abgesaugt, die Luft wird dabei dem Reinraum entnommen. An Stellen mit großflächiger Absaugung oder hohem Absaugvolumen kann die Vertikalströmung erheblich gestört werden, so z.B. an Chemiearbeitsbänken. Aus aerodynamischen, aber besonders auch aus sicherheitstechnischen Gründen sollten solche Anlagen auch mit einem separaten Zuluftsystem versehen und von dem übrigen Reinraum abgetrennt werden (lokaler Reinraum).

An einigen Anlagen ist es konstruktionsbedingt nicht möglich, eine ungestörte Vertikalströmung aufrechtzuerhalten (z.B. der Beladungsbereich von horizontalen Rohröfen, siehe Kapitel 6). Dort wird mit einer horizontalen Strömung aus senkrecht stehenden Filtern gearbeitet (Abb. 2.10).

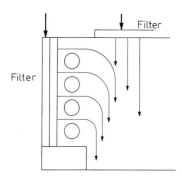

Abb. 2.10. Horizontalflow in der Beladungszone eines Diffusionsofens (Querschnitt)

2.2.3 Entwurfsregeln, -prinzipien für Reinräume

Dieser Abschnitt wendet sich nicht an den Konstrukteur, sondern an den Benutzer von Reinräumen, um ihm einige Kriterien an die Hand zu geben, die ihm mit dem Ziel einer optimalen Prozeßführung eine Beurteilung seiner Reinraumumgebung möglich machen.

Abb. 2.11 zeigt das Schema des Luftkreislaufes für einen Reinraum. Das Umluftsystem ist ein hermetisch abgeschlossener Kreislauf, in dem die Luft ständig vorgefiltert und temperiert wird, bevor sie über die Endfilter in den Reinraum eingeblasen wird. An vielen Geräten und Arbeitsplätzen ist eine Absaugung der Luft erforderlich (korrosive, toxische Gase und Dämpfe, Wärme) und

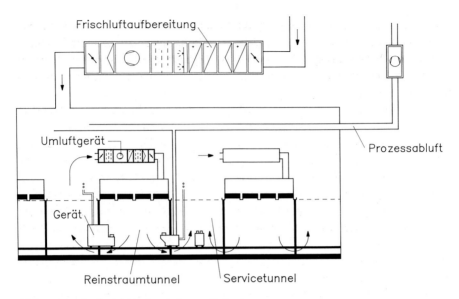

Abb. 2.11. Lufttechnische Anlagen Reinstraum

damit eine Entnahme aus dem Kreislauf. Die Bilanz wird ausgeglichen durch ein Frischluftaufbereitungssystem. Die angesaugte Außenluft wird mehrfach gefiltert, durch Abkühlung entfeuchtet, nach Aufheizung auf den Sollwert befeuchtet, nochmals gefiltert und dann dem Umluftsystem zugeführt. Im allgemeinen wird ca. 10 % der Umluftmenge ständig zugesetzt. Die Luft aus der Absaugung (Prozeßabluft) wird je nach Art der Verunreinigung über Gaswäscher geführt und ausgeblasen.

Die einzelnen Elemente des Luftsystems, wie Umluftgeräte, Luftverteilung, Filter, Bodenkonstruktion und Luftrückführung lassen sich je nach Anforderungen zu recht unterschiedlichen Lösungen kombinieren. In Produktionsräumen der Klasse 100 oder besser findet man in der Regel eine vollständige Belegung der Decke mit Endfiltern und einen gelochten Doppelboden zur Abströmung, wodurch die Luftströmung bis zum Boden senkrecht bleibt. Dieser Aufbau in vertikaler Richtung hat sich weitgehend durchgesetzt.

Das horizontale Layout wird bestimmt durch die Erfordernisse der Geräte und des Produktionsablaufes sowie durch die Rückluftführung. Gleichartige Geräte werden in Gruppen aufgestellt, um die Bedienung, Wartung und Medienanbindung einfach zu halten. Zusätzlich haben bestimmte Gerätegruppen besondere Anforderungen, die bei konzentrierter Aufstellung besser zu erfüllen sind (z.B. Lithographie: gelbes Licht, vibrationsfrei, enge Temperaturtoleranzen). Als Konsequenz müssen die Scheiben im Verlauf ihres Bearbeitungsprozesses häufig transportiert werden. Automatische Transportsysteme in Verbindung mit einer rechnergestützten Fertigungssteuerung (CAM, CIM) werden daher zunehmend eingesetzt, um die interne Materiallogistik zu kontrollieren und zu optimieren.

Um den Bedarf an teurer Reinraumstellfläche so klein wie möglich zu halten, sind nahezu alle Geräte so aufgebaut, daß nur ihre Bedien- und Beladeseite saubere Bedingungen erfordert. Die Rückseiten befinden sich in einem Installations- und Wartungsbereich (Abb. 2.11) mit deutlich geringeren Reinheitsanforderungen.

Sehr unterschiedlich können die Lösungen für die Führung der Rückluft sein. Abb. 2.11 zeigt eine häufig anzutreffende Anordnung bei der die Luft seitlich im Doppelboden und aufwärts zum Plenum geführt wird durch seitlich an den Reinraum angrenzende Bereiche. Diese Räume werden gleichzeitig zur Installation von Medien und zur Aufstellung von Prozeßanlagen genutzt (Servicebereich, Grauraum). Der relativ einfache Aufbau und die kurzen Umluftwege führen zu vergleichsweise niedrigen Investitions- und Betriebskosten. Um Störungen der vertikalen Laminarströmung im Reinraum durch Staueffekte am Boden zu vermeiden, sollte die Luftgeschwindigkeit im Doppelboden nicht mehr als $4\,\mathrm{m/s}$ betragen. Dies begrenzt die maximale Breite des Reinraumes auf das 10- bis 15-fache der freien Doppelbodenhöhe (Faustregel).

Eine andere Möglichkeit der Rückluftführung zeigt das Beispiel in Abschnitt 2.3, bei dem die Luft aus dem Doppelboden durch Löcher in der tragenden Bodenplatte in separate Sammelräume strömt.

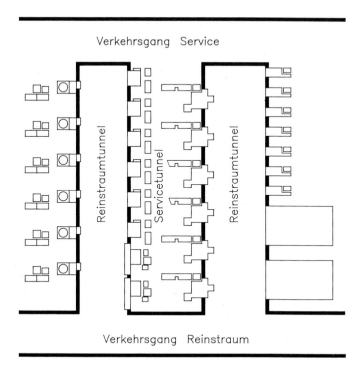

Abb. 2.12. Prinzipgrundriß eines Reinstraumes mit Prozeß- und Installationsbereichen

Die Erfordernisse der Geräteaufstellung und der Rückluft führen zu einem horizontalen Layout, das gekennzeichnet ist durch einzelne, "tunnelförmige" Prozeßbereiche (Reinraumtunnel), die durch Wartungs- und Installationsbereiche (Servicetunnel) voneinander getrennt sind (Abb. 2.12). Die Tunnel sind auf der Reinraumseite und der Serviceseite mit Verkehrsgängen der entsprechenden Reinraumklasse verbunden.

Da die Servicebereiche in den meisten Fällen lufttechnisch nicht vom Reinraumkreislauf getrennt sind, kommt ihrer Auslegung eine ähnliche Bedeutung zu wie dem Reinraum selbst. Wichtig ist die Kapselung und Absaugung von Installationen und Anlagenteilen, bei denen die Gefahr von Leckagen giftiger und/oder korrosiver Gase und Dämpfe besteht. Die Partikelerzeugung durch Wartungsarbeiten sollte auch hier so gering wie möglich sein, um die Filterlebensdauer zu verlängern und die Gesamtbilanz an Partikeln im System niedrig zu halten.

2.2.4   Peripherie und Medienversorgung

Der Betrieb eines Reinraumes als Fertigungsanlage von integrierten Schaltungen verursacht einen erheblichen Verkehr von Personal und Materialien zwischen dem klassifizierten Bereich und der allgemeinen Umgebung mit der 10^6-fachen Partikelzahl der Luft. Jeder Zugang zum Reinraum stellt eine potentielle Partikelquelle dar. Die Anzahl der Zugänge ist daher auf eine Minimum zu reduzieren. Die Trennung von der "schmutzigen" Umwelt erfolgt durch Schleusensysteme, die zwei Hauptaufgaben haben:

1. Isolation des staubarmen Bereiches durch einen Partikelgradienten in hintereinandergeschalteten Schleusen mit separater Umluftversorgung.
2. Partikeldekontamination von Personal und Materialien, die in den Reinraum gelangen sollen.

Zwei- bis dreistufige Schleusensysteme, ausgeführt als mit Türen separierte Räume, erweisen sich der Praxis als ausreichend um den Reinraum zu isolieren. Die innerste Schleuse sollte dabei die gleiche Klassifizierung wie der Reinraum aufweisen. Im allgemeinen ist es sinnvoll, für Personen und Güter getrennte Systeme zu haben. Die Personalschleusen dienen gleichzeitig als Umkleideräume für die Reinraumbekleidung (siehe Abschnitt 2.2.5). Sind mehrere, unterschiedlich klassifizierte Räume vorhanden (z.B. Prozeßbereich, Servicebereich) gibt es entsprechend zugeordnete Personenschleusen.

Die Personen- und Güterbewegung durch die Schleusen muß sorgfältig geplant und durch entsprechende bauliche Maßnahmen unterstützt werden, um zu vermeiden, daß bereits voll "verkleidete" Personen aus der innersten Schleuse wieder in "schmutzige" Bereiche gelangen können (Einbahnstraßenprinzip). Zur abschließenden Reinigung vor Betreten des Reinraumes werden häufig Luftduschen verwendet, in denen die Personen aus einer Vielzahl von Düsen mit gereinigter Luft abgeblasen werden.

Die Materialschleusen müssen für das Auspacken und die Reinigung von Verbrauchsmaterialien bis hin zu großen Prozeßanlagen eingerichtet sein. Der eigentliche Transport erfolgt immer durch Personal von der "sauberen" Seite, in der letzten Stufe vom Reinraumpersonal selbst.

Insgesamt wird das Einhalten eines niedrigen Partikelniveaus erleichtert, wenn sich der Reinraum und seine peripheren Einrichtungen in einem Gebäude befinden, das nach konventionellen Maßstäben bereits sehr sauber ist: erhöhter Einsatz von Reinigungspersonal, gut zu säubernde Oberflächen, Straßenoberbekleidung und -schuhe werden im Eingangsbereich des Gebäudes abgelegt und durch spezielle Schuhe ersetzt, kein Verkehr von Transportfahrzeugen vom Gelände in das Gebäude.

In fortgeschrittenen Konzepten ist nicht nur der Reinstraum, sondern auch ein Teil des Gebäudes klassifiziert, z.B. die Bürobereiche des Reinstraumpersonals und die Servicewerkstätten für Geräte und Medieninstallationen.

Zusätzlich zur Luftbehandlung ist es die Aufgabe der Reinraumtechnik, eine Versorgung mit bestimmten Grundmedien sicherzustellen, die den Anforderungen der Prozeßtechnologie genügt. Am wichtigsten sind dabei die Medien, die direkt mit den Si-Scheiben in Berührung kommen oder direkt in den Prozessen verwendet werden.

Tabelle 2.3 gibt eine Übersicht über die als Grundversorgung installierten Medien und ihre Spezifikationen mit heute realisierbaren Verfahren. Nicht aufgeführt sind die Materialien (z.B. Säuren, Prozeßgase), die bei speziellen Prozeßschritten und daher meist nur lokal und in begrenztem Umfang benötigt werden. Sie sollten aber den gleichen Reinheitsstandard aufweisen.

Die Anlagen zur Herstellung und Aufbereitung der Grundmedien befinden sich meist in der Peripherie des Reinraumgebäudes oder angrenzenden Gebäu-

Tabelle 2.3. Grundinstallation Medien Reinraum

Medium	Spezifikation		
Reinstwasser	spez. Widerstand (25°C)	$\geq$	$18\,\mathrm{M\Omega/cm}$
Stickstoff	O_2, CO_2, H_2O, C_xH_y	$<$	$0{,}1\,\mathrm{ppm}$
	Partikel $(\geq 0{,}1\,\mu\mathrm{m})$	$<$	$10\,\mathrm{cf}^{-1}$
Wasserstoff	N_2, O_2, CO_2, C_xH_y	$<$	$0{,}2\,\mathrm{ppm}$
	Partikel $(\geq 0{,}1\,\mu\mathrm{m})$	$<$	$10\,\mathrm{cf}^{-1}$
Sauerstoff	O_2, CO_2, C_xH_y, H_2	$<$	$0{,}5\,\mathrm{ppm}$
	N_2	$<$	$100\,\mathrm{ppm}$
	Partikel $(\geq 0{,}1\,\mu\mathrm{m})$	$<$	$10\,\mathrm{cf}^{-1}$
Preßluft	H_2O	$<$	$5\,\mathrm{ppm}$
	C_xH_y	$<$	$0{,}5\,\mathrm{ppm}$
	Partikel $(\geq 0{,}2\,\mu\mathrm{m})$	$<$	$20\,\mathrm{cf}^{-1}$
Vakuum	$100\,\mathrm{mbar}$		

den. Die angegebenen Spezifikationen beziehen sich auf den Verbrauchspunkt. Die Beschaffenheit und Ausführung des Verteilungsnetzes muß so sein, daß zwischen Herstellung und Verbrauchspunkt ein möglichst geringer Qualitätsverlust entsteht. Der Aufbau der Rohrnetze muß bereits unter sehr gut kontrollierten Bedingungen erfolgen, die Materialauswahl erfolgt nach Partikelarmut und chemischer Neutralität. So werden z.B. für Gasleitungen Edelstahlrohre verwendet, deren Innenseite elektropoliert ist. Am Verbrauchspunkt befindet sich in der Regel noch einmal eine Feinfiltration.

2.2.5 Personen im Reinraum

Die im Betrieb tatsächlich erreichte Reinheitsklasse eines Raumes wird bestimmt einerseits durch die konstruktiven Gegebenheiten, andererseits aber wesentlich durch das Verhalten der Personen im Reinraum.

Die alltägliche Oberbekleidung ist eine erhebliche Partikelquelle und muß daher durch eine geeignete Überbekleidung (z.B. Overall) abgedeckt werden. Der Stoff dieser Reinraumbekleidung muß selbst partikelarm sein und gleichzeitig als Filter gegen die Partikel der Unterbekleidung wirken. In Reinräumen der Klasse 1 ist es unter Umständen erforderlich, eine spezielle Unterkleidung zu tragen. Ab Klasse 100 und besser müssen Kopf und Gesicht bis auf die Augen vollständig bedeckt sein. Üblich sind separate oder angeschnittene Kapuzen mit Befestigungsmöglichkeit von auswechselbaren Tüchern für Mund und Nase, da die Atemluft des Menschen, besonders bei Rauchern, eine starke Partikelquelle ist. Die Hände sind im allgemeinen mit PVC-, Vinyl- oder Latexhandschuhen abgedeckt, da alle anderen Arten von Stoffhandschuhen nur unbefriedigende Ergebnisse zeigen. Das Problem der Transpiration in solch nahezu luftdichten Handschuhen ist bis heute jedoch nicht gelöst, eine häufige Wechselmöglichkeit im Reinraum ist notwendig.

Die Einsicht in die Notwendigkeit einer solchen Spezialbekleidung ist nicht aus alltäglichen Sauberkeitskriterien abzuleiten, eine Verschmutzung eines Reinraumes ist durch Anschauung nicht wahrnehmbar. Daher ist ein permanentes, intensives Trainingsprogramm für Reinraumpersonal erforderlich, um "reinraumgerechte" Verhaltensweisen zu entwickeln. Einige Themen solcher Schulung könnten sein:

- Erläuterung der Partikelmeßdaten von Luft, Medien und Scheiben,
- Demonstration der Auswirkung falscher Verhaltensweisen mit Hilfe von Partikelzählern,
- Reinraumprinzip,
- Zusammenhang zwischen Partikelzahlen und Produktionsausfällen.

Dieses Training sollte sich auf den gesamten Personenkreis erstrecken, der, wenn auch nur gelegentlich, den Reinraum betritt. Insgesamt sollte die Anzahl der gleichzeitig anwesenden Personen so gering wie möglich sein.

2.3 Realisierung, Beispiele

Bei Philips in Nijmegen/Niederlande wurde 1988 eine der modernsten IC-Fertigungslinien fertiggestellt. Anhand dieses Beispiels soll die bauliche Kombination und das Zusammenwirken der bisher vorgestellen Reinraumkomponenten erläutert werden.

Abb. 2.13 zeigt einen Querschnitt durch das Gebäude mit einem als Reinraum der Klasse 1 ausgelegten Produktionsraum für integrierte Schaltungen mit kleinsten Dimensionen $< 1\,\mu\mathrm{m}$.

Es ist ein 6-stöckiges Gebäude mit folgenden Ebenen:

1. Versorgung,
2. Rückluftführung,
3. Reinraum,
4. Umluftplenum und Zuluftkanäle für Filter,
5. Umluftanlagen,
6. Anlagen für Frischluftaufbereitung.

Der Reinraum ist schwingungsisoliert gegen die tragenden Strukturen der äußeren Gebäudehülle ausgeführt, ebenso werden Versorgungsleitungen und Luftkanäle schwingungsisoliert durch die Reinraumhülle geführt.

Die tragende Konstruktion sind hohle Betonpfeiler an den Außenseiten des Gebäudes (Grundriß Abb. 2.14) und eine doppelte Pfeilerreihe längs der

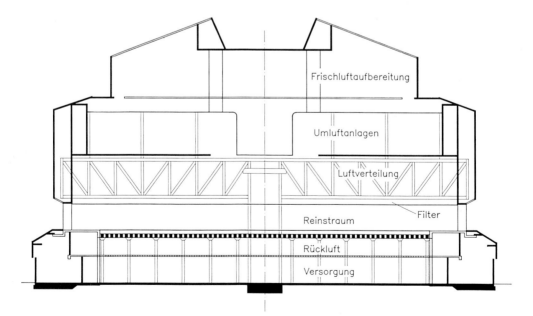

Abb. 2.13. Querschnitt Reinraumgebäude

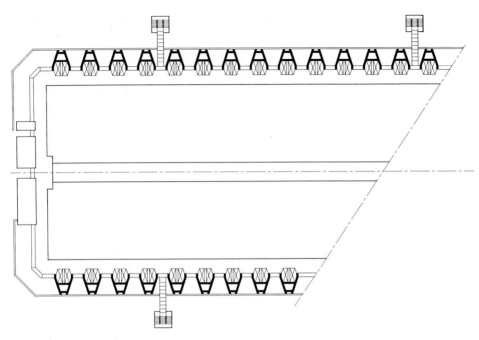

Abb. 2.14. Grundriß Reinraumgebäude, Reinstraumebene (Ausschnitt)

Gebäudemitte, die über waagerechte Fachwerkträger aus Stahl die Lasten der Maschinen für Frischluftaufbereitung und Umluft sowie die Filterdecke und ihre Zuluftkanäle aufnehmen. Innerhalb dieser torförmigen Konstruktion befindet sich eine horizontal dreimal geteilte, gelochte Betondecke, auf der der gesamte Reinraum mit seinen Anlagen, Einrichtungen und Wänden aufgebaut ist. Diese Decke wird von einem Raster von Pfeilern getragen, die auf einer Fundamentplatte stehen, welche von dem eigentlichen Gebäudefundament mit den Außenpfeilern getrennt ist. Durch diesen "Betontisch" ist der Reinraum schwingungsmäßig vom Außengebäude und den Luftanlagen entkoppelt.

Der Reinraum hat eine Gesamtfläche von ca. 6000 m² einschließlich der Service- und Hilfsbereiche (Schleusen etc.). Die Luftanlagen sind ausgelegt für eine Luftgeschwindigkeit im Reinraum von 0,4 m/s auf ca. 60 % der Gesamtfläche, die restlichen 40 % können entsprechend Klasse 100 bis 1000 versorgt werden. Die Luft wird dem Reinraum durch eine durchgehende Filterdecke (im Klasse 1 - Bereich zu 100 % belegt) von oben zugeführt, tritt durch gelochte Fußbodenplatten in einen Doppelboden und von dort durch die gelochte, tragende Betondecke in eine Rückführungsebene, die sich unter dem gesamten Reinraum erstreckt. Die hohlen Außenpfeiler sind als Luftkanäle ausgebildet, durch die Luft wieder zu den Umluftanlagen strömt. Die Filter werden einzeln über flexible Kanäle aus einem Sammelraum (Plenum) versorgt, in das die Umluftanlagen einblasen.

In diesem Konzept ist die gesamte Lufttechnik und das zugehörige Gebäude kompromißlos auf optimale Bedingungen im Reinraum ausgelegt. In der Reinraumebene befinden sich keinerlei lufttechnische Anlagen, durch die durchgehende Filterdecke ist die Gestaltung des Reinraumgrundrisses sehr flexibel.

Die untere Ebene des Gebäudes dient der Ver- und Entsorgung der gesamten Einheit. Hier befinden sich im einzelnen:

- Prozeßabluftführung und Abluftwäscher;
- Rohrverteilungssystem für alle gasförmigen und flüssigen Medien;
- elektrische Versorgung;
- Teile des Reinraumequipments wie Vakuumpumpen, HF-Generatoren, Prüf- und Überwachungssysteme;
- Chemikalienlagerung und -verteilung für naßchemische Prozesse im Reinraum;
- Prozeßgasdruckflaschen (an den Außenseiten);
- Endfiltration der Reinstwasseraufbereitung;
- Sammeltanks für säurehaltige Abwässer;
- Waren- und Güterannahme.

Mit luftdicht gekapselten Hüllrohren durch die Rückluftebene und durch die Löcher im Betonboden wird der Reinraum mit allen Medien versorgt. Durch die weitgehende Trennung von Versorgungs- und Umluftbereich ist die Gefahr der Kontamination des Reinraumes und seines Luftkreislaufs sehr stark reduziert.

Das Layout der Produktionsfläche wird bestimmt durch einen zentralen Verkehrs- und Transportgang (Klasse 1), an dem an beiden Seiten abwechselnd Prozeßtunnel (Klasse 1) und Wartungstunnel (Klasse 100 bis 1000) angeordnet sind (Abb. 2.14). Die Prozeßtunnel können nur vom Zentralkorridor, die Wartungstunnel nur von einem an der Gebäudeaußenseite umlaufenden Wartungsgang betreten werden.

Die Geräte und Anlagen sind so aufgestellt, daß nur die Vorderseiten zur Bedienung und Beladung mit Scheiben vom Reinraum aus zugänglich sind. Wartungs- und Reparaturarbeiten werden vom Wartungstunnel aus durchgeführt.

Die Personen- und Güterschleusen befinden sich an der Kopfseite des Gebäudes, getrennt für den Reinraum und den Wartungsbereich. Die Büroräume des Reinraumpersonals befinden sich ein einem separaten Anbau. Heiz- und Kühlanlagen sowie die Anlagen für Reinstwasser und Drucklufterzeugung sind in einem weiteren Gebäude installiert.

2.4 Entwicklungstrends in der Reinraumtechnologie

Durch die fortlaufende Verkleinerung der Strukturen bei anwachsender Chipfläche und Scheibengröße sind die Anforderungen an Reinräume beständig gewachsen. Das in Abschnitt 2.3 beschriebene Beispiel zeigt, daß für eine gegebene Reinraumfläche ein Vielfaches an Hilfsflächen aufgewendet werden muß. Neben den umfangreicher werdenden Medienversorgungen benötigt hauptsächlich die überproportional wachsende Lufttechnik zusätzlichen Raum: nahezu 2/3 des umbauten Raumes des beschriebenen Fabrikationsgebäudes werden für die Klimatechnik benötigt, das restliche Drittel teilen sich Reinraum und Medienversorgung. Diese Entwicklung hat die Kosten für den Quadratmeter nutzbare Reinraumfläche bis zu ca. 30.000 DM getrieben (ohne Investitionen für Halbleitergeräte). Die Mindestgröße einer IC-Fabrikation ist im wesentlichen durch wirtschaftliche und technische Faktoren gegeben und liegt im allgemeinen bei ca. 500 Scheibenstarts pro Tag. Da sich daher die Gesamtfläche einer Produktion nicht verringern läßt, zielen Neuentwicklungen darauf, die Flächen-/ Raumanteile mit höchster Reinheitsklasse drastisch zu verringern und damit die hohen Investitionen und Betriebskosten für die Lufttechnik zu reduzieren.

Eine wesentliche Rolle spielt dabei die Automatisierung des Scheibenflusses im Reinraum, teilweise in Kombination mit lokal begrenzten Reinräumen. Kann ein Reinraum durch Automatisierung nahezu ohne Personal in Scheibennähe betrieben werden, ist es möglich, die Luftgeschwinddigkeit bis zu 50 % zu senken bei Erhaltung der Reinheitsklasse. Ein weiterer Schritt ist die Abkapselung des Bewegungs- und Aufenthaltsbereiches der Scheiben durch einen eng umgrenzten Reinraum (z.B. das "SMIF - Konzept", Fa. Assyst), was die Gesamtluftmenge noch einmal drastisch reduziert. Wesentliche Vorraussetzung für die Realisierung solcher Konzepte ist die hohe Zuverlässigkeit aller verwendeten Komponenten und ein sehr detailliert festgelegter Fertigungsablauf. Diese Festlegung widerspricht teilweise den Forderungen nach schneller Innovation von Fertigungsprozessen und -geräten. Man findet daher die am weitesten fortgeschrittene Automatisierung in IC-Fabriken für Speicher mit sehr hohen Stückzahlen und einer kleinen Produktpalette.

Zukunftssichere Reinräume zeichnen sich dadurch aus, daß während ihrer Lebensdauer (mindestens 10 Jahre) die Integration weiter entwickelter Konzepte und die Anpassung an geänderte Fertigungsanforderungen leicht möglich ist.

3 Materialtechnologie

T. Evelbauer, P. Seegebrecht

3.1 Einleitung

Silizium (Si), das nach Sauerstoff zweithäufigste Element, ist in der elektronischen Industrie zu einem unverzichtbaren Ausgangsmaterial für die Herstellung hochintegrierter Schaltkreise geworden und wird dies für die absehbare Zukunft auch bleiben. Mehrere Faktoren bestimmen diese unter allen anderen halbleitenden Materialien herausragende Stellung des Siliziums. Neben der Häufigkeit sind dies vor allem seine Bandlücke von 1,1 eV, die Bauelemente mit hoher pn-Durchbruchfeldstärke und geringem Leckstrom erlaubt, sowie sein relativ einfach herstellbares und chemisch sehr stabiles Oxid. Damit hat Silizium das in der Anfangszeit der Halbleiterelektronik weitgehend verwendete Germanium nahezu völlig verdrängt und behauptet seine Stellung auch gegenüber neueren Materialien wie z.B. Galliumarsenid, das für integrierte Schaltkreise schon in beschränktem Maße eingesetzt wird. Die Herstellung von einkristallinen Siliziumscheiben (Wafer) erfordert einen sehr komplexen Prozeß: Aus dem Rohmaterial in Form von Quarzsand wird zunächst Rohsilizium (metallurgical grade silicon, MGS) gewonnen. Dieses wird in mehreren Stufen in Reinstsilizium (electronic grade silicon, EGS) überführt, das als Ausgangsmaterial für die Herstellung von Einkristallen nach dem Tiegelziehverfahren (Czochralski, CZ) oder Zonenziehverfahren (floatzone, FZ) dient. Das Sägen der stabförmigen Einkristalle in Scheiben mit anschließender Oberflächenpolitur beendet den Herstellungsprozeß.

3.2 Einkristallherstellung

3.2.1 Herstellung von polykristallinem Reinstsilizium

Das in großen Mengen natürlich vorkommende Quarz als Ausgangsmaterial der Siliziumherstellung enthält noch hohe Anteile an Fremdatomen, so z.B. Aluminium mit etwa $10^{19}\,\mathrm{cm}^{-3}$ bis $10^{20}\,\mathrm{cm}^{-3}$. Für eine kontrollierte Dotierung des Einkristalls sind Fremdatome jedoch nur im Bereich von ppba (parts per billion atoms, 1ppba $= 5 \cdot 10^{13}\,\mathrm{cm}^{-3}$) zulässig. Die Herstellung von Reinstsilizium erfordert daher eine Reduktion der Verunreinigungen um etwa acht Größenordnungen. In der ersten Stufe wird zunächst Fels- oder Kieselquarz, eine relativ reine Form von SiO_2 (über 99 %), in Elektroschmelzöfen mit Hilfe von Kohlenstoff (C) in Form von Kohle oder Koks zu Rohsilizium (MGS) reduziert:

$$SiO_2 + 2C \longrightarrow Si + 2CO.$$

Die verwendeten Lichtbogenöfen müssen dazu Temperaturen über 2000 °C erreichen, so daß der Verbrauch an elektrischer Energie mit etwa 14 kWh/kg Si sehr hoch ist. Standorte für die Produktion von Rohsilizium richten sich daher nach der Verfügbarkeit möglichst preisgünstiger elektrischer Energie (Wasserkraft). Das so gewonnene Rohsilizium enthält als wesentliche Verunreinigungen noch Al und Fe mit 0,2 bis 0,5 % sowie Bor und Phosphor mit etwa 20 bis 50 ppma. Es wird in dieser Form vor allem als Legierungsbestandteil in der Aluminiumindustrie sowie als Ausgangsprodukt der Silikonherstellung eingesetzt.

Für elektronische Anwendungen wird MGS in der folgenden Stufe zunächst fein gemahlen und in einem Wirbelschichtreaktor mit Chlorwasserstoff (HCl) in Trichlorsilan mit einem Siedepunkt von 31,8 °C umgesetzt:

$$Si(\mathrm{MGS}) + 3HCl \longrightarrow SiHCl_3 + H_2\,.$$

Gleichzeitig bilden sich die Chloride der Verunreinigungen, die in der Folge durch mehrstufige fraktionierte Destillation vom Trichlorsilan abgetrennt werden (Abb. 3.1). Eine chemische Analyse auf Verunreinigungen ist nach dieser

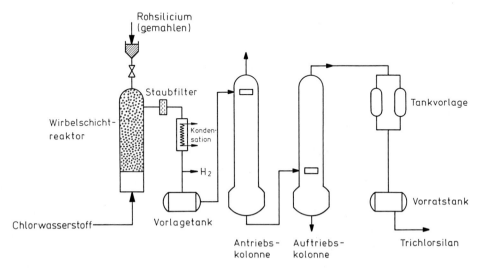

Abb. 3.1. Herstellung von Trichlorsilan aus Rohsilizium und fraktionierte Destillation (schematisch) als Ausgangsprodukt für Reinstsilizium (mit freundlicher Genehmigung der Fa. Wacker Chemitronic, Burghausen)

Stufe wegen der hohen Reinheit des $SiHCl_3$ nicht mehr möglich; vielmehr wird eine aus dem Vorratstank entnommene Probe zunächst in kleinen Reaktoren als Polysilizium deponiert, zu einem einkristallinen Stab zonengezogen und durch Leitfähigkeitsmessungen auf den Fremdatomanteil kontrolliert. Das hochreine $SiHCl_3$ wird nun thermisch unter Zugabe von Wasserstoff in einem CVD-Prozeß (chemical vapour deposition) zersetzt:

$$4SiHCl_3 + 2H_2 \longrightarrow 3Si + SiCl_4 + 8HCl \, .$$

Unter technischen Bedingungen entsteht hierbei immer $SiCl_4$, das entweder in $SiHCl_3$ überführt oder zur Herstellung anderer Produkte verwendet werden kann. Der Chlorwasserstoff selbst kann zur Herstellung von Trichlorsilan wiederverwendet werden. Die CVD-Abscheidung des polykristallinen Reinstsiliziums läuft in einem Reaktor (Abb. 3.2) auf U-förmig aufeinandergelegten Reinstsilizium-Dünnstäben (slim rods) ab; diese werden durch direkten Stromdurchgang erhitzt und dienen als Nukleationsflächen für die Deposition. Mit diesem von der Siemens GmbH Ende der 50er Jahre entwickelten Prozeß werden heute Polysiliziumstäbe von etwa 200 mm Durchmesser und 2 m Länge produziert. Das so gewonnene Reinstsilizium (EGS) zählt zu den reinsten, großtechnisch herstellbaren Materialien; die Konzentration der Verunreinigungen liegt unter 1 ppba. Eine Dotierung des Polysiliziums kann während der Abscheidung durch kontrollierte Zugabe von bor- oder phosphorhaltigen Gasen erfolgen; dotiertes Polysilizium wird für die Dotierung tiegelgezogener Einkristalle benötigt.

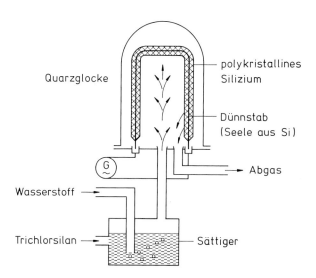

Abb. 3.2. CVD-Abscheidung von polykristallinem Reinstsilizium durch Trichlorsilanreduktion (mit freundlicher Genehmigung der Fa. Wacker Chemitronic, Burghausen)

3.2.2 Tiegelziehen von Einkristallen

Den prinzipiellen Aufbau einer Apparatur zur Herstellung von Einkristallen nach dem Czochralski-Verfahren [3.1] zeigt Abb. 3.3. Eine sehr ausführliche Darstellung des Verfahrens und der Eigenschaften von CZ-Silizium findet sich in [3.2]. Polykristallines Reinstsilizium wird in einem Quarztiegel unter Schutzgas (Argon) geschmolzen. Die Dotierung erfolgt in der Schmelze durch Zugabe einer definierten Menge des Dotierstoffs, meist in Form dotierten Polysiliziums. Da die mechanische Stabilität des Quarztiegels bei den zu erreichenden hohen Temperaturen (Schmelztemperatur Si: 1412 °C) nicht ausreicht, muß er durch einen Graphitsuszeptor unterstützt werden. Die Heizung kann sowohl induktiv als auch durch ein Graphit-Heizelement erfolgen; die meisten modernen Apparaturen sind mit einer solchen Widerstandsheizung ausgestattet. Nach Erreichen der erforderlichen Anfangstemperatur etwas oberhalb von 1412 °C wird ein dünner zylinderförmiger Impfkristall vorgegebener Orientierung in die Schmelze getaucht und angeschmolzen; gleichzeitig wird die Temperatur der Schmelze leicht abgesenkt. Das Kristallwachstum beginnt mit dem kontrollierten Herausziehen des Impfkristalls aus der Schmelze; dabei rotieren Impfkristall und Tiegel mit entgegengesetztem Drehsinn. Dies führt zu einer homogeneren radialen Dotierungsverteilung und geringerem Einbau des in der Schmelze aus dem Quarztiegel gelösten Sauerstoffs in den wachsenden Kristall [3.2]. Thermischer Stress und Oberflächenspannungseffekte führen im Impfkristall zur Ausbildung einer großen Zahl von Versetzungen. Diese Versetzungen setzen sich normalerweise entlang einer <111>-Gleitebene im Einkristall fort, können

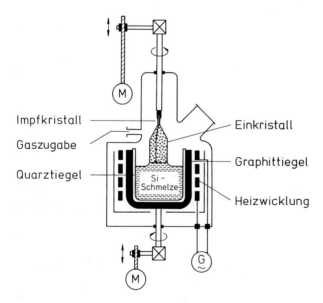

Abb. 3.3. Tiegelziehen von einkristallinen Siliziumstäben (mit freundlicher Genehmigung der Fa. Wacker Chemitronic, Burghausen)

aber bei entsprechend hohem thermischem Stress, etwa durch unterschiedliche Abkühlraten im Innern und am Rand des Kristalls, auch in benachbarte Gleitebenen übergehen (cross slip, climb). Da in den üblichen Wachstumsrichtungen <111> und <100> keine Gleitebenen parallel zur Kristallachse, sondern nur schräg oder senkrecht dazu, existieren, werden Versetzungen nach einer gewissen Zeit an die Kristalloberfläche getrieben, wo sie enden. Der Kristall kann dann versetzungsfrei weiter wachsen, da die Neubildung einer Versetzung einen sehr hohen Energieaufwand erfordert. Das Dash-Verfahren [3.3] nutzt dieses Verhalten, indem zunächst der Kristalldurchmesser bei Wachstumsbeginn auf 2 bis 4 mm reduziert wird durch Erhöhung der Ziehgeschwindigkeit auf bis zu 6 mm/min. Der versetzungsfreie Zustand des wachsenden Kristalls zeigt sich optisch an der Ausbildung von Graten an der Kristalloberfläche; ist dieser Zustand erreicht, wird durch Reduktion der Ziehgeschwindigkeit der Kristall auf den gewünschten Durchmesser gebracht. Gegen Ende des Prozesses wird die Ziehgeschwindigkeit wieder erhöht, so daß sich das Stabende konusförmig verjüngt und versetzungsfrei von der verbliebenen Schmelze getrennt werden kann. In modernen Anlagen können so aus typisch 60 kg Schmelze versetzungsfreie Einkristallstäbe von bis zu 200 mm Durchmesser gezogen werden. Aufgrund der unterschiedlichen Löslichkeit von Fremdatomen in Schmelze und wachsendem Kristall ist die Dotierungskonzentration C_s im Einkristall verschieden von der Grenzflächenkonzentration C_l in der Schmelze. Der Quotient dieser beiden Konzentrationen wird als Segregationskoeffizient k_0 bezeichnet:

$$k_0 = \frac{C_s}{C_l} \ . \tag{3.1}$$

Einige Werte des Segregationskoeffizienten für übliche Dotierstoffe in Si zeigt Tabelle 3.1.

Die axiale Verteilung des Fremdatoms im wachsenden Kristall kann durch das "normal freezing"-Modell beschrieben werden. Eine Schmelze mit dem Anfangsgewicht M_0 sei mit einem Gewichtsanteil C_o (pro Gramm Schmelze) dotiert. Nimmt das Gewicht des wachsenden Kristalls um dM zu, so nimmt gleichzeitig das Gewicht des Dotierstoffs in der Schmelze um

$$- dS = C_s \, dM \tag{3.2}$$

ab. Ist nach einer gewissen Zeit ein Kristall des Gewichts M gewachsen, so ist das Gewicht des verbleibenden Dotierstoffes in der Schmelze also gegeben durch

$$S = C_l \cdot (M_0 - M) \ . \tag{3.3}$$

Division von (3.2) durch (3.3) und Integration beider Seiten liefert dann die axiale Dotierungsverteilung im Einkristall [3.4,3.5]

$$C_s = k_0 \cdot C_0 \left(1 - \frac{M}{M_0}\right)^{k_0 - 1} \ . \tag{3.4}$$

Tabelle 3.1. Gleichgewichts-Segregationskoeffizienten einiger Elemente

Element	Al	As	B	Ge	C	P	Sb
k_0	0,002	0,3	0,8	0,33	0,07	0,35	0,023

Abb. 3.4 zeigt diese Verteilung für einige ausgewählte Elemente. Aufgrund des Segregationseffektes kommt es in unmittelbarer Nähe der Erstarrungsfront zu einer Anreicherung an Dotierstoffatomen ($k_0 < 1$ vorausgesetzt). Bei der Herleitung von (3.4) ist man stillschweigend davon ausgegangen, daß die Diffusionsgeschwindigkeit der Dotierstoffatome innerhalb der Schmelze beliebig groß ist; die Konzentration innerhalb der Schmelze nimmt zwar mit der Zeit zu, ist

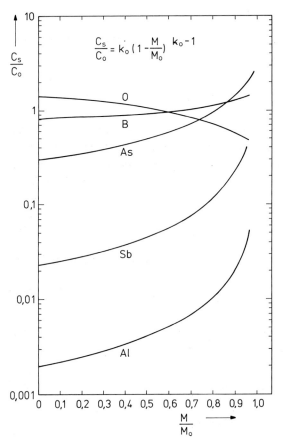

Abb. 3.4. Axiale Dotierungsverteilung verschiedener Fremdatome in tiegelgezogenen Einkristallen

aber zu jedem Zeitpunkt ortsunabhängig. Bei endlicher Diffusionskonstante D der Fremdatome in der Schmelze bildet sich an der Grenzfläche der Schmelze zum Kristall hin ein Konzentrationsgradient aus, der um so größer ist, je kleiner die Diffusionsgeschwindigkeit der Fremdatome innerhalb der Schmelze im Vergleich zur Wachstumsgeschwindigkeit des erstarrenden Siliziums ist. In einer Grenzschicht der Stärke d ist daher die Konzentration C der Fremdatome abweichend von der Gleichgewichtskonzentration C_l in der Schmelze (Abb. 3.5).

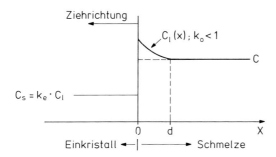

Abb. 3.5. Abweichung der Fremdatomkonzentration vom Gleichgewichtswert C in der Schmelze durch endliche Diffusionskonstanten (siehe Text)

Setzt man an der Grenzfläche weiterhin thermisches Gleichgewicht voraus, so gilt hier immer noch $k_0 = C_s/C_l(0)$.

Der effektive Segregationskoeffizient $k_e = C_s/C_l$ wird nun aber von der Ziehgeschwindigkeit v, der Diffusionskonstanten D und der Stärke der Randschicht d mitbestimmt. Zu seiner Berechnung geht man von der Kontinuitätsgleichung aus, die im stationären Zustand des Systems im Bereich der Grenzfläche die Form

$$v\frac{dC}{dx} + D\frac{d^2C}{dx^2} = 0 \tag{3.5}$$

annimmt. Die Randbedingungen zur Lösung dieser Differentialgleichung lauten

$$D\frac{dC}{dx} = -v\left(C_l(0) - C_s\right); x = 0 \tag{3.6}$$

$$C = C_l; \qquad\qquad x = d. \tag{3.7}$$

Die Lösung ist

$$\exp(-vd/D) = \frac{C_l - C_s}{C_l(0) - C_s} \tag{3.8}$$

und damit der effektive Segregationskoeffizient

$$k_e = \frac{C_s}{C_l} = \frac{k_0}{k_0 + (1 - k_0)\cdot\exp(-vd/D)}. \tag{3.9}$$

Die axiale Dotierungsverteilung im Kristall ist nach wie vor durch (3.4) gegeben, es muß jedoch k_0 durch k_e ersetzt werden. Für große Werte von vd/D nähert sich der effektive Segregationskoeffizient dem Wert 1; da die Dicke d der Grenzschicht mit wachsender Rotationsgeschwindigkeit des Kristalls relativ zur Schmelze abnimmt [3.7], ergeben sich bei hohen Ziehgeschwindigkeiten (v groß) und langsamen Rotationsgeschwindigkeiten von Kristall und Schmelze (d groß) homogenere axiale Dotierprofile als mit dem einfacheren Modell in Abb. 3.4 errechnet.

3.2.3 Zonenziehen von Einkristallen

Tiegelfreies Zonenziehen führt zu Einkristallen mit niedrigerem Fremdatomanteil als das Czochralski-Verfahren. Ein Stab aus polykristallinem Reinstsilizium wird durch ein Heizelement in einer schmalen Zone geschmolzen. Impfkristall, Polysiliziumstab und Einkristall befinden sich dabei in inerter Schutzgasatmosphäre, weitgehend ohne Kontakt mit anderen Materialien (Abb. 3.6) Der Beginn des Kristallwachstums verläuft wie in Abschnitt 3.2.2 beschrieben, so daß am Impfkristall ein versetzungsfreier Einkristall wachsen kann. Polysiliziumstab und gewachsener Einkristall rotieren gegeneinander und werden gleichzeitig durch die Schmelzzone kontrolliert durchgeführt, wobei die Schmelzzone durch die Oberflächenspannung erhalten bleibt. Eine ausführliche Darstellung findet

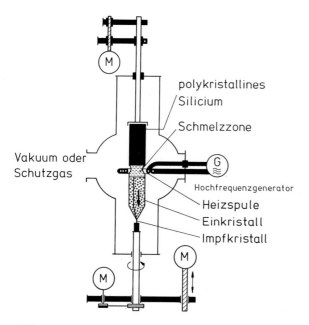

Abb. 3.6. Zonenziehen von einkristallinen Siliziumstäben aus Polysilizium; das Zonenreinigen einkristalliner Stäbe erfolgt in der gleichen Apparatur (mit freundlicher Genehmigung der Fa. Wacker Chemitronic, Burghausen).

sich in [3.8]. Ist der Polysiliziumstab mit der Querschnittsfläche A homogen mit einem Gewichtsanteil C_0 dotiert und bezeichnet L die Länge der Schmelzzone, so nimmt die Schmelze beim Fortschreiten der Zone um einen Betrag dx aus dem Polysilizium das Gewicht $C_0 \cdot \rho_{Si} \cdot A \cdot dx$ an Dotierstoff auf, während gleichzeitig das Gewicht $k_e \cdot (S \cdot dx/L)$ an den Einkristall abgegeben wird (ρ_{Si} ist die spez. Dichte von Si, S der Gewichtsanteil des Dotierstoffs in der Schmelzzone; $S_0 = C_0 \cdot \rho_{Si} \cdot A \cdot L$ zu Beginn des Wachstums). Es gilt daher

$$dS = \left(C_0 \rho_{Si} A - \frac{k_e S}{L} \right) dx \qquad (3.10)$$

und Integration liefert

$$S = \frac{C_0 A \rho_{Si} L}{k_e} \left(1 - (1 - k_e) \cdot \exp\left(-\frac{k_e x}{L} \right) \right). \qquad (3.11)$$

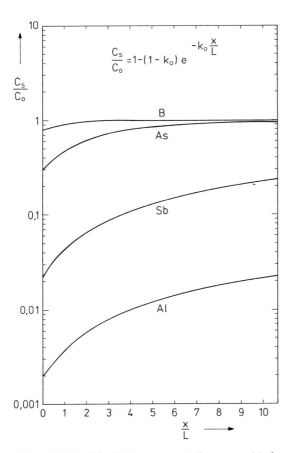

Abb. 3.7. Axiale Dotierungsverteilung verschiedener Fremdatome in zonengezogenen Einkristallen

Wegen $C_s = k_e(S/AL\rho_{Si})$ ist damit die axiale Dotierungsverteilung in FZ-Silizium gegeben durch [3.6]

$$C_s = C_0 \left(1 - (1 - k_e) \cdot \exp\left(-\frac{k_e x}{L} \right) \right). \qquad (3.12)$$

Abb. 3.7 zeigt diese Verteilung für verschiedene Werte des effektiven Segregationskoeffizienten $k_e = k_0$.

Wird der oben beschriebene Prozeß an einem Einkristall mehrfach durchgeführt, so wird dies als "Zonenreinigen" bezeichnet. Wegen (3.11) ist dieses Verfahren sehr effektiv und wird insbesondere für das Ausgangsmaterial von Hochleistungsbauelementen verwendet, für die Silizium mit hohem spezifischem Widerstand benötigt wird.

3.2.4 Eigenschaften von CZ- und FZ-Silizium

Neben der oben beschriebenen axialen Variation der Dotierungskonzentration ist die radiale Variation von besonderer Bedeutung für den Hersteller von Halbleiterbauelementen. Diese zeigt sich auf der fertigen Siliziumscheibe als Variation des Schichtwiderstandes entlang des Scheibendurchmessers. Die Rotation des Einkristalls gegenüber der Schmelze ergibt zusammen mit bestehenden thermischen Gradienten ein sehr komplexes dynamisches System in der Schmelze, das zu einer höheren Konzentration von Dotieratomen in der Nähe der Rotationsachse führt. Der Schichtwiderstand nimmt daher von der Stabmitte nach außen hin zu. Dabei ist dieser Effekt um so geringer, je näher der Segregationskoeffizient des Dotierstoffes bei 1 liegt, so daß n-dotiertes Silizium diesen Effekt stärker als p-dotiertes zeigt (vgl. Tabelle 3.1). Gleichzeitig ist die radiale Variation aufgrund des Wachstumsprozesses bei <111>-Orientierung etwa zweifach stärker ausgeprägt als bei <100>-Orientierung [3.2]. Für hohe Anforderungen an die Homogenität des Schichtwiderstands wird daher heute in zunehmendem Maße für n-Dotierung das NTD(neutron transmutation doping)-Verfahren eingesetzt. Dabei wird eine zonengereinigte Siliziumscheibe dem Beschuß thermischer Neutronen ausgesetzt. Nach der Reaktion

$$^{30}_{14}Si(n,\gamma)^{31}_{14}Si \xrightarrow{2,62h} {}^{31}_{15}P + \beta^-$$

wird dabei ein Anteil der Siliziumatome in Phosphor umgewandelt. Da die Eindringtiefe thermischer Neutronen in Si etwa $100\,cm$ beträgt, erhält man eine uniforme Dotierung der gesamten Scheibe.

Mikroskopische Variationen des Schichtwiderstands ergeben sich durch Temperaturfluktuationen an der Grenzschicht, die zu einem lokalen Schmelzen des schon gewachsenen Kristalls führen. Diese als "striations" bekannten mikroskopischen Änderungen der Dotierung werden sowohl in axialer als auch in radialer Richtung beobachtet. Wegen Asymmetrien der Induktionsspule zeigt der FZ-Prozeß diesen Effekt besonders ausgeprägt [3.2]; im CZ-Prozeß werden "striations" durch irreguläre Bewegungen der Schmelze und daraus folgende Temperaturfluktuationen hervorgerufen. Zudem ist die Ausbildung von "striations" wegen (3.4) und (3.5) vom Segrationskoeffizienten des Dotierstoffes abhängig. Die Eigenschaften von CZ-Silizium sind wesentlich bestimmt durch den Anteil des in der Schmelze aus dem Quarztiegel gelösten Sauerstoffs, der im Kristall größtenteils (etwa zu 95%) auf Zwischengitterplätzen eingebaut wird. Dies führt zu einer höheren mechanischen Stabilität (Scherfestigkeit) [3.9-3.11] gegenüber FZ-Silizium, dessen Sauerstoffanteil unter der Nachweisgrenze liegt. Beim Abkühlen des Kristalls bildet Sauerstoff durch Diffusion auf Gitterplätze und Komplexbildung im Temperaturbereich zwischen 300 und 500 °C (mit einem Maximum etwa bei 450 °C) flache Donatoren, deren Konzentration über $10^{16}\,cm^{-3}$ liegen kann [3.2,3.9,3.12]. Wie Abb. 3.8 zeigt, können diese auch als "thermisch" bezeichneten Donatoren durch eine Temperaturbehandlung bei

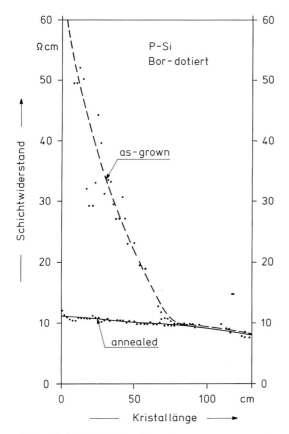

Abb. 3.8. Einfluß der thermischen Donatoren (interstitieller Sauerstoff und Sauerstoffkomplexe) auf den Schichtwiderstand eines Bor-dotierten Si-Einkristalls direkt nach Tiegelziehen (as grown) und nach einer Temperaturbehandlung bei etwa 650 °C (annealed) [3.2]

etwa 650 °C und anschließendes schnelles Abkühlen ("quenching") eliminiert werden. Die Bildung thermischer Donatoren durch Sauerstoff wird auch bei anderen Temperaturen zwischen 550 und 800 °C beobachtet, ist jedoch von geringerer Bedeutung [3.2,3.12]. Da Sauerstoff in den wachsenden Kristall bis zur Löslichkeitsgrenze von $2 \cdot 10^{18}$ cm^{-3} bei 1410 °C eingebaut werden kann, ist der Einkristall bei niedrigeren Temperaturen wegen der dann geringeren Löslichkeit von Sauerstoff in Silizium übersättigt. Dies führt ab etwa $8 \cdot 10^{17}$ cm^{-3} O in Si zur Bildung von zunächst mikroskopischen separaten Phasen im Silizium, die durch Anlagerung von Sauerstoff und Reaktion mit Silizium zu SiO_2 und SiO_x wachsen. Die Nukleationsphase dieser Sauerstoffausscheidung (Prezipitation) wird durch schon vorhandene Defekte unterstützt (siehe Abschnitt 3.5). Mit dem Wachsen der Sauerstoffprezipitate werden überschüssige Siliziumatome auf Zwischengitterplätze abgegeben ("selfinterstitials"), die zur Ausbildung von Stapelfehlern führen. Dieser Prozeß reicht jedoch nicht aus, die Volumenvergrößerung bei der Bildung der SiO_x-Komplexe zu kompensieren, so daß sich mit dem Wachsen der Prezipitate ein entsprechendes mechanisches Spannungsfeld aufbaut. Das entstehende Versetzungsnetzwerk läßt sich bei entsprechender Prozeßführung zum Gettern von Verunreinigungen nutzen (intrinsisches Gettern, siehe Abschnitt 3.5, [3.13,3.14]). Da der Sauerstoffanteil bei FZ-Silizium unter der Nachweisgrenze liegt, ergibt sich eine geringere mechanische Stabilität; zudem kann der Effekt des intrinsischen Getterns nicht genutzt werden. Durch das Fehlen thermischer Donatoren und durch Zonenreinigen erreichbare sehr geringe Fremdatomanteile ergeben für FZ-Silizium jedoch weit höhere mögliche Widerstandswerte als beim Czochralski-Verfahren. Tabelle 3.2 gibt eine Übersicht über einige Daten von FZ- und CZ-Silizium und stellt sie den Anforderungen der VLSI-Fertigung gegenüber [3.12].

Tabelle 3.2. Typische Werte einiger Parameter für CZ- und FZ-Silizium

	CZ	FZ	VLSI
Schichtwiderstand(Ωcm)			
n(P)	1...50	1... >300	5... >50
n(Sb)	0,005...10	—	0,001...0,02
p(B)	0,005...50	1...300	5... >50
Minoritätsträger-			
lebensdauer (μs)	30...300	50...500	300...1000
Sauerstoff (ppma)	5...25	—	kontrolliert
Kohlenstoff (ppma)	1...5	0,1...1	<0,1

3.3 Scheibenherstellung

Der gezogene Einkristall wird zunächst einer Reihe von Prüfungen auf Einhaltung der geforderten Spezifikationen unterzogen. Dazu gehören Messungen des spezifischen Widerstands (häufig durch Messung des Schichtwiderstands mittels einer Vierpunktmethode), der Einkristallperfektion (z.B. durch Laue-Verfahren), sowie der geometrischen Abmessungen. Außerhalb der Toleranzgrenzen liegende Teile des Stabes werden abgeschnitten und, wenn möglich, erneut eingeschmolzen. Der verbleibende Rest des Stabes wird auf den geforderten Durchmesser abgedreht und nach Bestimmung der Kristallrichtung (Laue-Beugung) mit einem oder mehreren sogenannten "Flats" versehen. Der größte dieser Flats (Orientierungsflat, "primary flat") ist normalerweise entlang einer hochsymmetrischen Kristallachse (<100>, <110>) orientiert und dient als Referenzlinie für automatische Waferhandling-Systeme; die Kanten der später auf dem Wafer entstehenden Schaltkreise sind parallel bzw. senkrecht zu diesem Orientierungsflat orientiert. Weitere kleinere Kennzeichnungsflats ("secondary flats") dienen der Kennzeichnung von Oberflächenorientierung und Leitungstyp (siehe Abb. 3.9). Die Oberflächenorientierung und im wesentlichen auch die Dicke werden im folgenden Schritt festgelegt, in dem mit Innenlochsägen die Siliziumscheibe vom Stab abgetrennt wird. Hierbei ist das Sägeblatt außen eingespannt, während die diamantbeschichtete Sägekante innen konzentrisch um die Drehachse angeordnet ist. Auch Drahtsägen sind für diesen Schritt noch im Einsatz [3.17]. Die Schnittfläche verläuft entweder "on orientation", d.h. innerhalb 0,5° einer Hochsymmetrieebene (meist bei (100)-Orientierung), oder "off orientation", d.h. unter einem Winkel von meist 3° zu einer solchen Ebene (meist bei (111)-Flächen für eine folgende epitaktische Beschichtung, siehe Abschnitt 3.4).

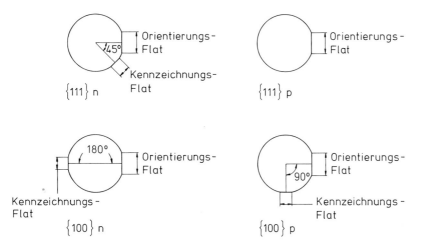

Abb. 3.9. Anordnung der Flats zur Scheibenkennzeichnung nach SEMI (Semiconductor Equipment and Materials Institute)

Der Sägeprozeß beeinflußt wesentliche geometrische Scheibenparameter wie Durchbiegung ("bow") und Verwerfung ("warp"), die in den folgenden Stufen kaum noch beeinflußt werden können. "Bow" ist dabei ein Maß für die Konkavität bzw. Konvexität der Scheibe und wird als Abstand der Scheibenmitte von einer Referenzebene bestimmt, während "warp" als Differenz zwischen dem maximalen und minimalen über die gesamte Scheibe gemessenen Abstand zu einer Referenzebene definiert ist. Die radiale Änderung der Scheibendicke wird als Keiligkeit ("taper") bezeichnet und ist als Differenz von maximaler und minimaler Scheibendicke definiert ("total thickness variation", TTV). Moderne Lithographiemethoden stellen sehr hohe Anforderungen an die Ebenheit der Scheibenoberfläche; diese ist vom Anwender meist als "global flatness" (total indicator reading, TIR) spezifiziert und wird als Summe der maximalen und minimalen Abweichung der Scheibenoberfläche von der Fokusebene als Referenzebene bestimmt. Wird dieser Wert nicht für die gesamte Scheibe, sondern nur für eine bestimmte Teilfläche (etwa 15×15 mm^2) festgelegt, so wird dies als "local site flatness" oder "local thickness variation" (LTV) bezeichnet (Abb. 3.10).

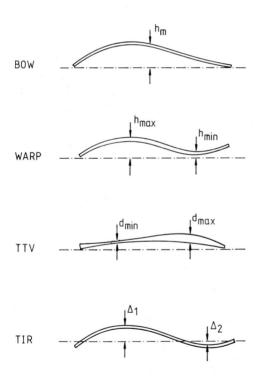

Abb. 3.10. Definition einiger geometrischer Parameter bei der Scheibenherstellung (Bow: Durchbiegung, in Scheibenmitte gemessen; Warp: Verwerfung, $h_{max} - h_{min}$; TTV: Total Thickness Variation, Keiligkeit, $d_{max} - d_{min}$; TIR: Total Indicator Reading, Ebenheit, $\delta_1 - \delta_2$)

Die gesägten Scheiben werden anschließend einem mehrstufigen Läpp-Prozeß unterzogen, bei dem mit immer feiner werdenden Korngrößen einer Al_2O_3-Suspension die durch das Sägen kristallographisch gestörten Oberflächenschichten des Wafers entfernt werden [3.18]. Gleichzeitig werden dabei alle Scheiben in eine spezifizierte Dickentoleranz gebracht. Die Scheibenkanten reagieren im späteren Prozeß empfindlich auf mechanische und thermische Belastungen, die zu Materialabplatzungen ("edge chips") führen. Sie werden daher nach dem Läppen geschliffen, wobei der Rand ein elliptisches Profil erhält. Die durch den Läppschritt zerstörte und evtl. kontaminierte Oberflächenschicht wird nun zunächst naßchemisch abgeätzt; üblich sind dazu mit Essigsäure gepufferte Mischungen aus Salpetersäure als Oxidations- und Flußäure als Ätzmittel. Die Reaktionskinetik bei HNO_3-reichen Mischungen ist dabei diffusionslimitiert [3.19]; der Transport der Reaktionsprodukte durch eine Grenzschicht ist dabei der kontrollierende Faktor. Die Dicke dieser Grenzschicht kann durch Bewegung (Rotation) der Scheibe in der Ätzlösung beeinflußt werden, so daß der Materialabtrag in gewissen Grenzen gesteuert werden kann. Der Ätzprozeß selbst ist hierbei isotrop, jedoch kann die Scheibenrotation besonders bei größeren Durchmessern zu inhomogenen Ätzraten und damit nichtuniformen Scheibendicken führen. Demgegenüber ist das Ätzen in $NaOH$- oder KOH-Lösungen anisotrop; die Ätzrate ist reaktionslimitiert und damit abhängig von der Anzahl der zur Verfügung stehenden freien Bindungen an der Oberfläche, d.h. abhängig von der Oberflächenorientierung. Da die Scheibe in der Ätzlösung nicht bewegt werden muß, erhält man aber eine gute Uniformität des Materialabtrags über die Scheibe. An den Läpp- und Ätzprozeß schließt sich noch ein chemisch-mechanischer Polierschritt an, der die TIR- bzw. LTV-Werte wesentlich bestimmt. Die Scheibe wird dabei mit ihrer Oberfläche gegen ein poröses Poliertuch gepreßt, auf dem sich eine kolloide Lösung ("slurry") von SiO_2-Teilchen von etwa 100 Å Durchmesser befindet. Unter der entstehenden Reibungswärme oxidiert die Siliziumoberfläche mit dem OH-Radikal und das entstehende Oxid wird mechanisch durch die SiO_2-Partikel abpoliert.

Ein mehrstufiger Reinigungs- und Trocknungsprozeß, gefolgt von optischen Inspektionen und dem Verpacken der fertigen Siliziumscheiben, schließt den

Tabelle 3.3. Typische Werte für CZ-Siliziumscheiben [3.20]

Durchmesser (mm)	$100\pm0,3$	$125\pm0,1$	$150\pm0,1$
Dicke (μm)	525 ± 10	625 ± 10	675 ± 10
TIR (μm)	$< 2,0$	$<2,5$	$<3,0$
LTV (μm),(15×15 mm^2)	$<1,0$	$<1,0$	$<1,0$
TTV (μm)	$<5,0$	$<5,0$	$<5,0$
Warp (μm)	<15	<20	<25

Gesamtprozeß ab. Typische Werte für polierte einkristalline Siliziumscheiben zeigt Tabelle 3.3; die zur Anwendung kommenden Meßmethoden sind in [3.21] festgelegt.

3.4 Epitaxie

Epitaxie bezeichnet das Aufwachsen einkristalliner Schichten auf einkristallinen Substraten, wobei die kristallographische Orientierung erhalten bleibt. Schicht und Substrat können dabei von gleicher (Homoepitaxie) oder unterschiedlicher (Heteroepitaxie) chemischer Zusammensetzung sein. So ist eine Si-Schicht auf Si-Substrat auch bei unterschiedlicher Dotierung homoepitaktisch; Beispiele für Heteroepitaxie sind Si-Schichten auf Al_2O_3 (silicon on sapphire, SOS), Si/Ge-Heterostrukturen sowie Heterostrukturen bei III-V-Halbleitern, z.B. $GaAs/GaAlAs$. Besondere Bedeutung bekam die Epitaxie zunächst im Bereich bipolarer Bauelemente und Schaltkreise, da sich durch niedrig dotierte epitaktische Schichten auf hochdotierten Substraten hohe Durchbruchspannungen und schnelle Schaltzeiten aufgrund niedriger Kollektorwiderstände erzeugen lassen. Bei hochintegrierten CMOS-Schaltkreisen ergeben sich durch benachbarte p- und n-Kanal-Transistoren parasitäre Thyristoren (pnpn-Übergänge), deren ungewolltes Durchschalten z.B. bei Spannungsspitzen als "latch-up"-Effekt bezeichnet wird und bis zur Zerstörung des Schaltkreises führen kann. Dieser Effekt kann durch Verwendung von Epi-Schichten auf hochdotierten Substraten reduziert werden. Nachteilig bei epitaktischen Prozessen sind allerdings die erhöhte Prozeßkomplexität und die damit verbundenen höheren Kosten sowie die hohen Anforderungen an Defekt- und Partikelfreiheit des Substrats, die durch entsprechende Umgebungsbedingungen bzw. Reinigungsprozesse erfüllt werden müssen. Für die Herstellung epitaktischer Schichten kommen im wesentlichen drei Verfahren zur Anwendung; diese werden als Gasphasen-, Flüssigphasen- und Molekularstrahlepitaxie bezeichnet. Für die Si-VLSI-Technologie ist dabei die Gasphasenepitaxie von besonderer Bedeutung; Heterostrukturen gerade auf III-V-Halbleiterbasis werden weitgehend durch Flüssigphasen- und Molekularstrahlepitaxie erzeugt.

3.4.1 Gasphasenepitaxie

Grundsätzlich handelt es sich bei der Gasphasenepitaxie um einen CVD (chemical vapour deposition)-Prozeß. Reaktive Atome bzw. Moleküle werden in der Gasphase durch Wärmezufuhr erzeugt und zur Substratoberfläche transportiert, wo sie adsorbiert werden, chemisch reagieren und den gewünschten Film erzeugen. Die Reaktionsnebenprodukte müssen anschließend desorbieren und in der Gasphase abgeführt werden. Die Flußdichte j der reaktiven Anteile vom Gasstrom (Konzentration C_g) zur Substratoberfläche (Konzentration C_s) kann näherungsweise durch das 1. Ficksche Gesetz beschrieben werden :

$$j = D\frac{C_g - C_s}{d} \ .$$ (3.13)

Hierbei ist D der Diffusionskoeffizient in der Gasphase und d die Stärke der Grenzschicht reduzierter Strömungsgeschwindigkeit, die sich zwischen der Oberfläche des Substrates bzw. Suszeptors (hier ist die Strömungsgeschwindigkeit $v = 0$) und dem freien Gasstrom (Konvektionszone) ausbildet (Abb. 3.11).

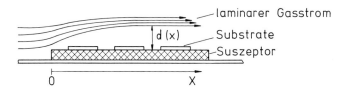

Abb. 3.11. Gasströmung in einem Reaktor zur Gasphasenepitaxie; Ausbildung einer Grenzschicht $d(x)$ mit reduzierter Strömungsgeschwindigkeit

Die Stärke d ist gegeben durch:

$$d(x) = \sqrt{\frac{\mu\, x}{\rho\, v}}$$ (3.14)

(μ Gasviskosität; ρ Gasdichte; v Geschwindigkeit des freien Gasstroms). Da der Materietransport aus dem Gasstrom zum Substrat durch diese Grenzschicht erfolgt, nimmt bei konstanter Strömungsgeschwindigkeit wegen (3.12) und (3.13) die Flußdichte der Reaktionsbestandteile und damit auch die Aufwachsrate der Schicht entlang des Suszeptors ab. Dieser Effekt läßt sich durch Erhöhen der Strömungsgeschwindigkeit entlang des Suszeptors, also entsprechende Geometrie des Epitaxiereaktors, kompensieren. Da die Depositionsrate zudem von Konzentrations- und Temperaturgradienten abhängig ist, müssen diese Parameter zusätzlich optimiert werden, um die gewünschte Uniformität der Deposition zu erreichen. Übliche Reaktorformen zeigt schematisch Abb. 3.12; die Bezeichnungsweise ist dabei an die Form des Suszeptors angelehnt, auf dem die Substrate angeordnet sind. Der Suszeptor muß für induktiv geheizte Reaktoren elektrisch leitfähig sein, darf aber mit den Prozeßgasen nicht chemisch reagieren, so daß weitgehend SiC-beschichtete Graphitsuszeptoren verwendet werden. Für IR-strahlungsgeheizte Barrelreaktoren kann dagegen auch Quarz als Suszeptormaterial verwendet werden. Da sich aus den oben erwähnten Gründen gerade in Horizontalreaktoren nur schwer die für moderne VLSI-Technologien erforderlichen Schichthomogenitäten über

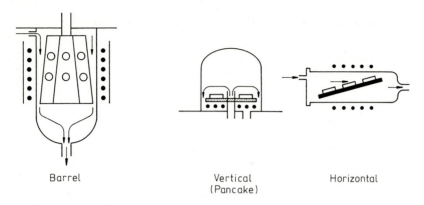

Barrel   Vertical   Horizontal
                (Pancake)

Abb. 3.12. Verschiedene Reaktortypen für die Gasphasenepitaxie

die gesamte Suszeptorlänge erreichen lassen, verliert dieser Reaktortyp weitgehend an Bedeutung. Moderne Epitaxiereaktoren sind meist vom Typ des IR-strahlungsgeheizten Barrelreaktors; durch die nahezu vertikale Anordnung der Substrate im Reaktor ist die Gefahr einer Partikelkontamination weitgehend ausgeschaltet [3.22,3.23]. Quellen für die Si-Epitaxie sind Siliziumtetrachlorid ($SiCl_4$), Trichlorsilan ($SiHCl_3$), Dichlorsilan (SiH_2Cl_2) und Silan (SiH_4). Wird Siliziumtetrachlorid mit Wasserstoff reduziert, so kann die Reaktionsreihenfolge wie folgt beschrieben werden [3.24,3.25]:

1. $SiCl_4 + H_2 \longleftrightarrow SiHCl_3 + HCl$
2. $SiHCl_3 + H_2 \longleftrightarrow SiH_2Cl_2 + HCl$
3. $SiH_2Cl_2 \longleftrightarrow SiCl_2 + H_2$
4. $SiHCl_3 \longleftrightarrow SiCl_2 + HCl$
5. $SiCl_2 + H \longleftrightarrow Si + 2HCl$

Bei Verwendung von Tri- oder Dichlorsilan startet die Reaktionsreihenfolge entsprechend bei den Stufen 2 oder 3. Da die Reaktionen reversibel verlaufen, kann bei entsprechenden Prozeßparametern (Temperaturen unterhalb 900 °C und oberhalb 1400 °C) auch eine negative Wachstumsrate erreicht werden; dabei wird durch die Verschiebung des chemischen Gleichgewichts die Siliziumoberfläche durch das entstehende HCl angeätzt. Bei Verwendung von Silan verläuft die Reaktion nach

$$SiH_4 \longrightarrow Si + 2H_2 \quad,$$

und diese Reaktion ist bei normalen Prozeßtemperaturen nicht reversibel. Der Vorteil der SiH_4-Epitaxie liegt darin, daß die Abscheidung bei niedrigeren Temperaturen ablaufen kann, als dies bei dem Zerfall der Chlorsilane der Fall ist. Nachteile ergeben sich aus dem Fehlen des HCl und der damit fehlenden Möglichkeit, in einfacher Weise die Abscheidung mit einem reinigenden Ätzen der Oberfläche zu beginnen, sowie der Gefahr der Gasphasen-

Tabelle 3.4. Depositionsdaten von Si-Quellen für Gasphasenepitaxie

Si-Quelle	Depositionstemperatur ($°C$)	Wachstumsrate ($\mu m/min$)
$SiCl_4$	1150...1250	0,4...1,5
$SiHCl_3$	1100...1200	0,4...2,0
SiH_2Cl_2	1050...1150	0,4...3,0
SiH_4	950...1050	0,2...0,3

reaktion, als deren Folge sich Si-Partikel auf der Substratoberfläche niederschlagen; die daraus resultierende hohe Fehlerdichte der epitaktischen Schicht
entspricht nicht den Anforderungen einer VLSI-Technologie. In Tabelle 3.4
sind einige Daten der verschiedenen Si-Quellen für die Gasphasenepitaxie
zusammengestellt. Die Dotierung der epitaktischen Schicht erfolgt durch Zugabe der gewünschten Dotierstoffe in Form der entsprechenden Hydride in
den Gasstrom. Diese sind Diboran (B_2H_6) für die Bor-, Phosphin (PH_3) für
die Phosphor- und Arsin (AsH_3) für die Arsendotierung. Neben dem Mischungsverhältnis ist der Einbau der Dotieratome in die epitaktische Schicht
unter anderem abhängig von Substrattemperatur, Aufwachsrate und Reaktorgeometrie, so daß die Dotierkonzentrationen in Gasphase und Epi-Schicht verschieden sind. Die erforderliche Menge des Dotiergases muß dabei für eine
spezifizierte Dotierung der Epi-Schicht weitgehend empirisch ermittelt werden.
Häufig verlangt die Anwendung die Deposition einer niedrig dotierten epitaktischen Schicht auf einem hochdotierten Substrat. Zwei Effekte verhindern dabei
einen (idealen) Sprung der Dotierungskonzentration von niedrigen zu hohen
Werten; diese sind die Ausdiffusion aus dem Substrat in den wachsenden Film
und das "autodoping" aus der Gasphase. Die Ausdiffusion ist dabei einfach
durch den Konzentrationsgradienten und die endliche Diffusionskonstante der
Dotieratome bedingt und nimmt mit wachsender Schichtdicke ab. Der Verlauf
der Dotierung kann in der Nähe der Grenzschicht durch eine komplementäre
Fehlerfunktion beschrieben werden, da bei normalen Prozeßbedingungen die
Wachstumsrate der Epi-Schicht größer ist als die Geschwindigkeit der Diffusionsfront. Autodoping bezeichnet demgegenüber die Desorption von Dotieratomen aus dem hochdotierten Substrat mit anschließendem Wiedereinbau in
die epitaktische Schicht; auch dieser Effekt nimmt mit wachsender Schichtdicke
ab. Beide Effekte begrenzen somit die minimal erreichbare Schichtdicke bei der
Gasphasenepitaxie. Da die Rückseite der Substrate wesentlich zum Autodoping beiträgt, wird diese meist durch eine niedrig dotierte Si-Schicht oder ein
dünnes CVD-Oxid versiegelt. Die Wahl niedrigerer Prozeßtemperaturen (etwa
durch Verwendung von Dichlorsilan statt Siliziumtetrachlorid, siehe Tabelle 3.4)

kann das Autodoping durch Bor vermindern, während bei Verwendung von *As* der Autodoping-Effekt mit niedrigeren Temperaturen stärker wird. Für n-Dotierung müssen daher Dotierstoffe mit niedrigem Dampfdruck und niedriger Diffusionskonstante verwendet werden; hier kommt meist Antimon statt Arsen (hoher Dampfdruck) oder Phosphor (hohe Diffusionskonstante; Ausdiffusion) zur Anwendung.

Die Deposition epitaktischer Schichten auf strukturierten Substraten, etwa nach einer "buried layer"-Diffusion in Bipolar-Prozessen, kann während der epitaktischen Abscheidung zu einer lateralen Verschiebung der Struktur relativ zur ursprünglichen "buried layer"-Struktur führen (pattern shift). In Zusammenhang damit können auch laterale Änderungen der Strukturgröße ("pattern distortion") oder ein Ausschmieren der Struktur an der Oberfläche nach der Deposition ("pattern washout") beobachtet werden. Diese Effekte sind wesentlich abhängig von der Oberflächenorientierung des Substrates und den Depositionsparametern wie Druck, Temperatur und *Si*-Quelle, so daß zu ihrer Beseitigung häufig empirische Verfahren eingesetzt werden müssen. Eine Reduktion des autodoping und der pattern shift kann insbesondere durch Abscheidung bei niedrigen Totaldrucken (< 100 hPa) erreicht werden (low pressure epitaxy). Der Vergleich zwischen Normaldruck- und Niederdruckabscheidung ($p = 50$ hPa) hat gezeigt [3.35], daß

- die Niederdruckabscheidung eine Absenkung der Reaktionstemperatur um ca. $100\,°C$ bei gleicher Kristallqualität erlaubt,
- die maximale Autodoping-Konzentration bei der Niederdruckabscheidung bei sonst gleichen Prozeßbedingungen um nahezu zwei Größenordnungen verringert wird,
- die Abbildung von Strukturen durch die Epitaxieschicht auf die Oberfläche, die bei Normaldruckbedingungen nur auf fehlorientierten (111)-Substraten möglich ist, bei der Niederdruckabscheidung auch auf nicht-fehlorientierten Substraten bei gleichzeitig wesentlich besserer Erhaltung der Strukturgeometrie gelingt.

3.4.2 Charakterisierung epitaxialer Schichten

Aufgrund der unterschiedlichen Dotierstoffkonzentrationen unterscheiden sich die optischen Eigenschaften des Siliziumsubstrates von denen der epitaktischen Schicht. Damit ergeben sich in der Reflexion von infrarotem Licht Interferenzen, die zur Bestimmung der Schichtdicke herangezogen werden können. Diese IR-Reflexionsmethode ist in [3.21] standardisiert. Automatisierte Verfahren verwenden dabei Fourier-Spektrometer im infraroten Bereich. Der von der Infrarotquelle kommende Strahl wird aufgespalten und jeweils von der Probe bzw. einem beweglichen Spiegel reflektiert (Michelson-Interferometer). Konstruktive Interferenz beider Strahlen ergibt sich bei jeweils gleichen optischen Weglängen. Der Abstand der Maxima ("side bursts") im sich so ergebenden Interferogramm ist ein direktes Maß für die Epi-Schichtdicke. Eine sehr einfache Methode zur

Schichtdickenbestimmung ist auch die Vermessung von Stapelfehlern (Abschnitt 3.5.3), die von der Grenzschicht zum Substrat ausgehen. Es gilt

$$d = K \cdot l \ , \qquad (3.15)$$

wobei d die Dicke der Epitaxieschicht bezeichnet. l ist die Seitenlänge des Quadrates bzw. Dreiecks, das als Schnittfigur des Stapelfehlers (stets (111)-orientiert) mit der (100)- bzw. (111)-orientierten Oberfläche der epitaktischen Schicht entsteht. K ist ein Geometriefaktor mit $K = 1/\sqrt{2} = 0,707$ für die (100)-orientierte bzw. $K = \sqrt{2/3} = 0,816$ für die (111)-orientierte Oberfläche.

Die Bestimmung der Dotierungskonzentration in der Epi-Schicht kann bei gegensätzlicher Dotierung des Substrats zur Epi-Schicht durch Messung des Schichtwiderstandes mittels einer Vierspitzenmethode erfolgen. Bei gleicher, speziell sehr hoher, Dotierung des Substrates muß diese Methode wegen des parallel liegenden niedrigen Substratwiderstands versagen. Eine Möglichkeit bietet hier die Messung der Kapazitäts-Spannungskennlinie einer Schottky-Diode, die meist durch einen Quecksilberkontakt der Fläche A auf der Epi-Schicht dargestellt wird. Die Sperrschichtkapazität C ist dabei gegeben durch

$$\frac{1}{C^2} = \frac{2 \cdot (U_D - U)}{A^2 \cdot q \cdot \epsilon \cdot N} \ . \qquad (3.16)$$

Trägt man daher $1/C^2$ als Funktion von U auf, erhält man aus der Steigung der sich ergebenden Geraden die Dotierungskonzentration N und aus dem Achsenabschnitt bei $1/C^2 = 0$ die Potentialbarriere U_D.

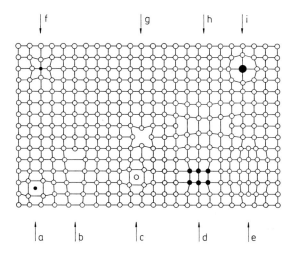

Abb. 3.13. Schematische Darstellung typischer Defekte in einkristallinen Festkörpern ([3.2], siehe Text)

3.5 Kristalldefekte in Silizium

Eine grobe Einteilung struktureller Defekte in Einkristallen kann durch ihre Geometrie erfolgen. Man unterscheidet dazu zwischen nulldimensionalen (Punktdefekte), eindimensionalen (Liniendefekte), zweidimensionalen (Flächendefekte) und dreidimensionalen (Volumendefekte) Defektklassen. Der folgende Abschnitt gibt einen Überblick über spezifische Defekte in diesen Defektklassen und ihren Einfluß auf die Siliziumtechnologie; eine schematische Darstellung gibt Abb. 3.13.

3.5.1 Punktdefekte

Hier muß zunächst zwischen intrinsischen und extrinsischen Punktdefekten unterschieden werden. Als intrinsisch werden dabei sowohl Leerstellen ("vacancies", Abb. 3.13g) im Kristallgitter als auch Siliziumatome auf Zwischengitterplätzen ("selfinterstitials", Abb. 3.13c) bezeichnet. Wird ein Siliziumatom durch thermische Aktivierung aus dem Gitterverband gelöst, diffundiert es entweder zur Kristalloberfläche (Schottky-Defekt) oder wird auf einem Zwischengitterplatz eingebaut (Frenkel-Defekt). Die Konzentration von Leerstellen bzw. Siliziumatomen auf Zwischengitterplätzen läßt sich in beiden Fällen durch eine Arrheniusgleichung

$$N = N_0 \cdot \exp\left(-\frac{E}{k_B T}\right) \qquad (3.17)$$

mit jedoch unterschiedlicher Aktivierungsenergie beschreiben. N_0 ist dabei die Zahl der Gitterplätze pro Volumeneinheit. Die Aktivierungsenergie E beträgt in Silizium für die Erzeugung einer Leerstelle etwa 2,6 eV und für Silizium auf einem Zwischengitterplatz etwa 4,5 eV. Intrinsische Punktdefekte können die Diffusionskinetik späterer Prozesse stark beeinflussen, da die Diffusionskonstante vieler Fremdatome stark von der Konzentration vorhandener Gitterleerstellen abhängt. Selfinterstitials entstehen häufig bei der thermischen Oxidation von Silizium und bilden dann die Ursache für die Entstehung von oxidations-induzierten Stapelfehlern (s. Abschnitte 3.5.3, 6.2.5). Extrinsische Punktdefekte sind demgegenüber Fremdatome entweder auf Gitter- oder Zwischengitterplätzen ("interstitials"). Der Einbau von Fremdatomen mit von Silizium stark abweichendem Atomradius führt dabei zu Gitterverspannungen in der Umgebung des Fremdatoms (Abb. 3.13a,f,i). Dies ist von Bedeutung etwa bei der Epitaxie niedrig dotierter Schichten auf hochdotierten Substraten; der durch unterschiedliche Gitterkonstanten an der Grenzfläche induzierte mechanische Stress kann dabei zur Ausbildung von Versetzungen ("misfit dislocations") führen.

3.5.2 Liniendefekte

Bei der mechanischen Verschiebung von Kristallmaterial zueinander entstehen eindimensionale Störungen des Kristallgitters, die entlang offener oder geschlossener Linien verlaufen und als Versetzungen bezeichnet werden. Diese Versetzungen werden durch den Burgers-Vektor charakterisiert; dazu wird die Versetzungslinie in Schritten der Gitterkonstante geschlossen umlaufen und der so entstehende "Kreis" in ungestörtes Kristallmaterial mit gleicher Schrittzahl und -weite übertragen. Die entstehende Lücke definiert Richtung und Größe des Burgers-Vektors. Ein Burgers-Vektor parallel zur Versetzungslinie charakterisiert dabei eine Schraubenversetzung. Liegt der Burgers-Vektor senkrecht zur Versetzungslinie, wird dies als Kantenversetzung bezeichnet. Kantenversetzungen können durch teilweise Einfügung einer zusätzlichen Kristallebene veranschaulicht werden (Abb. 3.13b). Ist eine solche Kristallebene lokal in das Gitter eingefügt (Abb. 3.13e), so wird sie von einer geschlossenen Versetzungslinie berandet ("dislocation loop"). Ursache hierfür ist meist die Agglomeration von Punktdefekten; geschlossene Versetzungslinien bilden sich daher auch bei der Zusammenlagerung von Gitterleerstellen (Abb. 3.13h). Makroskopische Versetzungen werden im Wafer meist bei Hochtemperaturprozessen erzeugt. Mechanischer Stress führt dabei zu Wachstum oder Multiplikation (Frank-Reed-Quellen) von Versetzungen im Innern oder an der Oberfläche des Einkristalls. Ursächlich für diese mechanischen Spannungen sind lokal unterschiedliche Ausdehnung des Kristallmaterials aufgrund von Temperaturgradienten (vgl. Abschnitt 3.2.2) sowie eine Fehlanpassung der Gitterstruktur oder auch unterschiedliche Ausdehnungskoeffizienten von Silizium und den prozeßbedingten Schichten wie Oxid oder Nitrid (Abschnitte 6.2.4, 6.2.5). Die Zusammenlagerung von Punktdefekten, aber auch lokal hohe Dotierungen mit Bor oder Phosphor, resultieren ebenfalls aufgrund der unterschiedlichen Atomradien in mechanischen Spannungen; die entstehenden Versetzungen werden als "misfit dislocations" bezeichnet und finden sich häufig an der Grenzfläche von niedrig dotierten epitaktischen Schichten zu hochdotierten Substraten. Ebenso entstehen diese Versetzungen bei der Sauerstoffkomplexbildung in CZ-Silizium durch den großen Radius des SiO_2-Moleküls. Die Verspannung des Kristallgitters in der Umgebung einer Versetzung begünstigt energetisch die Anlagerung von Verunreinigungen insbesondere von Schwermetallatomen. So "dekorierte" Versetzungen sind elektrisch aktiv und beeinflussen damit das Verhalten von aktiven Bauelementen in ihrer Umgebung.

3.5.3 Flächendefekte

Im Diamantgitter des Siliziums folgen drei (111)-Ebenen in der Stapelfolge ...ABCABCABC... aufeinander. Wird diese Ordnung durch Entnahme oder Hinzufügung einer weiteren Ebene gestört, so wird dies als Stapelfehler ("stacking fault") bezeichnet; in Silizium werden Stapelfehler nur auf (111)-Ebenen beobachtet. Ursache für die Ausbildung von Stapelfehlern ist dabei häufig eine Agglomeration von Punktdefekten; die Zusammenlagerung von Leerstellen (Abb. 3.13h) wird dann als "intrinsischer Stapelfehler" (fehlende Ebene) und die von Zwischengitteratomen als "extrinsischer Stapelfehler" bezeichnet. Extrinsische Stapelfehler entstehen häufig bei der thermischen Oxidation von Silizium durch die Injektion von überschüssigen Siliziumatomen auf Zwischengitterplätze. Aufgrund ihrer Entstehung werden sie als oxidations-induzierte Stapelfehler (oxidation-induced stacking fault, OSF) bezeichnet. Stapelfehler in epitaktischen Schichten haben ihren Ursprung meist in Stapelfehlern oder Partikeln an der Substratoberfläche oder in Partikelkontamination während der Deposition. Da Stapelfehler von Versetzungslinien berandet sind, können auch sie durch Anlagerung von Fremdatomen elektrisch aktiv werden und das Verhalten von Bauelementen negativ beeinflussen.

3.5.4 Volumendefekte

Volumendefekte entstehen durch die Zusammenlagerung von extrinsischen oder intrinsischen Punktdefekten (Abb. 3.13d). Ihre Bildung durchläuft dabei zunächst eine Nukleationsphase entweder an vorhandenen Kristalldefekten (heterogene Nukleation) oder durch Fluktuation der Punktdefektkonzentration in einem sonst ungestörten Kristall. Bei hinreichend lokaler Erhöhung der Punktdefektdichte können sich Cluster bilden, die den Nukleus darstellen (homogene Nukleation; bestimmender Prozeß bei versetzungsfreiem Silizium). Die Wahrscheinlichkeit für die Entstehung der Cluster ist umso größer, je höher der Grad der Übersättigung und je größer die Diffusionsgeschwindigkeit der Defekte ist. Durch Anlagerung weiterer Punktdefekte an den Nukleus bei Hochtemperaturprozessen wächst der Volumendefekt; bestimmend für Wachstum und Stabilität des Nukleus ist dabei die freie Energie des Systems. Die Vergrößerung der Oberfläche eines Volumendefekts erfordert die Zuführung von Energie, so daß die freie Energie zunächst zunimmt. Diese Zunahme wird bei Überschreiten des "kritischen Radius" überkompensiert durch die Abnahme der freien Energie des Volumens, da sich der Kristall mit kleiner werdender Konzentration homogen gelöster Punktdefekte dem thermischen Gleichgewicht annähert. Unterhalb des kritischen Radius kann die freie Energie nur durch Verkleinern der Nukleusoberfläche verringert werden, so daß die Auflösung des Volumendefekts energetisch favorisiert ist. Oberhalb des kritischen Radius ist die Abnahme der freien Energie durch die starke Abnahme der freien Energie des Volumens bestimmt, so daß der Volumendefekt wächst bzw. stabilisiert wird. Für Sauerstoff in Silizium beträgt dieser kritische Radius etwa 10Å bei 1150 °C.

3.6 Methoden zur Materialanalyse

3.6.1 Ätz- und Dekorationsverfahren

Die Sichtbarmachung von Kristalldefekten erfolgt am einfachsten durch Strukturätzen, wie sie in [3.27-3.39] beschrieben werden (s. Tabelle 3.5). Ihre strukturierende Wirkung beruht auf der höheren Nukleation von Sauerstoff aus der oxidierenden Komponente an den Kristalldefekten, so daß hier die Ätzung durch Flußsäure bevorzugt erfolgt. Unterstützt wird diese Anisotropie durch Zusatz von Chromionen, die als Kationen schwer lösliche Verbindungen eingehen können und damit als Ätzinhibitor wirken.

Die Auszählung der Defekte und Charakterisierung der entstehenden Ätzbilder erfolgt im Lichtmikroskop, meist unterstützt durch Phasen- oder Interferenzkontrast. Abb. 3.14 zeigt Stapelfehler auf (100)-Silizium nach Behand-

Tabelle 3.5. Strukturätzen zur Defektanalyse

Ätze	Zusammensetzung	Bemerkung
Sirtl	50 g CrO_3 in 100 ml H_2O Direkt vor Benutzung mischen 1:1 mit HF 48%	Für (111)-Oberflächen Auf (100)-Oberflächen schwer zu interpretieren
Wright	2 g $Cu(NO_3)_2 \times 3H_2O$ in 60 ml H_2O Vor Benutzung hinzufügen: 60 ml HF 48% 30 ml HNO_3 69% 30 ml 5M CrO_3 (1 g CrO_3/2 ml H_2O) 60 ml Essigsäure	Für (100)- und (111)- Oberflächen geeignet
Secco	44 g $K_2Cr_2O_7$ in 1000 ml H_2O Direkt vor Benutzung mischen 1:2 mit HF 48%	Gute Ergebnisse auf (100)- Oberflächen. Verwendung im Ultraschallbad wegen Blasenbildung an der Oberfläche

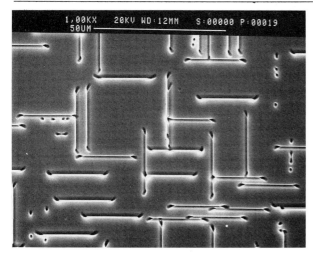

Abb. 3.14. Rasterelektronenmikroskopische Aufnahme von Stapelfehlern auf (100)-Silizium nach Behandlung mit Secco-Ätze (mit freundlicher Genehmigung der Fa. Wacker-Chemitronic, Burghausen)

lung der Oberfläche mit Secco-Ätze. Die Anordnung der Defekte ist typisch für eine Oberfläche mit 4-zähliger Kristallsymmetrie. Bei Verwendung von Infrarot-Mikroskopen in Durchstrahlung können Defekte im Kristallinneren durch Dekoration mit Kupfer sichtbar gemacht werden [3.30]. Aufheizen des Kristalls in Kupfernitratlösung führt bei ausreichender Wärmezufuhr zu Diffusion von Kupfer in den Kristall, wo es sich an Versetzungen und Stapelfehlern anlagert.

3.6.2 Röntgen- und Elektronenstrahlverfahren

Röntgentopographie: Der Kristall wird, in einem Bragg'schen Winkel orientiert, mit monochromatischer Röntgenstrahlung bestrahlt. Mit einer Lang-Kamera erhält man ein photographisches Bild des Kristallvolumens durch Reflexion der Wellen an Kristallebenen. Wechselwirkung der Röntgenstrahlung mit Störungen des Kristallgitters führt zu Intensitätsvariationen in Transmission und entsprechendem Kontrast in der photographischen Abbildung. Wesentlicher Vorteil dieses Verfahrens gegenüber den folgenden Analysemethoden ist die Möglichkeit, komplette Wafer zerstörungsfrei in jeder beliebigen Prozeßstufe zu untersuchen.

Auger-Elektronen-Spektroskopie (AES): Durch Beschuß mit Elektronen im Energiebereich bis etwa 10 keV werden Atome des Kristalls bis zur Eindringtiefe von ca. 1 μm angeregt. Der Übergang in den Grundzustand ist durch Emission von Auger-Elektronen möglich. Deren Energie ist dabei unabhängig von der Energie der anregenden Elektronen, dagegen ist das emittierte Energiespektrum charakteristisch für die jeweils angeregten Atome. Die Tiefenauflösung ist durch die mittlere freie Weglänge der Auger-Elektronen begrenzt und liegt bei etwa 10 Å. Wird die Oberfläche einer Probe rasterartig mit einem Elektronenstrahl abgefahren, so wird dies als "scanning Auger microprobe" (SAM) bezeichnet.

Röntgen-Emissions-Spektroskopie (XES): Bei Anregung von Atomen bis etwa zur Ordnungszahl 30 (Zn) ist der Übergang in den Grundzustand weitgehend durch den Auger-Prozeß bestimmt, während für $Z > 30$ die Emission von Röntgenstrahlung dominiert. Das Röntgenspektrum ist dabei ebenfalls charakteristisch für die jeweils angeregten Atome. Die Tiefenauflösung ist durch die Eindringtiefe der anregenden Elektronen bestimmt; XES ist daher kein rein oberflächensensitives Verfahren. Wie AES ist auch XES wegen der zur Anregung verwendeten hochenergetischen Elektronen in vielen Fällen nicht zerstörungsfrei.

Röntgen-Photoelektronen-Spektroskopie (XPS): Die Anregung der Atome erfolgt hierbei durch niedrigenergetische Röntgenstrahlung und ist damit zerstörungsfrei; analysiert wird das Spektrum der emittierten Photoelektronen. Die Tiefenauflösung ist daher analog zu AES; man findet auch die Bezeichnung Elektronen-Spektroskopie für chemische Analyse (ESCA).

Röntgenfluoreszenz-Analyse (XRF): Nach Anregung mit niedrigenergetischer Röntgenstrahlung wird das emittierte Röntgenspektrum analog zu XES analysiert. Gegenüber XES ist die Fluoreszenzanalyse zerstörungsfrei.

3.6.3 Ionenstrahlverfahren

Sekundärionen-Massen-Spektroskopie (SIMS): Durch Beschuß der Kristalloberfläche mit Ionen im Energiebereich 1 bis 30 keV werden Oberflächenatome abgesputtert und verlassen die Kristalloberfläche teils in ionisiertem Zustand. Diese Ionen können in einem Quadrupol-Massenspektrometer analysiert werden. Gegenüber den bisher behandelten Verfahren kann mit SIMS auch Wasserstoff nachgewiesen werden; zudem ergeben sich bei entsprechender Wahl der zum Beschuß verwendeten Ionen Empfindlichkeiten bis zu 0,1 ppma. Wegen des mit der Analyse verbundenen Materialabtrags von der Oberfläche kann der Kristall auch in der Tiefe analysiert werden; Anwendung findet das Verfahren daher auch in der Prozeßkontrolle zur Bestimmung von implantierten oder diffundierten Dotierprofilen. Neuere Methoden benutzen auch Laser zur Desorption oder Ionisation der Oberflächenatome (LIMS).

Rutherford Backscattering Spektroskopie (RBS): Die Verwendung leichter Ionen (*He*-Ionen bei 1 bis 4 MeV) schließt das Absputtern von Oberflächen-Atomen aus. RBS nutzt die elastische Kernrückstreuung (Rutherford-Streuung) der *He*-Ionen zur Analyse der oberflächennahen Schichten. Der Energieverlust der gestreuten Ionen ist dabei charakteristisch für die als Streuzentren wirkenden Atome im Kristall und gleichzeitig ein Maß für die Eindringtiefe in das Material. RBS liefert damit gleichzeitig mit der chemischen Analyse ein Tiefenprofil, ist aber wegen des zugrunde liegenden Mechanismus im Gegensatz zu SIMS ein zerstörungsfreies Analyseverfahren.

3.6.4 Neutronenaktivierungsanalyse (NAA)

Bestrahlung einer *Si*-Kristallprobe mit thermischen Neutronen im Reaktor führt zur Bildung von Radionukliden entsprechend der atomaren Zusammensetzung der Probe. Eine entsprechende Analyse der emittierten Röntgenstrahlung sowie der Zerfallszeiten der Isotope erlaubt auch die Detektion sehr geringer Fremdatomkonzentrationen in Silizium; so können mit NAA Elemente wie Cu, Au, Na, As bis hinunter zu 10^{11} bis 10^{12} at/cm^3 nachgewiesen werden. Die Methode eignet sich daher besonders zur Bestimmung von Kontaminationen in thermischen Prozessen oder zur Überprüfung der Effizienz von Gettermechanismen. Sie ist das empfindlichste spurenanalytische Analyseverfahren, erfordert jedoch einen hohen apparativen Aufwand.

3.7   Gettern in Silizium

Gettern bezeichnet das Entfernen unerwünschter Verunreinigungen und Punktdefekte aus den Bereichen aktiver Bauelemente durch Anlagerung dieser Defekte an Kondensationskeimen im Kristallinnern (intrinsisches Gettern) oder
an der Waferrückseite (extrinsisches Gettern).   Metallische Verunreinigungen wie Fe, Cu, Ni, Au sind wegen ihrer großen Diffusionslängen bei üblichen
Prozeßtemperaturen im Kristall homogen verteilt. Im Bereich aktiver Bauelemente führt dies zu erhöhten Leckströmen von pn-Übergängen, aber auch zur
Erniedrigung der Durchbruchspannung etwa bei Gateoxiden in MOS-Prozessen.
Wegen des meist großen Atomradius speziell der Schwermetalle ist jedoch
die Anlagerung an vorhandenen Keimen, etwa in Form von Stapelfehlern,
gegenüber der homogenen Verteilung energetisch bevorzugt. Dies gilt auch für
Punktdefekte wie Leerstellen und Zwischengitteratome; mit geeigneten Getterverfahren kann eine defektfreie Zone für die Herstellung der Bauelemente einer
hochintegrierten Schaltung geschaffen und während des Prozesses erhalten werden. Einen Überblick über übliche Getterverfahren gibt Tabelle 3.6 [3.32].

Tabelle 3.6. Getterverfahren in Silizium

Verfahren	Anwendung
Rückseiten- schädigung (mechanisch, Laser, Ionenimplantation)	vor Prozeßbeginn (Rückseite)
intrinsisches Gettern (Sauerstoffkeimbil- dung, Stapelfehler)	vor und während des Prozesses
Phosphor- oder Bordiffusion	vor Prozeßbeginn (Rückseite) oder im Back-end- Prozeß (Vorderseite)

3.7.1   Extrinsisches Gettern

Hierzu zählt jede Form der Rückseitenschädigung wie Sandstrahlen, Ionenimplantation oder laserinduzierte Kristallschädigung. Ziel ist hierbei immer
die Erzeugung von begrenzten Stressfeldern an der Scheibenrückseite, die in
den folgenden Temperaturschritten durch Ausbildung dichter Versetzungsnetz-
werke aufgelöst werden und damit eine ideale Senke für das Gettern metallischer Verunreinigungen weit entfernt von aktiven Bereichen darstellen. Dieser

Mechanismus kann durch die Deposition von Polysilizium vor Beginn, aber auch während des Prozesses, unterstützt werden. Die Anlagerung der zu getternden Verunreinigungen findet hier vorzugsweise an den Korngrenzen statt. Wegen des Korngrößenwachstums als Folge von anschließenden Hochtemperaturprozessen kann die Effizienz der Polysiliziumgetterung jedoch stark abnehmen. Eine weitere Variante des extrinsischen Getterns ist die Diffusion von Phosphor in die Scheibenrückseite. Die Einlagerung von Phosphor im Kristallgitter führt zur Bildung von Phosphor/Leerstellen-Komplexen, die als Getterzentren für z.B. Gold wirken.

Häufig wird zum Prozeßende (Backend-Prozeß) das Zwischenoxid (Kapitel 12) während der Abscheidung (PSG, BPSG, Kapitel 7) bzw. nach der Abscheidung mit Phosphor dotiert. Auch in diesem Fall kommt dem Phosphor eine Getterwirkung zu, indem es Schwermetalle innerhalb des Dielektrikums an sich bindet und deren Diffusion in Richtung der gefährdeten Bauelemente verhindert.

3.7.2 Intrinsisches Gettern

Intrinsisches Gettern nutzt die in Abschnitt 3.2.4 beschriebene Ausbildung von Sauerstoffkeimen in CZ-Silizium und die damit entstehenden Stapelfehler im Inneren des Kristalls. Dabei muß jedoch die Sauerstoffausscheidung im oberflächennahen Bereich aktiver Bauelemente vermieden werden [3.33]. Durch einen geeigneten Hochtemperaturprozeß zur Ausdiffusion von Sauerstoff (etwa 1100 °C für bis zu 24 Stunden unter Schutzgas) wird daher zunächst eine sauerstofffreie ("denuded") Zone geschaffen. Die Tiefe dieser Zone richtet sich dabei nach der Diffusionstiefe der im Prozeß entstehenden Bauelemente und kann bis zu 50 μm betragen. Unterhalb der "denuded zone" bilden sich dann bei geeigneten Temperschritten die Keime und Defektkomplexe aus, die während der Folgeprozesse als effektive Getterzentren wirken. Ein Vorteil dieser Technik liegt darin, daß die Getterzentren sehr dicht an den aktiven Bereichen der Scheibe liegen und somit höhere Effektivität aufweisen können. In der Praxis erweist es sich jedoch als sehr schwierig, die zugrunde liegenden Prozesse so zu kontrollieren, daß eine reproduzierbare, definierte sauerstofffreie Zone ausgebildet wird.

3.8 Zusammenfassung und Ausblick

Auch in absehbarer Zukunft wird sich Silizium als wesentliches Ausgangsmaterial für VLSI- und ULSI-Schaltungen behaupten. Im Zuge wachsender Chipgrößen setzt sich ein Trend zu größeren Scheibendurchmessern fort. Wachsende Komplexität der Schaltungen zwingt dabei gleichzeitig zu immer kleiner werdenden Strukturen. Diese lassen sich nur realisieren, wenn die damit verbundenen hohen Anforderungen an die Ebenheit der Siliziumwafer erreicht werden

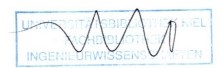

können. Für 200 mm-Scheiben bedeutet dies die Forderung einer lokalen Ebenheit von unter $1\,\mu$m auf einem $25 \times 25\,$mm^2 großen Belichtungsfeld. Gleichzeitig wächst auch die Bedeutung von Partikel- und chemischer Kontamination sowie der Defektfreiheit des Ausgangsmaterials. Man steht dabei vor der Aufgabe, Fremdatomanteile bis in den ppta-Bereich (einige 10^{10} at/cm^3) bestimmen und kontrollieren zu müssen. Damit einher gehen entsprechende Spezifikationen zur Oberflächen-Partikeldichte von $< 0{,}03\,$cm^{-2} für Partikelgrößen bis hinunter zu $0{,}2\,\mu$m. Wegen dieser Anforderungen nehmen effiziente Getterverfahren an Bedeutung zu. Die Anwendung intrinsischen Getterns zwingt dann zu genau kontrollierten Sauerstoffkonzentrationen im Ausgangsmaterial. Wesentliche zukünftige Aufgabenstellungen finden sich daher auch und gerade in der Entwicklung leistungsfähiger Analyseverfahren.

4 Strukturerzeugung

J.-H. Fock, H. Fehling

4.1 Einleitung

Um eine mikroelektronische Schaltung zu fertigen, müssen verschiedene geometrische Strukturen nacheinander auf der Scheibenoberfläche erzeugt werden. Zum Beispiel müssen elektrisch aktive Gebiete von inaktiven Gebieten getrennt werden, die Steuerelektrode eines Transistors muß richtig plaziert sein und genau die richtige Breite haben, und am Ende des Fertigungsprozesses müssen alle Schaltungselemente durch Leiterbahnen miteinander verbunden werden. Die Größen dieser Strukturen liegen im Bereich einiger μm, wobei der Zwang zur fortschreitenden Verkleinerung der Schaltungselemente bereits zu Strukturen von nur noch 1 μm Breite oder sogar darunter geführt hat.

Es ist in der Regel nicht möglich, die endgültigen Strukturen auf der Scheibe direkt zu erzeugen, vielmehr wird ein zweistufiges Verfahren angewandt. Um zum Beispiel Aluminiumleiterbahnen herzustellen, wird zunächst die ganze Oberfläche der Siliziumscheibe mit einer gleichförmigen Aluminiumschicht bedeckt. Darauf bringt man eine ebenfalls gleichförmige Lackschicht auf. Mit Hilfe eines abbildenden Verfahrens wird als erster Schritt eine Struktur in der Lackschicht erzeugt und in einem zweiten Schritt durch ein Ätzverfahren die Struktur aus der Lackschicht in die Aluminiumschicht übertragen. Nach dem Ätzen wird die Fotolackmaske wieder entfernt.

Strukturerzeugung im Lack und Strukturübertragung durch Ätzen sind also die zwei Stufen der Strukturierung. In diesem Kapitel wird der erste Schritt behandelt, die Strukturerzeugung.

Bis eine Schaltung fertiggestellt ist, sind nacheinander etwa 10 bis 15 verschiedene Strukturierungsschritte notwendig, die als Maskenebenen bezeichnet werden. In einigen Fällen entfällt dabei die Ätzung und stattdessen erfolgt eine Ionenimplantation, wobei der strukturierte Lack direkt als Implantationsmaske dient.

Das weitaus wichtigste Verfahren für die Strukturerzeugung ist die Fotolithografie. Hierbei bildet ein optisches System eine vorgegebene Maske mit

Hilfe von Licht im nahen Ultraviolett in den Lack ab. Die Fotolithografie kann ihrerseits als zweistufiges Verfahren angesehen werden, da zunächst eine gesonderte, wiederverwendbare Maske angefertigt wird, die anschließend in die Lackschicht auf der Scheibe abgebildet wird.

In Abschnitt 4.2 wird daher zunächst die Maskentechnik behandelt. Die Abschnitte 4.3 bis 4.7 behandeln Fotolacke, Lackprozeßführung, Belichtung und Prozeßoptimierung. Abschnitt 4.8 beendet das Kapitel mit einem Ausblick auf die zukünftige Entwicklung.

4.2 Masken

4.2.1 Grundlagen und allgemeine Definitionen

Masken stellen das Bindeglied zwischen dem Schaltungsentwurf und der Schaltungsherstellung dar. Im CAD-Schaltungsentwurf werden zunächst die Strukturen jeder einzelnen Maskenebene definiert und als Daten auf einem Magnetband gespeichert. Bei der Maskenherstellung werden die Daten in Masken umgesetzt und schaffen damit die Voraussetzung für die Strukturerzeugung auf der Siliziumscheibe. Am Ende der Maskenherstellung liegt ein vollständiger Maskensatz für die Herstellung der integrierten Schaltung vor.

Masken werden mit Hilfe einer auch in der Planartechnologie angewandten Technik hergestellt. Ein Maskenrohling besteht aus einem Glassubstrat, einer Maskierungsschicht und einer Fotolackschicht. Es werden zunächst Strukturen in der Fotolackschicht erzeugt, die dann durch geeignete Ätzverfahren in die Maskierungsschicht übertragen werden. An die Masken werden sehr hohe Anforderungen in Bezug auf die Strukturen der Maskierungsschicht und eine extrem geringe Fehlerdichte gestellt. Je nach Einsatz der Masken unterscheidet man zwischen sogenannten Mastermasken für Projektionsbelichtungsgeräte (engl. scanning aligner) und Reticles für die Step- und Repeat-Technik. Mastermasken überdecken eine ganze Scheibe, d.h. sie enthalten die Strukturierungsvorlagen der einzelnen Schaltungsebenen in gleicher Größe und mit der gleichen Anzahl von Schaltungen, wie sie auf der Scheibe erscheinen. Reticles enthalten nur eine einzige oder einige wenige Schaltungen und müssen abhängig von der Scheibengröße entsprechend oft abgebildet werden. Der Vergrößerungsfaktor der Schaltung auf dem Reticle gegenüber der endgültigen Größe auf der Scheibe hängt vom verwendeten Stepper ab und kann zwischen 10 und 1 variieren.

Die Charakteristik der einzelnen Masken wird bestimmt durch den in der Halbleitertechnologie verwendeten Fotolack bzw. durch die verwendete Fotolacktechnik. Man unterscheidet sogenannte Dunkelfeldmasken und Hellfeldmasken. Dunkelfeldmasken haben einen dunklen Hintergrund und transparente Strukturen. Typisch ist hierfür eine Kontaktlochmaske. Hellfeldmasken haben dunkle Strukturen mit einem durchsichtigen Hintergrund. Typisch sind

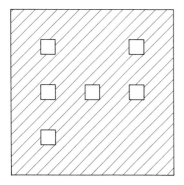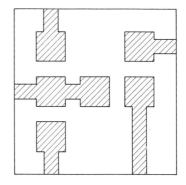

Abb. 4.1. Beispiele für eine Dunkelfeldmaske (links) und eine Hellfeldmaske (rechts)

hier die Masken für die Verdrahtungsebenen. Abb. 4.1 zeigt Beispiele für diese Polaritätsunterschiede der Masken.

4.2.2 Herstellverfahren und Anforderungen

Entsprechend der Entwicklung in der Mikroelektronik sind auch die Verfahren zur Maskenherstellung ständig weiterentwickelt worden und mußten dabei den Anforderungen an minimale Strukturgrößen, Passungsgenauigkeiten, Toleranzbreiten und Defektdichten angepaßt werden. Abb. 4.2 gibt eine Übersicht über die Maskenherstellungsverfahren, beginnend mit der Datenaufbereitung eines Schaltungsentwurfs bis hin zur Strukturübertragung von der Maske auf die Siliziumscheibe. Die Darstellung umfaßt die Verfahren von der Photoreduktion geschnittener Folien bis zur Anwendung der Elektronenstrahltechnik zum direkten Schreiben auf der Siliziumscheibe. Es ist erkennbar, daß im Verlauf der Entwicklung die Anzahl der Zwischenschritte immer weiter reduziert wurde, um den Anforderungen steigender Qualität zu entsprechen. Die Entwicklung ist im wesentlichen gekennzeichnet durch den Übergang vom lichtoptischen Patterngenerator zum Elektronenstrahlgerät und den Einsatz der ursprünglich zuerst in der Maskentechnik genutzten Step- und Repeat-Technik für die Belichtung der Scheiben.

Bei der Maskenherstellung kommt der Wahl des Substratmaterials und der Maskierungsschicht eine große Bedeutung zu [4.1]. Dabei bestimmen Eigenschaften wie Defektdichten im Glas, Transmissions- und Längenausdehnungskoeffizienten der Substrate sowie die Reflektivität der Maskierungsschicht die Auswahl der entsprechenden Materialien (siehe hierzu Tabelle 4.1 sowie Abb. 4.3 und 4.4). Als Substrat wird Kronglas (engl. white crown), Borosilikatglas oder Quarz verwendet. Alle drei Gläser können mit genügender Defektfreiheit hergestellt werden. Das Kronglas ist in der Anwendung aufgrund seines relativ hohen Längenausdehnungkoeffizienten vom Borosilikatglas abgelöst worden. Neben dem Borosilikatglas haben sich in jüngster Zeit synthetisch hergestellte

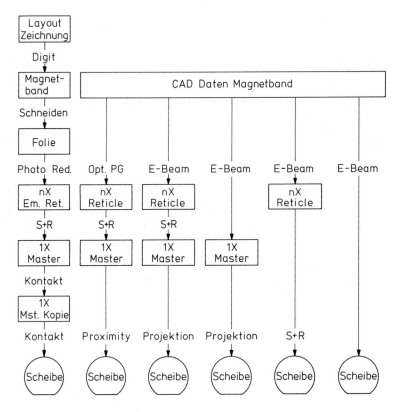

Abb. 4.2. Übersicht über die verschiedenen Verfahren zur Maskenherstellung

Tabelle 4.1. Längenausdehnungskoeffizienten für verschiedene Glassubstrate

Substratmaterial	Längenausdehnungskoeffizient α in K^{-1}
Kronglas	$93 \cdot 10^{-7}$
Borosilikatglas	$37 \cdot 10^{-7}$
Quarz	$5 \cdot 10^{-7}$

Quarzgläser als Maskensubstrate durchgesetzt, begünstigt durch den niedrigen thermischen Ausdehnungskoeffizienten, die über den gesamten Spektralbereich gleichbleibend hohe Transmission und die inzwischen gesunkenen Herstellungskosten.

Um die nötige mechanische Stabilität der verwendeten Substrate speziell im Hinblick auf Durchbiegung und die damit verbundenen Fokuseinflüsse in den verwendeten Abbildungssystemen zu gewährleisten, muß die Substratdicke der Plattengröße angepaßt ·sein. Maskenplatten von 100 mm haben eine typische

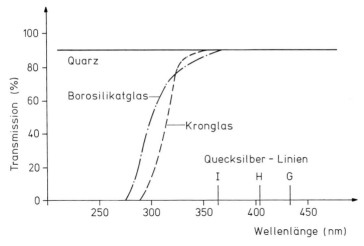

Abb. 4.3. Transmission der zur Maskenherstellung verwendeten Glassubstrate

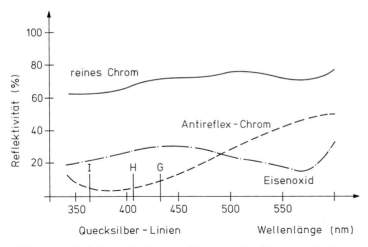

Abb. 4.4. Reflektivität der verschiedenen Maskierungsschichten

Dicke von 1,5 mm. Die 125 mm-Platten sind 2,25 mm stark und Substrate mit 150 mm Abmessungen haben Stärken von 3 oder sogar von 6 mm.

Als Maskierungsschichten für Masken werden Eisenoxid- und Chromschichten verwendet. Fotoemulsionen, wie sie ursprünglich für die Herstellung von Reticles auf einem lichtoptischen Patterngenerator verwendet wurden, finden in der VLSI-Technik aufgrund ihrer unzureichenden Kantendefinition keine Anwendung mehr.

Eisenoxidschichten werden für 1:1-Mastermasken eingesetzt. Diese Schichten mit typischen Dicken von etwa 170 nm bieten gerade für Projektionsbelichtungsgeräte den Vorteil, daß sie im sichtbaren Spektralbereich, wie er für die manuelle Justierung verwendet wird, durchsichtig sind und damit das Ausrichten der Maske zur Scheibe erleichtern. Aufgrund der geringeren optischen Dichte gegenüber Chromschichten im UV-Bereich und der damit verbundenen schlechteren Kantendefinition werden diese Schichten durch Chromschichten ersetzt.

Chromschichten mit typischen Dicken von 95 nm sind das Standardmaterial für die Maskierung. Bei den Chromschichten werden zwei Arten unterschieden, das blanke oder auch reine Chrom und die Antireflex-Chromschicht. Aufgrund der hohen Reflektivität der blanken Schichten entstehen sowohl Probleme bei der Herstellung der Maske als auch bei der späteren Abbildung auf die Scheibe. Hier kann es durch Reflexionen innerhalb des optischen Abbildungssystems zur Beeinflussung des Übertragungsverhaltens und damit zur schlechteren Strukturkantendefinition kommen. Abhilfe schaffen hier die sogenannten Antireflex-Chromschichten, bei denen als oberste Schicht ein Chromoxid (ca. 20 nm) verwendet wird, was zu einer deutlichen Verringerung der Reflektivität und damit zu einer Verringerung der angesprochenen Effekte führt. Die verwendeten Fotolackschichten zur Strukturierung der Maskierungsschicht müssen dem benutzten Belichtungsverfahren (Lichtoptik oder Elektronenstahl) angepaßt sein und bieten mit einer typischen Schichtdicke von 0,5 μm eine gute Voraussetzung für eine entsprechende Strukturdefinition.

Die wesentlichen Anforderungen an eine Maske sind Maßhaltigkeit, Passungsgenauigkeit und geringe Defektdichte. Die Maßhaltigkeit der Strukturen auf der Maske hat einen direkten Einfluß auf die Strukturerzeugung auf der Siliziumscheibe und damit auf die Maßtoleranz der endgültigen Bauelemente. Die Passungsgenauigkeit beeinflußt die Plazierungsgenauigkeit der einzelnen Elemente einer Schaltung und bestimmt damit auch indirekt den Flächenbedarf. Die Defekte auf einer Maske tragen zur Gesamtdefektdichte bei und beeinflussen damit die erzielbare Ausbeute bei der Schaltungsherstellung. Der vorgegebene Prozeß mit seinen kleinsten Abmessungen und Überlappungen bestimmt die Spezifikationen für die genannten Anforderungen.

4.2.3 Maskenarten und Spezifikationen

Masken enthalten im wesentlichen die Elemente, die zur Strukturerzeugung der einzelnen Schaltungsebenen benötigt werden. Daneben gibt es weitere Elemente, die zum Vermessen, zur Defektinspektion und zur Identifikation der Maske bestimmt sind. Das Maskenfeld besteht aus einer gleichmäßigen Anordnung von Schaltungen. Innerhalb dieses Maskenfeldes sind an bestimmten Stellen sogenannte Prozeßkontrollmodule und Justiermarken für die Verwendung automatischer Ausrichtsysteme eingefügt. Zusätzlich enthält eine Maske Vergleichs- oder Referenzmarken, um beispielsweise automatische Inspektionen zu ermöglichen. Die Maskenbezeichnung gewährleistet die eindeutige Identifikation; diese kann in Form von lesbarer Information oder auch als Balkencode für eine automatische Erkennung ausgeführt sein.

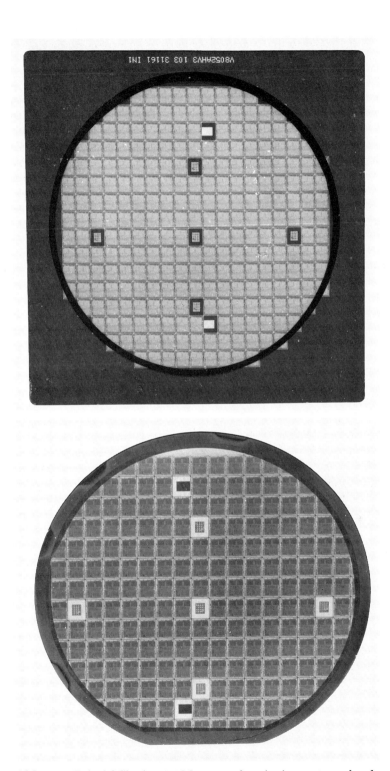

Abb. 4.5. Beispiel für eine 1:1-Mastermaske mit einer entsprechenden Siliziumscheibe

Abb. 4.5 zeigt eine typische 1:1-Mastermaske für die Anwendung in einem Projektionsbelichtungsgerät. Die gezeigte Mastermaske enthält das angesprochene Maskenfeld mit 253 gleichen Schaltungen und den eingefügten Prozeßkontrollmodulen und Justiermarken. Die Anforderungen für Mastermasken, festgelegt beispielsweise durch einen Prozeß mit minimalen Abmessungen von 2,5 μm, erlauben für die Linienbreite eine maximale Toleranz von $\pm$ 0,3 μm. Die geforderte Passungsgenauigkeit für alle Elemente innerhalb des Maskenfeldes liegt bei $\pm$ 0,5 μm. Als zulässige Defektgrößen werden 1 bis 2 μm spezifi-

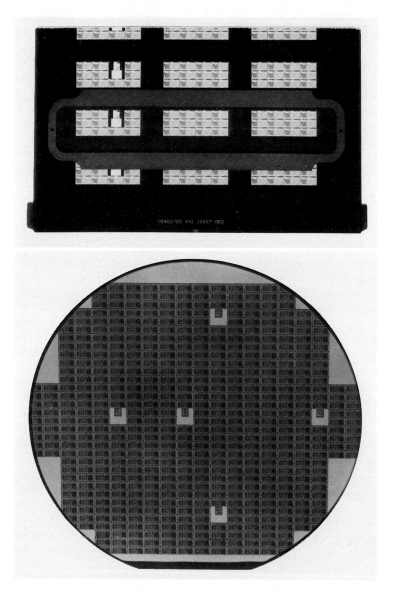

Abb. 4.6. Beispiel für ein 1:1-Reticle mit einer entsprechenden Siliziumscheibe

ziert, wobei die erlaubte Dichte von Fehlern, die größer sind als das angegebene Maß, bei 0,1 cm^{-2} liegt. Besondere Bedeutung bei Mastermasken kommt der Plazierung der Justiermarken zu, da die verwendeten automatischen Ausricht-systeme der Projektionsbelichtungsgeräte nur über solche Hilfsmarken justieren können und die eigentliche Schaltungsjustierung damit nur indirekt erfolgt.

Abb. 4.6 zeigt als weiteres Beispiel ein 1:1-Reticle. Die Anforderungen, die an diese Masken gestellt werden, gehen über die Anforderungen für 1:1-Ma-stermasken hinaus, da die 1:1-Stepper eine höhere Auflösung haben als Projek-tionsbelichtungsgeräte und damit für Prozesse mit kleineren Strukturen einge-setzt werden. Für einen 1,5 μm-Prozeß (siehe auch Kapitel 13) müssen beispiels-weise engere Toleranzen für Linienbreiten und Passungsgenauigkeiten eingehal-ten werden. Außerdem besteht durch das wiederholte Abbilden des Reticles die Forderung nach defektfreien Maskenfeldern.

Die Maßtoleranz für 1:1-Reticles beträgt maximal $\pm$ 0,15 μm und die gefor-derte Passungsgenauigkeit liegt bei $\pm$ 0,20 μm.

Um defektfreie Abbildungsfelder herstellen zu können, werden auf einer Maskenplatte insgesamt 12 solcher Felder erzeugt, um dann bei der Defekt-inspektion mindestens 2 defektfreie Felder für die spätere Strukturerzeugung zu bestimmen. Die Größe zugelassener Defekte liegt aufgrund des Auflösungs-vermögens bei $\leq$ 0,7 μm, wobei hier die Grenze für eine sichere automatische Defekterkennung erreicht ist.

Als abschließendes Beispiel für Maskenarten zeigt Abb. 4.7 ein 5:1-Reticle für Reduktionsstepper. Diese Masken enthalten nur einige Schaltungen, deren Anzahl sich durch die Größe des Abbildungsfeldes bestimmt. Die 5:1-Reticles bieten den Vorteil der fünffachen Verkleinerung bei der Abbildung auf der Scheibe. Die einzelnen Fehler verringern sich auf dem Scheibenniveau auf Werte von deutlich kleiner als 0,1 μm; damit ist die Voraussetzung für die Erzeu-gung und Beherrschung der Technologie im 1 μm-Bereich und darunter geschaf-fen. Für einen 1,0 μm-Prozeß müssen die Maßgenauigkeiten auf 5:1-Reticles bei $\pm$ 0,25 μm liegen, was einer Toleranz auf dem Scheibenniveau von $\pm$ 0,05 μm entspricht. Typische Werte für die Passungsgenauigkeit dieser Masken liegen im Bereich von 0,20 μm, was einem Fehler auf der Scheibe von 0,04 μm entspricht. Die zulässige Defektgröße liegt bei etwa 1 μm auf dem Maskenniveau und liegt damit unter der Auflösungsgrenze der Abbildungssysteme.

Durch die Entwicklung zu immer größer werdenden Abbildungsfeldern zur Verbesserung der kommerziellen Nutzung der Step- und Repeattechnik ergibt sich jedoch das Problem, die geforderten Spezifikationen auch innerhalb großer Flächen zu gewährleisten. Für ein Abbildungsfeld von 10 $\times$ 10 mm^2 in einem 10:1-Stepper ergibt sich eine Maskenfeldgröße von 100 $\times$ 100 mm^2, für einen 5:1-Reduktionsstepper ist dieses Feld nur 50 $\times$ 50 mm^2 groß. Mit dem Übergang zu Abbildungsfeldern von 14 $\times$ 14 mm^2 und größeren Werten ist eine 5:1-Ver-größerung daher die bevorzugte Lösung.

Bei der Verwendung von Wafersteppern stellt sich grundsätzlich die Frage, auf welche Weise die Prozeßkontrollmodule eingefügt werden. Hier gibt es meh-

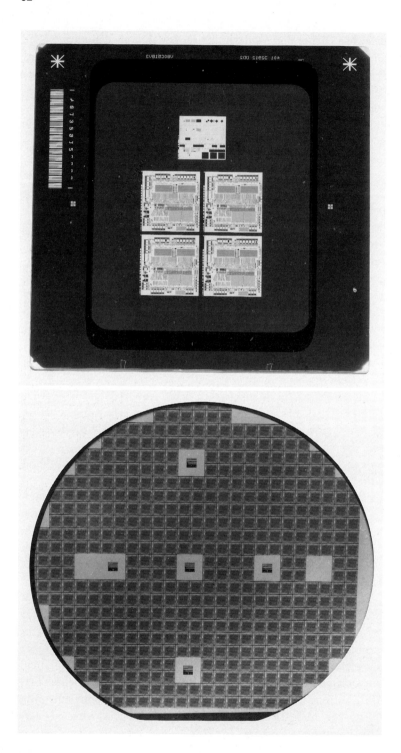

Abb. 4.7. Beispiel für ein 5:1-Reticle mit einer entsprechenden Siliziumscheibe

rere Möglichkeiten: zum einen können bei entsprechender Aufteilung die Kontrollmodule mit in das Maskenfeld integriert werden, wie in Abb. 4.7 gezeigt, oder es müssen jeweils separate Masken für die Kontrollmodule angefertigt werden. Eine andere Möglichkeit sieht die Integration sehr kleiner Module in die Ritz- oder Sägebahn vor.

4.2.4 Maskenkontrolle

Mit der Maskenkontrolle soll die Maske in ihrer Gesamtheit verifiziert und damit für die Benutzung freigegeben werden. Die Maskenkontrolle umfaßt dabei sowohl die Bestätigung des Maskeninhalts, als auch die Messung der Strukturmaße, der Passung und der Defektdichte.

Da die einzelnen Maskenebenen komplexer Schaltungen sehr umfangreiche Datenmengen umfassen und diese beim Übergang vom Magnetband zur fertigen Maske mehrere Male umgerechnet und umorganisiert werden, ist es notwendig, den Strukturinhalt einer Maske unbedingt mit den Entwurfsdaten zu vergleichen (siehe Abb. 4.8). Der ursprüngliche und derzeit noch gebräuchliche Weg, die Maskendaten zu bestätigen, besteht in einem visuellen Vergleich zwischen einem Plot, der direkt von der CAD-Datenbasis angefertigt wird, und einer fotografisch hergestellten Rückvergrößerung der endgültigen Maske. Aufgrund der immer kleiner werdenden Minimalabmessungen bei gleichzeitig wachsender Schaltungsfläche wird diese manuelle Kontrolltechnik jedoch in zunehmendem Maße unzureichend. Aus diesem Grund werden neue Verfahren zur Inhaltskontrolle von Masken entwickelt. Dabei werden aus derselben Datenbasis der ursprünglichen Schaltung ein Steuerband für die Maskenherstellung (Patterngenerator) und ein entsprechendes Datenformat für ein Maskeninspektionsgerät erzeugt. Mit Hilfe von digitalisierten Signalen der verwendeten Bildaufnehmer in dem Inspektionsgerät kann der Maskeninhalt dann bei der Inspektion direkt und automatisch verifiziert werden [4.2].

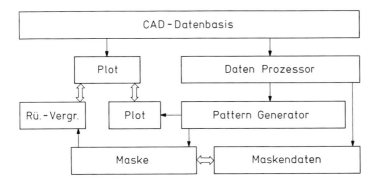

Abb. 4.8. Unterschiedliche Wege zur Datenbestätigung einzelner Maskenebenen

Den zweiten Schwerpunkt im Rahmen der Maskenkontrolle nehmen die Maßkontrolle oder CD-Messung (engl. critical dimension) und die Passungsmessung ein [4.3].

Strukturen auf Masken weisen einen hohen Kontrast und damit eine gute Erkennbarkeit für automatische Meßsysteme auf und bieten so die Voraussetzung für eine genaue CD-Messung. Zur Eichung der Meßgeräte werden sogenannte Meßstandards verwendet, wie sie beispielsweise vom National Bureau of Standards (NBS) herausgegeben werden. Die Streubreiten, die auf Masken erzielt werden können, sind, sowohl für Mastermasken als auch für Reticles, aufgrund der verwendeten dünnen Fotolack- und Maskierungsschichten und einer entsprechenden Prozeßtechnik relativ klein und liegen bei 3σ-Werten von 0,1 μm und darunter. Für eine gute Maßkontrolle auf den Masken ist es deshalb wichtig, die vorgegebenen Zielwerte einzuhalten, was aufgrund sehr genau untersuchter Prozeßvorhaltemaße zu realisieren ist.

Die Messung der Passungsgenauigkeit von Masken erfolgt im wesentlichen durch zwei unterschiedliche Methoden. Entweder werden jeweils zwei Masken miteinander verglichen, typischerweise auch jene Masken, die in der Justierreihenfolge aufeinanderfolgen, oder jede einzelne Maske wird gegen ein sogenanntes absolutes Rastermaß vermessen. Die Passungsgenauigkeit zweier Masken ist durch die Prozeßspezifikation vorgegeben. Bei der Maskenvergleichsmessung muß dieser Wert direkt eingehalten werden, während bei der Messung gegen ein Raster ein Korrekturwert berücksichtigt werden muß. Die typische Genauigkeit derzeit verfügbarer Maskenvergleichsgeräte liegt in der Größenordnung von ca. 0,2 bis 0,4 μm, womit diese Geräte aufgrund der geforderten Passungsgenauigkeit nur noch begrenzt eingesetzt werden können. Neuere Gerätearten, die Vergleichsmessungen gegen das absolute Rastermaß durchführen können, setzen Laserinterferometersysteme für eine sehr genaue Längenmessung ein [4.4]. Die Genauigkeit dieser Geräte liegt bei $\leq$ 0,1 μm und erfüllt damit die geforderten Toleranzgrößen.

Die dritte Kategorie in der Maskenkontrolle umfaßt die Defekterkennung und deren mögliche Reparatur [4.5]. Jeder Defekt auf einer Maske und jede Abweichung von der vorgegebenen Struktur wird bei der Strukturerzeugung auf der Scheibe abgebildet und beeinflußt damit die erzielbare Schaltungsausbeute. Mit den stets verkleinerten Einzelstrukturen, ermöglicht durch die Verbesserungen in der Auflösung der verwendeten Abbildungssysteme, sind natürlich auch die Anforderungen an die Defektfreiheit bzw. an die zulässige Defektgröße gestiegen. Besonders deutlich wird dies beim Übergang von Mastermasken, auf denen eine gewisse Defektdichte erlaubt war, zu den Reticles der Step- und Repeattechnik, auf denen Defekte nicht mehr zugelassen sind. Man unterscheidet weiche und harte Maskendefekte. Weiche Defekte sind Verunreinigungen, die während der Herstellung oder Benutzung der Maske entstehen. Sie können durch Reinigungsverfahren wieder entfernt werden. Harte Defekte hingegen bestehen aus Glaseinschlüssen und aus fehlendem bzw. überschüssigem Chrom und sind bereits im Plattenmaterial enthalten oder entstehen bei der Herstellung der Masken. Harte Defekte sind irreparabel oder nur in sehr aufwendigen Maskenreparaturverfahren zu beheben. Abb. 4.9 zeigt die bei Masken auftretenden Fehlerarten.

Bei der Maskeninspektion werden prinzipiell zwei automatische Verfahren zur Fehlererkennung unterschieden. Zum einen wird die sogenannte Vergleichsinspektion direkt auf der Maske durchgeführt. Dabei werden mit Bildsensoren automatisch die identischen Strukturen zweier Schaltungen in einem Maskenfeld verglichen. Im Falle einer Abweichung zwischen den beiden Bildern wird eine dritte identische Struktur herangezogen, um zu entscheiden, welche der beiden ersten fehlerhaft ist. Zum zweiten gibt es die Möglichkeit, den Maskeninhalt direkt mit der zur Strukturierung verwendeten Datenbasis zu vergleichen, was speziell im Falle von Reticleinspektionen genutzt werden muß, wenn aufgrund der Schaltungsgröße beispielsweise nur eine einzige Schaltung im Maskenfeld untergebracht werden kann. Für beide Verfahren werden Maskeninspektionsgeräte mit vergleichbarem Aufbau verwendet.

Die Grenze der Fehlererkennung liegt gegenwärtig etwa im Bereich von 1 μm, wobei isolierte Fehler leichter zu detektieren sind als solche, die an einer Kante liegen. Es werden derzeit Geräte entwickelt und getestet, die auch deutlich kleinere Defekte (etwa 0,5 μm) sicher erkennen können.

Da die Herstellung einer Maske technisch sehr aufwendig und damit auch sehr teuer ist, die Masken jedoch kaum fehlerfrei herzustellen sind, wurden Verfahren entwickelt, die bei der Herstellung entstandenen Fehler zu reparieren

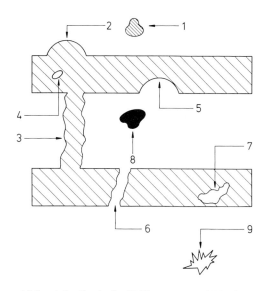

Abb. 4.9. Typische Fehlerarten auf Masken

1 = Fleck	2 = Ausbuchtung	3 = Überbrückung
4 = Pinhole	5 = Einbuchtung	6 = Unterbrechung
7 = Fehlendes Chrom	8 = Schmutz	9 = Glasfehler

[4.6]. Dabei gilt auch hier wieder die Unterscheidung, daß isolierte Fehler einfacher zu reparieren sind als solche, die an einer Strukturkante liegen. Für die Reparatur selbst werden verschiedene Verfahren angewandt. Zur Reparatur eines Chromrückstandes verwendet man eine Lasertechnik, um damit das überflüssige Material zu verdampfen. Für die Reparatur von Löchern wird z.B. ein fokussierter Ionenstrahl benutzt, mit dem es möglich ist, die Glasoberfläche zu zerstören und somit für die verwendeten Abbildungssysteme undurchsichtig zu machen.

4.2.5 Pellicles

Um während des Gebrauchs der Masken zu vermeiden, daß Schmutzpartikel aus der Luft oder andere Verunreinigungen sich auf den Masken ablagern und damit auf die Scheibe abgebildet werden, sind die sogenannten Pellicles entwickelt worden [4.7,4.8]. Es handelt sich dabei um dünne, hochtransparente Membranen, die mit Hilfe eines festverklebten Abstandsringes auf den Masken angebracht werden. Abb. 4.10 zeigt eine Maske mit Pellicle. Das Material, das zur Herstellung von Pellicles verwendet wird, ist Nitrozellulose mit einem Brechungsindex von n = 1,5 und einer typischen Dicke von 2,9 μm (0,9 bis 15 μm). Die Transmission liegt im verwendeten Belichtungswellenbereich bei ca. 90 %, wobei sie periodisch mit der Wellenlänge schwankt und natürlich auch durch Dickeschwankungen des Materials beeinflußt wird. Für die Herstellung von Pelliclemembranen können Schichtdickenschwankungen von ± 1 % gewährleistet werden. Durch zusätzlich aufgebrachte Antireflexschichten wird versucht, die Transmission auf Werte bis zu 99 % zu steigern. Durch den dafür nötigen wesentlich höheren Herstellungsaufwand haben sich diese Pellicles jedoch bisher nicht durchgesetzt. Neben einer guten mechanischen Festigkeit muß von einem Pellicle auch eine hohe Beständigkeit gegen UV-Belichtung gefordert werden.

Durch den Einsatz von Pellicles ergeben sich eine Verschiebung der Fokusebene und ein Vergrößerungsfehler; deshalb ist es notwendig, sowohl für Testmasken als auch für Schaltungsmasken immer denselben Pellicletyp mit konstanter Dicke zu verwenden. Die zulässige Partikelgröße bei der Verwendung von Pellicles liegt bei etwa 20 bis 100 μm und ist abhängig von der Fokustiefe

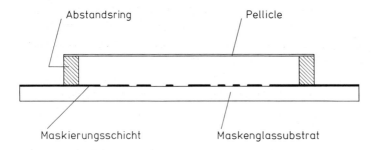

Abb. 4.10. Prinzipbild einer Maske mit Pellicle

des Abbildungssystems auf der Reticleseite und von der Dicke des verwendeten Rahmens. Bei der Verwendung von Reduktionssteppern sind Pellicles auf beiden Maskenseiten nötig.

Wenn Masken, die bereits mit Pellicles versehen sind, inspiziert werden sollen, kann sich aufgrund der geforderten hohen Vergrößerung das Problem einer unzureichenden Auflösung zur sicheren Defekterkennung ergeben. Abhilfe schaffen hier Mikroskopobjektive mit großem Arbeitsabstand oder die Verwendung von Glasscheiben, die mit Chrom beschichtet sind (engl. glass-wafer) und deren Abmessungen denen von Siliziumscheiben entsprechen. Die Glasscheiben werden mit der zu kontrollierenden Maske belichtet und nachdem die Chromschicht geätzt und anschließend der Lack entfernt wurde, stellen die Glasscheiben ein Abbild der Maske dar und können automatisch mit einem Maskeninspektionsgerät kontrolliert werden.

4.3 Fotolacke

4.3.1 Grundlagen

Die heute üblichen Fotolacke bestehen aus drei Komponenten: dem Matrixmaterial, dem lichtempfindlichen Anteil (engl. sensitizer) und dem Lösungsmittel. Man unterscheidet Negativlacke und Positivlacke. Bei Negativlacken führt die Bestrahlung mit UV-Licht zu einer Vernetzung der Moleküle, wodurch die bestrahlten Bereiche bei der Entwicklung unlöslich werden. Es entsteht also ein negatives Abbild der Maske im Lack. Bei Positivlacken hingegen führt die photochemische Reaktion zur Bildung von Säuren, die in Entwicklerlaugen (z.B. $NaOH$) löslich sind. Es entsteht somit ein positives Abbild der Maske im Lack.

Fotolacke müssen eine Vielzahl von Anforderungen erfüllen. Dazu gehören hohes Auflösungsvermögen, große Lichtempfindlichkeit, angepaßte Viskosität für verschiedene Lackschichtdicken, gute Haftung auf verschiedenen Untergründen, hohe thermische Stabilität, große Widerstandskraft beim Ätzen (daher die englische Bezeichnung resist für Fotolack) und ausreichende Lagerfähigkeit vor Gebrauch. Weiterhin müssen die Lacke frei von Partikelverunreinigungen sein und am Ende des Prozesses nach dem Ätzen oder der Ionenimplantation leicht und ohne Rückstände von den Scheiben zu entfernen sein.

Wegen ihrer hohen Lichtempfindlichkeit und des damit möglichen hohen Durchsatzes von Scheiben in einer Produktionslinie wurden Negativlacke ursprünglich bevorzugt. Da sie jedoch während der Entwicklung anschwellen, sind diese Lacke für Strukturgrößen unterhalb von 3 μm ungeeignet [4.9]. Für heutige Prozesse werden daher ausschließlich Positivlacke verwendet und wir beschränken uns im folgenden auf die Darstellung der Positivlacktechnik.

4.3.2 Chemischer Aufbau

Das Matrixmaterial positiver Fotolacke wird als Novolak bezeichnet. Es handelt sich um ein Phenolharz, das aus der Verbindung von Phenol und Formaldehyd entsteht. Novolak ist in wäßrigen Laugen löslich und macht $\sim 20\,\%$ des Lackes aus. Die thermischen Eigenschaften und die Ätzresistenz des Lackes werden wesentlich vom Novolak bestimmt. Als lichtempfindliche Anteile werden substituierte Diazonaphthochinone verwendet, die in wäßrigen Laugen unlöslich sind. Sie machen $\sim 10\,\%$ des Lackes aus. Die restlichen $70\,\%$ des Lackes sind Lösungsmittel, wobei zumeist Äthylenglykol-äthyläther-acetat ($C_6H_{12}O_3$) verwendet wird.

Wenn Fotolack auf eine Siliziumscheibe aufgebracht wird, beginnt das Lösungsmittel sofort zu verdampfen. Da erhöhte Lösungsmittelkonzentrationen in der Atemluft gesundheitsschädlich sein können, geht man jetzt zu anderen, unschädlichen Lösungsmitteln über. Die maximale Arbeitsplatzkonzentration (MAK-Wert) von Äthylenglykol-äthyläther-acetat beträgt 20 ppm. Als Ersatzstoff wird z.B. Propylenglykol-methyläther-acetat $C_6H_{12}O_3$ eingesetzt. Nachdem der größte Teil des Lösungsmittels verdampft ist, bildet sich eine feste Lackschicht auf der Siliziumscheibe. Als Mischung aus Matrix und Sensitizer ist sie in Laugen nur schwer löslich. Bei Bestrahlung mit UV-Photonen wird aus dem Diazonaphthochinon Stickstoff abgespalten. Durch einen spontanen Übergang zu einem Keten und einer Reaktion mit Wasser entsteht Indencarbonsäure. Das Wasser für diese Reaktion stammt aus der Atmosphäre. Für einen stabilen Fotolackprozeß ist daher eine auf wenige Prozent konstante Luftfeuchtigkeit im Bereich von 35 bis 55 % notwendig. Die in Laugen ursprünglich wenig lösliche Fotolackschicht wird durch UV-Bestrahlung also leicht löslich. Von einem hinreichend getrockneten, unbelichteten Lack werden 1 bis 2 nm/s

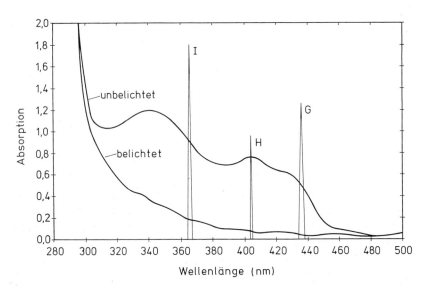

Abb. 4.11. Absorptionkurven von Positivlack vor und nach der Belichtung. Schematisch sind die drei wichtigsten Emissionslinien einer Hg-Dampflampe eingezeichnet, die zur Belichtung benutzt werden.

im Entwickler abgetragen, von belichtetem Lack hingegen 100 bis 200 nm/s [4.9]. Die Löslichkeiten sind also im Verhältnis 1:100 unterschiedlich. Diese Veränderung der Löslichkeit ist die Grundlage des Abbildungsmechanismus.

Abb. 4.11 zeigt die Absorption eines Positivlackes als Funktion der Wellenlänge. Bei Bestrahlung bleichen die Lacke aus, d.h. die Absorption nimmt ab, weil keine Photonen mehr für die Spaltung des Sensitizers verbraucht werden. Dieses Ausbleichen ist sehr wichtig, damit ein Lackfilm auch in den unteren Schichten bei Bestrahlung ausreichend belichtet wird. Man teilt die Gesamtabsorption des Lackes in einen ausbleichenden Anteil A und einen unveränderlichen Anteil B auf. Mit diesem Ansatz haben Dill et al. [4.10] das dynamische Absorptionsverhalten von Positivlacken während der Belichtung in einem theoretischen Modell erfolgreich beschreiben können.

4.3.3 Auflösung und Kontrast

Unter der Auflösung eines Lackes versteht man die kleinsten in Lack darstellbaren Strukturgrößen, die sogenannten kritischen Abmessungen (abgekürzt CD von engl. critical dimensions). Diese werden nicht nur von den Lackeigenschaften, sondern wesentlich auch von der gesamten Lackprozeßführung beeinflußt. Wir haben schon erwähnt, daß die Auflösung von Negativlacken bei $3\,\mu\mathrm{m}$ liegt, weil die Strukturen im Entwicklerbad anschwellen und bei kleineren Abmessungen verkleben. Bei Anwendung moderner Prozeßverfahren liegt dagegen die Auflösung von Positivlacken unterhalb von $0{,}5\,\mu\mathrm{m}$, vorausgesetzt natürlich, die verwendete Belichtungsmaschine kann entsprechend kleine Strukturen abbilden.

Abb. 4.12 zeigt, wie eine gitterartige Maskenstruktur mit Gitterstrichen der Breite a durch eine Abbildung, die sich als Intensitätsverteilung in der Scheibenebene darstellen läßt, in eine Lackstruktur übertragen wird. Die Güte der Lackstruktur ist durch die kritischen Abmessungen a_1, a_2, b_1 und b_2 und den Flankenwinkel Θ gegeben. Die Struktur der Maske ist im Fotolack nur dann aufgelöst, wenn mindestens $a_1 > 0$ und $b_2 > 0$ gilt. Für praktische Anwendungen reicht das jedoch nicht aus, und man fordert zusätzlich, daß a_1 und a_2 nicht zu stark von a abweichen, b_2 möglichst groß wird und die volle Lackdicke h unterhalb von b_2 erhalten bleibt. Typische Anforderungen sind z.B. $|a_1 - a| \leq 0{,}1\,\mu\mathrm{m}$ und $|a_2 - a| \leq 0{,}1\,\mu\mathrm{m}$ bei den üblichen Lackdicken h von $1{,}0$ bis $2{,}5\,\mu\mathrm{m}$. Der Flankenwinkel Θ muß möglichst groß sein, um b_2 nicht zu klein werden zu lassen. Er bleibt jedoch kleiner als $90°$, weil aufgrund der Lichtbeugung die Intensitätsverteilung bei der Abbildung keine senkrechten Flanken zuläßt. Typisch bei Verwendung von Positivlacken ist $\Theta \geq 80°$.

Der wichtigste Parameter für die Beurteilung der optischen Eigenschaften eines Lackprozesses ist der Lackkontrast γ. Er ist leicht meßbar, und Abb. 4.13 zeigt die Kontrastkurve eines Positivlackes. In dieser Kurve ist die Lackdicke, die nach dem Entwickeln verbleibt, gegen den Logarithmus der Belichtungsenergie E aufgetragen. Die aufgetragene Lackdicke ist bezogen auf die Lackdicke h_1

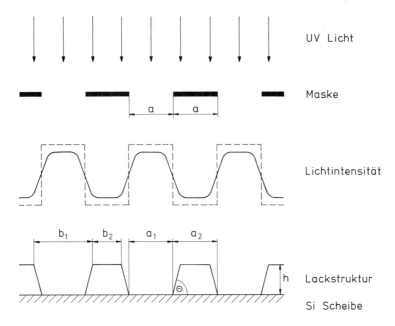

UV Licht

Maske

Lichtintensität

Lackstruktur

Si Scheibe

Abb. 4.12. Schematische Darstellung von Maske, Lichtintensität und Lackstruktur bei Positivlack

bei $E = 0$, d.h. die Dicke, die nach dem Entwickeln an unbelichtetem Lack gemessen wird. In der Regel ist h_1 etwas kleiner als die Lackdicke h_0, die vor dem Entwickeln gemessen wird. Die Differenz $(h_0 - h_1)$ ist der Dunkelabtrag. Wenn die Energie den Schwellwert E_0 überschreitet, ist der gesamte Lack entfernt. Abb. 4.13 zeigt, daß der Lack bei kleinen Energien zunächst nur wenig abgetragen wird, bei zunehmender Energie jedoch linear bis zum Schwellwert ($\log E_0$) auf Null abnimmt. Als Kontrast γ eines Positivlackes definiert man den Absolutbetrag der Steigung des linearen Abfalls der Kurve [4.11]

$$\gamma = \left| \frac{1}{\log E_1 - \log E_0} \right| = \frac{1}{\log (E_0/E_1)} \ . \tag{4.1}$$

Dabei ist E_0 die Schwellenenergie und E_1 der Beginn des linearen Abfalls, d.h. bei E_1 ist der Lackabtrag noch sehr gering. Nach (4.1) ist γ für Positivlacke positiv. In der Praxis erreicht man Werte von $\gamma = 2$ bis 3. Die große Bedeutung des Lackkontrastes wird deutlich, wenn man sich überlegt, daß der Flankenwinkel Θ einer Lackstruktur (vgl. Abb. 4.12) aus der Faltung der Intensitätsverteilung der Belichtungsmaschine mit der Kontrastkurve des Lackes entsteht. Je größer γ wird, d.h. je steiler die Kontrastkurve abfällt, umso steilere Lackflanken entstehen und umso besser ist die Auflösung des Lackes. Einen Zusammenhang zwischen dem Kontrast γ und der erreichbaren Auflösung stellt die sogenannte kritische Lackmodulationstransferfunktion $CMTF$ her [4.12]. Sie ist definiert

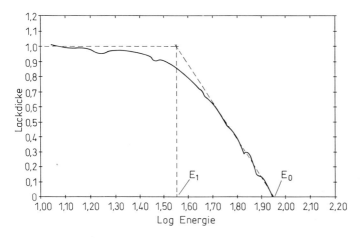

Abb. 4.13. Kontrastkurve eines Positivlackes

als

$$CMTF = \frac{E_0 - E_1}{E_0 + E_1} = \frac{10^{1/\gamma} - 1}{10^{1/\gamma} + 1} \,. \tag{4.2}$$

Ihren Verlauf zeigt Abb. 4.14. Jedem Lackprozeß mit einem bestimmten Kontrast γ kann so ein $CMTF$-Wert zugeordnet werden. In Abschnitt 4.5 wird diskutiert, wie die Kombination aus Belichtungsgerät und $CMTF$ des Lackprozesses die Auflösung des Gesamtprozesses bestimmt.

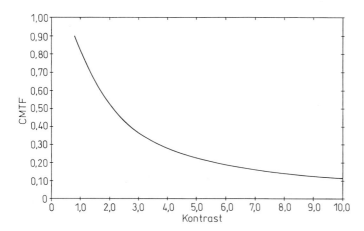

Abb. 4.14. Kritische Lackmodulationstransferfunktion $CMTF$ in Abhängigkeit vom Lackkontrast

4.4 Lackprozeßführung

4.4.1 Vorbehandlung

Bevor ein Lackfilm auf eine Siliziumscheibe aufgebracht wird, muß die Scheibenoberfläche so vorbehandelt werden, daß eine gute Lackhaftung gewährleistet ist. Auf der Oberfläche ist wegen der Luftfeuchtigkeit ein dünner Wasserfilm adsorbiert, der die Lackhaftung behindert. Durch das sogenannte Primern wird das Wasser von der Oberfläche verdrängt. Als Primer verwendet man am häufigsten Hexamethyldisilazan (HMDS, $C_6H_{19}NSi_2$), das auf der Oberfläche adsorbiert wird und sowohl mit den Oberflächenatomen als auch mit den Lackmolekülen eine gute Bindung eingeht. Um eine gute Lackhaftung auf den meisten im Prozeß auftretenden Oberflächen zu gewährleisten, ist es ausreichend, die Scheiben zehn Minuten lang einer HMDS-Atmosphäre auszusetzen. Es gibt jedoch einige Problemfälle. Auch nach dem Primern haftet Fotolack nicht ausreichend auf stark mit Phosphor dotierten oder frisch in Flußsäure angeätzten SiO_2-Oberflächen. Im Prozeßablauf muß daher vermieden werden, Lacke auf solche Oberflächen aufbringen zu müssen. Abhilfe bei Haftungsproblemen kann unter Umständen eine Temperaturbehandlung bei hoher Temperatur (z.B. 30 min bei 700 °C) bringen.

4.4.2 Belackung

Nach der Vorbehandlung werden die Scheiben belackt. Die gesamte Scheibenoberfläche soll mit einem gleichförmigen Lackfilm vorgegebener Dicke bedeckt werden. Das erreicht man, indem man jede einzelne Scheibe auf einem Teller rotieren läßt, eine kleine Lackmenge ins Zentrum gibt und dann durch Ausschleudern den Lack verteilt. Für Scheiben bis zu 150 mm Durchmesser sind 4 bis 5 ml Lack, die bei geringer Drehgeschwindigkeit (200 min^{-1}) auf die Scheibe gegeben werden, ausreichend. Da das Lösungsmittel sofort anfängt zu verdampfen und sich damit die Lackviskosität ändert, ist es wichtig, bei maximaler Beschleunigung (z.B. 20000 min^{-1} s^{-1}) möglichst schnell die Endschleudergeschwindigkeit zu erreichen. Es ist dann ausreichend, 10 s lang zu schleudern, um einen auf ± 5 nm gleichförmigen Film zu erzielen. Längeres Schleudern führt lediglich zu einer asymmetrischen Stufenbedeckung der in die Scheibe geätzten Strukturen, was in der Regel unerwünscht ist.

Typische Werte für die Drehzahl bei der Scheibenbelackung sind 4000 min^{-1}, um einen 1,3 μm dicken Film zu erhalten. Die Lackfilmdicke hängt von der Lackviskosität und der Drehzahl ab, ist aber weitgehend unabhängig vom Scheibendurchmesser und der aufgebrachten Lackmenge. Die benötigten Lackfilmdicken liegen je nach Prozeßschritt, dem die Lackmaske ausgesetzt werden soll, zwischen 1,0 und 2,5 μm. Nach Beendigung des Schleuderns wird bei niedriger Drehzahl durch eine Spülung mit Aceton von der Rückseite oder durch eine Extradüse am Rand der Scheibe der Lackrand entfernt. Dies ist eine notwendige Maßnahme, um in den Transportkassetten und in nachfolgenden Maschinen eine Verunreinigung durch abgetragene Lackpartikel zu verhindern. Unmittelbar danach wird die belackte Scheibe auf eine Heizplatte geschoben und dort bei 80 bis 100 °C etwa 30 s lang getrocknet wobei durch Verdampfen des restlichen Lösungsmittels der Lackfilm verfestigt wird (engl. softbake).

Belackung und Lacktrocknung sind in speziellen Maschinen in jeweils einer Straße (engl. track) zusammengefaßt. Die Straßen arbeiten vollautomatisch im Kassettenbetrieb, d.h. Scheiben werden einzeln aus der Senderkassette entnommen, belackt, getrocknet und in einer Empfängerkassette gesammelt. Ältere Maschinen verfügen nicht immer über Heizplatten. In diesem Fall werden die Backschritte in einem Konvektionsofen ausgeführt, wobei die Verweildauer im Ofen zur Erzielung des gleichen Effektes erheblich länger ist. Bei gleicher Temperatur entsprechen 30 s auf der Heizplatte etwa 1/2 h im Ofen.

4.4.3 Reflexionen und stehende Wellen

Nach der Belackung und Trocknung werden die Scheiben belichtet. Da heutige Belichtungsmaschinen nur eine oder zwei Wellenlängen verwenden (vgl. Abschnitt 4.5) und die Lackschicht sehr gleichförmig ist, treten ausgeprägte Intensitätsmaxima und -minima in der Lackschicht auf. Sie entstehen durch die Interferenz des einfallenden Lichtstrahls mit dem an der Substratoberfläche reflektierten Strahl und es bildet sich eine stehende Welle im Lack aus. Wie sich stehende Wellen auf die Lackkanten auswirken, zeigt Abb. 4.15. Besonders nachteilig kann sich das erste Intensitätsminimum direkt an der Substratoberfläche auswirken, wenn, wie in diesem Fall, ein deutlicher Lackfuß entsteht. Insbesondere Stufen im Substrat verursachen Probleme. Da der Fotolack die Stufe teilweise einebnet, ist er auf der Stufe dünner als vor der Stufe. Die Lackdickenveränderung ergibt eine Einschnürung der Fotolacklinien, die über die Stufe laufen. Dieser sogenannte Volumeneffekt wird durch den Einfluß stehender Wellen noch verstärkt [4.13-4.15].

Der negative Einfluß stehender Wellen läßt sich durch die Verwendung von mehr als einer Wellenlänge bei der Belichtung verkleinern, weil die Intensitätsminima unterschiedlicher Wellenlängen nicht an derselben Stelle auftreten. Dieser Ansatz wird in heutigen Belichtungsmaschinen zwar genutzt, fällt aber bei neueren, höher auflösenden Maschinen aus, weil entsprechende Linsen, die für zwei oder mehr Wellenlängen gleichzeitig optimiert sein müßten, nicht gebaut werden können. Als wirksame Lösung hat sich ein Diffusionsbackschritt (engl. post exposure bake, PEB) durchgesetzt [4.16]. Wenn man die belichteten Scheiben vor der Entwicklung 30 s lang auf 100 °C erhitzt, findet eine Diffusion des zerstörten und nicht zerstörten Sensitizers an der Grenze der belichteten und unbelichteten Bereiche statt und gleicht räumlich eng benachbarte Konzentrationsunterschiede aus. Wie wirksam das PEB die stehenden Wellen unterdrücken kann, zeigt Abb. 4.15.

Bei stark reflektierenden Substraten wie z.B. Polysilizium oder Aluminium macht sich zusätzlich reflektiertes Streulicht nachteilig bemerkbar. Besonders

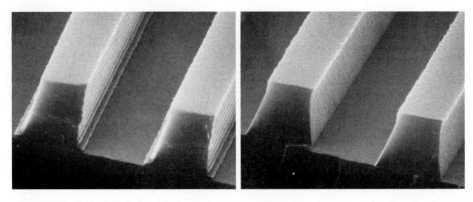

Abb. 4.15. Fotolackprofile ohne (links) und mit PEB (rechts). Die stehenden Wellen werden durch PEB vollständig unterdrückt.

an Stufen im Substrat können zusätzliche Reflexionen die Lackprofile einschnüren oder durch lokale Streulichtmaxima aushöhlen, wie Abb. 4.16 zeigt (engl. reflective notching). Um diese Defekte, insbesondere bei kleiner werdenden Strukturen, zu verhindern oder zu mildern, gibt es zwei Ansätze: Man kann durch Beimischung eines Farbstoffes die Lichtabsorption im Lack erhöhen oder eine nicht reflektierende Deckschicht auf die Substratoberfläche aufbringen. Diese beiden Ansätze werden in Abschnitt 4.7 dargestellt.

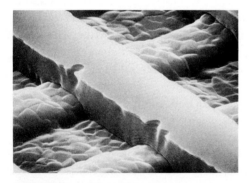

Abb. 4.16. Einbuchtungen der Lackstruktur durch reflektiertes Streulicht (reflective notching)

4.4.4 Entwicklung

Nach Belichtung und Diffusionsbackschritt werden die Scheiben entwickelt, wobei man für Positivlacke Laugen verwendet (z.B. 0,5 % $NaOH$). Um Verunreinigungen der Scheiben mit Na^+-Ionen zu verhindern, werden zunehmend auch die sogenannten metallionenfreien Entwickler, wie zum Beispiel Tetramethylammoniumhydroxid $(N(CH_3)_4OH)$, eingesetzt. Die Konzentration des Entwicklers, seine Temperatur und die Entwicklungszeit sind die kritischen Größen bei der Entwicklung. Man unterscheidet drei wesentliche Verfahren: Tauch-, Sprüh- und Puddleentwicklung. Bei der Tauchentwicklung wird eine größere Anzahl Scheiben in einer Kassette in ein Entwicklerbad getaucht. Dieses Verfahren garantiert hohen Scheibendurchsatz und gleichförmige Entwicklung über die gesamte Scheibe. Da das Entwicklerbad bei mehrfacher Benutzung durch die gelösten Substanzen verändert wird, ergeben sich Schwierigkeiten mit der Reproduzierbarkeit von Fahrt zu Fahrt. Daher geht man heute überwiegend zur Sprühentwicklung über. Auf jede einzelne Scheibe wird von oben bei mäßiger Drehgeschwindigkeit (etwa $250\,\mathrm{min}^{-1}$) aus einer Düse frischer Entwickler aufgesprüht. Nach Ablauf der Entwicklungszeit wird mit Wasser nachgespült und die Scheibe trockengeschleudert. So ergibt sich eine sehr gute Reproduzierbarkeit von Scheibe zu Scheibe. Die Konstruktion der Düse muß allerdings gewährleisten, daß die Entwicklung über die ganze Scheibenoberfläche gleichförmig erfolgt. Die Abkühlung des Entwicklers durch die Expansion in der Düse muß ebenfalls verhindert werden.

In der neu eingeführten Puddleentwicklung versucht man die Vorteile beider Verfahren zu vereinigen. Es handelt sich um ein Einzelscheibenverfahren, bei dem auf die ruhende Scheibe soviel frischer Entwickler aufgesprüht wird, bis eine Entwicklerpfütze die ganze Scheibenoberfläche bedeckt. Dies garantiert eine gleichförmige Entwicklung über die ganze Scheibe. Nach Ablauf der Entwicklungszeit wird der Entwickler abgeschleudert und die Scheibe mit Wasser gespült und trockengeschleudert.

Für alle Verfahren ist es sehr wichtig, alle Entwicklerreste von der Scheibe zu entfernen. Daher kommt der Wasserspülung mit deionisiertem Wasser am Ende besondere Bedeutung zu. Die Entwicklungszeit liegt je nach Wahl der anderen Parameter des Prozesses wie Lackdicke, Belichtungsenergie, Backtemperaturen und Entwicklerkonzentration typisch zwischen 20 und 60 s.

4.4.5 Nachbehandlung

Nach der Entwicklung folgt das Nachbacken (engl. hardbake, etwa 30 s, 110 °C), um den Lack endgültig zu festigen und widerstandsfähig gegen Ätzplasmen und -flüssigkeiten zu machen. Daran kann sich eine erneute Spülung der Scheiben mit deionisiertem Wasser anschließen, um letzte Entwicklerreste und andere Verunreinigungen zu entfernen. Die Einzelschritte Diffusionsbacken, Sprühentwicklung und Nachbacken werden jeweils in einer Straße einer speziellen Entwicklermaschine zusammengefaßt.

Falls nachfolgende Ätzverfahren sehr selektiv auf Fotolack reagieren, kann es notwendig werden, die Scheiben kurzzeitig einem O_2-Plasma in einem Plasmareaktor auszusetzen (engl. descum), um sehr dünne organische Reste, die vom Entwickler nicht beseitigt wurden, zu entfernen und die zu ätzende Oberfläche vollständig freizulegen.

Es gibt einige Trockenätzverfahren, bei denen der Fotolack Temperaturen bis zu 200 °C ausgesetzt wird und normalerweise anfängt zu fließen. Dies kann mit einer UV-Härtung wirksam verhindert werden. Etwa 40 s lang wird die ganze Scheibe kurzwelliger UV-Strahlung ($\lambda = 200$ bis 400 nm) hoher Intensität ausgesetzt und dabei gleichzeitig auf knapp 200 °C aufgeheizt. Die Absorption der Strahlung in der Lackmatrix führt zu einer Vernetzung der Matrixmoleküle, die die Lackstruktur durchgehend stabilisiert. Dieses Verfahren verhindert auch, daß belackte Scheiben in Ionenimplantern stark ausgasen und das Vakuum zerstören.

Schließlich müssen Fotolacke, nachdem sie ihre Aufgabe erfüllt haben, rückstandsfrei von der Scheibenoberfläche entfernt werden. Dazu ist eine Kombination aus Trocken- und Naßätzverfahren geeignet (vgl. Abschnitt 5.4.6).

4.5 Belichtung

Das Kernstück des gesamten Strukturerzeugungsprozesses ist die Abbildung der Maske in den Fotolack durch eine Belichtungsmaschine. Die Maske ist eine ebene Glasplatte, die in einer aufgebrachten Chrom- oder Eisenoxidschicht das abzubildende Muster trägt (vgl. Abschnitt 4.2). Durch die Abbildung muß das Muster unter genauer Einhaltung seiner Strukturabmessungen in den Lack übertragen werden. Man spricht hier von Maßhaltigkeit, Dimensionskontrolle oder CD-Kontrolle. Da im Laufe des Fertigungsprozesses einer Schaltung 10 bis 15 verschiedene Masken nacheinander belichtet werden, müssen Scheibe und Maske zusätzlich genau aufeinander ausgerichtet werden. Neben Maßhaltigkeit und Ausrichtgenauigkeit sind Auflösung und Tiefenschärfe die wichtigsten Eigenschaften einer Belichtungsmaschine, die im folgenden näher beschrieben werden sollen.

4.5.1 Belichtungsverfahren

Den prinzipiellen Aufbau einer Belichtungsmaschine zeigt Abb. 4.17. Das Licht einer Quecksilberdampflampe hoher Intensität leuchtet durch eine Kondensorlinse die gesamte Maske aus. Die Abbildungslinse bildet dann die Maske in den Fotolack auf der Scheibe ab. Die einfachsten Maschinen verzichten sogar noch auf eine Abbildungslinse und bilden die Maske durch Schattenwurf auf die Scheibe ab. Maske und Scheibe befinden sich dabei in unmittelbarem Kontakt (engl. contact printing) oder haben einen geringen Abstand (engl. proximity printing). Wegen unlösbarer Probleme mit der Maskenverunreinigung bei der Kontaktbelichtung bzw. begrenzter Auflösung bei der Abstandsbelichtung werden diese Verfahren heute jedoch kaum noch genutzt. Da einerseits also Maske und Scheibe räumlich voneinander getrennt werden müssen, um Verunreinigungen der Maske zu vermeiden, und andererseits eine hohe Auflösung notwendig ist, muß man eine Abbildungslinse verwenden. Der Begriff "Linse" ist dabei im erweiterten Sinne gemeint, da ein abbildendes optisches System immer aus

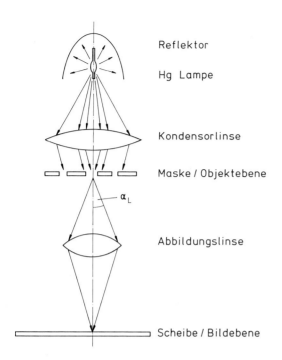

Reflektor

Hg Lampe

Kondensorlinse

Maske / Objektebene

α_L

Abbildungslinse

Scheibe / Bildebene

Abb. 4.17. Prinzipieller Aufbau einer Belichtungsmaschine

mehreren Elementen besteht, wobei Sammel- und Zerstreuungslinsen, Prismen, Hohl- und Planspiegel je nach Bedarf kombiniert werden.

Weit verbreitet sind Projektionsbelichtungsgeräte (engl. scanning aligner). Ihre Linsen bestehen aus zwei Hohlspiegeln und zwei ebenen Umlenkspiegeln. Es tritt also nur Lichtreflexion, aber keine Lichtbrechung auf, wodurch chromatische Aberrationen, also Abbildungsfehler aufgrund der unterschiedlichen Brechungsindizes für Licht verschiedener Wellenlängen, vermieden werden. Die Maske deckt die ganze zu belichtende Scheibe ab. Es handelt sich um eine 1:1-Belichtung, d.h. die abgebildeten Strukturen werden auf der Scheibe genauso groß, wie sie auf der Maske vorgegeben sind. Scheibe und Maske liegen symmetrisch zur Linse, und die ganze Scheibe wird durch einen vorbeifahrenden Lichtschlitz in einem Zug belichtet. Da es nicht möglich ist, eine Linse gleichzeitig für eine sehr große Auflösung und ein großes Belichtungsfeld zu bauen, sind diese Maschinen sowohl in der Auflösung als auch von der Scheibengröße beschränkt.

Beide Begrenzungen kann man mit den sogenannten Steppern umgehen. Stepper haben ein Abbildungsfeld (typisch $14 \times 14\,\text{mm}^2$), das nur einen kleinen Teil der Scheibe belichten kann. Diese Belichtung muß solange schrittweise wiederholt werden, bis die ganze Scheibe erfaßt wurde. Die Auflösung kann dabei bis in den Submikronbereich mit Strukturgrößen unterhalb von $1\,\mu\text{m}$ verbessert werden. In Produktionslinien werden heute 1:1-Stepper und 5:1-

Reduktionsstepper eingesetzt. Bei letzteren sind die Strukturen auf der Maske um den Faktor fünf größer als auf der Scheibe und die Linse verkleinert entsprechend. Der große Vorteil der Reduktionsstepper gegenüber den 1:1-Steppern ist eine wesentlich vereinfachte Maskenherstellung, da Defekte auf der Maske und die Ungenauigkeiten von Linienbreiten und Maskenpassung um den Faktor fünf verkleinert werden. Die Herstellung der Linsen ist allerdings aufwendig und teuer. Die 1:1-Stepper bieten demgegenüber eine einfache Linse mit großem nutzbaren Feld (30 × 10 mm^2), ein Breitbandbelichtungsspektrum zur Unterdrückung stehender Wellen und haben nicht zuletzt einen geringeren Preis.

4.5.2 Lichtquelle und Kohärenz

Als Lichtquelle in Belichtungsmaschinen verwendet man Quecksilberdampflampen, die im Ultravioletten drei starke Spektrallinien aussenden, die G-, H- und I-Linie bei 436, 405 und 365 nm. In diesem Bereich sind auch die Fotolacke lichtempfindlich (vgl. Abb. 4.11). In der Regel sind Linsen jedoch nur für eine einzige Wellenlänge konstruiert, so daß die entsprechende Spektrallinie mit Filtern ausgeblendet werden muß. Am häufigsten werden z.Z. Linsen für die G-Linie gebaut.

Das Beleuchtungssystem einer Belichtungsmaschine besteht aus Lampe, Reflektor, Filter, Kondensorlinse und weiteren optischen Elementen, um eine gleichförmige Ausleuchtung der ganzen Maske zu erreichen. Sein wichtigstes Merkmal ist die Einstellung der partiellen Kohärenz σ, da das Abbildungsverhalten der Abbildungslinse wesentlich durch σ bestimmt wird (vgl. Abschnitt 4.5.4). Der Grad der partiellen Kohärenz ist gegeben durch

$$\sigma = \frac{NA_K}{NA_L} , \qquad (4.3)$$

wobei NA_K und NA_L jeweils die numerischen Aperturen des Kondensors und der Abbildungslinse sind. Falls α_L der halbe Öffnungswinkel der Abbildungslinse auf der Objektseite (Maskenseite) ist (vgl. Abb. 4.17) und n der Brechungsindex von Luft, so gilt

$$NA_L = n \sin \alpha_L . \qquad (4.4)$$

Für NA_K gilt die entsprechende Formel. Bei einer Abbildungslinse mit vorgegebener numerischer Apertur NA_L läßt sich der Grad der partiellen Kohärenz σ durch die numerische Apertur der Kondensorlinse NA_K einstellen. Nach (4.3) kann σ zwischen 0 und ∞ liegen. Für $\sigma = 0$ ist das Licht völlig kohärent oder interferenzfähig, d.h. die Überlagerung zweier Wellenzüge aus dieser Lichtquelle kann zu vollständig konstruktiver und destruktiver Interferenz führen, weil die Amplituden der Wellenzüge addiert werden. Bei völlig inkohärentem Licht ($\sigma = \infty$) werden hingegen die Intensitäten zweier Wellenzüge addiert und es gibt keinerlei Interferenz. Der wesentliche Unterschied im Abbildungsverhalten ergibt sich zwischen $\sigma = 0$ und $\sigma = 1$, denn oberhalb von $\sigma = 1$ ändert sich die Bildqualität nur noch geringfügig. Die Belichtungsmaschinen in der Lithographie werden mit $\sigma = 0,5 \ldots 0,7$ betrieben, weil sich damit die besten Abbildungseigenschaften ergeben. Abschließend sei darauf hingewiesen, daß in Lehrbüchern über Optik eine andere Definition des partiellen Kohärenzgrades benutzt wird. Den Zusammenhang beider Definitionen findet man z.B. in [4.17].

4.5.3 Auflösung und Tiefenschärfe

Das physikalische Phänomen der Lichtbeugung, welches eine Folge der Wellennatur des Lichtes ist, begrenzt die Abbildungseigenschaften jeder Linse. Falls Linsenfehler dagegen vernachlässigt werden können, spricht man von einer beugungsbegrenzten Linse. Durch die Lichtbeugung werden zwei Punkte der Maske nicht in zwei Punkte, sondern in zwei Beugungsscheibchen abgebildet. Liegen die Originalpunkte zu nahe beieinander, so verschmelzen die Beugungsscheibchen und können im Bild nicht mehr getrennt werden. Nach dem am häufigsten angewendeten Auflösungskriterium, dem Rayleigh-Kriterium, gelten zwei Punkte noch als aufgelöst, wenn das Maximum des einen Scheibchens im ersten Beugungminimum des zweiten Scheibchens liegt. Bei kreisförmigen Öffnungen fällt dann die Intensität zwischen den beiden Maxima der Scheibchen nur noch auf 73,5 % der maximalen Intensität ab [4.17]. Der kleinste noch auflösbare Abstand a läßt sich wie folgt berechnen

$$a = \frac{k_1 \lambda}{NA} . \tag{4.5}$$

Dabei ist λ die Wellenlänge des abbildenden Lichtes und NA die numerische Apertur der Linse auf der Bildseite. Der Faktor k_1 ist von der Form der Eintrittsöffnung der Linse (z.B. rechteckig oder kreisförmig), dem Kohärenzgrad des Lichtes und dem Auflösungskriterium abhängig. Für eine kreisförmige Linse gilt bei Anwendung des Rayleigh-Kriteriums als Auflösungskriterium und inkohärentem Licht $k_1 = 0,61$, bei kohärentem Licht jedoch $k_1 = 0,82$ [4.17]. Für Positivfotolack ergibt sich bei einem Kohärenzgrad von $\sigma = 0,5 \ldots 0,7$ etwa $k_1 = 0,8$, d.h. der Lack ist unempfindlicher als es dem Rayleigh-Kriterium entspricht. Die Entwicklung neuer Lacke zielt daher auch auf die Erhöhung der Empfindlichkeit ab, um eine Auflösung zu erreichen, die dem Rayleigh-Kriterium entspricht (s.u.). Dies entspräche einer Verkleinerung von k_1 und ergibt nach (4.5) eine verbesserte Auflösung. Gleichung (4.5) zeigt insgesamt drei Wege zu verbesserter Auflösung. Neben einem kleineren k_1 führt eine kürzere Wellenlänge λ oder eine größere numerische Apertur NA ebenfalls zur Auflösung kleinerer Strukturen.

Die zweite wichtige Größe für die Arbeit mit optischen Systemen ist die Tiefenschärfe (DOF von engl. depth of focus); für sie gilt ebenfalls nach dem Rayleigh-Kriterium [4.17]

$$DOF = \pm \frac{k_2 \lambda}{NA^2} \quad \text{mit} \quad k_2 = \frac{1}{2} . \tag{4.6}$$

Ein aufgelöstes Bild entsteht nur in einem Bereich unterhalb und oberhalb der idealen Bildebene, der durch ± DOF begrenzt wird. Die in (4.6) angegebene Tiefenschärfe gilt jeweils an einem festen Punkt im Bildfeld der Linse und man bezeichnet sie daher als lokale Tiefenschärfe. Nach (4.5) und (4.6) ergibt jede Erhöhung der Auflösung durch kleineres λ oder größeres NA auch eine verkleinerte lokale Tiefenschärfe.

Leider gibt es zusätzlich zu den Begrenzungen, die sich aus den Gesetzen der Lichtbeugung ergeben, auch geometrisch bedingte Begrenzungen, die den nutzbaren Bereich der Tiefenschärfe weiter einschränken. Heutige Linsen benötigen Bilddurchmesser von 20 mm, um Schaltungen ausreichender Größe produzieren zu können. Bei diesen großen Bildfeldern treten geometrische Abbildungsfehler auf, die als Seidel-Aberrationen bekannt sind. Dazu gehören Astigmatismus, Bildfeldwölbung und Distorsion [4.17]. Bei einer Linse mit Astigmatismus liegen die idealen Bildebenen für horizontale und vertikale Linien (oder genauer sagittale und tangentiale Linien) unterschiedlich weit von der Linse entfernt. Die Bildfeldwölbung der Linse bewirkt, daß das ideale Bild für Punkte auf der optischen Achse und Punkte am Rand der Linse nicht in einer Ebene liegt. Distorsion schließlich verzerrt das Bild in der Bildebene. Ein ursprünglich rechtwinkliges Raster wird dadurch kissen- oder tonnenförmig. Doch selbst wenn in einem Linsenentwurf alle Aberrationen ausreichend kompensiert sind, bleiben durch Fertigungstoleranzen beim Bau der Linse Restfehler übrig. Bildfeldwölbung und Astigmatismus schränken den durch (4.6) gegebenen lokalen Tiefenschärfebereich ein. Die über das ganze Bildfeld nutzbare Tiefenschärfe ist durch die Überlappung der lokalen Tiefenschärfe an jedem Punkt des Bildfeldes gegeben. Abb. 4.18 zeigt als Beispiel schematisch die in den vier Ecken und im Zentrum des Bildfeldes einer Linse für horizontale und vertikale Linien gemessene lokale Tiefenschärfe von 2,4 bis 2,9 μm. Ecke 2 zeigt mit

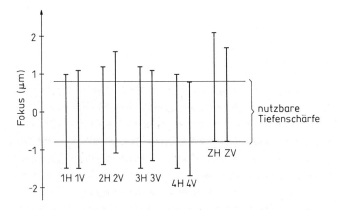

Abb. 4.18. Schematische Darstellung der lokalen und nutzbaren Tiefenschärfe DOF einer Linse vom Typ C aus Tabelle 4.2. Vier Ecken (1-4) und das Zentrum (Z) sind jeweils für horizontale (H) und vertikale (V) Linien angegeben.

0,4 μm den größten Astigmatismus und die Bildfeldwölbung beträgt 0,7 μm. Als gemeinsame Überlappung ergibt sich damit nur 1,6 μm nutzbare Tiefenschärfe. Tabelle 4.2 zeigt für drei verschiedene Linsen, die in Steppern verwendet werden, die kleinste noch auflösbare Linienbreite und die dazugehörige, gemessene lokale und nutzbare Tiefenschärfe in einem positiven Standardlack. Nach (4.5) und (4.6) wurden daraus Werte für k_1 und k_2 berechnet.

Tabelle 4.2. Typische Parameter von drei verschiedenen Stepperlinsen bei Abbildung in positivem Standardlack

Linse	A	B	C
Verkleinerung	1:1	5:1	5:1
Wellenlänge	Breitbandspektrum mit G- und H-Linie	G-Linie	I-Linie
in nm	390...450	436	365
σ	0,45	0,58	0,54
NA	0,28	0,38	0,40
Auflösung a in μm	1,25	0,9	0,7
k_1	0,80	0,78	0,77
lokale DOF in μm	6,7	3,0	2,6
k_2	0,60	0,50	0,57
nutzbare DOF in μm	5,0	2,4	1,6
Bildfeld in mm^2	30 $\times$ 10 oder 14 $\times$ 14	14 $\times$ 14	14 $\times$ 14

4.5.4 Die Modulationstransferfunktion

Der Einfluß der Lichtbeugung auf die Abbildungseigenschaften einer Linse und speziell die Abbildung in Fotolack wird durch die Gleichungen (4.5) und (4.6) nur sehr unvollständig beschrieben. Für partiell kohärente, abbildende Systeme ist die genaue Berechnung des Bildes bei vorgegebenem Objekt in [4.17] behandelt, eine einfache und anschauliche Darstellung ergibt sich jedoch schon aus der Anwendung der Fourieranalyse auf die Lichtbeugung. Mit ihrer Hilfe läßt sich für ein abbildendes System die sogenannte Modulationstransferfunktion MTF berechnen, die es erlaubt, das entstehende Bild bei vorgegebenem Objekt näherungsweise richtig zu berechnen [4.18-4.20]. Die MTF ist eine Funktion der Ortsfrequenz ν (mm^{-1}). Sie ist abhängig von der numerischen Apertur NA, der abbildenden Wellenlänge λ und der partiellen Kohärenz σ des Systems. Als

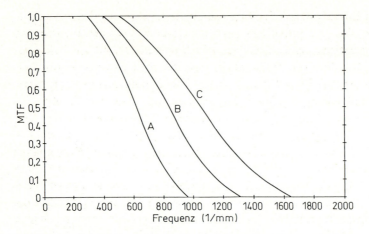

Abb. 4.19. Theoretisch berechnete Modulationstransferfunktion MTF für die drei Linsen A, B und C aus Tabelle 4.2 bei einem partiellen Kohärenzgrad von $\sigma \sim 0{,}5$

Beispiel zeigt Abb. 4.19 die theoretisch erwarteten MTF-Kurven für die drei Stepperlinsen aus Tabelle 4.2 bei einem partiellen Kohärenzgrad von $\sigma = 0{,}5$ und ohne Defokussierung. Bei einer defokussierten Linse ist die MTF reduziert.

Der Einfluß der MTF auf die Bildentstehung kann anhand der Abbildung eines Gitters mit gleich breiten dunklen und hellen Streifen der Breite a beschrieben werden (vgl. Abb. 4.12). Man definiert die Modulation M als

$$M = \frac{I_{Max} - I_{Min}}{I_{Max} + I_{Min}}\,, \tag{4.7}$$

wobei I_{Max} die Lichtintensität in der Mitte eines hellen und I_{Min} die Intensität in der Mitte eines dunklen Streifens ist. M nimmt also Werte zwischen 0 und 1 an. Das Verhältnis I_{Max}/I_{Min} wird als Bildkontrast C bezeichnet. Mit wachsendem Kontrast C nimmt auch die Modulation M zu und beide Größen lassen sich leicht ineinander umrechnen. Wir werden im folgenden daher nur die Modulation M betrachten. Bei einer Chrommaske kann man annehmen, daß die dunklen Streifen kein Licht durchlassen, d.h. $I_{Min} = 0$; damit wird die Modulation in der Maskenebene $M_{Maske} = 1$. Bei der Abbildung einer gitterförmigen Maske durch eine Linse tritt Beugung auf und ein Teil der Lichtintensität wird auch in die dunklen Streifen gebeugt. Daher erhält man für die Modulation in der Bildebene $M_{Bild} \leq 1$. Die Modulationstransferfunktion beschreibt gerade diesen Zusammenhang

$$M_{Bild}(\nu) = MTF(\nu)\, M_{Maske}(\nu)\,. \tag{4.8}$$

Dabei ist $\nu = (2a)^{-1}$ die Gitterkonstante des Gitters. Das Konzept der Modulationstransferfunktion wird zusammen mit der Fourieranalyse angewandt. Gl. (4.8) ist daher nur für sinusförmige Intensitätsverteilungen gültig. Für einen rechteckigen Intensitätsverlauf ist zunächst die Zerlegung in eine Fourier-reihe nötig, bevor (4.8) auf jeden Summanden angewendet werden kann. In Abb. 4.12 ist schematisch ein Beispiel für die Intensitätsverteilung in Maske und Bild dargestellt. Die gestrichelte Linie zeigt die ideale rechteckige Intensitätsverteilung in der Maske mit $M_{Maske} = 1$. Die durchgezogene Linie stellt die Bildintensität mit einer reduzierten Modulation von $M_{Bild} = 0,75$ dar.

Nach Abb. 4.19 zeigt jede der drei Linsen A, B und C bei kleinen Frequenzen eine vollständige Übertragung der Modulation, d.h. $MTF = 1$. Mit zunehmender Frequenz ν, also abnehmender Linienbreite a, wird die MTF kleiner und fällt schließlich bei großen Frequenzen bis auf $MTF = 0$, d.h. es findet keine Übertragung der Modulation mehr statt und die Bildmodulation ist gleich Null. Anschaulich bedeutet das, daß es für jede Linse eine minimale Strukturgröße a_{Min} gibt, die nicht mehr abgebildet werden kann. Der Wert von a_{Min} hängt von dem Auflösungskriterium ab. Für das Rayleigh-Kriterium der Auflösung bei kreisförmigen Linsen gilt $I_{Min} = 0,735 \times I_{Max}$ (s.o.), womit sich nach (4.7) eine Bildmodulation M_{Bild} von 0,15 ergibt. Die zugehörigen Werte von a_{Min} für die Linsen A, B und C lassen sich aus Abb. 4.19 entnehmen.

Kurve C in Abb. 4.19 zeigt auch, verglichen mit A und B, daß eine kürzere Wellenlänge und größere numerische Apertur eine größere MTF bei gegebener Frequenz ν und damit eine bessere Auflösung ergibt.

In der Fotolithografie muß das Bild jedoch im Fotolack entstehen. Die Frage lautet daher, welche Bildmodulation nötig ist, um ein vollständig entwickeltes Bild im Lack zu erzeugen. Die Antwort haben wir bereits in Abschnitt 4.3.3 gegeben; die Modulation M_{Bild} muß größer oder gleich der kritischen Lack-modulationstransferfunktion $CMTF$ sein. Für Positivlacke mit $\gamma = 2$ ergibt sich nach (4.2) $CMTF = 0,52$. Die Linsen A und C aus Abb. 4.19 könnten somit 0,8 bzw. 0,5 μm minimale Linien auflösen. Dies sind jedoch ideale, aus der theoretischen MTF abgeleitete Werte. Wirkliche Linsen erreichen nur eine geringere Auflösung, weil jede Aberration und Defokussierung die MTF reduziert. Die praktisch über den gesamten Bereich der Tiefenschärfe erreichbare Auflösung ist nach Tabelle 4.2 um rund 50 % geringer als die hier ermittelten idealen Werte.

Um eine Auflösung gemäß dem Rayleigh-Kriterium zu erreichen, wäre ein Lack mit $CMTF = 0,15$ oder $\gamma = 7,6$ nötig. Die heute üblichen Lacke mit $\gamma = 2$ sind davon zwar noch weit enfernt, neu entwickelte Lacke erreichen jedoch schon höhere Kontrastwerte bis zu $\gamma = 6$ (vgl. Abschnitt 4.7).

4.5.5 Maßhaltigkeit

Neben der erreichbaren Auflösung ist für die industrielle Serienenfertigung von entscheidender Bedeutung, wie genau eine vorgegebene Linienbreite eingehalten werden kann, und zwar nicht nur innerhalb des Bildfeldes einer Linse, sondern auch über die ganze Scheibenoberfläche und von Scheibe zu Scheibe. Die Linienbreite im Fotolack wird dabei am Fuß der Lackstruktur gemessen (a_1 und a_2 in

Abb. 4.12). Dadurch bleibt der Lackflankenwinkel unberücksichtigt. Insbesondere für nachfolgende anisotrope Trockenätzprozesse, bei denen eine gewisse Lackerosion auftritt, darf der Flankenwinkel jedoch 80° nicht wesentlich unterschreiten.

Die Maßhaltigkeit wird von mehreren Faktoren beeinflußt: Lackdickenschwankungen, Maßhaltigkeit der Maske, Gleichförmigkeit der Bildfeldausleuchtung, Reproduzierbarkeit der Einzelbelichtungen, Fokussierung und Gleichförmigkeit der Entwicklung. Die Maßhaltigkeit der Maske wird bei 1:1 abbildenden Systemen direkt übertragen, während sie bei 5:1-Reduktionssteppern um den Faktor fünf verkleinert wird. Dies ist einer der wesentlichen Vorteile der Reduktionsstepper.

Die Summe all dieser Fehler darf ± 20 % der kleinsten abzubildenden Linienbreiten in Fotolack nicht übersteigen. Die Maßhaltigkeit im Fotolack wird durch den nachfolgenden Ätzprozeß noch weiter reduziert, so daß die Linienbreitenschwankungen nach dem Ätzen bis zu ± 25 % der kleinsten Strukturgrößen ausmachen können. Tabelle 4.3 faßt für drei verschiedene Prozeßgenerationen diese Ergebnisse noch einmal zusammen. Angegeben ist jeweils die dreifache Standardabweichung ($\pm 3\sigma$) einer Gaußschen Normalverteilung auf Scheibenniveau.

Tabelle 4.3. Maßhaltigkeit ($\pm 3\sigma$ in μm) von drei verschiedenen Prozeßgenerationen, die mit den entsprechenden Linsen aus Tabelle 4.2 verwirklicht werden können

Prozeßgeneration	A	B	C
kleinste Strukturgrößen	1,5	1,0	0,7
Maßhaltigkeit in Fotolack	± 0,27	± 0,16	± 0,14
Maßhaltigkeit nach dem Ätzen	± 0,31	± 0,19	± 0,17

4.5.6 Ausrichtung

Für jeden Fertigungsprozeß ist mehr als eine Maske nötig. Daher muß eine Belichtungsmaschine in der Lage sein, alle nachfolgenden Masken auf die schon vorhandenen Strukturen auf der Scheibe genau auszurichten. Im einfachsten Fall geschieht dies von Hand, indem mit Hilfe eines Mikroskops zwei spezielle Marken auf der Scheibe mit passenden Marken auf der Maske zur Deckung gebracht werden. Eine größere Genauigkeit erreicht man mit vollautomatischen Verfahren, die bei Steppern ausschließlich verwendet werden. Man unterscheidet dabei zwei grundsätzlich unterschiedliche Strategien. Bei der globalen Ausrichtung wird eine ganze Scheibe justiert und danach werden ohne weitere Korrektur alle Felder belichtet. Bei der lokalen Ausrichtung (engl. field by field alignment) wird hingegen jedes Einzelfeld gesondert ausgerichtet. Dieses Verfahren reduziert zwar den Durchsatz, ist aber besser geeignet, etwaige auf der Scheibe im Laufe des Prozesses durch Verzug der Scheiben entstandene Strukturverschiebungen auszugleichen. Solche Verschiebungen können z.B. durch Hochtemperaturprozesse hervorgerufen werden.

Die Ausrichtung bei Steppern erfolgt in drei Schritten. Auf eine mechanische Vorausrichtung folgt eine optische Grobausrichtung und anschließend die eigentliche Feinausrichtung. Entscheidend für ein gutes Überlagerungsergebnis auf der Scheibe ist eine direkte Ausrichtung der Scheibe durch die Linse auf die Maske ohne Verwendung irgendwelcher Hilfsmarken auf dem Trägerrahmen des Steppers; nur so lassen sich Driftfehler vermeiden, die durch mechanische Instabilität, Temperaturausdehnung und andere Fehlerquellen verursacht werden. Für die Feinausrichtung wurden verschiedene Verfahren entwickelt, darunter das Dunkelfeldverfahren und die Verwendung von Beugungsgittern, die hier beschrieben werden sollen.

Das Ausrichtsystem eines 1:1-Steppers (Ultrastep 1000 [4.21]) zeigt Abb. 4.20. Dieser Stepper arbeitet mit lokaler Ausrichtung und verwendet das Licht der Hg-Lampe, um ein Ausrichtsignal zu erzeugen. Durch einen Filter werden aus dem Spektrum der Lampe zwei grüne Spektrallinien ausgeblendet. Wichtig

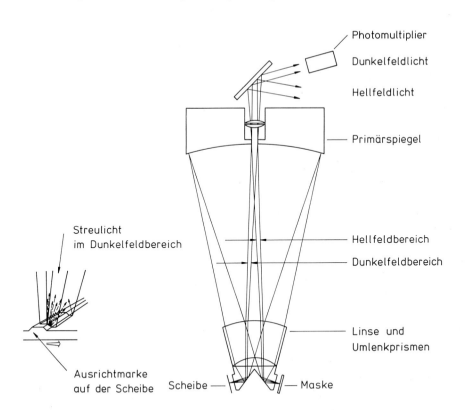

Abb. 4.20. Abbildungsoptik und Ausrichtsystem des Ultrastep 1000 Steppers (nach[4.21])

ist natürlich, daß das zur Ausrichtung verwendete Licht den im blauen und UV empfindlichen Fotolack nicht belichtet. Auf der Maske befinden sich rechts und links oberhalb des Abbildungsfeldes zwei helle Kreuze im dunklen Chromfeld von $200 \times 200\,\mu m^2$ Schenkellänge und etwa $3\,\mu m$ Schenkelbreite. Das Bild dieser Kreuze wird auf die Scheibe projiziert und dort mit zwei entsprechenden etwa gleich großen Kreuzen, die in die Scheibe geätzt wurden, zur Deckung gebracht. Dies geschieht, indem die Scheibe zunächst in einer Richtung bewegt wird, bis das helle Bild der Maskenkreuze auf die Kante der geätzten Scheibenkreuze trifft. In diesem Moment fällt Streulicht in das Dunkelfeld des optischen Systems, das mit einem Fotovervielfacher als Signal gemessen werden kann. Das Verfahren wird für die x- und y-Richtung gesondert ausgeführt und ermöglicht zusätzlich durch die getrennte Messung der rechten und linken Marken eine Rotationskorrektur.

Mit diesem Verfahren ist eine Ausrichtgenauigkeit von $|\bar{x}| + 3\sigma = 0,34\,\mu m$ erreichbar, wobei der Mittelwert maximal $0,10\,\mu m$ von der Sollposition abweicht $(|\bar{x}| \leq 0,10\,\mu m)$. Für die y-Richtung gilt die gleiche Genauigkeit. Da man die Kreuze nicht mehrfach benutzen kann, müssen bei diesem Stepper zwei Kreuze oberhalb des Bildfeldes für jede Maskenebene reserviert werden. Bei 10 bis 15 Masken wird dabei sehr viel Platz auf der Scheibe verbraucht. Die Breite der Kreuze auf der Scheibe muß zudem experimentell für jede Maskenebene innerhalb jedes Fertigungsprozesses optimiert werden. Diese Optimierung ist zeit- und arbeitsaufwendig und erschwert die Entwicklung neuer Prozesse, deren Details noch verändert werden.

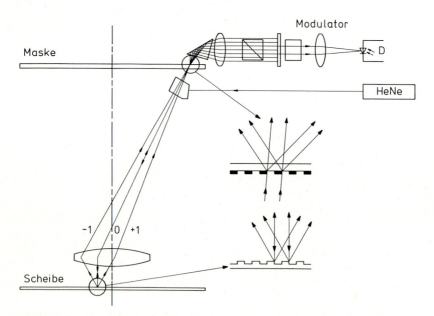

Abb. 4.21. Ausrichtsystem des ASML PAS 2500 Steppers (nach[4.22])

Als zweites Beispiel zeigt Abb. 4.21 das Ausrichtsystem eines 5:1-Steppers (ASML PAS 2500 [4.22]). Dieser Stepper arbeitet mit globaler Ausrichtung, wobei Beugungsgitter verwendet werden. Auf jeder Scheibe befinden sich lediglich zwei Ausrichtmarken, die wiederum mit zwei passenden Marken auf der Maske nacheinander zur Deckung gebracht werden. So erreicht man wiederum die notwendige x-, y- und Rotationskorrektur. Das Prinzip der Messung läßt sich anhand von Abb. 4.22 erläutern [4.23]. Zwei Transmissionsgitter mit den Gitterkonstanten d_1 und d_2 liegen direkt aufeinander; eine einfallende ebene Welle wird am ersten Gitter gebeugt gemäß der Formel

$$\sin \alpha_1 = \frac{n_1 \lambda}{d_1}, \quad n_1 = 0, \pm 1, \pm 2, \dots .$$ (4.9)

Jede dieser Beugungsordnungen fällt nun auf das zweite Beugungsgitter und wird abermals gebeugt

$$\sin \alpha_2 = \frac{n_2 \lambda}{d_2}, \quad n_2 = 0, \pm 1, \pm 2, \dots .$$ (4.10)

Die Gesamtablenkung α ist die Summe aus α_1 und α_2. Für kleine Ablenkwinkel gilt

$$\alpha = \alpha_1 + \alpha_2 = \left(\frac{n_1}{d_1} + \frac{n_2}{d_2} \right) \lambda .$$ (4.11)

Falls $d_2 = d_1/m$, wobei $m = 1$ oder 2 die praktisch wichtigen Fälle sind, gilt

$$\alpha = \frac{(n_1 + m\,n_2)\,\lambda}{d_1} = \frac{r\,\lambda}{d_1} .$$ (4.12)

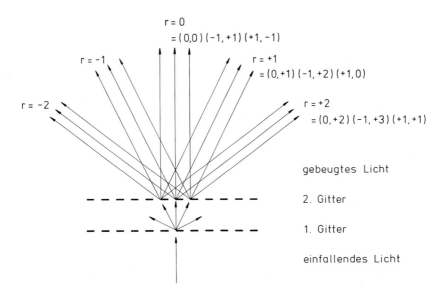

Abb. 4.22. Lichtbeugung an zwei Transmissionsgittern und Darstellung der r-Gruppen

Da Gleichung (4.12) die gleiche Struktur wie (4.9) oder (4.10) hat, treten bei der Kombination aus zwei Gittern kombinierte Beugungsordnungen, die sogenannten r-Gruppen, in den gleichen Richtungen wie bei einem Einzelgitter auf [4.23]. Die Gesamtlichtintensität, die von einer Kombination aus zwei Gittern durchgelassen wird, läßt sich berechnen. Sie ist von der Verschiebung Δx der beiden Gitter gegeneinander abhängig und man erhält [4.22, 4.23]

$$I(\Delta x) = I_0 \sum_n B_n \cos\left(\frac{2\pi n \Delta x}{d_2}\right) \,. \tag{4.13}$$

Die Faktoren B_n sind dabei von der Kombination verschiedener Ordnungen innerhalb einer r-Gruppe und von der genauen Form der Gitterstriche abhängig.

Dieses Meßprinzip wurde in unterschiedlichen Abwandlungen für Stepper angewendet. Der PAS 2500 Stepper weist jedoch einige für die Praxis wichtige Besonderheiten auf, die hier mit Hilfe von Abb. 4.21 erläutert werden sollen [4.22, 4.24]: Das erste Gitter ist kein Transmissionsgitter, sondern ein Reflexionsgitter, das in die Scheibenoberfläche geätzt wurde. Die Gitterkonstante beträgt $d_1' = 16\,\mu$m. Es wird senkrecht von dem roten Licht ($\lambda = 633$ nm) eines He-Ne-Lasers bestrahlt. Die reflektierten Beugungsordnungen werden durch die Linse auf ein Transmissionsgitter mit der Gitterkonstanten $d_2 = 40\,\mu$m abgebildet, welches sich auf der Maske befindet. Wegen der 5:1 verkleinernden Linse hat das Abbild des Scheibengitters auf der Maske die Gitterkonstante $d_1 = 80\,\mu$m und es gilt $m = 2$ in (4.12). Vor der Maske befindet sich eine Blende, die alle Beugungsordnungen größer als 2 von der Scheibe ausblendet, d.h. nur $n_1 = 0, \pm1, \pm2$ ist erlaubt. Hinter der Maske befindet sich eine zweite Blende, die nur r-Gruppen mit r = ±1 durchläßt. Wegen r = $n_1 + 2n_2$ kann zum Ausrichtsignal nur die 1. Ordnung ($n_1 = \pm1$) von der Scheibe beitragen. In diesem Falle vereinfacht sich (4.13) zu

$$I(\Delta x) = I_1 \left(1 + \frac{2}{\pi} \cos\left(\frac{4\pi \Delta x}{d_1'}\right)\right) \,. \tag{4.14}$$

Dieses Signal ist periodisch mit der Periode $d_1'/2$. Der Faktor I_1 läßt sich berechnen. Wenn wir annehmen, daß das Scheibengitter aus rechteckigen Vertiefungen in der Scheibenoberfläche besteht und das Transmissionsgitter auf der Maske gleich breite helle und dunkle Streifen aufweist, so ergibt sich bei Reflexion in Luft

$$I_1 = \frac{4}{\pi^2} I_0 R \sin^2\left(\frac{2\pi h}{\lambda}\right) \sin^2\left(\frac{\pi l}{d_1'}\right) \tag{4.15}$$

mit I_0 =   einfallende Intensität
         R =   Reflexionskoeffizient der Scheibenoberfläche
         h =   Stufenhöhe
         l =   Breite der erhöhten Gitterstriche
         d_1' =   Gitterkonstante auf der Scheibe .

Man sieht, daß das Signal für ein symmetrisches Gitter mit $l = d'_1/2$ und eine Stufenhöhe von $h = \lambda/4 = 160$ nm am größten wird. In der Praxis ist das Reflexionsgitter jedoch immer mit Fotolack bedeckt, wodurch die Stufenhöhe reduziert wird. Außerdem dringt das Licht in den Fotolack ein und wird gebrochen, so daß sich eine andere optische Weglänge ergibt. Experimentell findet man daher eine optimale Stufenhöhe von $h = 130$ nm.

Da das Ausrichtsignal (4.14) periodisch mit $d'_1/2 = 8\,\mu$m ist, beträgt der Einfangbereich des Gitterausrichtsystems nur $\pm d'_1/4 = \pm 4\,\mu$m. Dies ist für praktische Anwendungen zu gering. Durch Verwendung eines zweiten Gitterpaares mit um $10\,\%$ vergrößerter Gitterperiode von $d'_3 = 17,6\,\mu$m läßt sich der Einfangbereich auf $\pm 44\,\mu$m erhöhen, weil nur bei $x = 0, \pm 88\,\mu$m, ... beide Gitter gleichzeitig deckungsgleich sind. Dieser Bereich reicht aus, um mit einer einfachen optischen Vorausrichtung die Scheibe sicher auszurichten.

Das hier beschriebene Gitterausrichtverfahren erreicht in Kombination mit einem sehr genau reproduzierenden x-y-Schlitten eine Ausrichtgenauigkeit von $|\bar{x}| + 3\sigma = 0,15\,\mu$m, wobei $|\bar{x}| \leq 0,05\,\mu$m für den Mittelwert über mehrere Scheiben gilt und in y-Richtung die gleiche Genauigkeit erreicht wird. Während des gesamten Fertigungsprozesses brauchen die Gitter nicht erneuert zu werden, da die Ausrichtung weitgehend unempfindlich gegen zusätzlich über die Gitter abgeschiedene Schichten ist. Für die Entwicklung neuer Prozesse ist dies von sehr großem Vorteil.

4.5.7 Überlagerungsbudgets

Für die Einsatzfähigkeit eines Steppers ist letztlich die im geätzten Silizium erreichbare Überlagerungsgenauigkeit zweier Maskenebenen entscheidend. Dieser Wert ergibt sich aus einem Budget mit mehreren Beiträgen wie es in Tabelle 4.4 für die zwei behandelten Stepper aufgeführt ist. Sechs Beiträge werden statistisch addiert, da sie unabhängig voneinander sind. Der Mittelwert des Ausrichtfehlers geht jedoch linear ein, weil er durch andere Beiträge nicht ausgeglichen werden kann. Die Einzelbeiträge setzen sich wie folgt zusammen: Die Ausrichtgenauigkeit beschreibt die Fähigkeit des Steppers, eine Ausrichtmarke zu messen und den x-y-Schlitten an eine bestimmte Stelle zu fahren. Die Zahlenwerte sind aus Abschnitt 4.5.6 übernommen. Die Maskenpassung gibt den Positionierungsfehler von Strukturen auf zwei unterschiedlichen Masken an. Im Falle des 5:1-Steppers ist dieser Fehler durch fünf zu teilen. Falls zwei Masken auf unterschiedlichen Steppern, also auch mit zwei unterschiedlichen Linsen, belichtet werden, tritt die Kombination aus zwei Linsendistorsionen auf. Dieser Wert ist in der Tabelle angegeben. Er stellt für beide Stepper den größten Beitrag zum Gesamtbudget dar. Die Maßhaltigkeit beider Masken nach Tabelle 4.3 geht je zur Hälfte ein, weil für die Überlappung zweier Maskenstrukturen auf der Scheibe nach dem Kantenprinzip nur die Position je einer Kante entscheidend ist (vgl. Abschnitt 13.4.2). Allerdings ist hier die Maßhaltigkeit der geätzten Strukturen anzusetzen. Der Prozeßeinfluß berücksichtigt schließlich

Tabelle 4.4. Überlagerungsbudgets zweier Stepper (3σ Werte auf Scheibenniveau in μm), die den Linsen und Prozeßgenerationen aus den Tabellen 4.2 und 4.3 entsprechen. Stepper A ist der Ultrastep 1000 und Stepper B der ASML PAS 2500

Stepper	A 1:1	B 5:1
Ausrichtgenauigkeit	0,24	0,10
Maskenpassung	0,20	0,04
Linsendistorsion	0,30	0,23
$1/2 \times$ Maßhaltigkeit 1. Maske	0,155	0,095
$1/2 \times$ Maßhaltigkeit 2. Maske	0,155	0,095
Prozeßeinfluß	0,20	0,10
quadratische Summe	0,53	0,30
Mittelwert Ausrichtung	0,10	0,05
Überlagerungsgenauigkeit	0,63	0,35

einen möglichen Verzug der Scheibe durch Temperatureinflüsse während der Fertigung.

Wenn man eine vorhandene Schaltung mit einem Shrinkfaktor multipliziert, werden dadurch nicht nur alle Strukturgrößen, sondern auch alle Überlappungen und Sicherheitsabstände verkleinert (vgl. Kapitel 13). Beim Übergang zur nächsten Prozeßgeneration wachsen daher die Anforderungen an die Auflösung und an die Überlagerungsgenauigkeit einer Belichtungsmaschine gleichermaßen. Die Gesamtüberlagerungsgenauigkeit in einem Prozeß soll bei höchstens 50 % der kleinsten Strukturgrößen in Silizium bleiben, um sinnvoll arbeiten zu können. Danach ist der 1:1-Stepper für den 1,5 μm-Prozeß geeignet, der 5:1-Stepper für den 1,0 μm-Prozeß, wie sie in den Tabellen 4.3 und 4.4 angegeben sind.

4.6 Prozeßoptimierung und Prozeßkontrolle

Das Ziel bei der Entwicklung eines industriellen Fertigungsprozesses muß die Festlegung eines stabilen Prozeßfensters für den Betrieb der Maschinen sein, um die vorgegebenen Prozeßspezifikationen einzuhalten. Für die Fotolithografie sind Maßhaltigkeit der Linienbreite und Überlagerungsgenauigkeit der Strukturen auf der Scheibe die wesentlichen einzuhaltenden Spezifikationen. Die zahlreichen Einzelparameter des Lithographieprozesses wie Lackdicke, Backtemperaturen, Fokus, Belichtungsenergie, Entwicklungzeit versucht man so zu optimieren, daß kleine Schwankungen einzelner Einstellungen, die unvermeidlich sind, das Ergebnis möglichst wenig beeinflussen. Als Beispiel zeigt Abb. 4.23, wie die Linienbreite sich ändert, wenn Fokus und Belichtungsenergie eines 5:1-

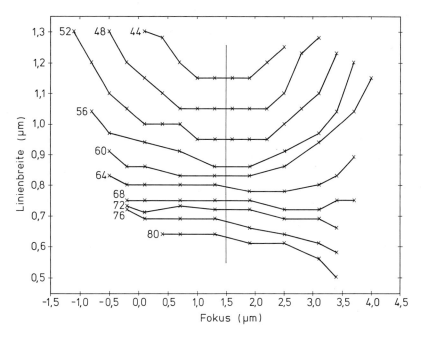

Abb. 4.23. Veränderung der Linienbreite als Funktion von Fokus und Belichtungs-energie. Als Parameter sind Energiewerte in mJ/cm² angegeben.

Steppers mit der Linse C aus Tabelle 4.2 variiert werden. Alle Parameter des Lackprozesses bleiben dabei unverändert. Die Linienbreite zeigt einen para-belförmigen Verlauf als Funktion des Fokus. Das Minimum der Parabeln stellt den besten Fokuswert dar, weil kleine Fokusschwankungen die Linienbreite hier nur wenig ändern. Mit zunehmender Energie werden die Parabeln flacher, bis bei etwa 70 mJ/cm² und 0,75 μm die Linienbreite fast unabhängig vom Fokus wird. Gleichzeitig liegen die Parabeln dichter beieinander, so daß auch geringe Energieschwankungen ohne großen Einfluß bleiben. Die Linienbreite der Chromlinie auf der Maske beträgt in diesem Beispiel 5 × 0,9 μm = 4,5 μm, so daß der optimale Arbeitspunkt bei einer um etwa 0,15 μm kleineren Linien-breite liegt, als es der 5:1-Abbildung entspräche. Verglichen mit der nominellen Belichtungsenergie von 56 mJ/cm², die bei bestem Fokus 0,9 μm breite Linien auf der Scheibe ergibt, erreicht man dies durch eine Überbelichtung von etwa 25 %.

Sind alle Parameter festgelegt, muß man sicherstellen, daß alle Maschi-nen innerhalb ihres spezifizierten Fensters bleiben. Dies geschieht durch ent-sprechende regelmäßige Testläufe. Da in einer Fertigungslinie normalerweise mehrere gleichartige Maschinen stehen, muß man weiterhin erreichen, daß jede Maschine bei gleicher Einstellung auch gleiche Ergebnisse produziert. Zum Beispiel soll eine Belichtungsenergie von 70 mJ/cm² bei gleicher Fokuseinstellung an zwei verschiedenen Steppern und gleichen sonstigen Prozeßbedingungen die gleiche Linienbreite ergeben.

Der genauen Messung von Linienbreiten kommt daher für die Prozeßkontrolle besondere Bedeutung zu. Das beste Meßgerät ist das Rasterelektronenmikroskop (REM). Mit seiner Hilfe lassen sich Linienbreiten mit einem Absolutfehler von weniger als $0,1\,\mu m$ messen. Da REM-Messungen zeitaufwendig sind und die Scheiben für eine Messung von nicht leitenden Oberflächen mit Gold beschichtet werden müssen und damit für den Fertigungsprozeß unbrauchbar werden, verwendet man daneben optische Meßverfahren, die den Scheiben nicht schaden. Es handelt sich überwiegend um Zusatzgeräte zu Lichtmikroskopen, die das Intensitätsprofil der zu messenden Linie aufzeichnen. Diese Geräte reagieren allerdings empfindlich auf Veränderungen der optischen Beschaffenheit der Oberfläche und damit auf Prozeßschwankungen. Außerdem müssen sie mit Hilfe von REM-Messungen kalibriert werden und sind daher weniger genau.

Neben der Maßhaltigkeit der Linienbreiten ist die Überlagerungsgenauigkeit die zweite wichtige lithographische Spezifikation. Um das Überlagerungsbudget (vgl. Tabelle 4.4) einzuhalten, muß als erstes die Ausrichtgenauigkeit eines Steppers eingehalten werden. Mit Hilfe von Testscheiben wird daher jeder Stepper regelmäßig überprüft. Für die Prozeßscheiben müssen, falls nötig, für jede Maske speziell an den Prozeß angepaßte Ausrichtmarken ausgewählt werden, die eine gute Ausrichtung garantieren. Beim Aufbau einer Fertigungslinie mit mehreren Steppern ist der Auswahl der Linsen besondere Aufmerksamkeit zu widmen. Nur Linsen, deren Distorsionen zueinander passen, werden gute Überlagerungsgenauigkeiten erreichen. Entscheidend ist dabei, daß die Linsendistorsion eine unveränderliche Linseneigenschaft ist, die durch nachträgliche Einstellung nicht mehr zu korrigieren ist. Nach Tabelle 4.4 liegen Linsendistorsionen zwischen $0,20$ und $0,30\,\mu m$. Sie stellen für jede Fertigungslinie mit mehreren Steppern den größten Beitrag zum Überlagerungsbudget dar.

Die auf der Scheibe erzielte Ausrichtgenauigkeit läßt sich mit Hilfe von zwei Skalen messen, deren Verschiebung gegeneinander unter dem Mikroskop ähnlich einem Nonius abgelesen werden kann. Beide Skalen werden dazu nacheinander in Fotolack belichtet und anschließend abgelesen. Genauer läßt sich die Überlagerung aus den gemessenen elektrischen Widerständen zweier geätzter Teststrukturen berechnen. Bei fehlerfreier Überlagerung haben beide Widerstände den gleichen Wert, bei Fehljustierung sind sie unterschiedlich groß. Diese Methode ist jedoch nur auf Testscheiben, die nicht mehrfach verwendet werden können, anwendbar.

4.7 Neuere Fotolacktechniken

4.7.1 Einleitung und Grundlagen

Zur Realisierung immer kleinerer Einzelstrukturen werden optische Abbildungssysteme entwickelt, bei denen ein erhöhtes Auflösungsvermögen durch die Verwendung kürzerer Belichtungswellenlängen und größerer numerischer Aperturen erzielt wird. Die Auflösungsgrenzen dieser Systeme liegen etwa im Bereich der zweifachen Lichtwellenlänge.

Die bereits in Abschnitt 4.5.3 diskutierte Auflösungsformel (4.5) gibt den Zusammenhang zwischen kleinster auflösbarer Strukturgröße, Wellenlänge und numerischer Apertur an; dabei beschreibt der Faktor k_1 die Randbedingungen für die tatsächlich erzielbare Strukturgröße. Der Faktor k_1 kann durch die Fotolacktechnik beeinflußt werden. Somit ist neben den Einflußmöglichkeiten über die Belichtungswellenlänge und die numerische Apertur eine verbesserte Auflösung auch über die Fotolacktechnik zu erreichen. Für die Strukturerzeugung ist es deshalb wichtig und absolut erforderlich, die verwendete Fotolacktechnik zu optimieren und den Strukturanforderungen anzupassen. Eine Verbesserung, d.h. eine Reduzierung des Faktors k_1, läßt sich bezüglich der Fotolacktechnik durch eine Erhöhung des Lackkontrastes erzielen. Eine Erhöhung des Lackkontrastes hat eine Reduzierung der kritischen Modulationstransferfunktion und damit eine Erhöhung der Auflösung zur Folge.

Es gibt zahlreiche Ansätze zur Verbesserung der Fotolacktechnik. Dazu gehören neben einer Optimierung des herkömmlichen Positivlackprozesses die Verwendung reflexmindernder Verfahren, die Kontrastverstärkungsschicht, das Bildumkehrverfahren, die Mehrlagentechnik und trocken entwickelbare Lacke.

Die neueren Fotolacktechniken lassen sich nicht generell in Einlagen- oder Mehrlagenverfahren einteilen, da in einigen Fällen zwar mehrere Schichten übereinander aufgebracht werden müssen, diese jedoch durch einen einzigen Schritt belichtet bzw. entwickelt oder entfernt werden können. Alle Techniken sind jedoch aufwendiger als die herkömmliche Positivlacktechnik. Der Wunsch geht eindeutig dahin, eine modifizierte Einlagenfotolacktechnik zu haben, die den Ansprüchen in der Realisierung kleiner Strukturen genügt und dabei trotzdem prozeßfreundlich ist. Die Auswahl geeigneter Techniken wird dabei aufgrund der jeweiligen Randbedingungen des Prozesses, der verwendeten Oberflächenschichten und der Strukturgröße getroffen.

4.7.2 Reflexmindernde Verfahren

Während der Belichtung kommt es zu Reflexionen an der Substratoberfläche. Die Intensität dieser Reflexionen wird von der Reflektivität der Schicht unter dem Fotolack und von der Absorption des Fotolackes bestimmt. Besonders stark sind diese Effekte auf hochreflektierenden Schichten wie Aluminium und anderen Metallen. Die Auswirkungen der Reflexionen sind stehende Wellen innerhalb des Lackes und Streulicht, das durch die darunterliegende Topographie hervorgerufen wird. Dadurch kommt es sogar zur Belichtung von ursprünglich unbelichteten Bereichen. Dieser Effekt der Reflexionseinbuchtungen (engl. reflective notching) ist an einer Fotolackstruktur in Abb. 4.16 dargestellt. Weitere Effekte der Reflexionen und der Absorption des Fotolackes sind Linienbreitenschwankungen einer Lackstruktur, die über eine Stufe geführt wird. Diese

Linienbreitenschwankungen werden durch den sogenannten Volumeneffekt und die stehenden Wellen verursacht [4.14, 4.15].

Erhebliche Reduzierungen der Reflexionen innerhalb des Lackes lassen sich durch nicht ausbleichende Farbstoffzusätze erzielen. Bei den Standardlacken ist die Transmission durch die Bleichbarkeit der fotoempfindlichen Komponente von der Belichtungszeit abhängig. Bei den genannten Farbstoffzusätzen, die dem Fotolack zugegeben werden, bleibt die Transmission von der Belichtungszeit unabhängig. Durch die Verwendung dieser Farbstoffzusätze läßt sich die Streuweglänge des Lichtes innerhalb des Fotolackes auf Aluminiumoberflächen mit entsprechender Topographie gegenüber dem Standardlack um den Faktor 10 reduzieren [4.25]. Die Streuweglänge kann in herkömmlichen Lacken etwa $11\,\mu m$ betragen und in den Farbstofflacken auf ca. $1\,\mu m$ verringert werden. Damit sinken die Energien in den nicht belichteten Bereichen unter den Schwellwert von E_0, der Lack bleibt unlöslich und erhält damit seine vorgesehene Struktur.

Die nicht bleichbaren Farbstoffzusätze können zwei wesentliche Eigenschaften des Fotolackes verändern; sie setzen die Fotoempfindlichkeit herab und sie reduzieren den Kontrast. Dadurch können sich Veränderungen für die Linienbreite von Fotolackstrukturen ergeben, die über Stufen geführt werden. Im wesentlichen werden diese Linienbreitenvariationen hervorgerufen durch den Volumeneffekt und durch die stehenden Wellen und sind damit proportional dem Kontrast und dem Absorptionskoeffizienten. Theoretisch ergibt sich daraus durch den Zusatz des Farbstoffes eine geringfügige Verschlechterung der Linienbreitenkontrolle, die jedoch durch die erheblichen Reduzierungen der Streulichtweglängen nicht nur kompensiert, sondern noch verbessert werden kann. Die zusätzliche Verwendung eines Diffusionsbackschrittes direkt nach dem Belichten, der sogenannte post exposure bake, kann das Ergebnis nochmals verbessern. Abb. 4.24 zeigt einen Vergleich zwischen Fotolackstrukturen auf einer Aluminiumoberfläche zum einen mit einem Standardlack und zum anderen mit einem Farbstofflack realisiert. Es handelt sich dabei um Struk-

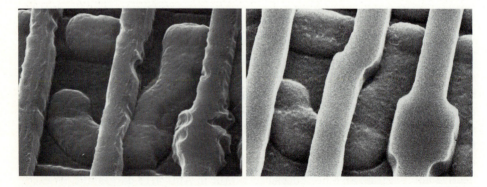

Abb. 4.24. Vergleich von Fotolackstrukturen auf einer Aluminiumoberfläche mit einem Standardlack (links) und einem Farbstofflack (rechts)

turen eines statischen Speicherbausteins mit hoher Packungsdichte und starker Oberflächentopographie. Hier wird deutlich, daß eine Anpassung der Fotolacktechnik an die Erfordernisse der Strukturerzeugung notwendig ist.

Die Verwendung von Farbstofflacken ist eine Einlagentechnik im eigentlichen Sinne, d.h. es erfolgt nur jeweils eine Beschichtung, eine Belichtung und eine Entwicklung. Sie bieten damit den Vorteil einer einfachen Prozeßführung unter Verwendung der gleichen Geräte, wie sie für die Standardtechnik benutzt werden. Außerdem ist bekannt, daß Farbstofflacke ein großes Prozeßfenster bezüglich Belichtung und Entwicklung haben, was ebenfalls eine problemlose Prozeßführung ermöglicht. Die Ätzresistenz gegenüber naßchemischen Verfahren und Trockenätzverfahren ist vergleichbar mit der herkömmlicher Standardlacke und damit ebenfalls problemlos.

Die zweite Möglichkeit, störende Reflexionen innerhalb des Fotolackes zu reduzieren oder zu verhindern, liegt in der Verwendung einer Antireflexschicht. Diese Schicht wird zwischen dem Substrat und der Fotolackschicht aufgebracht. Grundsätzlich unterscheidet man bei den Antireflexschichten solche aus stark absorbierenden, organischen Substanzen, Absorptionsschichten aus Titanwolfram und Interferenzschichten aus Polysilizium.

Die organischen Schichten werden genau wie der Fotolack selbst durch Schleudern auf die Scheiben aufgebracht und haben typische Dicken von ca. 0,2 μm. Über einen nachfolgenden Backschritt wird die Löslichkeit der Schicht in dem verwendeten Entwickler bestimmt. Dieser Schritt ist sehr kritisch, da er sehr stark temperaturabhängig ist. Auf die Antireflexschicht wird dann der normale Fotolack aufgebracht. Sowohl die Haftung der Antireflexschicht auf den bekannten Oberflächenschichten als auch die Haftung des Fotolackes auf der Schicht sind problemlos, es ist keine weitere Zwischenschicht erforderlich. Die organische Antireflexschicht ist alkalisch löslich und kann somit nach dem Belichtungsschritt zusammen mit dem Fotolack aus den belichteten Bereichen entfernt werden. Da die Entwicklerlöslichkeit jedoch sehr stark temperaturabhängig ist, kann das zu erheblichen Problemen in der Strukturdefinition führen. Dabei kann die Struktur in der Antireflexschicht gar nicht aufgelöst sein oder sogar stärker entwickelt sein als die Fotolackstruktur selbst. Abhilfe schaffen sehr genau kontrollierte Backschritte oder separate Verfahren zur Entwicklung, was jedoch auch zu einer zunehmenden Prozeßkomplexität bzw. zu Strukturproblemen führen kann.

Absorptionsschichten aus Titanwolfram müssen naßchemisch geätzt werden, was zu Rückständen an Stufen und zu Partikelproblemen führen kann. Bei den Interferenzschichten aus Polysilizium besteht das Problem in der sehr genauen Kontrolle der abzuscheidenden Schichten.

Generell bieten alle Verfahren wesentliche Verbesserungen in der Strukturierung durch die Unterdrückung der internen Reflexionen. Sie beinhalten jedoch viele zusätzliche Prozeßschritte und teilweise nur sehr kleine Prozeßfenster, so daß hier schon deutlich wird, wie diese Verbesserungen durch einen erhöhten Prozeßaufwand und größere Komplexität erkauft werden.

4.7.3 Kontrastverstärkungsschicht

Die Modulationstransferfunktion einer Linse nimmt bei kleiner werdenden Linienbreiten sehr stark ab. Zur verbesserten Strukturerzeugung muß deshalb der Bildkontrast, der auf den Fotolack fällt, und damit die Modulation erhöht werden. Ein Verfahren, das zu erreichen, ist die Verwendung einer sogenannten Kontrastverstärkungsschicht (engl. contrast enhancement layer, CEL) [4.26]. Bei diesem Verfahren wird zusätzlich auf den normalen Positivlack eine zweite dünne Schicht aufgebracht, die unbehandelt zunächst undurchlässig für die verwendeten Belichtungswellenlängen ist. Durch Belichtung beginnt diese Schicht in den bestrahlten Gebieten auszubleichen und wird damit transparent, wodurch in diesen Bereichen auch eine Belichtung des darunterliegenden Fotolackes hervorgerufen wird. Mit der Kombination aus dieser bleichbaren Schicht und dem Positivlack erhält man ein besseres Kontrastverhalten als mit Standardlack allein. Der Effekt beruht darauf, daß die Modulation, die jetzt den Fotolack erreicht, größer ist als die, die durch Projektion erzeugt wird und die oberste Schicht erreicht. Durch das Ausbleichen der Kontrastverstärkungsschicht entsteht während der Belichtung auf dynamische Art eine Kontaktmaske auf dem Positivlack. Dadurch wird die verbesserte Übertragungsfunktion einer Kontaktbelichtung genutzt.

Der Ablauf des Verfahrens wird wie folgt beschrieben. Zunächst wird der normale Fotolack auf die Scheibe aufgebracht. Danach, ebenfalls durch Aufschleudern, bringt man die Kontrastverstärkungsschicht auf, typische Dicken liegen hier bei etwa 0,4 bis 0,5 μm. Dann erfolgt die Belichtung. Aufgrund des notwendigen Ausbleichens der oberen Schicht muß die Belichtungszeit jedoch, verglichen mit der normalen Zeit für den Lack allein, etwa dreimal so lang sein. Anschließend wird die Kontrastverstärkungsschicht wieder entfernt, um danach die Positivlackschicht zu entwickeln. Auch die Entwicklungszeit, verglichen mit der Standardzeit, ist etwas länger. Einige der Kontrastverstärkungsschichten sind wasserlöslich, so daß sie gleichzeitig mit dem normalen Entwicklungsschritt entfernt werden können und somit der separate Entfernungsschritt entfallen kann. Abb. 4.25 zeigt den schematischen Ablauf der Prozeßschritte für die Verwendung einer Kontrastverstärkungsschicht.

Mit Hilfe der Kontrastverstärkungsschicht läßt sich der k_1-Faktor aus der Auflösungsformel (4.5), verglichen mit den Standardlacktechniken, etwa um den Faktor 2 reduzieren. Damit können unter Verwendung derzeitiger Abbildungssysteme in Reduktionssteppern Strukturen in der Größenordnung von 0,5 μm und eventuell sogar noch darunter erzielt werden. Neben diesen Verbesserungen in der Auflösung ergibt sich auch ein vergrößerter Prozeßspielraum für die Belichtung und für den Fokus. Die besten Ergebnisse sollen mit Abbildungssystemen mit einer partiellen Kohärenz von $\sigma = 0,7$ erzielt werden können. Die Verbesserungen in der Strukturerzeugung können auch hier nur über eine umfangreichere Prozeßtechnik erreicht werden. Durch das zweimalige Aufbringen und Entfernen der Strukturierungsschichten ist dieses Verfahren

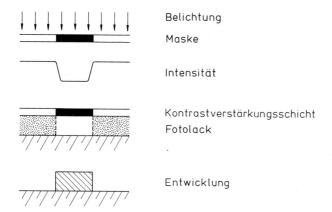

Abb. 4.25. Schematischer Prozeßablauf für die Kontrastverstärkungsschicht

schon als Mehrschichttechnik zu bezeichnen. Da es durch dieses Verfahren möglich ist, Strukturen in der Größenordnung von 0,5 μm herzustellen, wird der erhöhte Prozeßaufwand jedoch zweifelsfrei gerechtfertigt.

4.7.4 Bildumkehrverfahren

Das Bildumkehrverfahren ist eine Fotolacktechnik, die auf der Verwendung von konventionellem Positivlack basiert. Wie durch die Verfahrensbezeichnung jedoch angedeutet, wird hier durch entsprechende Behandlungen ein umgekehrtes, ein negatives Abbild der Maskenvorlage im Fotolack erzeugt. Durch die verwendete Verfahrensweise ergeben sich bestimmte Vorteile für die Strukturierung und die Auflösung im Fotolack.

Das Bildumkehrverfahren ist in seinem Ablauf in Abb. 4.26 dargestellt und enthält die folgenden Prozeßschritte. Nach dem Aufbringen des Lackes, typische Schichtdicken liegen wie bei anderen Positivlacken auch hier bei ca. 1,2 bis 1,5 μm, und einem Vorbackschritt wird die Belichtung durchgeführt. Dadurch entsteht ein positives, latentes Abbild der Maske im Fotolack, wobei in den belichteten Bereichen durch die fotochemische Reaktion alkalisch lösbare Indencarbonsäure entsteht. Eine Entwicklung des Lackes in diesem Zustand würde zu einem normalen positiven Abbild der Maske im Lack führen. Statt zu entwickeln, erfolgt jetzt jedoch der sogenannte Umkehrbackschritt. Dabei werden die zuvor belichteten Bereiche durch eine katalytische Reaktion wieder unlöslich gemacht. Mit der Höhe der gewählten Temperatur für diesen Umkehrbackschritt läßt sich der Lackkontrast beeinflussen. Dabei gilt, je höher die Temperatur, desto höher ist der Kontrastwert. Nach dem Backschritt erfolgt dann eine maskenlose erneute UV-Belichtung, durch die die vorher unbelichteten Bereiche nun fotochemisch umgewandelt und damit alkalisch lösbar bzw. entwickelbar gemacht werden. Durch die anschließende Entwicklung entsteht damit ein negatives Bild der Maskenvorlage. Durch

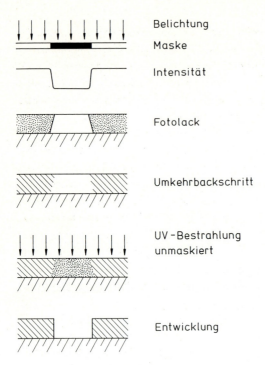

	Belichtung
	Maske
	Intensität
	Fotolack
	Umkehrbackschritt
	UV-Bestrahlung unmaskiert
	Entwicklung

Abb. 4.26. Schematischer Prozeßablauf für das Bildumkehrverfahren

die UV-Belichtung lassen sich die Lackprofile unabhängig von der ersten Belichtung einstellen. Aus der Kombination des Umkehrbackschrittes und der ganzflächigen UV-Belichtung lassen sich typische Kontrastwerte von $\gamma = 3 \ldots 5$ erzielen. Durch diese Kontrasterhöhung läßt sich auch bei dieser Technik der k_1-Faktor auf Werte von ca. 0,4 bis 0,6 reduzieren, wodurch sich eine erhebliche Verbesserung in der Auflösung (ca. $0,5\,\mu$m) gegenüber den Standardpositivlackverfahren ergibt.

Diese Fotolacke sind in einem Wellenlängenbereich von ca. 350 bis 410 nm empfindlich und daher auch als Positivlacke zu verwenden. Die Umkehrreaktion kann je nach Lacksystem neben einem Backschritt auch durch eine Diffusion von Aminodämpfen in den Lack erfolgen.

Das Bildumkehrverfahren ist eine Einlagentechnik und damit trotz der zusätzlichen Back- und Belichtungsschritte ein einfaches und prozeßfreundliches Verfahren zur Erzeugung von Submikronstrukturen unter Verwendung derzeitig verfügbarer Abbildungssysteme.

4.7.5 Mehrlagensysteme

Zur Erreichung einer bestmöglichen Auflösung muß der verwendete Fotolack sehr dünn und sehr homogen in der Schichtdicke sein. Damit wären die nachteiligen Effekte wie Linienbreitenschwankungen durch Schichtdickenvariationen, geringe Tiefenschärfe bei Optiken mit hohen numerischen Aperturen und die Auswirkungen stehender Wellen soweit reduziert, daß eine Auflösungseinschränkung durch den Fotolack nahezu aufgehoben ist. Andererseits muß der verwendete Fotolack sehr dick sein, um die auf der Scheibe vorhandene Topographie vorangegangener Strukturierungsschritte sicher und vollständig abzudecken. Beide Forderungen widersprechen sich und können deshalb mit einer konventionellen Einlagenfotolacktechnik nicht erfüllt werden. Um die genannten Forderungen trotzdem zu erfüllen und damit die höchstmögliche Auflösung erzielen zu können, sind die sogenannten Mehrlagenfotolacksysteme entwickelt worden [4.27, 4.28]. Diese Systeme bestehen in der Regel aus einer dicken Planarisierungsschicht, die die gesamte Topographie bedeckt und außerdem eine nahezu plane Oberfläche erzeugt, und aus ein oder zwei weiteren dünnen Schichten. In der obersten Schicht wird die Struktur erzeugt, die mittlere Schicht ist gegebenenfalls als Trennschicht notwendig. Von der umfangreichen Zahl entwickelter Mehrlagensysteme, die bislang fast ausschließlich Anwendung in Forschung und Entwicklung finden, sollen hier stellvertretend zwei Systeme vorgestellt und erläutert werden.

Die einfachste Mehrlagentechnik verwendet nur zwei Fotolackschichten. Als untere, dicke Schicht für die Planarisierung wird dabei beispielsweise PMMA (PMMA = Polymethylmetacrylat) verwendet, das im fernen UV-Bereich empfindlich ist. Als obere dünne Strukturierungsschicht wird ein konventioneller Fotolack benutzt, der für die hier beschriebene Technik im nahen UV-Bereich empfindlich sein muß und undurchsichtig für den fernen UV-Bereich. Für die Strukturierung wird nun die obere, dünne Fotolackschicht in herkömmlicher Technik belichtet und entwickelt. Anschließend wird dann mit dem strukturierten, dünnen Fotolack eine ganzflächige Belichtung mit sehr kurzwelligem UV-Licht durchgeführt. Dadurch wird die PMMA-Schicht quasi mit einer Kontaktmaske belichtet und anschließend entwickelt. Die Grenzfläche zwischen PMMA und Standardpositivlack kann Probleme bei der Belichtung und bei der Entwicklung hervorrufen. Diese Technik bietet den Vorteil, daß die Einrichtungen für die Standardeinlagentechnik ausreichend sind und für dieses Verfahren verwendet werden können.

Das andere, jedoch wesentlich aufwendigere, Verfahren ist die sogenannte Dreischichttechnik. Hierbei wird als untere Planarisierungsschicht ein konventioneller Fotolack oder auch PMMA verwendet, die Schichtdicken liegen im Bereich von 2 bis 3 μm. Als Zwischenschicht zu dem oberen Strukturierungslack wird zusätzlich eine dünne Siliziumoxidschicht aufgebracht. Dies kann durch Sputtern oder durch die Verwendung von Schleuderglas (engl. spin on glass) erfolgen. Die Schichtdicke ist typisch 0,2 μm. Als obere Schicht dient dann ein konventioneller Fotolack mit typischen Schichtdicken von ca. 0,4 bis 0,5 μm. Die Strukturierung der obersten Schicht erfolgt wiederum auf herkömmliche Weise durch Belichten und Entwickeln. Die Übertragung der Strukturen in die beiden weiteren Schichten erfolgt dann durch anisotrope Plasmaätzverfahren, um so absolut senkrechte Strukturkanten zu erzeugen.

Die Mehrlagentechnik verbessert die Auflösung gegenüber der konventionellen Fotolacktechnik etwa um den Faktor 2, so daß mit derzeit verfügbaren lichtoptischen Abbildungsverfahren Strukturen von 0,5 μm und deutlich darunter erzeugt werden können. Der Nachteil der Mehrlagentechniken liegt in der außerordentlich komplexen Prozeßführung. So müssen bei der Dreischichttechnik drei verschiedene Schichten aufgebracht und strukturiert werden, bevor die eigentliche Ätzvorlage für die Oberflächenschicht erzeugt ist. Hinzu kommen zusätzliche Einrichtungen und Verfahren sowie das Problem einer hohen Defektdichte in der Zwischenoxidschicht. Abb. 4.27 zeigt die prinzipielle Prozeßfolge einer Dreilagentechnik.

Mehrlagentechniken waren die ersten Verfahren, mit denen sehr kleine Strukturen erzeugt werden konnten, sie werden jedoch mehr und mehr durch die zuvor beschriebenen Alternativtechniken ersetzt.

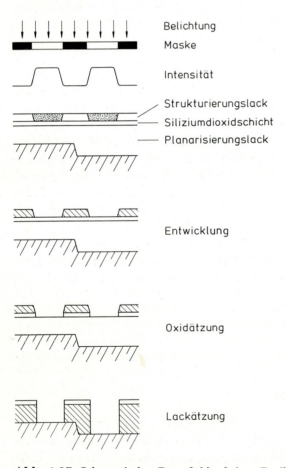

Abb. 4.27. Schematischer Prozeßablauf einer Dreilagentechnik

4.7.6 Trocken entwickelbare Lacke

Mit einem neuem Ansatz versucht man, die Vorteile der Mehrlagensysteme in eine Einlagentechnik einzubauen [4.29]. Die Grundidee dabei ist, eine selektive Anreicherung von Silizium im Fotolack zu erreichen. Zur Entwicklung wird anisotropes Trockenätzen in einem Sauerstoffplasma verwendet, und man spricht daher von trocken entwickelbaren Lacken.

Die Prozeßschritte sehen im einzelnen folgendermaßen aus: Der Lack wird in der üblichen Weise mit Schichtdicken von 1,0 bis 2,5 μm auf die Scheiben aufgeschleudert. Die Belichtung erfolgt mit den herkömmlichen Belichtungsmaschinen im nahen UV. Als dritter und neuartiger Schritt folgt eine Siliziumdiffusion, wobei der belichtete Lack einer HMDS- (Hexamethyldisilazan-) oder $SiCl_4$-Atmosphäre ausgesetzt wird. Die fotochemische Reaktion während der Belichtung erhöht den Diffusionskoeffizienten von Silizium im Lack um etwa den Faktor 20 verglichen mit den unbelichteten Bereichen. Während des Diffusionsschrittes kommt es so in den belichteten Teilen des Lacks zu einer selektiven Einlagerung von Silizium in die oberen Lackschichten. Während der Entwicklung im O_2-Plasma entsteht daraus Siliziumdioxid, das als Ätzbarriere dient und ein Abtragen des Lackes verhindert. Die unbelichteten Bereiche hingegen werden freigeätzt und es bleibt ein negatives Abbild der Maske im Fotolack zurück. Da die Entwicklung anisotrop erfolgt, entstehen praktisch senkrechte Lackkanten und der Lackkontrast des Gesamtprozesses kann Werte bis zu $\gamma = 6$ erreichen. Dieser Lackprozeß benötigt vier wesentliche Schritte und ist damit ähnlich komplex wie das Bildumkehrverfahren, er ist jedoch deutlich einfacher als jede Mehrlagentechnik. Probleme gibt es noch durch Siliziumrückstände, die bei der Entwicklung nicht entfernt werden. Eine Verbesserung des Entwicklungsprozesses mit einer für Silizium wenig selektiven Anfangsphase kann hier Abhilfe schaffen. Die Einlagerung von Silizium braucht wegen der anisotropen Entwicklung nur in den oberen Lackschichten ($\sim 0,3\,\mu$m) stattzufinden, so daß bei der Belichtung Linsen hoher Auflösung und geringer Tiefenschärfe verwendet werden können. Die Lackschicht kann fast beliebig dick aufgebracht werden, um eine wirksame Planarisierung zu erreichen. Durch Beimischung geeigneter Farbstoffe werden Reflexionen vom Substrat während der Belichtung unterdrückt. Das Verfahren bietet daher alle Vorteile der Dreischichttechnik bei erheblich geringerem Aufwand.

4.8 Ausblick

4.8.1 Optische Lithographie

In dem vorliegenden Kapitel über Strukturerzeugung haben wir bewußt nur die optische Fotolithografie behandelt. Diese Technik ist bis heute das Arbeitspferd in der industriellen Serienfertigung geblieben und wird ihre Rolle voraussichtlich auch noch viele Jahre lang weiterspielen. Voraussetzung für diesen Erfolg war die Fähigkeit, sich an neue Anforderungen innerhalb der sich fortentwickelnden Mikroelektronik ohne große Probleme anpassen zu können. Das bedeutete vor allem anderen immer kleinere Strukturgrößen zu erzeugen. Gleichung (4.5) zeigt den Weg zu höherer Auflösung und damit zu kleineren Strukturen durch Verkürzung der Wellenlänge λ und Erhöhung der numerischen Apertur NA. Dabei konnte man jeweils auf passende Emissionslinien hoher Intensität im Hg-Spektrum im Bereich um 400 nm zurückgreifen. Nach Tabelle 4.2 erreicht man mit der I-Linie und $NA = 0,4$ bereits den Submikronbereich. Für eine weitere Verkürzung der Wellenlänge benötigt man jedoch eine neue Lichtquelle, da die Hg-Emissionslinien im Bereich von 300 nm zu schwach sind. Als geeignete Lichtquelle bieten sich Excimerlaser an, wobei der *KrF*-Laser mit einer Wellenlänge von $\lambda = 248$ nm am häufigsten verwendet wird. Es gibt vielversprechende Arbeiten, die sowohl Projektionsbelichtungsgeräte als auch Stepper verwenden [4.30]. Keiner dieser Ansätze ist jedoch ausgereift, und auch angepaßte Lacktechniken fehlen noch.

Falls der Trend zur Miniaturisierung weiter so anhält, stellt sich allerdings die Frage, ob und wo die optische Lithographie an ihre Grenzen stößt. Daß es solche Grenzen gibt, läßt sich leicht aus den Gleichungen (4.5) und (4.6) ablesen. Eine verbesserte Auflösung durch Verkürzung der Wellenlänge oder durch Erhöhung der numerischen Apertur verkleinert nach (4.6) die Tiefenschärfe. Falls jedoch die Tiefenschärfe zu klein wird, ist eine industrielle Serienfertigung nicht mehr gewährleistet. Dieser Zusammenhang stellt ein prinzipiell nicht zu überwindendes Hindernis dar, da er auf physikalischen Gesetzen beruht. Er ist als Tiefenschärfeproblem der optischen Lithographie bekannt.

Die verfügbare Tiefenschärfe wird durch mehrere Beiträge reduziert. Die Ungenauigkeit im Fokussierungssystem des Steppers beträgt bis zu 1,0 μm. Die Unebenheit der Scheibenoberfläche trägt etwa 0,5 bis 1,0 μm bei, und schließlich ergeben die während des Prozesses erzeugten Strukturen auf der Scheibe Stufenhöhen bis zu 1,0 μm. Nach Tabelle 4.2 ist für die Linse C mit der höchsten Auflösung von 0,7 μm die nutzbare Tiefenschärfe jedoch lediglich 1,6 μm. Damit ist die verfügbare Tiefenschärfe bereits weitgehend ausgeschöpft und Linse C hat die Grenze ihrer praktischen Nutzbarkeit erreicht. Eine Verbesserung ergibt sich mit Fotolacktechniken, die nur in einer dünnen Oberflächenschicht empfindlich sind (vgl. Abschnitt 4.7). Gleichzeitig müssen jedoch Scheibenunebenheit und Stufenhöhen weiter verringert werden, wenn die optische Lithographie erfolgreich noch weiter in den Submikronbereich hinein verwendet werden soll. Eine Auflösung im Bereich von 0,3 bis 0,5 μm erscheint dann denkbar.

4.8.2 Andere Strukturerzeugungstechniken

Wegen des Tiefenschärfeproblems hat man bereits frühzeitig versucht andere Techniken zur Strukturerzeugung einzusetzen. Um Submikronstrukturen zu erzeugen, sind prinzipiell geladene Teilchen, also Elektronen oder Ionen, sowie Licht sehr kurzer Wellenlänge, also Röntgenphotonen, geeignet. Die Verwendung von Elektronen in der Elektronenstrahllithographie ist eine weit entwikkelte Technologie, die für die Herstellung von Masken überall eingesetzt wird. Ein gebündelter, ablenkbarer Elektronenstrahl überstreicht dabei nacheinander die gesamte zu beschreibende Fläche. Eine Maske wird nicht benötigt, da durch Ein- und Ausschalten des Strahles eine Datenbasis direkt umgesetzt werden kann. Diese Technik ist auch für eine direkte Strukturierung auf Siliziumscheiben geeignet, und in Entwicklunglinien zur schnellen Herstellung nur weniger Schaltungsmuster wird sie schon eingesetzt. Für die industrielle Serienfertigung großer Stückzahlen ist jedoch der Scheibendurchsatz viel zu gering.

Die Ionenstrahllithographie befindet sich noch in der Entwicklungsphase. Es werden verschiedene Ansätze verfolgt, die Auflösungen bis zu $0{,}2\,\mu$m und darunter versprechen [4.31]. Abweichend von der Elektronenstrahllithographie wird hierbei jedoch eine Maske verwendet, wobei sowohl 1:1 als auch 10:1 verkleinernde Abbildungen untersucht werden. Als Ionen verwendet man Protonen, Stickstoff- oder Edelgasionen. Es gibt noch zahlreiche zu lösende Probleme, wie z. B. die Herstellung von 1:1-Masken mit Distorsionen deutlich kleiner als $0{,}1\,\mu$m oder die Maskenaufheizung durch Ionenbeschuß. Eine interessante Möglichkeit der Ionenstrahllithographie bietet die direkte Strukturierung ohne Lack. Mit Ionen bestrahltes Siliziumdioxid hat in Flußsäure eine um etwa den Faktor drei vergrößerte Ätzrate, so daß durch Ionenbeschuß und Ätzen eine Struktur direkt erzeugt werden kann.

Die zweite vielversprechende, aber noch in der Entwicklung befindliche Technik für eine Auflösung bis etwa $0{,}2\,\mu$m bei hohem Scheibendurchsatz ist die Röntgenlithographie [4.32]. Es handelt sich um ein 1:1 abbildendes Verfahren, das eine Maske benötigt, die durch Schattenwurf übertragen wird. Unter den noch zu lösenden Schwierigkeiten ist ebenfalls die Maskenherstellung wegen der geringen erlaubten Distorsion und der hohen Anforderung an die Maßhaltigkeit zu nennen. Außer einem präzisen Stepper ist weiterhin eine geeignete Lichtquelle zu entwickeln. Neben konventionellen Röntgenröhren und den neuentwickelten Plasmaquellen bietet sich die Synchrotronstrahlung als Lichtquelle mit herausragenden Eigenschaften an. Dafür ist allerdings ein technisch aufwendiger Elektronenspeicherring notwendig.

Zur Zeit ist noch nicht absehbar, welche dieser neuen Techniken sich für die industrielle Serienfertigung als Nachfolgerin der optischen Lithographie durchsetzen wird.

5 Strukturübertragung

J. Frick, F. Zimmermann

5.1 Einleitung

Die Strukturübertragung hat die Aufgabe, die lithographisch erzeugten Maskenmuster in dielektrische und leitfähige Schichten oder in das Halbleitersubstrat zu übertragen. Dies geschieht fast ausschließlich mit naßchemischen oder trockenen, plasmaunterstützten Ätzverfahren. Andere Methoden, wie die "lift-off"-Technik, sind auf wenige Anwendungen begrenzt geblieben. Die meisten Ätzverfahren lassen sich auch auf die ganzflächige Entfernung einer Schicht anwenden.

Alle industriellen, naßchemischen Verfahren sind in ihrer Ätzwirkung richtungsunabhängig (isotrop). Das Maskenmaß wird um den Betrag der Unterätzung in Abhängigkeit von der geätzten Schichtdicke verringert (Abb. 5.1a). Sobald diese Unterätzung in die Größenordnung der abzubildenden Strukturen kommt, nimmt die Genauigkeit und Reproduzierbarkeit der Übertragung stark ab durch die begrenzte Uniformität U des Ätzprozesses:

$$U = \pm \frac{\text{max. Ätzrate} - \text{min. Ätzrate}}{2 \times \text{mittl. Ätzrate}} \times 100 \ [\%] \tag{5.1}$$

mit der Ätzrate ε

$$\varepsilon = \frac{\text{Ätzabtrag}}{\text{Ätzzeit}} . \tag{5.2}$$

Ab einer Strukturbreite von $2\,\mu$m und kleiner werden anisotrope Ätzverfahren eingesetzt (Abb. 5.1b). Dabei werden Gase, die in einem Plasma dissoziiert sind, verwendet. Bei geeigneter Wahl der Prozeßparameter ist die laterale Ätzrate sehr viel kleiner als die vertikale, so daß praktisch keine Unterätzung der Maske stattfindet.

Dem Ätzangriff sind neben der zu strukturierenden Schicht auch die Maske sowie nach dem Durchätzen das Substrat ausgesetzt. Das Verhältnis der Ätzraten in zwei Materialien ist die Selektivität S:

$$S = \frac{\text{Ätzrate Material 1}}{\text{Ätzrate Material 2}} . \tag{5.3}$$

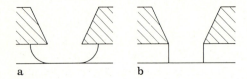

Abb. 5.1. Profil einer a) isotropen und b) einer anisotropen Ätzung

Naßchemische Prozesse haben meist eine sehr hohe Selektivität zu Substrat und Maske, die Selektivitäten bei trockenen Prozessen sind dagegen erheblich niedriger.

Die erwünschten Eigenschaften eines Ätzprozesses für den Einsatz in der VLSI-Technik sind bestimmt durch die Verwendung kleiner Strukturen und durch den industriellen Einsatz:

- Strukturübertragung mit minimaler Maßänderung
  $\longrightarrow$ anisotrope Prozesse,
- hohe Selektivität zu Maske und Substrat,
- gute Uniformität,
- keine Schädigung empfindlicher Oberflächen durch Rauhigkeit
  oder Strahlungsschäden (besonders bei Plasmaprozessen),
- gute Reproduzierbarkeit unter Fertigungsbedingungen,
- hohe Ätzraten für wirtschaftliche Fertigung,
- niedrige Chemikalienverbräuche.

Im folgenden Abschnitt werden die industriell wichtigsten Ätzverfahren in der Siliziumtechnologie beschrieben.

5.2 Naßchemisches Ätzen

Naßchemische Verfahren nehmen auch in der modernen Halbleiterfertigung noch einen sehr breiten Raum bei der Bearbeitung der Si-Scheiben ein. Während ihre Bedeutung für die Strukturübertragung mit kleiner werdenden Dimensionen stark zurückgegangen ist, werden sie immer noch hauptsächlich für die ganzflächige Entfernung oder Anätzung von Schichten und für die Reinigung von Oberflächen (Kapitel 11) benutzt. Eine Ausnahme bildet die Entwicklung fotoempfindlicher Lackschichten bei der Strukturerzeugung (Abschnitt 4.4.4).

Ein wesentlicher Vorteil der naßchemischen Prozesse in der Halbleitertechnik ist ihre meist einfache und gut kontrollierbare Prozeßführung. Die Ausgangsreinheit der verwendeten Stoffe ist sehr hoch. Zusammen mit dem relativ einfachen Aufbau der Ätzapparaturen ist die Gefahr der Kontamination der Substrate durch den Prozeß sehr gering (siehe Reinigungsverfahren Kapitel 11).

5.2.1 Chemie des Naßätzens

Tabelle 5.1 gibt eine Übersicht über die gebräuchlichsten Ätzlösungen, ihre Anwendung und Eigenschaften. Aus der Vielfalt der möglichen Lösungen haben sich diese für industrielle Anwendungen als am besten geeignet herausgestellt. Im folgenden eine Auflistung von allgemein gültigen Auswahlkriterien:

- die Reaktionsgeschwindigkeit und damit die Ätzrate muß in weiten Grenzen steuerbar und reproduzierbar sein (z.B. durch Konzentration, Temperatur), um sehr kurze oder sehr lange Ätzzeiten zu vermeiden;
- keine Entwicklung von gasförmigen Reaktionsprodukten. Gasblasen setzen sich meist am Substrat fest und verhindern lokal die Ätzung;
- die Reaktionsprodukte müssen unmittelbar in Lösung gehen, um eine Verunreinigung des Ätzbades durch Partikel zu vermeiden;
- die Ätzlösung sollte hinreichend langzeitstabil sein (mehrere Tage);

Tabelle 5.1. Naßätzlösungen

Schicht	Ätzlösung		Ätzrate in nm/min	
Si	1 l	HF (50%)	200	
	31 l	HNO_3 (65%)		
	31 l	H_2O		
Si		KOH (3...50%)	abh. v. Konz. (70...80 °C)	V-grooves auf <100>-Monosilizium
Si	44 g	$K_2Cr_2O_7$	– – –	Analyse von Kristalldefekten ("Secco etch")
	1 l	H_2O		
	2 l	HF (50%)		
SiO_2		HF (1%)	4,5 (21 °C)	Anwendungen ohne Fotomaske
SiO_2	4,1 l	HF (50%)	31 (21 °C)	Anwendungen mit Fotomaske
	47 l	NH_4F (40%)		
	1 l	H_2O		
Si_3N_4		H_3PO_4 (85%)	3 (160...180 °C)	Selektivität zu Oxid abhängig vom Wassergehalt
Al	42 l	H_3PO_4 (85%)	200 (30 °C)	
	0,8 l	HNO_3 (65%)		
	3,5 l	CH_3COOH (100%)		
	5,2 l	H_2O		

- gepufferte Lösungen sind vorteilhaft, da die verbrauchten Säureionen aus der Pufferung nachgeliefert werden und so die Ätzrate konstant bleibt;
- die Haftung der Fotolackmasken auf den Schichten darf nicht beeinträchtigt werden;
- zugunsten einer einfachen Handhabung und eines geringen apparativen Aufwands sollten Reaktionen bei Raumtemperatur ablaufen;
- das Ätzmittel sollte gut in Wasser verdünnbar sein, um Ätzprozesse schnell und definiert stoppen zu können (z.B. bei der partiellen Abtragung von Schichten);
- die Bestandteile der Ätzlösung sollten von der chemischen Industrie mit möglichst hohem Reinheitsgrad und niedrigem Partikelniveau lieferbar sein;
- die Sicherheitsaspekte bei der Anwendung innerhalb eines Reinraumes (Umluftsystem) sind zu berücksichtigen;
- die verbrauchten Chemikalien und die entstehenden Abwässer müssen sich durch geeignete Behandlung (z.B. Neutralisation) in umweltneutrale Stoffe überführen lassen.

Das Naßätzen von Aluminium und Silizium hat mit Ausnahme der Analysentechnik für die Strukturübertragung aufgrund der kleinen Strukturen und hohen Anforderungen an Maßhaltigkeit heute keine Bedeutung mehr. Die einzige Anwendung bei Silizium ist die ganzflächige Entfernung einer Polysiliziumschicht auf der Scheibenrückseite. Hierzu werden Mischungen von Salpetersäure (HNO_3) und Flußsäure (HF) verwendet (Tabelle 5.1). Die Reaktion läuft ab durch die oxidierende Wirkung der Salpetersäure und die anschließende Auflösung des Oxids in der Flußsäure.

$$Si + HNO_3 + 6\,HF \longrightarrow H_2SiF_6 + HNO_2 + H_2 + H_2O$$

Ein Zusatz von Essigsäure (CH_3COOH) wird benutzt um die HNO_3 zu puffern. Die Ätzrate bei monokristallinem Silizium ist nicht abhängig von der Kristallorientierung. Für Analysezwecke (Detektion von Kristalldefekten) und für spezielle Anwendungen (V-grooves, Mesaätzung) gibt es Ätzlösungen, die entlang einer bestimmten Kristallachse bevorzugt ätzen (Tabelle 5.1).

Die Wirkungsweise der übrigen Lösungen wird im Zusammenhang mit ihren Anwendungen in Abschnitt 5.4 erläutert.

5.2.2 Anlagentechnik

Der Aufbau von Naßätzeinrichtungen in Reinräumen unterscheidet sich von allgemeinen Chemiearbeitsplätzen durch einige Randbedingungen in der Halbleiterherstellung.

In einer IC-Produktion werden die Si-Scheiben in Fertigungslosen von 25, 50 oder seltener 100 Scheiben prozessiert. Die Apparaturen der Naßchemie sind so ausgelegt, daß ein oder mehrere komplette Lose (lots, batches) gleichzeitig bearbeitet werden können. Die Zulieferindustrie stellt dafür international genormte Scheibenhalterungen, sogenannte Carrier oder Horden, aus geeigneten, resistenten Materialien zur Verfügung (Polyäthylen, PVC, Teflon, Quarz). Eine (seltene) Ausnahme bilden Sprühätzverfahren mit Einzelscheibenverarbeitung.

Ein naßchemischer Einzelprozeß innerhalb des Gesamtprozesses läuft meist folgendermaßen ab:

- naßchemische Behandlung (ein-, mehrstufig) in einem/mehreren Becken mit der Ätzlösung;
- Beendigung des Prozesses durch Entnahme der Scheiben aus dem Ätzbecken und Spülung in Reinstwasser;
- Endspülung der Scheiben mit Reinstwasser mit Kontrolle des Leitwertes des ablaufenden Wassers;
- Trocknung der Scheiben in Zentrifugen (selten Alkoholdampftrocknung).

Bedingt durch den Aufbau von Reinräumen erfolgt die Bedienung von der reinen Seite, die Ver- und Entsorgung jedoch von der Installations- oder Wartungszone aus.

Aufgrund der genannten Einsatzbedingungen sind Naßätzeinrichtungen entlang einer Reinraumwand nebeneinander in einer Linie angeordnet und ermöglichen so die Abarbeitung der einzelnen Schritte in einer Richtung. Dies ist auch eine Voraussetzung zur Automatisierung dieser Anlagen.

Die Ätzlösungen befinden sich in rechteckigen Becken von ausreichender Größe für die Aufnahme von Scheiben und Carrier bei kompletter Bedeckung durch die Flüssigkeit. Die verwendeten Materialien müssen langzeitresistent gegen die Ätzlösungen sein, um eine Kontamination der Bäder durch Partikel oder lösliche Stoffe zu vermeiden. Für flußsäurehaltige Lösungen wird Teflon oder PVDF (Polyvinylidendifluorid), für alle anderen wird Quarz, Teflon oder PVDF verwendet.

Die Bäder werden durch die Benutzung ständig mit Partikeln verunreinigt. Partikelquellen sind die Scheiben selbst (z.B. Lackpartikel vom Rand der Scheiben), das Bedienungspersonal und die Raumluft. Bei einer Standzeit von mehreren Tagen akkumulieren sie zu erheblichen Partikeldichten. Mit Hilfe einer ständig arbeitenden Umlauffiltration über Patronenfilter läßt sich das Partikelniveau zuverlässig niedrig halten. In Fällen, in denen aufgrund der Temperatur oder Agressivität der Lösung keine Filtration möglich ist, muß das Ätzmedium häufiger erneuert werden.

Die Spülung der Scheiben nach Ende des Ätzprozesses erfolgt in Überlaufbecken mit der Wasserzufuhr am Beckenboden. Der Spüleffekt kann durch Erhöhung der Austauschrate des Wassers verbessert werden:

- zusätzliche Durchmischung mit eingeblasenem Stickstoff;
- zyklisches, abruptes Entleeren und Auffüllen der Becken mit Bodenventilen mit großem Durchlaß und schnellem Zufluß (QDR, **q**uick **d**ump **r**inser).

Die Spülung umfaßt meist zwei Stufen mit je 5 bis 10 Minuten Spülzeit bei einem Wasserdurchsatz von 10 bis 20 l/min. In der letzten Spülstufe wird der Leitwert des ablaufenden Wassers gemessen, um die Qualität der Spülung zu kontrollieren; meist wird mit einem Schwellwert knapp unter der Zulaufqualität abgeschaltet.

Für die letzte Stufe der Barbeitung, die Trocknung der Scheiben, werden Zentrifugen für einen oder mehrere Carrier eingesetzt. Der Trocknungsprozeß kann durch das Einblasen von Stickstoff oder Raumluft unterstützt werden.

Die grundlegenden, sicherheitstechnischen Belange beim Umgang mit ätzenden und toxischen Flüssigkeiten sind in den entsprechenden Verordnungen der chemischen Industrie festgelegt. Darüber hinaus stellt ein Betrieb von Naßätzeinrichtungen im Reinraum noch spezielle Anforderungen. Gase und Dämpfe aus Bädern müssen restlos abgesaugt werden, um eine Kontamination der zirkulierenden Reinraumluft zu vermeiden. Reinraumfußböden sind meist nach lufttechnischen Gesichtspunkten gestaltet (Doppelfußboden, gelocht) und daher ungeeignet, um austretende Flüssigkeiten kontrolliert aufzufangen. Daher müssen alle Bäder und Installationen für ätzende Flüssigkeiten durch separate Auffangwannen gesichert sein. Der Transport von Flüssigchemikalien im Reinraum sollte vermieden werden durch die Installation eines Chemikalienverteilsystems, das aus einer zentralen Vorratshaltung gespeist wird.

5.2.3 Prozeßkontrolle

Parameter, die den Ätzprozeß und seine Reproduzierbarkeit bestimmen, sind:

- Ätzrate, Uniformität;
- Ätzzeit;
- Temperatur;
- Standzeit der Ätzlösung.

Voraussetzung für eine erfolgreiche Prozeßkontrolle ist eine reproduzierbare Einsatzqualität der Ätzlösungen. Zum Ansetzen der Lösungen werden hochreine Ausgangsstoffe verwendet, die Verarbeitung sollte unter Reinraumbedingungen stattfinden. Immer mehr IC-Hersteller gehen dazu über, fertig konfektionierte Lösungen von Spezialfirmen einzukaufen, da der apparative und analytische Aufwand zur Herstellung von Ätzlösungen höher wird aufgrund der steigenden Reinheitsanforderungen. Die Lieferung kann sogar eine Qualitätsgarantie bis zum Verbrauchspunkt einschließen, wenn der Hersteller die betriebsinterne Lagerung und Verteilung beim Kunden mitspezifiziert.

Die Ätzrate einer Lösung muß ständig mit Hilfe von Messungen an Testscheiben überprüft werden. Die Meßfrequenz wird empirisch ermittelt, sie ist bestimmt durch Scheibendurchsatz und Standzeit. Die Ätzrate weist eine deutliche Temperaturabhängigkeit auf, die Bäder werden daher so temperiert, daß die Solltemperatur maximal ± 1°C schwankt. Für eine gute Uniformität des Ätzprozesses muß die Lösung gut durchmischt werden, um lokale Erschöpfung zu vermeiden und um die Reaktionsprodukte abzutransportieren. Dies geschieht durch Bewegung der Scheiben, durch Umpumpen der Lösung (Umlauffiltration), seltener durch Rührwerke (Partikel!) oder einen Inertgasstrom (Blasenbildung!).

Im Gegensatz zu vielen Trockenätzprozessen ist eine automatische Steuerung der erforderlichen Ätzzeit durch eine Endpunktdetektion kaum möglich. Es wird daher mit festgelegten Zeiten gearbeitet, eine reproduzierbare Ätzrate ist Voraussetzung.

Die grundlegenden Parameter des Ätzprozesses werden meist auf Testscheiben mit der entsprechenden Masken-/Schichtkombination ermittelt. Durch eine partielle, nicht vollständige Ätzung kann aus der Dicke der Restschicht die Ätzrate und aus der Verteilung über der Scheibe ihre Uniformität bestimmt werden. Bei dielektrischen Schichten kann die Schichtdicke direkt mit optischen Verfahren (Ellipsometer) gemessen werden, bei allen anderen muß sie mit Hilfe einer Stufenmessung nach Entfernung der Maske ermittelt werden (siehe auch Abschnitt 5.3.4). Anhand vollständig geätzter Scheiben wird die Unterätzung durch den Vergleich der Linienbreiten der Maske und der geätzten Struktur gemessen.

5.3   Trockenätzen

Die Trockenätzverfahren stellen heutzutage die wichtigsten Strukturübertragungsprozesse in der Halbleiterfertigung dar, weil durch ihre Anwendung ein hoher Grad an Anisotropie und somit eine sehr genaue Übertragung der immer kleiner werdenden Maskenstrukturen erzielt werden kann. Zu den weiteren Vorteilen gegenüber dem Naßätzen zählen: Vermeidung von Unterätzungen aufgrund schlechter Lackhaftung, geringerer Verbrauch von Chemikalien, Sicherheitsgründe und die Möglichkeit, das Ätzprofil durch geeignete Parameterwahl kontrolliert zu beeinflussen. Im Gegensatz zum naßchemischen Ätzen verwendet man Gase, die fast immer in Gasentladungen (Plasmen) dissoziiert werden, um Neutralteilchen und Ionen zu erzeugen, welche Oberflächenreaktionen ausführen, sie katalysieren oder das Material rein physikalisch abtragen. In einigen Fällen werden auch Ionenstrahlen benutzt.

5.3.1   Ätzmechanismen

In den meisten Trockenätzanlagen werden Niederdruckplasmen (typisch 10^{-4} bis 10 Torr) angewendet, die mit einer hochfrequenten Wechselspannung (5 kHz bis 5 GHz) erzeugt werden. Die Dissoziationsgrade (0,1 bis 10%) und Ionisationsgrade (0,001 bis 0,01%) dieser "kalten" Plasmen sind gering. Es liegt kein thermisches Gleichgewicht zwischen den freien Elektronen (10^4 bis 10^5 K), den Neutralteilchen und den Ionen (beide nahe Umgebungstemperatur) vor. Die niedrige Gastemperatur erlaubt es, auch nur wenig hitzebeständige Materialien, wie z.B. organische Fotolacke, dem Plasma auszusetzen. Durch die Anwendung eines elektrischen Wechselfeldes anstatt einer reinen Gleichspannung wird es ermöglicht, auch Nichtleiter zu ätzen und die Elektroden mit Isoliermaterial zu beschichten. Auf die vergleichsweise langsamen Ionen wirkt nur das zeitlich gemittelte elektrische Potential, dessen Verlauf in Abb. 5.2 für eine kleine angekoppelte Elektrode und eine große geerdete Fläche dargestellt ist. (Für zwei symmetrische Elektroden ist ebenfalls der Potentialverlauf symmetrisch.) V_0 ist das Potential der angekoppelten Elektrode und V_p das Plasmapotential, d.h. der Wert für den nahezu konstanten Bereich zwischen Kathoden- und Anodenfall. Das Plasmapotential ist positiv gegenüber der geerdeten Elektrode (und den geerdeten Wänden), und die angekoppelte Elektrode erhält einen negativen Potentialwert, welcher von der Amplitude der Versorgungsspannung vorgegeben wird. Die Differenz zwischen dem Potential an der Scheibenoberfläche und dem Plasmapotential bestimmt die maximal mögliche Energie, mit der die Ionen auf die zu ätzende Fläche treffen. Befindet sich die Siliziumscheibe auf einer vergleichsweise sehr kleinen angekoppelten Elektrode, so kann diese Energie bis zu einigen keV betragen. Ausführlichere Darstellungen der Grundlagen von kalten Plasmen und ihrer Anwendung auf das Trockenätzen sind in der Literatur zu finden [5.1-5.7].

Die Wahl der Gase, des Druckbereichs und der Elektrodenkonfiguration ermöglicht eine Vielfalt von Ätzplasmen, welche sich in vier Kategorien einteilen lassen [5.8-5.10]:

Das *physikalische Ätzen*, auch "Sputter"-Ätzen genannt, nutzt lediglich den Impuls der auftreffenden Ionen aus, um durch Oberflächenstöße Material abzutragen. Im Ätzplasma oder einer Ionenstrahlquelle wird ein chemisch inertes

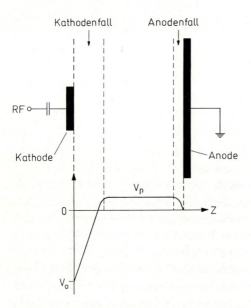

Abb. 5.2. Potentialverlauf für zwei parallele Elektroden unterschiedlicher Größe

Gas ionisiert. Die Ätzung erfolgt bevorzugt in Richtung der auftreffenden hoch-energetischen Ionen (anisotrop), ist aber nicht sehr selektiv, da jedes Material physikalisch gesputtert werden kann. Dieses Verfahren wird im Wesentlichen für Stoffe benutzt, die mit den gebräuchlichen Ätzgasen keine flüchtigen Produkte bilden. Zu den Nachteilen zählen Redeposition und die Neigung zu Strahlen-schäden. Das Ionensputtern wird in ähnlicher Weise auch zur Metallisierung von Halbleitern angewendet (Abschnitt 8.2.2).

Beim *chemischen Ätzen* findet eine chemische Reaktion an der zu ätzenden Oberfläche statt, wobei das Ätzprodukt flüchtig ist und abgepumpt wird. Das Plasma dient hier als Quelle von chemisch aktiven Neutralteilchen wie z.B. Halogen- und Sauerstoff-Atomen. (In seltenen Fällen kann auf das Plasma verzichtet werden, indem man spontan reaktive Gase wie z.B. XeF_2 einleitet.) Dieser Ätzprozeß ist wie das Naßätzen isotrop und aufgrund des chemischen Charakters sehr selektiv.

Während des *chemisch-physikalischen Ätzens* treten gleichzeitig Ionenbom-bardement und chemische Reaktionen an der Oberfläche auf, d.h. physikalische und chemische Effekte werden in einer der folgenden Weisen kombiniert: a) Die Oberflächenbindungen werden chemisch abgeschwächt, so daß der physikali-sche Sputtereffekt verstärkt wird, b) chemische Reaktionen werden durch die Oberflächenschäden des Ionenbombardements ermöglicht, c) erst das Ionen-bombardement führt die Energie zu, die für die Aktivierung der chemischen Reaktion erforderlich ist. Hinzu kommt bei diesem Verfahren die Möglichkeit, daß sich während des Ätzens je nach der chemischen Zusammensetzung eine Schutzschicht (Polymerfilm) ausbildet, die den chemischen Angriff blockiert und nur durch Ionenbeschuß entfernt werden kann, so daß das chemische Ätzen eben-falls nur in Richtung der auftreffenden Ionen stattfindet und somit anisotrop wird. Beim chemisch-physikalischen Ätzen sind gleichzeitig Anisotropie und hohe Selektivität erreichbar, wobei das Ausmaß je nach Charakter des Plasmas variieren kann.

In der letzten Kategorie, dem *photochemischen Ätzen*, werden die chemi-schen Oberflächenreaktionen durch einfallende Photonen ausgelöst oder un-terstützt, indem entweder die Reaktanden in der Gasphase, die auf der Oberfläche adsorbierten Gasteilchen (Reaktanden oder Produkte) oder das Festkörpermaterial mit geeigneter Wellenlänge angeregt werden. Dieses Ver-fahren wird mit und ohne Plasma angewendet.

Am gebräuchlichsten sind heutzutage die chemischen und die chemisch-physikalischen Trockenätzverfahren.

5.3.2 Maskierung

Die Maskierung (Abschnitte 4.3, 4.7) ist bei der Trockenätzung dem ständigen Angriff der freien Radikale und besonders der hochenergetischen Ionen aus-gesetzt. Bei den gebräuchlichen Fotolacken führt dies zu Lackabträgen, deren Ausmaß von der Art des Plasmas abhängt. Die Widerstandsfähigkeit des Lackes ist umso besser, je tiefer die Temperatur der Siliziumscheibe ist. Überschreitet die Temperatur bestimmte (für jeden Lack unterschiedliche) Grenzen, so tritt Fließen des Lackes (Profilverformung) und die Neigung zur Faltenbildung (Wrinkling) auf. Die Widerstandsfähigkeit des Lackes kann durch bestimmte Lackbehandlungen (Cross Linking) [5.3] verbessert werden, wie z.B. durch die in Abschnitt 4.4.5 diskutierte DUV-Belichtung mit zusätzlichem Backen bei hohen Temperaturen (typisch 140 bis 200 °C). Bei nicht vertikalen Lackprofilen führt der Lackabtrag während der Ätzung zu einer kontinuierlichen Aufweitung der Maskenstruktur. Dies kann ausgenutzt werden, um flache Kontaktlochprofile zu erzeugen, ist aber im Normalfall nicht erwünscht. Man strebt möglichst steile Lackprofile und durch geeignete Wahl der Plasmaparameter eine hohe Selektivität zum Lack an. Eine weitere Verbesserung wird durch die Verwendung von anorganischen Materialien wie z.B. SiO_2, Si_3N_4 oder Al_2O_3 als Ätzmaske erreicht, die nur wenig durch Ionenbeschuß gesputtert werden. Allerdings sind diese Materialien nicht photoempfindlich, so daß die im Vergleich zur ätzenden Schicht dünne Oxid- oder Nitridlage mit einer Fotomaske strukturiert werden muß. Die zusätzlichen Bearbeitungsschritte für die Schichterzeugung und das Ätzen machen den Prozeßablauf komplizierter und teurer.

Die Entfernung der Masken nach dem Ätzen wird in Abschnitt 5.4.6 behandelt.

5.3.3 Reaktoren und Anlagentechnik

In der Halbleiterindustrie kommt eine Vielzahl von unterschiedlichen Reaktortypen zur Anwendung:

Rein chemische und daher isotrope Ätzmechanismen erhält man in "Barrel"- und "Downstream"-Reaktoren. Der Barrel-Reaktor (Abb. 5.3a) [5.11] ist der älteste bekannte Reaktortyp und auch einer der einfachsten. Er besteht aus einem zylindrischen Quarzgefäß, auf dessen Außenseite die Elektroden aufgebracht sind. Im Quarzgefäß befindet sich ein perforierter metallischer Tunnel, welcher die 20 bis 50 senkrecht hintereinander stehenden Siliziumscheiben umgibt und dazu dient, die Gasentladung (0,5 bis 2 Torr) auf den Bereich zwischen Quarz und Tunnel zu begrenzen. Lediglich Neutralteilchen können den metallischen Käfig durchdringen. Die im Plasma erzeugten, neutralen Radikale wie z.B. F- und O-Atome führen zu einer meist sehr selektiven, aber isotropen Ätzung. Dabei ist es sehr schwierig, über alle Scheiben eine gute Uniformität zu erzielen. Außerdem haben die Anzahl, die Rückseitenbeschaffenheit und der Abstand der im Reaktor befindlichen Scheiben einen deutlichen Einfluß auf die Ätzraten.

Bei dem Downstream-Ätzverfahren [5.12, 5.13] werden langlebige reaktive Teilchen in einem Mikrowellen- oder HF-Plasma (2,45 GHz bzw. 13,56 MHz) erzeugt und dann über einen längeren Transportweg auf die zu ätzende Scheibe geleitet (Abb. 5.3b). Das Wandmaterial (i.a. Quarz), die Reaktorkonstruktion und die Prozeßparameter werden so gewählt, daß in der Transportzone mög-

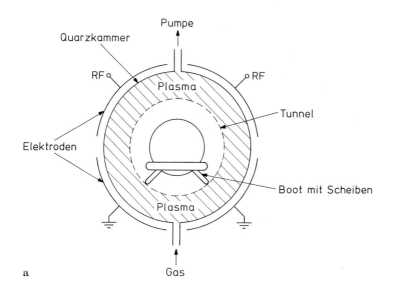

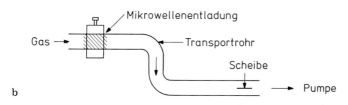

Abb. 5.3. Schematischer Aufbau a) eines Barrel-Reaktors und b) eines Downstream-Reaktors

lichst viele Ionen, aber möglichst wenige freie Radikale durch Stöße mit den negativ aufgeladenen Wandoberflächen rekombinieren. Durch einen Knick im Transportrohr kann die Plasmastrahlung von der Scheibe ferngehalten werden. Die Schädigung des Substrats ist bei dieser Methode äußerst gering.

Am häufigsten werden heute Parallelplatten-Reaktoren eingesetzt, die je nach elektrischem Feld, Gasdruck und -art zu einem mehr chemischen oder mehr physikalischen Ätzverhalten führen. Liegen die Scheiben auf der geerdeten Elektrode, so spricht man vom PE(**P**lasma **E**tch)-Mode [5.8, 5.14] (Abb. 5.4a,c). Der Arbeitsdruck liegt zwischen 0,1 und 2 Torr, die Ionenenergie beträgt 1 bis 100 eV. Im Gegensatz hierzu befinden sich die Scheiben beim RIE(**R**eactive **I**on **E**tch)-Mode [5.8, 5.14-5.16] (Abb. 5.4b) auf einer angekoppelten Elektrode, deren Fläche kleiner als die der geerdeten Elektrode ist (den Potentialverlauf siehe Abb. 5.2). Der Druck ist niedriger (0,01 bis 0,1 Torr) und die Ionenenergie höher (100 bis 1000 eV), was die Ätzung physikalisch stark unterstützt. Anisotropie kann mit beiden Verfahren erzielt werden, ist aber im RIE-Mode über einen viel größeren Prozeßparameterbereich gewährleistet. Während im

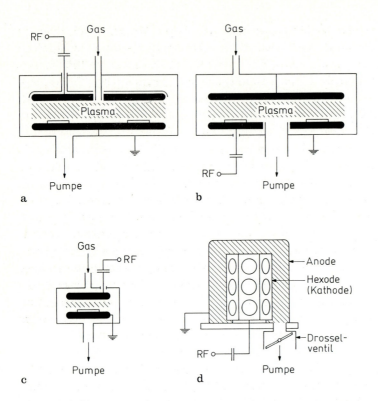

Abb. 5.4. Schematischer Aufbau a) eines Mehrscheiben-Platten-Reaktors im PE-Mode, b) eines gleichartigen Reaktors im RIE-Mode, c) eines Einzelscheiben-Reaktors im PE-Mode und d) einer Mehrscheiben-Hexoden-Anlage im RIE-Mode

RIE-Mode die Ätzuniformität i.a. etwas besser ist, können im PE-Mode höhere Ätzraten und bessere Selektivitäten (insbesondere bei höheren Drücken) erreicht werden. Parallelplatten-Reaktoren sind als Mehrscheiben- (Abb. 5.4a,b) und Einzelscheiben-Anlagen (Abb. 5.4c) erhältlich.

Ein ebenfalls häufig verwendeter Reaktortyp für den RIE-Mode ist die Hexoden-Anlage (Abb. 5.4d) [5.17]. Die bis zu 24 Scheiben befinden sich auf einer inneren, sechseckigen Elektrode, die an den Generator angekoppelt und von einer zylindrischen, geerdeten Elektrode umgeben ist.

Verwendet man in den RIE-Anlagen ein chemisch inertes Gas wie z.B. Argon, so ist der Ätzmechanismus rein physikalisch. Dies bereits erwähnte Sputter-Ätzen erfordert Ionenenergien von mehr als 500 eV und ist sehr anisotrop, aber wenig selektiv.

Um mit Einzelscheiben-Reaktoren den Durchsätzen von Mehrscheiben-Anlagen nahezukommen, muß die Ätzrate in ihnen um ein Vielfaches höher liegen, was durch eine deutliche Erhöhung der Leistungsdichte und somit der Ionenenergie erreicht werden kann. Allerdings hat dieses Vorgehen verschiedene Nachteile: stärkere Substratschäden, höhere Substrattemperatur und größere Verunreinigung durch gesputtertes Kammermaterial. Eine weitere Möglichkeit ohne diese Nachteile ist der Einbau eines ruhenden oder sich bewegenden Magneten, dessen Feldlinien parallel zur Scheibenoberfläche verlaufen [5.18, 5.19]. Während die Trajektorien der Elektronen ohne Magnetfeld geradlinig von der Kathode zur Anode verlaufen, führen die Elektronen bei diesem sogenannten MRIE-Verfahren eine zykloidförmige Bewegung um die Magnetfeldlinien entlang der Scheibenoberfläche aus, wodurch die Elektronendichte nahe der Scheibe um einen Faktor 10 und mehr erhöht werden kann. Dies resultiert wiederum in vermehrten dissoziativen Stößen und höherer Ionen- und Reaktandenerzeugung, d.h. auch höherer Ätzrate. Die Gasentladung kann in diesen Systemen noch bei sehr niedrigem Gasdruck (1 bis 10 mTorr) aufrechterhalten werden. Da der Elektronenverlust aus der Zone über der Scheibe sehr gering ist, nimmt das Plasmavolumen ab, und es stellt sich ein niedrigerer Spannungsabfall über der Scheibe ein. Die Ionendichte ist also höher als in den herkömmlichen Reaktoren, aber die Ionenenergie und somit die Strahlenschäden sind vermindert. Gleichzeitig sind gute Selektivitäten und Anisotropie zu erzielen. Allerdings muß die Homogenität des Magnetfeldes höchste Ansprüche erfüllen.

Addiert man zu einem Parallelplatten-Reaktor eine weitere Elektrode mit zusätzlicher Spannungsquelle, so erhält man ein Trioden-System, von dem verschiedene Ausführungen bekannt sind [5.1, 5.8, 5.20, 5.21]. Die in der Gasentladung bei relativ niedrigem Druck (10 bis 100 mTorr) erzeugten Ionen werden durch das zusätzliche Anlegen einer Gleichspannung oder eines Wechselfeldes (häufig 100 bis 200 kHz) auf die Scheibe beschleunigt, wobei die Ionenenergie und der Ionenfluß jetzt quasi unabhängig voneinander einstellbar sind. Diese Methode wird hauptsächlich auf Einzelscheiben-Anlagen angewendet, um anisotrope Ätzprozesse mit hoher Ätzrate zu erhalten. Ein Nachteil ist die mögliche Verunreinigung mit gesputtertem Elektrodenmaterial.

In einigen Ätzapparaturen kommen statt der Plasmen Ionenstrahlen zur Anwendung. Benutzt man Edelgase (meist Argon) zur Strahlerzeugung [5.22], so erhält man wie beim Sputter-Ätzen einen rein physikalischen Ätzmechanismus (Ion Beam Milling) mit den bekannten Nachteilen. Dagegen erreicht man mit dem RIBE(Reactive Ion Beam Etching)-Verfahren [5.23] eine Kombination von physikalischen und chemischen Mechanismen. Hier werden in der Strahlquelle reaktive Ionen erzeugt, die mit typisch 500 bis 1000 Volt extrahiert werden und dann bei niedrigem Druck (ca. 0,1 mTorr) auf die zu ätzende Scheibe treffen. Die Ionenenergie kann unabhängig von anderen Parametern so eingestellt werden, daß die gewünschte Balance zwischen chemischen und physikalischen Komponenten bzw. der angestrebte Kompromiß zwischen möglichst hoher Ätzrate und möglichst guter Selektivität erzielt wird. Vorteil dieses Verfahrens ist die sehr gute Anisotropie und somit hohe Auflösung bei der Strukturübertragung. Jedoch sind die Durchsätze und Selektivitäten von RIBE-Anlagen geringer als die von Plasmareaktoren. Ein weiteres Problem ist die Konstruktion bzw.

Lebensdauer der Strahlquelle für die sehr reaktiven Ionen. Eine weitere Fort-
entwicklung ist das CAIBE(Chemically Assisted Ion Beam Etching)-Verfahren
[5.24], bei dem während des Bombardements mit einem inerten oder reaktiven
Ionenstrahl ein sehr reaktives Gas wie z.B. Cl_2, F_2, XeF_2 in die Ätzkammer
eingelassen wird. Die Ionenenergie, der Ionenfluß und der Neutralteilchenfluß
lassen sich dann völlig unabhängig voneinander einstellen. Durch geeignete
Parameterkombinationen ist es möglich, das Ätzprofil kontrolliert zu variieren.
Auch bei diesem relativ komplizierten System liegen die Ätzraten und somit die
Durchsätze vergleichsweise niedrig.

Die photochemischen Ätzapparaturen für industrielle Anwendungen befinden sich noch im Entwicklungsstadium. Sie verwenden alle Laserstrahlen, deren
Wellenlänge je nach Anwendung im Bereich von infrarot bis ultraviolett (0,1
bis 6 eV) liegen kann [5.25, 5.26]. Ein mögliches Ziel ist die Anregung oder
Dissoziation der freien oder adsorbierten Gasmoleküle, um spezielle reaktions-
freudige Gasteilchen zu erzeugen. Alternativ dazu können die elektronischen
Zustände oder die Gitterphononen des Festkörpers mit dem Laserlicht angeregt
werden, um Oberflächenreaktionen zu aktivieren oder zu beschleunigen. Das
Laserlicht kann schließlich auch dazu dienen, nichtflüchtige Ätzprodukte von
der Oberfläche abzulösen. Die meisten bekannten Experimente verwenden kein
Plasma, sondern ein elektrisch neutrales Gas über der Scheibenoberfläche, wobei
sich in einigen Fällen keine Fotomaske auf der Scheibe befindet, sondern das
Laserlicht entsprechend projiziert wird. Es werden aber auch konventionelle
Plasmareaktoren benutzt, bei denen das Laserlicht durch einen Öffnung in der
oberen Elektrode auf die Scheibe fokussiert wird. Von den photochemischen
Reaktoren verspricht man sich selektive und anisotrope Ätzprozesse mit hohen
Ätzraten. Wird auf gleichzeitigen Ionenbeschuß verzichtet, so läßt sich eine
geringere Substratschädigung erwarten. Allerdings ist noch offen, wieweit die
Substrataufheizung durch den Laserstrahl die Qualität der produzierten Schal-
tung vermindert.

Gegenwärtig beanspruchen die herkömmlichen Ätzanlagen im PE-Mode
(50 %) und RIE-Mode (36 %) noch die mit Abstand am größten Marktanteile
[5.27].

In Abb. 5.5 ist schematisch der typische Aufbau einer Plasmaätzanlage
dargestellt, deren Komponenten rechnergesteuert sind. Den automatischen
Scheibentransport von der Kassette bis in die Reaktorkammer und zurück
versucht man möglichst partikelfrei zu halten, indem man einen sanften Be-
wegungsablauf unter Vermeidung von Vibrationen und Abrieb von Trans-
portbändern durchführt. Die Scheiben durchlaufen normalerweise zwischen
Kassette und Reaktor noch eine Ladeschleuse, die entsprechend der Trans-
portrichtung sanft abgepumpt oder belüftet wird und es erlaubt, die Reaktorkammer ständig unter Vakuum zu halten. Der Ätzprozeß wird dadurch
reproduzierbarer, und giftige Prozeßgasrückstände gelangen nicht in den Reinraum. In einigen Apparaturen hat man die Möglichkeit, die Scheiben in der
Schleuse mit einem zweiten Parallelplatten- oder Downstream-Plasma zu be-

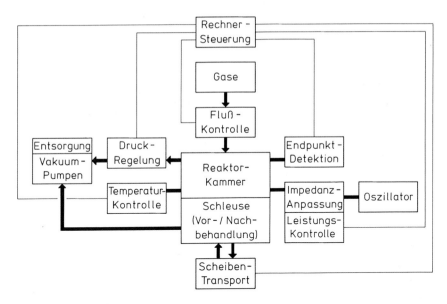

Abb. 5.5. Wesentliche Komponenten einer Plasmaätzanlage für die industrielle Anwendung

handeln, um z.B. vor dem Ätzen organische Rückstände vom Fotoprozeß zu beseitigen, nach dem Ätzen den Lack zu entfernen oder eine Antikorrosions-behandlung durchzuführen. Da nach einigen Ätzprozessen starke Korrosion an der Umgebungsluft auftritt, empfiehlt es sich, die Ausgangskassette unter Vakuum oder Stickstoff-Atmosphäre zu halten, bis eine Weiterbehandlung wie z.B. Wasserspülung erfolgt. Die Reaktorkammer wird i.a. mit rotierenden Vakuumpumpen auf einen Druck von 1 bis 10 mTorr abgepumpt, bevor die gut gefilterten Prozeßgase eingelassen werden, wobei auf einen möglichst gleich-förmigen Gasstrom über die zu ätzende Scheibe geachtet wird. Jeder Gas-fluß wird überwacht, indem die vom Gasstrom transportierte Wärmemenge in speziellen Kontrolleinheiten (mass flow contollern = MFC) gemessen wird (siehe auch Abschnitt 6.8.2). Der Prozeßkammerdruck wird i.a. mit einem ka-pazitiven Druckaufnehmer gemessen und über ein Drosselventil geregelt. Die abgepumpten aggressiven Prozeßgase und Ätzprodukte werden in geeigneten Anlagen (z.T. mit Kühlfallen) entsorgt. Die Elektrodentemperaturen werden mit Heiz- bzw. Kühlkreisläufen gesteuert. Die Ausgangsimpedanz des Genera-tors wird in einem speziellen Baustein (matchbox) an die Impedanz des Plas-mareaktors angepaßt, um einen optimalen Leistungstransfer zu erreichen. Ein weiterer wichtiger Bestandteil ist die Leistungsmessung und -kontrolle, die nach verschiedenen Methoden durchgeführt werden kann. Die Endpunktdetektions-Verfahren werden im nachfolgenden Abschnitt behandelt.

Heutzutage setzen sich immer mehr die Einzelscheiben-Anlagen aufgrund folgender Vorteile durch: a) Die Endpunktdetektion steht in direkter Beziehung zu einer speziellen Scheibe, wodurch die Prozeßkontrolle verbessert wird. b) Die Uniformität muß nicht über mehrere Scheiben einer Fahrt optimiert und kontrolliert werden. c) Die Automation solcher Anlagen ist etwas einfacher. d) Da sich Nachbarscheiben in Mehrscheiben-Anlagen bezüglich ihres Ätzverhaltens gegenseitig beeinflussen, muß der Reaktor bei Test- und Produktionsfahrten immer mit dem gleichen Scheibentyp komplett beladen werden. Die entstehenden Kosten für notwendige Dummy-Scheiben entfallen bei Einzelscheiben-Anlagen. Die Prozeßentwicklung ist schneller und billiger. e) Bei Maschinenversagen erhält man nur eine Ausschußscheibe. Jedoch muß die Ätzrate und somit die Plasmadichte in Einzelscheiben-Anlagen um ein Vielfaches gegenüber den Mehrscheiben-Anlagen erhöht werden, um vergleichbare Durchsätze zu erzielen.

Beim Design und der Installation einer Trockenätzanlage sind auch zahlreiche Sicherheitsaspekte zu berücksichtigen [5.28, 5.29]: Die Gasversorgung, die Elektrik, das Vakuumsystem und die Kühlmedien sollten automatisch überwacht werden, um die Anlage bei Störungen sofort in geeigneter Weise abschalten zu können. Die Verrohrungen, die Vakuumpumpen und deren Öle sollten beständig gegenüber den korrosiven Medien sein, wobei es hilfreich ist, die Vakuumpumpen mit Gasballast zu betreiben, um korrosive Gase möglichst schnell herauszutransportieren. Die gefährlichen Abgase müssen mit Waschanlagen o.ä. entsorgt werden. Wichtige Details beim Design einer Trockenätzanlage sind außerdem eine Absaugung am Gehäuse und an den Gasanschlüssen, die Abschirmung sich bewegender Teile und kalter bzw. heißer Flächen, die Einhaltung elektrischer Normen, die Abschirmung von RF-Emission und die Verwendung von Ladeschleusen. Außerdem sollte man regelmäßige Lecktests an gefährdeten Stellen durchführen.

5.3.4 Prozeßkontrolle

Endpunktdetektionsverfahren

Es ist sehr wichtig, während der Ätzung möglichst automatisch den Prozeß zu beobachten, um die Reproduzierbarkeit sicherzustellen und den Endpunkt festzulegen. Durch eine genaue Endpunktdetektion kann die Überätzzeit, die für das Entfernen von Materialresten an darunterliegenden Stufen und zum Ausgleich von Nichtuniformitäten der Ätzung erforderlich ist, auf ein Minimum reduziert werden. Somit werden auch der Abtrag der Unterschicht und (bei nicht völlig anisotropen Prozessen) der Linienbreitenverlust minimal. Es sind verschiedene Endpunktdetektionsverfahren bekannt [5.30]:

Am häufigsten angewendet wird die optische Spektroskopie der Plasma-Emission, deren Spektrum Informationen über die chemische Zusammensetzung des Plasmas enthält, d.h. man kann die Änderung der Konzentration von Reaktanden (z.B. F, Cl) oder Ätzprodukten (z.B. CO) während der Ätzung beobachten, indem man charakteristische Linien oder Bänder des Spektrums selektiert [5.31].

Schaltet man die automatische Druckregelung ab, so läßt sich in einigen Fällen der Endpunkt als kleine Druckänderung detektieren. Diese Methode ist nicht sehr genau, da sie sehr auf die Stabilität der Maschine angewiesen ist und das Signal aus verschiedenen Einzelvorgängen resultiert.

Gleichzeitig mit der chemischen Zusammensetzung des Plasmas ändert sich bei Erreichen des Endpunkts oft auch die Plasma-Impedanz, was gelegentlich als Detektionsverfahren ausgenutzt wird [5.32].

Die Massenspektroskopie wird häufig zur Analyse von Ätzprozessen, aber selten zur Endpunkterkennung in Produktionsanlagen angewendet [5.43]. Da Massenspektrometer nur bei weniger als 10^{-5} Torr arbeiten, ist eine differentielle Pumpstufe erforderlich.

Ein weiteres Endpunktdetektionsverfahren nutzt einen Laserstrahl aus, um entweder interferometrisch die Dicke einer optisch transparenten Schicht auf eine reflektierendem Substrat zu messen oder bei nichttransparentem Material die Änderung der Reflektivität beim Durchätzen zu detektieren. Da die Ätzung nur an einer Stelle der Scheibe beobachtet wird, enthält das Signal keine Information über Nichtuniformitäten [5.33].

Verfahren zur Beurteilung des Ätzresultats

Im Normalfall werden die charakteristischen Parameter wie Ätzraten, Selektivitäten, Uniformität und Anisotropie anhand von Testscheiben optimiert und in der Produktion regelmäßig überprüft. Auf diesen Testscheiben befindet sich die während der Überätzung frei werdende Unterschicht, die zu ätzende Schicht selbst und eine für den Produktionsprozeß typische Fotomaske. Die Ätzrate der zu strukturierenden Schicht und des Lackes (somit auch die Selektivität zum Lack) bestimmt man durch verschieden lange Anätzungen der Schicht. Der Ätzabtrag, welcher auf die Zeit bezogen die Ätzrate ergibt, wird entweder durch optische Schichtdicken-Meßverfahren (siehe Abschnitt 6.5.2) oder mit kommerziell erhältlichen mechanischen Meßgeräten bestimmt, welche die geätzte Stufe nach dem Lackentfernen mit einer feinen Nadel abtasten. Die Ätzrate der Unterlage (somit auch Selektivität) wird in ähnlicher Weise durch verschieden lange Überätzungen nach Erreichen des Endpunktes ermittelt. Im allgemeinen sind bei stabilen Plasmen die Ätzraten sehr konstant, abgesehen von der Anfangsphase, in der sich das Plasma stabilisiert und eventuell (wie z.B. beim Aluminium) erst eine dünne Oxidschicht entfernt werden muß. Die Uniformität wird als Ätzratenvariation systematisch und extremwerterfassend über eine Testscheibe gemessen, die für die Meßgenauigkeit ausreichend lange angeätzt wurde. Das Endpunktsignal liefert ebenfalls Aussagen über die Ätzrate (totale Ätzzeit) und Uniformität (Signalsteigung im Endpunkt). Das Ätzprofil, die Anisotropie und der Linienbreitenverlust wird i.a. im Rasterelektronen-Mikroskop kontrolliert, wobei die Linienbreite aber auch mit optischen Verfahren (Abschnitte 4.6, 15.2) oder durch elektrische Widerstandsmessungen (Abschnitt 14.5.2) bestimmt werden kann. Ebenfalls im Rasterelektronen-Mikroskop oder auch im Licht-Mikroskop überprüft man vollständig strukturierte Produktionsscheiben auf Restefreiheit an Stufen, andere Rückstände (z.B. Polymere), Korrosionserscheinungen durch falsche bzw. fehlende Nachbehandlung und Einbuchtungen der geätzten Bahnen, die bei einigen Prozessen durch mangelhaften Polymeraufbau an den Seitenwänden (lokale Isotropie) verursacht sein können. Die durch die Ätzapparatur verursachte Partikelkontamination der Scheiben wird kontrolliert, indem blanke Testscheiben dem gesamten Bearbeitungsablauf ausgesetzt werden. Nur das Plasma wird nicht gezündet, da die dann stattfindende Ätzung zu starker Oberflächenrauhigkeit der Testscheibe führen kann, welche von den Partikelmeßgeräten (Abschnitt 16.4.2) als hohe Partikeldichte detektiert wird.

Regelmäßige separate Überprüfungen der aus Lithographie und Ätzen bestehenden Strukturierungsschritte sind eine Voraussetzung für die Gewährleistung eines reibungslosen, fehlerfreien Ablaufs des Gesamtprozesses.

Einfluß verschiedener Plasmaparameter

Der Einfluß verschiedener Plasmaparameter auf die Ätzung ist nicht immer eindeutig vorherzusagen. Dennoch soll hier versucht werden, einige Zusammenhänge für die gebräuchlichsten Ätzverfahren (PE- und RIE-Mode) zu erklären [5.3, 5.5, 5.16, 5.34, 5.35]. Den entscheidensten Einfluß auf das Ätzverhalten hat die Wahl der Gasmischung. Sie besteht im Normalfall aus einem halogenhaltigen Gas (für organische Materialien: sauerstoffhaltigen Gas), das im Plasma mit der Schicht zu flüchtigen Produkten reagiert, und einem inerten Anteil (z.B. *Ar*), der die physikalische Komponente verstärkt und über dessen Partialdruck oder Fluß die Uniformität optimiert werden kann. Je mehr Kohlenstoff und Wasserstoff im Plasma vorhanden ist, desto stärker neigt der Prozeß zur Polymerbildung, welche die Anisotropie durch Seitenwandpassivierung unterstützen oder herbeiführen kann und auch einen Einfluß auf die Selektivität hat. Beim physikalischen Ätzen ist der Einfallswinkel der Ionen von Bedeutung, d.h. die Ätzrate ist i.a. nicht bei dem meist verwendeten senkrechten Einfall, sondern bei einer bestimmten Schrägstellung maximal. Die durch den Spannungsabfall bestimmte Ionenenergie ist ebenfalls ein wichtiger Parameter. Ist sie niedrig, so erwartet man gute Selektivitäten und wenig Substrataufheizung. Sie steigt, wenn man den Druck erniedrigt oder die Leistung erhöht, was wiederum die Anisotropie begünstigt, d.h. man kann bei einer Druckerhöhung den Grad der Anisotropie durch gleichzeitige Leistungserhöhung aufrechterhalten [5.16]. Erhöht man den Druck, so wird die mittlere freie Weglänge kleiner, was aufgrund der vermehrten Stöße in mehr Radikalen und Ionen resultiert. Die Auswirkungen sind unterschiedlich. So kann z.B. die Ätzrate erhöht werden, aber auch verstärkte Polymerbildung auftreten. Die Ätzrate steigt i.a. monoton mit der Leistung (Plasmadichte), dagegen werden die Selektivitäten schlechter. Die Frequenz beeinflußt die Ionenenergie (Anisotropie), den Grenzdruck, bei dem ein Plasma noch stabil ist, und die chemischen Prozesse im Plasma. Die Frequenzabhängigkeit der Ätzrate hat keinen monotonen Verlauf. Der Fluß bestimmt die Geschwindigkeit, mit der die Reaktanden durch neue ersetzt werden.

Unterschreitet er eine bestimmte Grenze, so nimmt die Ätzrate deutlich ab, weil zu wenig Reaktanden nachgeliefert werden. Oberhalb dieser Grenze ist der Einfluß auf die Ätzrate nicht bedeutsam, es sei denn, die Pumpgeschwindigkeit wird so extrem hoch, daß die Radikalen keine Zeit für Oberflächenreaktionen mehr haben. Der Fluß hat Auswirkung auf die Uniformität, da er zusammen mit dem Druck und der Art des Gaseinlasses die räumliche Verteilung der Reaktandenkonzentration bestimmt. Die Ätzrate kann auch von der Größe der zu ätzenden Fläche abhängen ("Loading"-Effekt), wenn die chemisch aktiven Komponenten sehr schnell mit dem Material reagieren, aber sonst eine hohe Lebensdauer besitzen. Ist die Fläche groß, so ist der Reaktandenverbrauch ebenfalls groß und die Ätzrate klein. Auch die Reaktorgeometrie (Größe, Abstand und Form der Elektroden) hat einen Einfluß auf die Ätzrate und Uniformität. Die Ätzrate im PE-Mode ist z.B. stark abhängig vom Elektrodenabstand, und die Ionenenergie im RIE-Mode steigt mit dem Flächenverhältnis zwischen Anode und Kathode. Bei chemischen Prozessen steigt die Ätzrate bei Erhöhung der Elektrodentemperatur (Arrhenius-Abhängigkeit).

Beeinflussung der Strukturübertragung durch Nebeneffekte
Ist das zu ätzende Material an einigen Stellen kontaminiert, so kann dort eine abweichende Ätzrate, d.h. beschleunigtes Ätzen oder Maskierung auftreten. Beim physikalischen Ätzen entstehende nichtflüchtige Produkte können sich entweder auf den Seitenwänden ablagern und die übertragene Struktur verengen (Redeposition) oder durch Rückstreuung an den Gasteilchen zurück auf die Oberfläche gelangen. Letzteres kann zu einer reduzierten Ätzrate, zu Nichtuniformitäten oder Oberflächenrauhigkeit einiger Materialien führen [5.4]. Da die Ätzrate des physikalischen Ätzens i.a. für einen schrägen Einfallswinkel maximal ist, erhält man bei vertikalem Einfall eine Abschrägung der Fotolackkanten und bei hohem Lackabtrag auch ein abgeschrägtes Ätzprofil ("Faceting") [5.4]. Ein weiterer Nebeneffekt beim physikalischen Sputtern ist das "Trenching", d.h. ein Teil der einfallenden Ionen wird an steilen Seitenwänden auf die benachbarte tiefliegende Fläche reflektiert und führt in der Nähe dieser Strukturen zu einem "Ätzgraben".

Prozeßoptimierung und -simulation
Vom Gesamtprozeß ausgehend werden bestimmte Anforderungen gestellt: das gewünschte Ätzprofil, der maximal erlaubte Linienbreitenverlust, die oberen Grenzen für die Abträge der Unterlage und des Lackes. Hinzu kommt i.a. noch eine Mindestvorgabe für den Durchsatz bzw. die Ätzrate. Daraus lassen sich einzuhaltende Grenzen für die charakteristischen Parameter des Ätzprozesses ableiten [5.36], zu denen die vertikalen und lateralen Ätzraten der beteiligten Schichten, die Uniformität und die Selektivitäten gehören. Notwendig ist also eine gleichzeitige Optimierung mehrerer Ätzparameter, die von verschiedenen Reaktorparametern abhängen: Druck, Leistungsdichte, Fluß, Gasmischung, Frequenz, Ioneneinfallswinkel, Elektrodenabstand und -tempe-

ratur. Ein sehr gebräuchliches und zeitsparendes Optimierungsverfahren ist die "Response Surface"-Methode (RSM) [5.37]: Von einer bestimmten Parametereinstellung (bisheriger Produktionsprozeß, Empfehlung des Maschinenherstellers oder Schätzung) ausgehend, werden die entscheidenden Parameter im interessanten Bereich um diese Standardeinstellung herum systematisch variiert und die resultierenden Ätzparameter in bekannter Weise bestimmt. Die Abhängigkeit jedes Ätzparameters von den Reaktorparametern wird mathematisch durch ein Polynom angenähert, das auch Wechselwirkungsterme enthält und dessen Koeffizienten durch einen Least-Square-Fit an die experimentellen Ergebnisse bestimmt werden. Die Anzahl der experimentellen Stichproben muß mindestens so groß wie die der Polynom-Koeffizienten sein. Jedem Ätzparameter ist je nach Ergebnis eine Bewertungszahl zwischen 0 (nicht akzeptabel) und 1 (optimal) zugeordnet, so daß jede Reaktoreinstellung mit dem geometrischen Mittel aller zugehörigen Bewertungszahlen ("Desirability"-Funktion) gewichtet werden kann. Die Einstellung, bei der dieser Wert maximal ist, führt zum besten Kompromiß zwischen allen Prozeßanforderungen. Anhand der gefitteten Polynom-Funktionen läßt sich zusätzlich bestimmen, wie empfindlich dieser Prozeß auf geringe Schwankungen der Reaktoreinstellung reagiert. Kennt man die vertikalen und lateralen Ätzratenkomponenten für alle von der Ätzung betroffenen Schichten, so ist es möglich, für vorgegebene Lackprofile und Schichtdicken die resultierenden Ätzprofile vorauszuberechnen. Hierzu sind Computer-Simulations-Programme erhältlich [5.38]. Diese Simulation eines Strukturierungsschrittes ist erforderlicher Baustein für die Gesamtprozeß-Simulation (Kapitel 12).

5.3.5 Auswirkungen des Trockenätzens auf den Gesamtprozeß

Nach dem Trockenätzen kann eine Vielfalt von Folgeerscheinungen auftreten [5.2, 5.8, 5.13, 5.16, 5.39, 5.40]. Zu ihnen zählt die bereits genannte Abscheidung von Polymerschichten auf die Scheibenoberfläche. Bei Plasmen, die gleichzeitig Halogene und Kohlenstoff enthalten, ist die Polymerbildung besonders stark zu beobachten, wenn das Verhältnis vom Kohlenstoff- zum Halogen-Anteil groß ist, d.h. viele ungesättigte Kohlenstoff-Bindungen existieren. Reduzierende Bedingungen und niedrige Ionenenergien unterstützen den Aufbau von Polymerschichten zusätzlich. Da Aluminium als Katalysator für Polymerbildung in C/F-haltigen Plasmen wirkt [5.3], sollte nur beschichtetes Aluminium als Reaktormaterial verwendet werden. Längere Überätzungen auf Aluminium-Bahnen müssen vermieden werden. Solange aber organische Materialien als Ätzmaske dienen, läßt sich die Polymerabscheidung nicht vollständig unterdrücken. Bevorzugt werden Prozesse, die keine Polymerdeposition benötigen, um die Anisotropie zu gewährleisten. Ob und wie einfach die Polymere in einem nachfolgenden Prozeßschritt zu entfernen sind, hängt vom Ausmaß und der Zusammensetzung der Polymerschicht ab. Es kommen verschiedene Verfahren wie z.B. sauerstoffhaltige Plasmen oder nasse Reinigungsmethoden zur

Anwendung. Auf der Oberfläche können nach der Ätzung außer den Polymeren auch noch redeponierte Ätzprodukte, gesputtertes Elektrodenmaterial oder in der geätzten Schicht selbst enthaltene nichtflüchtige Verunreinigungen zurückbleiben. Wenn diese während einer anisotropen Ätzung maskierend gewirkt haben, sind unter ihnen Materialreste der geätzten Schicht verblieben. Außer den Abscheidungen auf der Oberfläche treten auch Schädigungen des auf der Scheibe verbleibenden Materials auf, die durch das Ionenbombardement (siehe auch Implantationsschäden, Abschnitt 10.3), die Photonen-Einwirkung und die Diffusion von Verunreinigungen verursacht werden (Strahlenschäden). In einem Bereich bis 100 Å Tiefe können die Atome im Festkörpergitter durch Ionenstoß aus ihrer Position gebracht werden. Außerdem dringen sowohl durch die Ätzung implantierte und diffundierende Ätzgaskomponenten als auch andere Verunreinigungen in den Festkörper vor. Die Reichweite kann einige Å bis einige 100 Å betragen. Photonen im tiefen UV-Bereich und sanfte Röntgenstrahlen führen zur Ionisation und zum Aufbrechen von Festkörperbindungen. Als Folge ändern sich die elektrischen Eigenschaften der Schicht (trapped positiv charge + neutral trap). Der ursprüngliche Zustand kann durch Ausheilen bei hoher Temperatur wiederhergestellt werden, die je nach Ausmaß und Art der Schädigung zwischen 600 und 1000 °C liegt. Eine Möglichkeit ist die Entfernung der geschädigten Schicht durch Naßätzen (auf Kosten der Linienbreite!). Zukünftige photochemische Verfahren lassen geringere Schädigungen erhoffen. Zur Analyse geschädigter Schichten bieten sich als Verfahren die Auger-Elektronen-Spektroskopie (AES), die Photo-Elektronen-Spektroskopie (XES), die Sekundär-Ionen-Massenspektrometrie (SIMS) und Messungen von C/V-Shifts (Abschnitt 14.5.4) an. Die Veränderung der chemischen und elektrischen Eigenschaften durch das Plasmaätzen hat Auswirkungen auf: a) die Qualität und das Wachstum von Oxid auf geätztem Silizium, b) die Isolationseigenschaften von Dielektrika, c) die elektrische Charakteristik von Schottky-Barrieren, d) den Widerstand von ohmschen Kontakten, e) die Bildung von Siliziden, f) die *Si-Al*-Interdiffusion und g) das Wachstum von epitaktischen Schichten.

5.4 Angewandte nasse und trockene Ätzprozesse

Nachdem in den vorausgegangenen Abschnitten allgemeine Grundlagen der Naß- und Trockenätztechniken behandelt wurden, soll nun ihre Anwendung auf verschiedene Materialien der Halbleitertechnologie (insbesondere der MOS-Technologie) diskutiert werden.

5.4.1 Siliziumdioxid

Siliziumdioxid findet in der Halbleitertechnologie zahlreiche Anwendungen, so u.a. als Isolationsmaterial, Implantationsmaske oder Komponente von MOS-Transistoren. Je nach Anwendung erfolgt das Aufwachsen als thermische Oxidation (Kapitel 6) oder als Abscheidung aus der Gasphase nach dem CVD-, LPCVD- oder PECVD-Verfahren (Kapitel 7). Sowohl die Art der Schichterzeugung als auch eine eventuelle Dotierung des Oxids können das Ätzverhalten in nassen und trockenen Ätzprozessen deutlich beeinflussen.

Ätzchemie

Das Naßätzen von Siliziumoxid wird industriell in *HF*-Lösungen durchgeführt:

$$SiO_2 + 6\,HF \longrightarrow H_2 + SiF_6 + 2H_2O\ .$$

Sehr häufig werden mit Ammoniumfluorid (NH_4F) gepufferte Lösungen verwendet, um die Ätzcharakteristik konstant zu halten. Gleichzeitig wird dadurch das Unterkriechen von Lackmasken vermieden, das bei ungepufferte Flußsäure häufig auftritt. Dabei steht das Volumen der 40%igen NH_4F-Lösung zum Volumen der 49%igen *HF*-Lösung i.a. im Verhältnis 5:1 bis 20:1. Eine 7:1-Lösung z.B. ätzt thermisches Oxid bei Raumtemperatur mit einer Rate von etwa 100 nm/min. Oxide, die mit CVD-Methoden abgeschieden wurden, ätzen schneller. Die Ätzrate hängt von der Dichtigkeit und Stöchiometrie der Oxide ab. Bei dotierten Oxiden ist die Art der Fremdatome für die Ätzrate entscheidend. Sie fällt z.B. nach starken Bor-Dotierungen, steigt aber für Phosphor-Dotierungen [5.41]. Wesentliches Merkmal aller *HF*-Ätzlösungen ist die extrem hohe Selektivität zu Silizium (> 100), das bei Raumtemperatur nahezu nicht angegriffen wird (ausgenommen "staining" bei sehr hohen Si-Dotierungen und sehr langen Ätzzeiten). Fotolack besitzt meist eine hydrophobe (wasserabstoßende) Oberfläche, wodurch bei sehr kleinen Lacköffnungen Blasenbildung und Benetzungsprobleme verursacht werden können. Daher wird der Ätzlösung ein chemisch neutrales Netzmittel zugesetzt, meist bestehend aus Fluor-Kohlenstoff-Verbindungen.

Fast alle Trockenätzprozesse für Siliziumoxid (SiO_2) und -nitrid (Si_3N_4), aber auch einige Silizium-Ätzprozesse basieren auf der Verwendung von Fluor-Kohlenstoff-Verbindungen wie z.B. CF_4, C_2F_6 oder C_3F_8 . Diese dissoziieren in Plasmen u.a. zu CF_x-Radikalen ($x \leq 3$) und *F*-Atomen. Vereinfacht kann man das Ätzen von SiO_2 und reinem Si durch folgende Reaktionen darstellen [5.42]:

$$
\begin{aligned}
&(1) & SiO_2 + 4\,F &\longrightarrow SiF_4 + 2\,O \\
&(2) & SiO_2 + 2\,CF_2 &\longrightarrow SiF_4 + 2\,CO \\
&(3) & SiO_2 + CF_x &\longrightarrow SiF_4 + (CO, CO_2, COF_2) \\
&(4) & Si + 4\,F &\longrightarrow SiF_4 \\
&(5) & Si + 2\,CF_2 &\longrightarrow SiF_4 + 2\,C_{adsorb} \\
&(6) & Si + CF_x &\longrightarrow SiF_4 + C_{adsorb}
\end{aligned}
$$

Entscheidend für das Ätzen von Si ist die Reaktion mit den *F*-Atomen (4), die auch ohne die Unterstützung von Ionenbombardement abläuft und dann bei Raumtemperatur etwa 40mal schneller als Reaktion (1) ist. Behindert wird die Ätzung von Si durch die Reaktionen (5)+(6), da sich mit den CF_x-Radikalen als

Nebenprodukt Kohlenstoff bildet, der sich auf das zu ätzende Si ablagert. Den Hauptbeitrag zum Ätzen von SiO_2 dagegen liefern die auf dem Substrat adsorbierten CF_x-Radikale (Reaktion (2)+(3)), wobei aber zur Produktbildung die Zuführung zusätzlicher Energie durch das Ionenbombardement oder die Plasmastrahlung erforderlich ist. Die CF_x-Radikale reduzieren dann das SiO_2 mit viel höherer Rate, als sie reines Si ätzen. Das Mengenverhältnis der CF_x-Radikale zu den F-Atomen bestimmt also, ob das SiO_2 oder das Si schneller geätzt wird. Durch geeignete Beeinflussung der Plasmachemie ist es möglich, einen zum Si sehr selektiven Oxidätzprozeß (viel CF_x) oder einen zum SiO_2 selektiven Siliziumätzprozeß (viel F) zu erhalten.

In RIE-Reaktoren erzeugte, reine CF_4-Plasmen ätzen Si und SiO_2 mit etwa gleicher Geschwindigkeit [5.42]. Fügt man dem Plasma Sauerstoff zu, so steigt die Ätzrate von Si deutlich stärker als die von SiO_2 bis zu einem Maximum an (Abb. 5.6). Grund für den Anstieg ist der Verbrauch von CF_x-Radikalen durch die Reaktion mit Sauerstoffatomen unter Bildung von weiteren F-Atomen und COF_2, CO, CO_2. Die F-Konzentration steigt zusätzlich, weil weniger Rekombinationen von CF_x und F stattfinden können. Außerdem adsorbiert weniger Kohlenstoff auf dem Si, da die Reaktionen (5)+(6) kaum noch ablaufen. Bei hohem O_2-Anteil fällt die Si-Ätzrate wieder ab, da die F-Atome in der Gasphase mit der Unterstützung von Sauerstoff stark rekombinieren:

$$O_2 + F \longrightarrow FO_2$$
$$FO_2 + F \longrightarrow F_2 + O_2$$

Bei richtiger Wahl des O_2-Anteils und der Plasmabedingungen erhält man Si-Ätzprozesse (Abschnitt 5.4.3), deren Selektivität zu Oxid größer als 10 ist. Da die Ätzung aber auch ohne Ionenbombardement, also stark chemisch, abläuft, sind diese Si-Ätzprozesse mehr oder weniger isotrop.

Wenn man einem CF_4-Plasma Wasserstoff statt Sauerstoff zuführt, bleibt die Ätzrate von SiO_2 zunächst einmal relativ konstant, während die Si-Ätzrate stark abfällt (Abb. 5.6), weil die F-Atome mit dem Wasserstoff stabile HF-Moleküle bilden. Es stehen also kaum noch F-Atome zur Verfügung, die mit dem Si und dem auf dem Si adsorbierten Kohlenstoff reagieren können. Führt man zuviel Wasserstoff zu, so fällt die Ätzrate von SiO_2 schnell ab, bis die Ätzung ganz aufhört. Hier wird ein Punkt erreicht, wo die Polymerisation im Plasma zu stark wird, d.h. die zahlreichen CF_2-Radikale bauen lange $(CF_2)_n$-Ketten auf, die sich auf die zu ätzende Schicht ablagern und die Ätzung blockieren. Das Ionenbombardement reicht hier nicht mehr aus, um diese durch Sputtern schnell genug wieder zu entfernen. Dieser Polymerisationspunkt ist abhängig vom Druck, der mittleren Aufenthaltszeit, dem Spannungsabfall, dem Lacktyp und der Lackbehandlung. Einen entscheidenden Einfluß hat auch das Kammermaterial. So kann z.B. Teflon weitere CF_2-Radikale zuführen oder Aluminium die Polymerbildung katalysieren [5.3]. Starke Polymerisation in der Ätzkammer verursacht auch noch zusätzliche Verschmutzung der Scheiben mit Partikeln. Durch die Wahl eines geeigneten Wasserstoff-Anteils erhält man also

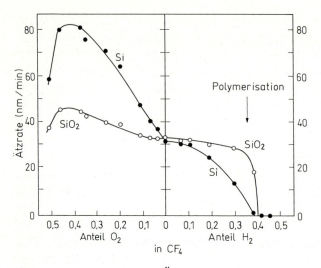

Abb. 5.6. Veränderung der Ätzraten von Si und SiO_2 in CF_4-Plasmen durch O_2- bzw. H_2-Zusätze

mit CF_4-Plasmen einen zum Si sehr selektiven Oxidätzprozeß, wobei es auch möglich ist, H-Atome in Form der Gase CHF_3, CH_4, C_2H_4 oder C_2H_2 in das Plasma einzubringen. Befinden sich in der Ätzkammer Teile, die aus Kohlenstoff oder Silizium gefertigt sind, so wird die Selektivität zum Si ebenfalls verbessert, da diese Materialien freies F wegfangen.

In Parallelplatten-Reaktoren sind durch geeignete Wahl der Gasmischung und der Plasmabedingungen Selektivitäten zum Silizium von 5 bis 50 erreichbar. Da die Oxidätzprozesse stark ioneninduziert sind, ist bei ihnen relativ einfach Anisotropie zu erzielen. Außerdem sind sowohl der Loading-Effekt als auch die Temperaturabhängigkeit gering. Häufig wird den Ätzplasmen noch ein chemisch inerter Anteil wie z.B. Ar beigefügt, um die physikalische Komponente zu verstärken und die Uniformität zu optimieren. In Einzelscheiben-Anlagen können durchaus Ätzraten von 600 nm/min erreicht werden. Typische Selektivitäten zum Fotolack liegen zwischen 3 und 7, wenn kein Sauerstoff zugeführt wird, um den Lackabtrag gezielt zu erhöhen. Je besser die Scheibe gekühlt wird, desto höher ist die Lackselektivität. Die Oxidätzrate an einer bestimmten Position auf der Scheibe kann davon abhängen, wieviel Lack um diese Position herum vorhanden ist, da die Lackätzprodukte sich auf das zu ätzende Oxid ablagern können. Man kann dann z.B. beobachten, daß offene Ritzbahnen (wenig Lack) schneller ätzen als kleine Kontaktlöcher (viel Lack). Die Verwendung von Barrel-Reaktoren zum Oxidätzen ist aufgrund der niedrigen Ätzrate heutzutage nicht üblich. Wenig gebräuchlich ist immer noch das Oxidätzen mit Ionenstrahlen [5.2, 5.3, 5.23] oder nach dem MRIE-Verfahren [5.19].

Die Art der Schichterzeugung hat einen Einfluß auf die Oxidätzrate in Plasma-Reaktoren, der zwar nicht so stark wie beim Naßätzen, aber deutlich feststellbar ist. CVD-Oxide (Kapitel 7) ätzen schneller als thermisch gewachsene Oxide. Sind die Oxide stark mit P, As oder B dotiert, so steigt ihre Ätzrate deutlich, da die Dotier-"Unreinheiten" mit den F-Atomen reagieren und flüchtige Verbindungen bilden. So ätzt z.B. ein mit 8% Phosphor dotiertes LPCVD-Oxid in RIE-Reaktoren zwei- bis dreimal schneller als undotiertes thermisches Oxid.

Anwendung auf Kontaktlöcher

Da Siliziumoxid in verschiedenen Ebenen einer Schaltung als Isolatorschicht eingesetzt wird, sind im Prozeßablauf verschiedene Arten von Kontaktlöchern zu strukturieren:

In MOS-Schaltungen ist es üblich, Kontaktlöcher durch das Gateoxid zu öffnen, um aus Platzersparnisgründen einen direkten Kontakt zwischen dem Gatematerial Poly-Silizium und den Source- und Drain-Gebieten der Transistoren herzustellen. Da die Gateoxidschicht sehr dünn und somit die Unterätzung gering ist, wird hier die Naßätzung bevorzugt, wobei darauf zu achten ist, daß die kleinen Kontaktlöcher keine Rückstände vom Fotoprozeß aufweisen, welche die Ätzung blockieren können. Würde man das Gateoxid trockenätzen, so wäre ein anschließender Lackstrip im Sauerstoffplasma erforderlich, und spätestens dann wären die späteren Gateoxidgebiete aufgrund von Strahlenschäden verunreinigt. Möchte man auf eine trockene Ätzung nicht verzichten, so empfiehlt sich die Verwendung einer vorzeitig deponierten Poly-Si-Lage, welche das Gateoxid schützt und gemeinsam mit dem Gateoxid durchätzt werden muß.

Zwischen der Transistorebene und der ersten Verdrahtungslage aus Metall befindet sich eine relativ dicke Isolationsschicht (typisch 500 bis 1500 nm), die sich aus mehreren Dielektrika-Lagen zusammensetzen kann. Die Kontaktlöcher für die Verbindung der ersten Metallage mit dem dotierten Mono-Silizium der Source- und Drain-Gebiete bzw. dem Poly-Silizium der Transistorgates stellen die Strukturen mit dem höchsten Aspekt-Ratio (Verhältnis der Schichtdicke zur Lacköffnung) einer Schaltung dar. Spezielle Anforderungen für diese Ätzung sind eine hohe Selektivität zu Mono- und Poly-Silizium, ein nicht allzu hoher Lackabtrag, Endpunktdetektion bei geringer offener Fläche, geringe Strahlenschäden und die Vermeidung von Polymerrückständen, d.h. geringe spätere Kontaktwiderstände. Das Profil des geätzten Loches muß eine gute Kantenbedeckung des später in das Loch abgeschiedenen Metalls gewährleisten, wobei besonders eine Abflachung der oberen und unteren Lochkanten oder kleine Stufen hilfreich sind. Mit Ausnahme der guten Selektivität zu Silizium gelten diese Anforderungen auch für die Kontaktlöcher durch das PECVD-Oxid oder -Nitrid zwischen zwei Metallagen. Hier ist zusätzlich noch zu beachten, daß (wie schon erwähnt) eine starke Polymerbildung auftritt, wenn die Trockenätzung auf Aluminium endet. Befindet sich auf der unteren Metallage eine Deckschicht (z.B. TiW), so muß die Selektivität zu dieser Schicht gut sein. Die Selektivität von fluorhaltigen Plasmen zum Aluminium ist extrem hoch.

130

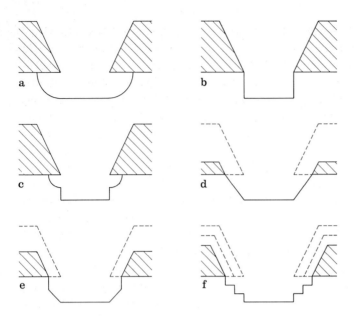

Abb. 5.7. Mögliche Kontaktlochätzungen: a) nass (isotrop), b) trocken (anisotrop), c) Kombination nass/anisotrop, d) "tapern", e) Kombination "tapern"/anisotrop und f) treppenförmig

In Abb. 5.7 sind verschiedene Möglichkeiten zur Profilierung von Kontaktlöchern dargestellt. Eine rein nasse (isotrope) Ätzung (a) ergibt ein Profil, das gute Aluminiumbedeckung ermöglicht, aber aufgrund der starken Strukturaufweitung und des erforderlichen Vorhalts im Maskenmaß nur für Löcher geeignet ist, deren Durchmesser mehr als 3 μm beträgt. Ein rein anisotropes Profil (b) kann mit den herkömmlichen Sputter-Methoden für Aluminium nicht ausreichend bedeckt werden. Die Kombination einer nassen mit einer nachfolgenden trockenen Ätzung (c) führt zu guter Aluminiumbedeckung und erträglicher Unterätzung für Kontaktlöcher > 1,5 μm. Mischt man dem anisotropen Trockenätzplasma Sauerstoff bei, so wird die Lacköffnung kontinuierlich aufgeweitet und das Lochprofil abgeschrägt (d). Die resultierende Steigung der Flanken θ hängt ab von dem Winkel der Lacköffnung ϕ, der Oxidätzrate ε_0, der vertikalen Lackätzrate ε_v und der lateralen Lackätzrate $\varepsilon_\parallel$:

$$\tan(\theta) = \frac{\varepsilon_0}{\varepsilon_\parallel + \varepsilon_v / \tan(\phi)} \qquad (5.4)$$

Voraussetzungen für eine deutliche Abflachung der Oxidflanken durch diesen "Taper"-Prozeß sind also ein relativ hoher Lackabtrag und ein geneigtes Lackprofil. Ist die Lacköffnung senkrecht und auch der Lackabtrag rein anisotrop, so wird das Oxidprofil nicht abgeschrägt. Erreicht man für die Kontaktlochwände Steigungen von weniger als etwa 60 bis 70 Grad, so wird die Aluminiumbedeckung gut. Dennoch läßt sich diese Methode nur auf Kontaktlöcher zu Metall anwenden, da die Selektivität zu Silizium durch Sauerstoffbeigabe zu schlecht wird. Für Kontaktlöcher zu Silizium ist eine Kombination zwischen Taper-Prozeß und nachfolgender rein anisotroper Ätzung (e) denkbar. Diese beinhaltet aber den Nachteil, daß bei längerer Überätzung (z.B. wegen unterschiedlicher Schichtdicken) die Abschrägung durch den ersten Schritt wieder verlorengeht. Ein letzte Möglichkeit ist das Ätzen einer Treppenform (f), indem wechselweise das Oxid anisotrop und der Lack isotrop (O_2-Plasma) geätzt werden. Die Prozeßzeit ist jedoch lang, und die Reaktormaterialien der Oxidätzapparatur müssen resistent gegen reine Sauerstoffplasmen sein.

Ätzt man Kontaktlöcher für das erste Metall in dotierte Oxide (BPSG), die später bei hohen Temperaturen zum Fließen gebracht werden, um das Profil abzurunden, so empfehlen sich die Profile (c) und (f). Diese verhindern, daß das Oxid nach dem Fließen an der oberen Lochkante überhängt.

Für das Ätzen von Implantations- und Ätzmasken aus Oxid werden je nach Anforderung an die Strukturtreue die Standardprofilierungen (a) oder (b) angewendet. Strukturiert man die Feldoxidgebiete nach dem MOAT-Verfahren, so ist der Taper-Prozeß (d) zu bevorzugen.

Anwendung auf die Spacertechnik

Deponiert man über die steilen Poly-Si-Bahnen einer MOS-Schaltung ein gleichförmiges LPCVD-Oxid mit guter Stufenbedeckung und ätzt dieses dann anisotrop ohne Maske bis zum Endpunkt zurück, so verbleiben an den Poly-Si-Flanken Oxidreste, die auch "Oxidspacer" genannt werden. Diese werden in der Low-Doped-Drain(LDD)-Technik (Abschnitt 12.3.6) als selbstjustierende Implantationsmasken benutzt und müssen bezüglich ihrer Grösse sehr reproduzierbar sein, d.h. außer gleichbleibender Schichtdicke und Stufenbedeckung wird von der nachfolgenden Ätzung insbesondere sehr gute Uniformität und eine schnelle Endpunktabschaltung gefordert. Einzelscheiben-Ätzanlagen sind hier besonders vorteilhaft.

Anwendung auf Planarisierungstechniken

Für dichtgepackte integrierte Schaltungen ist häufig eine Doppellagen-Metallisierung erforderlich (Abschnitt 8.3). Um die Strukturierung der zweiten Metallage zu erleichtern, wird die Isolationsschicht zwischen den Metallagen planarisiert oder zumindest eine Kantenabrundung der darunterliegenden Topographie angestrebt. Eine mögliche Planarisierungstechnik ist das Rückätzen von Fotolack: Nach der Abscheidung einer ausreichend dicken Oxidschicht wird ein gut planarisierender Lack auf die Stufen deponiert. Danach wird das Material zurückgeätzt, indem man einen Oxidätzprozeß durch Sauerstoffbeigabe so variiert, daß die Lackselektivität eins beträgt. Im Idealfall macht die Ätzung also bezüglich der Ätzrate keinen Unterschied zwischen Lack und Oxid, sondern bildet die ebene Lackoberfläche in das Oxid ab. Der Endpunkt ist erreicht, wenn kein Lack mehr auf der Scheibe verblieben ist. Danach wird im Normalfall nochmals eine zweite Oxidschicht deponiert, da man für die erste Oxidschicht nur die für die Planarisierung erforderliche Mindestdicke (ca. zweimal die maximale Stufenhöhe) wählt, um zu vermeiden, daß sich die Oxidbedeckungen zweier eng benachbarter Stufen seitlich berühren und ungewünschte Hohlräume bilden. Findet dies schon für die Mindestdicke statt, so ist das Rückätzverfahren nicht einsetzbar. Der Rückätzprozeß sollte sowohl bezüglich der Lackätzrate als auch der Oxidätzrate sehr uniform sein. Problematisch ist es, die Lackselektivität konstant zu halten, da das Ätzratenverhältnis stark vom Verhältnis der freien Oxidfläche zur Lackfläche abhängt. Wenn zunächst noch wenig Oxid freiliegt, muß mehr Sauerstoff beigemischt werden als später für große offene Oxidflächen. Statt den Sauerstoffgehalt ständig mitzuvariieren, kann man natürlich einen Kompromißwert für den Sauerstoffanteil anstreben, um für den Strukturierungsschritt der nachfolgenden Schicht trotzdem noch ausreichend kleine Reststufen zu erhalten. Das optische Endpunktsignal ist stark von Anzahl, Höhe und Breite der zu planarisierenden Stufen beeinflußt, so daß für verschiedene Schaltungstypen eine unterschiedliche Programmierung der Endpunktabschaltung erforderlich werden kann.

Eine weitere Planarisierungstechnik stellt das Aufbringen von Spin-On-Glas (SOG) dar. Eine typische Schichtenfolge für das Planarisieren von Aluminiumstufen ist: 1. Plasmaoxid, Spin-On-Glas, 2. Plasmaoxid. Das SOG wird häufig vor der zweiten Plasmadeposition zurückgeätzt, so daß es nur die Hohlräume ausfüllt, aber nicht mehr auf ebenen Flächen vorhanden ist. Durch diese Einkapselung des SOGs will man vermeiden, daß das SOG mit dem Aluminium in den Kontaktlöchern in Berührung kommt, was Korrosion verursachen kann. Außerdem können Wasser-Ausgasungen des SOGs (insbesondere von Siloxan-Material) in noch nicht beschichteten Kontaktlöchern zu erhöhten Kontaktwiderständen führen ("poisoning of vias"). Um auch nach der lackfreien Rückätzung eine ebene Fläche zu erhalten, sollte die Selektivität zwischen dem Plasmaoxid und dem SOG auch etwa bei eins liegen. Eingestellt werden kann diese für Siloxan-Material z.B. über das Flußverhältnis von CHF_3 zu CF_4 oder zu O_2.

5.4.2 Siliziumnitrid

Stöchiometrisches Siliziumnitrid (Si_3N_4), das bei 700 bis 900 °C in einer LPCVD-Anlage abgeschieden wurde (Abschnitt 7.6), findet als Oxidations- oder Implantationsmaske Anwendung, die im weiteren Prozeßablauf wieder entfernt wird. Dagegen werden PECVD-Nitride ($Si_xH_yN_z$) bei niedrigen Temperaturen (< 350 °C) deponiert (Abschnitt 7.6) und als abschließende Passivierungsschicht oder als Isolation zwischen zwei Metallagen benutzt. Gleiche Anwendungen finden auch PECVD-Oxinitride ($Si_xO_yN_z$). LPCVD-Oxinitride bieten Vorteile als Ersatz für die thermischen Prenitrid-Oxide bei der LOCOS-Technik (siehe Abschnitt 12.3.2).

Ätzchemie

Siliziumnitrid kann in siedender 85%iger Phosphorsäure (H_3PO_4, 160 bis 180 °C) naßgeätzt werden. Jedoch können Fotomasken nicht angewendet werden, da die Lackhaftung nachläßt und der Lack abhebt. Daher müssen Oxidmasken verwendet werden, deren Aufbringung und Strukturierung zusätzliche Kosten verursachen. LPCVD-Nitrid ätzt mit etwa 10 nm/min, PECVD-Nitride deutlich schneller. Da die Selektivität zum Oxid sehr stark von dem Wassergehalt der Säure abhängt, müssen Siedeverluste durch Kondensationskühlung oder gezielten Wasserzusatz ausgeglichen werden. Für das Naßätzen von Oxinitriden verwendet man je nach Stöchiometrie und Anforderungen siedende Phosphorsäure, ungepufferte oder gepufferte HF-Lösungen.

Das Trockenätzen von Nitriden bietet den Vorteil, daß das Problem der mangelnden Lackhaftung entfällt. Dabei wird i.a. eine starke isotrope Komponente nicht als störend empfunden, da die verwendeten Schichten von LPCVD-Nitriden sehr dünn im Vergleich zur Struktur sind (niedriges Aspekt-Ratio) bzw. die Kontaktlöcher im PECVD-Nitrid zu den Bond Pads keine großen Anforderungen an die Linienbreitentreue stellen. Isotrope Ätzungen erfolgen meist in Barrel- oder Parallelplatten-Reaktoren, in denen eine fluorhaltige Gasmischung wie z.B. $CF_4 + O_2$ zur Entladung kommt. Die Nitride Si_3N_4, $Si_xH_yN_z$ und $Si_xO_yN_z$ reagieren zu den typischen Produkten SiF_4, $SiOF_2$, Si_2OF_6, N_2, O_2, F_2, CO_2 oder H_2O. In Barrel-Reaktoren ist eine Gasmischung von 4 bis 8% O_2 in CF_4 gebräuchlich, da dann bereits die maximale Ätzrate erreicht ist, aber der Lackabtrag noch nicht zu hoch ist. Die Selektivität von LPCVD-Nitrid zu thermischem Oxid liegt dann maximal bei 5. Will man diese Selektivität verbessern, so können geringe Mengen von Cl- oder Br-haltigen Komponenten in Form von CF_2Cl_2, CF_3Br o.ä. beigemischt werden. Gute Selektivitäten zu Oxid erhält man auch mit den Ätzgasen SiF_4 oder NF_3. Silizium ätzt in Barrel-Reaktoren mit CF_4/O_2-Plasmen etwa achtmal schneller als LPCVD-Nitrid, was zu Problemen führen kann, wenn auf den Rückseiten der Scheiben das Silizium freiliegt und vom Plasma angegriffen werden kann (starker Abfall der Nitridätzrate). PECVD-Nitride ätzen in Barrel-Reaktoren ähnlich schnell wie Silizium. In Parallelplatten-Reaktoren kann man aber auch anisotrope Prozesse erhalten, indem man ähnliche Bedingungen wie beim Oxidätzen wählt (z.B. CF_4/CHF_3-Plasmen). Man erhält dann gute Selektivität zu Silizium, aber schlechte Selektivität zu Oxid. Fügt man Sauerstoff hinzu, wird die Selektivität zu Oxid besser, aber der Lackabtrag wird deutlich höher und die Gefahr von Isotropie größer.

Beim Trockenätzen von Oxinitriden müssen je nach Schichteigenschaften und Anforderungen an die Selektivitäten Kompromisse zwischen Oxid- und Nitridätzprozessen angestrebt werden.

Anwendung auf permanente Nitrid-Isolationsschichten

PECVD-Nitride und -Oxinitride können an Stelle von PECVD-Oxid zur Isolation zweier Metallagen eingesetzt werden. Für das Ätzen von Kontaktlöchern und das Planarisieren gelten dann in ähnlicher Weise die Betrachtungen aus Abschnitt 5.4.1. Werden diese Materialien als abschließende Passivierungsschicht benutzt, so sind in diese große Kontaktlöcher für die Bond Pads zu ätzen. Hier ist besonders darauf zu achten, daß der Lackabtrag während der i.a. isotropen Ätzung durch diese relativ dicken Schichten nicht so hoch ist, daß bereits das PECVD-Nitrid freigelegt und angeätzt wird. Bezüglich Überätzungen ist dieser Prozeß nicht kritisch, da das PECVD-Nitrid das Aluminium normalerweise deutlich überlappt und das Aluminium in fluorhaltigen Prozessen nicht abgetragen wird.

Anwendung auf lokale Oxidation

In der bei MOS-Schaltungen gebräuchlichen LOCOS-Technik (local oxidation of silicon) wird LPCVD-Nitrid als nichtpermanente Maske für die Feldoxidation benutzt, da es die Oxidation des Siliziums verhindert (Diffusionsbarriere). Zunächst wird das Mono-Silizium thermisch leicht oxidiert (typisch 15 bis 40 nm) und darauf ein LPCVD-Nitrid (typisch 70 bis 150 nm) abgeschieden, welches dann mit einer Lackmaske strukturiert wird. Wegen der geringen Schichtdicken kann meist ein isotroper Ätzprozeß benutzt werden. Da die Nitridschicht nicht über Stufen verläuft und somit keine Überätzung notwendig ist, reicht ein sehr uniformer Ätzprozeß mit schneller Endpunktabschaltung aus, um das dünne thermische Oxid nicht durchzuätzen und Schwankungen bezüglich der Linienbreite zu vermeiden. Während der nach dem Lackentfernen folgenden, sehr langen Oxidation des nicht bedeckten Siliziums (500 bis 1000 nm) konvertiert auch die Oberfläche des Nitrids zu Siliziumoxid (einige 10 nm), welches durch eine kurze Oxid-Naßätzung wieder beseitigt wird. Danach wird die gesamte Nitridmaske wieder entfernt. Diese Ätzung ist i.a. sehr selektiv zum Oxid, da gleichzeitig die dicken Feldoxidgebiete freiliegen und nicht abgetragen werden sollen. Es werden nasse und trockene Prozesse angewendet.

5.4.3 Poly- und Monosilizium

Polysilizium wird in der Halbleitertechnologie als Material für Leiterbahnen und Gate-Elektroden (MOS-Transistor) verwendet. Die ca. 0,5 μm dicken Schichten sind meist bis zur Sättigungsgrenze mit Phospor dotiert, um einen niedrigen spezifischen Widerstand zu erzielen. Aus der Hauptanwendung in der MOS-Technologie als Gatelektrode resultieren die zwei wesentlichen Randbedingungen für den Ätzprozeß:

- genaue, reproduzierbare Übertragung des Maskenmaßes, da die Abmessungen des Gates die elektrischen Parameter des Transistors bestimmen;
- hohe Selektivität zum unterliegenden Gateoxid (10 bis 50 nm).

Bei Strukturbreiten herunter bis ca. 2,5 μm werden isotrope Prozesse in Barrel- oder Downstream-Reaktoren mit CF_4 oder SF_6 als Prozeßgas eingesetzt. Die Ätzreaktion ist in Abschnitt 5.4.1 erläutert, zur Erzielung einer höheren Selektivität zu Oxid wird möglichst viel Sauerstoff zugesetzt. Die Ätzrate ist stark abhängig von der Menge des angebotenen Polysiliziums. Mit abnehmendem Polysiliziumanteil nimmt die Ätzrate erheblich zu (Loading). Dieser Effekt tritt sowohl bei Batch- als auch bei Einzelscheibenmaschinen auf. Um die Inhomogenität der Ätzrate auf einer Scheibe auszugleichen, muß grundsätzlich überätzt werden. Durch den Loading-Effekt wird die Uniformität der Ätzrate bei isotropen Prozessen durch die beschleunigte Unterätzung der Maske bestimmend für die Größe und Verteilung der Maßtoleranzen auf einer Scheibe. Da bei Einzelscheibenanlagen nur die Ätzratenschwankungen auf einer Scheibe durch das Überätzen ausgeglichen werden müssen, sind hier etwas engere Linienbreitentoleranzen erreichbar.

Bei Strukturen kleiner als $2\,\mu$m werden ausschließlich anisotrope Prozesse eingesetzt. Mit den kleineren Strukturbreiten geht immer eine Reduzierung der Gateoxiddicke einher, wodurch die Anforderungen an die Selektivität steigen. Gleichzeitig werden die Vorgaben für Linienbreitentoleranzen enger.

Bei der überwiegenden Anzahl der Prozesse mit Fotolack als Maske ist Cl_2 der Hauptbestandteil der Ätzgase, da hiermit eine hohe Selektivität zu Oxid von bis zu 30:1 errreicht werden kann [5.47, 5.48]. In undotiertem Polysilizium wird im RIE-Verfahren eine gute Anisotropie erzielt. Die Reaktion der Chlorradikale mit der Siliziumoberfläche wird erst durch den Ionenbeschuß ausgelöst. Die bei der Schaltungsherstellung verwendeten Polysiliziumschichten sind jedoch meist phosphordotiert mit einer erhöhten Konzentration an der Grenzfläche zum Gateoxid. Beim Ätzen dieser Schichten mit einer anorganischen Maske tritt eine deutliche laterale Ätzrate auf, die um so stärker ist, je höher die Schichten n-dotiert sind [5.49].

Mit einer Fotolackmaske und geeigneter Einstellung der Prozeßparameter lassen sich auch diese Schichten anisotrop ätzen. Durch den Beschuß mit Cl-Ionen wird der Lack erodiert und an den Flanken des Ätzprofils redeponiert. Diese Passivierungsschicht verhindert die Unterätzung des hochdotierten Polysiliziums. Da die Wirkung der Maskenerosion in der Regel nicht ausreicht, muß der Passivierungseffekt durch Zugabe von geeigneten Gasen unterstützt werden (CCl_4, BCl_3, ClF_3, Cl_2F_2, CCl_3F, CF_3Br). Die Selektivität zum Oxid wird dadurch deutlich abgesenkt, was jedoch für den ersten Teil der Ätzung erwünscht ist, um die dünne, "natürliche" Oxidschicht des Polysiliziums zu Beginn des Prozesses rasch zu entfernen.

Um eine gute Anisotropie und hohe Selektivität zu erreichen wird der Prozeß meist zweistufig geführt. Mehr als 90% der Schicht wird mit reduzierter Selektivität zugunsten einer guten Anisotropie geätzt, die verbleibenden Polysiliziumreste werden mit reinem Cl_2 entfernt. Um die dadurch auftretende Unterätzung zu minimieren, muß der zweite Schritt so kurz wie möglich sein. Dies wird durch eine optimale Uniformität in der ersten Stufe erreicht.

Die Oberfläche unter der ersten Polysiliziumschicht in der MOS-Technik weist aufgrund der Prozeßführung keine hohen Kanten auf. Daher kann die Polysiliziumätzung mit einer Überätzung entsprechend der Uniformität von

Ätzrate und Schicht durchgeführt werden. In der Doppellagentechnik (Speicher) entstehen beim Strukturieren der zweiten Lage bedingt durch die Anisotropie systematisch Reste an den Kanten der ersten Lage. Eine Entfernung ist wegen der Einschränkung durch das Gateoxid nur mit einem hochselektiven, isotropen Schritt auf Kosten der Linienbreite der zweiten Lage möglich. Einen Ausweg bietet die Planarisierung der ersten Lage vor Deposition der zweiten.

Die zweite wichtige Anwendung der anisotropen Si-Ätzprozesse ist die Herstellung tiefer Gräben (trenches) in Monosilizium. Sie werden für die laterale Isolation von Bauelementen und als Kapazitäten in der DRAM-Speichertechnik eingesetzt. Die Gräben sind ca. $1\,\mu$m breit und 4 bis $5\,\mu$m tief. Für die nachfolgenden Prozeßschritte ist die ideale Form durch senkrechte bis leicht positive Seitenflächen, einen abgerundeten Boden und durch eine glatte, restefreie Oberfläche gekennzeichnet. Die langen Ätzzeiten erfordern eine Maske aus Oxid oder Nitrid. Eine Annäherung an die ideale Grabenform ist möglich durch die Optimierung des Verhältnisses zwischen physikalischer Ätzkomponente und Aufbau der Seitenwandpassivierung. Ein zu starker Polymeraufbau führt zur Verengung des Querschnitts mit zunehmender Tiefe. Eine zu hohe physikalische Komponente erzeugt scharfe Ecken am Grabenboden. In neueren Untersuchungen liefert die Verwendung von NF_3 in Kombination mit Cl und F gute Resultate [5.50, 5.51].

5.4.4 Aluminium, TiW

Aluminium ist das am häufigsten verwendete Material für lange, leitende Verbindungen in einer oder mehreren Lagen. Durch geringe Beimischungen von Si (1%), Cu (0,1 bis 4%) oder Ti (2%) werden die Materialeigenschaften in Bezug auf die Zuverlässigkeit und das Legierverhalten mit Silizium verbessert. Die Schichten sind meist mit Sputterverfahren deponiert und haben eine Dicke von 0,2 bis $1,2\,\mu$m. Die metallisierte Scheibe weist durch die Vielzahl der bereits vorher aufgebrachten Schichten und Strukturen eine ausgeprägte Topographie mit hohen Stufen bis $2\,\mu$m auf.

Da die Packungsdichte von integrierten Schaltungen wesentlich durch die minimal möglichen Abmessungen der Metallbahnen bestimmt wird, werden heute ausschließlich anisotrope Ätzverfahren eingesetzt. Verwendet werden Ätzgase wie Cl_2, BCl_3, CCl_4 und $SiCl_4$, teilweise mit Beimischungen von Ar, He oder N_2, um den physikalischen Ätzanteil zu beeinflussen.

Als prinzipielles Reaktionsprodukt entsteht $AlCl_3$, das ab ca. 50 °C flüchtig ist. Die Scheiben und alle Anlagenteile, die mit der Ätzreaktion in Berührung kommen, müssen deswegen durch Beheizung minimal auf dieser Temperatur gehalten werden. Jede Aluminiumschicht ist mit einer dünnen Aluminiumoxidschicht (Al_2O_3) bedeckt. Nachdem diese Schicht zu Beginn des Prozesses durch Reduktion oder durch Ionenbeschuß entfernt ist, können die Cl-haltigen Radikale mit dem Al reagieren; die Reaktion erfolgt im Fall von Cl_2 spontan (auch ohne Energiezufuhr aus dem Plasma) und isotrop.

Die Anisotropie des Prozesses beruht ausschließlich auf der Bildung einer Polymerschicht an senkrechten Kanten, die nicht dem Ionenbeschuß ausgesetzt sind. Als Resultat erhält man nahezu senkrechte Ätzprofile, die im Gegensatz zur Oxid- und Polysiliziumätzung vom Profil des Fotolacks weitgehend unabhängig sind.

Die Bildung der Polymerschicht wird neben den primären Prozeßparametern (Druck, Leistung, Gasmenge und -mischung) durch die Menge und Verteilung der Fotolackmaske, durch polymerisierende Gaszusätze (z.B. CH_4, $CHCl_3$, CHF_3) und durch die Materialien der Reaktoroberflächen bestimmt. Das Verhalten und die Zusammensetzung der Polymerschicht ist stark abhängig von der individuellen Kombination von Prozeß, Anlage und Substrat und muß im Einzelfall empirisch ermittelt werden. Bei kohlenstoffhaltigen Gasen wie CCl_4 wird die Polymerschicht aus Bestandteilen wie CCl_2 aufgebaut, bei $SiCl_4$ und BCl_3 werden Bestandteile des erodierten Fotolackes eingebaut [5.45, 5.46]. Eine Prozeßoptimierung zielt auf eine ausreichende Polymerbildung, ohne die Partikelbelastung drastisch zu erhöhen.

Für einen optimalen Prozeß bei Al mit Si- oder Ti-Anteil, jedoch ohne Cu-Anteil, sind Selektivitäten zu Oxid von 20:1 bis 30:1 und zu Lack von 2:1 bis 3:1 erreichbar. Der Linienbreitenverlust ist dabei kleiner als 0,1 μm. Die Selektivität zu Poly- und Monosilizium ist sehr gering (es wird prinzipiell die gleiche Chemie verwendet). Für die Ätzung von Aluminium auf Oxid oder Nitrid müssen die Kontaktlöcher zum Silizium in diesen Isolationsschichten vollständig mit Aluminium bedeckt bleiben, damit das Silizium dort nicht abgetragen wird. Für nicht bedeckte Kontakte muß eine Ätzbarriere (z.B. TiW) zwischen Metall und Silizium verwendet werden.

Für Al mit einem Cu-Anteil von mehr als 0,1% sind die genannten Selektivitäten nicht zu erreichen. Kupfer sammelt sich während der Metalldeposition und in den nachfolgenden Temperaturzyklen bevorzugt an der Grenzfläche Metall - Oxid an. Da Kupfer langsamer als Al mit Cl reagiert und die Reaktionsprodukte schwerer flüchtig sind, müssen die Cu-reichen Grenzschichten durch erhöhten Ionenbeschuß entfernt werden. Die Erhöhung des physikalischen Sputterätzanteils senkt die Selektivitäten insgesamt ab. Mit dem verstärkten Lackverlust ist auch der Linienbreitenverlust tendenziell stärker. Normal behandelter Fotolack wird bei diesen Prozessen bis über seine Fließgrenze hinaus thermisch belastet. Durch eine Vorbehandlung mit sehr kurzwelligen UV-Licht in Kombination mit erhöhter Temperatur läßt sich der Fotolack stärker vernetzen und damit temperaturstabiler machen (DUV-Härten).

Die Reaktionsprodukte des Al-Ätzens sind stark hygroskopisch. Ein erhöhter Wassergehalt in den abgelagerten Schichten der Reaktoroberflächen verändert die Prozeßparameter unkontrollierbar. Um ein Eindringen von Feuchtigkeit in die Ätzkammer zu verhindern, sind Aluminiumätzanlagen mit Vakuumschleusen zum Be- und Entladen der Scheiben versehen. Die Reaktionsprodukte auf den Scheiben und die Restgase in den Polymerschichten bilden zusammen mit Luftfeuchtigkeit extrem korrosive Lösungen, die die Metallstrukturen innerhalb von Minuten zerstören können. Dies gilt besonders für Cu-haltiges Aluminium, da der Korrosionsprozeß durch eine elektrochemische Reaktion (Elementbildung) beschleunigt wird. Um diese nachträgliche Korrosion ("post etch corrosion") zu verhindern, werden verschiedene Verfahren, auch in Kombination, verwendet:

- Austausch der korrosiven Cl-Anteile in der Lackmaske und den Polymeren gegen Fluor durch Behandlung mit einem CF_4-Plasma als letztem Prozeßschritt oder in einer direkt nachgeschalteten Prozeßkammer;
- sofortige Entfernung des Fotolacks und der Polymere durch ein Sauerstoffplasma (z.T. in derselben Prozeßkammer);
- Ausheizen der Scheiben unter Vakuum;
- intensive Wasserspülung.

Erfahrungsgemäß läßt sich mit diesen Methoden die Korrosion nicht vollständig verhindern. Der Beginn der Korrosion läßt sich jedoch ausreichend lange verzögern, bis eine schützende Deckschicht auf die Metallbahnen deponiert werden kann.

Bei Strukturbreiten von $1,2\,\mu$m und kleiner wird die Metallisierung einer integrierten Schaltung mit einer Zusatzschicht aus 10 bis 15 nm gesputtertem TiW unter dem Aluminium versehen. Diese dient als Diffusionsbarriere zwischen Aluminium und Silizium in den Kontaktlöchern und verbessert die Elektromigrationsfestigkeit der Leitungsbahnen (Kapitel 8).

TiW kann nach Entfernung der Aluminiumschicht naß in einer H_2O_2-Lösung (gepuffert mit Essigsäure und Ammoniumacetat) geätzt werden. Da jedoch alle nassen Prozeßschritte die Korrosionsgefahr bei einer Sandwichmetallisierung erhöhen, ist ein trockener Prozeß vorzuziehen. TiW läßt sich isotrop in einem CF_4/O_2-Plasma ätzen unter vergleichbaren Prozeßbedingungen wie Polysilizium. Dieser Schritt kann mit dem Antikorrosionsplasma nach dem $AlSiCu$-Ätzen zusammengelegt werden. Die Unterätzung der Aluminiumbahnen läßt sich allerdings kaum mit der Deposition der nachfolgenden Isolationsschicht auffüllen. Eine anisotrope Ätzung der TiW-Schicht kann als letzter Schritt innerhalb eines Aluminiumätzprozesses mit denselben Ätzgasen erfolgen, wobei die physikalische Komponente erhöht werden muß. Die schwer flüchtigen Reaktionsprodukte des Wolframs lagern sich an den Reaktoroberflächen ab, was die Reinigungszyklen der Anlage bei dieser Prozeßführung deutlich verkürzt.

5.4.5   Silizide, Polyzide

In vielen Schaltungsanwendungen ist zur Erhöhung der Schaltgeschwindigkeiten ein niedriger Widerstand der Polysiliziumebene notwendig. Mit einer Deckschicht aus Ti-, W-, Mo- oder Ta-Silizid verringert sich der spezifische Widerstand von 20 Ωcm auf 2 bis 5 Ωcm.

Die Ätzchemie anisotroper Prozesse ist mit der für reines Polysilizium und Aluminium vergleichbar. Es werden jedoch fluorhaltige Gase beigemischt wie SF_6 und CF_4 [5.44]. Das Hauptproblem der Ätzung ist die Anpassung des Prozesses an zwei unterschiedliche Schichten. Die Fluorbeimischung ist notwendig, da die Metall - Chlor-Reaktionsprodukte sehr schwer flüchtig sind. Allerdings beschleunigen Fluorradikale das isotrope Ätzen beider Schichten abhängig von der Konzentration. Günstiger ist ein mehrstufiger Prozeß, der nach dem Ätzen des Polyzids über eine Detektion der Grenzschicht auf einen zweiten Prozeß umschaltet. Die Selektivität der ersten Prozeßstufe zum Polysilizium muß relativ hoch sein, um das Polyzid an Stufen ganz entfernen zu können, ohne das Polysilizium zu sehr anzuätzen. Die dadurch entstehende, unvermeidliche Nicht-uniformität der verbleibenden Polysiliziumschichtdicke erfordert eine erhöhte Selektivität zum Gateoxid im Vergleich zum Ätzen von reinem Polysilizium.

5.4.6 Polymere

Die Aufgabe des Polymerätzens in der Halbleitertechnologie ist meistens die ganzflächige, rückstandsfreie Entfernung von Fotolackmasken nach dem Struk-turätzen oder der Maskierung einer Ionenimplantation. Ausnahmen sind die Polyimidätzung (Abdeckschicht nach Prozeßende) oder plasmagestützte Ent-wicklungsverfahren von Fotolack.

Das Material der Fotolackmaske wird durch den vorangehenden Prozeß-schritt meist verändert: hohe Temperaturen und Ionenbeschuß verstärken die Vernetzung, durch Reaktion mit Ätzgasen (Cl, F) wird die Oberfläche verhär-tet. In diesem Sinne niedrig belastete Lackmasken lassen sich am effizientesten in Ätzlösungen entfernen. Rauchende Salpetersäure und ein breites Spektrum von alkalischen, fertig konfektionierten Lösungen werden angewendet.

Hochbelastete Fotolacke lassen sich nicht rückstandsfrei naßchemisch zer-setzen. In einem reinen O_2-Plasma werden die Kohlenstoffketten aufgebrochen und zu CO, CO_2 oxidiert ("Veraschung"). Hauptsächlich werden hierfür Barrel-Reaktoren verwendet. Neuere Geräteentwicklungen zielen darauf, die Strahlen-belastung zu minimieren durch die Separation der Radikalerzeugung von den Scheiben ("Downstream plasma"). Nach einer Plasmalackentfernung bleiben nichtflüchtige Reaktionsprodukte und eine Na- und K-Verunreinigung auf den Scheiben zurück, die mit den üblichen Reinigungsprozessen (Kapitel 11) ent-fernt werden.

5.5 Zusätzliche Aspekte bei der industriellen Anwendung

Außer der Erfüllung von Prozeßanforderungen sind bei der industriellen An-wendung von Trocken- und Naßätzapparaturen einige weitere wichtige Aspekte zu beachten, die in ähnlicher Weise auch für andere Halbleiter-Produktions-maschinen gelten:

- Kosten,
- Prozeßstabilität im Dauerbetrieb,

- Ausbeute,
- Sicherheit und Umweltbelastung.

Die Kosten werden durch verschiedene Faktoren bestimmt, zu denen auch der Durchsatz der Apparatur zählt. Dieser hängt wiederum von der Verfügbarkeit (”Uptime”) der Apparatur und der im Mittel benötigten Bearbeitungszeit pro Scheibe ab. Voraussetzungen für eine hohe Verfügbarkeit sind: a) Die Maschine sollte bei Inbetriebnahme ausgereift sein, d.h. sie wurde bereits ausreichend erprobt und alle Schwachstellen sind seitens des Herstellers beseitigt worden (abgesichert durch Garantien). So sollte z.B. die Software für die Maschinensteuerung fehlerfrei sein und die Elektronik nicht störanfällig gegen RF-Interferenzen oder plötzlichen Stromausfall. Von den Ventilen, Gasleitungen, Flußwächtern und Pumpen wird Korrosionsbeständigkeit erwartet. b) Durch wenig zeitaufwendige vorbeugende Wartung sollte versucht werden, längere ungeplante Störfälle zu vermeiden. c) Bei ungeplanten Störfällen wird eine schnelle Beseitigung erleichtert durch gute Zugänglichkeit aller Maschinenteile, Trainingskurse für den Anwender, verständliche und ausführliche Dokumentationen des Herstellers, schnelle Service- und Prozeßunterstützung durch den Hersteller und kurze Ersatzteillieferzeiten. d) Sollen auf einer Apparatur Scheiben von unterschiedlichen Durchmessern geätzt werden, so ist auf eine kurze erforderliche Umbauzeit zu achten. Von den heute angewendeten Trockenätzapparaturen zeigen sich die herkömmlichen Plattenreaktoren am wenigsten, die Ionenstrahlapparaturen am stärksten störanfällig [5.27]. Die Zeit, die für die Bearbeitung einer Scheibe benötigt wird, setzt sich bei Trockenätzapparaturen zusammen aus den Transportzeiten, der Pump- und Belüftungszeit und der Ätzzeit. Hinzu kommen eventuelle Vor- und Nachbehandlungen, die möglichst in einer separaten Kammer durchgeführt werden sollten. Grundsätzlich ist für den Durchsatz ein Mehrscheiben-Reaktor günstiger, aber eine Einzelscheiben-Anlage bietet die in Abschnitt 5.3.3 diskutierten Vorteile. Voraussetzung für einen hohen Durchsatz ist auch eine vollständige Automatisation. Beiträge zu den Gesamtkosten liefern die Anschaffung und Installation der Apparatur, die Bereitstellung und der Betrieb des erforderlichen Reinraumplatzes, die Medienversorgung, die Wartung inklusive Ersatzteilkosten und der Zeitaufwand des Bedienungspersonals. Abgesehen von den hohen Chemikalienkosten ist das Naßätzen gegenüber dem Trockenätzen weniger kostenaufwendig, da die Anschaffungskosten für die Apparaturen geringer und die Durchsätze höher sind. Die Prozeßstabilität im Dauerbetrieb kann man u.a. durch das Fernhalten von Umwelteinflüssen wie z.B. Temperaturschwankungen oder Eindringen von Luftfeuchtigkeit in den Trockenätzreaktor (Ladeschleuse) unterstützen. Durch die Automatisation von Prozeßüberwachung und der Endpunktdetektion läßt sich die Reproduzierbarkeit der Ätzung zusätzlich verbessern. Da die Plasmaparameter nur mit endlicher Genauigkeit geregelt werden können, sollte das ”Prozeßfenster” möglichst groß sein, d.h. das Ätzergebnis auch die Spezifikation erfüllen, wenn ein Plasmaparameter etwas (Richtwert: um 10%) vom Vorgabewert abweicht. Die Prozessstabilität sollte regelmäßig anhand von geeigneten Testscheiben überwacht werden (Abschnitt 5.3.4). Die Ausbeute (Kapitel 16) wird beeinflußt durch den Grad der Verschmutzung, die durch den Scheibentransport, die Ätzmedien und die Reaktormaterialien verursacht wird. Geringzuhalten ist diese durch Filterung der Ätzgase bzw. -flüssigkeiten, sanften automatisierten Scheibentransport, geeignete Reaktormaterialien, optimale Luftführung durch bzw. über die Apparatur, langsames Abpumpen und Belüften von Vakuumanlagen. Die Ausbeute kann außerdem durch die in Abschnitt 5.3.5 diskutierten Folgeerscheinungen des Trockenätzens beeinträchtigt werden, wenn nicht entsprechende Gegenmaßnahmen getroffen werden.

Ein letzter wichtiger Aspekt, der bereits in den Abschnitten 5.2.2 und 5.3.3 diskutiert wurde, ist die Umweltbelastung und die Sicherheit des Ätzverfahrens. Zusammenfassend läßt sich sagen, daß bei Naßätzapparaturen i.a. ein höheres Risiko für das Bedienungspersonal auftritt und zusätzlich größere Mengen verbrauchter Ätzflüssigkeiten entstehen, die entsorgt werden müssen. Da Trockenätzanlagen komplizierter aufgebaut sind, ist bei ihnen eine größere Vielfalt von Sicherheitsaspekten zu berücksichtigen. Beim industriellen Betrieb von Ätzanlagen sollte man außerdem darauf achten, daß die Umgebung mit Gasdetektoren überwacht wird, daß das Bedienungspersonal mit den Sicherheitsvorschriften vertraut ist und auf jeden denkbaren Störfall vorbereitet wurde.

5.6 Trends

Die Weiterentwicklung der Strukturübertragung wird geprägt durch die fortschreitende Verkleinerung der Strukturen und durch die Anforderung nach optimaler Wirtschaftlichkeit beim industriellen Einsatz.

Die Grenzen heutiger Prozesse werden bestimmt durch die gegenseitige Abhängigkeit der beiden Hauptparameter Anisotropie und Selektivität, die Optimierung des einen verschlechtert meist den anderen. Die Anisotropie wird durch physikalische Reaktionen und die Selektivität wird durch chemische Reaktionen im wesentlichen bestimmt. Beide beziehen bei PE- und RIE-Prozessen die nötige Energie aus dem Plasma, in dem alle Gaskomponenten gleichzeitig aktiviert sind. Neuere Verfahren wie MRIE (magnetically enhanced RIE), RIBE, CAIBE, ECR (electron cyclotron resonance) und Triodensysteme (drei Elektroden, zwei Frequenzen) zielen darauf, die Anregungsmechanismen für physikalische und chemische Reaktionen zu entkoppeln. Damit wird die Möglichkeit verbessert, Anisotropie und Selektivität getrennt zu beeinflussen.

Die Anlagentechnik rund um die Reaktionskammer(n) entspricht bereits heute im wesentlichen den Anforderungen nach reinraumgerechter Installation und Betrieb. Die Scheibenbewegungen und der Prozeßablauf sind automatisiert, die Anpassung an übergreifende, automatische Systeme sowohl mechanisch als auch datentechnisch ist möglich. Für die Schnittstellen gibt es jedoch noch keinen weltweiten, industriellen Standard. Das Hauptaugenmerk der Weiterentwicklung der allgemeinen Anlagentechnik liegt auf der Erhöhung der Zu-

verlässigkeit des Gesamtsystems und der Einzelkomponenten, um die Ausfallzeiten innerhalb eines industriellen Fertigungsablaufes so gering wie möglich zu
halten. Da Trockenätzanlagen immer noch "junge" Produkte sind, gemessen an
anderen industriellen Anlagen, sollte auf diesem Gebiet noch ein wesentlicher
Fortschritt möglich sein.

6 Thermische Oxidation

P. Seegebrecht, N. Bündgens

6.1 Einleitung

Ein wesentlicher Vorteil des Siliziums gegenüber anderen Halbleitermaterialien besteht darin, daß sich durch die thermische Oxidation auf einfache Weise eine stabile Oxidschicht herstellen läßt. Diese Schicht übernimmt während der Herstellung der integrierten Schaltungen die Funktion der Maskierung bei der lokalen Modifikation des Siliziums (Diffusionsbarriere) sowie die elektrische Isolation zwischen den Bauelementstrukturen.

In Abschnitt 6.2 wird zunächst die Struktur des SiO_2 behandelt und dann in 6.3 eine mathematische Beschreibung der Oxidation hergeleitet. Der Einfluß physikalischer Parameter auf die Oxidation wird in Abschnitt 6.4, die Eigenschaften der Oxidschichten in Abschnitt 6.5 behandelt. Die Abschnitte 6.6 und 6.7 beschäftigen sich mit den Auswirkungen der Oxidation auf die Kristallqualität des Siliziums bzw. mit dem Oxidationsverhalten von polykristallinem Silizium, Siliziden und Si_3N_4. In Abschnitt 6.8 werden dann ausführlich die heute in der Fertigung eingesetzten Oxidationsanlagen beschrieben. Den Abschluß bilden in Abschnitt 6.9 die alternativen Verfahren wie die Oxidation in Vertikalöfen, die Hochdruckoxidation sowie die RTP-Verfahren.

6.2 Struktur des SiO₂

Das Siliziumdioxid (SiO_2) ist in der Natur weitverbreitet und findet sich hier sowohl in kristalliner als auch in amorpher Form. Bekannte Kristallarten sind der Cristobalit, der Tridymit und der Quarz, der bei Raumtemperatur die stabile Form des SiO_2 darstellt. Eine amorphe Form des SiO_2 stellt das Quarzglas dar, das Material, aus dem die in der Halbleitertechnologie eingesetzten Oxidations- und Diffusionsrohre hergestellt sind (siehe Abschnitt 6.8.1). Ebenfalls zur Gruppe des amorphen SiO_2 gehört das thermisch gewachsene Siliziumdioxid.

Die Molekularstruktur des Oxides besteht aus einem Tetraeder, dessen Eck-
punkte von je einem Sauerstoffatom besetzt sind und in dessen Zentrum sich ein
Siliziumatom befindet. Im Festkörper sind diese Tetraeder an den Ecken derart zusammengefügt, daß jeweils ein Sauerstoffatom gemeinsam zwei Siliziumatomen angehört (brückenbildendes Sauerstoffatom). Auf diese Weise bildet
sich ein räumliches SiO_2-Gitter aus. Im Falle des kristallinen SiO_2 existiert eine
regelmäßige Anordnung der Tetraeder (Fernordnung), beim amorphen SiO_2
bilden die Tetraeder ein regelloses Netzwerk (Abb. 6.1). Das amorphe SiO_2 ist,
verglichen mit dem kristallinen SiO_2, von sehr offener Struktur. Nur etwa 43 %
des Volumens werden von den SiO_2-Molekülen eingenommen. Dieser Unterschied spiegelt sich in der Dichte der Materialien wider: 2,20 g/cm³ für das
amorphe gegenüber 2,65 g/cm³ für das kristalline SiO_2.

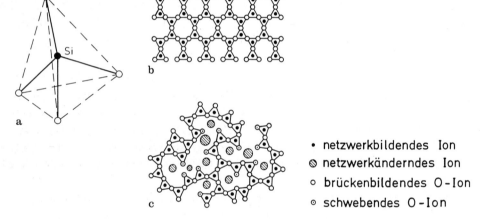

- • netzwerkbildendes Ion
- ⊘ netzwerkänderndes Ion
- ○ brückenbildendes O-Ion
- ⊙ schwebendes O-Ion

Abb. 6.1. a) Strukturzelle des SiO_2. Zweidimensionale schematische Darstellung der
Tetraederanordnung aus a) für das b) kristalline SiO_2 c) amorphe SiO_2

Fremdatome können sowohl substitutionell als auch interstitiell in die Matrix
eingebaut werden. Die substitutionellen Fremdatome wie Bor oder Phosphor
ersetzen die Siliziumatome im Zentrum des Tetraeders. Man bezeichnet diese
Ionen auch als netzwerkbildende Ionen, da sie ihrerseits Basis für eine glasartige
Struktur (B_2O_3, P_2O_5) sein können. Zur valenzmäßigen Absättigung der Ionen
muß eine entsprechende Anzahl von Sauerstoffionen zur Verfügung stehen, die
dann nur einem Tetraeder angehören, also keine brückenbildenden Sauerstoffatome mehr sind (schwebende Sauerstoffatome). Typische Vertreter der inter-
stitiellen Fremdatome sind die Alkalimetalle. Bei ihrem Eindringen in das SiO_2
werden die Sauerstoffatome abgegeben und erhöhen die Anzahl der schwebenden Sauerstoffatome, während die Metallionen in die Maschen des SiO_2-Gitters
eingebaut werden (netzwerkverändernde Ionen). Die Folge des Einbaus von

Fremdatomen ist in jedem Falle die Erhöhung der Anzahl der schwebenden Sauerstoffatome. Das führt zu einer Auflockerung des Gitters; das Oxid wird porös und die Diffusionsgeschwindigkeit von Fremdatomen damit erhöht.

6.3 Oxidationsmodelle

Aufgrund der hohen Affinität zum Sauerstoff bildet Silizium bereits bei der Lagerung an Luft eine dünne Oxidschicht. Dieser Vorgang läßt sich wesentlich dadurch beschleunigen, daß man das Silizium in einem Ofen bei höheren Temperaturen einem oxidierenden Gas aussetzt. Die Oxidation in reinem Sauerstoff, auch kurz "trockene Oxidation" genannt, läuft nach der chemischen Reaktionsgleichung

$$Si + O_2 \longrightarrow SiO_2 \tag{6.1}$$

ab. Bei der sogenannten "nassen Oxidation" strömt gasförmiges H_2O über die Scheiben. Die stöchiometrische Gleichung der chemischen Reaktion lautet in diesem Falle

$$Si + 2H_2O \longrightarrow SiO_2 + 2H_2 \ . \tag{6.2}$$

Die Reaktionsgleichungen (6.1) und (6.2) beschreiben den Oxidationsvorgang pauschal, tatsächlich läuft die Reaktion über mehrere einzelne Elementarreaktionen ab. Wie umfangreiche Untersuchungen gezeigt haben, muß das oxidierende Mittel jedoch zunächst zur Grenzfläche Si/SiO_2 gelangen, um dort mit dem Silizium zu reagieren [6.1, 6.2]. Daraus folgt, daß einerseits der Oxidationsvorgang durch die Diffusion des oxidierenden Komplexes durch das bereits vorhandene Oxid und die anschließende Reaktion an der Grenzfläche Si/SiO_2 bestimmt wird und andererseits bei der Oxidation Si des Substrates in SiO_2 umgewandelt wird. Ausgehend von den chemischen Reaktionsgleichungen (6.1) und (6.2), der Dichte und dem Atom- bzw. Molekulargewicht des Si bzw. des SiO_2 findet man, daß beim thermischen Aufwachsen einer Oxidschicht der Dicke d_0 eine Siliziumschicht der Dicke $0,45\,d_0$ konsumiert wird. Das hat zur Folge, daß durch die lokale Oxidation auf der Scheibe vertikale Stufen entstehen, die zu einem späteren Zeitpunkt noch zu erkennen sind. Abb. 6.2a zeigt die Wachstumskurven für die trockene Oxidation, Abb. 6.2b die für die nasse Oxidation. Ein einfaches Modell, mit dem der Einfluß der Zeit, der Temperatur und des Druckes auf die Dicke des wachsenden Oxides bestimmt werden kann, ist von Deal und Grove angegeben worden (kurz DG-Modell [6.3]). Das Modell stützt sich auf die mathematische Formulierung der drei Flüsse I_1, I_2 und I_3, die den Transport des oxidierenden Mittels aus der Gasphase zur reagierenden Si-Grenzfläche aufrechterhalten. Hierbei bezeichnet I_1 den Fluß der Moleküle aus dem Gasraum zur Gas/Oxid-Grenzfläche, I_2 den Fluß der durch das bereits vorhandene Oxid diffundierenden Moleküle und I_3 schließlich den Fluß der an der Si/SiO_2-Grenzfläche reagierenden Moleküle. Mit den Annahmen, daß 1. im Gasraum das ideale Gasgesetz gilt, 2. das Henrysche Gesetz an der Grenzfläche

146

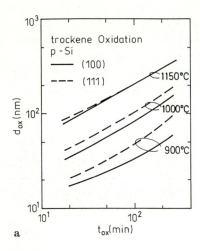

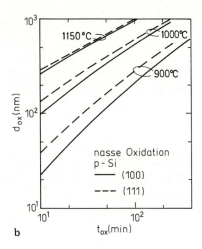

a   b

Abb. 6.2. Oxidstärke als Funktion der Oxidationszeit für a) die trockene Oxidation (O_2), b) die nasse Oxidation (H_2O). Parameter sind die Oxidationstemperatur und die Kristallorientierung

Gasraum/Oxid Gültigkeit besitzt, 3. der Oxidant molekular im Oxid gelöst und dort interstitiell eingebaut ist, 4. die Reaktion an der Grenzfläche Si/SiO_2 nach einem Gesetz 1. Ordnung abläuft und mögliche Reaktionsprodukte und deren Rückdiffusion nicht berücksichtigt zu werden brauchen, liefern die Flüsse für das im stationären Gleichgewicht ($I_1 = I_2 = I_3$) befindliche eindimensionale System die das Oxidwachstum beschreibende Differentialgleichung

$$\frac{dX}{dt} = \frac{B}{A + 2X} , \tag{6.3}$$

mit

$$B = 2\,D_{eff}\,\frac{C^*}{N} , \tag{6.4}$$

$$A = 2\,D_{eff}\,\left(\frac{1}{r} + \frac{1}{h}\right) . \tag{6.5}$$

Hierbei bezeichnen D_{eff} den effektiven Diffusionskoeffizienten des Oxidanten im SiO_2, C^* die Sättigungslöslichkeit des Oxidanten im SiO_2 für den Gleichgewichtsfall ($I_1 = I_2 = I_3 = 0$), die gemäß Annahme 2. über die Henrysche Konstante H mit dem Partialdruck des Oxidanten im Gasraum verknüpft ist ($C^* = H \cdot P_G$), N die molekulare Dichte des SiO_2 multipliziert mit der Zahl der gemäß (6.1) bzw. (6.2) an der Reaktion beteiligten Moleküle des Oxidanten, h den Massentransportfaktor und r die Reaktionskonstante. Die Lösung der DGl. (6.3) lautet mit der Anfangsbedingung $X(0) = d_i$

$$d_0{}^2 + A\,d_0 = B\,(t + \tau) \tag{6.6a}$$

mit

$$\tau = \frac{d_i{}^2 + A\, d_i}{B} \,. \tag{6.6b}$$

Ausgehend von (6.6a) lassen sich zwei Grenzfälle angeben. Für lange Oxidationszeiten (dicke Oxide), für die $t \gg A^2/4B$ und $t \gg \tau$ gilt, wird

$$d_0{}^2 = k_P\, t \,. \tag{6.7}$$

Gleichung (6.7) wird als parabolisches Wachstumsgesetz und $k_P = B$ als parabolische Wachstumskonstante bezeichnet. In diesem Grenzfall bestimmt die Diffusion (und die Löslichkeit) des Oxidanten in dem schon vorhandenen Oxid die Oxidationsgeschwindigkeit. Für kurze Zeiten (dünne Oxide), für die $t + \tau \ll A^2/4B$ gilt, wird

$$d_0 = k_L\, (t + \tau) \,. \tag{6.8}$$

Diese Beziehung wird als lineares Wachstumsgesetz und die Größe $k_L = B/A$ als lineare Wachstumskonstante bezeichnet. In diesem Grenzfall bestimmt die Reaktionsrate an der Si/SiO_2-Grenzfläche die Oxidationsgeschwindigkeit.

Die Parameter A und B bzw. k_L und k_P lassen sich zwar gemäß (6.4) und (6.5) auf physikalische Parameter zurückführen, diese sind jedoch i.a. nicht bekannt. A und B werden daher als Anpassungsparameter (Fit-Parameter) aufgefaßt. D.h., sie werden so bestimmt, daß die Übereinstimmung zwischen den gemessenen und den nach dem Modell berechneten Oxidationskurven möglichst gut ist. Die erreichbare Übereinstimmung ist im Falle der nassen Oxidation erstaunlich gut, obwohl gerade in diesem Falle nahezu alle getroffenen Annahmen nicht erfüllt werden [6.4].

Bei der trockenen Oxidation gelingt selbst mit geeignet gewählten A und B lediglich eine Übereinstimmung für Oxiddicken größer d_c bzw. Zeiten größer t_c (Abb. 6.3). Für Zeiten kleiner t_c zeigen die experimentell ermittelten Werte eine höhere Oxidationsrate an als die des DG-Modelles, so daß die Parameteranpassung eine zum Zeitpunkt $t = 0$ bereits vorhandene Oxidschicht der Dicke d_i erfordert oder, was das gleiche ist, eine Zeitverschiebung um τ. Im Falle der Oxidation von jungfräulichen Scheiben hat damit d_i nicht die Bedeutung der Dicke einer zum Zeitpunkt $t = 0$ real vorhandenen Oxidschicht, etwa dem sogenannten natürlichen Oxid, dessen Stärke je nach dem Dotierungsgrad des Siliziums zwischen 0,7 und 3 nm liegen kann, sondern ist ein reiner Anpassungsparameter, der die Übereinstimmung zwischen gemessenen und berechneten Kurven für $t > t_c$ gewährleisten soll.

Während man bei der nassen Oxidation mit $d_i = 0$ auskommt, ist das bei der trockenen Oxidation nicht der Fall. Die in der Literatur angegebenen Werte für d_i schwanken zwischen 10 und 23 nm. Für d_c haben sehr präzise Messungen einen Wert von etwa 35 nm ergeben [6.5]. Unglücklicherweise fallen diese Werte gerade in den für die Anwendungen interessanten Bereich. Für MOS-Transistoren mit $1{,}5\,\mu$m-Entwurfsregeln beträgt die Stärke des Gate-Oxides etwa 35 nm. Bei $1\,\mu$m-Entwurfsregeln ist dieser Wert nur noch etwa 20 bis 25 nm.

148

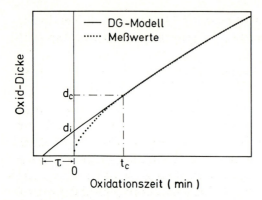

Abb. 6.3. Anpassung des DG-Modelles an die experimentellen Daten einer trockenen Oxidation. Die Koordinaten (t_c, d_c) kennzeichnen den Punkt, oberhalb dessen die Meßwerte durch die linear-parabolische Beziehung beschrieben werden

Wegen $d_i = 35\,\text{nm}$ ist das DG-Modell nicht in der Lage, die Gate-Oxidation moderner MOS-Prozesse auch nur annähernd richtig zu beschreiben.

Es hat in den letzten 20 Jahren nicht an Versuchen gefehlt, Modelle zu entwickeln, die das Wachstum dünner Oxide richtig beschreiben. Eine geschlossene Theorie des Wachstums thermischen Oxides existiert bis heute zwar noch nicht, jedoch ist es gelungen, unter Berücksichtigung weiterer Annahmen Modelle zu entwickeln, die eine für den praktischen Gebrauch hinreichend gute Übereinstimmung zwischen Experiment und Modell gewährleisten. Die den Autoren bekannten Modelle lassen sich in fünf Gruppen unterteilen:

1. Modelle, die Raumladungen innerhalb des Oxides bzw. Grenzflächenladungen zulassen und damit eine beschleunigte bzw. verminderte Diffusionsgeschwindigkeit des Oxidanten erreichen (z.B. [6.6]).

2. Modelle, die einen von der Oxiddicke (und damit von der Oxidationszeit) abhängigen Diffusionskoeffizienten bzw. eine entsprechend abhängige Reaktionsrate berücksichtigen (z.B. [6.4, 6.7, 6.8]).

3. Modelle, die die Existenz von Mikrokanälen innerhalb des Oxides voraussetzen, so daß der Oxidant sowohl interstitiell diffundiert als auch beschleunigt durch diese Kanäle wandert [6.9].

4. Modelle, bei denen mehrere Teilchensorten unabhängig voneinander zur Oxidationsrate beitragen (z.B. [6.10]).

5. Modelle, bei denen zu Beginn der Oxidation ein Eindringen der oxidierenden Moleküle in das Silizium berücksichtigt wird und damit die Reaktion nicht nur in der zweidimensionalen Grenzfläche sondern in einer dreidimensionalen Grenzschicht stattfindet (z.B. [6.11, 6.12]).

Es ist heute noch nicht möglich, ausgehend von der Güte der Parameteranpassung, auf die physikalische Gültigkeit eines bestimmten Modelles zu schließen.

Beispielhaft sei hier das Modell von Massoud [6.11] angegeben. Bei diesem Modell wird die durch (6.3) beschriebene Oxidationsrate um einen Exponentialterm erweitert:

$$\frac{dX}{dt} = \frac{B}{A + 2X} + C \, \exp\left(-\frac{X}{L}\right) .$$ (6.9)

Dieses Modell hat sich als allgemein anwendbar erwiesen und ist in dem Prozeßsimulationsprogramm SUPREM III implementiert. Die Größen C und L sind wiederum als reine Anpassungsparameter zu verstehen. Während C einem Arrhenius-Gesetz unterliegt und von der Kristallorientierung, der Dotierung des Substrates und dem Partialdruck des Oxidanten abhängt, hat sich L als unabhängig von diesen Parametern erwiesen. Physikalisch kann (6.9) dahingehend interpretiert werden, daß zu Beginn der Oxidation die Anzahl der reaktionsfähigen Plätze im oberflächennahen Bereich der Si/SiO_2-Grenzfläche größer ist als zu einem späteren Zeitpunkt, zu dem bereits ein gewisser Bereich des Siliziums in SiO_2 umgewandelt ist. Diese reaktionsfähigen Plätze sind zu Beginn der Oxidation nicht nur auf die Grenzfläche beschränkt, sondern nehmen exponentiell in das Substrat mit einer charakteristischen Länge von ca. 3 nm ab. Entsprechend dem Konversionsfaktor von 0,45 entspricht dieser charakteristischen Länge ein $L = 7$ nm.

6.4   Einfluß physikalischer Parameter auf die Oxidationsrate

Die Parameter, die die Oxidationsrate beeinflussen, sind die Temperatur, die Kristallorientierung, der Partialdruck des Oxidanten, die Substratdotierung sowie die Konzentration von Fremdstoffen in dem wachsenden Oxid.

6.4.1   Der Einfluß der Temperatur

Die experimentellen Daten weisen auf eine exponentielle Abhängigkeit der Oxiddicke von der Temperatur hin. Es ist üblich, diese funktionale Abhängigkeit auf die lineare bzw. parabolische Wachstumskonstante zurückzuführen und für diese eine Arrhenius-Gleichung anzusetzen:

$$k_L \;=\; C_L \, \exp\left(-\frac{E_L}{k_B T}\right) ,$$ (6.10)

$$k_P \;=\; C_P \, \exp\left(-\frac{E_P}{k_B T}\right) .$$ (6.11)

Hierbei sind C_L und C_P entsprechende Vorfaktoren, E_L und E_P die Aktivierungsenergien, k_B der Boltzmann-Faktor und T die Temperatur.

Die Abb. 6.4a zeigt die lineare, Abb. 6.4b die parabolische Wachstumskonstante für die trockene bzw. nasse Oxidation einer (100)-orientierten Siliziumscheibe als Funktion der Temperatur. Die aus Messungen ermittel-

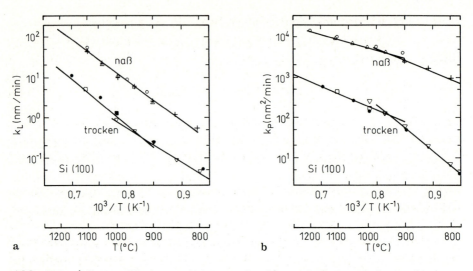

Abb. 6.4. a) lineare Wachstumskonstante k_L, b) parabolische Wachstumskonstante k_P gemäß der linear-parabolischen Beziehung des DG-Modelles für die trockene und nasse Oxidation

ten Daten zeigen, daß die Wachstumskonstanten i.a. nicht durch eine einfache Gleichung der Form (6.10) bzw. (6.11) beschrieben werden können. Man benötigt wenigstens zwei Aktivierungsenergien, die unterschiedlichen Temperaturbereichen zugeordnet werden müssen. Der Übergangsbereich liegt bei 900 bis 1000 °C. Nach dem heutigen Stand des Wissens läßt sich das unterschiedliche Verhalten auf den mechanischen Streß innerhalb der Oxidschicht zurückführen, der oberhalb einer gewissen Temperatur durch das Fließen des Oxides abgebaut wird. Die den Abb. 6.4a und 6.4b zugrundeliegenden Parameter sind in der Tabelle 6.1 zusammengestellt.

Tabelle 6.1. Parameter der Arrhenius-Gleichungen nach (6.10) und (6.11) für die trockene bzw. nasse Oxidation

Oxidation		$E_{L,P}[eV]$	$C_{L,P}$	T-Bereich [°C]
Trocken	k_L	1,76	$7,35 \cdot 10^6$	<1000
	in nm/min	2,25	$7,35 \cdot 10^8$	>1000
	k_P	2,20	$1,70 \cdot 10^{11}$	<1000
	in nm²/min	1,14	$5,79 \cdot 10^6$	>1000
Naß	k_L	2,01	$9,92 \cdot 10^8$	————
	in nm/min			
	k_P	1,20	$3,36 \cdot 10^8$	<950
	in nm²/min	0,76	$5,12 \cdot 10^6$	>950

6.4.2 Der Einfluß der Kristallorientierung

Der allgemeine Befund ist, daß die Oxidationsrate $R = dX/dt$ von der Kristallorientierung abhängt und sich gemäß

$$R(111) > R(110) > R(100) \qquad (6.12)$$

einordnen läßt. Dieser Sachverhalt ist auf die Oberflächenstruktur des Siliziums zurückzuführen, die durch die Anzahl der zur Verfügung stehenden Si-Bindungen und durch die Aktivierungsenergie, die für die Reaktion aufgebracht werden muß, charakterisiert wird.

Da die parabolische Wachstumskonstante k_P nach (6.4) proportional der Löslichkeit und dem Diffusionskoeffizienten des Oxidanten ist, sollte hier keine Abhängigkeit von der Orientierung vorliegen. Tatsächlich wird jedoch bei der trockenen Oxidation eine schwache Abhängigkeit festgestellt, die wiederum auf den mechanischen Streß der Oxidschicht, der von der Oberflächenstruktur abhängt, zurückgeführt wird.

Nach (6.5) ist k_L proportional zur Reaktionsrate. Daher ist hier eine starke Orientierungsabhängigkeit zu erwarten. Für die nasse Oxidation ergibt sich unabhängig von der Temperatur $k_L(111) = 1,68\,k_L(100)$. Bei der trockenen Oxidation ist das Verhältnis der beiden Wachstumskonstanten von der Temperatur abhängig und kann Werte größer als 2 annehmen. Die Orientierungsabhängigkeit der Oxidationsrate wird mit höherer Oxidationstemperatur und zunehmender Oxidationszeit (Oxiddicke) schwächer, da dann immer mehr der Einfluß von k_P überwiegt.

6.4.3 Der Einfluß des Druckes

Die Oxidationsrate ist gemäß

$$R = k\,P^n \qquad (6.13)$$

eine Funktion des Partialdruckes des Oxidanten. Damit besteht die Möglichkeit in "vernünftigen" Zeitabschnitten dünne Oxide durch eine Erniedrigung, dicke Oxide durch eine Erhöhung des Partialdruckes herzustellen (Hochdruckoxidation, siehe Abschnitt 6.9.2).

Die experimentellen Daten ergeben für die parabolische Wachstumskonstante k_P eine direkte Proportionalität zum Druck, d.h. $n = 1$. Für die trockene Oxidation ist das nach (6.4) auch zu erwarten, da die Löslichkeitskonzentration C^* des Sauerstoffes im Oxid proportional dem Partialdruck des Sauerstoffes im Gasraum ist, so wie es das Henrysche Gesetz verlangt.

Im Gegensatz zum Sauerstoff ist die Löslichkeitskonzentration des H_2O im SiO_2 proportional der Wurzel des Partialdruckes [6.13]. Dies ist ein Indiz dafür, daß in diesem Falle das Henrysche Gesetz nicht angewendet werden darf. Nach Wolters erfolgt der Wassertransport durch das Oxid durch die ambipolare Diffusion eines $H_3O^+ + OH^-$ Komplexes [6.4]. Damit ist dann auch $C^* = [H_3O^+ + OH^-]$. Da nun aber zwei H_2O-Moleküle erforderlich sind, bevor die Diffusion eines solchen Komplexes einsetzen kann, ergibt sich wieder $C^* \sim P_{H_2O}$ und damit auch $k_P \sim P_{H_2O}$.

Nach dem DG-Modell sollten k_P und k_L die gleiche Druckabhängigkeit besitzen. Die experimentellen Daten zeigen jedoch bei der trockenen Oxidation für k_L eine Abhängigkeit der Form (6.13) mit $n = 0,6 \ldots 0,8$ [6.14]. Bei der nassen Oxidation scheint sich eine Abhängigkeit von k_L mit $n = 1$ zu bestätigen. Im Falle einer Mischung $(H_2O + O_2)$ kann sich der Exponent zu kleineren Werten verschieben [6.4].

6.4.4 Der Einfluß der Substratdotierung

Die in der Halbleitertechnologie üblicherweise verwendeten Dotierungselemente erhöhen die Oxidationsrate, wenn sie in hinreichend hoher Konzentration im Siliziumsubstrat vorliegen. Die Oxidation wiederum beeinflußt die Konzentrationsverhältnisse im oberflächennahen Bereich des Siliziums, es kommt zu einer Umverteilung der Dotierungselemente. Beschleunigte Oxidation und Umverteilung können daher nicht unabhängig voneinander betrachtet werden. Das Ausmaß der Umverteilung hängt von der Segregation und der Diffusionsgeschwindigkeit der Dotierungselemente innerhalb des Oxides und des Siliziums ab. Diese Parameter werden von der Temperatur und der Oxidationsatmosphäre bestimmt.

Dotierungselemente in einer festen Phase, die sich im Kontakt mit einer zweiten festen Phase befindet, haben das Bestreben, sich zwischen den beiden Phasen auszugleichen. Falls die Kinematik dies zuläßt, erfolgt der Ausgleich so lange, bis im Gleichgewicht das chemische Potential in beiden Phasen gleich ist. Das Verhältnis der Dotierungskonzentrationen an der Grenzfläche der beiden Phasen wird als Segregationskoeffizient m bezeichnet. In dem hier vorliegenden Fall also

$$m = \frac{Fremdatomkonzentration \ im \ Si}{Fremdatomkonzentration \ im \ SiO_2} . \tag{6.14}$$

Beim Übergang von dem Silizium in das Oxid wird demnach die Dotierungskonzentration sprunghaft ansteigen bzw. abfallen, je nachdem, ob der Segregationskoeffizient größer oder kleiner als 1 ist.

In welcher Konzentration die Fremdatome letztlich in dem Oxid vorliegen, hängt neben der Segregation auch noch von dem Diffusionskoeffizienten innerhalb des Oxides ab. Schnell diffundierende Teilchen können während des thermischen Prozesses an die Grenzfläche SiO_2/Gasraum gelangen und dort unter Umständen in den Gasraum austreten. Einige charakteristische Konzentrationsverläufe sind beispielhaft in Abb. 6.5 zusammengestellt. Entscheidend für den Einfluß der Dotierungselemente auf die Oxidationsrate ist, daß einige Elemente, wie die Donatoren P und As mit $m > 1$, sich an der Grenzfläche Si/SiO_2 im Silizium ansammeln und dort die Konzentration erhöhen, andere, wie der Akzeptor B mit $m < 1$, bevorzugt in das SiO_2 überwechseln und dort die Fremdstoffkonzentration erhöhen.

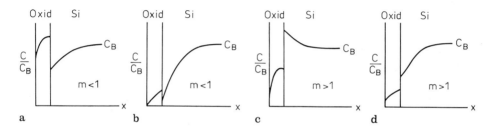

Abb. 6.5. Einfluß der thermischen Oxidation auf die Fremdatomsegregation an der Si/SiO_2 Grenzfläche: a) langsame Diffusion, $m < 1$ (Bor), b) schnelle Diffusion, $m < 1$ (Bor mit hohem H_2-Anteil, z.B. bei der nassen Oxidation), c) langsame Diffusion, $m > 1$ (Phosphor), d) schnelle Diffusion, $m > 1$ (Gallium)

Im Falle der Donatoren hat die Zunahme der Dotierungskonzentration an der Grenzfläche eine Anreicherung von Elektronen und damit eine Verschiebung des Fermi-Niveaus in Richtung der Leitungsbandkante zur Folge. Mit der Verschiebung des Fermi-Niveaus steigt die Konzentration der einfach geladenen Leerstellen, so daß insgesamt die Konzentration der Leerstellen und damit der reaktionsfähigen Plätze an der Grenzfläche zunimmt ([6.15], siehe hierzu auch Abschnitt 9.4.2). Hinsichtlich des Oxidationsmodelles bedeutet das eine Zunahme der linearen Wachstumskonstanten. Der Einfluß der Donatoren wird daher bei der reaktionsbestimmten Oxidation am stärksten sein, d.h. bei kurzen Oxidationszeiten, niedrigen Temperaturen sowie stärker bei der nassen als bei der trockenen Oxidation.

Der Einbau des Bors in die SiO_2-Matrix bewirkt eine Generation von Sauerstoffleerstellen innerhalb des SiO_2-Netzwerkes [6.16]. Das wiederum hat eine Zunahme des Diffusionskoeffizienten des Oxidanten und damit eine Zunahme der parabolischen Wachstumskonstanten k_P zur Folge. Dieser Effekt tritt daher stärker bei der diffusionsbestimmten Oxidation in Erscheinung, d.h. bei hohen Temperaturen, langen Oxidationszeiten sowie stärker bei der trockenen als bei der nassen Oxidation.

Damit eine Auswirkung der Dotierungselemente auf die Oxidationsrate zu beobachten ist, muß die Konzentration der Fremdatome im Prozentbereich der Konzentration der SiO_2-Moleküle in der Matrix liegen, so daß dieser Effekt nur bei hochdotiertem (entartetem) Silizium zu beobachten ist. Die Bedeutung der beschleunigten Oxidation liegt in der Möglichkeit der selektiven Oxidation. Hierunter versteht man die lokal sich ändernde Oxidationsrate auf der Scheibe aufgrund des unterschiedlichen Dotierungsgrades des Siliziums. Die selektive Oxidation bietet Vorteile bei der Entwicklung selbstjustierender Prozesse (Kapitel 12), birgt jedoch auch Fehlerursachen in sich, die bei der Prozeßentwicklung beachtet werden müssen. Ein Beispiel hierzu ist der erhöhte Siliziumkonsum bei der Oxidation hochdotierter Source/Drain-Inseln von MOS-Transistoren, der zu einem starken Ansteigen des Schichtwiderstandes führen kann. Abb. 6.6 zeigt beispielhaft die Oxidstärke und den Schichtwiderstand eines arsendotierten Ge-

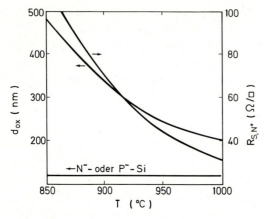

Abb. 6.6. Oxidstärke und Schichtwiderstand arsenimplantierter Siliziumschichten (P - Si, 100 keV, $5 \cdot 10^{15}$ cm^{-2}) als Funktion der Oxidationstemperatur. Die Oxidationszeit wurde jeweils so eingestellt, daß die Oxidstärke der niedrig dotierten Referenzscheiben gleich war (mit freundlicher Genehmigung von R. de Werdt, Philips-Forschungslaboratorium, Eindhoven)

bietes (P-Si, Implantation: 100 keV, $5 \cdot 10^{15}$ cm^{-2}) nach einer nassen Oxidation als Funktion der Oxidationstemperatur. Die Oxidationszeiten wurden so gewählt, daß die Oxidstärke der niedrig dotierten Referenzscheibe stets 100 nm betrug.

6.4.5 Der Einfluß von Fremdstoffen

Mit den Fremdstoffen sind hier sowohl die unerwünschten Verunreinigungen als auch die gezielt eingebrachten Fremdgase gemeint, mit denen sich die Oxideigenschaften verbessern lassen. Der Einfluß einiger Elemente der dritten und fünften Gruppe des Periodischen Systems ist in dem vorangegangenen Abschnitt behandelt worden. Hier soll der Einfluß des Wassers, des Natriums und des Chlors auf die Oxidationsrate behandelt werden.

Das Wasser ist bisher als Oxidant für die schnelle Oxidation vorgestellt worden. Wenn es in diesem Abschnitt als Verunreinigung bezeichnet wird, dann in dem Sinne, daß es ungewollt der Sauerstoffatmosphäre bei der trockenen Oxidation beigemengt sein kann und damit die Oxidationsrate unkontrolliert beeinflußt. Die Rolle des H_2O bei der Oxidation ist von doppelter Natur. Zum einen ist H_2O selbst Ursache der Oxidation und wandelt gemäß (6.2) Si in SiO_2 um. Der bei der Reaktion freiwerdende Wasserstoff diffundiert zurück, reagiert mit dem entgegenkommenden Sauerstoff und wandert als Wasser wieder zur Si/SiO_2-Grenzfläche [6.4]. Zum anderen verändert das H_2O das SiO_2-Netzwerk, indem es durch die Bildung von $Si - OH$-Gruppen Sauerstoffbrücken aufbricht und damit die Löslichkeit und die Diffusion des Sauerstoffes erhöht.

Die Ursache für den Wassergehalt der oxidierenden Atmosphäre können wasser- bzw. wasserstoffhaltige Fremdstoffe (insbesondere Methan) sein, die mit dem Sauerstoff in das Oxidationsrohr gelangen. Bei den in der Fertigung eingesetzten Prozeßgasen liegt der Wasserstoffgehalt unter 10 ppm. Eine Nachtrocknung der Gase durch Absorption der Feuchtigkeit in Molekularsieben (z.B. Zeolith), ggf. nach einer Umwandlung von anderen Kontaminationen in absorbierbare Reaktionsprodukte, kann den Wassergehalt der Prozeßgase unter 1 ppm senken. Damit können thermische Oxide in trockener Atmosphäre reproduzierbar hergestellt werden.

Natrium ist ein weiterer Fremdstoff, der zu einer Erhöhung der Oxidationsrate führen kann. Das Natrium bewirkt im SiO_2 ein Aufbrechen der $Si - O$-Brücken, was wiederum die Löslichkeit und die Diffusion des molekularen Sauerstoffes in dem Oxid erhöht [6.17]. Der oxidationsbeschleunigende Einfluß der Natriumionen wird jedoch erst bei Konzentrationen nachweisbar, die im Prozentbereich der Konzentration der SiO_2-Moleküle liegen. Natriumionen sind im Oxid von hinreichender Mobilität, so daß sie bei hohen elektrischen Feldstärken durch das Oxid wandern und damit die Stabilität der integrierten Bauelemente nachteilig beeinflussen (Abschnitt 6.5.3). Es muß daher alles getan werden, um die Konzentration der elektrisch aktiven Natriumionen so gering wie möglich zu halten. Eine Maßnahme besteht darin, der oxidierenden Atmosphäre chlorhaltige Gase beizumengen.

Das Chlor wird in Form von Chlorwasserstoff (HCl), Trichlorethylen (TCE) oder Trichlorethan ($C33$) der oxidierenden Atmosphäre zugegeben. Typisch sind 1 bis 5 Volumenprozent. Die experimentellen Daten zeigen, daß die Oxidationsrate bei der trockenen Oxidation durch die Zugabe von Cl erhöht wird, was gleichermaßen auf eine Erhöhung der parabolischen als auch der linearen Wachstumskonstante zurückzuführen ist [6.18]. Obwohl durch die Zugabe der Chlorverbindungen Wasser generiert wird, kann die erhöhte Oxidationsgeschwindigkeit nicht allein darauf zurückgeführt werden. Die zugrundeliegenden Mechanismen sind bis heute nicht verstanden. Die Zugabe von HCl führt bei der nassen Oxidation zu einer Erniedrigung der Oxidationsrate. Diese Ratenreduktion erfolgt im 1 bis 5 %-Bereich nahezu linear. Das läßt sich auf eine Verdünnung der oxidierenden Atmosphäre zurückführen. Neben der Reduzierung der elektrisch aktiven Natriumionen erreicht man mit der Zugabe von Chlor eine Verringerung der Grenzflächenzustände, die Erhöhung der Durchbruchfeldstärke, die Getterung von Fremdatomen sowie die Reduzierung der Konzentration der oxidationsinduzierten Stapelfehler.

6.5 Eigenschaften der Oxidschichten

6.5.1 Maskiereigenschaften

SiO_2-Schichten eignen sich als Diffusionsbarrieren, d.h. sie können sowohl eine Ein- als auch eine Ausdiffusion bestimmter Dotierungselemente in das bzw.

156

aus dem Siliziumsubstrat verhindern. Ein Grundprinzip bei der Herstellung integrierter Schaltungen beruht auf der Nutzung des SiO_2 als Maskierschicht während der selektiven Dotierung des Siliziumsubstrates. Während des sogenannten Vorbelegungsprozesses (Abschnitt 9.3.3) reichern sich die Dotierungselemente in einem oberflächennahen Bereich des Oxides an. Bei den hier vorliegenden hohen Konzentrationen der Dotieratome wird das Oxid von der Oberfläche her in Silikatglas (SiO_2 plus Oxid der Dotieratome) umgewandelt, wobei die Grenze zwischen dem Glas und dem SiO_2 relativ scharf ist. Außerhalb der Glasschicht ist die Konzentration und der Diffusionskoeffizient der Dotieratome sehr gering, so daß die Maskierung vollständig ist, solange das Glas das darunter liegende Silizium noch nicht erreicht hat.

Die in der Silizium-Technologie vorwiegend verwendeten Dotierungselemente B, P, As und Sb diffundieren sehr langsam in dem Oxid, solange die Konzentration kleiner als 1 at% ist. Dagegen sind H_2, He, Na, O_2 und Ga sehr schnelle Diffusanten. Das ist ein Grund, warum das Ga in der Silizium-Technologie keine Verwendung als Akzeptor findet. Temperatur und Dauer der der Vorbelegung folgenden Hochtemperaturprozesse bestimmen das gesamte Dt-Produkt (Produkt aus Diffusionskoeffizient und Diffusionszeit), das ein Maß für die Eindringtiefe des Fremdatomes darstellt. Die Dicke des Oxides ist so zu wählen, daß das Fremdatom während des Herstellungsprozesses nicht die Grenzfläche erreicht. Abb. 9.12 zeigt beispielhaft für einige Elemente den Diffusionskoeffizienten in SiO_2 als Funktion der Temperatur.

Um gegenüber implantierten Fremdatomen zu maskieren, muß das Oxid stark genug sein, damit es einerseits von den energiereichen Teilchen nicht durchdrungen wird und andererseits die in das Oxid implantierten Atome während der folgenden Hochtemperaturprozesse nicht die Grenzfläche erreichen. Die Bremskraft des SiO_2 gegenüber implantierten Ionen hängt von dem Atomgewicht der beschleunigten Ionen ab. Daher benötigt man für die Maskierung während einer Bor-Implantation ein stärkeres Oxid als bei einer Arsen-Implantation (Kapitel 10). Um das Problem zu entschärfen, wird häufig die Oberfläche der SiO_2-Schicht vor dem nächsten Hochtemperaturprozeß angeätzt und damit die in das Oxid implantierten Atome abgetragen. In diesem Zusammenhang ist zu bemerken, daß die Ätzrate des Oxides im Falle eines hohen Dotierungsgrades oder einer hohen Implantationsdosis um eine Größenordnung steigen kann.

6.5.2 Optische Eigenschaften

Abb. 6.7 zeigt den Absorptionskoeffizienten des SiO_2 als Funktion der Wellenlänge der eingestrahlten elektromagnetischen Welle. Die dieser Darstellung zugrundeliegenden Daten sind [6.19] entnommen. Die Absorption von SiO_2 bei Wellenlängen kürzer als hc/E_{Gap} beruht auf der Erzeugung von Elektron-Loch-Paaren und erreicht sehr hohe Werte. Die Breite der Energielücke beträgt bei dem kristallinen SiO_2 etwa 8,8 eV. Bei dem thermisch gewachsenen Oxid

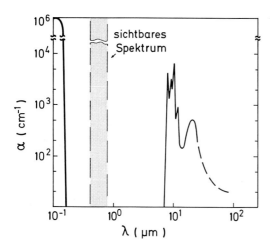

Abb. 6.7. Absorptionskoeffizient α des SiO_2 als Funktion der Wellenlänge der einge-strahlten elektromagnetischen Welle λ $(I = I_0 \exp(-az))$

sind die Bandkanten wegen der fehlenden Fernordnung nicht scharf definiert; die Breite der Energielücke liegt aber auch hier zwischen 8 und 9 eV. Im fernen Infraroten werden die Molekülbindungen zu Vibrationen angeregt, was sich in einem vielfach aufgefächerten Absorptionsspektrum widerspiegelt. Da die Vibrationsenergie von der Masse der schwingenden Teilchen abhängt, bietet die Infrarotspektroskopie eine Möglichkeit der Oxidcharakterisierung im Hinblick auf den Fremdstoffgehalt (z.B. OH- , P- , B-Gehalt). Im sichtbaren Bereich ist das SiO_2 durchsichtig. Das ist gut so, denn anderenfalls wären unter dem Oxid keine Strukturen mehr zu erkennen. Entsprechend der fehlenden Absorption ist der Brechungsindex in diesem Bereich reell. Wie Abb. 6.8 erkennen läßt, ist der Brechungsindex hier nahezu konstant mit $n = 1,46$. Die Tatsache, daß das SiO_2 im Sichtbaren nicht absorbiert und nur schwach reflektiert, der Reflexionsfaktor liegt hier bei etwa 3 bis $4 \cdot 10^{-2}$, bietet die Möglichkeit der zerstörungsfreien Dickenbestimmung von Oxiden. Bei der optischen Interferenzmethode wird das Licht senkrecht eingestrahlt und die Intensität des reflektierten Lichtes als Funktion der Wellenlänge gemessen. Aus der Folge der Intensitäts-Maxima und -Minima, die sich durch die Interferenz der an der Si/SiO_2- und der $Si/Luft$-Grenzfläche reflektierten Wellen ergeben, läßt sich die Stärke des Oxides bestimmen. Dazu muß jedoch der Brechungsindex als bekannt vorausgesetzt werden. Die Berechnung der Oxidstärke auf der Basis der gemessenen Daten übernimmt heute in der Regel ein Kleinrechner. Die Wellenlänge variiert bei dieser Methode üblicherweise zwischen 480 und 790 nm, die bestimmbaren Oxiddicken liegen zwischen 30 und 3000 nm.

Für die Messung dünner Oxide als auch für die unabhängige Bestimmung des Brechungsindex ist die Benutzung eines Ellipsometers zu empfehlen. Die ellipsometrische Messung beruht darauf, daß das Licht bei der Reflexion an einer

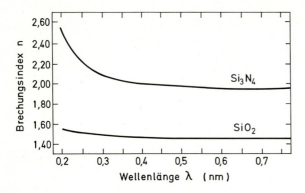

Abb. 6.8. Brechungsindex n für SiO_2 und Si_3N_4 als Funktion der Wellenlänge λ

Grenzfläche (hier die Si/SiO_2-Grenzfläche) i.a. seinen Polarisationszustand ändert. Der Wechsel des Polarisationszustandes hängt ab von den optischen Konstanten des Siliziums, dem Einfallswinkel des Lichtes, den optischen Konstanten des Oxides und der Oxiddicke. Wenn die optischen Konstanten des Substrates bekannt sind und die Absorption des eingestrahlten Lichtes innerhalb des Oxides vernachlässigt werden kann, so hängt der Polarisationszustand des reflektierten Lichtes nur noch von dem Brechungsindex und der Oxiddicke ab. Als Lichtquelle wird i.a. ein Helium-Neon-Laser mit einer Wellenlänge von 632,8 nm benutzt. Mit entsprechender Software lassen sich auf diese Weise auch die Schichtdicken von Nitriden, Oxinitriden, Fotolacken, Polyimiden, Poly-Si und einigen Metallen bestimmen.

6.5.3 Elektrische Eigenschaften

Dieser Abschnitt handelt von den elektrischen Ladungen innerhalb des Oxides und deren Auswirkung auf das Bauelementverhalten sowie von der Spannungsfestigkeit der thermischen (trockenen) Oxide. Die in einem Oxid vorhandenen Ladungen lassen sich in vier Klassen unterteilen (Abb. 6.9): die Grenzflächenladungen Q_{it}, die festen Ladungen Q_f, die getrappten Ladungen Q_{ot} und die beweglichen Ladungen Q_m. Die Menge der Grenzflächenladungen hängt, im Gegensatz zu den anderen Ladungen, von dem Oberflächenpotential des Siliziums und damit von der Gate-Spannung bei MOS-Transistoren ab. Diese Ladungen sind auf umladbare Grenzflächenzustände zurückzuführen, die örtlich innerhalb der Si/SiO_2-Grenzfläche, elektrisch innerhalb der Energielücke des Siliziums lokalisiert sind. Die Zustände, die Donator- oder Akzeptor-Charakter haben können, liegen so dicht, daß eine kontinuierliche Zustandsdichte D_{it} innerhalb der Energielücke angenommen werden kann. D_{it} hat dort einen U-förmigen Verlauf, mit Maxima an den Bandkanten und dem Minimum in Bandmitte. Bei sich änderndem Oberflächenpotential schiebt sich das Fermi-Niveau durch diese

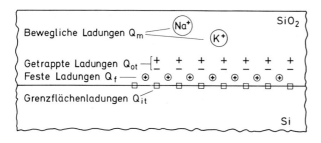

Abb. 6.9. Bezeichnung und Lokalisierung der Ladungen in einem thermisch gewachsenen Oxid

Verteilung und lädt die Donatoren bzw. Akzeptoren um, wodurch sich insgesamt der Ladungszustand ändert.

Die Erfahrung zeigt, daß der Wert der Zustandsdichte abhängt von der Oxidationstemperatur (D_{it} wird kleiner mit höherer Temperatur), von der Oxidationsatmosphäre (D_{it} ist größer nach der trockenen als nach der nassen Oxidation) und von der Kristallorientierung (D_{it} ist kleiner für die (100)- als für die (111)-orientierte Si-Fläche). Beispielhaft sei angegeben, daß man nach einer trockenen Oxidation eines (100)-orientierten Si-Substrates bei 950 °C eine mittlere Dichte von $D_{it} = 10^{12}\,\mathrm{cm}^{-2}\,\mathrm{eV}^{-1}$ nachweisen kann. Mit $Q_{it} = qD_{it}E_G$ erhält man für ein Oxid von 50 nm eine Flachbandverschiebung von $\Delta V_{FB} = 2\,\mathrm{V}$. Dieser Wert ist bei weitem zu hoch, Maßnahmen zur Reduktion dieses Beitrages werden weiter unten angegeben.

Mit Q_f bezeichnet man jene ortsfesten Ladungen, die nicht von dem Oberflächenpotential des Siliziums abhängen. Sie sind in der Nähe der Si/SiO_2-Grenzfläche lokalisiert. Die Erfahrung zeigt, daß $Q_f > 0$ ist. Q_f hängt in gleicher Weise von den oben genannten Einflußparametern ab wie Q_{it} (im Gegensatz zu Q_{it} ist Q_f jedoch nach der nassen Oxidation größer als nach der trockenen) und läßt sich mit den noch zu besprechenden Maßnahmen reduzieren. Der Betrag von Q_f ist an sich nicht so entscheidend, da diese Ladung durch den Einsatz der Ionen-Implantation kompensiert werden kann. Es kommt daher vielmehr auf die Reproduzierbarkeit von Q_f an, eine Forderung, die ebenfalls nach einem kleinen Wert verlangt.

Getrappte Ladungen sind auf Zustände innerhalb der Energielücke des SiO_2 zurückzuführen. Sie werden durch energiereiche Strahlung (Röntgenstrahlen, Elektronenstrahlen, Ionen-Implantation) und durch Verunreinigungen verursacht. Die Dichte der Zustände hängt von der Dosis der Strahlung ab [6.20]. Die von den Traps aufgenommenen Ladungen sind gewöhnlich Folge der Generation freier Ladungsträger im Oxid während der Bestrahlung (vorwiegend Löcher), der Injektion von Ladungsträgern aus dem Silizium als heiße Elektronen sowie der Injektion von Ladungsträgern über das Fowler-Nordheim-Tunneln. Der Trap-Vorgang kann die Generation neuer Fangstellen zur Folge haben.

Die beweglichen Ladungen Q_m sind auf Verunreinigungen des Oxides mit Alkalimetallionen zurückzuführen (Li^+, Na^+, K^+, Cs^+). Diese Ionen können selbst bei Temperaturen kleiner 100 °C in einem elektrischen Feld innerhalb des Oxides driften, verlassen dabei aber nicht das Oxid und führen damit zu einer Instabilität des Bauelementes. Die Beweglichkeit der Ionen ist umgekehrt proportional ihrer Masse. Üblicherweise weist man nur Na^+ und K^+ nach, da Cs^+ zu schwer und damit zu langsam ist und Li^+, wenn überhaupt, nur in sehr geringen Konzentrationen vorkommt. Das Maß der Verunreinigung hängt ab von den Prozessen und der Prozeßführung bei der Herstellung der integrierten Schaltungen. Die Oxidation und die Metallisierung sind in diesem Zusammenhang besonders hervorzuheben. Gegensteuernde Maßnahmen sind das Spülen der Oxidationsöfen mit HCl sowie das Beimengen von HCl während der Oxidation, Vermeidung des direkten Kontaktes mit den Siliziumscheiben und ein umfangreiches Reinigungsverfahren vor der Oxidation. Die Verunreinigungen können aber auch nach der Fertigstellung der Schaltung deren Funktion beeinflussen, indem die Metallionen von außen zu den gefährdeten Bauelementbereichen dringen. Dies läßt sich vermeiden, indem man die Bauelemente mit einer phosphordotierten Oxidschicht abdeckt. Das Phosphor wirkt als Getterzentrum für das Metallion und neutralisiert das Ion. Die andere Möglichkeit besteht in der Verwendung des Siliziumnitrides als Abdeckschicht. Das Siliziumnitrid ist von sehr dichter Struktur, der Diffusionskoeffizient der Metallionen daher klein, so daß die Schicht als Barriere gegenüber dem Eindringen der Verunreinigungen dient. Häufig werden beide genannten Maßnahmen eingesetzt.

Eine übliche Methode zum Nachweis der Oxidladungen stellt die Messung der differentiellen Kapazität einer MOS-Diode als Funktion der Spannung dar (CV-Methode). Auf diese Methode soll hier nur kurz eingegangen werden. Die Grundlagen und Einsatzmöglichkeiten dieser Methode werden sehr ausführlich in [6.21] behandelt. Abb. 6.10 zeigt die auf die sogenannte Oxidkapazität C_i

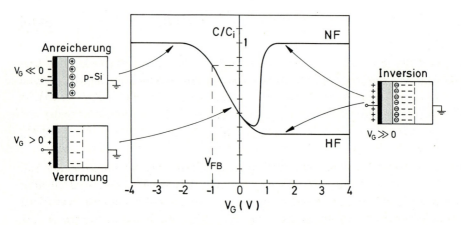

Abb. 6.10. Kapazitäts-Spannungs Kurve (CV-Kurve) einer MOS-Diode. Messung mit einem niederfrequenten (NF) bzw. hochfrequenten (HF) Meßsignal

bezogene differentielle Kapazität der idealen MOS-Diode (bestehend aus der Gate-Elektrode, dem Oxid und dem p-leitenden Si-Substrat). Ideal heißt hier, daß der Einfluß der Austrittsarbeitsdifferenz zwischen Gate-Material und Si-Substrat berücksichtigt worden ist, aber nicht der der Oxidladungen. Bei der Bestimmung der Kapazität wird die Spannung über der Diode linear geändert (Spannungsrampe) und dieser Spannung ein Hochfrequenzsignal kleiner Amplitude überlagert.

Die dargestellte Kurve ist gekennzeichnet durch den Wert 1 bei negativen Spannungen (Anreicherung). Hier ist nur die Oxidkapazität

$$C_i = \frac{\varepsilon_i}{d} \qquad (6.15)$$

wirksam. ε_i bezeichnet die Dielektrizitätskonstante, d die Dicke des Oxides. Es folgt der abfallende Ast, der dadurch zustande kommt, daß in Serie zu C_i die differentielle Kapazität der Raumladungszone wirksam wird (Verarmung). Im Bereich der starken Inversion folgt je nach Größe der Meßfrequenz ein Wiederansteigen auf den Wert 1 oder ein Einlaufen in den Wert C_{Min}/C_i. Im Falle eines niederfrequenten Meßsignales (Kurve NF) kann die Generation-Rekombination der Ladungsträger der Meßfrequenz folgen, die Ladungsträgeränderung findet in der Inversionsschicht statt. Im Falle der HF-Kurve ist dies nicht der Fall, die Ladungsänderung findet am substratseitigen Rand der Raumladungszone statt. Für den Ladungsnachweis wird vorwiegend die HF-Kurve herangezogen, üblich ist eine Meßfrequenz von 1 MHz.

Die reale MOS-Diode ist durch Raum- und Flächenladungen gekennzeichnet, die die Gestalt der CV-Kurve in der einen oder anderen Weise verändern. Beim Vorliegen ortsfester Ladungen wird die Kurve, je nach Ladungsvorzeichen, zu positiven oder negativen Spannungen verschoben. Ausgehend von der Poisson-Gleichung erhält man für die Verschiebung der Flachbandspannung

$$\Delta V_{FB} = -\frac{1}{\varepsilon_i} \int x \varrho(x)\, dx = -\frac{x_s}{\varepsilon_i} \int \varrho(x)\, dx = -\frac{x_s\, Q}{\varepsilon_i}\,. \qquad (6.16)$$

Hierbei ist x_s der Ladungsschwerpunkt (gezählt von der Gate-Elektrode) und Q die Oxidladung pro Flächeneinheit. Die größte Verschiebung liegt vor, wenn $x_s = d$ ist, wenn also die gesamte Ladung sich an der Si/SiO_2-Grenzfläche befindet. Dann ist

$$\Delta V_{FB} = \frac{Q}{C_i}\,. \qquad (6.17)$$

Abb. 6.11 verdeutlicht die Verschiebung der Flachbandspannung für den Fall einer positiven Ladung. Das Beispiel gibt gleichermaßen den Einfluß aller oben genannten Ladungen wieder, sofern die Messung bei Raumtemperatur mit einem Hochfrequenzsignal durchgeführt wird. Bei den festen Ladungen Q_f bedarf dies keiner weiteren Erklärung. Die getrappten Ladungen führen ebenfalls zu einer linearen Verschiebung, sofern sich der Ladungszustand der Fangstellen

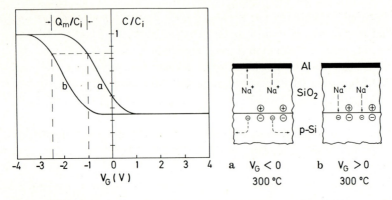

Abb. 6.11. Einfluß der Flachbandverschiebung auf die CV-Kurve sowie Ausnutzung dieses Effektes bei dem Nachweis beweglicher Ladungen Q_m mit Hilfe der BTS-Methode (siehe Text)

während der Messung nicht ändert. Das Umladen der Grenzflächenzustände erfolgt nach einer gewissen Zeitkonstanten, die für die Zustände in Bandmitte im Millisekundenbereich, für die an den Bandkanten im Mikrosekundenbereich liegt. Bei Verwendung eines hochfrequenten Meßsignales bleibt folgedessen die Ladung Q_{it} während der Messung konstant. Die Ladungsänderung wird beim Übergang zu kleineren Meßfrequenzen sichtbar (die Frequenz muß jedoch immer noch hoch genug sein, so daß die thermische Generation noch nicht dem Signal folgen kann). Abb. 6.12 gibt qualitativ diesen Einfluß wieder. Die mobilen Ladungen Q_m schließlich sind bei Raumtemperatur für die Dauer der Meßzeit ortsfest und führen ebenfalls zu einer linearen Verschiebung gemäß (6.17). Der Einfluß der beweglichen Ladungen kann mit Hilfe der BTS-Methode (Bias-Temperature-Stress) separiert werden. Dazu wird die HF-Kurve zweimal bei Raumtemperatur aufgenommen. Ein erstes Mal, nachdem die Probe auf 300 °C aufgeheizt worden ist und eine positive Spannung über der Diode gelegen hat. Nach dieser Behandlung befinden sich alle Ladungen an der Si/SiO_2-Grenzfläche, gemäß (6.16) ist die Verschiebung maximal. Ein zweites Mal, nachdem über der aufgeheizten Probe eine negative Spannung gelegen hat. Während der Streß-Behandlung wandern die beweglichen Ladungen zur Grenzfläche Gate-Elektrode/SiO_2 und haben gemäß (6.16) keinen Einfluß auf V_{FB} ($x_s = 0$). Aus der Verschiebung der beiden Kurven kann man dann direkt auf Q_m schließen (s. Abb. 6.11).

Der Einfluß der Ladungen auf das Bauelementverhalten läßt sich direkt aus der Flachbandverschiebung ableiten. Da stets $Q_m > 0$ ist, führen diese Ladungen bei N-Kanal-Transistoren zu einer Erniedrigung der Schwellenspannung, bei P-Kanal-Transistoren zu einer Erhöhung. Der Einfluß der beweglichen Ladungen ist bei N-Kanal-Transistoren größer als bei P-Kanal-Transistoren, da dort $V_T > 0$ ist und das elektrische Feld daher die Ladungen an die Si/SiO_2-Grenz-

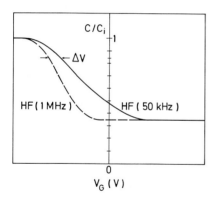

Abb. 6.12. Einfluß der Ladung Q_{it} auf die CV-Kurve in Abhängigkeit von der Meßfrequenz

fläche treibt. Die positiven Ladungen des Oxides können zu einer Ladungsträgerverarmung des p-leitenden Siliziums führen. Folge kann die Erhöhung der Generations-Rekombinationsrate an der Grenzfläche oder sogar die Ausbildung eines unerwünschten Inversionskanales sein. In jedem Falle führen diese Effekte zu einer Erhöhung des Leckstromes der Bauelemente. Die Grenzflächenzustände beeinflussen in nachteiliger Weise das Rauschverhalten sowie den Swing, ein Maß für die Schaltgeschwindigkeit der MOS-Transistoren [6.22].

Wenn auch die Ursache der einzelnen Ladungsbeiträge bis heute nicht verstanden ist, so beinhalten moderne Technologien doch Maßnahmen, die es gestatten, die Ladungsbeiträge bis auf eine Größenordnung von 10^9 bis $10^{10}\,cm^{-2}$ zu reduzieren. Zu diesen Maßnahmen gehören

- die Verwendung von (100)-orientiertem Silizium (Q_f, Q_{it});
- eine der Oxidation in situ folgende thermische Behandlung in einer inerten Atmosphäre (Q_f, diese Maßnahme kann zur Erhöhung von Q_{it} führen);
- die Verwendung von HCl zur Spülung der Oxidationsrohre sowie als Beimengung während der Oxidation (Q_m);
- der Einsatz von phosphordotierten Oxidschichten sowie Siliziumnitridschichten zur Abdeckung der Bauelemente (Q_m);
- die Sicherstellung, daß die Prozeßfolge nicht mit einem strahlenschadenerzeugenden Prozeß wie Implantation oder Plasmaätzen endet (Q_{ot}, Q_{it});
- die Formiergastemperung (Q_{ot}, Q_{it}), eine thermische Behandlung der Scheiben in einer $H_2 - N_2$-Atmosphäre bei 400 bis 450 °C. Die Formiergastemperung muß vor dem Aufbringen der Siliziumnitridabdeckschicht erfolgen.

Ein weiterer, bedeutsamer elektrischer Parameter ist die Durchbruchfeldstärke E_{BD} des Oxides. Darunter versteht man die elektrische Feldstärke, bei der es zu einem starken Stromfluß kommt, als dessen Folge das Oxid lokal aufgeschmolzen

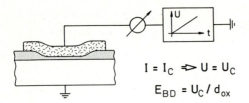

Abb. 6.13. Meßanordnung zur Bestimmung der Oxiddurchbruchsfeldstärke E_{BD}

werden kann. Meßtechnisch wird E_{BD} erfaßt, indem man die Spannung über der MOS-Diode linear ändert und den Strom mißt (Abb. 6.13). Um die Probe nicht in jedem Falle zu zerstören, gibt man einen Stromwert vor (z.B. $100\,\mu A$ bei einer Diodenfläche von $3\,mm^2$) und registriert die Spannung, bei der dieser Strom erreicht wird. Die Durchbruchfeldstärke ist dann definitionsgemäß gleich dem Quotienten aus der abgelesenen Spannung und der Oxiddicke. Üblicherweise werden solche Messungen an vielen Proben automatisch durchgeführt, so daß als Ergebnis eine Verteilung gemäß Abb. 6.14a vorliegt. Aufgetragen ist hier der zweifache natürliche Logarithmus der kummulierten Fehlerwahrscheinlichkeit als Funktion der elektrischen Feldstärke, Parameter ist die Oxiddicke. Die Darstellung ist gekennzeichnet durch die sogenannten Nulldefekte, das sind Defekte, die bei verschwindender Feldstärke bereits zum Ausfall (z.B. durch Löcher im Oxid) und damit zu der endlichen Fehlerwahrscheinlichkeit führen. Es folgt hier ein waagerechter Verlauf der Kurve, der seine Ursache darin hat, daß mit höherer Feldstärke zunächst keine weiteren Defekte detektiert worden sind. Beim Erreichen der sogenannten intrinsischen Durchbruchfeldstärke fallen schließlich alle Proben aus. Diese charakteristische Feldstärke ist dadurch gekennzeichnet, daß sie unabhängig von der Fläche der verwendeten MOS-Diode ist.

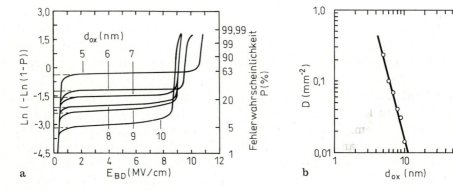

Abb. 6.14. a) Ausfallwahrscheinlichkeit des SiO_2 als Folge des elektrischen Durchbruches als Funktion der elektrischen Feldstärke E (Gumbel-Plot). Parameter ist die Oxidstärke. b) Defektdichte der Oxide aus a) berechnet nach (6.19).

Für die Wahrscheinlichkeit, innerhalb der Fläche A keinen Defekt zu finden, erhält man auf der Grundlage der Poisson-Verteilung und der Annahme, daß die Defekte stochastisch verteilt sind:

$$P(E) = \exp\left(-\frac{D(E)}{A}\right). \qquad (6.18)$$

Bei bekannter Fläche erhält man aus (6.18) und den Meßkurven die Dichte der Nulldefekte. Wiederholt man die Messung für unterschiedliche Oxiddicken, so gelangt man zu der in Abb. 6.14b wiedergegebenen Darstellung der prozeßspezifischen Dichte der Nulldefekte als Funktion der Oxiddicke. Darstellungen, wie sie in Abb. 6.14 gezeigt sind, erlauben die Abschätzung der Ausfallswahrscheinlichkeit hochkomplexer Systeme (z.B. Speicher), wobei der Rechengang dann umgekehrt abläuft. Zu der vorgegebenen Oxiddicke der "aktiven" Gebiete ermittelt man aus Abb. 6.14b die Defektdichte, multipliziert diese Zahl mit der Summe der Flächen aller aktiven Gebiete und berechnet P nach (6.18). Die Zahl $(1 - P)$ gibt dann die gesuchte Ausfallswahrscheinlichkeit an.

Die Ursache des Durchbruches ist bis heute noch nicht genau geklärt. Damit es jedoch zum Durchbruch kommt, müssen zunächst Ladungen in das Oxid injiziert werden, da aufgrund der Bandlücke von ca. 8 bis 9 eV die Konzentration freier Ladungsträger extrem niedrig ist. Der wesentliche Injektionsmechanismus ist bei Oxiden, die stärker als 4 nm sind, das Fowler-Nordheim-Tunneln, bei dem die Elektronen lediglich in das Leitungsband des Oxides tunneln müssen und dort aufgrund der relativ hohen Beweglichkeit von 20 bis 40 cm^2/Vs als Leitungsstrom zur Gegenelektrode fließen. Ein Teil der Elektronen wird durch die Fangstellen getrappt. Sowohl beim "Niederfallen" in die Fangstellen als auch in das Leitungsband der Gegenelektrode wird potentielle Energie frei, die hoch genug ist (3 bis 5 eV), um Bindungen des SiO_2-Netzwerkes aufzubrechen. Die Folge ist die Entstehung neuer Traps und positiver Ladungen im Oxid, u.U. sogar die Erzeugung von Kristalldefekten im Silizium.

Nach Wolters können sich auf diese Weise Entladungskanäle ausbilden, die ihren Anfang dort nehmen, wo die Elektronen in das Leitungsband der Anode eintreten und schließlich an der Gegenelektrode anlangen [6.23]. Haben die Kanäle die Gegenelektrode erreicht, kommt es zum Kollaps: der Strom steigt stark an, das Oxid wird aufgrund der entstehenden Wärme lokal zerstört. Dieses Modell wird durch den experimentellen Befund gestützt, wonach für den Durchbruch nicht so sehr die Höhe des fließenden Stromes und der elektrischen Feldstärke, sondern letztlich die bis zum Durchbruch fließende Ladung Q_{BD} entscheidend ist. Damit läßt sich auch der zeitabhängige Durchbruch (wear-out) erklären. Hierbei handelt es sich um das Phänomen, daß beim Anlegen einer konstanten Spannung der Durchbruch erst nach einer gewissen Zeit erfolgt und diese Zeit um so kürzer ist, je größer die Spannung ist. In beiden Fällen tritt der Durchbruch auf, wenn die Ladung Q_{BD} erreicht ist. Die Messung der Ladung Q_{BD} hat sich als eine sehr sensible Methode für die Beurteilung der Qualität von Gate- und Tunnel-Oxiden erwiesen.

Tabelle 6.2. Mechanische Konstanten des Si, SiO_2 und Si_3N_4 bei Raumtemperatur

	Si	SiO$_2$	Si$_3$N$_4$
E in 10^{11} N/m^2	1,87	0,73	2,90
σ_F in 10^9 N/m^2	7,00	8,40	14,00
ν	0,24	0,19	0,27
H in kg/mm^2	850	820	3486
α in $10^{-6}/\,°$C	3,24	0,55	1,60

6.5.4 Mechanische Eigenschaften

Die mechanischen Eigenschaften eines Stoffes werden durch seine mechanischen Konstanten charakterisiert, von denen einige für die Materialien Silizium, Siliziumoxid und Siliziumnitrid in der Tabelle 6.2 aufgeführt sind. Die angegebenen Werte gelten bei Raumtemperatur, sind jedoch mit einer gewissen Unsicherheit behaftet. E bezeichnet die Elastizitätszahl, σ_F die Fließfestigkeit, ν die Poissonsche Zahl, H die Härte und α den thermischen Ausdehnungskoeffizienten des Materiales. Das zentrale Thema dieses Abschnittes stellt der mechanische Streß thermisch gewachsenen Oxides und dessen Einfluß auf die Bauelementqualität dar. Dieses Thema ist noch Gegenstand intensiver Forschung. Vieles ist noch unbekannt, einige Aussagen sind daher spekulativ. Unter dem mechanischen Streß versteht man den durch σ gekennzeichneten Spannungszustand des Materiales. Übt das Substrat eine Zugspannung ($\sigma > 0$) auf die aufgewachsene Schicht aus, so führt das zur Dehnung und kann zum Reißen der Schicht führen. Wird auf die Schicht eine Druckspannung ($\sigma < 0$) ausgeübt, so führt das zur Kompression und kann zum Aufwölben der Schicht führen. So lange keine Verformung erfolgt, gilt *Actio = Reactio*, d.h. ein Substrat, das auf die Schicht eine Zugspannung ausübt, ist selbst im Zustand der Kompression und umgekehrt. Abb. 6.15 zeigt die beiden Möglichkeiten, die zu einer konvexen bzw. konkaven Durchbiegung der Scheibe führen können. Die resultierende mechanische Spannung ist gleich der Summe aus der intrinsischen Spannung σ_i und der thermischen Spannung σ_{th}:

$$\sigma = \sigma_i + \sigma_{th} \, . \tag{6.19}$$

Der intrinsische Streß entsteht während des Schichtwachstums. Er hat seine Ursache in der Fehlanpassung der Gitterstruktur von Oxid und Substrat, sowohl was den Abstand der Siliziumatome als auch den Bindungswinkel zwischen den Atomen angeht. Als Plausibilitätserklärung kann das Volumen herangezogen werden, das ein Siliziumatom ($20\,Å^3$) bzw. ein SiO_2-Molekül ($45\,Å^3$) einnimmt. Senkrecht zur Scheibenoberfläche kann sich die wachsende Schicht relativ unge-

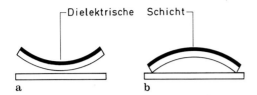

┌Dielektrische Schicht┐

a   b

Abb. 6.15. Auswirkung des Spannungszustandes einer dielektrischen Schicht auf die Verbiegung des Substrates. a) Zugspannung verursacht eine konkave Verbiegung, b) Druckspannung verursacht eine konvexe Verbiegung

hindert ausdehnen, zur Seite hin nicht. Der entstehende Streß ist damit Folge der Volumenexpansion und der Gitterstruktur, die daraus resultiert.

Der thermische Streß resultiert aus den unterschiedlichen Ausdehnungskoeffizienten der beteiligten Schichten und ist gegeben durch

$$\sigma_{th} = (\alpha_{Si} - \alpha_{ox})(T_{th} - T_{ox}) \frac{E_{ox}}{1 - \nu_{ox}} . \qquad (6.20)$$

Hierbei ist T_{ox} die Oxidationstemperatur und T_{th} die Temperatur, bei der der thermische Streß den Wert σ_{th} annimmt. Wegen $\alpha_{Si} > \alpha_{ox}$ ist bei Raumtemperatur $\sigma_{th} < 0$, d.h. die Oxidschicht befindet sich im Zustand der Kompression. Dieser Streß baut sich erst beim Abkühlen der Scheibe auf.

Die Auswirkungen des mechanischen Stresses sind vielfältig, hier seien nur einige Beispiele genannt. So z.B. die Durchbiegung der Scheiben, die nach

$$\delta = 3 \left(\frac{R}{d_{Si}} \right)^2 d_f \, \sigma \, \frac{1 - \nu_{Si}}{E_{Si}} \qquad (6.21)$$

berechnet werden kann [6.24]. Hierbei ist R der Scheibenradius, d_{Si} die Dicke des Siliziumsubstrates und d_f die Dicke der Schicht. (6.21) gilt zunächst für die ganzflächige Belegung des Substrates mit einer Schicht konstanter Dicke, wobei die Rückseite der Scheibe freigeätzt ist. Eine modifizierte Form von (6.21) läßt sich angeben für den Fall, daß die Vorderseite der Scheibe strukturiert ist und auch auf der Rückseite sich unterschiedliche Schichten befinden [6.24]. Die Durchbiegung der Scheibe hängt damit ab von der Rückseitenbelegung, der Oberflächentopografie der Vorderseite (Bedeckungsgrad, Dicke der Schichten) sowie von den Schichtmaterialien (SiO_2, Si_3N_4).

Der mechanische Streß beeinflußt weiterhin die Dichte des Oxides, die Löslichkeit und den Diffusionskoeffizienten des Oxidanten sowie die Reaktionsrate während der Oxidation. Aufgrund des Stresses kann eine Oberflächenrauhigkeit des Siliziums entstehen, die zu einer reduzierten Durchbruchfeldstärke und erhöhten Defektdichte des Oxides führt [6.25]. Besonders bei strukturierten Schichten kann der Streß an den Kanten so hoch werden, daß die kritische Scherspannung des Siliziumsubstrates überschritten wird. Es kommt zu der Generation von Versetzungen und zur Ausbildung von Versetzungsnetzwerken, die

die Bauelemente erheblich beeinträchtigen können (Generation - Rekombination von Ladungsträgern, anomale Diffusion entlang der Versetzungen).

Die Durchbiegung der Scheiben als Folge des mechanischen Stresses ist von EerNisse dazu herangezogen worden, den Streß des Systems Si/SiO_2 in Abhängigkeit von der Temperatur zu studieren [6.26]. Das Ergebnis dieser Arbeit stellt sich zusammengefaßt so dar, daß bei Raumtemperatur das Oxid unter Zugspannung steht mit $\sigma = -3 \cdot 10^8 \, \text{N/m}^2$. Für Temperaturen $T < 950\,°C$ stellt sich ein betragsmäßig höherer Wert von $\sigma = -7 \cdot 10^8 \, \text{N/m}^2$ ein. Im Temperaturbereich 975 bis 1000 °C verschwindet der Streß, um für noch höhere Temperaturen einen schwachen positiven Wert anzunehmen.

Die Ursache für das Verschwinden des Stresses zwischen 950 und 975 °C liegt in dem viskosen Verhalten des Oxides. Der Spannungszustand wird demnach bei höheren Temperaturen durch das Fließen des Materiales abgebaut. Für die Temperaturabhängigkeit der Viskosität η findet man in der Literatur im Falle der trockenen Oxidation [6.27]

$$\eta = 3,16 \cdot 10^{-14} \, \exp\left(\frac{7,43\,\text{eV}}{k_B T}\right) \text{Ns m}^{-2} \tag{6.22}$$

und für die nasse Oxidation

$$\eta = 1,99 \cdot 10^{-9} \, \exp\left(\frac{5,69\,\text{eV}}{k_B T}\right) \text{Ns m}^{-2} . \tag{6.23}$$

Diese Werte sind mit einer erheblichen Unsicherheit behaftet. Entscheidend ist, daß die Aktivierungsenergie relativ hoch ist, die Arrhenius-Gerade also sehr steil verläuft. Das ist der Grund, warum die Auswirkung des viskosen Verhaltens nahezu übergangslos bei einer Temperatur von 960 °C einsetzt. Für diese Temperatur erhält man mit (6.22) und (6.23) für die trockene Oxidation $\eta = 5,6 \cdot 10^{16} \, \text{Ns/m}^2$ bzw. die nasse Oxidation $\eta = 2,9 \cdot 10^{14} \, \text{Ns/m}^2$. Nasse Oxide "fließen" demnach besser als trockene Oxide. Der Grund dafür ist, daß die vorhandenen OH-Gruppen Brückenbindungen aufbrechen und damit das SiO_2-Netzwerk auflockern.

Die Fließeigenschaften des Oxides werden in der Prozeßtechnologie teilweise ausgenutzt. So z.B. bei der LOCOS-Technik zur Vermeidung von Kristalldefekten, die unterhalb der Kanten von strukturierten Si_3N_4-Schichten entstehen können (OND's, Abschnitt 6.6). Neben Vorteilen kann das Fließverhalten des Oxides aber auch zu Nachteilen hinsichtlich der Oxidqualität führen. So zeigt sich, daß durch das Fließen die Trapp-Dichte N_{ot} im Oxid und damit die getrappte Ladung Q_{ot} erhöht wird.

Entscheidend dafür, daß der Fließvorgang zur Auswirkung kommt, ist neben der Prozeßtemperatur auch die Prozeßdauer. Der Übergang von dem spannungsbehafteten in den spannungslosen Zustand läßt sich durch eine Relaxationszeit charakterisieren. Faßt man das Oxid als ein viskoelastisches Medium auf, so erhält man für diese Zeit (Abb. 6.16)

$$\tau_R = \frac{\eta}{E} . \tag{6.24}$$

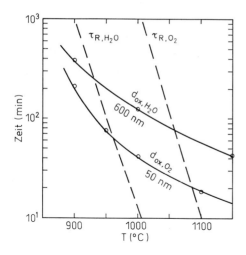

Abb. 6.16. Oxidationszeiten für das Wachsen einer 50 nm (trocken) bzw. 600 nm (naß) starken Oxidschicht im Vergleich mit den relevanten Relaxationszeiten des viskosen Fließprozesses (siehe Text)

τ_R gibt die Zeit an, nach der der ursprüngliche Streß um den Faktor $1/e$ abgebaut worden ist. Für Prozeßzeiten $t < \tau_R$ hat das Fließen praktisch keine Auswirkungen. Abb. 6.16 zeigt beispielhaft, daß für eine typische Feldoxidation $t > \tau_R$ ist, für eine typische Gate-Oxidation jedoch $t < \tau_R$ gilt. In Abschnitt 6.2 ist darauf hingewiesen worden, daß Fremdatome wie Bor und Phosphor ein Aufbrechen der Sauerstoffbrücken bewirken und damit eine Auflockerung des SiO_2-Netzwerkes zur Folge haben. Im Sinne dieses Abschnittes heißt das, daß durch eine hohe Konzentration an Phosphor- oder/und Boratomen die Zähigkeit des Oxides herabgesetzt wird. Dotierte Oxide fließen besser als undotierte. Dieser Effekt wird ausgenutzt, um die Oberflächentopografie der integrierten Schaltungen einzuebnen (z.B. für die Mehrlagenmetallisierung). Da diese Planarisierungsverfahren im Gegensatz zu den oben beschriebenen Effekten, bei denen i.a. eine mikroskopische Verschiebung ausreicht, ein makroskopisches Fließen der Schichten erfordert (hierfür wird die Oberflächenspannung verantwortlich gemacht), benötigt man hohe Fremdstoffkonzentrationen und u.U. auch hohe Nachbehandlungstemperaturen. Bekannte Fließgläser sind Oxide (thermisch oder CVD), die mit Phosphor, Bor oder mit beiden Elementen dotiert sind (PSG, BSG, BPSG).

6.6 Oxidationsinduzierte Kristalldefekte

Dieser Abschnitt behandelt zwei Arten von Kristalldefekten, die in direktem Zusammenhang mit der thermischen Oxidation stehen. Zum einen die Entstehung von Versetzungen an den Kanten strukturierter Siliziumnitridschichten. Diese Defekte werden kurz als OND's bezeichnet (Oxide-Nitride-Dislocations). Zum anderen die oxidationsinduzierten Stapelfehler, kurz OSF's (Oxidation induced Stacking Faults). Kristalldefekte dieser Art können das elektrische Verhalten der integrierten Bauelemente nachteilig beeinflussen. Beispiele sind ein erhöhter Leckstrom bei Dioden und bipolaren Transistoren, verringerte Speicherzeit bei dynamischen MOS-Speicherzellen und der erhöhte (und räumlich variierende) Dunkelstrom bei CCD's.

Zunächst zu den OND's. Die Anwendung der Oxidisolation (ROI, LOCOS; Kapitel 12) erfordert strukturierte Nitridschichten. An den Nitridkanten entsteht ein mechanischer Streß, der im Silizium zur Generation von Versetzungen führen kann. Die Ursache dafür sind zum einen der intrinsische Streß der Nitridschicht, zum anderen die Volumenexpansion während des SiO_2-Wachstums.

CVD-Nitridschichten stehen unter einem intrinsischen Streß von etwa $10^9\,N/m^2$. Dieser Streß ist bereits während der Deposition vorhanden und ändert sich kaum noch während der Abkühlung der Scheiben. Die Spannung erzeugt eine Kompression des darunterliegenden Siliziums, die um so stärker ist, je dicker die Nitridschicht ist. Der Streß kann durch eine Oxidschicht zwischen dem Silizium und dem Nitrid reduziert werden. Der intrinsische Streß des Oxides ist auf die Volumenexpansion während des Wachstums zurückzuführen. Der daraus resultierende Kompressionszustand wird bei höheren Temperaturen aufgrund des viskosen Verhaltens des Oxides abgebaut (Abschnitt 6.5.4). Diese Phänomene bestimmen den Streßzustand in einem hinreichenden Abstand von der Nitridkante.

Im Übergangsbereich erfolgt eine laterale Oxidation unter das Nitrid, die bei dem ROI-Verfahren ausgeprägter ist als bei dem LOCOS-Verfahren. Das entstehende Oxid wird jedoch selbst bei höheren Temperaturen am Fließen gehindert, da das über dem Oxid liegende Nitrid hier wie ein Biegebalken angehoben wird und auf das Oxid drückt. Die Behinderung des viskosen Fließens des Oxides am Rande des Nitrides ist vernachlässigbar, solange die Nitridstärke kleiner 30 nm ist [6.28]. Für Nitridschichten stärker 150 nm wird das Oxid an der Kante unter kompressiven Streß gesetzt, der teilweise an das Silizium weitergegeben wird. Übersteigt der Streß die kritische Spannung des Siliziums, so kommt es zur plastischen Verformung, d.h. zur Generation von Versetzungslinien.

Die Erfahrung zeigt, daß OND's, falls sie auftreten, auf der Scheibe meist örtlich lokalisiert, ansonsten aber stochastisch verteilt sind. Dieser Befund läßt darauf schließen, daß der entstehende Streß i.a. nicht ausreicht, um eine spontane Generation der Versetzungen zu erzeugen. Dazu benötigt man Keime, wie bereits vorhandene Kristalldefekte oder Verunreinigungen. Sie zu vermeiden ist eine Maßnahme zur Vermeidung von OND's. Andere sind die Wahl einer Oxidationstemperatur größer 960 °C sowie die Wahl einer möglichst dünnen Nitridschicht.

Das zweite hier zu behandelnde Thema betrifft die oxidationsinduzierten Stapelfehler. Wie die Erfahrung zeigt, sind diese stets von extrinsischer Natur,

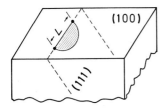

Abb. 6.17. Schematische Darstellung eines extrinsischen Stapelfehlers. Eingezeichnet ist die Länge des Stapelfehlers auf der Oberfläche der oxidierenden (100)-orientierten Siliziumscheibe

d.h. sie bestehen aus einer zusätzlichen Ebene, die von Siliziumzwischengitter-atomen (Si-ZGA's) gebildet wird. Die Ebene ist von einer partiellen Verset-zungslinie berandet, die, wie Abb. 6.17 zeigt, an die Siliziumoberfläche stößt. Der Abstand der Durchstoßungspunkte gibt die Länge L des Stapelfehlers an. Das Längen-Tiefen-Verhältnis beträgt bei OSF's 3 bis 10. Es existieren unter-schiedliche, konkurrierende Modelle, die die Entstehung der OFS's beschreiben (s. z.B. [6.29]). Gemeinsam ist diesen Modellen, daß es letztlich während der Oxidation im oberflächennahen Bereich des Siliziums zu einer Übersättigung an Si-ZGA's kommt. Die ZGA's lagern sich bevorzugt auf dichtest gepackten Ebenen ab, daraus resultiert der in Abb. 6.17 bildlich dargestellte (111)-orien-tierte extrinsische Stapelfehler. Zu unterscheiden sind Dichte und Länge der Stapelfehler. Die Dichte hängt von der Anzahl der möglichen Keime ab, wie schon vorhandene Kristallfehler, Oxid- oder Metallpräzipitate, Kratzer, Implan-tationsschäden sowie Rückstände von Ätz- und Reinigungsverfahren. Die Länge der Stapelfehler ist eine Funktion der Temperatur, der Kristallorientierung, der Oxidationszeit sowie der Oxidationsatmosphäre. Abb. 6.18 zeigt die Länge des Stapelfehlers als Funktion der Temperatur mit der Kristallorientierung als Pa-rameter. Gemäß dieser Darstellung lassen sich zwei Temperaturbereiche unter-scheiden. Bis zu einer Temperatur von ca. 1200 °C nimmt die Länge mit einer Aktivierungsenergie von 2,3 eV zu, unabhängig von der Kristallorientierung und der Oxidationsatmosphäre. Bei noch höheren Temperaturen kommt es dann zu einem Schrumpfen des Stapelfehlers. Dieser Bereich ist durch eine Akti-vierungsenergie von 5 eV gekennzeichnet. Dieser Wert entspricht der Aktivie-rungsenergie der Selbstdiffusion der Siliziumatome, läßt also darauf schließen, daß der Defekt Siliziumatome emittiert. Das Schrumpfen des Stapelfehlers er-folgt auch bei einer Temperaturbehandlung in einer inerten Atmosphäre, sofern nur die Temperatur hoch genug ist. Für gleiche Temperaturen und Zeiten ist die Länge des Stapelfehlers nach der nassen Oxidation größer als nach der trockenen. Der Grund dafür ist die unterschiedliche Oxidationsrate. Die Über-sättigung an Si-ZGA's ist proportional der Oxidationsrate, und damit ist ein ähnlicher Zusammenhang mit der Wachstumsrate der Stapelfehler zu erwarten. Auf der Grundlage dieser Überlegungen ist in [6.28] für die Wachstumsrate die

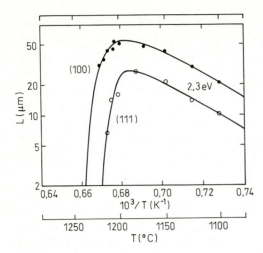

Abb. 6.18. Abhängigkeit der Länge eines Stapelfehlers von der Oxidationstemperatur und der Kristallorientierung nach einer dreistündigen trockenen Oxidation

Beziehung

$$\frac{dL}{dt} = K_1 \left(\frac{dX}{dt} \right)^n - K_2 \tag{6.25}$$

hergeleitet worden. Der erste Term auf der rechten Seite von (6.25) gibt die Längenzunahme des Stapelfehlers mit der Oxidationsrate an, der zweite Term die von der Oxidationsrate unabhängige Schrumpfung des Stapelfehlers bei hohen Temperaturen. Die Anpassung an die experimentellen Daten erfordert ein $n = 0{,}4$ in (6.25). Mit (6.3) nimmt die Länge gemäß $L \sim t^{0,8}$ zu, während die Schrumpfung linear mit der Zeit geht. Die temperaturabhängige Wichtung der beiden Terme erfolgt über die Faktoren K_1 und K_2.

Eine wirkungsvolle Maßnahme zur Vermeidung von Stapelfehlern stellt die Oxidation in einer chlorhaltigen Atmosphäre dar (HCl, TCE, $C33$). Man geht davon aus, daß die Si-ZGA's sich mit dem Chlor binden und eine stabile Phase bilden [6.30]. Durch diese Reaktion wird die Übersättigung an Si-ZGA's herabgesetzt.

6.7 Oxidation von polykristallinem Silizium und Siliziumnitrid

Polykristallines Silizium (kurz Poly-Si) wird in MOS-Schaltungen und bipolaren Schaltungen als Kontaktmaterial eingesetzt. Die polykristallinen Leiterbahnen werden thermisch oxidiert, sei es, um eine Diffusionsbarriere zu erzeugen, oder um die elektrische Isolation gegenüber weiteren leitfähigen Schichten zu gewährleisten. Die Oxidation des Poly-Si läuft ähnlich der des monokristallinen Siliziums ab. Auch hier wird während der Oxidation Silizium konsumiert, wodurch der Widerstand der von vornherein dünnen Bahnen (üblich sind 0,3 bis 0,5 μm) beträchtlich steigen kann. Auch hier ist die Rate bei der nassen Oxidation höher als bei der trockenen. Bei niedrigen und mittleren Dotierungen des Poly-Si liegt die Oxidationsrate etwa zwischen denen des (111)- und des (110)-orientierten monokristallinen Siliziums. Bei hohen Dotierungen sind die Oxidationsraten von Poly-Si und Mono-Si nahezu gleich. Voraussetzung ist jedoch, daß das Poly-Si mit dem Dotierungselement übersättigt ist. Das soll heißen, daß die Korngrenzen abgesättigt sind und das Innere der Körner hoch dotiert ist.

Naturgemäß führt der Einfluß der Kristallkörner zu Eigenschaften des Oxides, die sich von denen des auf monokristallinem Silizium gewachsenen unterscheiden. Ein Beispiel ist die Aufrauhung der Oberfläche aufgrund der unterschiedlichen Oxidationsraten der Körner bzw. der Korngrenzen. Dieser Effekt ist bei niedrigen Temperaturen ausgeprägter als bei hohen. Die Folge kann ein vermindertes Durchbruchverhalten aufgrund der lokal erhöhten elektrischen Feldstärke und damit erhöhten Injektion von Ladungsträgern sein. Beim Ätzen der Kontaktlöcher zu den polykristallinen Leiterbahnen kann die Ätzung längs der aufoxidierten Korngrenzen voranschreiten und die unter dem Poly-Si liegende Oxidschicht erreichen. Das ist einer der Gründe, die eine Kontaktierung der polykristallinen Gate-Elektroden über dem aktiven Gate-Gebiet bei MOS-Transistoren verbieten.

Der Diffusionskoeffizient von Sauerstoff und Wasser ist im Siliziumnitrid extrem gering. Aus diesem Grunde wird Siliziumnitrid üblicherweise als Oxidationsmaske bei der lokalen Oxidation verwendet. Siliziumnitrid zeigt selbst eine Tendenz zur Oxidation; der oberflächennahe Bereich des Nitrides wird während

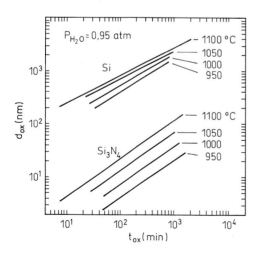

Abb. 6.19. Wachstumskurven für die Oxidation von Si bzw. Si_3N_4 als Funktion der Oxidationszeit. Parameter ist die Oxidationstemperatur

der Oxidation in SiO_2 umgewandelt. Die Konversionsrate ist jedoch erheblich geringer als die Oxidationsrate des Siliziums. Abb. 6.19 zeigt einen Vergleich zwischen der Oxiddicke des Siliziums und des Nitrides als Funktion der Zeit für die nasse Oxidation mit der Temperatur als Parameter. Als Faustregel mag gelten, daß die konvertierte Nitridschicht bei 1000 °C etwa 1 % der Dicke des gewachsenen Oxides ausmacht. Bei einer Feldoxiddicke von 600 nm hat man demnach eine konvertierte Schicht von 6 nm zu erwarten. Dieser Hinweis ist insofern von Bedeutung, als man vor dem Ätzen der Nitridschicht die dünne SiO_2-Schicht entfernen muß, da die üblicherweise verwendeten Chemikalien für das Ätzen des Nitrides (trocken oder nass) das Oxid nur mäßig angreifen.

6.8   Diffusionsöfen

Die heute üblicherweise eingesetzte Oxidationsanlage ist der horizontale Normaldruckofen, auch Diffusionsofen genannt. Sein Grundprinzip ist seit Beginn der Halbleiterfertigung unverändert geblieben, konstruktive Details wurden aber den wachsenden Anforderungen der VLSI-Technologie angepaßt. Diese Systeme werden heute primär zur thermischen Oxidation von Silizium benutzt; in ihrer ursprünglichen Anwendung, der Dotierung, sind sie hingegen weitgehend durch Ionenimplantationsanlagen ersetzt worden. Die Eindiffusion und die Aktivierung der implantierten Dotierstoffe hingegen erfolgt auch heute noch meistens im Ofen. Um Platz im Reinstraum zu sparen, werden in der Regel vier voneinander unabhängige Reaktoren (häufig zusammen mit LPCVD-Anlagen) in einem Mehrstockofen zusammengefaßt.

Eine solche Anlage besteht normalerweise aus vier Komponenten (Abb. 6.20). Im eigentlichen Ofen befinden sich der Reaktionsraum, die elektrische Versorgung und Vorrichtungen zur Kühlung der Anlage. Im Gasversorgungsteil werden die Prozeßgase dosiert, gefiltert und ggf. gemischt. Hier befinden sich bei Bedarf auch Brennkammern zur Erzeugung von Wasserdampf und Vorratsbehälter für flüssige Dotierstoffe und andere Chemikalien. Der Be- und Entladeteil der Anlage beherbergt Vorrichtungen, die die Siliziumscheiben aufnehmen und den Transport in den und aus dem Ofen durchführen. Die Steuereinheit besteht aus einem Mikroprozessor, der den gesamten Ablauf des Ofenprozesses kontrolliert. Bei einem typischen Ofenprozeß werden die Siliziumscheiben in den in "Wartestellung" stehenden Ofen gebracht, auf die Prozeßtemperatur aufgeheizt und der ggf. reaktiven Atmosphäre ausgesetzt. Nach einem kontrollierten Abkühlen werden die Scheiben dann entladen. Die Gesamtprozeßdauer liegt bei einigen Stunden. Eine Prozeßstreuung von 5 % (3σ) von Fahrt zu Fahrt ist realistisch; die Schwankungen auf einer Scheibe und von Scheibe zu Scheibe sind deutlich kleiner.

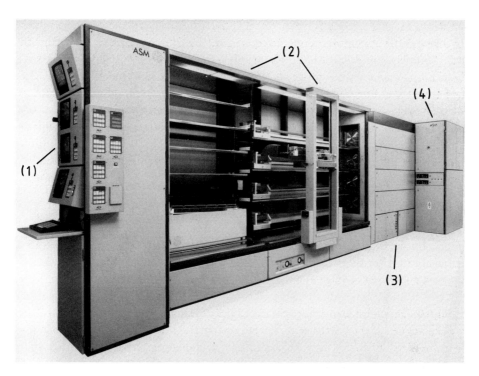

Abb. 6.20. Ein 4-Stock-Diffusionsofen zur Prozessierung von 150 mm-Scheiben. Mit Kontrollsektion (1), Ladestation und Lift (2), Ofenkabinett (3) und Gasversorgungsschrank (4). Mit freundlicher Erlaubnis von ASM Europe, Bilthoven

6.8.1 Der Reaktionsraum

Am häufigsten eingesetzt wird ein zylindrisches Quarzglasrohr, das von Widerstandsheizelementen umgeben ist. An einer Seite des Rohres werden die Prozeßgase eingelassen, umströmen dann laminar die senkrecht zum Gasfluß stehenden Siliziumscheiben und werden an der gegenüberliegenden Seite in ein Absaugungssystem, den sog. Scavenger, geleitet.

Der Diffusionsofen ist dazu konzipiert, 200 und mehr Scheiben gleichzeitig zu prozessieren. Um bei einer solchen Ladung die Uniformität des Prozeßergebnisses zu gewährleisten, muß die flache Zone des Ofens, d.i. der Bereich, in dem die Temperatur vom Sollwert um maximal ± 1 K abweicht, 80 bis 100 cm lang sein. Dies ist mit einem einzelnen Heizelement nicht zu erreichen; um die Wärmeverluste an den beiden Enden auszugleichen, sind dort weitere, unabhängig regelbare Heizelemente vorhanden. Üblich sind heute 3-Zonen-Öfen für die Prozessierung von Scheiben mit Durchmessern bis zu 125 mm. Für noch größere Scheibendurchmesser werden 5-Zonen-Öfen eingesetzt, die neben einer verbesserten flachen Zone auch ein günstigeres dynamisches Verhalten (s.u.) zeigen. Hochtemperaturfeste Legierungen (z.B. Kanthal A1: 22 % Cr;

72 % *Fe*; 5,5 % *Al*) werden für den Widerstandsdraht verwendet, der nach außen hin durch Isolationsmaterialien mit geringer thermischer Masse abgeschirmt wird. Hauptbestandteile dieser Materialien sind SiO_2 und Al_2O_3. Die axiale Abstrahlung kann durch geeignete Isolation ebenfalls minimiert werden. Die Temperaturmessung in jeder Zone erfolgt durch Thermoelemente (*Pt/Pt-Rh*) an der Außenseite des Prozeßrohres. Da die dort gemessenen Temperaturen von der Innentemperatur des Rohres abweichen, müssen diese Unterschiede durch eine sog. Profilierung erfaßt werden.Dies geschieht mit einem Mehrpunkt-Kalibrationsthermoelement, das in das Prozeßrohr eingeführt wird. So können auch Randbedingungen wie Gasfluß und Scheibenladung berücksichtigt werden. Diese indirekte Methode der Temperaturmessung hat mehrere Vorteile: durch die Positionierung der Außenelemente in unmittelbarer Nähe der Heizwicklung wird die Zeitkonstante der Regelung kleiner, die Gefahr von metallischer Kontamination wird herabgesetzt, und die Lebensdauer des Kalibrationselementes wird erhöht. Allerdings birgt diese Technik auch die Gefahr, daß durch Änderungen der Umweltbedingungen (z.B. Luftzug durch mangelhafte Isolation) die bei der Profilierung erfaßten Temperaturabweichungen nicht mehr gültig sind; deshalb sind regelmäßige Überprüfungen erforderlich.

Größen, die das dynamische Verhalten eines Ofens charakterisieren, sind die maximalen Aufheiz- und Abkühlraten und insbesondere die Stabilisationszeit, die nötig ist, um eine "kalte" Scheibenladung nach dem Einfahren in den Ofen auf eine definierte Ausgangstemperatur für den weiteren Prozeßablauf zu bringen. Die Bestimmung der Heizleistung erfolgt durch einen PID-Regler, dessen Parameter (proportional, integral, differentiell) für die verschiedenen Temperaturbereiche optimiert werden müssen. Dies ist besonders wichtig bei Temperaturen unter 600 °C, da in diesem Temperaturbereich die konstruktionsbedingte Abkühlrate abfällt und das Regelsystem zwangsläufig träger wird. Als Alternative werden für derartige Anwendungen oft auch spezielle Niedertemperaturwicklungen benutzt. Das für 3-Zonen-Öfen typische Überschwingen der Innentemperatur an der Quellenseite des Rohres beim Einfahren der Scheibenladung wird durch die weitgehend konstante Heizleistung in dieser Phase verursacht, die einen Temperaturgradienten über der Ladung erzeugt, der bei niedrigen Temperaturen nur langsam abgebaut werden kann. Abhilfe bringt in diesem Fall nur sehr schnelles Einfahren oder ein "schräges" Temperaturprofil in den drei Zonen, das den beschriebenen Effekt kompensieren kann. Neuere Regelsysteme basieren daher auf einer Kombination von Außen- und Innenthermoelementen, die es erlaubt, auch in dynamischen Prozeßschritten die Scheibenladung gleichmäßig zu temperieren. In Tabelle 6.3 sind einige charakteristische Daten eines konventionellen 3-Zonen-Ofens zusammengestellt.

Das eigentliche Prozeßrohr muß eine definierte und reproduzierbare Umgebung für die ablaufenden Reaktionen schaffen, denn jedes Material, das in die heiße Zone eines Ofens eingebracht wird, ist eine potentielle Quelle für Kontaminationen, die zur Zerstörung der Bauelemente führen können. Besonders kritisch sind die Alkalimetalle, die aufgrund ihrer hohen Mobilität

Tabelle 6.3. Technische Daten eines 4-Stock-Diffusionsofens. Die Angaben beziehen sich auf eine Ladung von 150 125 mm-Scheiben und einen Gasfluß von 15 SLM Stickstoff. Mit freundlicher Genehmigung von ASM Europe, Bilthoven

Max. Rohrdurchmesser	210 mm	
Anzahl der Zonen	3	
Temperaturbereich	300...1300 °C	
Flache Zone (900 °C, ±0.5 K)	900 mm	
Temperaturstabilität (72 h)	±0,5 K	
Max. kontrollierte Heizraten	30...20	(300...600 °C)
in K/min	20...10	(600...900 °C)
	10...8	(900...1200 °C)
Max. kontrollierte Kühlraten	9...6	(1200...900 °C)
in K/min	5...4	(900...600 °C)
	4...3	(600...400 °C)
Stabilisationszeit bei 800 °C	< 20 min	
Max. Leistung pro Element	19,5 kW	
Leistung 1200 °C stabil	10 kW	
900 °C stabil	7 kW	
Abmessungen	Länge	2206 mm (incl. Scavenger)
	Tiefe	702 mm
	Höhe	2345 mm
Masse	1200 kg	

in SiO_2 während des Betriebes der Schaltung Spannungsinstabilitäten verursachen. Weiter bilden Übergangsmetalle im Siliziumsubstrat Ausscheidungen, die erhöhte Leckströme in pn-Übergängen zur Folge haben, oder sie generieren in der Si-Bandlücke Zustände, die die Ladungsträgerlebensdauer herabsetzen [6.31]. Über die Möglichkeiten, die eine geschickte Prozeßführung zur Reduktion der Kontamination bietet, ist schon in Abschnitt 6.5.3 berichtet worden, die Auswirkung der Scheibenreinigung wird in Kapitel 11 behandelt. Hier soll auf die Schutzfunktion des Prozeßrohres während der Hochtemperaturbehandlung eingegangen werden. Voraussetzung ist die Verwendung von hochreinen Materialien, die zudem noch bei hohen Temperaturen eine Diffusionsbarriere für Metallionen darstellen müssen. Verwendet werden heute Quarzglas, polykristallines Silizium und rekristallisiertes Siliziumkarbid (SiC). Tabelle 6.4 erlaubt den Vergleich einiger Materialeigenschaften und typischer Fremdstoffkonzentrationen. Obwohl der Gehalt an Verunreinigungen in SiC teilweise deutlich über dem in Si oder SiO_2 liegt, gleicht die geringe Diffusionsgeschwindigkeit der Metalle die relativ geringe Reinheit wieder aus [6.32].

Aufgrund seiner niedrigen Kosten und einfachen Bearbeitung ist Quarz für die meisten Anwendungen das Material, aus dem sowohl Prozeßrohr als auch

Tabelle 6.4. Eigenschaften von Materialien für Diffusionsrohre

	Polykrist. Silizium	Quarzglas	rekrist. Siliziumkarbid
Verunreinigung in Gew.-ppb	[6.33]	WQS GE 214 LS [6.34]	Norton Crystar XP [6.35]
Au	<0,00007		1...1700
Cu	0,22	<200	20...630
Mn			300...1000
Cr	<0,02	<100	180...860
Fe	0,2...2	<200	3000...13000
Ni	0,2...1	<60	1500...3100
Na		<20	90...200
K		<50	430...1100
B	<0,04		
P	<0,3		
Dichte in g/cm³	2,3	2,2	3
spezifische Wärme in J/kgK	920	1210	1130
Wärmeleitfähigkeit in W/Km	33	4	38
linearer Ausdehnungs- koeffizient in 10^{-6}/K	3,8	0,5	4,8

die Haltevorrichtungen für die Wafer gefertigt sind [6.36]. Ein für die Bearbeitung von 150 mm-Scheiben geeignetes Quarzrohr hat einen Durchmesser von 210 bis 250 mm und erreicht bei einer Wandstärke von ca. 5 mm und einer Länge von etwa 2 m ein Gewicht von 15 bis 20 kg. Gelagert wird das Rohr an den beiden Enden in Keramikblöcken, die gleichzeitig die äußere Begrenzung der Heizelemente bilden. Die Gaseinlaßseite des Rohres läuft halbkugelförmig zu; in der Achse befindet sich der Einlaßstutzen, der eine gasdichte Verbindung zuläßt, z.B. durch einen Kugelschliff. Die gegenüberliegende Öffnung, durch die die Wafer transportiert werden, wird während des Prozesses geschlossen, um das Eindringen von Umgebungsluft durch Konvektion und Verwirbelung zu verhindern. Zusammen mit einem ständigen Gasstrom kann so die Rückdiffusion in das Prozeßrohr verhindert werden. Übrigens haben die sehr großen Gasmengen, die ständig durch das Prozeßrohr strömen, auch in der eigentlichen Oxidationsphase hauptsächlich Spülfunktion: Der letztendlich gebundene Sauerstoffanteil ist nur ein verschwindender Bruchteil der insgesamt angebotenen Gasmenge.

Quarzglas befindet sich in einem metastabilen Zustand, d.h. es besteht die Neigung, in den stabilen kristallinen Zustand überzugehen. Den Umwandlungsvorgang nennt man Entglasung oder Devitrifikation. Die Entglasungsgeschwindigkeit ist sehr gering und erreicht erst bei Temperaturen über 1200 °C Werte von der Größenordnung nm/h, kann also in der Regel vernachlässigt werden. Allerdings unterliegt der gebildete Cristobalit bei 275 °C einer Phasentransformation, die eine sprunghafte Änderung des thermischen Ausdehnungskoeffizienten verursacht. Dies kann Risse im Glas und ein Abplatzen der kristallinen Form und damit Partikel erzeugen. Daher ist ein Abkühlen von Quarzrohren, die sehr lange bei hohen Temperaturen betrieben wurden, unter 500 °C zu vermeiden.

Problematisch ist in jeder Form von SiO_2 die hohe Diffusionsgeschwindigkeit von Alkaliionen. Daher muß bei der Anwendung von hochreinen Quarzrohren darauf geachtet werden, daß das Rohr während des Betriebes auch weitgehend alkalifrei bleibt. So darf beim Einbau das Rohr nicht mit bloßen Händen berührt werden, und auch aus der Heizwicklung und der Isolation dürfen keine Alkalimetalle ausgasen. Zudem kann die Entglasung durch Alkalimetalle um einen Faktor 100 beschleunigt werden, so daß dann auch sonst nur langsam diffundierende Schwermetalle (z.B. Fe oder Cr) entlang der Korngrenzen leichter in das Rohrinnere gelangen können. Schutz vor Alkalikontamination bietet die Auswahl von entsprechend reinen Komponenten oder der Einsatz eines keramischen Hüllrohres [6.37]. In der Vergangenheit diente dieser sog. "Liner" in erster Linie zur Unterstützung des Quarzrohres bei hohen Temperaturen. Angewendet wurden hauptsächlich Aluminiumoxid und -silikat (Mullit). Diese Materialien sind allerdings relativ stark verunreinigt und neigen zudem zu strukturellen Defekten ("pinholes", Risse insbesondere bei Temperaturwechseln) und beschleunigen die Entglasung. Wegen seiner hohen Temperaturbeständigkeit und Reinheit findet heute SiC vermehrt Verwendung. Im allgemeinen haben Liner jedoch den Nachteil, daß sie bei gegebenen Heizkassetten die maximal zulässige Scheibengröße reduzieren und zudem durch die zusätzliche Masse die Temperaturregelung beeinflussen, obwohl die gute Wärmeleitfähigkeit von SiC dazu beiträgt, daß Temperaturdifferenzen schneller ausgeglichen werden können.

Eine weitere Möglichkeit zur Reinhaltung des Prozeßrohres bieten sogenannte Doppelwand-Quarzrohre, in denen der Raum zwischen innerem Prozeßrohr und äußerem Schutzrohr permanent entweder mit einem inerten Gas oder, wirkungsvoller, mit Chlorwasserstoff gespült wird [6.38]. Letzteres führt zur Bildung von leichtflüchtigen Metallchloriden, die mit dem Gasstrom aus der heißen Zone des Ofens gespült werden und sich im kälteren Teil der Anlage niederschlagen. Ähnlich wirkt das regelmäßige Spülen des Prozeßrohres mit Chlorwasserstoff bei erhöhter Temperatur. Der naßchemische Abtrag (mit Flußsäure) der äußersten Schichten des Rohres ist vor dem Einbau eines fabrikneuen

Rohres durchaus üblich, erfordert ansonsten aber den Ausbau des Rohres aus dem Ofen und wird während des Betriebszeitraumes nur selten durchgeführt.

Der Anwendung von Quarz sind bei Temperaturen über 1100 °C weitere Grenzen gesetzt. Hier kann die Erweichung des Materials unter dem Einfluß der Schwerkraft zu einem "Sacken" des Querschnittes, oder, je nach Lagerung, zu einem Durchbiegen des ganzen Rohres führen. In einem begrenzten Umfang kann der Einsatz von hydroxylarmem Quarz, d.h. Quarz mit erhöhtem Anteil an brückenbildendem Sauerstoff, oder die Verwendung von stabilisierten Rohren helfen. Letztere weisen an der Oberfläche der Außenwandung eine Dotierung mit Aluminium auf, so daß beim ersten Aufheizen eine kontrollierte Entglasung und somit ein "Aushärten" des Rohres initiiert wird. Zusätzlich wirkt diese Stabilisationsschicht diffusionshemmend auf Alkalimetalle, da die dort vorhandenen Al-Ionen als Getterzentren wirken [6.39].

An dieser Stelle soll noch auf die Haltevorrichtungen für die Scheiben eingegangen werden. Abb. 6.21 zeigt verschiedene Ausführungen dieser sog. Boote. An alle Konstruktionen wird die Anforderung gestellt, die Scheiben im Verlauf des Ofenprozesses fest, aber spannungsfrei zu halten, ohne das Prozeßergebnis zu beeinflussen. Ausnahmen sind spezielle LPCVD-Anwendungen, bei denen die Bootkonstruktion dazu beiträgt, die Prozeßuniformität zu verbessern. Für die Boote finden die gleichen Materialien Verwendung wie für die Prozeßrohre. Weit verbreitet sind Boote mit Standard-Abmessungen, die je nach Abstand (2,38 bzw. 4,76 mm entspr. SEMI) 50 oder 25 Scheiben aufnehmen können, aber auch Langboote, die eine ganze Ladung von 200 Scheiben fassen, werden eingesetzt. Gehalten werden die Silizium-Scheiben nur am äußersten Rand in flachen Schlitzen. Das Schlitzprofil ist oft "Y"-ähnlich und gewährleistet neben einer stabilen Positionierung eine leichte Bestückung des Bootes. Bei der Dimensionierung der Schlitze muß die ggf. unterschiedliche thermische Ausdehnung

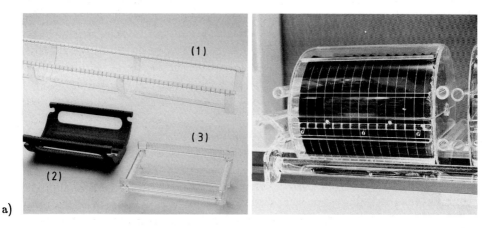

a)   b)

Abb. 6.21. Verschiedene Ausführungen von Booten: a) Langboot für 100 100 mm-Scheiben (1), *SiC*-Boot (2) und Quarzboot (3), b) Käfigboot für BPSG-Deposition, letztere für 125 mm-Scheiben

von Scheibe und Boot berücksichtigt werden. Ein Einklemmen der Scheiben bei hoher Temperatur kann zu vielfältigen Schäden führen: von der Erzeugung von Versetzungen und Gleitlinien bis hin zum makroskopischen Verbiegen und zum Scheibenbruch. Andererseits darf das Spiel nicht zu groß sein, um ein Kippen der Scheiben gegeneinander oder gar eine Berührung zu vermeiden. Auch im Hinblick auf ein maschinelles Be- und Entladen der Boote sind definierte Scheibenstellungen nötig, um Greifmechanismen zur sicheren Anwendung kommen zu lassen.

6.8.2 Die Gasversorgung

Am rückwärtigen Ende des Ofens befindet sich im allgemeinen eine Sektion, die das Bindeglied zwischen einer zentralen Prozeßgasversorgung und dem Reaktionsraum darstellt. Für Oxidationsöfen werden Sauerstoff, Stickstoff, Wasserstoff und ggf. Argon und Chlorwasserstoff benötigt; diese Gase werden in dieser Quellensektion in unabhängige Gasverteilungssysteme eingespeist. Für jedes Gas existiert eine eigene Linie, die Filter, Ventile und Durchflußregler enthält. Die einzelnen Zweige werden schließlich zusammengefaßt, so daß die resultierende Gasmischung über eine flexible Leitung (oft *PTFE*, d.h. Teflon) in das Prozeßrohr geleitet werden kann.

Ein wesentlicher Aspekt bei der Konstruktion dieser Gassysteme ist neben der Betriebssicherheit im Umgang mit toxischen, korrosiven oder brennbaren Gasen die Verhinderung von Kontaminationen, die mit dem Gasstrom in das Prozeßrohr eingeschleppt werden können [6.40]. Vermieden werden müssen an erster Stelle Lecks, die neben dem unkontrollierten Austritt der Prozeßgase in die Umgebung und damit einer Gefährdung des Personals auch ein Eindringen von atmosphärischen Kontaminationen (z.B. Wasserdampf) in das Leitungssystem erlauben. Dies kann neben einer unkontrollierten Beeinflussung von thermischen Oxidationsraten auch zur beschleunigten Korrosion des Systems oder zu chemischen Reaktionen mit Partikelbildung führen. Daher sind die Gassysteme aus verschweißten Edelstahlkomponenten aufgebaut. Lediglich Bauteile, die zur Wartung demontiert werden müssen, sind mit speziellen, gasdichten Verschraubungen angeschlossen. Die Generation von Partikeln aus den Rohrwandungen kann durch Elektropolieren reduziert werden. Dieses Verfahren gewinnt zunehmend an Bedeutung, auch weil dadurch die innere, ggf. feuchtigkeitsadsorbierende Oberfläche verkleinert wird. Besonderes Augenmerk muß auf die Auswahl der Systemkomponenten im Hinblick auf die Verträglichkeit mit reaktiven Gasen gerichtet werden. So kann das falsche Material in Ventilsitzen oder Dichtungsringen zu inneren Lecks und/oder zur Partikelerzeugung führen. Membranfilter in den einzelnen Gaslinien sorgen für eine zusätzliche Partikelreduktion [6.41]. Als Ventile sind pneumatische Faltenbalgventile weit verbreitet. Ventile, die im stromlosen Zustand geschlossen sind, werden vorzugsweise in Gefahrgaslinien eingesetzt, während stromlos offene Ventile hauptsächlich in "inerten" Leitungen Verwendung finden, um auch im Falle eines Stromausfalles eine Spülung des Prozeßrohres zu gewährleisten. Zusätzliche Leitungen erlauben ein Freispülen von Gefahrgasleitungen z.B. vor Wartungsarbeiten.

Die Dosierung der Gase erfolgt über Massendurchflußregler (engl. Mass Flow Controler, MFC). Das Funktionsprinzip basiert darauf, daß die von einem Gasstrom transportierte Wärmemenge gemessen wird. Daraus kann die Massenflußrate abgeleitet werden. Als Einheit hat sich der "Standardliter pro Minute (SLM)" bewährt; $22,4\,\mathrm{SLM}$ entsprechen einem Fluß von $1\,\mathrm{mol/min}$. Eine praktische Ausführung sieht so aus, daß parallel zum laminaren Hauptfluß ein Kapillarröhrchen durchströmt wird, welches zu beiden Seiten eines Heizelementes mit Temperaturfühlern ausgerüstet ist. Ohne Gasfluß wird längs der Meßkapillare ein symmetrisches Temperaturprofil erzeugt, das bei Einsetzen einer Strömung verschoben wird. Die entstehende Temperaturdifferenz zwischen den Sensoren ist ein Maß für die Flußrate. In den MFC integriert ist ein Regelventil, das direkt vom Ausgang des Meßfühlers angesteuert wird. Verwendung finden thermische Ventile, die den Leitungsquerschnitt und damit bei gegebener Druckdifferenz auch den Gasstrom mittels der thermischen Ausdehnung eines Metallstabes verändern, oder elektromagnetische Ventile, die den gleichen Effekt durch die Verschiebung eines Magneten bewirken. Kritisch ist das Einschwingverhalten des MFC's, da auch in den ersten Sekunden nach dem Ansteuern ein Überschwingen des Gasflusses über den Sollwert und damit ggf. die Bildung von undefinierten Gasmischungen vermieden werden muß. Ein "Soft Start" kann entweder direkt im analogen Regelkreis des MFC's oder durch eine entsprechende Ansteuerung von außen, d.h. durch den Prozeßrechner, verwirklicht werden.

Der Einsatz von Waschflaschen ("Bubbler") erlaubt die Nutzung von Dämpfen, die sich bei (ggf. leicht erhöhter) Raumtemperatur aus Flüssigkeiten entwickeln. Hier perlt ein Trägergas durch die flüssige Chemikalie, so daß sich eine der Temperatur entsprechende Gleichgewichtskonzentration einstellen kann. Um ein reproduzierbares Prozeßergebnis zu gewährleisten, müssen Temperatur und Füllstand des Vorratbehälters und der Trägergasstrom kontrolliert werden. Vorteilhaft ist dabei die Möglichkeit, den Gasstrom schon vor dem Eintritt in die Flüssigkeit regeln zu können, so daß Kondensation im MFC weitgehend vermieden wird. Nach einem anderen Prinzip arbeiten "Liquid Source Controler"; sie bestimmen zusätzlich den Dampfgehalt im Trägergas aus der Wärmeleitfähigkeit der Mischung und regeln den Trägergasstrom so, daß eine konstante Dampfflußrate erzeugt wird. Bei allen derartigen Systemen kann der Einsatz von geheizten Leitungen zur Kondensationsvermeidung nötig sein.

Eine wichtige Anwendung für Bubbler war in der Vergangenheit die Erzeugung von Wasserdampf für die feuchte Oxidation. Heute liegt der Schwerpunkt des Einsatzes bei der Dotierung (Abschnitt 9.8) und bei der Oxidation, wenn eine chlorhaltige Atmosphäre durch die Verbrennung von Trichlorethan (TCA oder $C33$) als Ersatz für den aggressiven und korrosionsfördernden Chlorwasserstoff erzeugt wird [6.42].

In neuerer Zeit wird "pyrogener" Wasserdampf durch eine kontrollierte, thermisch aktivierte Knallgasreaktion entweder direkt im Prozeßrohr (Innenbrenner) oder in einer separaten Brennkammer vor dem Rohreingang (Außenbrenner, Abb. 6.22) erzeugt. Gegenüber der ursprünglichen Methode haben diese Brennersysteme den Vorteil, daß die Kontaminationsgefahr geringer und die Gasmischung präziser einstellbar ist. Aus Sicherheitsgründen wird in diesen Systemen Wasserstoff erst dort mit Sauerstoff zusammengebracht, wo die Zündtemperatur der Mischung (ca. 625 °C) überschritten ist. Daher ist das letzte Stück der H_2-Gasleitung als Quarzröhrchen ausgebildet. Da die Verbrennung von 10 SLM Wasserstoff eine Wärmeleistung von ca. 2,1 kW liefert, haben Innenbrenner den Nachteil, daß durch die zusätzliche Wärmelast das Temperaturprofil im Prozeßrohr verändert wird. Die Auslagerung des Brennraumes in die Quellensektion schwächt diesen Effekt ab und gewährleistet eine größere Prozeßuniformität.

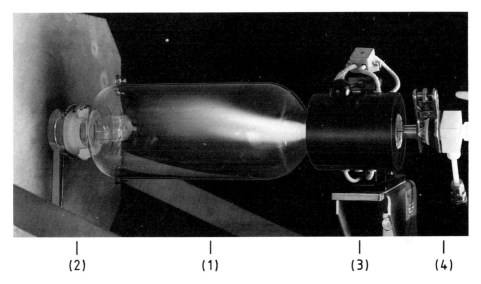

(2) (1) (3) (4)

Abb. 6.22. Ein Außenbrennersystem zur Erzeugung von Wasserdampf. Mit Brennkammer (1), Kugelschliffverbindung (2) zum Prozeßrohr, Rohrofen (3) zum Erreichen der Zündtemperatur und Gaszuführung (4). Mit freundlicher Erlaubnis von ASM Europe, Bilthoven

6.8.3 Die Beladestation

Die Beladestation eines Ofens muß einer der saubersten Bereiche einer Fertigungslinie sein. Hier stehen die Scheiben nach der Reinigung offen in den Booten, und jede Kontamination, die jetzt noch erfolgt, kann ihre schädigende Wirkung während der nachfolgenden Temperaturbehandlung voll entfalten.

Da der normale Umgebungs-"Down Flow" durch diverse Einbauten hier stark gestört ist, ist die Beladestation meist als separate Horizontal-Laminar-Flowbox ausgelegt. In dieser Flowbox befinden sich die Fahrmaschinen, die manuelle Einfahrsysteme weitgehend verdrängt haben. Linearantriebe sorgen für eine erschütterungsarme Bewegung der Ladung; durch analoge oder digitale Sensorik wird die Position laufend an die Kontrolleinheit weitergegeben.

Tragarme (auch "Paddel") für die Aufnahme der Boote existieren heute in drei verschiedenen Konfigurationen. Die älteste Bauform besteht aus einem Gestell aus Quarz, SiC oder Si, welches auf Rollen durch das Prozeßrohr bewegt wird; teilweise waren auch Langboote direkt mit Rollen versehen. Die damit verbundene Partikelgeneration, insbesondere bei LPCVD-Prozessen, hat zur Entwicklung von "freischwebenden" Einfahrsystemen geführt, die lediglich an der Antriebsseite eingespannt sind. Wegen des erheblichen Drehmomentes, das eine volle Ladung erzeugt, sind die tragenden Teile dieser sog. "Cantilever" in den meisten Fällen aus SiC gefertigt [6.43]. Bei den beiden beschriebenen Konstruktionen bleibt das Paddel während des Prozesses im Prozeßrohr, daher sollten sie auf eine möglichst geringe Beeinflussung der Ofencharakteristik hin ausgelegt sein, d.h. ihre Masse muß bei gegebener mechanischer Belastung minimiert werden und es dürfen keine Behinderungen des Gasaustausches auftreten. Eine Alternative sind die sog. "Soft Landing"-Systeme, die die Boote freischwebend in das Prozeßrohr einfahren und diese dort absetzen; das Paddel wird vor Prozeßbeginn wieder ausgefahren. Zusätzlich wird durch diese Methode das Risiko des Paddelbruches reduziert; im Falle von LPCVD-Anlagen wird auch die vakuumdichte Türkonstruktion wesentlich vereinfacht.

Eine Variante, deren Notwendigkeit zur Zeit für die kritischsten Oxidationsanwendungen zur Reduktion von Oxidladungen diskutiert wird, erlaubt das endgültige Abkühlen der Scheiben nach Beendigung des Prozesses unter einer Schutzgasatmosphäre. Im Prinzip wird dabei das Prozeßrohr aus Platzgründen in die Flowbox hinein verlängert. Dies geschieht durch ein bewegliches Ansatzstück aus Quarzglas, das entweder durch das Paddel gehalten wird, oder in Flowbox und Scavenger gelagert ist und mit Stickstoff gespült wird. Zum Entladen der Scheiben wird dieses Kühlrohr dann entweder zurückgezogen oder aufgeklappt.

Das manuelle Bestücken der Boote wird mit zunehmendem Scheibendurchmesser immer schwieriger, zusätzlich trägt der Mensch erheblich zur Partikelkontamination bei. Daher gewinnt die maschinelle Beladung kontinuierlich an Bedeutung, obwohl sich ein Diffusionsofen nur durch erhebliche Modifikationen und Nachrüstungen in ein "Cassette to Cassette"-System umwandeln läßt, welches Scheiben ohne direkten menschlichen Eingriff aus dem Transportbehälter entnimmt, sie prozessiert und wieder in den Transportbehälter entlädt. Ein "Waferhandler" transferiert die Scheiben entweder einzeln oder in Gruppen von 25 oder 50 Scheiben in die Prozeßboote. Dabei bietet die erste Möglichkeit eine größere Flexibilität beim Hantieren von Test- und Füllscheiben, während die zweite in der Regel schneller abläuft. Als letzter Schritt wird das beladene

Boot mit einem Lift auf das Paddel gesetzt. Um eine Querkontamination der Scheiben bzw. Prozeßrohre zu verhindern, müssen Greifwerkzeuge, Stellflächen etc. für prozeßmäßig nicht kompatible Scheiben getrennt werden.

6.8.4 Die Steuereinheit

Das Zusammenwirken der einzelnen Baugruppen des Ofens regelt ein Mikroprozessor, der bei modernen Öfen mit Videomonitor und Keyboard ausgestattet ist und, mit entsprechender Software versehen, im direkten Dialog programmiert werden kann. Der Ofenprozeß ist durch ein abgespeichertes Programm gegeben, das sämtliche Sollwerte z.B. für Zeit, Bootposition, Gasflußraten oder Ventilstellungen definiert. Direkte Eingriffe in den aktuellen Zustand des Systems bleiben möglich. Eine der Hauptaufgaben des Prozessors ist die Temperaturregelung, d.h. die Berechnung der erforderlichen Heizleistung für die einzelnen Zonen nach einem PID-Algorithmus (DDC = **D**irect **D**igital **C**ontrol). Insbesonders erlaubt die digitale Verarbeitung zeitlich lineare Temperaturänderungen "nach Maß" (Ramping), um die Auswirkung von Temperaturstreß auf die Scheiben zu reduzieren. Ein solches Ramping kann natürlich auch für die MFC's programmiert werden, ebenso lassen sich leicht Gasmischungen erzeugen, in denen der reaktive Anteil (z.B. O_2 oder H_2O) durch ein inertes Gas verdünnt wird, um wegen des reduzierten Partialdruckes verringerte Reaktionsraten zu erhalten. Schließlich hat der Prozessor noch Logbuchfunktionen, die sämtliche Sollwertabweichungen sowie logistische Informationen festhalten und so eine Fehlersuche erleichtern.

Da ein Prozeßrohr meist für mehrere unterschiedliche Prozesse genutzt wird, erfolgt das Einlesen des benötigten Programmes entweder direkt von Magnetband oder Diskette, oder es steht ein übergeordneter Computer mit Massenspeicher zur Verfügung, von dem aus die Programme an die einzelnen Prozessoren gesendet werden können. Ein solcher Rechner ist in der Regel an mehrere Vierstocköfen angeschlossen. Neben Editor-Funktionen werden meist zusätzliche diagnostische Möglichkeiten geboten. Schnittstellen zu CAM-Systemen, die u.a. logistische Aufgaben erfüllen sollen, sind vorhanden und werden in Zukunft verstärkt genutzt werden.

6.9 Andere Verfahren

Die Weiterentwicklung der Prozeßtechnologie hat nicht nur zur Optimierung der traditionellen Horizontalöfen geführt, sondern auch neue Konzepte gefördert. Dazu beigetragen hat die zunehmende Automatisierung in der Halbleiterfertigung; wesentliche Anstöße aber gaben die ständige Erhöhung der Schaltungsintegration (sinkende Temperatur-Zeit-Bilanz des Gesamtprozesses) und die Forderung nach kürzeren Durchlaufzeiten. In diesem Abschnitt sollen drei kommerziell verfügbare Anlagentypen und ihre Anwendungen behandelt werden, die den Diffusionsofen zwar nicht verdrängen, aber sinnvoll ergänzen können. Vertikalöfen versprechen bei größeren Scheibendurchmessern eine höhere Uniformität, Hochdrucköfen reduzieren die Prozeßzeit und/oder die Temperatur, während "Rapid Thermal Annealer" einzelne Scheiben innerhalb von Minuten prozessieren können.

6.9.1 Vertikalöfen

Der Vertikalofen ist eine Bauform des atmosphärischen Ofens, bei dem das Prozeßrohr vertikal angeordnet ist, dabei ist die Höhe der Anlage vergleichbar mit einem normalen 4-Stockofen. In den meisten Fällen liegt der Gaseinlaß an der Oberseite, während die Ladung von unten in einem speziellen Langboot in den Ofen transportiert wird. Bei der Bootkonstruktion sind die Toleranzen der Schlitzbreite weniger kritisch, da die Scheiben nur an drei Punkten aufliegen müssen; dadurch wird die Gefahr von Kristallschäden geringer. Die veränderte Symmetrie dieser Öfen kann helfen, Uniformitätsschwankungen auf der einzelnen Scheibe zu verhindern, die sonst durch Temperaturgradienten über dem Rohrquerschnitt verursacht werden können. Ursachen dafür sind das Fehlen des Paddels mit seiner hohen Wärmekapazität, aber auch ein weniger kritischer Einfluß der Konvektion auf den Gasstrom als im Horizontalofen. Da das Eindringen von kalter Umgebungsluft in das Prozeßrohr von der Unterseite her behindert ist, kann der Gesamtgasfluß reduziert werden. Neben einem geringeren Energiebedarf ist auch die benötigte Reinraumfläche kleiner als bei vergleichbaren Horizontalöfen. Da Vertikalöfen meist als Einzelsysteme ausgelegt sind, ist die Gefahr von Querkontamination nur gering. Schließlich sei noch die zwanglosere Automatisierung des Be- und Entladevorgangs genannt, da die meisten anderen Prozeßschritte ebenfalls in der stabilen horizontalen Lage der Scheiben ablaufen und dementsprechend auch die meisten (und einfachsten) Transportsysteme existieren. Problematisch ist bei nicht perfekter Abdichtung der ausgeprägte Kamin-Effekt, der durch Luftzug in der Heizkassette die Temperaturregelung beeinflußt.

6.9.2 Hochdruckoxidation

Die Oxidation von Silizium bei erhöhtem Druck ist nicht neu; erste Untersuchungen stammen aus den sechziger Jahren. In [6.44] ist eine Fülle von Veröffentlichungen zu diesem Thema zusammengestellt. Das Prinzip der Hochdruckoxidation beruht darauf, daß die Ratenkonstanten des Deal-Grove-Modells vom Partialdruck des Oxidanten abhängen (Abschnitt 6.4.3). Abb. 6.23 erlaubt einen Vergleich der resultierenden Oxiddicke bei Normaldruck bzw. bei 20 bar in feuchter und trockener Atmosphäre. Durch die Einführung des Drucks als zusätzlichem Parameter ergeben sich neben der bloßen Reaktionsbeschleunigung weitere Möglichkeiten im Hinblick auf den Gesamtprozeß. Bei gegebener Oxiddicke und Prozeßtemperatur wird bei erhöhtem Druck durch die Verkürzung der Temperaturbehandlung die Diffusion von Dotieratomen in Substrat und Oxid reduziert. Dies ermöglicht durch die stärkere laterale Be-

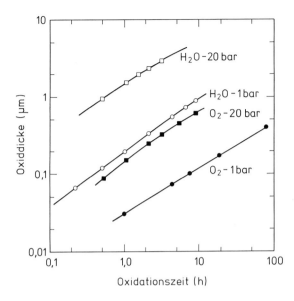

Abb. 6.23. Oxiddicke in Abhängigkeit von der Oxidationszeit für (111)-Silizium. Die Oxidationen erfolgten bei 1 bar und 20 bar in trockenem Sauerstoff bzw. pyrogenem Wasserdampf bei 900 °C [6.14]

grenzung von implantierten Gebieten eine höhere Packungsdichte und durch die Verminderung der Ausdiffusion eine Erniedrigung der implantierten Dosis. Eine zusätzliche Senkung der Oxidationstemperatur verlangsamt zwar wieder das Oxidwachstum, wirkt aber auch hemmend auf die Diffusion von Verunreinigungen, auf das Wachstum von OSF's (siehe Abschnitt 6.6) und verringert die thermische Belastung bei der Prozessierung von Scheiben mit großem Durchmesser. Neben der Anwendung der Hochdrucktechnik beim Wachsen von dicken Isolationsoxiden (ca. 1 μm) zeichnen sich auch Einsatzmöglichkeiten beim Fließen von dotierten Gläsern (PSG, BPSG, siehe Kapitel 7) und bei der thermischen Nitrierung von Silizium und Siliziumoxid ab [6.45].

Kommerzielle Hochdrucköfen basieren auf dem konventionellen Diffusionsofen. Das Prozeßrohr sowie die Heizelemente sind allerdings in eine wassergekühlte Druckkammer aus Edelstahl verlagert. Während des Prozeßablaufs ist das Innere des Quarzrohres hermetisch vom Druckbehälter getrennt. Um die mechanische Belastung des Prozeßrohres gering zu halten, wird der Druck im Außenraum (N_2) auf den Innendruck eingestellt. Der maximale Arbeitsdruck liegt derzeit bei 25 bar. Wasserdampf wird pyrogen in einem Innenbrennersystem erzeugt. Zur Verhinderung von Alkalikontamination besteht auch hier die Möglichkeit, das Prozeßrohr mit *HCl*-Gas zu spülen, zur Vermeidung von Korrosion an metallischen Teilen der Anlage allerdings nur bei Normaldruck und in trockener Atmosphäre. Scheibenkapazität und Peripherie eines Hochdruckofens sind mit modernen Normaldrucköfen vergleichbar; aufgrund des zusätzlichen Druckbehälters sind jedoch allenfalls 2-Stock-Öfen verfügbar. Die nur zögernde Integration dieser Technik in die Halbleiterfertigung liegt darin begründet, daß die Gesamtkapazität, gemessen an Platzbedarf und effektiver Betriebszeit, nicht höher ist als die eines 4-Stock-Diffusionsofens, daß Homogenität und Reproduzierbarkeit der Oxide zur Zeit noch schlechter sind als bei atmosphärischen Öfen, und liegt nicht zuletzt auch an Sicherheitsbedenken für den Betrieb der Systeme, obwohl in anderen Industriezweigen die Handhabung von wesentlich höheren Drücken, auch bei hohen Temperaturen, zum Standard gehört.

6.9.3 Rapid Thermal Processing

Während Hochdrucköfen den atmosphärischen Ofen da ersetzen können, wo ein vergleichbares Prozeßergebnis bei niedrigeren Temperaturen erreicht werden kann, gibt es auch Prozeßschritte, die das Erreichen einer Mindesttemperatur erfordern. Dazu zählt vor allem die elektrische Aktivierung von implantierten Fremdatomen und die Rekristallisation des bei der Implantation geschädigten Kristallgitters, die bei geeigneten Temperaturen innerhalb von Sekunden ablaufen. Diese Möglichkeiten, im Ofen wegen der hohen thermischen Trägheit nicht nutzbar, führte zur Entwicklung der "Rapid Thermal Annealer", deren Einsatzspektrum heute allerdings wesentlich verbreitert ist. Die Hauptanwendung liegt zwar nach wie vor rund um die Ionenimplantation [6.46, 6.47], weitere Möglichkeiten bieten diese Systeme aber bei der Silizierung [6.48], beim Fließen von PSG und BPSG [6.49], bei der *Al*-Kontakt-Legierung [6.50] und schließlich auch bei der Bildung von dünnen thermischen Oxiden [6.51].

In derartigen Anlagen können einzelne Scheiben sehr schnell erhitzt bzw. abgekühlt werden (ca. $100\,K/s$), der Arbeitsbereich reicht von 400 bis 1200 °C. Als Wärmequellen dienen z.B. Bogenlampen oder Wolfram-Halogenlampen mit mikroprozessorgeregelter Heizleistung. Die Temperaturmessung erfolgt durch Pyrometer direkt an der Rückseite der prozessierten Scheibe. Die Scheibe ist thermisch isoliert in der Prozeßkammer gelagert, so daß der Wärmetransport nur über Strahlung erfolgt. Da die Wände der Kammer nicht aufgeheizt werden ("Cold Wall") ist die Kontaminationsgefahr von außen stark reduziert. Wesentliches Konstruktionsmerkmal muß die extrem gleichförmige Ausleuchtung der Scheibe sein, damit Temperaturinhomogenitäten vermieden werden, die sonst zu schweren Kristallschäden führen würden. Probleme bei der Temperatureinstellung können dadurch erzeugt werden, daß das Emissionsvermögen der Scheiben von Art und Dicke eventuell vorhandener Schichten abhängt. Der Fehler kann leicht in die Größenordnung von $100\,K$ kommen. Abhilfe bringt das Freiätzen der Scheibenrückseite oder eine Kalibration des Pyrometers für unterschiedliche Scheibensorten [6.52].

7 CVD-Verfahren

P. Seegebrecht, N. Bündgens, R. Schneider

7.1 Einleitung

Der Begriff CVD steht abkürzend für Chemical Vapor Deposition und bezeichnet die Abscheidung eines festen amorphen, poly- oder monokristallinen Films auf einem Substrat aus der Gasphase. Die Gase, die den oder die Reaktanten enthalten werden hierbei in einen Reaktor geleitet, dort durch Energiezufuhr dissoziiert und die Radikale einer Reaktion zugeführt. Die Energiezufuhr kann entweder thermisch, also durch Wärme, durch Anregung der Reaktanten in einem Plasma (PECVD: **P**lasma **E**nhanced **CVD**) oder über Photonen erfolgen (photonenunterstützte Prozesse, Laser-CVD).

Gegenüber den anderen, in der Mikroelektronik eingesetzten Verfahren zur Herstellung dünner Filme wie die thermische Oxidation, die PVD-Verfahren (**P**hysical **V**apor **D**eposition: Sputtern, Aufdampfen) und das Schleuderverfahren (z.B. SOG: **S**pin **O**n **G**las) zeichnet sich das CVD-Verfahren durch die folgenden Vorteile aus: 1. gute Prozeßkontrolle über die vielfältigen Prozeßparameter, 2. hohe Reinheit der Reaktanten, 3. große Anzahl der existierenden chemischen Kompositionen und damit die Möglichkeit Filme abzuscheiden, die mit Hilfe der anderen Methoden nicht hergestellt werden können. Nachteilig sind die zum Teil hohen Abscheidetemperaturen, die Partikelproblematik und die Verwendung toxischer Gase.

Die Anforderungen, die an den Prozeß bzw. den abgeschiedenen Film gestellt werden, sind eine hohe Depositionsrate und ein hoher Durchsatz an Scheiben, eine kontrollierte Stöchiometrie und Reinheit des Films, Uniformität der Abscheidung über der Scheibe, eine gute Haftung und Stufenbedeckung sowie gute elektrische Eigenschaften des Films. Üblicherweise werden die Filme in der Praxis durch ihre Dichte, den Brechungsindex, die Ätzrate (z.B. in gepufferter *HF*) sowie ihren mechanischen Streßzustand (Zug- bzw. Druckspannung) charakterisiert. Zur Einstellung der gewünschten Filmeigenschaften stehen als Prozeßparameter die Gaszusammensetzung, der Gasdurchfluß, die Scheibentemperatur, der Druck und die Reaktorgeometrie zur Verfügung. Bei den plasmaunterstützten Prozessen kommen als Parameter zusätzlich noch die eingekoppelte HF-Leistung und die Vorspannung, die Frequenz sowie die Geometrie und der Abstand der Elektroden hinzu. Je nachdem, ob der Prozeß bei Normaldruck oder bei reduziertem Druck abläuft, spricht man von einem APCVD- (Atmospheric Pressure) oder LPCVD-(Low Pressure)Prozeß. Die plasmaunterstützten Verfahren sind stets Niederdruckprozesse. Ergänzende Hinweise zu den verschiedenen Verfahren geben [7.1,2].

In der Tabelle 7.1 sind die wesentlichen Verfahren und deren Anwendungen in der Si-Technologie zusammengestellt. Gegenstand dieses Kapitels ist die Abscheidung der polykristallinen Si-Schichten sowie die der dielektrischen Filme (Oxid, Nitrid, Oxinitrid). Die epitaktische Abscheidung von Si wird in Kapitel 3 behandelt, die Vorteile der Wolfram-CVD-Technik werden in Kapitel 8 dargestellt.

Die nächsten drei Abschnitte behandeln zunächst die Grundlagen der CVD-Technik. Abschnitt 7.2 behandelt die thermischen CVD-Prozesse, bei denen die Energiezufuhr durch Wärme erfolgt, Abschnitt 7.3 die plasmaunterstützten Prozesse. Das wichtige Thema der Stufenbedeckung wird in Abschnitt 7.4 behandelt. Abschnitt 7.5 geht auf die Anlagentechnologie ein, während in 7.6 bis 7.8 die gebräuchlichen Prozesse für die Polysilizium-, Oxid- und Nitridabscheidung vorgestellt werden.

Tabelle 7.1. Beispiele für den Einsatz von CVD-Verfahren bei der Herstellung integrierter Schaltungen

Schicht	Prozeßtemp. in °C	Prozeßgase	Anwendung
Poly-Silizium	600...650	SiH_4	Gate-Elektroden, Leiterbahn
HTO	900...950	SiH_2Cl_2, N_2O	Zwischenoxid
LTO	400...500	SiH_4, O_2	Zwischenoxid
TEOS	650...750	$Si(OC_2H_5)_4$	Zwischenoxid, Spacer-Technik
BPSG	640...680	TEOS, TMB, PH_3	Zwischenoxid, Planarisierung
Siliziumnitrid	700...800	SiH_2Cl_2, NH_3	LOCOS, ONO
Oxinitrid	750...850	SiH_2Cl_2, N_2O, NH_3	LOCOS
Wolfram	500...600	WF_6, H_2	Kontaktloch-auffüllung
Plasmaoxid	300...380	SiH_4, N_2O	Intermetall-isolation
Plasmanitrid	300...380	SiH_4, NH_3	Passivierung
Plasmaoxinitrid	350...420	SiH_4, N_2O, NH_3	Passivierung

7.2 Thermische CVD-Prozesse

Die chemische Reaktion der Reaktanten kann sowohl in der Gasphase als auch an der Grenzfläche zwischen Gas und Substrat erfolgen. Die Gasphasenreaktion, die auch als homogene Reaktion bezeichnet wird, ist bei CVD-Prozessen unerwünscht, da sie zur Clusterbildung und damit zu Defekten des Films führen kann. Bei der Grenzflächenreaktion oder heterogenen Reaktion übernimmt die Oberfläche des Substrates häufig eine Katalysatorfunktion. Diese Reaktion wird bei den CVD-Verfahren angestrebt, da sie selektiv abläuft (also nur dort, wo die Temperatur hoch genug ist) und zu qualitativ hochwertigen Filmen führt. Man unterscheidet bei CVD-Prozessen zwischen folgenden chemischen Reaktionen: Pyrolyse, Reduktion, Oxidation und Hydrolyse. Im folgenden wird der Einfachheit halber der Abscheidevorgang als heterogene Zerfallsreaktion (Pyrolyse) behandelt.

7.2.1 Ablauf des Depositionsprozesses

Der Depositionsprozeß besteht aus einer Reaktionsfolge, an der Transportvorgänge und chemische Reaktionen beteiligt sind. Abb. 7.1 zeigt eine schematische Darstellung des Abscheidevorganges. Die Teilprozesse sind:

1. Transport der im Trägergas gelösten Reaktanten durch erzwungene Konvektion zur Abscheideregion.
2. Transport der Reaktanten durch Diffusion aus der konvektiven Zone des Gasstromes durch die Grenzschicht zur Substratoberfläche.
3. Adsorption der Reaktanten an der Substratoberfläche.
4. Oberflächenreaktion: Dissoziation der Moleküle, Oberflächendiffusion der Radikale, Einbau der Radikale in den Festkörperverband, Bildung der flüchtigen Reaktionsprodukte.
5. Desorption der flüchtigen Reaktionsprodukte.

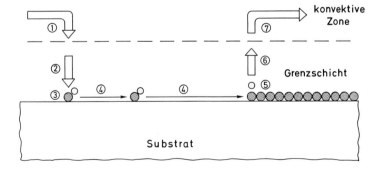

Abb. 7.1. Schematische Darstellung des Abscheidevorganges. Die Zahlen bezeichnen die im Text erläuterte Reaktionsfolge.

6. Transport der Reaktionsprodukte durch Diffusion von der Substratoberfläche durch die Grenzschicht in die konvektive Zone des Gasstromes.

7. Abtransport der Reaktionsprodukte durch erzwungene Konvektion aus der Abscheideregion.

Der Transport der Reaktanten zur Substratoberfläche erfolgt i.a. gleichzeitig über Strömungs- und Diffusionsprozesse. Zur Vereinfachung wird meist angenommen, daß bei den infrage kommenden Geometrien eine idealisierte Unterteilung in zwei Gebiete möglich ist:

1. Gebiete der erzwungenen Konvektion.
   In ihnen herrscht die durch die äußere Gaszufuhr bewirkte Strömungsgeschwindigkeit vor; der Diffusionstransport wird hier vernachlässigt.
2. Diffusionsbestimmte Gebiete.
   In diesen erfolgt der Transport aufgrund von Konzentrations-, Druck- und Temperaturgradienten, wobei auch freie Konvektion auftreten kann. Der Einfluß der erzwungenen Konvektion wird in diesen Gebieten jedoch vernachlässigt.

Konvektion

Man unterscheidet zwischen der freien und erzwungenen Konvektion. Als freie Konvektion wird die Strömung in Gasen bezeichnet, die durch Temperaturunterschiede bzw. die dadurch bedingten Dichteunterschiede verursacht wird. Dieses Phänomen spielt bei Kaltwandreaktoren eine gewisse Rolle. Strömungen innerhalb eines Reaktors, die von außen durch mechanische Mittel erzwungen werden, werden als erzwungene Konvektion bezeichnet. Bei einem APCVD-Reaktor wird die Strömung durch einen Überdruck am Eingang, bei einem LPCVD-Reaktor durch die Saugwirkung der Pumpe erzwungen. Die Gasströmung der erzwungenen Konvektion wird durch die dimensionslose Reynold-Zahl Re charakterisiert:

$$Re = \frac{d\,v\,\rho}{\eta}\ . \tag{7.1}$$

Hierbei ist d eine charakteristische Dimension des Reaktors (z.B. der Durchmesser des Reaktorrohres), v die Strömungsgeschwindigkeit in der konvektiven Zone, ρ die Dichte und η die Viskosität des Gases. Für Systeme mit $Re < 1200$ ist eine laminare Strömung zu erwarten, für höhere Reynold-Zahlen stellt sich eine turbulente Strömung ein [7.3]. Für die in der CVD-Technik üblichen Trägergase (N_2, H_2) und Temperaturen (700 bis 900 °C) liegt die Reynold-Zahl von LPCVD-Systemen bei 10, die von APCVD-Systemen bei 100. In beiden Fällen sollte sich also eine laminare Strömung einstellen. Das heißt nicht, daß nicht aufgrund der Reaktorgeometrie lokal eine Turbulenz auftreten kann.

Diffusionsbestimmte Gebiete, Grenzschicht

Aufgrund der viskosen Natur des Gases stellt sich über der Wandung des Reaktors bzw. über den auf dem Suszeptor liegenden Scheiben ein Geschwindigkeitsgradient ein. Man bezeichnet das Gebiet, in dem die Reibungskräfte den Geschwindigkeitsgradienten bewirken als Grenzschicht. Definitionsgemäß wird diese Grenzschicht durch die Strömungswerte $u = 0$ (an der Wandung bzw. der Scheibenoberfläche) und $u = v$ berandet, wobei v die Strömungsgeschwindigkeit des ungestörten Gasflusses (konvektive Zone) bezeichnet. Für eine laminar, parallel angeströmte dünne Platte ergibt sich eine mittlere Grenzschichtstärke von [7.3]

$$\delta \sim \sqrt{\frac{\eta\, l}{\rho\, v}} \ .\tag{7.2}$$

Hierbei ist l eine charakteristische Längendimension des Reaktors. Der Transport des Reaktanten durch die Grenzschicht zum Substrat erfolgt nach unserer idealisierten Einteilung per Diffusion: $F_1 = -D\,\mathrm{grad}\,C_1$. Mit dem idealen Gasgesetz $p_1 = k_B T\, C_1$ ist der Fluß der Teilchensorte 1 durch die Grenzschicht

$$F_1 = -\frac{D}{k_B T}\,\mathrm{grad}\,p_1 \ ,\tag{7.3}$$

mit dem Diffusionskoeffizienten D, der Boltzmannkonstante k_B, der Temperatur T und dem Partialdruck p_1 des Reaktanten. Abb. 7.2 zeigt die Verhältnisse am Beispiel eines eindimensionalen Modells. Betrachtet man eine streng heterogene Reaktion ($\mathrm{div}\,F_1 = 0$) im stationären Zustand ($\mathrm{d}p_1/\mathrm{d}t = 0$), so genügt p_1 innerhalb der Grenzschicht der Laplace-Gleichung. Für unser eindimensionales Modell heißt das

$$p_1(z) = az + b \ .\tag{7.4}$$

Bezeichnet man mit p_{10} den Partialdruck der Teilchensorte 1 in der konvektiven Zone, so ergeben sich die Konstanten a und b aus der Randbedingung $p_1(0) = p_{10}$ und der Bedingung, daß im stationären Zustand der Fluß F_1 gleich der Reaktionsrate r sein muß. Damit wird

$$p_1(z) = p_{10} - \frac{k_B T\, r\, z}{D} \ .\tag{7.5}$$

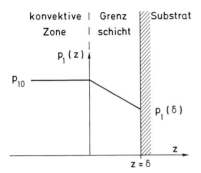

Abb. 7.2. Grenzschichtmodell für ein parallel ausgeströmtes Substrat

Reaktionskinetik

Die Depositionsrate wird vom Transport der Reaktanten zum Substrat und von den Reaktionsprozessen an der Oberfläche des Substrates bestimmt. Die Reaktionsprozesse sind i.a. sehr komplex und nicht so einfach zu erfassen wie die Transportprozesse. In jedem Falle kommt es jedoch zunächst zu einer Aufnahme der Gasmoleküle durch die Oberfläche des Substrates (Adsorption). Die Moleküle können danach sofort wieder desorbieren, dissoziieren und/oder auf der Oberfläche des Substrates diffundieren. Die Reaktionskinetik soll an einem einfachen Beispiel demonstriert werden. Dazu betrachten wir die Zerfallsreaktion von Silan (SiH_4) bei der Abscheidung einer polykristallinen Si-Schicht. Obwohl neben dem SiH_4 weitere Komponenten, wie z.B. SiH_2, im Gasraum und als Adsorbat auf der Substratoberfläche existieren, berücksichtigen wir in unserer Rechnung der Einfachheit halber nur das Silan. Das Ergebnis der Rechnung wird durch diese Annahme nicht wesentlich beeinflußt. Eine ähnliche Rechnung ist in [7.4] für die Abscheidung von SiO_2 aus TEOS durchgeführt worden. Mit den getroffenen Annahmen erhält man die folgenden Reaktionsgleichungen:

$$\text{Adsorption des Silans} \quad SiH_4(gas) \underset{k_{-1}}{\overset{k_1}{\rightleftharpoons}} SiH_4(ads) \tag{7.6}$$

$$\text{Reaktion} \quad SiH_4(ads) \overset{k_R}{\longrightarrow} Si + 2H_2(ads) \tag{7.7}$$

$$\text{Desorption} \quad H_2(ads) \underset{k_2}{\overset{k_{-2}}{\rightleftharpoons}} H_2(gas) \tag{7.8}$$

Dabei sind die Geschwindigkeitskonstanten k_j alle von der Form $k_j = k_{j0}\exp(-E_j/k_B T)$. Sei nun p_S der Partialdruck des SiH_4 und p_H der des H_2 sowie Θ_S der Bedeckungsgrad des Substrates mit adsorbiertem SiH_4 und Θ_H der mit H_2, so erhält man für die Nettoadsorptionsrate

$$\text{Nettoadsorptionsrate} \quad r_S = k_1 p_S (1 - \Theta_S - \Theta_H) - k_{-1}\Theta_S \ , \tag{7.9}$$

$$\text{Nettoreaktionsrate} \quad r = k_R \Theta_S \ , \tag{7.10}$$

$$\text{Nettodesorptionsrate} \quad r_H = k_{-2}\Theta_H - k_2 p_H (1 - \Theta_S - \Theta_H) \ . \tag{7.11}$$

Im stationären Zustand gilt $r_S = r$ und $r_H = 2r$. Mit diesen Bedingungen reduzieren sich (7.9) bis (7.11) auf zwei Gleichungen für die beiden Unbekannten Θ_S und Θ_H. Die Berechnung von Θ_S und Einsetzen des Ergebnisses in (7.10) liefert schließlich für die Nettoreaktionsrate

$$r = \frac{a_0 \, p_S}{1 + a_1 \, p_S + a_2 \, p_H} \ , \tag{7.12}$$

$$\text{mit} \quad a_0 = \frac{k_1 \, k_R}{k_{-1} + k_R}, \ a_1 = \frac{k_1}{k_{-1} + k_R}\left(1 + 2\frac{k_R}{k_{-2}}\right) \quad \text{und} \quad a_2 = \frac{k_2}{k_{-2}} \ .$$

Setzt man eine sehr hohe Desorptionsrate des Wasserstoffes voraus ($k_2 \ll k_{-2}$), so ist näherungsweise $a_2 = 0$. Setzen wir nun noch $a_1 p_S \ll 1$ voraus, was mit einer hinreichend kleinen Adsorptionsrate des Silans gegeben ist, so lautet das Ergebnis

$$r = a_0 \, p_S \ . \tag{7.13}$$

Die Reaktion verläuft in diesem Grenzfall trotz der Adsorptionseffekte wie eine Reaktion 1. Ordnung. Der Druck p_S in (7.13) ist gleich dem Partialdruck des Silans an der Substratoberfläche $p_S(\delta)$. Identifiziert man die Teilchensorte 1 aus (7.5) mit dem Silan, so erhält man

$$p_S(\delta) = \frac{p_{S0}}{1 + \dfrac{K\delta}{D}} \tag{7.14}$$

mit
$$K = a_0 \, k_B T \ . \tag{7.15}$$

Mit (7.13) und (7.14) läßt sich die Reaktionsrate nun auch folgendermaßen angeben:

$$r = A_0 \, p_{S0} \tag{7.16}$$

mit
$$A_0 = \frac{K}{k_B T \left(1 + \dfrac{K\delta}{D}\right)} \ . \tag{7.17}$$

Im Gegensatz zu (7.13) gibt (7.16) nun die Beziehung zwischen der Reaktionsrate und dem Partialdruck des Silans in der konvektiven Zone wieder. Wir werden auf dieses Ergebnis im nächsten Abschnitt zurückkommen.

Die adsorbierten Moleküle und Radikale werden i.a. eine gewisse Distanz zurücklegen, bevor sie reagieren. Diese Bewegung wird durch den Oberflächendiffusionskoeffizienten

$$D_S = \Theta D_{S0} \exp\left(-\frac{E_a}{k_B T}\right) \tag{7.18}$$

gekennzeichnet [7.5]. Hierbei gibt Θ den Teil der Oberflächenplätze an, der nicht von einem Adsorbat besetzt ist. In dem oben behandelten Beispiel also $\Theta = 1 - \Theta_S - \Theta_H$. Der Diffusionskoeffizient hängt damit vom Bedeckungsgrad und der Temperatur des Substrates ab. Von besonderer Bedeutung ist die Oberflächendiffusion im Zusammenhang mit der sog. konformen Abscheidung (Abschnitt 7.4).

7.2.2 Begrenzung der Depositionsrate

Bei bekannter Reaktionsrate r läßt sich die Depositionsrate R_D gemäß

$$R_D = \frac{M}{L\rho} \, r \tag{7.19}$$

berechnen. Hierbei ist M das Molekulargewicht und ρ die Dichte der abgeschiedenen Substanz, L bezeichnet die Loschmidt-Zahl. Wie wir gesehen haben, läßt sich der Prozeßablauf bei der Abscheidung des Films in Gasphasenprozesse (Transport der Moleküle) und Oberflächenprozesse (Reaktion, Oberflächendiffusion) unterteilen. Diese Teilprozesse laufen seriell ab, d.h. der langsamste bestimmt die Depositionsrate.

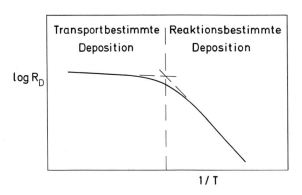

Abb. 7.3. Temperaturabhängigkeit der Depositionsrate eines CVD-Prozesses

Abb. 7.3 zeigt qualitativ die Depositionsrate R_D als Funktion der inversen Temperatur $1/T$ in einer halblogarithmischen Darstellung. Die Darstellung zeigt deutlich den Einfluß der ratenbestimmenden Teilprozesse. Eine Aussage darüber, welcher Prozeß die Depositionsrate bestimmt, läßt sich mit Hilfe des in (7.14) eingeführten Terms $K\delta/D$ treffen, der auch als Nusselt-Zahl Nu bekannt ist [7.6] (häufig allerdings auch als Sherwood-Zahl Sh bezeichnet wird):

$$Nu = \frac{K\,\delta}{D} \qquad (7.20)$$

Wir unterscheiden zwei Fälle:

1. $Nu \gg 1$, dann folgt aus (7.16)

$$r = \frac{D}{k_B T \delta}\, p_{10} \;, \qquad (7.21)$$

wobei wir nun wieder ganz allgemein den Partialdruck des Reaktanten in der konvektiven Zone mit p_{10} benannt haben. Die Reaktionsrate enthält keine durch die chemischen Vorgänge bestimmten Größen mehr. Die Abscheiderate ist transportbestimmt (häufig auch als diffusionsbestimmt bezeichnet). Der Diffusionskoeffizient D läßt sich näherungsweise darstellen als

$$D = \frac{1}{3}\, v_{th}\, \lambda \;. \qquad (7.22)$$

Dabei ist v_{th} die mittlere thermische Geschwindigkeit der Gasmoleküle, die vom Druck unabhängig ist und nur schwach $(v_{th} \sim T^{1/2})$ von der Temperatur abhängt . Die freie Weglänge λ der Moleküle ist dagegen in erster Näherung der Temperatur direkt und dem Totaldruck umgekehrt proportional: $\lambda \sim T/p_t$. Damit ist

$$D \sim \frac{T^{1,5}}{p_t} \ .\tag{7.23}$$

Man erkennt, daß transportbestimmte Prozesse relativ unempfindlich gegenüber Temperaturschwankungen reagieren. Das bedeutet, daß die Temperaturkontrolle der Reaktoren in diesem Bereich unkritisch ist. Die Depositionsrate hängt jedoch über δ vom Strömungsfeld und damit von der Reaktorgeometrie und der Scheibenanordnung ab.

2. $Nu \ll 1$, dann folgt aus (7.16)

$$r = a_0 \, p_{10} \ .\tag{7.24}$$

Der Partialdruck ist nun konstant, Transportgrößen treten in (7.24) nicht mehr auf. Die Abscheiderate ist durch die chemischen Vorgänge bestimmt, man spricht von einem reaktionsbestimmten Prozeß. Wie weiter oben gezeigt wurde, ist $a_0 = k_1 k_R/(k_{-1} + k_R)$. Streng genommen ist der Prozeß nur dann reaktionsbestimmt, wenn $k_{-1} \gg k_R$ gilt. Für $k_R \gg k_{-1}$ ist er adsorptionsbestimmt. Mit Hinblick auf Abb. 7.3 spricht man jedoch auch in diesem Falle ganz allgemein von einem reaktionsbestimmten Prozeß. Diese Prozesse zeichnen sich üblicherweise durch eine hohe Aktivierungsenergie aus und sind daher temperaturempfindlich. Das bedeutet für die Reaktoren einigen Aufwand mit Hinblick auf die Temperaturregelung. In diesem Falle wirken sich jedoch Reaktorgeometrie und Anordnung der Scheiben nicht so kritisch auf die Uniformität der Abscheiderate aus. Eine Maßnahme, die Bedingung $Nu \ll 1$ zu erfüllen, besteht nach (7.23) in der Erhöhung des Diffusionskoeffizienten über die Erniedrigung des Druckes. Da nach dem idealen Gasgesetz $\rho \sim p$ ist, vergrößert sich nach (7.2) auch die Stärke der Grenzschicht mit abnehmendem Druck. Wegen $\delta \sim p^{-1/2}$ (die Viskosität ist in dem für die CVD-Technik üblichen Druckbereich nahezu druckunabhängig) und $D \sim p^{-1}$ überwiegt der Einfluß des Diffusionskoeffizienten. LPCVD-Prozesse sind daher i.a. reaktionsbestimmte Prozesse. Der hohe Diffusionskoeffizient und damit die gute Versorgung der Scheiben mit Reaktanten ist Voraussetzung dafür, daß bei LPCVD-Verfahren die Scheiben senkrecht zum Strömungsfeld angeordnet werden dürfen und damit die Anzahl der prozessierten Scheiben, d.h. der Durchsatz erhöht wird.

7.3 Plasmaunterstützte CVD-Verfahren

Plasmaunterstützte CVD-Prozesse (PECVD) werden bei der Herstellung integrierter Schaltungen vorwiegend dann eingesetzt, wenn die Prozeßtemperatur einen bestimmten Wert nicht überschreiten darf. Es sind vor allem die metallurgischen Phänomene wie die Hillock-Bildung oder die Legierungstemperatur bei der Aluminiumtechnologie (Kapitel 8), die nach erfolgter *Al*-Metallisierung eine Prozeßtemperatur über 400 °C verbieten. Die primäre Aufgabe des Plasmas besteht deshalb darin, chemisch aktive Radikale zu erzeugen, die an der Substratoberfläche (heterogene Reaktion) bei niedrigen Temperaturen reagieren. Anwendungen der PECVD-Technik finden sich in der Isolation bei der Mehrlagenmetallisierung sowie der Passivierung der integrierten Schaltungen.

7.3.1 Was ist ein Plasma?

Ein Plasma ist ein teilweise ionisiertes Gas mit gleicher Dichte von Elektronen und Ionen, so daß Ladungsneutralität gewährleistet ist. Die bei der Herstellung mikroelektronischer Schaltungen eingesetzten Plasmen sind der Gruppe der Bogenentladungs- bzw. Niederdruckplasmen (0,1 bis 2 Torr) zuzuordnen. Diese Plasmen zeichnen sich durch eine Elektronendichte von 10^9 bis $10^{12}\,\mathrm{cm}^{-3}$ aus, entsprechend einem Ionisierungsgrad von 10^{-6} bis 10^{-4}. Bei Anlagen mit gebündeltem Plasma (siehe Abschnitt 7.5.4, ECR-Anlagen) können Ionisierungsgrade von 0,001 bis 0,1 erreicht werden. Die Energie der Elektronen liegt zwischen 1 und 20 eV und läßt sich i.a. nicht durch eine Maxwell-Verteilung beschreiben (das Plasma befindet sich nicht im Zustand des thermodynamischen Gleichgewichtes!). Ein Charakteristikum des Plasma ist es, daß die Temperatur der Elektronen etwa 30 bis 1000 mal höher ist als die mittlere Temperatur der Gasmoleküle. Aufgrund der hohen Energie sind die Elektronen in der Lage, Atome und Moleküle anzuregen bzw. zu ionisieren, so daß neben Elektronen und Ionen im Plasma Neutralteilchen in den unterschiedlichsten Anregungszuständen existieren. Die angeregten Atome bzw. Moleküle gehen nach einer gewissen Verweilzeit unter Aussendung einer charakteristischen Strahlung in den Grunzustand über: das Plasma leuchtet.

7.3.2 Wie entsteht ein Plasma?

Abb. 7.4 zeigt schematisch einen Plattenreaktor, bestehend aus der Kammer, der Gaszufuhr und der Absaugung sowie den beiden parallelen Plattenelektroden. An die Elektroden ist von außen ein Hochfrequenzgenerator angeschlossen, so daß sich im Innern der Kammer zwischen den Elektroden ein hochfrequentes elektromagnetisches Feld ausbilden kann. Die Einkopplung der Energie in das Gas erfolgt zu Beginn des Zündvorganges dadurch, daß die wenigen freien Elektronen durch das elektrische Feld beschleunigt werden und einen Teil der aufgenommenen Energie durch elastische Stöße mit den Gasmolekülen wieder abgeben. Aufgrund des großen Massenunterschiedes zwischen den Elektronen und den Molekülen geben die Elektronen nur einen Bruchteil ihrer Energie ab, so daß sich ihre mittlere Energie zunächst erhöht. Ist die Energie hinreichend hoch, so kommt es zu inelastischen Stößen mit den Gasmolekülen, als deren Folge sich die innere Energie der Stoßpartner erhöht. Das führt zur

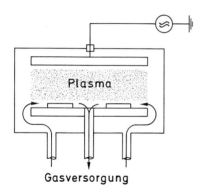

Gasversorgung

Abb. 7.4. Schematische Darstellung eines Plasma-Plattenreaktors

Anregung, Dissoziation und Ionisation der Atome bzw. Moleküle. Mit der Ionisation werden Elektronen generiert, die ihrerseits nun Energie aus dem Feld aufnehmen und an die Gasmoleküle weitergeben. Diese Trägervervielfachung führt schließlich zur Entladung, das Plasma ist gezündet.

Während des Prozesses gehen dem Plasma Elektronen durch Rekombinationsvorgänge an der Bewandung des Reaktors und den Elektroden verloren. Der Nachschub erfolgt über unterschiedliche Sekundärreaktionen und durch Stöße der Ionen an den Elektroden. Als Beispiel einer Sekundärreaktion sei hier die Penning-Reaktion genannt [7.7]. Bei vielen plasmaunterstützten Depositionsprozessen wird zur Verdünnung des Reaktionsgases ein inertes Gas in den Reaktor geleitet (Ar, Kr, He, N_2). Die inerten Gasatome werden ebenfalls durch inelastische Stöße mit den Elektronen angeregt, gehen also in einen metastabilen Zustand über. Bei den folgenden inelastischen Stößen zwischen den metastabilen Atomen und den Gasmolekülen wird die Energie auf die Reaktionsmoleküle übertragen und führt zu deren Dissoziation bzw. Ionisation (Penning-Reaktion). Im stabilen Zustand des Plasma muß in jedem Falle die Generationsrate der Elektronen gleich ihrer Rekombinationsrate sein. Die Stabilität ist u.a. eine Funktion des Druckes. Bei einem Druck unterhalb 0,1 Torr ist die freie Weglänge der Elektronen und der Moleküle zu groß. Damit reduziert sich die Stoßwahrscheinlichkeit und die Generationsrate sinkt unter die Rekombinationsrate (Abhilfe schafft hier die ECR-Technik, siehe Abschnitt 7.5.4). Bei einem Druck oberhalb ca. 5 Torr ist die Stoßhäufigkeit zwischen den Molekülen zu groß; es kommt zu einer homogenen Gasphasenreaktion, die vermieden werden muß.

7.3.3 Elektrische Eigenschaften des Plasmas

Aufgrund der relativ hohen Dichte an geladenen Teilchen besitzt das Plasma eine hohe Leitfähigkeit. Daher kann sich innerhalb des Plasmas nur eine schwache elektrische Feldstärke ausbilden. Das ist nicht der Fall an der Berandung des

Plasmas zur Reaktorwand bzw. zu den Elektroden hin. Hier sinkt die Dichte der geladenen Teilchen aufgrund der hohen Rekombinationsrate auf kleine Werte. Man bezeichnet die Gebiete, in denen sich eine Potentialdifferenz aufbauen kann, als Dunkelzone, da hier das charakteristische Leuchten des Plasmas fehlt. Das mittlere Potential des Plasmas ist stets größer als das der Elektroden. Das ist ein Resultat der ungeordneten Bewegung der Elektronen und Ionen. Nach der kinetischen Gastheorie führt die ungeordnete Bewegung in eine vorgegebene Richtung zu einem Fluß der Stärke

$$F_{i,e} = \frac{1}{4} \langle n_{i,e} \rangle \langle v_{i,e} \rangle \qquad (7.25)$$

Hierbei ist $\langle n_{i,e} \rangle$ die mittlere Elektronen- bzw. Ionendichte und $\langle v_{i,e} \rangle$ die mittlere thermische Geschwindigkeit der Teilchen. Wegen $T_e \gg T_i, T_g$ und $m_e \ll m_i, m_g$ und $\langle v \rangle \sim (T/m)^{1/2}$ ist der Fluß der Elektronen zu den Elektroden zunächst sehr viel größer als der der Neutralteilchen und Ionen. Das Plasma verarmt an Elektronen und lädt sich positiv auf. Damit baut sich über der Dunkelzone ein elektrisches Feld auf, das die Ionen beschleunigt und die Elektronen abbremst. Im stationären Gleichgewicht sind dann die Flüsse gleich groß.

Die Potentialdifferenz zwischen Plasma und den Elektroden hängt u.a. ab von der Amplitude des Hochfrequenzfeldes, der eingekoppelten Leistung sowie dem Druck [7.8]. Sie kann weiterhin modifiziert werden durch Hinzuschalten einer äußeren Gleichspannungsquelle oder durch Wahl eines geeigneten Flächenverhältnisses der Elektroden (siehe Kapitel 8). In der PECVD-Technik wird vorwiegend mit einem Hochfrequenzplasma und symmetrischen Elektrodenanordnungen gearbeitet. Die Anregung des Plasmas mit einem Hochfrequenzgenerator hat den Vorteil, daß keine leitenden Elektroden erforderlich sind (kapazitive Kopplung) und die Eigenschaft sowie Dickenvarianz bereits vorhandener Filme auf dem Substrat nicht zu einer ungleichmäßigen Abscheidung führen.

Bei niedrigen Frequenzen ($< 500 \, \text{kHz}$) können die Elektronen und Ionen dem Wechselfeld folgen. Das Plasma verhält sich wie ein Gleichspannungsplasma mit wechselndem Vorzeichen. Wenn die Frequenz Werte größer $3 \, \text{MHz}$ annimmt, sind die Ionen im Gegensatz zu den Elektronen nicht mehr in der Lage, dem Wechselfeld zu folgen. Die Ionen stehen dann nur noch mit dem zeitlichen Mittelwert der elektrischen Feldstärke in Wechselwirkung. Sie erhalten dann auf ihrem Weg durch die Dunkelzone eine geringere kinetische Energie und treffen dementsprechend auch mit einer geringeren Energie auf die Substratoberfläche auf, als das beim niederfrequenten Plasma der Fall ist. Das wirkt sich auf die Eigenschaften des abgeschiedenen Films aus.

7.3.4 Der Depositionsprozeß

Der plasmaunterstützte Depositionsprozeß ist von hoher Komplexität und bis heute weit weniger verstanden als der thermische CVD-Prozeß. Ganz allgemein läßt sich der PECVD-Prozeß jedoch in folgende Schritte unterteilen:

1. Primärreaktionen zwischen den Elektronen und den Gasmolekülen. Dabei kommt es zur Bildung von Ionen, angeregten Atomen und Molekülen sowie von freien Radikalen der Reaktionsmoleküle.

2. Sekundärreaktionen zwischen angeregten Atomen und Molekülen und den Reaktionsmolekülen (z.B. Penning-Reaktion). Dabei erhöht sich die Konzentration der Ionen und der freien Radikale.

3. Transport der reaktiven Radikale und Ionen aus dem Plasma durch die Dunkelzone zur Substratoberfläche.

4. Adsorption der reaktiven Spezies an der Substratoberfläche.

5. Reaktion und Umordnungsprozesse (Oberflächenbeweglichkeit, Aufbrechen und Bildung von Festkörperbindungen), als deren Folge das reagierende Molekül in die wachsende Schicht eingebaut wird.

Aufgrund der hohen Generationsrate und Lebensdauer ist die Konzentration der Radikale sehr viel größer als die der Ionen. Die Wechselwirkung der Ionen mit der Substratoberfläche kann jedoch entscheidend die Depositionsrate und die Filmeigenschaft beeinflussen. Die an der Oberfläche adsorbierten Radikale haben das Bestreben, in eine energetisch möglichst stabile Umgebung zu diffundieren (gekennzeichnet durch die Absättigung und den Winkel der Bindungen). Aufgrund der niedrigen Temperatur ist die Diffusionsgeschwindigkeit der nichtangeregten Radikale geringer als bei den thermischen CVD-Prozessen. Oberflächendiffusion und Umordnung der reaktiven Spezies bestimmen damit die Filmeigenschaften. In einem Parameterbereich, in dem der Einfluß der Ionen vernachlässigbar ist, zeichnet sich der abgeschiedene Film durch eine umso höhere Defektdichte (unvollständige Bindungen) und geringere Dichte aus, je niedriger die Substratemperatur während der Abscheidung ist. Gleichzeitig mit der Versorgung des Substrates mit neutralen Radikalen wird die Oberfläche mit geladenen Teilchen (Elektronen, Ionen) bombardiert. Je nach Energie der Ionen werden diese lediglich adsorbiert und tragen zur Deposition bei oder können bestehende Bindungen aufbrechen, damit die Umordnung der Substratmoleküle beschleunigen und letztlich die Dichte des Filmes erhöhen oder sie sind in der Lage, Substratmoleküle abzutragen (Sputtern). Da die Ionen einer Energieverteilung unterliegen, treten i.a. alle drei Effekte gleichzeitig auf. Der Einfluß der Ionen auf die Deposition verstärkt sich mit höherer Leistung (hohe Ionendichte), niedriger Frequenz (hohe mittlere Energie der Ionen) und niedrigem Druck (große freie Weglänge).

7.4 Stufenbedeckung

Mit dem Begriff Stufenbedeckung werden die geometrischen Eigenschaften des Filmes an Stufen der Oberfläche erfaßt. Abb. 7.5 zeigt einige charakteristische Beispiele. Abb. 7.5a zeigt die angestrebte konforme Stufenbedeckung. In diesem Fall ist die Schichtdicke unabhängig von der Oberflächentopographie konstant.

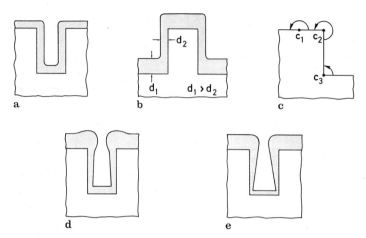

Abb. 7.5. Zur Stufenbedeckung: a) konforme Stufenbedeckung; b) typisches Profil nach einer plasmaunterstützten Abscheidung; c) zur Definition des Winkelbereiches, aus dem ein Flächenelement der Oberfläche belegt wird; d) Stufenbedeckung für kleine mittlere freie Weglängen und geringe Oberflächenbeweglichkeit der Reaktionsmoleküle; e) Stufenbedeckung für große mittlere freie Weglänge und geringe Oberflächenbeweglichkeit der Reaktionsmoleküle.

Die Konformität hängt ab von den reagierenden Spezies, dem Reaktortyp und den Depositionsparametern. Eine Voraussetzung für die Konformität des Abscheideprozesses ist, daß die adsorbierten Radikale auf der Oberfläche hinreichend weit diffundieren können, bevor sie reagieren. Die hohe Oberflächenbeweglichkeit führt zu einer gleichmäßigen Belegung der Oberfläche und damit zu einer gleichmäßigen Filmstärke. Die Beweglichkeit der adsorbierten Moleküle ist u.a. eine Funktion ihrer Energie; sie kann daher sowohl durch eine hohe Substrattemperatur als auch durch den Beschuß der Adsorbate mit Ionen (PECVD) erhöht werden. Da der Ionenbeschuß gerichtet erfolgt, zeigen plasmaabgeschiedene Schichten häufig das in Abb. 7.5b dargestellte Profil. Die konforme Stufenbedeckung wird vorwiegend mit (reaktionsbestimmten) LPCVD-Verfahren bei höheren Temperaturen und den plasmaunterstützten Abscheideverfahren erreicht.

Wenn die Oberflächendiffusion vernachlässigbar ist, die Reaktanten also unmittelbar nach der Adsorption reagieren, so ist die lokale Depositionsrate proportional dem Fluß der Reaktanten. Sei $P(\Delta)\,d\Delta$ der Fluß, der ein bestimmtes Flächenelement der Oberfläche aus dem Winkelbereich $[\Delta, \Delta + d\Delta]$ versorgt. Dann ist $\int_0^{2\pi} P(\Delta)\,d\Delta$ der auf dieses Flächenelement gerichtete Gesamtfluß. Sei nun die Depositionsrate proportional diesem Fluß, so ist die lokale Filmstärke proportional dem aktuellen Winkelbereich, aus dem das Flächenelement belegt wird. Abb. 7.5c zeigt die Verhältnisse an einer Stufe. Die planen Bereiche c_1 werden aus einem Winkelbereich von 180° versorgt. Die obere Kante c_2 aus einem Winkelbereich von 270°, der Film wird hier entsprechend stärker sein.

In der unteren Ecke c_3 ist der Winkelbereich nur noch $90°$, die Filmstärke wird entsprechend gering.

Um die Verhältnisse an einem Graben beurteilen zu können, muß als zusätzliches Kriterium noch die mittlere freie Weglänge der Gasmoleküle hinzugezogen werden. Ist die Weglänge im Vergleich zu den Dimensionen der Oberflächentopographie klein, so ist die Bewegung der Moleküle in der Grenzschicht in unmittelbarer Nähe der Oberfläche ungerichtet. In diesem Falle können die in Abb. 7.9c definierten Winkel übernommen werden und es stellt sich das in Abb. 7.5d gezeigte Profil ein. Durch die Verkleinerung des oberen Grabenquerschnittes kann der Nachschub an reagierenden Molekülen erschwert werden, so daß im unteren Teil des Grabens Verarmungseffekte zu einer weiter reduzierten Depositionsrate führen. Bei einer großen freien Weglänge fliegen die Moleküle auf einer gradlinigen Bahn auf die Oberfläche zu, wobei die Richtung durch den letzten Stoß des Moleküls bestimmt wird. Nun wirken sich Abschattungseffekte aus. Insbesondere ist der Winkel an der oberen Kante nun kleiner als $270°$. Die Depositionsrate in den unteren Bereichen wird durch das Verhältnis von Breite und Tiefe des Grabens bestimmt.

7.5 CVD-Anlagen

Für jede Reaktion, unabhängig davon, ob sie transportkontrolliert oder reaktionskontrolliert abläuft, läßt sich eine optimale Reaktorgeometrie finden. In der Praxis werden aber häufig unterschiedliche Beschichtungsprozesse in fast identischen Reaktoren eingesetzt. Die Gründe dafür sind folgende: Zum einen Teil ist es die historische Entwicklung bzw. das Aufbauen auf dem bekannten Verhalten von schon existierenden Anlagen und zum anderen Teil ist es der Zwang zur Rationalisierung, d.h. möglichst wenige unterschiedliche Anlagentypen einzusetzen.

Um den Stand der Fertigungstechnik darstellen zu können, werden für die drei Beschichtungsprozesse APCVD, LPCVD und PECVD wichtige Anlagenkonzepte vorgestellt; abschließend werden die Sicherheitsproblematik von CVD-Systemen und einige generelle Anforderungen an industrielle Anlagen behandelt.

7.5.1 Thermische CVD-Anlagen

Thermische CVD-Reaktoren unterscheiden sich durch die Höhe des Betriebsdruckes (APCVD, LPCVD), die Heizung (Kaltwand-, Heißwandreaktoren) und die Anordnung der Siliziumscheiben (vertikale oder horizontale Anordnung). Abb. 7.6 gibt beispielhaft einen Überblick über einige Reaktortypen. In der Fertigung werden heute aus den oben genannten Gründen vorwiegend LPCVD-Verfahren eingesetzt. Der apparative Aufwand (Pumpen, Druckregelung) ist bei den LPCVD-Anlagen jedoch relativ hoch, so daß auch heute noch APCVD-Anlagen zum Einsatz kommen (BPSG, kontinuierliche Systeme, Epitaxie). Bei

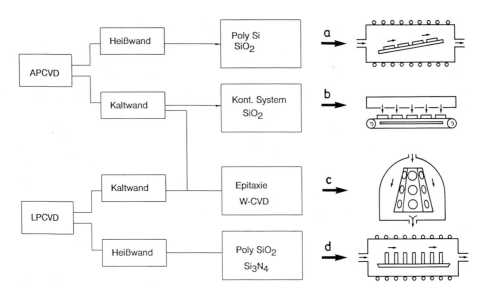

Abb. 7.6. CVD-Anlagenstammbaum: Die Darstellung gibt eine Übersicht über thermische Reaktortypen und deren Anwendung.

den Kaltwandreaktoren wird nur die Scheibe auf die gewünschte Temperatur gebracht, die Reaktorwände bleiben kalt. Damit soll erreicht werden, daß die Deposition nur auf der Scheibe stattfindet. In der Praxis läßt sich dieses Ziel jedoch nur zum Teil erreichen. Es findet auch eine Abscheidung auf der Wandung statt, wenn auch mit deutlich verringerter Depositionsrate. Aufgrund der dort herrschenden geringen Temperatur ist der Film meist porös und neigt zum Abplatzen. Die Wand stellt damit eine Quelle für Partikel dar, die zu Defekten der auf den Scheiben abgeschiedenen Filme führen können. Die Erwärmung der Siliziumscheiben kann durch induktive oder durch Strahlungsheizung erfolgen. Bei der induktiven Methode werden in dem leitfähigen Suszeptor (meist Graphit) mit Hilfe eines hochfrequenten elektromagnetischen Feldes Wirbelströme induziert, die zu seiner Erwärmung führen. Die Wärme wird durch Wärmeleitung bzw. Wärmestrahlung an die Scheiben weitergegeben. Bei der Strahlungsheizung werden die Scheiben mit intensivem Licht (z.B. Wolframhalogenlampe) bestrahlt, wobei die hohe Transparenz der Quarzbewandung des Reaktors und der hohe Absorptionskoeffizient der Siliziumscheiben bezüglich der Wellenlänge bzw. des Spektrums des eingestrahlten Lichtes ausgenutzt wird. In beiden Fällen liegen die Scheiben auf dem Suszeptor (horizontale Scheibenanordnung).

Ein Problem der Kaltwandreaktoren besteht in der Kontrolle der Temperatur über den Scheiben. Dieses Problem kann eliminiert werden, in dem der gesamte Reaktor aufgeheizt und auf einer konstanten Temperatur gehalten wird. Man spricht dann von einem Heißwandreaktor. Der ideale Kandidat hierfür ist der Standard-Diffusionsofen, der in Kapitel 6 ausführlich behandelt worden ist.

Als Beispiel eines APCVD-Heißwandreaktors ist in Abb. 7.6 ein Rohrreaktor mit horizontaler Scheibenanordnung aufgenommen worden. Diese Reaktoren wurden früher für die Abscheidung von polykristallinem Silizium und SiO_2 eingesetzt, finden jedoch heute in der Fertigung keine Verwendung mehr. Die Gründe dafür liegen in der erhöhten Partikelkontamination, der mäßigen Uniformität der Abscheidung und in dem durch die horizontale Scheibenanordnung bedingten geringen Scheibendurchsatz. Um die Gasphasenreaktion zu vermeiden und damit die Partikelgefahr zu reduzieren, werden die Reaktionsgase mit einem Trägergas verdünnt in den Reaktor geleitet. Die mäßige Uniformität der Abscheidung ist auf die Zunahme der Grenzschichtstärke längs der Rohrachse (siehe (7.2)) zurückzuführen, als deren Folge die Geschwindigkeit, mit der die Reaktanten durch die Grenzschicht zur Scheibe diffundieren, eine Funktion des Ortes wird (transportbestimmter Prozeß). Eine Gegenmaßnahme besteht in der Neigung des Bootes zur Rohrachse. Dadurch verjüngt sich der Strömungsquerschnitt, die Strömungsgeschwindigkeit in der konvektiven Zone nimmt zu und der Einfluß der Ortskoordinate in (7.2) wird weitgehend kompensiert.

Als ein weiteres Beispiel für einen APCVD-Reaktor ist in Abb. 7.6 ein sog. kontinuierliches System mit aufgenommen, das in Abschnitt 7.5.2 näher beschrieben wird.

Beispiel c zeigt einen Kaltwand-APCVD(Epitaxie)- bzw. LPCVD(Epitaxie, W-CVD)-Reaktor. Der Suszeptor hat die Form eines Pyramidenstumpfes (je nach Größe der Scheiben mit sechs oder acht Flächen), der um seine Achse rotiert. Die Neigung der Seitenflächen gestattet die Halterung der Scheiben in den dafür vorgesehenen Vertiefungen. Die Reaktionsgase strömen von oben an den Scheiben vorbei nach unten durch den Reaktor. Die Querschnittsverjüngung nach unten hin sorgt bei dem APCVD-System für einen Ausgleich der Ortsabhängigkeit der Grenzschichtstärke (siehe Beispiel a). Die Erwärmung der Scheiben wird üblicherweise mit Hilfe von Heizlampen vorgenommen.

Beispiel d zeigt den LPCVD-Heißwandreaktor, der heute vorwiegend bei der Abscheidung der dielektrischen Filme und der polykristallinen Siliziumschichten eingesetzt wird; siehe auch Abschnitt 7.5.3.

Bei allen vorgestellten Einkammer-Systemen handelte es sich um Mehrscheibenanlagen, bei denen gleichzeitig mehrere Scheiben bearbeitet werden (Batch-Betrieb). Mit dem Übergang zu größeren Scheibendurchmessern geht der Trend hin zu Einscheibenanlagen (Single Wafer-Betrieb). In jüngster Zeit zeichnet sich der Weg hin zu Mehrkammeranlagen (Clustertools) ab. Hierbei werden i.a. Einscheiben-, aber auch Mehrscheibenanlagen für die Deposition (CVD, PVD), das Ätzen und die Temperaturbehandlung (RTP, siehe Abschnitt 6.3.2) zu einem integrierten Prozeßsystem zusammengefügt [7.9].

Wie Abb. 7.7 zeigt, werden die Scheiben durch einen Zentral-Handler von Kammer zu Kammer transportiert und dort bearbeitet. Auf diese Weise ist es möglich, ganze Prozeßfolgen (Prozeßmodule) ohne äußeren Eingriff abzuar-

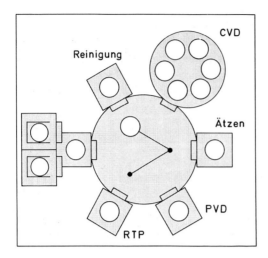

Abb. 7.7 Schematische Darstellung eines modular aufgebauten integrierten Prozeßsystems

beiten. Die Vorteile dieser Technik liegen in der sauberen Prozeßumgebung, der automatisierten Prozeßabfolge, der geringen Kontaminationsgefahr gegenüber der konventionellen Prozeßtechnik (weniger Belüftungszyklen mit ihrer Kontaminationsgefahr, geringe Einwirkung durch das Personal) sowie in der Kontrolle und Überwachung der Einzelprozesse durch On-line-Meßverfahren. Nachteilig ist jedoch, daß derartige Clustertools eine perfekte Anlagenwartung erfordern, weil bei Ausfall eines Gliedes die gesamte Prozeßfolge betroffen ist.

7.5.2 APCVD-Technik

In der Fertigungstechnik für MOS-Produkte mit Strukturgrößen um 1,5 μm sind APCVD-Anlagen häufig anzutreffen. Bei deutlich kleineren Strukturen wird die Abscheidung bei Atmosphärendruck durch die steigenden Anforderungen an Kontaminationsfreiheit und Schichtuniformität vor zwei große Probleme gestellt:

1. APCVD-Abscheidungen sind begleitet von Gasphasenreaktionen, die zur Partikelbildung führen können.
2. Die Reaktionsbedingungen, speziell die Geometrie, müssen für jede Scheibe möglichst gleich sein, da es sonst aufgrund der massentransportkontrollierten Reaktion zu deutlichen Schwankungen in der Dicke und der Stöchiometrie der Schicht kommen kann.

Diese Probleme lassen sich weitgehend lösen. Jedoch verliert die APCVD-Anlage dadurch mehr und mehr ihren ursprünglichen Vorteil gegenüber den Niederdrucksystemen: Den technisch einfacheren Aufbau, bedingt durch das Fehlen eines Vakuumsystems.

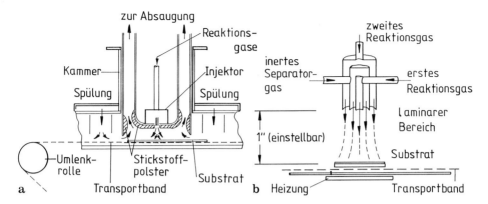

Abb. 7.8. (a) Prinzipieller Aufbau einer APCVD-Anlage mit einem Förderband, Watkins&Johnson WP-985 CVD; (b) Detail des Gasinjektors (Mit freundlicher Genehmigung von MSD, München).

Die in Abb. 7.8 skizzierte Anlage ist in ihrer Konzeption ein typisches Beispiel für einen modernen APCVD-Reaktor. Eine optimierte Prozeßkammer, die Einzelscheibenprozeßführung und eine spezielle Reinigungstechnik lösen die genannten Grundprobleme. Diese Systeme werden insbesondere für die Deposition von dotierten und undotierten SiO_2-Schichten bei niedrigen Temperaturen (ca. 400°C) genutzt, eignen sich aber auch für die Siliziumnitrid-, Wolframsilizid- und Poly-Siliziumabscheidung.

Der Reaktor arbeitet nach dem Prinzip der kontinuierlichen Beschichtung auf einem Förderband. Es sind eine oder mehrere Reaktionskammern über dem Band angeordnet. Die Scheiben werden der Reihe nach mit gleichbleibender Geschwindigkeit unter den Reaktionskammern hindurchgezogen. Die Transportgeschwindigkeit regelt die Schichtdicke auf den Scheiben. Das Transportband wird in einem Säurebad oder in *HF*-Dampf nach jedem Durchlauf gereinigt.

Die Reaktionskammer ist so konstruiert, daß sie erst möglichst dicht über dem Substrat die Reaktionsgase vereinigt. Dadurch wird die Partikelbildung durch Gasphasenreaktionen weitgehend vermieden (siehe Abb. 7.8b). Die Außenatmosphäre wird durch ein Gaspolster aus Stickstoff abgeschirmt. Dieser Vorgang erfordert eine sehr genaue Kontrolle der Gasflüsse und der Absaugmengen. Die notwendige Anregungsenergie wird durch eine Heizung unterhalb des Transportbandes aufgebracht. Es können Temperaturen bis ca. 800°C erreicht werden.

7.5.3 LPCVD-Technik

Niederdruckreaktoren gehören zu den am weitesten verbreiteten CVD-Anlagen. Sie haben gegenüber APCVD-Reaktoren eine Reihe prozeßtechnischer Vorteile. In dem Druckbereich von ca. 0,1 bis 1 Torr sind die hier besprochenen chemischen Reaktionen reaktionskontrolliert und Gasphasennukleation ist dabei kaum möglich (siehe Abschnitt 7.2). Ohne ein Massentransportproblem ist es in einem LPCVD-Reaktor möglich, ähnlich wie in einem Diffusionsofen, 100 bis 200 Scheiben vertikal dicht hintereinander aufzustellen (siehe Abb. 7.9). Die dabei erreichbaren Schichtuniformitäten und Stufenbedeckungen sind mehr als ausreichend. Ein Nachteil der Niederdruckabscheidung, die niedrige Aufwachsrate (ca. 2 bis 20 nm/min), läßt sich durch die hohe Scheibenanzahl im Reaktor kompensieren.

Ein reaktionskontrollierter Beschichtungsprozeß erfordert eine sorgfältige Temperaturkontrolle des Reaktors. Dies läßt sich besonders gut bei Rohrreaktoren realisieren, da man hier auf die ausgereifte Regeltechnik der Diffusionsöfen zurückgreifen kann. So ist es kaum verwunderlich, daß die am weitesten verbreiteten LPCVD-Anlagen Horizontalrohrreaktoren sind, die in ihrem Ursprung auf Oxidationsöfen zurückgehen. In ihnen ist eine Temperaturregelung mit einer Genauigkeit von 1 K möglich (vgl. Kapitel 6). Auch Vertikalöfen werden zunehmend für LPCVD-Prozesse benutzt.

In Abb. 7.9 ist eine Anlage skizziert, an der sich die Konzeption eines Horizontalrohrreaktors erklären läßt: Ein Quarzrohr bildet die eigentliche Reaktionskammer. Es ist wie bei einem Diffusionsofen von Widerstandsheizelementen umgeben. Der wesentliche Unterschied zum atmosphärischen Ofen besteht darin, daß sämtliche Anlagenteile vakuumdicht sein müssen. Dicht-

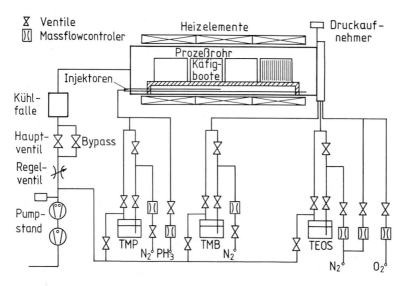

Abb. 7.9. Skizze eines LPCVD-Reaktors. Als Beispiel ist ein BPSG-Reaktor dargestellt, der auch Flüssigkeiten als Gasquellen benutzt. Hier sind es: TEOS, TMB (Trimethylborat) und TMPI (Trimethylphosphit). Als Pumpstand wird eine Wälzkolbenpumpe mit nachgeschalteter Drehschieberpumpe verwendet. Stromaufwärts vor dem Pumpstand liegt die Prozeßdrucksteuerung und die Ventilkombination, die ein sanftes Abpumpen ermöglicht.

flächen, die ggf. höheren Temperaturen ausgesetzt sind, insbesondere im Bereich der Türkonstruktion, sind in der Regel wassergekühlt.

Die Prozeßgase werden, durch Massflowcontroler (vgl. Abschnitt 6.8.2) dosiert, an der Ladeseite des Reaktors eingelassen und strömen an den Scheiben entlang, bis sie am Ende des Rohres durch das Pumpsystem abgesaugt werden. Aufgrund des geringen Druckes ist nicht in jedem Falle ein Trägergas zur Verdünnung der Reaktionsgase und damit zur Vermeidung einer Gasphasenreaktion erforderlich. So wird polykristallines Si aus reinem Silan, häufig aber auch aus einem Gemisch aus 20 % SiH_4 in N_2 abgeschieden. Eine mögliche Verarmung an Reaktionsgasen zum Rohrende hin kann durch eine Anhebung der Temperatur ausgeglichen werden (reaktionsbestimmter Prozeß). Gegebenenfalls ist die Verwendung eines Gasinjektors angebracht, der ein gezieltes Einbringen von Gasen entlang der Rohrachse erlaubt.

Das Pumpsystem besteht normalerweise aus einer Kombination von Drehschieber- und Wälzkolbenpumpe. Augenmerk ist darauf zu richten, daß eine Rückdiffusion der Schmiermittel in das Prozeßrohr ausgeschlossen wird. Ein Ansatz dazu ist die zunehmende Verwendung von sog. Trockenpumpen [7.10]; gleichzeitig entfällt hier das Problem der Entsorgung von kontaminiertem Pumpenöl. Zur näheren Beschreibung der gebräuchlichen Pumpenarten und zur Vertiefung der vakuumtechnischen Aspekte, die im Folgenden nur angedeutet werden können, sei auf [7.11] verwiesen.

Am Ende des Rohres und im Pumpsystem ist das Gasgemisch angereichert mit gasförmigen und festen Reaktionsrückständen. Um eine starke Verschmutzung der im Pumpsystem enthaltenen Ventile und Pumpen zu vermeiden, ist eine Kühlfalle oder ein Partikelfilter direkt hinter dem Reaktionsrohr angebracht.

Für die Messung des Reaktordruckes ist die Verwendung eines elektrischen Absolutdruckaufnehmers die am weitesten verbreitete Methode. Das Meßprinzip basiert auf der durch eine Druckdifferenz verursachten elastischen Durchbiegung einer Membran, die kapazitiv gemessen wird. Problematisch ist bei LPCVD-Reaktoren der ständige Wechsel zwischen niedrigem Arbeitsdruck und Atmosphärendruck, der auf die Dauer zu einer inelastischen Verbiegung der Membran und damit zu einer Nullpunktdrift führt. Eine Gegenmaßnahme ist die Abschottung der Prozeßdruckmeßzelle gegenüber hohen Drücken bei gleichzeitiger Übernahme der Druckmessung während der Abpump- und Belüftungszyklen durch ein zusätzliches Instrument. Beheizte Druckaufnehmer (ca. 100 °C) reduzieren die Temperaturdrift.

Verbunden mit einem Stellglied im Pumpsystem bildet solch ein Druckaufnehmer einen Regelkreis, der den Druck im Reaktionsrohr konstant hält. Außer einem Regelventil (Schmetterlingsventil), das den effektiven Querschnitt der Pumpleitung variiert, kann auch eine direkte Steuerung der Pumpleistung angewendet werden, z.B. über die Drehzahlsteuerung einer Wälzkolbenpumpe.

Die Scheiben werden in Quarzbooten bzw. Horden senkrecht zur Strömungsrichtung aufgestellt. Die Boote werden dabei entweder auf der Reak-

torinnenwand abgestellt oder durch einen sogenannten Cantilever (Trag-
arm) freischwebend im Reaktionsrohr positioniert. Diese Positionierung muß
möglichst reproduzierbar sein. Der Scheibenabstand ist von Beschichtungsprozeß zu Beschichtungsprozeß unterschiedlich, liegt aber meistens im Bereich von 4 bis 16 mm. Um die maximal prozessierbare Scheibenanzahl zu
erhöhen und gleichzeitig die unter Umständen unerwünschte Deposition auf
der Scheibenrückseite zu unterdrücken, können je zwei benachbarte Scheiben
Rücken an Rücken aufgestellt werden. Dies setzt allerdings voraus, daß bei
dieser "back-to-back"-Beladung eine erhöhte Partikelkontamination durch das
relativ schwierige Handling vermieden wird.

Eine LPCVD-Abscheidung läuft in der Regel so ab, daß nach dem Einfahren
der Scheiben und dem Schließen der Tür das System zunächst vorevakuiert wird.
Um ein Aufwirbeln von Partikeln durch Gasturbulenzen während dieser Phase
zu vermeiden, wird durch einen verengten Leitungsquerschnitt in einer Bypass-
Leitung die Pumpleistung gedrosselt. Anschließend wird durch eine Folge von
Pump- und Spülzyklen die Restatmosphäre aus dem Reaktor entfernt. Dabei
wird auch eine Überprüfung auf Gaslecks durchgeführt, indem im evakuierten
Zustand bei geschlossenem Pumpventil der Druckanstieg kontrolliert wird; Leck-
raten für die Prozeßkammer sollten deutlich unter 10 mTorr/min liegen. Nach
der Deposition werden wieder durch mehrmaliges Pumpen und Spülen die Reste
der Reaktionsgase entfernt, bevor mit Stickstoff auf Atmospärendruck belüftet
wird und die Tür geöffnet werden kann.

Abb. 7.10 zeigt qualitativ die Abhängigkeit der Depositionsrate von der
axialen Scheibenposition bei Variation von Prozeßdruck bzw. Temperatur und
Gasfluß. Hoher Druck bzw. hohe Temperatur erhöht die Aufwachsrate, bewirkt
dadurch aber eine Verarmung entlang des Rohres. Dies kann durch eine Erhöhung des Gasangebots kompensiert werden.

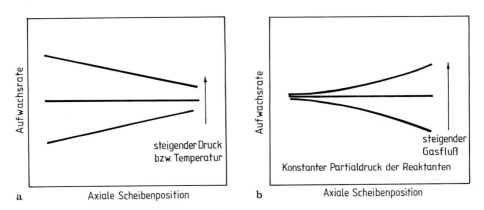

Abb. 7.10. Qualitative Abhängigkeit der Aufwachsrate von der Scheibenposition im
LPCVD-Reaktor (Gasströmung von links nach rechts). (a) Druck oder Temperatur,
(b) Gasfluß werden variiert. Alle anderen Parameter bleiben unverändert [7.12].

7.5.4 PECVD-Reaktortypen

Die Anforderungen an einen Plasmareaktor sind: ein hoher Durchsatz an Scheiben, minimale Scheibenkontamination durch Partikel, niedrige Depositionstemperatur sowie die einfache Möglichkeit der Reaktorreinigung. Die beiden üblicherweise in der Fertigung eingesetzten Reaktortypen sind der Parallel-Plattenreaktor und der Heißwandreaktor. PECVD-Anlagen sind ebenfalls Niederdruckreaktoren. Ihr Arbeitsdruck ist wegen des Plasmas geringfügig höher (0,5 bis 2 Torr) als der von LPCVD-Anlagen. Für das Vakuumsystem gelten die gleichen Bemerkungen wie für die LPCVD-Anlagen.

Parallel-Plattenreaktor
Dieser Reaktor ist in Abb. 7.4 schon schematisch vorgestellt worden. Im Innern der Kammer sind zwei gleich große, horizontale Platten angeordnet, zwischen denen während der Deposition das Plasma (50 kHz bis 13,56 MHz) brennt. Normalerweise wird die Leistung über die obere Elektrode eingekoppelt und die untere auf Masse gelegt. Die Scheiben liegen mit der Schaltungstopographie nach oben auf der unteren Elektrode und werden von unten induktiv, mittels einer Widerstandsheizung oder durch Strahlung auf eine bestimmte Temperatur vorgeheizt. Die Wände bleiben kalt, es handelt sich also um einen Kaltwandreaktor. Das Gas kann von der Peripherie zur Mitte der Elektroden über die Scheiben strömen und dort über einen Stutzen abgepumpt werden oder umgekehrt. Bei manchen Systemen strömt das Gas von oben durch eine perforierte Elektrode nach unten auf die Scheiben. Bei Verwendung eines Loadlock-Systems bleibt die Depositionskammer unbelüftet, was die Kontaminationsgefahr herabsetzt.

Es sind unterschiedliche Anlagenkonzepte im Einsatz. Abb. 7.11 zeigt eine Anlage für den Batchbetrieb, eine Single-Wafer-Prozeßkammer ist in Abb. 7.12 dargestellt. Abgeleitet aus der Batchmaschine wird hier der Reaktor für eine

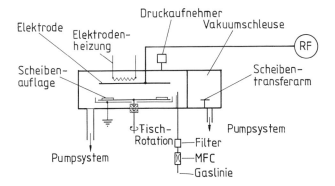

Abb. 7.11. Schema eines Parallelplattenreaktors für den Batchbetrieb, Plasmafab ND6200 (Mit freundlicher Erlaubnis von Electrotech, Ulm)

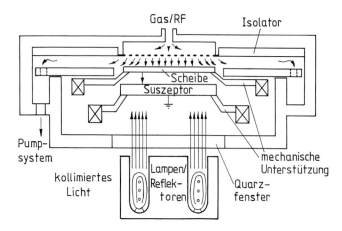

Abb. 7.12. Prozeßkammer der Precision 5000 CVD (Pat. Pend.). Die Scheibe wird auf dem durch Strahlung beheizten, geerdeten Suszeptor abgelegt (Mit freundlicher Erlaubnis von Applied Materials, München).

einzelne Scheibe optimiert. So ist es möglich, auch die hohen Anforderungen der Sub-μm-Technologie an die Uniformität und Stöchiometrie der abgeschiedenen Schicht zu erfüllen.

Zur Steuerung der PECVD-Abscheidung wird neben den schon erwähnten Regelgrößen Druck, Temperatur und Gasfluß auch die eingekoppelte HF-Frequenz und -Leistung benutzt. Das Plasma kann auch gepulst werden, um Verarmungseffekte aufzuheben. Dies ist eine weitere Regelgröße, die auch bei Plasma-Horizontalrohranlagen eingesetzt wird (LDM, limited depletion mode).

Das über den Scheiben brennende Plasma sorgt für eine Erhöhung der Substrattemperatur als Funktion der Prozeßlaufzeit. Durch diesen Effekt kann die Stöchiometrie der Schicht inhomogen sein, d.h. daß z.B. im oberen Teil der abgeschiedenen Schicht gemessene Ätzraten nicht repräsentativ für die gesamte Schichtdicke sein können.

Ein stabiles, für alle Wafer gleichmäßiges Plasma zu erzeugen, ist ein Kernproblem. Die in Abb. 7.11 dargestellte Anlage ist eine Weiterentwicklung eines einfachen Parallelplattenreaktors. In dieser Anlage können die Platten rotieren, so daß etwaige Inhomogenitäten im zeitlichen Mittel ausgeglichen werden. Die Beladung erfolgt über eine gesonderte Vakuumkammer (loadlock), welche dafür sorgt, daß die eigentliche Reaktionskammer nicht belüftet werden muß. Dies ist notwendig, da es sich gezeigt hat, daß eine permanente Be- und Entlüftung der Reaktionskammer zu einer erhöhten Partikelemission führt. Das Loadlock-Prinzip hat sich bewährt und wird konsequenterweise auch bei Single-Wafer-Anlagen eingesetzt. Der gesamte Scheibentransport ist dabei vollautomatisiert. Diese Reaktoren sind sehr eng verwandt mit Plasmaätzanlagen (s. Kapitel 5).

Heißwandreaktor

Wie Abb. 7.13 zeigt, handelt es sich bei diesem Reaktortyp um ein widerstandsbeheiztes Quarzrohr (Diffusionsofen). Die Scheiben stehen auf einem Träger, der aus vertikal angeordneten Graphitelektroden besteht. Meist werden die Generatoren mit schwebendem Ausgang betrieben, damit die Plattenpaare elektrisch gleichberechtigt betrieben werden (symmetrisches Plasmapotential). Die Temperatur innerhalb des Reaktorrohres ist konstant und kann über einen weiten Bereich gesteuert werden. Die Vorteile dieses Systems sind: 1. eine geringe Kontaminationsgefahr der vertikal angeordneten Scheiben durch Partikel, 2. eine gleichmäßige Temperatur und Gasströmung über den Scheiben und damit eine gleichmäßige Depositionsrate und 3. ein hoher Durchsatz aufgrund der großen Anzahl gleichzeitig zu prozessierender Scheiben.

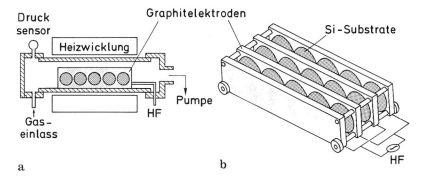

a   b

Abb. 7.13. a) Schematische Darstellung eines Heißwand-Plasmareaktores; b) die Scheiben stehen auf einem Träger, der aus vertikal angeordneten Graphitelektroden besteht. Das Plasma wird mit Hilfe eines Hochfrequenzgenerators zwischen den Graphitelektroden gezündet.

ECR-System (Electron Cyclotron Resonance)

Zu den neueren Entwicklungen auf dem Gebiet der PECVD-Technik gehören die ECR-Systeme. Die ECR-Systeme liefern Filme mit hoher Qualität bei hoher Depositionsrate und niedriger Temperatur. Das ist darauf zurückzuführen, daß die ionenunterstützte Deposition begünstigt wird. Die charakteristischen Eigenschaften des Systems sind eine hohe Plasmadichte (10^{10} cm^{-3}) bei niedrigem Druck (10^{-3} bis 10^{-5} Torr) und damit ein hoher Ionisierungsgrad (10^{-1} bis 10^{-3}) sowie eine hohe Energie der Elektronen (entsprechend einer hohen Elektronentemperatur). Abb. 7.14 zeigt die Querschnittsdarstellung eines ECR-Systems, bestehend aus der Plasmakammer und der davon getrennten Depositionskammer. In die Plasmakammer wird ein inertes Gas geleitet, je nach Art des abzuscheidenden Filmes zusätzlich ein geeignetes Reaktionsgas (O_2, N_2O). Die zum Zünden des Plasma erforderliche Energie wird über einen Hohlleiter in

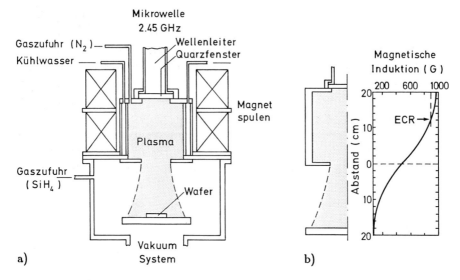

Abb. 7.14. a) Schematische Darstellung eines ECR-Systems mit räumlicher Trennung von Plasma- und Depositionskammer; b) gemäß der Frequenz von 2,45 GHz der elektromagnetischen Welle ist die Resonanzbedingung gemäß (7.26) dort erfüllt, wo die magnetische Induktion den Wert 875 G annimmt.

die Plasmakammer eingekoppelt, wobei die Frequenz der elektromagnetischen Welle üblicherweise 2,45 GHz beträgt. Um die Kammer sind von außen Magnetspulen gelegt, so daß sich innerhalb der Kammer ein statisches Magnetfeld ausbildet, das die Elektronen auf Kreisbahnen zwingt. Die Umlauffrequenz ist gegeben durch

$$\omega_e = \frac{e\,B}{m} \ , \tag{7.26}$$

mit der Elektronenladung e, der magnetischen Induktion B und der Elektronenmasse m. Aufgrund der Inhomogenität des Magnetfeldes ist die Umlauffrequenz ortsabhängig. Dort, wo die Umlauffrequenz gleich der Frequenz des elektromagnetischen Feldes ist ($\omega = \omega_e$), werden die Elektronen während eines jeden Halbkreiszyklus beschleunigt, nehmen also mehr Energie aus dem Hochfrequenzfeld auf als ohne statisches Magnetfeld. Gemäß (7.26) und der Frequenz von 2,45 GHz findet die Resonanz dort statt, wo die magnetische Induktion den Wert 875 G annimmt. Voraussetzung für die erhöhte Energieaufnahme ist natürlich, daß das Elektron ohne Stoß mehrere Kreisbahnen durchlaufen kann. Mit der Erhöhung der Elektronenenergie erhöht sich letztlich die Depositions- und Ionisationsrate durch Primärstöße.

Das zweite Merkmal des in Abb. 7.14 gezeigten ECR-Systems ist die räumliche Trennung von Plasma- und Depositionskammer. Das Plasma wird hier aus der Plasmakammer in die Depositionskammer, hin zur isoliert angeordneten Scheibe geführt. Der Plasmastrom basiert auf folgenden Ursachen. Die magnetische Feldstärke nimmt von der Plasmakammer zur Depositionskammer hin ab. Es existiert somit ein Feldgradient, der die Elektronen aufgrund ihres dem Ringstrom äquivalenten magnetischen Momentes in Richtung abnehmender Feldstärke treibt. Durch die Trennung von Elektronen und Ionen baut sich ein elektrisches Feld auf, das die Ionen hinterhertreibt (ambipolare Diffusion). Auf diese Weise wird das Plasma an die Scheibe geführt. Bei der Abscheidung siliziumhaltiger Schichten wird der Si-Träger (i.a. SiH_4) in die Depositionskammer geleitet und im Plasmastrom dissoziiert. Der Vorteil des Verfahrens liegt darin, daß die generierten Radikale weniger wassertoffhaltig sind als bei der normalen Plasmaabscheidung. Damit bietet sich die Möglichkeit, hochwertige Gate-Oxide bei niedrigen Temperaturen herzustellen [7.13].

7.5.5 Sicherheitsaspekte

Alle CVD-Anlagen haben einen gemeinsamen Problembereich. Es ist der Einsatz von besonders reaktiven oder toxischen Gasen in einem Vakuumsystem und ihre Entsorgung. Ihre Handhabung und die anschließende Entsorgung der entstandenen Reaktionsrückstände erfordert eine genaue Kenntnis der möglichen Gefahrenpotentiale.

Die Eigenschaften von Stoffen kann man in der Regel aus Materialdatenblättern des Herstellers oder aus Datensammlungen entnehmen. Die Gefährlichkeit der Chemikalien und die notwendigen Schutzmaßnahmen sind vom Gesetzgeber erfaßt [7.14,15]. Daraus resultieren firmeninterne Vorschriften, die die exakte Handhabung von Gefahrgasen oder Flüssigkeiten regeln. Einen Überblick über die in CVD-Anlagen gebräuchlichsten Stoffe und ihrer Eigenschaften gibt Tabelle 7.2.

Die Sicherheitsprobleme für die Versorgung der Anlagen mit den Prozeßgasen lassen sich mit einigem Aufwand beherrschen. Ein wesentlich komplexeres Problem entsteht mit den Reaktionsprodukten aus CVD-Anlagen. Die wesentlichen Aspekte sind dabei die Ablagerung von festen Stoffen an den Wandungen des Vakuumsystems und die Wechselwirkung der Gase mit dem Pumpenöl.

Das Problem der Ablagerungen entsteht durch den unkontrollierbaren Einbau von Reaktionsrückständen oder noch unverbrauchten Gasen. Zum Beispiel können sich unterschiedliche Kohlenwasserstoffe einlagern (TEOS-Prozeß); bei der Verwendung von Dotierstoffen ist es möglich, daß Dotiergase wie Phosphin oder Diboran unreagiert in die Schichten eingebaut werden können. Wenn solche Ablagerungen z.B. bei regelmäßigen Wartungen mit der normalen Umluft in Berührung kommen, sind nachträgliche Reaktionen nicht zu vermeiden. Es entstehen Gase oder Dämpfe, die zu erheblichen gesundheitlichen Beeinträchtigungen führen können. Wartungen dürfen daher nur unter entsprechenden Schutzvorkehrungen durchgeführt werden.

Die Beeinträchtigung des Pumpenöls ist ein weiteres Problem. Eine LPCVD-Reaktionskammer verwertet nur ca. 20 bis 25 % der eingelassenen

Tabelle 7.2. Überblick über die in CVD-Anlagen gebräuchlichsten Stoffe und ihre Eigenschaften. (a) Gase. Zusätzlich werden zur in-situ-Reinigung von PECVD-Anlagen auch fluorhaltige Gase wie SF_6 oder CF_4 benutzt. (b) Flüssigkeiten. Verwendung für die Oxidabscheidung und -dotierung

(a)

Gase	Dichte in g/cm³	Siedepunkt in °C	Eigenschaften
Monosilan, SiH_4	1,45	-111,4	farblos, widerlicher Geruch. Entzündet sich an Luft
Dichlorsilan, SiH_2Cl_2	4,60	8,3	farblos, stechender Geruch. Leicht entzündlich. Bildet mit Luft explosive Gemische
Lachgas, N_2O	1,98	-88,5	farblos, angenehmer Geruch, Narkotikum
Ammoniak, NH_3	0,77	-33,4	farblos, stechender Geruch. Bildet mit Luft explosive Gemische
Phosphin, PH_3	1,53	-87,8	farblos, unangenehmer Geruch. Sehr giftig. Entzündet sich an Luft
Diboran, B_2H_6	1,24	-92,5	farblos, widerlich süßlicher Geruch. Brennbar, sehr giftig

(b)

Flüssigkeiten [7.16]	Siedep. in °C, 760 Torr	Flammp. in °C bei 20°C	Dichte in g/cm³ (Luft = 1)	Dampfdichte bei 40°C	Dampfdruck in Torr
Äthylsilikat, TEOS, $Si(OC_2H_5)_4$	169	52	0,94	7,2	4,7
Tetramethylcyclotetrasiloxan, TMCTS, $(SiO)_4H_4(CH_3)_4$, TOMCATS^{TM}	135	24	0,99	8,0	19,2
Diäthylsilan, DES, $SiH_2(C_2H_5)_2$, LTO-410^{TM}	56	-20	0,68	> 1	433
Trimethylborat, TMB, $B(OCH_3)_3$	68,7	-1	0,92	3,6	253
Trimethylphosphit, TMPI, $P(OCH_3)_3$	111	55	1,05	4,3	38,5
Trimethylphosphat, TMP, $PO(OCH_3)_3$	193	112	1,21		2,8

Gase. So kann sich das Pumpenöl z.B. mit Silan anreichern. In diesem Fall erzeugt die Mischung aus Öl und Silan ein Explosionsrisiko, sobald sie mit Luft in Verbindung kommt. Dieses Problem läßt sich durch eine Stickstoffspülung der Pumpe während der Silanreaktion im Reaktor vermeiden. Chemische Veränderungen des Pumpenöls bilden kein Problem mehr, seit man dazu übergegangen ist, weitgehend synthetisch hergestellte Schmiermittel zu verwenden.

7.5.6 Anlagen für die industrielle Halbleiterproduktion

CVD-Anlagen, die in einer MOS-Fertigungslinie eingesetzt werden, müssen grundsätzlich zwei Bedingungen erfüllen.

Erstens müssen die jeweiligen technologischen Anforderungen erfüllt werden. Diese sind vom Produkt und der Integrationsdichte abhängig. Unabhängig vom Einzelfall gibt es einige typische Prozeßanforderungen an eine industrielle Anlage:

- Die Schichtuniformität sollte besser als $\pm$ 3 % (auf einer Scheibe) sein.
- Partikeldichten auf dem Substrat müssen kleiner als ca. 0,05 Partikel pro cm^2 sein (Partikelgröße $> 0,4\,\mu$m).
- Es darf zu keiner Bildung von Hohlräumen zwischen eng benachbarten Strukturen kommen (sogenannte "Voids").
- Die Abscheidung von Schichten über einer Aluminiumstruktur muß ohne Beeinflussung des Aluminiums geschehen (Hillock- und Voidbildung, Korrosion).

Zweitens muß die angewandte Technik unkompliziert und wirtschaftlich sein. Das bedeutet, es müssen möglichst viele Scheiben durch einen Prozeß beschichtet werden, der mit einer minimalen Anzahl von Anlagenparametern kontrolliert werden kann. Wesentliche wirtschaftliche Kriterien sind:

- geringer Reinstraumbedarf (Stellfläche),
- hoher Scheibendurchsatz pro Zeiteinheit,
- kurze Wartungszeit und lange Intervalle zwischen den Wartungen,
- 24-Stunden-Betrieb.

Der Nutzungsgrad einer Anlage kann durch die sogenannte "Up- and Downtime" angegeben werden. Bei dieser Betrachtungsweise wird die Zeit in vier Kategorien unterteilt: Produktionszeit, Standby-Zeit, unvorhersehbare Ausfallzeiten und planbare Wartungszeiten (siehe Abb. 7.15), wobei die Standby-Zeit eine Pufferzeit ist, die organisatorische oder prozeßtechnische Wartezeiten abdeckt.

Um den möglichen Scheibendurchsatz pro Zeiteinheit zu berechnen, muß die effektiv vorhandene Produktionszeit ermittelt werden. Sie ergibt sich aus der Differenz zwischen maximal vorhandener Zeit (z.B. 24 Stunden) und der Summe von Wartungs-, Standby- und Ausfallzeit. Um diese drei Zeitinter-

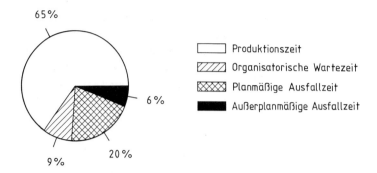

65%

6%

20%

9%

Produktionszeit

Organisatorische Wartezeit

Planmäßige Ausfallzeit

Außerplanmäßige Ausfallzeit

Abb. 7.15. Typische Up- und Downtime-Verteilung für eine Horizontal-Rohr-LPCVD-Anlage unter Produktionsbedingungen (verfügbare Produktionszeit ist 100 %)

valle zu definieren, ist man auf Erfahrungswerte angewiesen, die mit der betreffenden Anlage gesammelt wurden. Je kürzer eine Anlage auf dem Markt ist, desto schwieriger wird es, verläßliche Daten zu bekommen. Die Erfahrung zeigt, daß nur eine sehr konservative Abschätzung (speziell der Ausfall- und Wartungszeiten) zu den real ausnutzbaren Produktionszeiten führt.

Ist die Produktionszeit ermittelt, kann man mit einer einfachen Gleichung den Scheibendurchsatz pro Zeiteinheit berechnen:

$$D = \left(\frac{t_p}{t_a}\right) \cdot K \ . \tag{7.27}$$

In dieser Gleichung ist D der Scheibendurchsatz, t_p die verfügbare Produktionszeit, t_a die Anlagenlaufzeit (inkl. Be- und Entladezeiten) und K die Anzahl der Scheiben pro Anlagenlauf.

Die in Abb. 7.11 dargestellte LPCVD-Anlage ist z.B. für einen täglichen Scheibendurchsatz von ca. 500 Scheiben ausgelegt. Dieser Wert gilt unter der Annahme, daß der Nutzungsgrad optimal ist (100 Nutzscheiben) und die Anlagenlaufzeit 3 Stunden beträgt. Da für die Festlegung der verfügbaren Produktionszeit (t_p) ein langer Zeitraum (1 Jahr) benutzt wird, ist der errechnete Scheibendurchsatz pro Tag ein Mittelwert, der für Produktionsplanungen zugrunde gelegt werden kann.

7.6 Polykristallines Silizium

Die Anwendung polykristalliner Siliziumschichten (auch kurz Polyschichten genannt) konzentriert sich in der MOS-Technologie vor allem auf Gate-Elektroden und leitende Verbindungen unterhalb der Aluminiumverdrahtungsebene. Hohe Temperaturbeständigkeit, gute Stufenbedeckung, keine Interfaceprobleme mit Oxiden und die Möglichkeit, den Schichtwiderstand durch Dotierung gezielt einzustellen, sind Eigenschaften, die polykristallines Silizium zu einem idealen

Material in der IC-Fertigung machen. Erst bei sehr kleinen Strukturgrößen unter einem Mikrometer wird die Anwendung als Material für Leiterbahnen durch den nicht weiter zu reduzierenden Schichtwiderstand (Untergrenze: 15 bis 25 Ω/sq bei einer Schichtdicke von 500 nm) eingeschränkt. In den folgenden Abschnitten werden die Abscheidung und die Struktur der Polyschicht beschrieben. Der Schichtwiderstand und das Oxidationsverhalten von Poly-Silizium werden in den Abschnitten 9.7 bzw. 6.7 behandelt.

7.6.1 Die Abscheidung von polykristallinem Silizium

Das in der Industrie gebräuchlichste Verfahren zur Herstellung von Polyschichten ist die pyrolytische Zersetzung von Monosilan (SiH_4), siehe auch Abschnitt 7.2.1. Diese Reaktion läuft meist bei reduziertem Druck ($<$ 1 Torr) und einer Temperatur zwischen 600 und 650 °C in einem LPCVD-Reaktor ab.

Die Reaktionskinetik ist stark abhängig vom Reaktionsdruck. Es ist eine homogene Gasphasenreaktion ebenso möglich wie eine heterogene Reaktion, die die Scheibenoberfläche als Katalysator benutzt. Unterhalb von 1 Torr kommen für eine Schichtbildung nur Oberflächenreaktionen in Frage. Sie sind Reaktionen erster Ordnung, die folgendermaßen ablaufen: Zuerst wird SiH_4 von der Oberfläche adsorbiert. Im adsorbierten Zustand zerfällt SiH_4 pyrolytisch in eine Zwischenstufe (SiH_2) und bildet erst nach abermaliger Abgabe von H_2 eine feste polykristalline Schicht. Zusammenfassung von (7.6) bis (7.8) ergibt die stöchiometrische Reaktionsgleichung

$$SiH_4 \longrightarrow Si + 2H_2 \ . \tag{7.28}$$

In der Praxis werden gute Resultate hinsichtlich Reinheit, konformer Stufenbedeckung und Wirtschaftlichkeit z.B. mit den Prozeßparametern aus Tabelle 7.3

Tabelle 7.3. Beispiele für Prozeßparameter zur LPCVD-Schichtabscheidung auf 125 mm-Scheiben. Prozeßrohrdurchmesser 210 mm, 100 Scheiben/Fahrt

	Poly-Si	Nitrid	Oxinitrid ($n = 1,7$)	Oxid
Temperatur in °C	620	755	775	730
Druck in mTorr	250	300	350	250
Gasfluß in sccm	SiH_4 (100%): 120	NH_3: 280 SiH_2Cl_2: 70	NH_3: 32 SiH_2Cl_2: 100 N_2O: 180	TEOS: 150
Aufwachsrate in nm/min	9,5	2,8	1,1	11,0

erreicht. In einem Horizontal-LPCVD-Reaktor (siehe Abschnitt 7.5.3) werden entweder reines Silan oder ein Silan-Trägergasgemisch eingeleitet. Die verwendeten Trägergase sind üblicherweise Stickstoff, Helium oder auch Wasserstoff. Sie sind nicht an der Reaktion beteiligt, sondern verhindern eine zu schnelle SiH_4-Verarmung und ermöglichen ein flaches Temperaturprofil im Reaktionsrohr. Dieser Vorteil wird mit einem höheren SiH_4-Verbrauch und einer größeren Pumpkapazität erkauft. Silan ohne Trägergas kommt dann

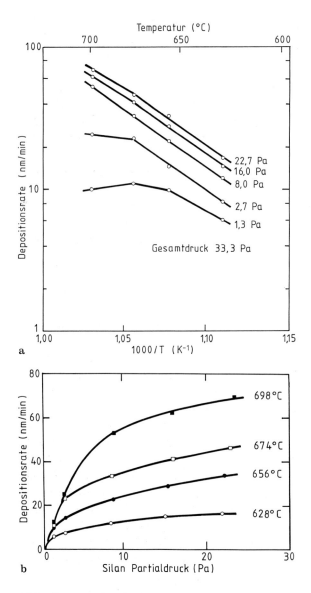

Abb. 7.16. Aufwachsrate von Poly-Si in Abhängigkeit von (a) Temperatur und (b) Silan-Partialdruck bei konstantem Gesamtdruck (250 mTorr) [7.17] (1 Pa = 7,5 mTorr)

zum Einsatz, wenn ein Temperaturintervall im Reaktionsraum von ca. 10 °C vertretbar ist (siehe Abschnitt 7.6.2). Aufwachsraten in der Größenordnung von 10 nm/min können leicht erreicht werden. Die Schichtuniformität auf einer Scheibe ist besser als 3 % (für 125 mm-Scheiben). Oft werden in der Praxis zur Verbesserung der Schichtqualität Reaktor und Scheiben vor der Deposition mit Chlorwasserstoff gespült. Dies hilft durch die reinigende Wirkung vor allem, das Auftreten des sog. 'Haze' (matte, nicht spiegelnde Bereiche) auf den Scheiben zu verhindern.

Abb. 7.16a zeigt die exponentielle Temperaturabhängigkeit der Aufwachsrate mit dem Silan-Partialdruck als Parameter. Hieraus kann abgeleitet werden, daß eine Aktivierungsenergie von ca. 1,7 eV für den geschwindigkeitsbestimmenden Reaktionsschritt aufgebracht werden muß. In Abb. 7.16b sind die gleichen Daten als Funktion des Partialdrucks dargestellt. Das nichtlineare Verhalten kann durch Transporteffekte, Adsorption von H_2 auf der Substratoberfläche oder durch das Auftreten von homogenen Reaktionen erklärt werden.

Die In-situ-Dotierung während der Deposition erfolgt durch Beimischung der entsprechenden Dotierstoff-Hydride zum Silan. Um ausreichende Uniformitäten zu erzielen, ist hier die Verwendung von Injektoren und Käfigbooten nötig. Schon die Zugabe von geringen Mengen an Dotiergasen verändert die Aufwachsraten drastisch: Als Regel kann gelten, daß 1 % Phosphin die Depositionsrate halbiert, während 1 % Diboran die Rate verdoppelt. Aufgrund des relativ hohen technischen Aufwandes hat sich diese Methode jedoch noch nicht durchgesetzt.

7.6.2 Schichtstruktur

Die Struktur der polykristallinen Schichten und die damit verbundenen elektrischen und mechanischen Schichteigenschaften hängen stark von den Abscheidebedingungen ab. Während die Erzeugung von polykristallinem Silizium grundsätzlich in einem weiten Druck- und Temperaturbereich möglich ist, sind bestimmte, in der Halbleiterindustrie notwendige Schichteigenschaften nur in einem relativ engen Prozeßfenster zu verwirklichen.

Erst ab ca. 580 °C kommt es bei der beschriebenen Silanreaktion zu einem polykristallinen Schichtaufbau. Liegt die Substrattemperatur darunter, so entsteht eine Schicht aus amorphem Silizium. Die Korngrößen der polykristallinen Struktur sind linear abhängig von der Temperatur (siehe Abb. 7.17) und liegen bei undotierten Schichten unter 50 nm. Die Kornstruktur des Siliziums spiegelt sich auch in der Oberflächenrauhigkeit wieder. Die Kristallorientierung wird durch eine nachträgliche Temperaturbehandlung verändert; die Kristallite wachsen bis zu einer Größe von 200 bis 300 nm. Dabei bleiben die glatten amorphen Schichten auch nach einer Temperung, die zur Kristallisation führt, weniger rauh als von vornherein polykristalline Schichten.

Die gute Stufenbedeckung von LPCVD-Poly wird in Abb. 7.18 demonstriert. Die Abbildung zeigt eine elektronenmikroskopische Aufnahme von in monokristallines Silizium geätzten Gräben (Trenchtechnik, siehe Kapitel 12), die nach einer LPCVD-Oxidabscheidung mit polykristallinem Silizium aufgefüllt wurden.

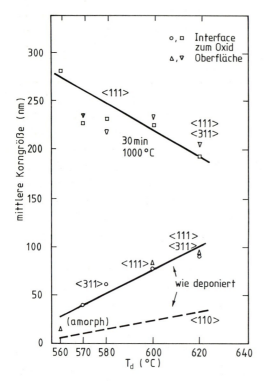

Abb. 7.17. Mittlere TEM-Korngröße von in-situ P-dotiertem Poly-Si über der Depositionstemperatur nach der Abscheidung (gestrichelt: undotiert) bzw. nach einer Temperung von 30 min bei 1000 °C. Zusätzlich ist die vorherrschende Orientierung der Kristallite angegeben. Nach [7.18]

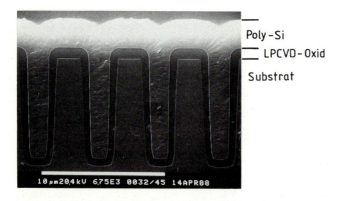

Abb. 7.18. Trenchfüllung mit polykristallinem Silizium

7.7 Siliziumdioxid

Neben den in Kapitel 6 beschriebenen Oxidationsverfahren gibt es eine Reihe von Möglichkeiten, um mit CVD-Prozessen SiO_2-Schichten zu erzeugen. Der grundlegende Unterschied zur thermischen Oxidation besteht darin, daß die Abscheidung weitgehend unabhängig von der Unterlage erfolgt; insbesondere wird beim CVD-Verfahren kein Substratmaterial verbraucht. Die Anzahl der praktikablen Verfahren ist deutlich größer als bei der Abscheidung von Poly-Silizium. Die Auswahl des Depositionsverfahrens wird durch die Anforderungen der Anwendung bestimmt; relevante Größen sind insbesondere die Abscheide-temperatur, siehe Tabelle 7.1, und die Stufenbedeckung (siehe Abschnitt 7.4) der Schicht, die stark von der verwendeten Chemie beeinflußt wird.

Hauptanwendungsgebiete der CVD-Oxide sind Isolationsschichten zwischen zwei leitenden Ebenen, z.B. zwischen der Gate-Ebene und der ersten Verdrahtungsebene (Zwischenoxid) und zwischen den folgenden Verdrahtungsebenen bei der Mehrlagenmetallisierung (Interlevel Dielektrika). SiO_2-Schichten werden auch als Implantationsmasken, z.B. in der Spacertechnologie (s. Kapitel 12) eingesetzt; dotierte Schichten können als Diffusionsquellen oder zur Passivierung von Bauelementen genutzt werden. Im folgenden wird auf einige der gebräuchlichsten Prozesse und die Eigenschaften der resultierenden Oxidschichten eingegangen. Die speziellen Eigenschaften und Möglichkeiten der dotierten SiO_2-Schichten werden in Abschnitt 7.7.2 gesondert behandelt.

7.7.1 Erzeugung und Eigenschaften von undotiertem CVD-Oxid

SiO_2 kann durch die verschiedensten Reaktionen in unterschiedlichen Druckbereichen erzeugt werden (Tabelle 7.1). Einige der wichtigsten Verfahren werden in diesem Abschnitt beschrieben. Die Anwendung der Schichten erlaubt als Ordnungskriterium die Depositionstemperatur:

1. Prozesse, die bei 300 bis 500 °C arbeiten, basieren auf der Oxidation von Monosilan, SiH_4. Besonders verbreitet sind hier APCVD- und PECVD-Schichten, die in erster Linie als Intermetalldielektrikum und zur Passivierung benutzt werden. LPCVD-Prozesse, die organische Siliziumverbindungen wie DES und TMCTS (siehe Tabelle 7.2) einsetzen, sind erst in der Entwicklung.

2. Bei mittleren Temperaturen zwischen 650 und 750 °C hat sich die pyrolytische Zersetzung des organischen Moleküls TEOS (Tetraäthylorthosilikat) durchgesetzt. Die Reaktion läuft bei reduziertem Druck in LPCVD-Reaktoren ab. Da die Reaktion oberhalb der Schmelztemperatur des Aluminiums abläuft, können TEOS-Oxide nur für die Spacer-Technik und als Isolation vor der ersten Metallisierung benutzt werden.

LTO-Prozesse

Niedertemperaturprozesse, die Silan (SiH_4) und Sauerstoff verwenden, werden LTO-Prozesse (low temperature oxide) genannt. Im LPCVD- wie auch

224

im APCVD-Prozeß erfolgt die Bildung von SiO_2 im adsorbiertem Zustand der Reaktionspartner in einer heterogenen Oberflächenreaktion. Die Aufwachsrate wird durch diese Adsorptionsvorgänge limitiert; sie hängt wegen der niedrigen Aktivierungsenergie (ca. 0,4 eV) nur relativ schwach von der Depositionstemperatur ab. Da es praktisch keine laterale Oberflächendiffusion der Reaktanten gibt, ist die Stufenbedeckung von LTO nicht konform (siehe Abschnitt 7.4).

Der APCVD-Prozeß, der z.B. in einem kontinuierlichen Reaktor (Abschnitt 7.5.2) betrieben wird, ist in [7.19] ausführlich charakterisiert. Die Prozeßtemperatur liegt typisch zwischen 400 und 450 °C, die SiH_4-Flußrate beträgt etwa 5 bis 10 % der O_2-Flußrate. Um Gasphasenreaktionen, die zu Partikelkontamination führen können, zu unterdrücken, wird das Reaktionsgemisch mit Stickstoff verdünnt. Dieser dient gleichzeitig als Trägergas, um die Reaktanten zur Scheibenoberfläche zu befördern. Zugabe von PH_3 zum Reaktionsgemisch ($SiH_4 : PH_3$ ist ca. 10 bis 20) erzeugt PSG (siehe Abschnitt 7.7.2), mit Phosphorkonzentrationen in der deponierten Schicht von 2 bis 10 Gew.-% je nach Depositionsbedingung. Aufwachsraten von 100 bis 200 nm/min werden erreicht. APCVD-Oxidschichten stehen unter einer Zugspannung von $2 \ldots 3 \cdot 10^9$ dyn/cm², Phosphordotierung reduziert diesen Wert.

In Abb. 7.19 sind qualitativ die Einflüsse einiger Schlüsselparameter auf Aufwachsrate, Stress und für PSG auch auf den Phosphorgehalt der Schicht dargestellt. Die Aufwachsrate steigt zunächst mit wachsendem O_2-Anteil, sinkt dann aber wieder ab, weil Reaktionsplätze an der Substratoberfläche durch adsorbierten Sauerstoff belegt werden. Da die Lage des Maximums von der Temperatur abhängt, kann eine Temperaturerhöhung bei sonst gleichen Bedingungen

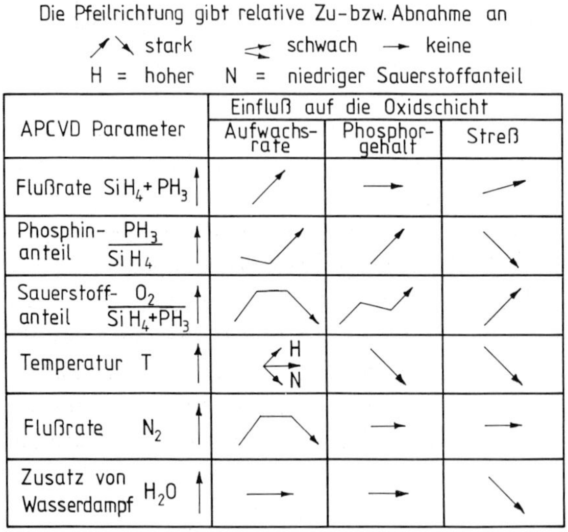

Abb. 7.19. Qualitative Abhängigkeit wichtiger Schichteigenschaften von Depositionsparametern beim APCVD-Prozeß. Nach [7.19]

die Aufwachsrate auch erniedrigen. Eine zu hohe N_2-Flußrate reduziert die Aufwachsrate, weil die Scheibe dann abgekühlt wird.

LPCVD-LTO-Prozesse können u.a. in herkömmlichen Horizontalrohrreaktoren durchgeführt werden. Durch den reduzierten Druck erniedrigt sich die Aufwachsrate auf 20 bis 30 nm/min bei Temperaturen um 450 °C. Um eine gleichförmige Schicht auf der Scheibe zu erhalten, müssen die Scheiben in Käfigboote gestellt werden (siehe Abb. 6.21b und [7.20]). Nur durch sorgfältig dimensionierte Schlitze in den Booten kann erreicht werden, daß jeder Punkt auf der Scheibe ein ähnliches Gasangebot erhält. Verarmungseffekte, die entlang des Reaktionsrohres auftreten, können durch eine Anhebung der Temperatur im hinteren Bereich des Rohres weitgehend ausgeglichen werden. Die Handhabung solch einer LTO-Anlage ist durch die aufwendigen Quarzteile nicht einfach. Insbesondere ist eine Automatisierung des Scheibentransports dadurch kaum möglich.

PECVD-Oxide

Beim PECVD-Verfahren werden im Plasma hochreaktive Radikale erzeugt, so daß auch hier bei niedrigen Temperaturen hohe Aufwachsraten erzielt werden können. Am weitesten verbreitet ist zur Zeit noch die Plasmadeposition von SiO_2 aus SiH_4 und N_2O, die im folgenden diskutiert werden soll. Auf andere Verfahren, wie z.B. die plasmaunterstützte Oxidation von TEOS [7.21] oder die Silan-Sauerstoffreaktion im Plasma [7.22], kann hier nicht eingegangen werden.

Im Vergleich zu den thermisch aktivierten CVD-Prozessen werden die Einflußgrößen auf die PECVD-Verfahren um die Plasmaparameter erweitert; das sind insbesondere die Frequenz und die eingekoppelte Leistung. Da das Plasmaverhalten stark durch die verwendete Reaktorgeometrie bestimmt wird, ist der Einfluß der verwendeten Reaktorkonfiguration auf die Prozeßparameter stärker ausgeprägt als bei APCVD-Prozessen.

Allgemein gilt, daß die Aufwachsrate mit Temperatur, Partialdruck der Reaktanten (insb. SiH_4) und Leistung ansteigt. Abb. 7.20 zeigt Aufwachsrate, Ätzrate und Brechungsindex in Abhängigkeit vom Verhältnis $N_2O : SiH_4$ und RF-Leistung in einem Kaltwand-Parallelplattenreaktor [7.23]. Auffällig ist die starke Abhängigkeit des Brechungsindex, der Aufschluß über die Zusammensetzung der Schicht gibt: Da während der Plasmareaktion neben Stickstoff auch Wasserstoff (2 bis 8 at.-%) in das Oxid eingebaut wird und diese Parameter andere Eigenschaften wie Streß, Dichte und Ätzrate beeinflussen, bietet sich so die Möglichkeit einer einfachen Prozeßkontrolle. Generell zeigen PECVD-Oxide im Gegensatz zu APCVD-Oxiden einen mäßigen kompressiven Stress, der sie für den Einsatz als dickes Passivierungsoxid auszeichnet. Die Stufenbedeckung ist besser als bei APCVD-Oxiden, da das Ionenbombardement auf die Substratoberfläche zu einer höheren Beweglichkeit führt, kann aber dennoch nicht mit der von LPCVD-TEOS oder HTO konkurrieren [7.24].

Für einen Heißwand-Parallelplattenreaktor (Abb. 7.13) sind Depositionsparameter der Oxid- und Nitridabscheidung in Tabelle 7.4 zusammengefaßt. Die

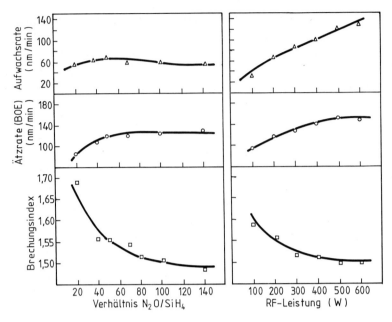

Abb. 7.20. PECVD-Oxid: Abhängigkeit zwischen Schichteigenschaften und Gasmischung sowie RF-Leistung [7.23]

Tabelle 7.4. Abscheide- und Schichtparameter für PECVD-Oxid und -Nitrid für einen Parallelplatten-Heißwandreaktor. Die Elektrodenfläche ist ca. $1\,m^2$, die Scheibenkapazität liegt bei 84 125 mm-Scheiben

	Oxid	Nitrid
Temperatur in °C	300...350	
Druck in Torr	0,8...1,4	
Gasfluß in SLM		
SiH_4	0,15	0,45
N_2O	5,0	
NH_3		3,0
Frequenz in kHz	55	
max. Peakleistung in kW	1...2	
Tastverhältnis (LDM: Off/On-Time)	ca. 10	0...2
Aufwachsrate in nm/min	20	30
kompr. Streß in $10^9\,dyn/cm^2$	1...4	4...7
Brechungsindex	1,48...1,52	1,98...2,02
H-Gehalt in at.-%	< 10	20...30

Depositionsrate wird im wesentlichen durch die Leistungsdichte des Plasmas und damit durch den Plasmastrom bestimmt. Die Untergrenze für die Leistung ist durch die Anforderung nach einem sicheren Zündverhalten gegeben, nach oben wirken die Erzeugung von Strahlenschäden und die Erwärmung der Scheiben limitierend. Ein wesentlicher Unterschied zwischen beiden Prozessen besteht im Tastverhältnis im 'Limited Depletion Mode' (Plasma aus / Plasma an, siehe Abschnitt 7.5.4): Während Nitrid auch im kontinuierlich brennenden Plasma abgeschieden werden kann, muß beim Oxidprozess mit gepulstem Plasma gearbeitet werden, da die Reaktionsrate sonst zu hoch wird und Uniformitäten nicht mehr kontollierbar sind. Daher ist auch der Silananteil bei der Oxidabscheidung kleiner. Ursache dafür ist, daß N_2O generell leichter reagiert als NH_3. Der Streß der abgeschiedenen Schichten wird kleiner mit höherem Depositionsdruck und nimmt mit höheren Temperaturen zu.

Abb. 7.21 zeigt die Stufenbedeckung von Plasma-Oxidschichten unterschiedlicher Schichtdicke. An der oberen Kante der Stufe ist durch den größeren Raumwinkel, der den ankommenden Molekülen zur Verfügung steht, deutlich mehr aufgewachsen als an der unteren Kante. Dort ist eine sogenannte Wachstumsfuge zu sehen, die die Grenze der von beiden Seiten zusammengewachsenen Schichten darstellt. Die Schicht ist zwar geschlossen, aber die stöchiometrische Zusammensetzung ist anders. Das äußert sich in einer meist höheren Ätzrate; damit sind diese Stellen für alle Naßätzprozesse potentielle Schwachstellen.

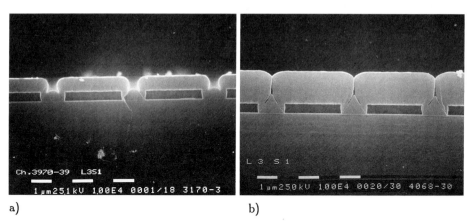

a)   b)

Abb. 7.21. Rasterelektronenmikroskopische Aufnahmen zur Stufenbedeckung von PECVD-Oxid über einer 0,5 μm Poly-Si-Stufe. (a) 0,6 μm und (b) 1,4 μm

Der TEOS-Prozeß

Die pyrolytische Zersetzung von TEOS als Oxidabscheidungsprozeß bei mittleren Temperaturen [7.25] ist weit verbreitet und auch theoretisch beschrieben [7.4]. Mit etwa 700 °C ist die Temperatur niedrig genug, um die Dotierstoffe im Halbleiterkristall nicht ausdiffundieren zu lassen. Es lassen sich hochwertige

Schichten mit konformer Stufenbedeckung erzeugen. Die Ausgangschemikalie (TEOS) ist relativ preiswert, leicht zu handhaben und das Gefahrenpotential ist deutlich niedriger als bei SiH_4-Prozessen (vgl. Tabelle 7.2). Auch bietet sich die Möglichkeit, durch geeignete Additive dotierte Oxide herzustellen.

Die Erzeugung von Oxidschichten aus TEOS im Horizontalrohrreaktor ist im Prinzip sehr einfach. Das Oxid entsteht durch pyrolytische Zersetzung, nachdem das TEOS-Molekül an der Oberfläche adsorbiert worden ist. Die diese Reaktion bestimmenden Parameter sind die Reaktionstemperatur und das TEOS-Angebot. Abb. 7.22 (a) ist eine Arrhenius-Darstellung der Aufwachsrate. Daraus läßt sich für den heterogenen Zerfall eine Aktivierungsenergie von ca. 2 eV ableiten. Solange die Temperatur unter 750 °C bleibt, beeinflußt sie nicht die Uniformitäten im Reaktor und auf der Scheibe, auch Schichteigenschaften wie Brechungsindex ($n = 1,46$) und Ätzraten bleiben unverändert. Erst bei höheren Temperaturen verschlechtern Verarmungseffekte die Gleichmäßigkeit der Abscheidung, die resultierende hohe Aufwachsrate bedingt eine weniger dichte Struktur des Oxids. In Abb. 7.22 (b) ist die Druckabhängigkeit der Depositionsrate dargestellt. Eine Verarmung des Reaktionsgases bei Drücken über 0,5 Torr macht diesen Druckbereich durch die sinkende Uniformität für die Nutzung uninteressant. O_2- und N_2-Beimischungen zum Reaktionsgas von bis zu ca. 10 % haben keinen Einfluß auf Depositions- und Schichtparameter. In Tabelle 7.3 ist ein Beispiel für einen aktuellen Satz von Prozeßparametern aufgenommen worden.

Während die Temperatur in einem LPCVD-Reaktor sehr gut zu kontrollieren ist (vgl. Abschnitt 6.8.1), ist das TEOS-Angebot abhängig von der Reaktorgeometrie, dem TEOS-Partialdruck und der Strömungsgeschwindigkeit. Der Partialdruck ist beim Durchströmen der Reaktionskammer abhängig vom TEOS-Massenfluß, vom Trägergasfluß und von der Verarmung der Reaktanten durch die ablaufende Reaktion. Die Strömungsgeschwindigkeit ist vor allem eine Funktion der durchgesetzten Gasmenge. Je nachdem, ob man den Prozeß mit oder ohne Trägergas fährt, ergibt eine Unregelmäßigkeit des TEOS-Flusses eine Änderung des Partialdruckes oder der Strömungsgeschwindigkeit, was zu einer Beeinflussung der Aufwachsrate führt. Den TEOS-Fluß konstant zu halten, ist daher eine wichtige Aufgabe der Prozeßführung. TEOS ist eine Flüssigkeit mit relativ niedrigem Dampfdruck. Bei Raumtemperatur liegt er bei ca. 1,6 Torr. Da konventionelle thermische Massendurchflußregler (MFC, siehe Abschnitt 6.8.2) nicht über etwa 50 °C betrieben werden können, kann auch die Quellentemperatur nicht über diesen Wert gesteigert werden, um den Dampfdruck soweit zu steigern, daß der MFC betrieben werden kann. Grund dafür ist, daß die Temperatur im Rohrleitungssystem der Gasversorgung überall höher sein muß als im Chemikalienvorratsbehälter, da es sonst zu unkontrollierten Kondensationen kommen kann.

In den letzten Jahren sind speziell für diese Anwendung Massendurchflußregler entwickelt worden, für die der notwendige Differenzdruck nur noch wenige Torr betragen muß [7.26]. Der Strömungswiderstand eines thermischen MFC

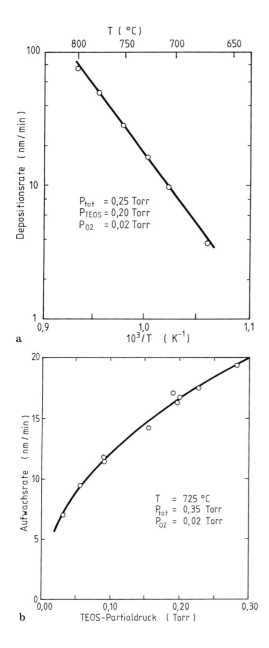

a

b

Abb. 7.22. Abhängigkeit der Aufwachsrate von TEOS-Oxid von (a) Temperatur und (b) TEOS-Partialdruck. Nach [7.25]

wird dabei konstruktiv soweit reduziert, daß auch bei geringem Vordruck ausreichende Gasmengen durchgesetzt werden können. Ein anderer Ansatz besteht darin, den Druckabfall über ein definiertes Strömungshindernis zu messen. Unter bestimmten Voraussetzungen ist dieser dem Gasfluß proportional. Diese MFCs können auch bei Temperaturen über 100 °C betrieben werden.

Hochtemperaturoxid (HTO)

Kurz erwähnt sei noch einer der ersten LPCVD-Oxidprozesse, der Bedeutung erlangte: Bei hohen Temperaturen (um ca. 900 °C) ist eine Reaktion von Dichlorsilan und Lachgas möglich [7.12]. Dieses HTO-Verfahren erzeugt ein qualitativ hochwertiges CVD-Oxid, wird aber kaum noch genutzt. Grund dafür ist in erster Linie die zu hohe Prozeßtemperatur, die der Notwendigkeit einer Reduktion der Temperatur-Zeit-Bilanz des Fertigungsprozesses entgegensteht. Probleme kann auch das Reaktionsprodukt Chlor bereiten: In die Schicht eingelagertes Chlor kann bei einer nachfolgenden thermischen Oxidation zur Si-Grenzfläche diffundieren, dort das Substrat anätzen und schließlich zu einem Abplatzen der deponierten Schicht führen. Weiterhin sind aufwendige Vorkehrungen notwendig, um die Pumpen vor Partikelkontamination zu schützen.

Tabelle 7.5. Übersicht über gängige CVD-Prozesse zur Siliziumoxidabscheidung. Nach [7.17]

	PECVD	APCVD	LPCVD -TEOS	LPCVD -HTO
Reaktion	SiH_4 $+2N_2O$ $\longrightarrow$ $SiO_2 + 2H_2$ $+2N_2$	$SiH_4 + O_2$ $\longrightarrow$ $SiO_2 + 2H_2$	$Si(OC_2H_5)_4$ $\longrightarrow$ $SiO_2 + ...$	SiH_2Cl_2 $+2N_2O$ $\longrightarrow$ $SiO_2 + 2N_2$ $+2HCl$
Temperatur in °C	300...350	400...450	650...750	900...950
Zusammensetzung	$SiO_{1.9}H$	$SiO_2(H)$	SiO_2	$SiO_2(Cl)$
Stufenbedeckung	nicht konform	nicht konform	konform	konform
Stress in 10^9 dyn/cm^2	3K...3T	3T	1K	3K
Durchbruchfeldstärke in MV/cm	3...6	8	10	10

Tabelle 7.5 gibt eine Übersicht der erwähnten Prozesse und der resultierenden Oxideigenschaften.

Der Schichtaufbau von CVD-SiO_2 ist vergleichbar mit thermisch gewachsenem Oxid. Die Struktur ist, mit Ausnahme von HTO, in der Regel lockerer als bei thermischem Oxid, was u.a. durch den Einbau von "Verunreinigungen" wie Stickstoff oder Wasserstoff verursacht wird. Ausdruck dafür ist eine höhere Ätzrate sowohl naßchemisch als auch im Plasmaverfahren. Es ist kaum möglich, allgemeingültige Daten für Ätzraten anzugeben, da sowohl die Depositionsparameter als auch die Ätzchemie den Vorgang beeinflussen. Andererseits bietet die empfindliche Reaktion der Ätzrate auf Änderungen der Abscheidebedingungen eine Möglichkeit zur Kontrolle der Schichteigenschaften. Der Brechungsindex ist ebenfalls gut geeignet, um Oxide zu charakterisieren. Ausgehend von thermischem Oxid (siehe Abb. 6.8) deuten Abweichungen nach oben ($n > 1,46$) auf Schichten mit Siliziumüberschuß hin und Abweichungen nach unten ($n < 1,46$) auf Schichten mit poröser Struktur.

Wenn es die Gesamtprozeßführung erlaubt, kann ein Verdichtungsprozeß (Tempern bei ca. 900 bis 1000 °C in N_2, O_2 oder H_2O-Dampf) die CVD-Schicht weitgehend an thermisches Oxid angleichen. Die Schichtdicke vermindert sich um einige Prozent, die Ätzrate sinkt und der Brechungsindex steigt. Wird die Verdichtung in oxidierender Umgebung durchgeführt, ist allerdings zu beachten, daß unterliegendes Silizium oxidiert.

7.7.2 Dotierte CVD-Oxide und ihr Fließverhalten

Dotierte Oxide haben Eigenschaften, die sie für die Anwendung in der Halbleiterfertigung sehr interessant machen. Zugabe von Phosphor erzeugt sogenannte Phosphorsilikatgläser (PSG); wird zusätzlich noch mit Bor dotiert, entsteht BPSG. Der eingelagerte Phosphor gettert Verunreinigungen (siehe Kapitel 12) und reduziert den Streß der Oxide, was zum Einsatz von PSG-Schichten als Passivierungsmaterial geführt hat. Ein weiterer Effekt ist, daß PSG und in noch stärkerem Maße BPSG, bei hohen Temperaturen ein viskoses Fließverhalten zeigen. Diese Eigenschaft kann für die Planarisierung der Oberflächentopographie ausgenutzt werden ("Flowglas"), um z.B. durch Abrundung von Kanten die Bedeckung durch PVD-Metallschichten zu erleichtern. Ursache für das Fließen des Materials ist die Oberflächenspannung; sie wird durch die Geometrie der bedeckten Struktur bestimmt. Die Viskosität des Materials und damit das Ausmaß des Fließens wird durch den Gehalt an Bor und Phosphor, aber auch durch die Prozeßbedingungen beim Tempern (Temperatur, Zeit, Atmosphäre) bestimmt.

Die Konzentration von Bor bzw. Phosphor im dotierten Oxid hat Obergrenzen, die durch die Stabilität der Schicht gegenüber dem Einfluß der Luftfeuchtigkeit gegeben sind. Bei Phosphoranteilen über 8 Gew.-% wird PSG hygroskopisch und es bildet sich Phosphorsäure, die insbesondere korrodierend auf Aluminium wirkt. Typische Konzentrationen für die Flowglasanwendung von

PSG liegen bei 6 bis 8 Gew.-%, die erforderliche Flow-Temperatur liegt aber dennoch im Bereich von 1000 °C (in N_2). Im Falle einer zu hohen Bordotierung (> 5 Gew.-%) kann sich Borsäure in Form von kleinen Kristallen bilden. Übliche BPSG-Zusammensetzungen variieren zwischen 2 und 5 Gew.-% B bzw. P, die Fließtemperatur kann ggf. auf unter 900 °C reduziert werden.

In der Glasschicht liegen die Dotierstoffe in Form ihrer Oxide vor, d.h. sie sind über Sauerstoffbindungen in die SiO_2-Matrix eingebaut. Die Ursache für die Reduktion der Fließtemperatur liegt darin, daß durch den Einbau der Dotierstoffoxide die Anzahl der brückenbildenden $Si-O-Si$-Bindungen in der Glasschicht reduziert wird, vgl. auch Abschnitt 6.2. Während Si-Atome maximal vier Sauerstoffbrücken bilden können, ist die Anzahl bei Bor und Phosphor auf je drei begrenzt.

Bei Konzentrationsangaben werden häufig unterschiedliche Einheiten benutzt, die sich wie folgt umrechnen:

$$1 \text{ Gew.-\% } B = 3,2 \text{ Gew.-\% } B_2O_3 = \text{ca. } 3 \text{ mol-\% } B_2O_3 \qquad (7.29\text{a})$$

$$1 \text{ Gew.-\% } P = 2,3 \text{ Gew.-\% } P_2O_5 = \text{ca. } 1 \text{ mol-\% } P_2O_5 \qquad (7.29\text{b})$$

Phosphor liegt im Oxid hauptsächlich in der fünfwertigen Oxidationsstufe vor; dreiwertiger Phosphor (P_2O_3) bildet sich nur bei unzureichender Zufuhr von Sauerstoff [7.27].

Der Gehalt an Bor und Phosphor kann durch vielfältige Methoden bestimmt werden, aber nur einige sind für eine schnelle Prozeßkontrolle in der Fertigung sinnvoll einzusetzen. Elektronen- und ionenspektroskopische Methoden (XPS, AES, SIMS) erlauben zwar eine ausgezeichnete Schichtcharakterisierung, sind aber, ebenso wie EDX (energiedispersive Röntgenanalyse) apparativ sehr aufwendig. Klassische chemische Methoden wie die Chromatographie oder die Atomemissionsspektroskopie sind destruktiv. Einfacher und auch für die In-Line-Kontrolle brauchbar, ist die Infrarotspektroskopie, heute insbesondere die Fouriertransformation-IR-Analyse (FTIR). Aus dem Intensitätsverhältnis charakteristischer Molekülschwingungen (z.B. $Si-O$, $P{=}O$, $B-O$) lassen sich nach vorhergehender Kalibration die Konzentrationen der Dotierstoffe mit hinreichender Genauigkeit zerstörungsfrei bestimmen [7.28]. Abb. 7.23 zeigt das Absorptionsspektrum einer TEOS-BPSG-Schicht. Die $P{=}O$- und $B-O$-Schwingungsbanden überlagern sich so stark, daß eine einfache Intensitätsermittlung nicht mehr möglich ist. Abhilfe schaffen Rechenprogramme, die das zu untersuchende Spektrum mit einem Satz von Spektren vergleichen, die an Proben mit bekannter Bor/Phosphor-Konzentration gewonnen wurden.

Eine indirekte, allerdings nur qualitative Analysenmethode ist die Bestimmung der Ätzrate von dotierten Gläsern. In gepufferter Flußsäure steigt die Ätzrate mit zunehmendem Gehalt an Phosphor, sinkt aber mit der Bor-Konzentration. Je höher der Gesamtgehalt an Dotierstoffen ist, umso schwächer machen sich relative Änderungen bemerkbar [7.29].

Dotierte Oxidschichten können mit allen im vorherigen Abschnitt beschriebenen Verfahren erzeugt werden. Eine nachträgliche Dotierung der CVD-

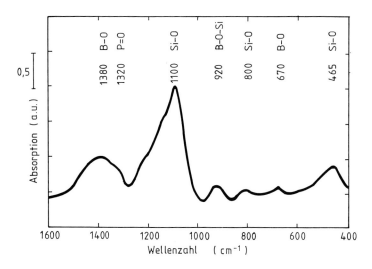

Abb. 7.23. FTIR-Spektrum einer TEOS-BPSG-Schicht (700 nm, 4 Gew.-% B, 2 Gew.-% P). Charakteristische Schwingungsbanden sind bezeichnet.

Schicht durch thermische Dotierung (Abschnitt 9.8) oder durch Ionenimplantation (Kapitel 10) ist zwar einfach, hat aber den Nachteil, daß nur die oberste Schicht (ca. 100 nm) erreicht werden kann. Daher hat die In-situ-Dotierung besondere Bedeutung gewonnen. Sie ist beschrieben für APCVD-, LPCVD- und PECVD-LTO-Verfahren [7.27,30-33] und für LPCVD-Prozesse auf der Basis von TEOS [7.29,34-36]. Zur Dotierung werden den Reaktionsgasen bei den SiH_4-Prozessen Phosphin und Diboran zugesetzt, für TEOS-Anwendungen stehen organische Verbindungen wie Trimethylphosphat, -phosphit und -borat zur Verfügung (siehe Tabelle 7.2).

Für TEOS-BPSG liefert allerdings die Kombination TMB/PH_3 die besten Ergebnisse: TMphosphat reagiert zu langsam, außerdem ist der Dampfdruck noch kleiner als bei TEOS, so daß nur P-Konzentrationen bis max. 3 Gew.-% erzielt werden können. TMphosphit dagegen oxidiert so leicht, daß insbesondere im Horizontalrohr-Reaktor Verarmungseffekte die Uniformität der Abscheidung drastisch verschlechtern. Abb. 7.24 und 7.25 zeigen die Änderung von Aufwachsrate und B/P-Konzentration mit Temperatur und Dotiergasfluß. Benutzt wurde ein konventioneller Horizontalrohr-LPCVD-Reaktor wie in Abb. 7.9 dargestellt.

Die Phosphinbeimischung erhöht die Aufwachsrate, so daß die Depositionstemperatur gegenüber undotiertem TEOS-Oxid um ca. 100 °C gesenkt werden kann. Dies ist aber auch nötig, um eine nennenswerte Anreicherung von Phosphor in der Schicht zu erzielen. Der Bor-Gehalt bleibt von der Temperatur weitgehend unbeeinflußt. Die Zugabe von TMB beeinflußt die Phosphorkonzentration nur relativ schwach, so daß man zunächst durch Auswahl von Temperatur

234

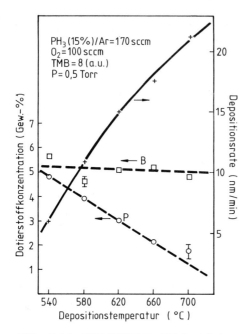

Abb. 7.24. TEOS-BPSG: Abhängigkeit von Aufwachsrate und Dotierstoffkonzentrationen von der Temperatur. Nach [7.36]

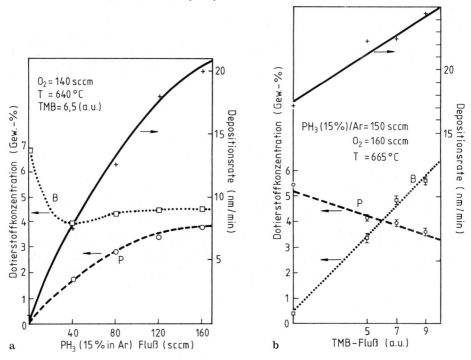

Abb. 7.25. TEOS-BPSG: Abhängigkeit von Aufwachsrate, Phosphor- und Bor-Konzentration von (a) PH_3- und (b) TMB-Fluß. Nach [7.29]

und PH_3-Fluß den gewünschten P-Gehalt einstellen kann, anschließend kann der B-Gehalt mit dem TMB-Fluß optimiert werden.

Das Fließverhalten von dotierten Gläsern

In der Einleitung zu diesem Kapitel wurde das Fließverhalten der dotierten Gläser schon erwähnt. Es gibt zwei unterschiedliche Anwendungsbereiche: Zum einen die Planarisierung von Leiterbahnen (z.B. Poly-Si), zum anderen die Verrundung von Kontaktlöchern zwischen Metall und Silizium, siehe Abb. 7.26.

Relevante makroskopische Effekte sind die Oberflächenspannung, die, sofern es die Viskosität des Materials erlaubt, zu einer Minimierung der Oberfläche führt, und der Kontaktwinkel zwischen Glasschicht und Silizium [7.37]. Letzterer ist wichtig bei der Untersuchung des Fließverhaltens an Löchern, die ins Oxid geätzt sind. Andererseits ist aber auch der Massentransport durch Diffusion nicht zu vernachlässigen [7.38].

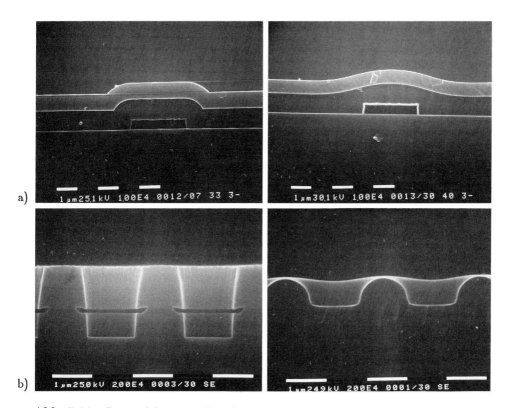

Abb. 7.26. Rasterelektronenmikroskopische Aufnahmen zum Fließverhalten von TEOS-BPSG (4% Bor, 2% Phosphor) jeweils vor und nach dem Fließen. (a) Poly-Si-Stufe bedeckt mit $1\,\mu$m BPSG und PECVD-Nitrid (nur zur Präparation). Fließen bei 850 °C, 15 min in 30% H_2O in O_2. (b) Kontaktlöcher geätzt in 600 nm BPSG und 100 nm undotiertes TEOS-Oxid mit einer Kombination aus Naß- und Trockenätzprozeß (noch mit Photolack). Fließen bei 900 °C, 20 min in N_2

Die notwendigen Temperaturschritte können zwar im "Rapid Thermal Annealer" (siehe Abschnitt 6.3.2) durchgeführt werden [7.39], in der Regel werden heute allerdings noch Oxidationsöfen verwendet. Hierauf beziehen sich auch die nachfolgenden Angaben. Das Fließverhalten wird begünstigt durch hohe Temperaturen, weil dann einerseits die Viskosität abnimmt und andererseits die Diffusion begünstigt wird. Je länger die Temperaturbehandlung dauert, desto stärker ist der erreichbare Planarisierungsgrad, d.h. es stellt sich kein Gleichgewicht ein, es sei denn der Kontaktwinkel wirkt limitierend. Hohe Bor-/Phosphorkonzentrationen erniedrigen die minimale Temperatur, bei der das Fließen einsetzt; als Regel gilt, daß Addition von 1 Gew.-% Bor oder 3 Gew.-% Phosphor die Fließtemperatur um ca. 50°senkt. Der scheinbar stärkere Einfluß von Bor ist dadurch zu erklären, daß das Fließverhalten effektiv durch den molekularen Gehalt an Dotierstoffoxid bestimmt wird, siehe (7.29). Eine weitere Reduktion der Temperatur kann dadurch erzielt werden, daß das Tempern nicht in inerter Atmosphäre, sondern vielmehr oxidierend (insbesondere in H_2O) durchgeführt wird. Der Wechsel von Stickstoff zu Wasserdampf kann die notwendige Temperatur unter sonst gleichen Bedingungen bis zu 70° senken, weil dadurch zusätzliche Sauerstoffbrücken aufgebrochen und mit Hydroxylgruppen abgesättigt werden. Dieser Effekt kann allerdings nur dann ausgenutzt werden, wenn die gleichzeitig ablaufende Oxidation des Siliziums mit der Gesamtprozeßführung verträglich ist, d.h. in der Regel nicht beim Verrunden von Kontaktfenstern. In Abb. 7.26 (a) erkennt man das gewachsene thermische Oxid als hellen Rand am Poly-Si. Zu beachten ist schließlich, daß während der Temperaturbehandlung die Dotierstoffe aus dem Oxid in das unterliegende Material diffundieren. Da dies in der Regel unerwünscht ist, empfiehlt es sich vor der BPSG-Abscheidung eine Diffusionsbarriere aus undotiertem thermischen oder CVD-Oxid abzuscheiden.

7.8   Siliziumnitrid

Siliziumnitrid hat Eigenschaften, die es in der MOS-Technologie für verschiedene Anwendungen auszeichnen. Aufgrund der niedrigen thermischen Oxidationsrate (vgl. Abb. 6.19) wird es als Maskierungsmaterial während der lokalen Oxidation (LOCOS, siehe Kapitel 12) verwendet. Die zweite Hauptanwendung von Nitrid ist der Einsatz als Passivierungsmaterial zum Schutz der Bauelemente vor Kontamination (insbesondere Wasser und Alkaliionen) und mechanischer Beanspruchung. Als Dielektrikum findet Siliziumnitrid in sogenannten ONO-Strukturen (Oxid-Nitrid-Oxid) Verwendung.

7.8.1   Erzeugung von Siliziumnitridschichten

Analog der Abscheidung von SiO_2 aus SiH_4 bzw. SiH_2Cl_2 gibt es auch zur Erzeugung von Nitridschichten verschiedene Prozesse, die auf diesen beiden Chemikalien basieren. Der Unterschied zur Oxidabscheidung besteht darin, daß an Stelle der Oxidationsmittel Ammoniak oder Stickstoff zur Nitridierung verwendet werden. Verfahren, die organische Chemikalien (analog TEOS) benutzen, sind z.Z. noch nicht bekannt.

Der LPCVD-Nitrid-Prozeß beruht auf der Reaktion von Dichlorsilan und Ammoniak [7.12]. Diese erfolgt bei Temperaturen zwischen 700 und 800 °C im Horizontalrohrreaktor, siehe Tabelle 7.3 für ein Beispiel an Prozeßparametern. Dadurch scheidet dieses Verfahren für die Passivierungsanwendung aus. Aus dieser Reaktion können bei Wahl der geeigneten Prozeßbedingungen homogene, defektarme Schichten mit nahezu stöchiometrischer Zusammensetzung und konformer Stufenbedeckung abgeschieden werden. Die Bruttoreaktionsformel lautet:

$$3\,SiCl_2H_2 + 4\,NH_3 \longrightarrow Si_3N_4 + 6\,HCl + 6\,H_2 \tag{7.30}$$

Die Aufwachsrate steigt zunächst mit der Reaktortemperatur (bis etwa 800 °C) und fällt danach wieder ab. Prozeßdruck und das Verhältnis der Reaktionspartner $SiH_2Cl_2 : NH_3$ zeigen einen ähnlichen Einfluß auf die Abscheiderate. Ursache für diese komplizierte Abhängigkeit ist die Bildung von reaktiven Zwischenprodukten (z.B. $SiCl_2$) in der Gasphase, die in einer heterogenen Parallelreaktion mit NH_3 ebenfalls zur Nitridbildung beitragen. Da diese Vorgänge transportkontrolliert sind, können Erhöhung von Druck und Temperatur durch Verarmungseffekte zu einer Verschlechterung der Uniformität auf der Scheibe führen [7.40]. Aus dem gleichen Grund ist im Horizontalrohrreaktor i.a. ein axialer Temperaturgradient notwendig, um auf allen Positionen eine gleichmäßige Schichtdicke zu erhalten.

Problematisch ist der LPCVD-Nitrid-Prozeß besonders im Hinblick auf einen Effekt: Die Bildung von Ammoniumchlorid aus der Reaktion zwischen Chlorwasserstoff und überschüssigem Ammoniak. Es lagert sich an allen Stellen im Reaktor ab, die unterhalb der Sublimationstemperatur von NH_4Cl liegen (338 °C). Das können die Metalltür des Reaktors oder Teile des Abgassystems sein. Diese Ablagerungen sind sehr porös und können Partikel freisetzen, sobald es zu turbulenten Gasströmungen kommt. Durch die Einführung von sanften Abpump- und Belüftungsschritten im Programmablauf kann diese Gefahr verringert werden. Partikel können aber auch durch Lecks im Gassystem entstehen. Schon kleinste Mengen Luft kontaminieren durch Reaktion mit Dichlorsilan ein Gasversorgungssystem.

Die Monosilannitridierung kann ebenfalls im LPCVD-Verfahren (700 bis 900 °C) durchgeführt werden, ist aber wegen der schlechten Uniformität der deponierten Schichten [7.12] kaum verbreitet. Wichtiger ist die plasmaunterstützte Deposition, die bei Temperaturen unter 400 °C abläuft und damit auch über Aluminiumstrukturen erfolgen kann.

Im Plasma laufen je nach Wahl des Reaktionspartners folgende Reaktionen ab:

$$SiH_4 + NH_3 \longrightarrow SiNH + 3\,H_2 \tag{7.31a}$$

$$2\,SiH_4 + N_2 \longrightarrow 2\,SiNH + 3\,H_2 \tag{7.31b}$$

Dabei ist die Formel *SiNH* lediglich symbolisch gemeint; sie soll ein stark wasserstoffhaltiges Nitrid bezeichnen. Typische Prozeßparameter für die Silan-Ammoniak-Reaktion im Heißwandreaktor sind in Tabelle 7.4 aufgenommen. Abb. 7.27 zeigt eine schwache Abhängigkeit der Aufwachsrate vom Partialdruck des NH_3 und der Depositionstemperatur, auch Variation des Prozeßdrucks steigert die Rate nur unwesentlich. Der Einfluß der Prozeßparameter auf das Wachstum der Nitridschichten wird in [7.41,42] ausführlich behandelt.

7.8.2 Schichteigenschaften

CVD-Siliziumnitrid ist ein amorpher Stoff mit einem Wasserstoffgehalt, der je nach Abscheideverfahren unterschiedlich ist. Dabei können sowohl $Si-H$- als auch $N-H$-Bindungen vorliegen. In Plasmanitrid liegt der Wasserstoffgehalt bei 20 bis 30 at.-%; er steigt mit dem Ammoniakanteil (Abb. 7.27a) im Reaktionsgas und sinkt mit der Depositionstemperatur (Abb. 7.27b). Dennoch enthält auch LPCVD-Nitrid, das bei Temperaturen über 700 °C abgeschieden wurde, noch einige Prozent Wasserstoff [7.43]. Ein weiterer Parameter, der durch die Depositionsbedingungen variiert wird und die Schichteigenschaften beeinflußt, ist das atomare Verhältnis $Si : N$.

Die Eigenschaften von LPCVD- und PECVD-Nitridschichten sind in Tabelle 7.6 gegenübergestellt. Der Brechungsindex liegt für stöchiometrisches Si_3N_4 bei 2,0; er wird größer, wenn die Schicht siliziumreich ist und verringert sich, wenn

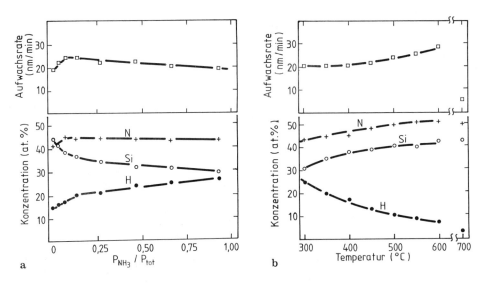

Abb. 7.27. PECVD-Nitrid: Aufwachsrate und Schichtzusammensetzung in einem Heißwand-Parallelplattenreaktor als Funktion von (a) NH_3-Partialdruck und (b) Temperatur (bei 700 °C ohne Plasma). Prozeßbedingungen: (a) 300 °C, 310 kHz, 65 Pa, 100 sccm SiH_4, 1400 sccm $N_2 + NH_3$, (b) 130 Pa, 310 kHz, 100 sccm SiH_4, 200 sccm N_2, 1200 sccm NH_3. Nach [7.41]

Tabelle 7.6. Typische Eigenschaften von LPCVD- und PECVD-Siliziumnitrid

	LPCVD-Nitrid 700...800 °C	PECVD-Nitrid 250...350 °C
Zusammensetzung	$Si_3N_4(H)$	SiN_xH_y
Si:N-Verhältnis	0,75	0,8...1,2
Ätzrate in nm/min von: [7.44]		
49% HF bei 23 °C	8	150...300
85% H_3PO_4 bei 155 °C	1,5	10...20
85% H_3PO_4 bei 180 °C	12	60...100
Dichte in g/cm	2,9...3,1	2,4...2,8
Brechungsindex	2,0...2,1	1,8...2,5
Streß in 10^9 dyn/cm²	10, tensil	2 kompr. ...5 tensil
H-Gehalt in at.-%	4...8	20...25

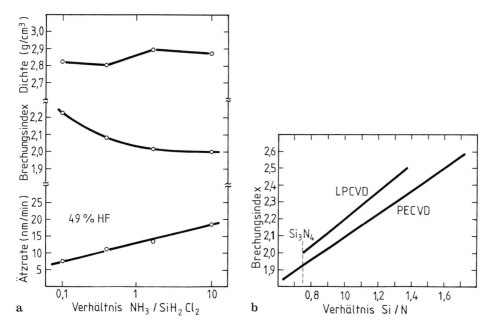

Abb. 7.28. LPCVD-Nitrid: (a) Abhängigkeit wichtiger Schichtparameter von der Zusammensetzung der Reaktionsgase. (b) Zusammenhang zwischen $Si : N$-Verhältnis und Brechungsindex. Hier ist zum Vergleich auch der Zusammenhang bei PECVD-Nitrid [7.42] aufgenommen. Nach [7.45]

Sauerstoffeinlagerungen (aus dem Restgas im Reaktor) vorhanden sind. Der Übergang zu Oxinitrid ist dabei fließend. Die Dichte von Plasmanitrid wird wesentlich durch den H-Gehalt bestimmt und ist am größten für ein $Si : N$-Verhältnis von $3 : 4$.

Abb. 7.28 (a) zeigt für LPCVD-Nitrid Zusammenhänge zwischen Dichte, Brechungsindex sowie Ätzrate (in 49% HF) und dem Mischungsverhältnis der Reaktionsgase $NH_3 : SiH_2Cl_2$. Abb. 7.28 (b) erlaubt eine Bestimmung des $Si : N$-Verhältnisses aus der Messung des Brechungsindex. Die Dichte hängt im untersuchten Bereich kaum von der Zusammensetzung ab, die Ätzrate sinkt bei zunehmendem Si-Gehalt.

Ein Nachteil von LPCVD-Nitrid ist sein sehr hoher mechanischer Streß (Zugspannung von ca. 10^{10} dyn/cm²), der auch durch Variation der Prozeßparameter kaum beeinflußt werden kann. Dadurch wird die mögliche Schichtdicke auf etwa 200 nm begrenzt. Schichten mit darüber hinausgehenden Dicken können leicht rissig werden oder blättern sogar ab. Der Streß von Plasmanitrid dagegen ist um eine Größenordnung kleiner und kann durch Änderung der De-

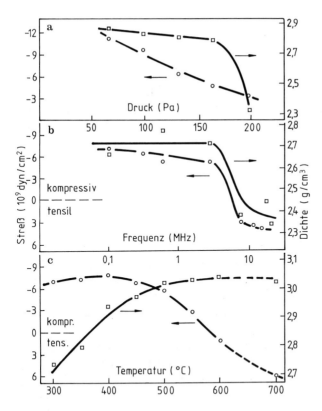

Abb. 7.29. Intrinsischer Streß und Dichte von PECVD-Nitrid, nach [7.41]. Prozeßparameter: (a) 300 °C, 310 kHz, 100 sccm SiH_4, 300 sccm N_2, 1100 sccm NH_3, (b) 300 °C, 130 Pa, 100 sccm SiH_4, 700 sccm N_2, 700 sccm NH_3, (c) wie bei Abb. 7.27b

positionsparameter sogar in den kompressiven Zustand übergehen, siehe Abb. 7.29. Auffällig ist insbesondere der Übergang zwischen kompressiv und tensil bei einer Plasmafrequenz von ca. 8 MHz. Dieser geht einher mit einem sprunghaften Abfall der Dichte und einem Anstieg der H-Konzentration in der Schicht von 22 nach ca. 30 at.-%.

7.8.3 Oxinitrid

Der hohe Streß von LPCVD-Nitrid einerseits und der hohe Wasserstoffgehalt von PECVD-Nitrid andererseits sind Eigenschaften, die die Anwendungsmöglichkeiten für diese Materialien einschränken. Eine Verbesserung bietet in dieser Hinsicht der Einsatz von Siliziumoxinitrid. Stöchiometrisches Si-Oxinitrid hat die Formel Si_2ON_2, was einem Verhältnis Oxid:Nitrid von 1:1 entspricht. CVD-Oxinitrid kann in seiner Zusammensetzung jedoch durch die Auswahl der Prozeßparameter stufenlos zwischen Oxid und Nitrid variiert werden. Einsatzgebiete dieser Schichten liegen derzeit z.B. bei der Anwendung als defektarmes Interpoly-Dielektrikum in Prozessen mit mehreren Poly-Si-Lagen, als Diffusionsbarriere mit niedrigem Streß bei Varianten der lokalen Oxidation und, für Plasmaoxinitrid, als Passivierungsmaterial. Für letzteres ist wichtig, daß Oxinitrid weniger spröde ist als Nitrid, eine kleinere Dielektrizitätskonstante und niedrigeren Streß aufweist.

Verfahren zur Deposition von Oxinitridschichten sind hauptsächlich von den LPCVD-Dichlorsilan-Prozessen [7.46] und von den plasmaunterstützten Monosilanprozessen [7.47] abgeleitet worden. Geht man von der Nitridabscheidung aus, so entsteht Oxinitrid bei Zugabe von Oxidationsmitteln (N_2O) zum Reaktionsgas. Ein Beispiel für einen LPCVD-Oxinitridprozeß ist in Tabelle 7.3 aufgenommen. Die recht geringe Aufwachsrate könnte durch eine Temperaturerhöhung gesteigert werden; da die N_2O-Reaktion dadurch gegenüber der NH_3-Reaktion begünstigt wird, wird die Schicht damit oxidähnlicher. Eine Anpassung der Reaktionsgasmischung kann dies wieder rückgängig machen. Eine schnelle Aussage über die Schichtzusammensetzung erlaubt auch hier, wie beim Si-Nitrid, die Messung des Brechungsindex, siehe Abb. 7.30. Streß von LPCVD-Oxinitrid ist immer tensil, sinkt jedoch mit zunehmendem Sauerstoffgehalt.

Denisse et al. haben bei der Untersuchung der PECVD-Oxinitridabscheidung in einem Heißwandreaktor (380 °C, 1 bis 2 Torr, 400 kHz, LDM) den interessanten Ansatz verfolgt, sowohl von einem Oxid- ais auch von einem Nitrid-Prozeß auszugehen [7.47]. Unabhängig vom Grundprozeß ist die Zusammensetzung des entstehenden Oxinitrids in erster Linie nur durch das Verhältnis der Reaktionsgase NH_3 und N_2O gegeben. Das resultierende atomare Verhältnis $O/(N+O)$ in der Schicht ist dabei praktisch gleich dem $N_2O/(N_2O+NH_3)$-Anteil in der Gasphase. Ihre Ergebnisse über den Brechungsindex der Schichten sind in Abb. 7.30 mit aufgenommen. Anders verhält es sich mit dem Streß: Vom Nitridprozeß abgeleitete Oxinitride zeigen einen tensilen Streß, während oxidartige Oxinitride der gleichen Zusammensetzung eine kompressive Spannung aufweisen, siehe Abb. 7.31. Der Wasserstoffgehalt liegt bei den nitridartigen Schichten bei ca. 20 at.-% und sinkt mit zunehmendem Oxidcharakter auf weniger als 10 at.-% ab.

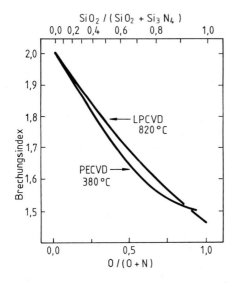

Abb. 7.30. Brechungsindex von CVD-Oxinitrid in Abhängigkeit von der Schichtzusammensetzung. LPCVD nach [7.46], PECVD nach [7.47]

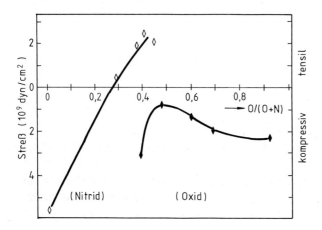

Abb. 7.31. Streß von PECVD-Oxinitrid, abgeschieden aus einem nitrid- bzw. einem oxidartigen Prozeß, nach [7.47]

8 Metallisierung

G. Schumicki, P. Seegebrecht

8.1 Einleitung

Diskrete Halbleiter und integrierte Schaltungen sind über die Kontaktstifte ihrer Gehäuse mit dem elektronischen System, in das sie integriert sind, verbunden. Die Verbindung zwischen dem Chip und den Kontaktstiften des Gehäuses wird durch Gold- oder Al-Drähte von etwa 20 bis 50 μm Durchmesser hergestellt. Diese Kontaktdrähte werden durch Thermokompressions- oder/und Ultraschallbonden mit Kontaktflecken auf dem Chip und den Kontaktstiften verschweißt. Die Kontaktflächen auf dem Chip, die sogenannten "Bond-pads", sind die Endpunkte des elektrischen Leitungssystems, welches in der VLSI-Technologie bei einer integrierten Schaltung bis zu einigen 100.000 Einzelkomponenten miteinander verbindet. Für dieses Verdrahtungssystem bestehen die folgenden Anforderungen:

1. Kontaktierbarkeit mit den oben genannten Verfahren;
2. gute Haftung auf den in der Siliziumtechnologie eingesetzten Materialien (SiO_2, Si_3N_4);
3. gute Strukturierbarkeit mit den üblichen Verfahren der Siliziumtechnologie;
4. niedriger Widerstand der Leiterbahnen;
5. ohmscher Kontakt zu p^+- und n^+-dotierten mono- bzw. polykristallinen Siliziumbereichen;
6. vernachlässigende Auswirkung des Metallelementes auf die elektrischen Eigenschaften der Bauelemente (Generations-, Rekombinationszentren);
7. Korrosionsbeständigkeit und Unempfindlichkeit gegenüber der Elektromigration.

Diese Anforderungen werden mit einigen Einschränkungen bezüglich des Punktes 7. von Aluminium und seinen Legierungen erfüllt.

Neben den hochdotierten Bereichen des Siliziumsubstrates stellen die polykristallinen Leiterbahnen bereits die unterste Leiterbahnebene dar. Der Trend hin zu einem höheren Integrationsgrad erfordert die Reduzierung der Leiterbahnbreiten und führt damit zu einer Erhöhung der Widerstandswerte dieser Bahnen, die sich nicht durch eine höhere Dotierung des polykristallinen Siliziums kompensieren läßt. Insgesamt führt dies zu einem Konflikt mit dem Wunsch nach einer erhöhten Signalverarbeitungsgeschwindigkeit der integrierten Schaltung. Hier werden deshalb mit zunehmendem Erfolg die Silizide der Übergangselemente Mo, W, Ta, Ti eingesetzt.

8.2 Einlagenverdrahtung

Je nach Anzahl der metallischen Leiterbahnebenen (oberhalb der polykristallinen Ebene) spricht man von der Einlagen-, Zweilagen- oder ganz allgemein von der Mehrlagenmetallisierung. Die Notwendigkeit, mehrere metallische Leiterbahnebenen einzuführen, ergibt sich aus der angestrebten hohen Packungsdichte der Bauelemente (Integrationsdichte). Unabhängig davon hat die mit der Zunahme der Packungsdichte einhergehende Strukturverkleinerung entscheidend die Metallisierungstechnologie selbst beeinflußt. Während bei der 4 μm-Technologie die Leiterbahnen noch aus reinem Aluminium gefertigt wurden, war bei der 2 μm-Technologie bereits ein geringer Zusatz aus Silizium erforderlich, um die Auswirkungen des sogenannten Mikrolegierens zu vermeiden (Abschnitt 8.2.4). Bei der 1,5 μm-Technologie waren weitere Zusätze von Elementen in das Aluminium erforderlich (z.B. Cu), um das Problem der Elektromigration zu entschärfen (Abschnitt 8.4.2). Die 1 μm-Technologie und in verstärktem Maße die Submikron-Technologien erfordern die unterschiedlichsten Stopschichten wie Diffusions- und Ätzbarrieren (Abschnitt 8.3.1).

8.2.1 Aluminium-Metallisierung

Aluminium [8.1-8.3] erfüllt mit seinem niedrigen spezifischen Widerstand von 2,7 μΩcm die Anforderungen einer niederohmigen Verbindungstechnik. Der Kontaktwiderstand R_C zum Silizium kann bei hohen Substratdotierungen ($N_D > 10^{19}\,\text{cm}^{-3}$) näherungsweise durch (8.1) beschrieben werden, denn in diesem Falle wird die sich ausbildende dünne Potentialbarriere unterhalb des metallurgischen Übergangs von den Ladungsträgern durchtunnelt [8.4]:

$$R_C = \exp\left[\frac{4\pi\sqrt{\epsilon_s m^*}}{h} \cdot \frac{\Phi_B}{\sqrt{N_D}}\right] \tag{8.1}$$

mit ϵ_s = Dielektrizitätskonstante von Silizium,
$\quad\quad N_D$ = Dotierungskonzentration,
$\quad\quad m^*$ = effektive Masse der Ladungsträger,
$\quad\quad h$ = Planck'sches Wirkungsquantum,
$\quad\quad \Phi_B$ = Höhe der Schottky-Barriere.

Mit Φ_B für den Aluminiumkontakt zu n^+-dotiertem Silizium von 0,72 Volt und 0,58 Volt zu p^+-dotiertem Silizium erreicht man für hochdotierte Kontaktzonen spezifische Kontaktwiderstände von

$$R_C \approx 10^{-7} \, \Omega \text{cm}^2 \; . \tag{8.2}$$

Für die Erzeugung der *Al*-Filme stehen im Prinzip drei Verfahren zur Verfügung:

- Aufdampfen durch thermisches Verdampfen eines *Al*-Targets,
- Aufdampfen durch Erhitzung mittels Elektronenstrahl,
- Absputtern durch Ionenbeschuß eines *Al*-Targets.

Die ersten beiden Verfahren haben nur noch eine historische Bedeutung oder finden Anwendung in Spezialprozessen.

Bei der Fertigung von integrierten Schaltungen hat sich das Sputterverfahren durchgesetzt. Dieses Verfahren ermöglicht die reproduzierbare Abscheidung von Schichten definierter Zusammensetzung (z.B. *Al* mit Zusätzen von *Si* und *Cu*). Das heute vorwiegend eingesetzte Verfahren ist das Magnetronsputtern, das eine höhere Sputterrate, eine geringere Erwärmung und verringerte Strahlenbeschädigung des Substrates gewährleistet.

8.2.2 Sputtern

Beim Sputtern [8.5-8.7] - auch Kathodenzerstäubung genannt - wird ein Nebeneffekt der Glimmentladung ausgenutzt. Die vorwiegend im Kathodenfall beschleunigten positiven Gasionen können bei genügend hoher kinetischer Energie beim Aufprall auf die Kathode Atome aus deren Oberfläche herausschlagen. Die so abgesprengten Atome verlassen die Oberfläche mit einer Vorzugsrichtung (Cosinusverteilung) und besitzen im Mittel eine kinetische Energie von ca. 10 eV. Diese verringert sich bis zum Aufprall (Kondensation) auf eine feste Oberfläche - z.B. Scheibe - durch Wechselwirkung mit Plasmateilchen auf 1 bis 2 eV (bei Aufdampfanlagen: 0,1 eV).

Im einfachsten Fall einer Sputteranordnung bilden die zu beschichtenden Scheiben die Anode und das Material, mit dem beschichtet werden soll, die Kathode; man spricht dann vom Diodensputtern. Der Abstand zwischen Anode und Kathode beträgt üblicherweise einige Zentimeter. Als Gas wird meist Argon bei einem Druck von ca. 1 Pa ($1 \cdot 10^2$ mbar) verwendet, entsprechend einer mittleren freien Weglänge von ca. 1 cm.

Unter solchen Konditionen wird ein Elektron auf seinem Weg zur Anode nur wenige Male mit einem Argonatom zusammenstoßen und sehr häufig führt dies auch lediglich zu einer Anregung und nicht zu der erwünschten Abspaltung eines Elektrons aus der äußeren Atomschale (Ionisation). Dies bedeutet für die Diodensputteranlage eine schlechte Ionenausbeute und damit eine hohe Impedanz. Um ausreichend hohe Sputterleistungen bzw. -raten erzielen zu können, muß eine solche Anordung deshalb mit einer Spannung von mehreren kV betrieben werden.

Ca. 75% der beim Sputtern aufgewendeten Energie werden an der Targetoberfläche in Wärme umgesetzt, nur etwa 1% dienen hingegen dem eigentlichen Zweck, also dem Abstäuben von Metallatomen vom Target. Die restliche Energie wird überwiegend bei der Erzeugung und Beschleunigung von Sekundärelektronen konsumiert und anschließend zum großen Teil an die Scheiben in Form von Wärme abgegeben, so daß für diese in der Regel eine Kühlung erforderlich wird.

Da reale Scheibenoberflächen topographisch stark strukturiert sind, ist die Beschichtung von Kanten ein wesentliches Kriterium für die Qualität der Beschichtung. Diese Stufenbedeckung wird definiert als das Verhältnis aus minimaler Dicke an Stufen zur mittleren Dicke auf ebenen Flächen und liegt üblicherweise bei ca. 50%. Je steiler die Stufen sind und je kleiner das Verhältnis zwischen der lichten Weite und der Stufenhöhe wird, um so schwieriger läßt sich eine Stufenbedeckung realisieren. Eine positive Beeinflussung ist möglich durch das kontrollierte Aufheizen der Scheiben ($T = 200$ bis $400\,°C$) während des Sputterns. Man erreicht hierdurch eine erhöhte Oberflächenbeweglichkeit der gesputterten Atome. Einen weiteren Ansatzpunkt bietet das sogenannte Biassputtern.

Biassputtern

Durch eine zusätzliche Spannungsquelle kann die Scheibe auf ein definiertes negatives Potential gelegt werden. Damit wird ein Teil der Ar^+-Ionen in Richtung der Scheibe beschleunigt und erreicht beim Auftreffen eine Energie, die ausreicht, Teilchen von der Scheibe zu sputtern (Rücksputtern). Die Sputterrate ist ganz allgemein winkelabhängig mit einem Maximum bei etwa $60\,°$, konvexe Strukturen werden also stärker abgetragen (Kantenabschrägung). Die abgesputterten Teilchen scheiden sich wieder auf der Scheibe als Redeposition, so daß im Wechselspiel zwischen Rücksputtern und Redepostion eine planarisierende Wirkung erzielt wird.

RF-Sputtern

Bei Prozessen mit mehreren Metallebenen muß ab der 2. Ebene vor dem eigentlichen Sputtern in den Kontaktlöchern (Vias) die isolierende Oxidhaut der vorhergehenden Metallage entfernt werden.

Das isolierende Oxid wird durch Ionenbeschuß entfernt. In einer Argonatmosphäre wird durch ein Hochfrequenzfeld ($13,56\,MHz$) ein Plasma gezündet, welches mit positiv geladenen Ar^+-Ionen und negativ geladenen Elektronen insgesamt neutral ist. Durch die geringere Masse der Elektronen im Vergleich zu den Ar^+-Ionen bewegen diese sich schneller und laden die Elektroden (Anode, Kathode) negativ auf. Es bildet sich eine Raumladungszone vor der Anode bzw. der Kathode aus; die entsprechenden Spannungen sind U_A bzw. U_K. Die Ionenstromdichte ist im stationären Fall raumladungsbegrenzt und an beiden

Elektroden gleich. Es gilt das Child-Langmuir-Gesetz

$$J \sim \frac{U^{3/2}}{d^2}$$

oder

$$\frac{U_A^{3/2}}{d_A^2} = \frac{U_K^{3/2}}{d_K^2} \; . \tag{8.3}$$

Anode und Kathode bilden mit dem Plasma einen kapazitiven Spannungsteiler, so daß gilt:

$$\frac{U_A}{U_K} = \frac{C_K}{C_A} = \frac{A_K}{A_A} \cdot \frac{d_A}{d_K} \; , \tag{8.4}$$

mit U_A = Spannung zwischen Anode und Plasma (Anodenfall),
      U_K = Spannung zwischen Kathode und Plasma (Kathodenfall),
      A_K = Fläche der Kathode,
      A_A = Fläche der Anode,
      d_K = Ausdehnung der Raumladungszone an der Kathode,
      d_A = Ausdehnung der Raumladungszone an der Anode.

Aus (8.3) und (8.4) folgen die Spannungsverhältnisse an den beiden Elektroden

$$\frac{U_A}{U_K} = \left(\frac{A_K}{A_A} \right)^4 \; . \tag{8.5}$$

Die Kathodenspannung über der Raumladungszone an der Kathode kann also durch ein geeignetes Flächenverhältnis von Anode (große Fläche) und Kathode (kleine Fläche) so eingestellt werden, daß der resultierende Ar^+-Ionenstrom zum Sputterätzen verwendet werden kann.

8.2.3 Magnetronsputtern

Durch Anordnung eines Magnetfeldes vor der Targetoberfläche (s. Abb. 8.1) ist es möglich, die Ionenausbeute pro Elektron zu steigern. Die sich kreuzenden elektrischen und magnetischen Feldlinien zwingen die Elektronen auf eine zykloidische und somit erheblich verlängerte Bahn. In gleichem Maße nimmt die Stoßwahrscheinlichkeit und damit die Zahl der generierten Ionen/Elektronenpaare zu. Die Ionenstromdichte kann so um ein bis zwei Größenordnungen gesteigert werden. In der Praxis erreicht man auf der Targetoberfläche mittlere Stromdichten von über $100\,\text{mA/cm}^2$ und Beschichtungsraten von ca. $1\,\mu\text{m/min}$. Die Betriebsspannung verringert sich auf ca. $0{,}5\,\text{kV}$. Anstelle der Scheiben wird eine rahmenförmige Elektrode an der Targetperipherie als Anode verwendet (siehe Abb. 8.1). Man vermeidet dadurch das Aufheizen der Scheibe durch die von den Elektronen mitgeführte Energie.

Moderne Sputteranlagen arbeiten heute durchweg nach dem eben beschriebenen Magnetron-Prinzip. Wesentlich für die Qualität der gesputterten Metallschichten ist es, vor dem eigentlichen Sputtern ein Vakuum mit einem Restgas-

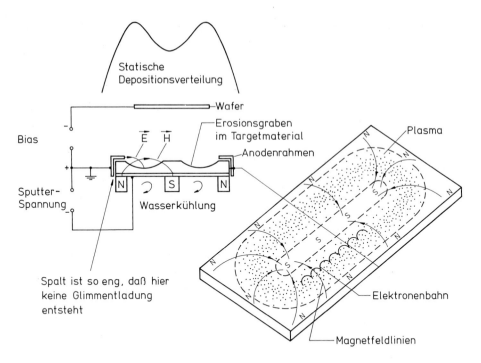

Abb. 8.1. Schematische Darstellung der Elektronenbahn beim Magnetronsputtern

druck von weniger als $5 \cdot 10^{-5}$ Pa ($5 \cdot 10^{-7}$ mbar) in der mit den Scheiben beschickten Sputterkammer zu erzeugen. Da unter Fertigungsbedingungen gleichzeitig auch kurze Pumpzeiten gefordert werden, schleust man die Scheibe über eine Vorkammer - Load Lock - in den eigentlichen Sputterrezipienten. Hierdurch wird insbesondere die Adsorption von Feuchtigkeit an den Wänden der Hauptkammer vermieden. Der Druckanstieg beim Scheibentransfer beträgt dann lediglich etwa eine Größenordnung. Als Pumpsysteme für die Schleusenkammer benutzt man eine Kombination bestehend aus Vorpumpe und Turbomolekularpumpe und für die Hauptkammer eine mit Helium betriebene Kryopumpe, die zur schnellen Feuchtigkeits-Adsorption mit einer Flüssigstickstoff-Kühlfalle kombiniert ist.

In der praktischen Ausführung unterscheidet man Batch-Maschinen und Einzelscheiben-Maschinen, wobei der Trend in Richtung Einzelscheiben-Maschinen geht. Bei neuen Maschinen ist automatischer Scheibentransport (Casset to Casset System) Stand der Technik. Mehrfachschichten wie z.B. $Ti/TiW/AlSiCu$ werden in solchen Anlagen nacheinander in getrennten und autonom gepumpten Prozeßkammern gesputtert.

Sollen die Metallschichten aus zwei oder mehr Komponenten bestehen, so ist es möglich, gleichzeitig mit mehreren Targets zu sputtern (Co-Sputtern) oder aber ein Target zu benutzen, das schon die gewünschte Zusammensetzung enthält. Das letztere Verfahren wird für Fertigungszwecke vorgezogen. Das

Co-Sputtern hat den Nachteil, daß die Materialien trotz des parallelen Target-
betriebs in separaten Schichten abgeschieden werden, da die Scheiben während
des Sputterns in mehreren Zyklen an den Targets vorbeigeführt werden müssen.
Außerdem ist hinsichtlich einer gleichbleibenden Schichtzusammensetzung die
Prozeßsteuerung kritisch.

Im allgemeinen verwendet man Edelgase zum Sputtern, um eine Reaktion
mit dem zu sputternden Material zu vermeiden. Es gibt aber Fälle, in denen
eine Reaktion erwünscht ist. Beim Sputtern von Titan oder Titan-Wolfram wird
z.B. dem Argon manchmal ein Stickstoffanteil zur Nitrierung der betreffenden
Schichten beigemischt. Solche Schichten werden sowohl als Ätz- als auch als
Diffusionsbarrieren benutzt.

8.2.4 Aluminium - Silizium

Die Bauelemente einer modernen VLSI-Technologie erfordern die Verwendung von Dotierungsgebieten mit solch kleinen vertikalen Eindringtiefen
($< 0,5\,\mu$m), daß das Mikrolegieren des Aluminiums in den Kontaktgebieten zur
Überbrückung der pn-Übergänge und damit zu Kurzschlüssen führen kann.

Nach dem Phasendiagramm [8.8] nimmt Aluminium in direktem Kontakt
mit Silizium bei jeder Hochtemperaturbehandlung bis zu einem Gleichgewichtszustand Silizium auf. Dieses Silizium kann im Falle einer integrierten Schaltung
nur lokal aus den Kontaktflächen gelöst werden (Abb. 8.2). Je kleiner diese
Flecken sind, um so tiefer werden die Mikrolegierungsgruben sein. D.h. außer
der notwendigen Reduzierung der Eindringtiefe der Diffusionsgebiete erhöht die
Verkleinerung der Kontaktfenster einer allgemeinen Strukturverkleinerung die
Gefahr von Kurzschlüssen durch Mikrolegierung.

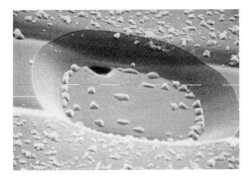

Abb. 8.2. Legiergrube und epitaxiale Redeposition von Silizium in einem Kontaktfenster; Rasterelektronenmikroskop-Foto nach Entfernung des Aluminiums

Diese Überbrückungen der pn-Übergänge können wie schon erwähnt durch
die Zumischung von Silizium zum Aluminium verhindert werden. Nach dem
Aluminium/Silizium-Phasendiagramm [8.8] beträgt die Löslichkeit für Silizium

bei 500 °C etwa 0,7 Gew.%. Da nach dem Aufbringen der Metallisierungsschicht nur noch maximale Temperaturen von 450 °C auftreten, wäre eine Zumischung von 0,6 Gew.% Si ausreichend. In der Praxis hat sich ein höherer Prozentanteil Silizium (0,8 bis 1,0 Gew.%) als optimal erwiesen. Während der Strukturierung des Aluminiumfilms bleibt das überschüssige Silizium kristallin auf den freigeätzten Oberflächen liegen und muß als unerwünschte Fehlerquelle vor der nachfolgenden Passivierung wieder entfernt werden.

Nachdem das Problem des Durchlegierens und damit der Überbrückung der pn-Übergänge durch den Zusatz von Silizium zum Aluminium gelöst werden konnte, wirkt sich bei einer weiteren Verkleinerung der Kontaktfenster ein anderes Problem der $AlSi$-Metallisierung verstärkt aus. Vor allem an den Kontaktflächen zu n^+-Gebieten macht sich die epitaxiale Abscheidung von überschüssig im Aluminium gelösten Silizium durch eine drastische Erhöhung des Kontaktwiderstandes bemerkbar (Abb. 8.3). Das Problem wird an den n-dotierten Si-Gebieten meßbar, da das abgeschiedene Silizium mit Aluminium verunreinigt und daher p^+-dotiert ist. Nichtlineares Verhalten des Kontaktwiderstandes ist die Folge solcher Übergänge. Die Lösung für dieses Problem ist der Gebrauch von Siliziden als Übergangskontakt und Stopschichten (siehe auch 8.3.2) zwischen dem Aluminium und den Siliziden, um eine mögliche Reaktion zwischen den beiden Schichten zu verhindern.

Abb. 8.3. Kontaktgebiete in einer Speichermatrix mit epitaxial abgeschiedenem Silizium. Rasterelektronenmikroskop-Foto nach Entfernung des Aluminiums [8.9]

8.3 Mehrlagenverdrahtung

Um die Chipflächen bei der Systemintegration in einem für die Fertigung akzeptablen Bereich zu halten, weicht man bei der Verdrahtung auf mehrere Metallisierungslagen aus. Darüber hinaus können in Prozessen mit Polysiliziumgates die Polysiliziumbahnen durch eine Silizid-Top-Schicht (man spricht dann auch von Polyziden) im Widerstand ($< 100\,\mu\Omega$cm) reduziert werden, so daß sie bedingt als zusätzliche Metallisierungsebene verwendet werden können.

Die endgültige Lösung ist dann zwei oder mehr Verdrahtungsebenen auf metallischer Basis. Neben den verschiedenen Stop- und Haftschichten werden auch hier weiter *Al* und *Al*-Verbindungen als Grundmaterialien benutzt.

8.3.1 Polyzide und Silizide

Die allgemeinen Anforderungen für eine niederohmige Verbindungstechnik in der Gateebene der MOS-Technologie werden durch Silizide von Titan, Wolfram, Molybdän, Kobalt und Tantal erfüllt (Tabelle 8.1) [8.10-8.14].

Die erreichten Leitfähigkeiten beziehen sich auf Schichten, bei denen die beiden Komponenten gleichzeitig aufgesputtert werden. Schichten, die durch das Einsintern des Metalls in Polysilizium erzeugt werden, können bis zu einem Faktor 1,5 niedrigere Widerstandswerte aufweisen.

Da die Polyzidschichten zu einem verhältnismäßig frühen Zeitpunkt des Gesamtprozesses gebildet werden, ist ihre Stabilität gegenüber nachfolgenden Prozeßschritten von großer Bedeutung. Erwähnt seien zwei Problemgebiete:

1. Mechanischer Stress in Silizidschichten.
   Nach dem Sinterprozess zur Silizidbildung steigt der mechanische Stress bei etwa 0,25 μm dicken Molybdän-Silizidschichten auf Polysilizium bis etwa $1 \cdot 10^{10}$ dyn/cm² an. Die auftretende Zugspannung bleibt bei den nachfolgenden Prozeßschritten konstant, so daß Polyzidschichten von dieser Schichtstärke in einem VLSI-Prozeß möglich sind. Bei Schichtdicken > 0,5 μm steigen die Zugkräfte auf Werte größer $2 \cdot 10^{10}$ dyn/cm² an und eine Haftung der Gatestruktur auf dem Siliziumuntergrund ist nicht mehr gewährleistet.

2. Verträglichkeit mit thermischer Oxidation.
   Das Oxidationsverhalten von Siliziden ist ähnlich dem des Siliziums, solange der Si-Nachschub gesichert ist (z.B. Oxidation eines Schichtsystems bestehend aus 0,25 μm Silizid auf 0,25 μm Polysilizium) [8.15]. Auch die Qualität der gebildeten Oxide entspricht der von Oxidschichten, die durch Oxidation von Polysilizium entstanden sind. Die Erklärung liegt darin, daß die Siliziumoxidschichten auf der Silizidschicht durch Nachdiffusion von Si-Atomen aus dem Polysilizium durch die Silizidschicht an die Oberfläche und deren Verbindung mit Sauerstoff geformt werden.

Tabelle 8.1. Spezifische Widerstände von Siliziden

Material		Widerstand in $\mu\Omega$cm
$TiSi_2$	Titansilizid	20
$MoSi_2$	Molybdänsilizid	100
$TaSi_2$	Tantalsilizid	50
WSi_2	Wolframsilizid	70

Ab einer Kontaktlochgröße von $< 1{,}5 \times 1{,}5\,\mu\mathrm{m}^2$ muß das Problem des Übergangswiderstandes in den Kontakten zum Silizium gelöst werden. Basis für fast alle Verfahren zur Lösung dieses Problems ist hier eine Silizidbildung in den Kontaktgebieten. Da diese Silizidierung verhältnismäßig spät in der Prozeßführung stattfindet, ist die Auswahl der Metallkomponenten für die Silizide größer als bei den Polyziden. Neben den typischen Silizidbildnern wie Ti, W, Ta, Mo kommt hier auch Platin in Betracht. Die Aufbringung der Silizide

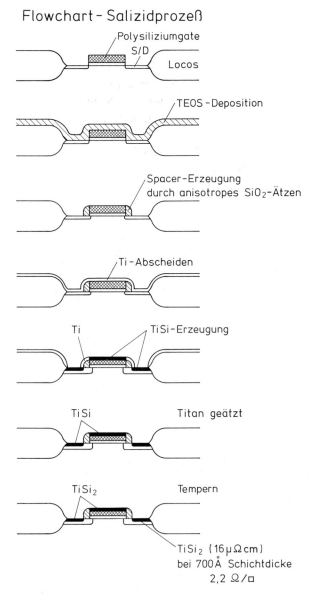

Abb. 8.4. Flowchart eines Titansalizidprozesses (selbstjustierende Silizidierung)

geschieht vorzugsweise in der Weise, daß über die freigelegten Kontakte ganzflächig die Metallkomponente aufgebracht wird. Nach dem Sinterprozeß zur
Bildung der Silizide an den Berührungsgebieten zum Silizium wird dann die
reine Metallkomponente von den Oxidflächen selektiv durch geeignete Ätzmittel
entfernt. Nach dieser Präparation der Kontaktflächen kann die Diffusions- und
Ätzbarriere aufgebracht werden. Während die aufgebrachte Schicht als Diffusionsbarriere einmal unerwünschten Materialtransport zwischen der 1. Verdrahtungsebene und der Bauelementebene im Silizium verhindert, dient sie
gleichzeitig als natürlicher Ätzstop bei der Strukturierung der Metallisierung.

Als Barrieren kommen hier Titan, Titannitrid oder Titanwolframschichten
in Betracht. Diese Schichten werden ganzflächig unterhalb des Metalls der ersten Verdrahtungsebene aufgebracht. Die entstandene mehrlagige Schichtenfolge wird anschließend mit der gleichen Photolackmaske strukturiert. Die im
wesentlichen stromführende Aluminiumschicht der Verdrahtungsebene enthält
einen 1 bis 4 %igen Kupferanteil, um Elektromigration zu unterdrücken (siehe
auch Abschnitt 8.4.2).

Eine Variante zu dem Polyzidprozeß und der Silizidierung der Kontakte
ist der sogenannte Salizidprozeß (salicide = self aligned silicide). Hierbei werden in einem selbstjustierenden Prozeß neben den polykristallinen Leiterbahnen
auch die Source- und Draingebiete silizidiert. Dazu wird zunächst die Scheibe
ganzflächig mit einem Übergangsmetall, z.B. Titan besputtert. Das Titan steht
in direktem Kontakt mit den Polysiliziumbahnen und den Source- und Draingebieten, so daß sich hier während des nachfolgenden Sinterprozesses ein Silizid
bildet, während über den mit Oxid bedeckten Flächen das Titan bestehen
bleibt. Mit Hilfe eines selektiven Ätzprozesses kann im Anschluß daran das
Titan entfernt werden. In Abb. 8.4 ist der Salizid-Prozeßablauf dargestellt.

8.3.2 Kontakttechnologie der Mehrlagenverdrahtung [8.16]

Nach einer planarisierenden dielektrischen Zwischenschicht und dem Ätzen der
entsprechenden Kontaktöffnungen wird die zweite Metallisierungsebene aufgebracht. Eingeleitet durch eine weitere Ätzbarriere aus Titan/Wolfram wird eine
zweite Aluminium/Kupferlegierung abgeschieden. Der Strukturierungsprozeß
dieser Schicht verläuft entsprechend der ersten Metallisierungsebene. Die
Al/Cu-Schicht wird selektiv auf der Ti/W-Schicht strukturiert. Anschließend
wird dann die Ti/W-Schicht geätzt (Abb. 8.5).

Bei der weiteren Miniaturisierung in den Submikronbereich müssen bewähr-
te Technologien bei der Metallisierung überprüft und entweder weiterentwickelt
oder verlassen werden. Vor allem in der Kontakttechnologie entstehen immer
größere Probleme, da mit immer kleineren Kontaktflächen, d.h. Kontaktfenstern, in dielektrischen Isolationsschichten von nahezu gleichbleibender Dicke
das Verhältnis Durchmesser zu Lochtiefe eine kontinuierliche Metallisierung
unmöglich macht. Ab einem Verhältnis von 1 ist eine akzeptable Stufenbedek-
kung (Abb. 8.6) praktisch unmöglich. Abhilfe schafft hier ein Auffüllen des Kon-

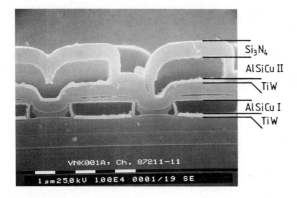

Abb. 8.5. Querschnitt durch eine Doppellagenverdrahtung mit Ti/W als Diffusionsbarriere und Stopschicht

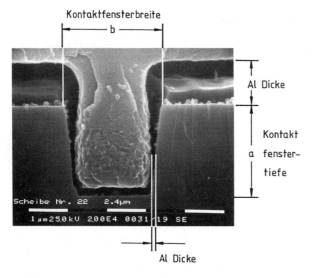

Abb. 8.6. Stufenbedeckungsprobleme der Aluminiummetallisierung bei einem Verhältnis a/b des Kontaktloches von etwa 1

taktloches mit einem Metall. Eine erfolgversprechende Auffüllmethode macht Gebrauch von Wolfram, das mittels eines CVD-Verfahrens aufgebracht wird. Prinzipiell stehen zwei Verfahren zur Verfügung: Das selektive Abscheiden von Wolfram in den Kontaktlöchern und die Rückätzmethode einer ganzflächigen Wolframschicht, bis nur noch Metallpfropfen in den Kontaktlöchern stehen (Abb. 8.7).

Die selektiven Auffüllmethoden auf der Basis von SiH_4/WF_6 und H_2/WF_6 zur Reduktion von Wolframhexachlorid mit Silan oder Wasserstoff stehen heute prinzipiell zur Verfügung. Beide Methoden sind aufwendig und daher kosten-

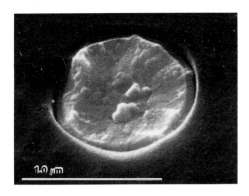

Abb. 8.7. Mit einem Wolframpfropfen aufgefülltes Kontaktfenster im
Submikronbereich

intensiv. Außerdem sind beide Verfahren schwierig in ihrer Ausführung und
der CVD-Abscheidungsprozeß ist nicht unkritisch bezüglich der Auswirkungen auf bereits vorhandene Schichten wie Silizide in den Kontaktgebieten. Zu
diesem Zeitpunkt hat daher die ganzflächige Abscheidung von Wolfram und das
Zurückätzen bis auf die Kontaktgebiete einen leichten Vorsprung und befindet
sich bei der Submikrontechnologie in einem frühen Stadium der Pilotproduk-
tion.

Das Verfahren: In eine möglichst planarisierte Oberfläche werden die
entsprechenden Kontaktöffnungen zu Polysiliziumschichten (Gates), Source-/
Draingebieten oder Aluminium geöffnet. Auf eine Haftschicht, die einen
niedrigeren Kontaktwiderstand und Übergangstabilität garantiert, wird die
Wolframschicht abgeschieden und dann bis auf die Pfropfen in den Kontaktgebieten zurückgeätzt (Abb. 8.7). Voraussetzung ist die konforme Abscheidung
des Wolframs, wobei durch die von Stufen unabhängige konstante Schichtdicke
die Löcher bei dem CVD-Abscheidungsprozeß zuwachsen.

Ob dieses Verfahren sich für die Kontakttechnologie im Submikronbereich
durchsetzt, hängt u.a. mit den Fortschritten zusammen, die man bezüglich der
Produzierbarkeit dieses Verfahrens macht.

8.4 Zuverlässigkeit

Die Zuverlässigkeit moderner VLSI-Bausteine wird bezüglich der Metallisierung
durch hauptsächlich drei Fehlermechanismen beeinflußt:

- Korrosion der Leiterbahnen unter Einwirkung von Feuchtigkeit und Be-
  triebsspannung [8.17 - 8.21],
- Elektromigration, Materialtransport in den Leiterbahnen durch den
  Stromfluß [8.22 - 8.31],

- Strukturzerstörung (Patternshift), durch Stress induzierte Struktur-
verschiebung in der äußeren Metallisierungslage [8.32 - 8.34].

8.4.1 Korrosion

Seitdem integrierte Schaltungen in Plastikgehäusen verpackt werden, gibt es
ein ernstes Zuverlässigkeitsproblem durch Korrosion der Aluminiumleiterbahnen unter Einwirkung von Feuchtigkeit, für die das Plastikgehäuse praktisch
durchlässig ist. Mit der durch die Verunreinigungen der Plastik kontaminierten
Feuchtigkeit bildet sich unter den Betriebsbedingungen der Schaltung eine elektrolytische Zelle aus, wobei das Aluminium an der Kathode in Lösung geht. Die
chemische Reaktion kann man sich unter bestimmten geometrischen Voraussetzungen so vorstellen: Kathode und Anode der Schaltung sind so angeordnet,
daß als Kationen gelöstes Aluminium über einen elektrolytischen Pfad zu der
Anode gelangt. Über diesen chemischen Kurzschlußpfad findet der Materialab-
transport statt, bis die Leiterbahn unterbrochen ist. In der Praxis stellt sich
der Fehlermechanismus sehr oft folgendermaßen dar:

An einer Stelle über einer negativ vorgespannten Aluminiumleiterbahn hat
die als letztes auf der Schaltung abgeschiedene Schutzschicht (vorzugsweise
Si_3N_4) einen Defekt. Befindet sich über einer positiv vorgespannten Alumi-
niumbahn im Nahbereich eine entsprechende Fehlstelle, kommt es zu dem angesprochenen elektrolytischen Element mit dem fatalen Materialtransport, der
dann zum Ausfall der Schaltung führt.

Gegen diese Lebensdauereinschränkung der Bauelemente, die erst beim
Geräteanwender zu Ausfällen führt, haben daher die Bauelementehersteller
ihre Passivierungsschichten, fast immer auf der Basis von Si_3N_4, das mittels
Plasma-CVD-Verfahren bei niedrigen Temperaturen ($< 450\,^\circ C$) aufgebracht
wird, so verbessert, daß sie praktisch defektfrei sind und der Materialtransport nicht stattfindet. Defektdichten von $< 0,1/cm^2$ sind heute Stand der
Technik. Gleichzeitig wurden die Testverfahren für diese Passivierungsschichten
wie der THB-Test (temperature humidity bias), der Pressure Cooker Test und
andere Varianten dieser Kombinationstests aus Feuchtigkeit, Temperatur und
Vorspannung so verbessert, daß die Bauelementeablieferungen heute praktisch
ohne Qualitätsrisiken sind.

8.4.2 Elektromigration

Unter dem Begriff der Elektromigration versteht man den Materialtransport innerhalb der Leiterbahn unter dem Einfluß eines elektrischen Stromflusses. Der
Materialtransport hat seine Ursache in den Stößen zwischen den Elektronen als
Träger des Stromes und den zunächst ortsfesten Metallionen des Kristallgitters
und erfolgt stets in Richtung des Elektronenflusses. Da die Elektromigration
bei Stromdichten oberhalb $10^6\,A/cm^2$ einsetzen kann, bereitet dieses Phänomen
zunehmend bei hochintegrierten Schaltungen mit ihren abnehmenden Leiter-

bahnquerschnitten Probleme. Gefährdet sind vor allem jene Bereiche, bei denen es zu einer Erhöhung der Stromdichte kommt, z.B. aufgrund einer Leiterbahnquerschnittsverengung beim Überqueren einer Stufe oder der Stromzusammendrängung im Kontaktbereich.

Die Auswirkungen des Materialtransportes sind:

- a) eine Materialverarmung an bestimmten Stellen der Leiterbahn, die zu einer Unterbrechung führen kann (Abb. 8.8),
- b) eine Anreicherung von Material (Abb. 8.9), die zum Wachsen von sogenannten Hillocks führt, was bei einer Einlagenverdrahtung zur Beschädigung der Passivierungsschicht oder bei Mehrlagenverdrahtung zu Kurzschlüssen durch Überbrückung der Isolationsschicht führt.

Abb. 8.8. Unterbrechung einer Metallisierungsbahn durch Elektromigration

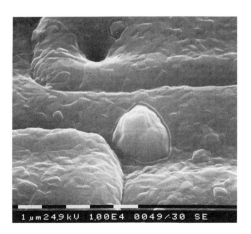

Abb. 8.9. Hillockswachstum in Aluminiumschichten nach dem Tempern bei 420 °C

Beide Erscheinungen führen zum Ausfall der Schaltung. Ein Maß für die Elektromigration ist daher die Größe $MTTF$ (mean time to failure) , die die Zeit angibt, nach der 50% der Proben eines großen Ensembles identischer Probleme ausfallen. Für diese Zeit findet man empirisch

$$MTTF \sim J^{-2} \cdot \exp\left(\frac{E}{kT}\right) \tag{8.6}$$

mit der Stromdichte J, der Temperatur T und einer Aktivierungsenergie E. Die Aktivierungsenergie ergibt sich im Temperaturbereich von 100 bis 300 °C zu 0,52 eV. Diese Energie entspricht der Energie für die Selbstdiffusion der Metallionen entlang der Korngrenzen des Materials, woraus geschlossen wird, daß der Materialtransport vorwiegend längs der Korngrenzen erfolgt. Der Materialtransport führt immer dann zu dem lokalen Materialabtrag oder der Materialanreicherung, wenn pro Volumeneinheit mehr Material ab- oder zugeführt wird. Das ist an Verzweigungspunkten der Korngrenzen der Fall bzw. im Bereich der Strukturänderung der Körner. Die Möglichkeit, die Elektromigration zu vermeiden, besteht damit

a) in der Reduzierung der Korngrenzendichte (große Körner, die bei geringer Leiterbahnbreite zur sogenannten Bambusstruktur führen; monokristalline Leiter),

b) in der Addition von nichtlöslichen Elementen, die sich an den Korngrenzen anlagern und dort die Diffusionsgeschwindigkeit des Al vermindern.

Methode b) beruht darauf, daß gemäß (8.6) die Lebensdauer exponentiell von der Aktivierungsenergie abhängt. Eine kleine Änderung der Aktivierungsenergie (z.B. durch Beimengen eines anderen Elementes) führt zu einer starken Änderung in der Lebensdauer. So führt die Beigabe von Cu, üblich sind 1 bis 4 Gewichtsprozent, zu einer Steigerung der Lebensdauer um den Faktor 1000.

Nach (8.6) ist die Lebensdauer der Schaltung bei höheren Temperaturen niedriger. Daraus folgt, daß die Schaltung bezüglich der Elektromigration beim Fließen eines stationären Stromes gefährdeter ist als im gepulsten Betrieb, bei dem die Bauelementtemperatur zwischen den Pulsen wieder fällt.

8.4.3 Stressinduzierte Probleme

Die Entwicklung zu immer komplexer und größer werdenden Schaltungen hat von ehemals $< 10\,\text{mm}^2$ zu heute $100\,\text{mm}^2$ und mehr Chipfläche geführt. Zur gleichen Zeit sind die Plastikgehäuse kleiner geworden. Diese Trends führten aufgrund der unterschiedlichen Wärmeausdehnungskoeffizienten der beteiligten Komponenten (s. Tabelle 8.2) zu ansteigenden thermo-mechanischen Spannungen in der Plastik und dem Siliziumkristall. Besonders betroffen davon ist das Interface Plastik − Kristalloberfläche.

Bei Temperaturveränderungen des Bauelementes, z.B. dem Aushärten der Plastik nach dem Einspritzen, Einsatz des Bauelementes an exponierter Stelle oder entsprechenden Temperaturwechseltests, denen die Bauelemente bei Qualitätsuntersuchungen ausgesetzt werden, wird die Schaltungsoberfläche so stark mechanisch belastet, daß es zur Zerstörung der obersten Schutzschicht (Passi-

Tabelle 8.2. Wärmeausdehnungskoeffizienten integrierter Schaltungs-komponenten

Material	Wärmeausdehnungskoeffizient in 10^{-6} / °C
Si-Kristall	2,4
Cu-Leadframe	17
$NiFe$-Leadframe	5
Standard-Plastik	21
"low stress"-Plastik	17
"ultra-low-stress"-Plastik	10

Abb. 8.10. Verschiebung der Aluminiumstruktur durch thermo-mechanische Spannung an der Oberfläche des Siliziumkristalls

vierung) und zu Deformationen der Metallstrukturen kommt (Abb. 8.10). Im ungünstigsten Fall führt dieses zu elektrischen Unterbrechungen oder Kurz-schlüssen und damit zum Ausfall des Bauelementes.

Eine direkte Lösung dieses Problems ist die mechanische Entkoppelung von Plastik- und Kristalloberfläche, indem die montierte Schaltung vor der Plastik-umhüllung mit einem Silikonkautschuk (Chipcoating) abgedeckt wird.

Dieses Verfahren arbeitet einwandfrei, ist aber nur schwer zu automatisieren und daher kostspielig. Außerdem stößt es bei der Verwendung neuer flacher Plastikgehäuse an die technisch realisierbare Grenze.

Eine endgültige Lösung, die auf die einzelnen Schaltungen noch im Scheiben-verband anzuwenden ist, gibt es produktionstechnisch noch nicht.

Um die thermomechanischen Spannungen zu verringern, wird intensiv an der Entwicklung von "low-stress"- und "ultra-low-stress"-Plastiken gearbeitet.

Produktionstechnisch werden Verfahren entwickelt, um die obersten Schichten der elektrischen Schaltung, also die Passivierung und die darunterliegenden Metallverbindungen mechanisch zu verstärken. Dieses kann z.B. durch Verwendung von härteren Metallegierungen oder dickeren Passivierungsschichten realisiert werden.

9 Diffusionsverfahren

P. Seegebrecht, N. Bündgens

9.1 Einleitung

Die Diffusion ist der durch den Gradienten des chemischen Potentials hervorgerufene Transport von Materie in einer Mischung beliebigen Aggregatzustands, z.B. in einem festen Körper. Das Diffusionsvermögen von Fremdstoffen im Silizium wird in der Prozeßtechnologie gezielt bei der Dotierung der Bauelementbereiche ausgenutzt. Ein älteres Verfahren stellt hierbei die Diffusion der Fremdatome aus einer chemischen Quelle dar, die gasförmig, flüssig oder fest sein kann. Die Diffusion aus einer chemischen Quelle erfolgt häufig in zwei Phasen. Während der ersten (der Vorbelegung) steht das Silizium im Kontakt mit der Quelle, die als unendlich ergiebig angesehen werden kann. Dabei stellt sich in dem oberflächennahen Bereich des Siliziums eine Konzentration ein, die bei der eingestellten Diffusionstemperatur der Löslichkeitsgrenze des gewählten Dotierungselementes entspricht. Die Diffusion der Fremdatome in das Silizium erfolgt somit bei konstanter Oberflächenkonzentration (Beispiel Abschnitt 9.3.3). Bei diesem Verfahren ist die Oberflächenkonzentration naturgemäß sehr hoch. Die Ausnutzung der Löslichkeitsgrenze bei der Dotierung des Siliziums aus einer chemischen Quelle ist jedoch der einzige Weg, eine definierte Menge an Dotierstoffelementen reproduzierbar in das Silizium zu bekommen. Um ein Dotierstoffprofil geringer Konzentration zu erzeugen, entfernt man das während der Vorbelegungsphase auf dem Silizium aufgewachsene dotierte Oxid (Glas) und treibt die in dem Silizium bereits befindlichen Fremdatome weiter ein. Während dieser Nachdiffusion sinkt die Oberflächenkonzentration mit voranschreitender Diffusionsfront (Beispiel Abschnitt 9.3.3). Aus dem Geschilderten wird deutlich, daß es mit Hilfe der Diffusion aus einer chemischen Quelle nicht gelingt, flache Profile mit geringer Konzentration zu erzeugen. In modernen Prozeßtechnologien erfolgt daher die Vorbelegung der Fremdatome heute vorwiegend mit Hilfe der Ionen-Implantation (Kapitel 10). Nach der Implantation erfolgt i.a. eine thermische Behandlung der Scheibe bei höheren Temperaturen. Dabei wird der entstandene Strahlenschaden weitgehend ausgeheilt und die Fremdatome werden auf Gitterplätze eingebaut, wo sie elektrisch aktiv werden können. Diese Temperaturbehandlung ist von einer Diffusion der Fremdatome begleitet.

9.2 Grundlagen der Diffusion

9.2.1 Phänomenologische Beschreibung

Eine mathematische Formulierung der Diffusion als irreversibler Ausgleichsprozeß ist von de Groot unter Berücksichtigung aller zur Diffusion beitragenden Komponenten angegeben worden [9.1]. In linearer Näherung lauten die phänomenologischen Gleichungen

$$J_i = \sum L_{ik} X_k \,.\tag{9.1}$$

Hierbei bezeichnet J_i die beteiligten Flüsse, X_k die treibenden thermodynamischen Kräfte und L_{ik} die phänomenologischen Koeffizienten. Beschränkt man sich auf isotherme, isobare Prozesse und schließt externe elektrische Quellen aus, so sind die thermodynamischen Kräfte durch den Gradienten des chemischen Potentiales gegeben

$$X_k = -\operatorname{grad}\eta_k \,.\tag{9.2}$$

Die Behandlung der Diffusion mit Hilfe des Mehrstrommodells (9.1) ist der korrekte aber komplizierte Weg. Häufig versucht man durch vereinfachende Annahmen zu einem Einstrommodell zu kommen. So liefert die Behandlung der Diffusion einer Teilchensorte A über Leerstellen V in der Matrix B nach (9.1) zunächst drei Vektorgleichungen mit neun Koeffizienten. Mit Hilfe des Onsager'schen Reziprozitätstheorems ($L_{ij} = L_{ji}$) und der Annahme, daß während der Diffusion keine neuen Gitterplätze entstehen ($J_A + J_B + J_V = 0$), reduziert sich die Anzahl der unabhängigen Koeffizienten auf drei und es bleibt

$$J_A = -L_{AA}\operatorname{grad}(\eta_A - \eta_V) - L_{AB}\operatorname{grad}(\eta_B - \eta_V) \,,$$
$$J_B = -L_{AB}\operatorname{grad}(\eta_A - \eta_V) - L_{BB}\operatorname{grad}(\eta_B - \eta_V) \,.\tag{9.3}$$

Mit den weiteren Annahmen, daß die Leerstellen sich im thermodynamischen Gleichgewicht befinden ($\operatorname{grad}\eta_V = 0$) und die Wechselwirkung zwischen den Teilchen A und B vernachlässigbar ist ($L_{AB} = 0$), erhält man schließlich die gewünschte Form

$$J_A = -L_{AA}\operatorname{grad}\eta_A \,.\tag{9.4}$$

Für die Bestimmung des Teilchenflusses J_A benötigt man den Koeffizienten L_{AA} und das chemische Potential η_A. Das chemische Potential ist durch

$$\eta = \eta_0 + k_B T \ln a \tag{9.5}$$

gegeben, wobei η_0 den konzentrationsunabhängigen Anteil (Referenzpotential), k_B den Boltzmann-Faktor, T die Temperatur und a die Aktivität bezeichnet. Aktivität und Konzentration sind über den Aktivitätskoeffizienten γ miteinander verknüpft

$$a = \gamma C \ . \tag{9.6}$$

In Anlehnung an das ideale Gas bezeichnet man eine Mischung als ideal, falls $\gamma = 1$ gilt. In diesem Falle liegt der gelöste Stoff stark verdünnt vor, eine Wechselwirkung zwischen den Teilchen kann vernachlässigt werden. Im allgemeinen ist jedoch γ eine Funktion der Konzentration. Um den Koeffizienten L in (9.4) zu bestimmen, muß man den Teilchentransport im atomistischen Bild untersuchen.

9.2.2 Atomistisches Modell

Im atomistischen Bild ist der Materietransport mit einem Platzwechsel der Teilchen verknüpft. Abb. 9.1 demonstriert diesen Vorgang bildlich am Beispiel der Diffusion von Teilchen über Zwischengitterplätze. Die Teilchen belegen zwei im Abstand d voneinander angeordnete Netzebenen mit der Flächendichte n_1 bzw. n_2. Bei der Temperatur T schwingen die Atome um ihre Gleichgewichtslage. Aufgrund der Energiefluktuation innerhalb des Festkörpers kann ein Teilchen kurzzeitig so viel Energie erhalten, daß es seine Ebene verlassen kann. Der resultierende Teilchenfluß durch die gestrichelt angedeutete Fläche ist

$$J = n_1 \Gamma_{12} - n_2 \Gamma_{21} \ ; \tag{9.7}$$

hierbei bezeichnet Γ_{ik} die Sprungrate von Ebene i nach Ebene k. Mit $n_1 = n + \frac{1}{2} \cdot d \cdot (dn/dx)$ und $n_2 = n - \frac{1}{2} \cdot d \cdot (dn/dx)$ sowie der Einführung einer mittleren Sprungrate ($\Gamma = \frac{1}{2} \cdot (\Gamma_{12} + \Gamma_{21})$) und der Volumenkonzentration $C = n/d$ erhält man

$$J \ = \ -d^2 \Gamma \frac{dC}{dx} + d \cdot (\Gamma_{12} - \Gamma_{21})C \tag{9.8a}$$

oder

$$J \ = \ -D \frac{dC}{dx} + v_{drift}C \ . \tag{9.8b}$$

Der erste Term auf der rechten Seite von (9.8b) wird durch das Konzentrationsgefälle und den Diffusionskoeffizienten bestimmt. Dieser Term berücksichtigt die unterschiedliche Flächenbelegung der Netzebenen (sprich ortsabhängige Konzentration). Der zweite Term existiert auch ohne Konzentrationsgefälle und ist auf die unterschiedliche Sprungrate zurückzuführen. Ursachen dafür können ein elektrisches Feld, ein Temperaturgradient oder mechanische Spannungen sein.

Der Vergleich von (9.8a) und (9.8b) liefert für das hier betrachtete eindimensionale Modell $D = d^2\Gamma$. Für die dreidimensionale Diffusion erhält

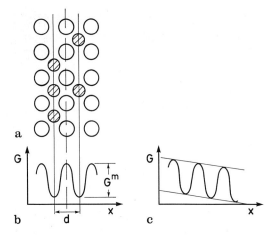

Abb. 9.1. Zur Diffusion von Teilchen über Zwischengitterplätze: a) Stabile Lage der Zwischengitteratome (schraffiert), b) zugehöriges thermodynamisches Potential, c) Änderung der Potentialverteilung bei Überlagerung mit einem elektrischen Feld

man allgemeiner

$$D = K\, d^2\Gamma\;,\qquad(9.9)$$

wobei K eine von dem Kristallsystem abhängige Konstante ist. Die Sprungrate wird bestimmt durch die Stoßzahl f, das ist die Frequenz, mit der die Atome um ihre Gleichgewichtslage schwingen, und dem Boltzmann-Term $\exp(-G^m/k_BT)$, der die Wahrscheinlichkeit angibt, mit der die Atome energetisch in der Lage sind, die Potentialbarriere G^m zu überwinden. Mit der thermodynamischen Beziehung $G = E + PV + TS$ erhält man schließlich für die Sprungrate $\Gamma = \Gamma_0\,\exp(-E/k_BT)$ und damit

$$D = D_0\,\exp\left(-\frac{E}{k_BT}\right).\qquad(9.10)$$

Die Aktivierungsenergie und der präexponentielle Faktor hängen von dem zugrundeliegenden Diffusionsmechanismus ab. Man unterscheidet zwischen vier Mechanismen (Abb. 9.2).

Auf dem ersten Mechanismus beruht die bereits oben beispielhaft behandelte Zwischengitterdiffusion. Hier springen die Atome von einem Zwischengitterplatz in den nächsten. Die Höhe des in Abb. 9.1 dargestellten Potentialwalls wird durch die für den Platzwechsel notwendige Deformation des Gitters bestimmt. Dieser Mechanismus ist besonders für kleine Fremdatome bzw. Ionen wirksam, da sie gut in das relativ offene Diamantgitter des Siliziums passen und daher das Gitter beim Platzwechsel nicht allzu stark deformieren. Aufgrund der niedrigen Aktivierungsenergie von $0,5$ bis $1,6\,$eV erfolgt die Zwischengitterdiffusion sehr schnell. Typische Vertreter, die nach diesem Mechanismus diffundieren sind H_2, He, Au, Ni und die Alkalimetalle.

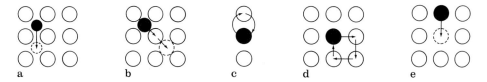

Abb. 9.2. Diffusionsmechanismen: a) Zwischengitterdiffusion, b) indirekte Zwischengitterdiffusion, c) direkter Austausch zweier Atome, d) Ringmechanismus, e) Leerstellendiffusion

Für größere Atome ist es wegen der starken Gitterverzerrung schwierig, direkt zum nächsten Zwischengitterplatz zu gelangen. Energetisch günstiger ist es, wenn das Fremdatom einen regulären Gitterbaustein zu einem Zwischengitterplatz hin verdrängt und dessen Stelle einnimmt, um dann wieder von einem Silizium-Zwischengitteratom auf einen Zwischengitterplatz verdrängt zu werden usw.. Man bezeichnet diesen Mechanismus als indirekte Zwischengitterdiffusion oder Zwischengitterstoßdiffusion (Abb. 9.2b).

Sind die Fremdatome substitutionell in das Gitter eingebaut, so scheint der plausibelste Platzwechselmechanismus der direkte Austausch zweier benachbarter Atome zu sein. Dieser Prozeß ist jedoch aufgrund der dabei auftretenden starken Gitterdeformation sehr unwahrscheinlich. Die Gitterdeformation wäre zwar durch einen ringförmigen Austausch der Atome herabgesetzt, ein Nachweis dieses Ringmechanismus ist bis heute jedoch nicht gelungen. Eine weitere Möglichkeit besteht in der Diffusion über Leerstellen (Abb. 9.2e). Jedes Nachbaratom einer Leerstelle kann mit diesem seinen Platz tauschen und sich auf diese Weise durch das Gitter bewegen.

Die Klassifizierung der Diffusionsmechanismen dient der Übersichtlichkeit, stellt aber eine Vereinfachung des Sachverhaltes dar. Die Diffusion von Fremdatomen läuft nicht immer strikt nach einem der genannten Mechanismen ab. Gerade in letzter Zeit haben Untersuchungen gezeigt, daß die Erklärung einiger Phänomene, wie z.B. die oxidationsbeschleunigte Diffusion (OED, Abschnitt 9.5.1), voraussetzen, daß die Fremdatome sowohl über Leerstellen als auch über Zwischengitterplätze diffundieren. Der Diffusionskoeffizient wird bei dieser dualen Diffusion häufig als Summe zweier Koeffizienten angegeben (Gl. (9.43)), wobei der eine (D_V) die Diffusion über Leerstellen beschreibt und der andere (D_I) die über Zwischengitterplätze.

Um nun zu einem Zusammenhang zwischen dem atomistischen Modell und der phänomenologischen Beschreibung zu kommen, benutzen wir noch eine dritte Möglichkeit der Darstellung des Materieflusses, nämlich

$$J = C(v - v^*) \, . \qquad (9.11)$$

Hierbei stellt v^* eine Bezugsgeschwindigkeit dar. Wenn man den Diffusionsstrom als Produkt aus Konzentration und Geschwindigkeit schreibt, so muß eine

Relativgeschwindigkeit gewählt werden. Anderenfalls würde eine Bewegung des Volumenelementes, d.h. die makroskopische Bewegung aller Teilchen des Raumelementes als Diffusion gezählt werden. Die Relativgeschwindigkeit kann ganz allgemein als Produkt aus Beweglichkeit μ der Atome und der auf die Atome wirkenden thermodynamischen Kraft geschrieben werden

$$J = -\mu\, C\, \operatorname{grad} \eta \; . \tag{9.12}$$

Der Vergleich mit (9.4) liefert $L = \mu\, C$. Mit der Definition

$$J =: -D\, \operatorname{grad} C \tag{9.13}$$

erhält man mit (9.12), (9.13), (9.5) und (9.6)

$$D = \mu\, k_B T \left(1 + \frac{d \ln \gamma}{d \ln C} \right) \; . \tag{9.14}$$

Der Differentialkoeffizient $d \ln \gamma / d \ln C$ kann positiv oder negativ sein und damit auch $D < 0$ werden. Der Fall, daß die Diffusion in Richtung des Konzentrationsgradienten abläuft (up-hill diffusion) kann z.B. auftreten, wenn der Festkörper starken mechanischen Spannungen ausgesetzt ist.

9.3 Die intrinsische Diffusion

9.3.1 Der intrinsische Diffusionskoeffizient

Liegen die Fremdatome in hinreichend kleiner Konzentration im Silizium vor, so ist der Aktivitätskoeffizient 1 (oder wenigstens konstant), so daß nach (9.14) der Diffusionskoeffizient unabhängig von der Konzentration der Fremdatome ist. Die Frage, ob eine Konzentration als hinreichend klein angesehen werden kann, wird durch den Vergleich mit der intrinsischen Ladungsträgerkonzentration n_i beantwortet. Abb. 9.3 zeigt die intrinsische Ladungsträgerdichte als Funktion der Temperatur [9.2]. Sofern $n_i > C$ ist (hohe Diffusionstemperatur, niedrige Fremdstoffkonzentration), überdecken die thermisch erzeugten Ladungsträger die dotierende Wirkung der Fremdatome und der Diffusionskoeffizient kann als konzentrationsunabhängig angenommen werden. Entsprechend dem intrinsischen Leitungsverhalten des Siliziums spricht man hier vom intrinsischen Diffusionskoeffizienten. Dieser Diffusionskoeffizient ist durch (9.10) gegeben und hängt nur von der Temperatur ab.

Abb. 9.4a zeigt den Diffusionskoeffizienten als Funktion der Temperatur für die sogenannten schnellen Diffusanten. Das sind jene, die nach dem in Abschnitt 9.2.2 beschriebenen Zwischengittermechanismus diffundieren. Als ein typischer Vertreter eines Fremdatomes, das sowohl über Leerstellen als auch über Zwischengitterplätze diffundiert ist das Gold hier aufgenommen worden. Die leerstellenbegrenzte Diffusion läuft deutlich langsamer als die zwischengitterbegrenzte. Abb. 9.4b zeigt den Diffusionskoeffizienten als Funktion der Temperatur für die sogenannten langsamen Diffusanten. Typische Vertreter sind die in der Halbleitertechnologie als Akzeptoren bzw. Donatoren eingesetzten Fremdatome.

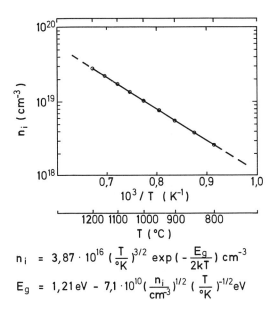

$$n_i = 3{,}87 \cdot 10^{16} \left(\frac{T}{°K} \right)^{3/2} \exp\left(-\frac{E_g}{2kT} \right) cm^{-3}$$

$$E_g = 1{,}21\,eV - 7{,}1 \cdot 10^{10} \left(\frac{n_i}{cm^3} \right)^{1/2} \left(\frac{T}{°K} \right)^{-1/2} eV$$

Abb. 9.3. Intrinsische Ladungsträgerdichte von Silizium als Funktion der reziproken Temperatur

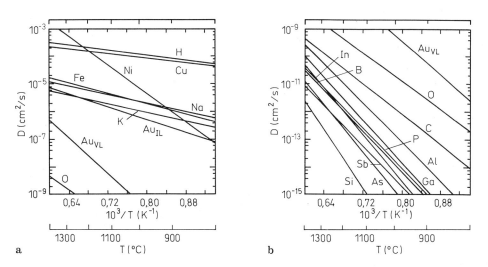

Abb. 9.4. Diffusionskoeffizienten einiger Elemente in Silizium: a) schnelle Diffusanten, b) langsame Diffusanten

9.3.2 Die Fickschen Gesetze

Die Fickschen Gesetze beschreiben den zeitlichen Ausgleichsvorgang von Materie in einem System mit ortsabhängiger Konzentration [9.3]. Das erste Ficksche Gesetz haben wir bereits mit (9.13) kennengelernt. Es besagt, daß der Materiestrom J dem räumlichen Gefälle der Konzentration C proportional ist. Unter Berücksichtigung der Kontinuitätsgleichung erhält man das zweite Ficksche Gesetz

$$\frac{\partial C}{\partial t} = \mathrm{div}\,(D\,\mathrm{grad}\,C) \ . \tag{9.15}$$

Für niedrige Konzentrationen kann der Diffusionskoeffizient als konstant angesehen werden und man erhält für die eindimensionale Beschreibung des Diffusionsvorgangs

$$J \ = \ -D\,\frac{\partial C(z,t)}{\partial z} \ , \tag{9.16a}$$

$$\frac{\partial C(z,t)}{\partial t} \ = \ D\,\frac{\partial^2 C(z,t)}{\partial t^2} \ . \tag{9.16b}$$

Zur Lösung dieser Gleichungen werden geeignete Anfangs- und Randbedingungen benötigt. Einige führen zu analytischen Lösungen, die im folgenden angegeben werden.

9.3.3 Beispiele

Konstante Oberflächenkonzentration C_0
Das erste Beispiel behandelt die Diffusion der Fremdatome aus einer Quelle mit konstanter Dotierstoffkonzentration C_0. Praktische Bedeutung findet dieses Beispiel bei der Vorbelegung, z.B. im Falle der Zweischrittdiffusion. Mit der Anfangsbedingung $C(z,0) = 0$ und den Randbedingungen $C(0,t) = C_0$, $C(\infty,t) = 0$ lautet die Lösung von (9.16b)

$$C(z,t) = C_0\,\mathrm{erfc}\left(\frac{z}{2\sqrt{Dt}}\right) \ . \tag{9.17}$$

Die komplementäre Fehlerfunktion liegt tabelliert für $x = z/(2\sqrt{Dt})$ vor, z.B. in [9.4]. Die Gesamtzahl der Fremdatome pro Flächeneinheit N_I, die während der Zeit t in das Silizium eindiffundieren, erhält man durch Integration von (9.17) zu

$$N_I = 2\,C_0\,\sqrt{\frac{Dt}{\pi}}. \tag{9.18}$$

Trägt man $C(z,t)$ graphisch über z auf, so entspricht N_I der Fläche unter dem Konzentrationsverlauf. Erfolgt mit der Diffusion eine Umdotierung des Substrates, dessen Dotierungskonzentration C_B ist, so ist der Ort des metallurgischen Überganges durch $C(z_j,t) = C_B$ definiert

$$z_j = 2\,\sqrt{Dt}\,\mathrm{erfc}^{-1}\left(\frac{C_B}{C_0}\right) \ . \tag{9.19}$$

Diffusion aus begrenzter Quelle

Um eine geringe Oberflächenkonzentration zu erreichen, belegt man den Halbleiter mit einer begrenzten Dotierstoffmenge N_I und diffundiert dann diesen Dotanten in den Kristall. Die Anfangsbedingung lautet hier

$$C(z,0) = N_I\,\delta(z)\,. \tag{9.20}$$

Für den Fall, daß während der Temperaturbehandlung keine Ausdiffusion in die Umgebung erfolgt, lauten die Randbedingungen $\int_0^\infty C(z,t)dz = N_I$ und $C(\infty,t) = 0$. Die Lösung von (9.16b) lautet dann

$$C(z,t) = \frac{N_I}{\sqrt{\pi Dt}}\,\exp\left(\frac{-z^2}{4Dt}\right)\,. \tag{9.21}$$

Die Oberflächenkonzentration $C_0 = C(0,t)$ ist

$$C_0 = \frac{N_I}{\sqrt{\pi Dt}}\,, \tag{9.22}$$

der metallurgische Übergang liegt bei

$$z_j = 2\sqrt{Dt}\,\sqrt{\ln\frac{C_0}{C_B}}\,. \tag{9.23}$$

Gl. (9.21) ist die exakte Lösung von (9.16b), wenn die Konzentration zum Zeitpunkt $t = 0$ durch die Deltaverteilung (9.20) gegeben ist. Falls die Dotierstoffverteilung zum Zeitpunkt $t = 0$ eine endliche Breite h besitzt, so stellt (9.21) eine gute Näherung dar, solange $z < Dt/h$ und $t > h^2/D$ gilt. Praktische Bedeutung erhält (9.21) bei der Nachdiffusion der Zweischrittdiffusion. N_I ist dann durch (9.18) gegeben. Abb. 9.5 zeigt die komplementäre Fehlerfunktion und die Gaußsche Funktion in normierter Form.

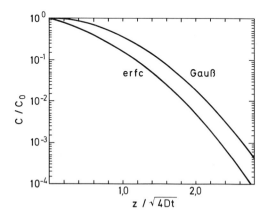

Abb. 9.5. Normierte Darstellung der komplementären Fehlerfunktion (Diffusionsprofil bei konstanter Oberflächenkonzentration) und der Gaußschen Funktion (Diffusionsprofil bei begrenzter Quelle)

Kann das Ausgangsprofil durch eine Gauß-Funktion beschrieben werden, so ist das Endprofil ebenfalls eine Gauß-Funktion, wobei zu dem Produkt Dt das gesamte resultierende Dt-Produkt der Vorläuferprozesse hinzuaddiert werden muß. In vielen Fällen lassen sich ionenimplantierte Dotierungsprofile durch

$$C(z) = \frac{N_I}{\sqrt{2\pi}\,\Delta R_P} \exp\left(-\frac{(R_P - z)^2}{2\,\Delta R_P{}^2}\right) \qquad (9.24)$$

darstellen, wobei R_P die projizierte Reichweite der Ionen und ΔR_P die Standardabweichung ist (Kapitel 10). Eine analytische Lösung von (9.18b) mit der Anfangsbedingung (9.24) und der Randbedingung an der Oberfläche verschwindender Ausdiffusion ($dC/dz = 0$) ist in [9.5] angegeben. Die Auswertung des Lösungsausdrucks ist relativ aufwendig, jedoch lassen sich einfache Näherungslösungen angeben. Für große Diffusionszeiten und/oder hohe Temperaturen, für die $2\sqrt{Dt} \gg R_P$ gilt, geht die Lösung praktisch in die Gauß-Verteilung (9.21) über. Für $2\sqrt{Dt} \ll R_P$ erhält man

$$C(z,t) = \frac{C_I}{\sqrt{2\pi(\Delta R_P{}^2 + 2\,D^2 t^2)}} \exp\left(-\frac{(z - R_P)^2}{2\,(\Delta R_P{}^2 + 2\,D^2 t^2)}\right) . \qquad (9.25)$$

9.4 Die extrinsische Diffusion

9.4.1 Die feldbeschleunigte Diffusion

Bei üblichen Diffusionstemperaturen sind die Dotanten nahezu vollständig ionisiert. Die freiwerdenden Ladungsträger diffundieren schneller in den Kristall und bauen somit ein inneres elektrisches Feld auf. Das führt in dem atomistischen Modell zu unterschiedlichen Sprungraten und damit zu der Driftgeschwindigkeit v_{drift} in (9.8b). Da im Gleichgewicht die Teilchenströme der Dotanten und der Ladungsträger gleich sind, ist

$$v_{drift} = \mu\,E = -\,\mu\,\mathrm{grad}\,V . \qquad (9.26)$$

Hierbei ist nun μ die Ladungsträgerbeweglichkeit, E die elektrische Feldstärke und V das elektrische Potential. Die Ladungsträger befinden sich im thermodynamischen Gleichgewicht; d.h.

$$V = U_T\,\ln\left(\frac{n}{n_i}\right) = -\,U_T\,\ln\left(\frac{p}{n_i}\right) . \qquad (9.27)$$

Unter Berücksichtigung des Massenwirkungsgesetzes $np = n_i{}^2$ und der globalen Ladungsträgerneutralität $n - p - zC = 0$ ($z = 1$ für Donatoren, $z = -1$ für Akzeptoren), lassen sich n bzw. p als Funktion von C angeben. Berücksichtigt man nun noch die Einstein-Relation $D = \mu\,U_T$, so erhält man schließlich

$$J = -\,D\left(1 + \frac{C}{\sqrt{C^2 + 4n_i{}^2}}\right)\mathrm{grad}\,C . \qquad (9.28)$$

Durch Vergleich mit dem 1. Fickschen Gesetz erhält man einen effektiven Diffusionskoeffizienten

$$D_{eff} = D \left(1 + \frac{C}{\sqrt{C^2 + 4n_i{}^2}} \right) = \alpha\, D \; . \tag{9.29}$$

Gemäß (9.29) ist bei hohen Konzentrationen eine maximale Erhöhung um den Faktor 2 möglich. Experimentell findet man, daß α zwischen 1 und 2 liegt. Der Beitrag des inneren Feldes zur Diffusion einer einzelnen Fremdatomkomponente ist damit gering und wird i.a. von Leerstelleneffekten überlagert. Der Einfluß der Dotierstoffmenge auf die Konzentration der Leerstellen und damit auf den Diffusionskoeffizienten ist Thema des nächsten Abschnitts.

9.4.2 Die konzentrationsabhängige Diffusion

Bisher ist nur von der Möglichkeit der Diffusion über Leerstellen gesprochen worden, aber noch nicht über den Ladungszustand der Leerstellen. Es hat sich erwiesen, daß man Leerstellen einen Akzeptor- bzw. Donatorcharakter zuordnen kann. Im ersten Falle nimmt die Leerstelle Elektronen auf, im zweiten Fall gibt sie Elektronen ab. Der Ladungszustand wird von der Lage des Fermi-Niveaus bestimmt. Während die Konzentration der neutralen Leerstellen eine reine Funktion der Temperatur ist, wird die Konzentration der geladenen Leerstellen damit von allen, das Fermi-Niveau beeinflussenden Komponenten bestimmt. Ein einfaches Beispiel soll diesen Sachverhalt verdeutlichen. Betrachtet werden hierzu nur die neutralen Leerstellen V^0 und jene mit Akzeptorcharakter V^-.

Eine neutrale Leerstelle geht durch Aufnahme eines Elektrons in den geladenen Zustand über

$$V^0 + e^- \longrightarrow V^- \; . \tag{9.30}$$

Damit erhöht sich die Gesamtkonzentration der Leerstellen auf

$$C_V = C_{V^0} + C_{V^-} \; . \tag{9.31}$$

Der Anteil der geladenen Leerstellen wird durch die Fermi-Dirac-Statistik geregelt:

$$C_{V^-} = C_V\, F(E) \; . \tag{9.32}$$

Aus (9.31) und (9.32) folgt

$$C_{V^-} = g\, C_{V^0}\, \exp\left(\frac{E_F - E_A}{k_B T} \right) \; . \tag{9.33}$$

Hierbei ist g der Entartungsfaktor, E_F die Fermi-Energie und E_A die Energie des Akzeptorniveaus der Leerstelle. (9.33) gilt sowohl für den intrinsischen als auch für den extrinsischen Halbleiter. Daher ist

$$\frac{C_{V^-}}{C_{V_i^-}} = \exp\left(\frac{E_F - E_{F_i}}{k_B T} \right) = \frac{n}{n_i} \; . \tag{9.34}$$

$C_{V_i^-}$ gibt hier die Konzentration der geladenen Leerstellen für den intrinsischen Halbleiter an. Weiterhin ist in (9.34) angenommen worden, daß der Elektronenhaushalt durch die Boltzmann-Statistik geregelt wird (nichtentarteter Halbleiter).

Mit Hilfe der Elektronen-Spin-Resonanz und optischer Absorptionsmessungen sind vier Ladungszustände der Leerstellen im Silizium identifiziert worden: neutrale Leerstellen V^0, einfach geladene Donatoren V^+, einfach geladene Akzeptoren V^- und doppelt geladene Akzeptoren V^{2-}. Für die Konzentration der geladenen Leerstellen gelten Beziehungen, wie sie für die einfach geladenen Akzeptoren in (9.34) angegeben worden sind. Die Zunahme der Leerstellenkonzentration wird damit bei einer Dotierung mit Bor durch positiv, bei einer Dotierung mit Arsen durch negativ geladene Leerstellen bewirkt.

Die Diffusion über Leerstellen kann sowohl über neutrale als auch über geladene Leerstellen erfolgen. Fair hat vorgeschlagen, jeden einzelnen Beitrag mit den ihn charakterisierenden Diffusionskoeffizienten zu versehen [9.6]: D^0 für die Diffusion über neutrale Leerstellen, D^+ für die Diffusion über Leerstellen mit Donatorcharakter u.s.w. . Damit ist der intrinsische Diffusionskoeffizient nun

$$D_i = D_i^0 + D_i^+ + D_i^- + D_i^{2-} \ . \tag{9.35}$$

Nimmt man nun weiter an, daß die einzelnen Beiträge sich gemäß der Leerstellenkonzentration erhöhen, also z.B. $D^-/D_i^- = C_{V^-}/C_{V_i^-}$, so erhält man mit (9.34) und ähnlichen Gleichungen für die positiv und doppelt negativ geladenen Leerstellen

$$D_e = D_i^0 + D_i^+ \left(\frac{n_i}{n}\right) + D_i^- \left(\frac{n}{n_i}\right) + D_i^{2-} \left(\frac{n}{n_i}\right)^2 \ . \tag{9.36}$$

Gl. (9.36) ist eine phänomenologische Beschreibung des extrinsischen Diffusionskoeffizienten. Die einzelnen D_i's müssen durch das Experiment ermittelt werden. Es hat sich gezeigt, daß bei der Anwendung von (9.36) meist nicht alle Terme berücksichtigt werden müssen. So diffundiert das bei den üblichen, hohen Temperaturen negativ geladene Bor-Ion vorzugsweise über positiv geladene Leerstellen, während das positiv geladene Arsen-Ion vorzugsweise über negativ geladene Leerstellen diffundiert. Der Ausdruck (9.36) ist das Resultat des Versuches die Diffusion von Fremdatomen über Leerstellen in einem Einstrommodell zu beschreiben. Der Einfluß der Leerstellen führt hier zu einem konzentrationsabhängigen Diffusionskoeffizienten. Obwohl die Lösung der 2. Fickschen Gleichung, die wegen des konzentrationsabhängigen (sprich ortsabhängigen) Diffusionskoeffizienten i.a. nur noch numerisch möglich ist, zu teilweise guter Übereinstimmung mit den experimentellen Daten führt, macht die korrekte Beschreibung des Diffusionsvorgangs die Anwendung eines Mehrstrommodells erforderlich ((9.1)).

9.4.3 Dotierungselemente der Silizium - Technologie

Die in der Siliziumtechnologie verwendeten Dotierstoffelemente haben gewisse
Bedingungen zu erfüllen. Zunächst müssen sie aus der dritten oder fünften
Spalte des Periodischen Systems kommen, so daß sie als Akzeptoren bzw. Donatoren wirksam werden können. Sie sollten weiterhin eine möglichst hohe
Löslichkeitskonzentration im Silizium aufweisen, um eine hohe Dotierung und
damit eine hohe Leitfähigkeit der dotierten Bereiche zu ermöglichen. Der Atomradius in der tetraedisch-kovalenten Bindung sollte möglichst dem des Siliziumatoms entsprechen, um zu vermeiden, daß bei hohen Fremdstoffkonzentrationen die inneren mechanischen Spannungen zu bleibenden Kristallschäden
führen. Schließlich sollte die Diffusionsgeschwindigkeit der Dotanten im Silizium wesentlich höher sein als in den dielektrischen Schichten (SiO_2, Si_3N_4);
eine Voraussetzung, um diese Schichten als Diffusionsbarriere bei der selektiven
Diffusion nutzen zu können (Abschnitt 9.6).

Die genannten Bedingungen werden am besten von Arsen (als Donator)
und Bor (als Akzeptor) erfüllt; sie stellen heute die vorwiegend in der Sili-
umtechnologie verwendeten Elemente dar. Neben Arsen sind als Donator noch
Phosphor und Antimon zu nennen, die in modernen Technologien jedoch bis
auf wenige Ausnahmen vom Arsen verdrängt worden sind. Abb. 9.6 zeigt die
Löslichkeitskurven der genannten Elemente im Silizium, Tabelle 9.1 gibt die

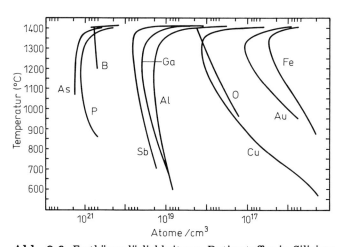

Abb. 9.6. Festkörperlöslichkeit von Dotierstoffen in Silizium

Tabelle 9.1. Atomradien einiger Elemente in der tetraedisch-kovalenten
Bindung

Element	B	Al	Ga	In	Si	P	As	Sb
Radius [10^{-10} m]	0,88	1,26	1,26	1,44	1,17	1,10	1,18	1,36

274

tetraedisch-kovalenten Atomradien an. Der intrinsische Diffusionskoeffizient der genannten Elemente ist in Abschnitt 9.3.1 bereits behandelt worden; in diesem Abschnitt wenden wir uns dem extrinsischen Diffusionsverhalten zu.

Arsen

Beim Arsen dominiert der Beitrag von D^- in (9.36), d.h. der Diffusionskoeffizient steigt linear mit der Elektronenkonzentration an

$$D_{As} = \alpha\, D_i \left(\frac{n}{n_i}\right) . \tag{9.37}$$

Dabei berücksichtigt α die mögliche Feldabhängigkeit der Diffusion. Mit der Annahme, daß während der Diffusion $n = C_{As}$ ist (nichtentartetes System, Vernachlässigung des Löcherbeitrags zur Ladungsbilanz), lautet das 2. Ficksche Gesetz

$$\frac{\partial C_{As}}{\partial t} = \frac{\partial}{\partial z} \left(D_i \left(\frac{C_{As}}{n_i}\right) \frac{\partial C_{As}}{\partial z}\right) . \tag{9.38}$$

Eine analytische Lösung von (9.38), die die Bedingung (9.20) und $C_{As}(\infty, t) = 0$ erfüllt ist von Ghezzo angegeben worden [9.7]

$$C_{As}(z,t) = \begin{cases} \dfrac{3N_I}{2Z(t)} \left(1 - \left(\dfrac{z}{Z(t)}\right)^2\right) & 0 < z < Z(t) \\ 0 & z > Z(t) \end{cases} \tag{9.39}$$

mit
$$Z(t) = \left(\frac{9\, N_I\, D_i\, t}{n_i}\right)^{1/3} . \tag{9.40}$$

Unter der Voraussetzung einer hinreichend geringen Substratkonzentration gibt die Funktion $Z(t)$ in guter Näherung den Ort des metallurgischen Übergangs an. Das entscheidende Ergebnis ist, daß bei hohen Konzentrationen $z_j \propto (Dt)^{1/3}$ ist, während bei niedrigen Konzentrationen $z_j \propto \sqrt{Dt}$ gilt. Abb. 9.7 zeigt einen Vergleich zwischen gemessenen Arsenprofilen und den nach (9.39) berechneten. Es handelt sich hierbei um implantierte Proben, die nach der Implantation bei 1000 °C in einer inerten Atmosphäre getempert und deren Dotierungsprofile an Van-der-Pauw-Strukturen durch Messung des differentiellen Leitwertes und der Hall-Beweglichkeit bestimmt worden sind. Die Übereinstimmung der experimentell ermittelten und berechneten Werte ist relativ gut. Bei den Proben, die mit einer Dosis größer als $2 \cdot 10^{15}\,\mathrm{cm}^{-2}$ implantiert worden sind, erkennt man ein Abflachen des Profils zur Oberfläche hin, das durch das Modell nicht richtig wiedergegeben wird. Diese Diskrepanz ist auf die sogenannte unvollständige Aktivierung der Arsenatome zurückzuführen. Darunter versteht man den Tatbestand, daß bei sehr hoher Arsenkonzentration nicht mehr alle Dotierungsatome ein Elektron an das Leitungsband abgeben. Meßmethoden, die die Ladungsträgerkonzentration erfassen, wie z.B. die kombinierte Bestimmung des Leitwerts und der Hall-Spannung, zeigen damit eine niedrigere

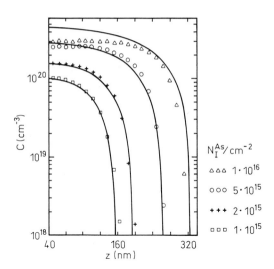

Abb. 9.7. Vergleich zwischen gemessenen und berechneten Arsenprofilen.
Die durchgezogenen Linien geben die Werte nach (9.39) wieder.

Fremdatomkonzentration an als solche, die die chemische Fremdstoffkonzentration bestimmen, wie z.B. die SIMS-Methode.

Da eine Verschiebung der Arsenatome auf Zwischengitterplätze als Ursache für die unvollständige Aktivierung ausgeschlossen werden kann, hat man für die modellhafte Beschreibung des Sachverhaltes die Bildung von Quasimolekülen vorgeschlagen (sog. Cluster, siehe z.B. [9.8]). Darunter versteht man geladene oder ungeladene Arsenkomplexe oder Arsen-Leerstellenkomplexe, die in allen bekanntgewordenen Modellen bei der Diffusionstemperatur im Gleichgewicht mit den aktiven Arsenatomen stehen. Der Tatbestand, daß die maximale Konzentration der elektrisch aktiven Arsenatome eine Funktion der Temperatur aber nicht der Arsenkonzentration selbst ist [9.9], scheint darauf hinzuweisen, daß es sich hier nicht um eine Gleichgewichtsreaktion zwischen Arsenatomen und Quasimolekülen, sondern um eine Phasenumwandlung handelt [9.10], wie sie beim Vorliegen einer echten Löslichkeitsgrenze zu erwarten ist.

Die unvollständige Aktivierung hat zur Folge, daß die Oberflächenkonzentration beim Eindiffundieren der Arsenatome zunächst konstant bleibt. Die elektrisch aktive Dosis (das ist die Fläche unter dem Dotierungsprofil der elektrisch aktiven Arsenatome) vergrößert sich während des Diffusionsprozesses, da eine Absenkung der elektrisch aktiven Konzentration eine Auflösung der inaktiven Phase nach sich zieht. Erst wenn die elektrisch aktive Dosis gleich der implantierten ist, nimmt die Oberflächenkonzentration mit voranschreitender Diffusionsfront gemäß $N_I = const$ ab. Abb. 9.8 demonstriert den geschilderten Sachverhalt. Aufgetragen ist der Aktivierungsgrad (Verhältnis aus elektrisch aktiver zu implantierter Dosis) über der Zeit der Temperaturbehandlung bei 1000 °C in einer inerten Atmosphäre, Parameter ist die Implantationsdosis. Die

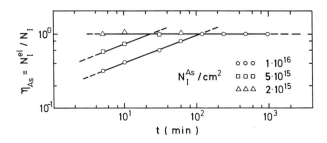

Abb. 9.8. Aktivierungsgrad implantierter Atome als Funktion der Temperzeit bei T = 1000 °C. Parameter ist die Implantationsdosis

Meßwerte lassen klar erkennen, daß mit steigender Implantationsdosis die Temperzeit t_0, die für das Erreichen einer 100%-igen Aktivierung notwendig ist, zunimmt. So sind die implantierten $2 \cdot 10^{15}$ cm^{-2} bereits nach einer fünfminütigen Temperung aktiv, während die vollständige Aktivierung der 10^{16} cm^{-2} eine zweistündige Temperaturbehandlung erfordert. Empirisch liefern die Daten der Abb. 9.8

$$N_I^{el} = N_I \left(\frac{t}{t_0}\right)^n \qquad (9.41)$$

mit $n = 0,37$ [9.11]. Da die Rate, mit der die elektrisch aktive Dosis zunimmt, von der Diffusionsgeschwindigkeit der Arsenatome bestimmt wird, muß sich dieses Zeitgesetz in dem Voranschreiten der Diffusionsfront wiederfinden. Das experimentell ermittelte $n = 0,37$ steht in guter Übereinstimmug mit dem $n = 1/3$ aus (9.40).

Die unvollständige Aktivierung der As-Atome hat zur Folge, daß der Widerstand implantierter Schichten mit zunehmender Implantationsdosis einem Sättigungswert zustrebt. Abb. 9.9 demonstriert dies am Beispiel des Schichtwiderstandes arsenimplantierter Si-Proben. Dieses Phänomen wirft Probleme bei der Skalierung der integrierten Bauelemente auf. Der Übergang zu kleineren Bauelementabmessungen führt zwangsläufig zu einer geringeren Eindringtiefe und damit zu einem höheren Widerstand der Source-Drain-Gebiete der MOS-Transistoren. Diese Widerstandserhöhung kann aufgrund der unvollständigen Aktivierung nicht durch eine höhere Implantationsdosis kompensiert werden (eine der Implantation folgende Temperaturbehandlung der Scheibe in einem Rohrofen vorausgesetzt). Eine wirksame Gegenmaßnahme bieten die RTA-Verfahren (Abschnitt 6.9.3), bei denen der bei hoher Temperatur erreichte Gleichgewichtszustand eingefroren wird. Allerdings sollten die Folgeprozesse dann ebenfalls als RTP-Verfahren ausgelegt sein, da es andernfalls während des nächsten Ofenprozesses zu einer Deaktivierung der As-Atome kommen kann. Eine andere Maßnahme zur Erniedrigung der S/D-Widerstände besteht in der Einführung geeigneter Kontaktmaterialien, z.B. Silizide (Abschnitt 8.3.1).

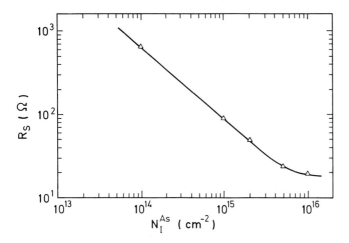

Abb. 9.9. Schichtwiderstand einer arsenimplantierten Siliziumprobe als Funktion der Implantationsdosis nach einer Temperaturbehandlung bei 1000 °C, 1 h, N_2

Bor
Der dominierende Beitrag zur Diffusion nach (9.36) ist der von D^+, also

$$D_B = \alpha D_i \left(\frac{p}{n_i} \right) \, . \tag{9.42}$$

Bei hohen Konzentrationen ($p > n_i$) nimmt der Diffusionskoeffizient linear mit der Löcherkonzentration zu. Mit gleichen Annahmen, wie sie für *Arsen* aufgestellt worden sind, sollte auch hier die Diffusion durch eine Funktion der Form (9.39) zu beschreiben sein. Das ist aber nicht der Fall. Der Grund liegt nicht so sehr darin, daß das Ausgangsprofil nicht durch eine Delta-Funktion beschrieben werden kann, sondern ist in der unvollständigen Aktivierung begründet, die auch beim Bor nachgewiesen werden konnte [9.12]. Dieses Phänomen scheint beim Bor viel stärker als beim Arsen die Diffusion zu beeinflussen.

Abb. 9.10 zeigt in einer Bildfolge die zeitliche Veränderung der chemischen Borkonzentration und der Ladungsträgerkonzentration. Es handelt sich hierbei um Konzentrationsprofile, die mit einer Energie von 120 keV und einer Bor-Dosis von 10^{16} cm^{-2} implantiert und anschließend bei 1000 °C unterschiedlich lang getempert worden sind [9.13]. Das ursprünglich implantierte Profil ist deutlich an dem ausgeprägten Maximum der totalen (chemischen) Konzentration wiederzuerkennen. Die Tatsache, daß dieser Teil des Profiles nicht während der Temperaturbehandlung verschmiert, läßt den Schluß zu, daß die inaktiven Boratome immobil sind und nur indirekt zur Diffusion beitragen. Die inaktiven Borkomplexe dissoziieren, während die Diffusionsfront voranschreitet und halten somit die maximale aktive Borkonzentration auf einen nahezu konstanten Wert. Für die vollständige Aktivierung der Boratome ist bei vorgegebener Dosis und Temperatur eine bestimmte Temperzeit erforderlich, die durch die

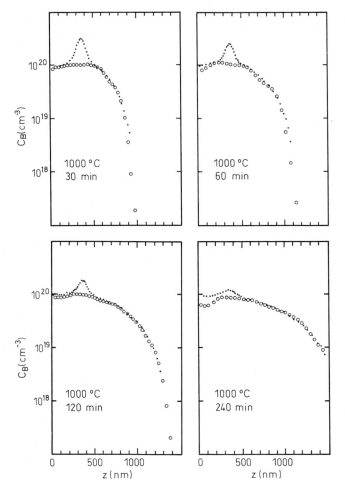

Abb. 9.10. Borprofile nach einer Temperaturbehandlung bei 1000 °C und unterschiedlichen Zeiten: (•) chemische Borkonzentration, (○) Ladungsträgerkonzentration

Geschwindigkeit des Ausgleichsprozesses bestimmt ist. Eine ähnliche Darstellung des Aktivierungsgrades, wie Abb. 9.8 für das Arsen zeigt, liefert für das Bor empirisch eine Zunahme der elektrisch aktiven Dosis gemäß $t^{0,2}$ [9.11]. Der kleinere Exponent ist auf das langsamere Voranschreiten der Diffusionsfront zurückzuführen und das wiederum ist Folge des sehr viel stärkeren Einflusses der Borkomplexe auf das Diffusionsverhalten als es beim Arsen der Fall ist.

Die Bestimmung des Diffusionskoeffizienten des Bors an hochdotierten Proben (z.B. nach der Boltzmann-Matano-Methode [9.14]) zeigt für $C_B > n_i$ in der Tat einen nahezu linearen Anstieg des Diffusionskoeffizienten gemäß (9.42). Obwohl (9.42) mit (9.36) unter der Voraussetzung hergeleitet worden ist, daß die betrachteten Fremdatome über Leerstellen diffundieren, bestehen Zweifel, daß das Bor tatsächlich nach einem reinen Leerstellenmechanismus diffundiert. Es wird heute mehr eine duale Diffusion (Leerstellen- und Zwischengittermechanismus) angenommen. Dafür spricht vor allem die oxidationsbeschleunigte Diffusion des Bors (Abschnitt 9.5.1).

9.5 Prozeßinduzierte Abweichungen der Diffusion

Bisher sind wir bei der Behandlung der Diffusion davon ausgegangen, daß die Punktdefekte (Leerstellen, Zwischengitteratome) sich im Gleichgewicht (oder wenigstens Quasi-Gleichgewicht) befinden. D.h. die Konzentration der Punktdefekte war eindeutig durch die Temperatur und die Lage des Fermi-Niveaus innerhalb des Siliziums bestimmt. In diesem Abschnitt sollen zwei Phänomene behandelt werden, die auf eine Nichtgleichgewichtssituation der Punktdefekte zurückzuführen sind: die oxidationsgestörte und die strahlenbeschleunigte Diffusion.

In Abschnitt 9.2.2 sind das atomistische Modell der Diffusion behandelt und Mechanismen angegeben worden, nach denen man sich die Bewegung der Atome im Silizium vorzustellen hat. In diesem Zusammenhang wurde darauf hingewiesen, daß die Bewegung nicht immer nach einem Mechanismus ablaufen muß, sondern auch ein dualer Diffusionsmechanismus möglich ist. Der intrinsische Diffusionskoeffizient, der die duale Diffusion über Leerstellen und Zwischengitterplätze beschreibt ist

$$D_i = D_{I,i} + D_{V,i} \; . \tag{9.43}$$

In Abschnitt 9.4 ist der extrinsische Diffusionskoeffizient behandelt worden. Die Praxis zeigt, daß der Diffusionskoeffizient der üblicherweise in der Prozeßtechnologie verwendeten Dotierelemente für $C > n_i$ mit der Konzentration zunimmt. Dies und der experimentelle Befund, daß Leerstellen einen Ladungszustand besitzen und die Konzentration der geladenen Leerstellen durch die Lage des Fermi-Niveaus, d.h über die Konzentration der Ladungsträger, geregelt wird, hat zu dem Schluß geführt, daß diese Elemente über Leerstellen diffundieren. Die Erhöhung des Diffusionskoeffizienten erhält man durch Wichtung des Termes $D_{V,i}$ mit dem Verhältnis der Leerstellenkonzentration gemäß (9.36). Grundsätzlich hätte der Schluß auch der sein können, daß die Diffusion vorwiegend über Zwischengitterplätze abläuft. Nämlich dann, wenn der experimentelle Nachweis erbracht wäre, daß auch die Silizium-Zwischengitteratome Ladungszustände mit entsprechenden Akzeptor- oder Donatorniveaus aufweisen, so daß in diesem Falle der Term $D_{I,i}$ gewichtet worden wäre. Dieser Nachweis fehlt jedoch bis heute.

Wie es auch sei, die allgemein anerkannte Annahme ist die, daß die Diffusion der Dotierungselemente über Punktdefekte erfolgt (z.B. [9.15]). Jede Störung der Gleichgewichtskonzentration der Leerstellen bzw. Zwischengitteratome hat damit einen Einfluß auf die Diffusion. Ausgehend von (9.43) setzt man für den

Diffusionskoeffizienten nun

$$D = D_{I,i} \left(\frac{C_I}{C_I^{eq}} \right) + D_{V,i} \left(\frac{C_V}{C_V^{eq}} \right) \qquad (9.44)$$

an. Hierbei sind C_I^{eq}, C_V^{eq} die Gleichgewichtskonzentrationen und C_I, C_V die tatsächlich vorliegenden Konzentrationen der Silizium-Zwischengitteratome bzw. Leerstellen. Mit $f_I = D_{I,i}/D_i$, dem Anteil der Zwischengitterdiffusion an der Gesamtdiffusion nach (9.43), und $D = D_i + \Delta D$ findet man für die Abweichung des Diffusionskoeffizienten aufgrund des Nichtgleichgewichts der Punktdefekte

$$\Delta D = D_i \left(f_I \frac{C_I - C_I^{eq}}{C_I^{eq}} + (1 - f_I) \frac{C_V - C_V^{eq}}{C_V^{eq}} \right) . \qquad (9.45)$$

Dieser Beitrag ist zu dem Ausdruck (9.36) zu addieren. Im Gleichgewicht ist $\Delta D = 0$, ansonsten kann ΔD größer oder kleiner null sein und damit zu einer beschleunigten oder verzögerten Diffusion führen.

9.5.1 Einfluß der Oxidation auf die Diffusion

Die trockene bzw. nasse Oxidation des Siliziums stellen Prozesse dar, die eine Störung der Punktdefektdichten zur Folge haben. Die Auswirkung auf das Diffusionsverhalten der Fremdatome ist nachweisbar und als oxidationsbeschleunigte (OED: oxidation enhanced diffusion) bzw. retardierte (ORD: oxidation retardet diffusion) Diffusion bekannt. Abb. 9.11 gibt beispielhaft die erhöhte Diffusionsgeschwindigkeit des Bors während der Oxidation dadurch an, daß der metallurgische Übergang unter der oxidierenden Grenzfläche tiefer liegt als unter der Siliziumnitridschicht.

Zwischen der OED und dem Wachstum von Stapelfehlern während der Oxidation (Kapitel 6) besteht ein Zusammenhang, der erstmals von Hu aufgedeckt worden ist [9.16]. Wie in Abschnitt 6.6 dargestellt, geht man davon aus, daß es während der Oxidation zu einer Übersättigung an Silizium-

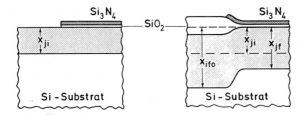

Abb. 9.11. Einfluß der Oxidation auf die Diffusionsgeschwindigkeit von Bor. $x_{ji} =$ Eindringtiefe des Bors zu Beginn der lokalen Oxidation (LOCOS), $x_{jf} =$ Eindringtiefe des Bors nach Beendigung der Oxidation unterhalb der Nitridschicht (Oxidationsbarriere), $x_{jfo} =$ Eindringtiefe des Bors nach Beendigung der Oxidation im Bereich des Feldoxides.

Zwischengitteratomen in dem oberflächennahen Bereich kommt. Die Zwischengitteratome diffundieren in das Innere des Siliziums und rekombinieren dort mit Leerstellen. Das Resultat ist schließlich eine Absenkung der Leerstellenkonzentration und eine Anhebung der Zwischengitteratomkonzentration. Der Diffusionskoeffizient wird während der Oxidation gemäß (9.43) ansteigen oder abfallen, je nachdem, welcher Diffusionsmechanismus der dominierende ist. Die experimentellen Ergebnisse zeigen, daß Bor und Phosphor und in abgeschwächter Form auch Arsen ein oxidationsbeschleunigtes Diffusionsverhalten aufweisen, während Antimon ein retardiertes Verhalten zeigt. Dieser Befund läßt den Schluß zu, daß die Zwischengitter-Komponente beim Bor und Phosphor stark ausgeprägt ist, während Arsen und Antimon tatsächlich über Leerstellen diffundieren.

Das Ausmaß der oxidationsbeschleunigten Diffusion wird aufgrund der gleichen Ursache von den gleichen Parametern bestimmt wie die oxidationsinduzierten Stapelfehler. Die OED ist abhängig von der Kristallorientierung ($D_{100} > D_{110} > D_{111}$) und nimmt mit wachsender Oxidationsrate zu (hier läßt sich eine ähnliche Abhängigkeit von der Oxidationsrate nachweisen, wie sie in (6.25) für das Wachstum der Stapelfehler angegeben ist [9.17]). Durch die Zugabe von chlorhaltigen Gasen zur oxidierenden Atmosphäre wird der Grad der Übersättigung an Silizium-Zwischengitteratomen herabgesetzt und damit der beschleunigende Einfluß auf die Diffusion verringert. Weiterhin zeigt sich, daß der Einfluß der Oxidation auf die Diffusion eine Funktion der Zeit ist. Das ist nicht nur auf die zeitliche Änderung der Oxidationsrate zurückzuführen, sondern wird mit der Einstellung eines neuen Gleichgewichtes zwischen den Leerstellen und den Zwischengitteratomen in Verbindung gebracht.

9.5.2 Strahlenbeschleunigte Diffusion

Eine andere Möglichkeit das Gleichgewicht der Punktdefekte zu stören, stellt die Bestrahlung des Siliziums mit energiereichen Strahlen dar, z.B. mit Hilfe der Ionen-Implantation (Kapitel 10). Die Energie der implantierten Teilchen wird beim Abbremsvorgang innerhalb des Siliziums an die Atome des Gitters abgegeben. Übersteigt die übertragene Energie die Bindungsenergie der Gitteratome, so verlassen diese ihren Gitterplatz. Das Resultat ist eine lokale Erhöhung der Leerstellen- und Zwischengitteratomkonzentration und damit eine lokale Modifikation des Diffusionskoeffizienten.

Durch Beschuß der Scheiben mit energiereichen Protonen ist auf diese Weise versucht worden, den Diffusionskoeffizienten der Dotierungsatome bei niedrigen Konzentrationen zu erhöhen (proton enhanced diffusion). Diese Technik hat sich nicht durchgesetzt. Aber selbst wenn der Effekt nicht bewußt provoziert werden soll ist daran zu denken, daß jede Implantation von einem mehr oder weniger großen Strahlenschaden begleitet ist, der die Diffusion der Fremdatome beeinflussen kann, besonders in der Anfangsphase einer Diffusion nach der Implantation.

282

9.6 Selektive Diffusion

9.6.1 Diffusion in SiO$_2$

In Abschnitt 6.5.1 ist bereits auf die maskierende Eigenschaft des Oxides eingegangen worden. Bis auf wenige Ausnahmen (Galium und Aluminium, Bor bei
der nassen Oxidation) ist der Diffusionskoeffizient in SiO_2 für die Dotierungselemente der Siliziumtechnologie extrem gering. Man unterscheidet zwischen
langsamen (B, As, P, Sb) und schnellen (H_2, He, Na, O_2) Diffusanten. Abb.
9.12 zeigt den Diffusionskoeffizienten als Funktion der Temperatur für einige
Beispiele. Abweichungen von den angegebenen Werten sind sehr leicht möglich,
da der regellose Aufbau des SiO_2-Netzwerkes von sehr vielen Faktoren beeinflußt wird.

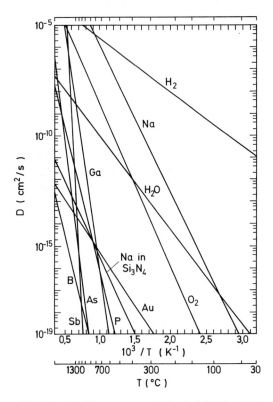

Abb. 9.12. Temperaturabhängigkeit der Diffusionskoeffizienten einiger Elemente in
SiO_2

9.6.2 Zweidimensionale Diffusionseffekte

Die selektive Dotierung des Siliziumsubstrates bei der Herstellung integrierter
Schaltungen beruht auf der Eignung des SiO_2 als Diffusionsbarriere. Bei diesem

Verfahren wird die Oxidschicht lokal entfernt, so daß die Dotierungselemente nur an den freigelegten Flächen in das Silizium dringen können. An den Rändern der freigelegten Gebiete kommt es zu einer lateralen "Unterdiffusion", wodurch sich das Dotierungsgebiet weiter vergrößert. Aus diesem Grunde ist die Kenntnis des Ausmaßes der Unterdiffusion eine wichtige Größe für das Aufstellen von Design-Regeln integrierter Schaltungen.

Aufgrund des Verarmungseffektes am Rande eines Fensters (der im übrigen an einer Ecke noch stärkere Auswirkungen hat als an einer geradlinigen Kante) ist zu erwarten, daß die laterale Diffusionstiefe geringer ist als die vertikale Diffusionstiefe im hinreichenden Abstand des Fensterrandes (Abb. 9.13). Dieser Effekt wird zudem noch von der Segregation überlagert (Abschnitt 6.4.4), die beim Bor zu einer Absenkung, beim Phosphor und Arsen zu einer Anhebung der Dotierstoffkonzentration führt. Das Verhältnis der lateralen zur vertikalen Diffusionstiefe hängt von vielen Parametern ab, die Abschätzung ist damit schwierig und ungenau. Die Erfahrung zeigt jedoch, daß dieses Verhältnis im Falle der intrinsischen Diffusion zwischen $0,75$ und $0,85$ liegt. Bei hohen Konzentrationen kann sich das Verhältnis zu $0,65$ bis $0,75$ verschieben. Das Verhältnis wird von der Temperatur mitbestimmt: je höher die Temperatur ist, umso mehr verschiebt sich das Verhältnis zu größeren Werten.

Die genannten Effekte treten auch dann auf, wenn man einen richtungsunabhängigen (isotropen) Diffusionskoeffizienten annimmt. Jeder Parameter, der den Diffusionskoeffizienten beeinflusst, wird auch das Verhältnis der Eindringtiefen beeinflussen. So z.B. mechanische Spannungen, die an der Phasengrenze SiO_2/Si in unmittelbarer Nähe des Fensterrandes auftreten und bei Mehrschichtstrukturen (Si_3N_4, SiO_2) beträchtliche Werte annehmen können

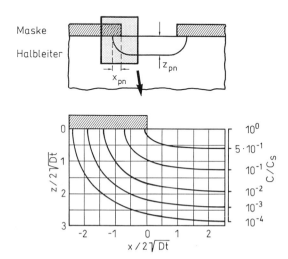

Abb. 9.13. Schematische Darstellung der Diffusion von Dotiertstoffen durch ein Maskierungsfenster. Verlauf der Isokonzentrationslinien im Bereich der Maskenberandung

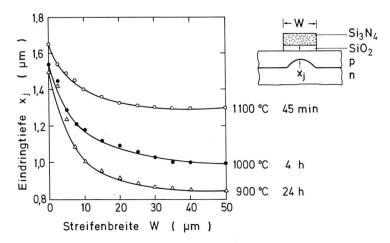

Abb. 9.14. Lateral beschleunigte Diffusion von Bor unterhalb eines Nitridstreifens der Weite W. Die Proben wurden mit Bor implantiert, wobei das Nitrid als Maskierung diente, und dann oxidiert. Das Diagramm zeigt die Eindringtiefe des Bors, die sich in der Mitte des Streifens aufgrund der ineinanderlaufenden Diffusionsfronten einstellt.

(Abschnitt 6.5.4). Dies kann zu einer "anomalen" lateralen Diffusionsgeschwindigkeit und damit zu einem ungewollten Zusammenstoßen der Diffusionsfronten führen (Abb. 9.14).

9.7 Diffusion in polykristallinem Silizium und Siliziden

Das Diffusionsverhalten der üblichen Dotierungselemente der Siliziumtechnologie in polykristallinem Silizium ist von dem in monokristallinem Silizum verschieden. Der Grund dafür ist in der Struktur des Materials zu suchen. Das Poly-Si besteht aus unterschiedlich orientierten monokristallinen Körnern, die durch Korngrenzen voneinander getrennt sind. Die Diffusion längs der Korngrenzen (gekennzeichnet durch den Koeffizienten D_{GB}) ist zu unterscheiden von der innerhalb der Körner (D_G). Die experimentellen Ergebnisse lassen den Schluß zu, daß der Diffusionskoeffizient D_G etwa dem innerhalb des monokristallinem Silizum entspricht, der Koeffizient D_{GB} jedoch um Größenordnungen darüber liegt.

Die Diffusion der Fremdatome in dem polykristallinem Silizium erfolgt demnach nach zwei Mechanismen, die parallel aber unterschiedlich schnell ablaufen. Die Atome bewegen sich sehr schnell längs der Korngrenzen durch die Schicht und erreichen schon nach relativ kurzer Zeit die rückseitige Grenzfläche. Aus den Korngrenzen als Quelle heraus erfolgt die Diffusion dann in das Korninnere hinein. Für die Einstellung eines niedrigen Widerstandes der Schicht müssen die Körner hinreichend hoch dotiert sein. Zu beachten ist, daß die Donatoren Arsen und Phosphor sich vorzugsweise an den Korngrenzen anlagern, während beim Bor dieses Segregationsverhalten nicht beobachtet wird. Aus diesem Grunde muß die Schicht mit Arsen oder Phosphor übersättigt werden, um eine hohe Dotierungskonzentration der Körner zu erreichen. Das Resultat des Diffusionsprozesses ist schließlich eine konstante Dotierungskonzentration innerhalb der polykristallinen Schicht.

Nach dem Geschilderten hängt der mittlere Diffusionskoeffizient von der Struktur des Poly-Si ab. Die Einflußparameter, die die Struktur und damit den Diffusionskoeffizienten bestimmen sind die Depositionsparameter wie Temperatur (polykristallines bzw. amorphes Silizium) und Depositionsrate, die Dicke der Schicht sowie der Untergrund (SiO_2, Si_3N_4, monokristallines Silizium) als auch die thermische Vorgeschichte. Erfolgte die Abscheidung der polykristallinen Schicht auf monokristallinem Silizium, so kann es während der thermischen Folgeprozesse, ausgehend von der Grenzfläche zwischen dem mono- und polykristallinen Silizium, zu einer epitaktischen Kristallisation kommen. Das Diffusionsverhalten der kristallisierten Schicht entspricht dem des Substrates. Die Konzentration der Dotierstoffatome innerhalb der Schicht hat selbst einen entscheidenden Einfluß auf die Struktur des Poly-Si, damit hängt schließlich der Diffusionskoeffizient von dem zeitlichen Ablauf des Diffusionsvorganges ab. Diese Einflüsse erschweren die Bestimmung des Diffusionskoeffizienten als Funktion definierter Parameter. Aufgrund der großen Schwankungsbreite wird hier auf eine zahlenmäßige Angabe der Koeffizienten verzichtet. Als Faustregel mag dienen, daß der mittlere Diffusionskoeffizient der Dotierungsatome im polykristallinem Silizium etwa um den Faktor 100 größer ist als im monokristallinem Silizium.

Leider erfordern einige Anwendungen mehr als nur die Kenntnis einer Faustregel. In diesen Fällen muß, mangels fehlender Modelle, viel Aufwand in die experimentelle Detailarbeit gesteckt werden. Beispiele aus der MOS-Technik sind die Herstellungsverfahren für hochohmige Poly-Widerstände und für vergrabene Kontakte. Bei der Herstellung der Widerstände wird das Poly-Si lokal während der Dotierung der niederohmigen Bereiche maskiert, die Geometrie des Widerstandes und damit sein Widerstandswert hängen von der Unterdiffusion des Dotanten ab. Vergrabene Kontakte dienen der leitenden Verbindung der Gate- und Source- bzw. Gate- und Drain-Bereiche in der "Gate-Ebene", d.h. mit Hilfe des polykristallinen Siliziums. Das dotierte polykristalline Silizium ist hierbei in den Source/Drain-Bereichen in direktem Kontakt mit dem Substrat und stellt eine Quelle dar, aus der heraus das monokristalline Silizum dotiert wird.

Über das Diffusionsverhalten der Dotierungselemente in Siliziden ($TiSi_2$, $TaSi_2$, $CoSi_2$, $MoSi_2$) ist noch relativ wenig bekannt. Die Diffusionsgeschwindigkeit der Donatoren Arsen und Phosphor ist in den Siliziden vergleichbar, wenn nicht sogar größer als die in dem polykristallinen Silizium. Beim Bor ist das nicht immer der Fall. So diffundiert Bor schnell in WSi_2, ist jedoch nahezu immobil in $TiSi_2$. Der Grund dafür ist wahrscheinlich die Bildung einer stabilen

Phase (möglicherweise TiB_2). Die Segregation der Dotierungsatome oder, wie beim Phosphor, der erhöhte Austrittskoeffizient aus dem Silizid in die Gasphase kann zu einer Verarmung des Siliziums an Dotierungsatomen führen. Sind die Gate-Elektroden während der thermischen Folgeprozesse nicht mit einem Oxid abgedeckt, so äußert sich die Verarmung an Phosphor an der Si/SiO_2-Grenzfläche in einer Verschiebung der Flachbandspannung. Die selbst bei niedrigen Temperaturen hohe Diffusionsgeschwindigkeit des Phosphors bzw. Arsens kann zu einer ungewollten Umdotierung führen, z.B. bei CMOS-Schaltungen, bei denen sowohl im p-Kanal- als auch n-Kanal-Bereich vergrabene Kontakte zugelassen und über Polyzid-Bahnen elektrisch leitend miteinander verbunden sind.

Zu beachten ist die hohe Diffusionsgeschwindigkeit des Siliziums in Siliziden. Mit der Einführung des Silizides als Kontaktmaterial liegt im Kontaktbereich nun statt des binären Systemes Al/Si ein ternäres System vor, z.B. $Al/TiSi_2/Si$. Das Aluminium nimmt in dieser Konfiguration u.U. mehr Silizium auf, als es der binären Löslichkeitsgrenze entspricht. Der erhöhte Siliziumverbrauch wird aus dem Silizid bzw. den kontaktierten, flachen Diffusionsinseln gedeckt. Die Folge ist ein erhöhter Übergangswiderstand, u.U. sogar ein Kurzschluß zum Substrat. Abhilfe schafft hier eine elektrisch leitende Diffusionsbarriere, die zwischen dem Aluminium und dem Silizid angeordnet wird (Abschnitt 8.3.2).

9.8 Dotierverfahren aus chemischen Quellen

In der Einleitung zu diesem Kapitel ist bereits darauf hingewiesen worden, daß die Dotierung des Festkörpers per Diffusion der Dotierstoffelemente aus einer chemischen Quelle bzw. per Implantation der Ionen in den Festkörper erfolgt. Obwohl die Ionenimplantation sich als präzises Dotierverfahren durchgesetzt hat, findet man in den Fertigungslinien noch heute Anwendungen der thermischen Dotierung, wie die Diffusion aus einer chemischen Quelle auch genannt wird.

Die thermische Dotierung findet üblicherweise in einem Rohrofen, wie er auch für die thermische Oxidation zum Einsatz kommt (Abschnitt 6.8), oder in einem CVD-Reaktor (Kapitel 7) statt. In einem CVD-Reaktor erfolgt die Dotierung gleichzeitig mit der Abscheidung der zu dotierenden Schicht; man spricht von der In-situ-Dotierung (Beispiele: epitaktische Abscheidung, polykristallines Si, BPSG). Da sowohl in einem Rohrofen als auch in einem CVD-Reaktor bis zu 200 Scheiben gleichzeitig bearbeitet werden können, stellt die thermische Dotierung das billigere Verfahren dar. Die thermische Dotierung kommt daher immer dann zum Einsatz, wenn es sich um einen relativ unkritischen Dotierprozeß handelt. Beispiele sind die Dotierung der polykristallinen Siliziumschicht für die Gate-Elektroden der MOS-Transistoren sowie die Rückseitengetterung (Abschnitt 3.7.1). Die thermische Dotierung wird auch dort angewendet, wo die Implantationstechnik deutliche Nachteile aufweist. Ein

Beispiel ist die Dotierung der Seitenwände der Gräben bei der Trench-Isolation (Kapitel 12). Die Dotierung der Seitenwände wird bei der Implantationstechnik aufgrund der gerichteten Zuführung der Ionen ungleichmäßig. Der übliche Weg ist die Abscheidung einer dotierten SiO_2-Schicht (Dotierglas), die als chemische Quelle bei der Dotierung der Grabenwände dient.

Im folgenden gehen wir kurz auf die Diffusionsverfahren in einem Rohrofen ein. Tabelle 9.2 zeigt für die Dotierelemente Bor, Phosphor und Arsen die wichtigsten Quellenmaterialien. Die Dotierstoffe werden entweder gasförmig, ggf. mit Hilfe eines Bubblersystems (Abschnitt 6.8.2), oder aber in fester Form in das Prozeßrohr eingebracht. Letzteres geschieht in Form von Scheiben, die das Dotierelement chemisch gebunden enthalten. Diese Dotierscheiben (PDS = **P**lanar **D**iffusion **S**ources) haben den gleichen Durchmesser wie die Siliziumscheiben und werden zwischen Paare von Rücken an Rücken stehenden Scheiben in spezielle Boote gestellt [9.29]. Bei allen Verfahren dient ein Trägergas dazu, die geeigneten Strömungsverhältnisse im Prozeßrohr zu erzeugen um einerseits eine gleichmäßige Verteilung der Dotierstoffe zu gewährleisten und andererseits die Rückdiffusion auszuschließen. Allen Dotiermaterialien ist gemeinsam, daß, evtl. unter Reaktion mit zusätzlich angebotenem Sauerstoff, bei der Prozeßtemperatur (900 bis 1100 °C) das jeweilige Oxid gebildet bzw. freigesetzt wird. Die entsprechenden Summenformeln finden sich in Tabelle 9.2. Dieses Oxid wird dann auf der Siliziumoberfläche unter Bildung von SiO_2 zum Element reduziert, welches in das Substrat eindiffundiert. Gleichzeitig bildet sich aus SiO_2 und dem Dotierstoffoxid eine hochdotierte Glasschicht, die ihrerseits als Quellenmaterial dient. Wird additioneller Sauerstoff verwendet, so ist zu beachten, daß eine konkurrierende Oxidation des Siliziums abläuft, wobei die wachsende Oxidschicht hemmend auf die gewünschte Eindiffusion des Dotanten wirkt. Durch Anpassung von Gasmischung und Temperatur kann die Reaktion jedoch optimiert werden.

Abschließend seien noch einige Probleme aufgezählt, die bei der Verwendung einer chemischen Diffusionsquelle zu bedenken sind. Die Verfahren, bei denen der Dotierstoff aus dem Hauptgasstrom heraus zwischen die Siliziumscheiben diffundiert, führen zu einer inhomogenen Dotierstoffverteilung über der Scheibe. Sofern bei der Dotierung nicht die Sättigungskonzentration erreicht wird, ist der resultierende Schichtwiderstand in der Mitte der Scheiben höher als am Rand. Die begrenzte Versorgung mit Dotierstoffatomen wirkt sich insbesondere beim Übergang zu größeren Scheibendurchmessern aus. Bei Verwendung der hochgiftigen Hydride (PH_3, B_2H_6, AsH_3) beschleunigt der bei der Reaktion entstehende Wasserdampf die Oxidation des Substrats. Das Phosphin bildet in den kälteren Bereichen des Prozeßrohres Phosphorsäure, die kondensiert und schwierig zu entsorgen ist. Die Flüssigquellen ($POCl_3$, BBr_3) sind zwar ungefährlicher, jedoch ist hier die reproduzierbare Dosierung apparativ schwierig zu verwirklichen. Als Vorteil ist zu nennen, daß die bei der Reaktion freiwerdenden Halogene eine getternde Wirkung bieten. Bei allen Dotierverfahren aus der Gasphase reichern sich Prozeßrohr und Boote mit dem Dotier-

Tabelle 9.2. Eigenschaften ausgewählter Dotierstoffe

	Phosphor	**Bor**	**Arsen**
gasförmig	Phosphin, PH_3	Diboran, B_2H_6	Arsin, AsH_3
MAK-Werte in ppm [9.18]	0,1	0,1	0,05
	$2PH_3 + 4O_2$ $\longrightarrow$ $P_2O_5 + 3H_2O$ [9.19]	$B_2H_6 + 3O_2$ $\longrightarrow$ $B_2O_3 + 3H_2O$ [9.20]	$2AsH_3 + 3O_2$ $\longrightarrow$ $As_2O_3 + 3H_2O$ [9.21]
flüssig	Phosphoroxid-chlorid, $POCl_3$	Bortribromid, BBr_3	
Dampfdruck bei 30 °C [9.22]	59,9 mbar	108,4 mbar	
	$4POCl_3 + 3O_2$ $\longrightarrow$ $2P_2O_5 + 6Cl_2$ [9.23,24]	$4BBr_3 + 3O_2$ $\longrightarrow$ $2B_2O_3 + 6Br_2$ [9.25]	
fest	Si-Pyrophosphat, SiP_2O_7	Bornitrid, BN	Al-Arsenat, $AlAsO_4$
	SiP_2O_7 $\longrightarrow$ $SiO_2 + P_2O_5$ [9.26]	$4BN + 3O_2$ $\longrightarrow$ $2B_2O_3 + 2N_2$ [9.27]	$2AlAsO_4$ $\longrightarrow$ $As_2O_3 + Al_2O_3 + O_2$ [9.28]

stoff an und bilden eine Hintergrundquelle, so daß das Prozeßergebnis von der Vorgeschichte abhängt. Vorteile bieten in dieser Hinsicht die PDS-Methoden, die mit guter Uniformität weitgehend nur die Prozeßscheiben dotieren; mit Ausnahme von Arsen entstehen kaum gefährliche Abfallprodukte. Nachteilig ist, daß die Dotierscheiben durch die wiederholte Nutzung einer hohen Anzahl von Temperaturzyklen beim Be- und Entladen ausgesetzt sind. Zudem können bei der erforderlichen Reinigungs- und Aktivierungsprozedur (BN) Kontaminationen auftreten, die zur "Vergiftung" der Scheibe führen und diese unbrauchbar machen. Kritisch ist auch, daß der Zeitpunkt für Austausch bzw. Reaktivierung nicht eindeutig zu bestimmen ist.

10   Ionenimplantation

P. Seegebrecht

10.1   Einleitung

Unter dem Begriff der Ionenimplantation versteht man in der Halbleitertechnologie ein Dotierverfahren, bei dem die Dotanten zunächst ionisiert, dann in einem elektrischen Feld beschleunigt und auf den zu dotierenden Halbleiter gerichtet werden, wo sie durch Stöße mit den Atomen des Substratmaterials ihre Energie verlieren und schließlich zur Ruhe kommen. Die Ionenimplantation bietet als präzises Dotierverfahren gegenüber den Diffusionstechnologien einige Vorteile, so z.B.

- Die genaue Einstellung der integralen Dotierstoffmenge (Dosis) über die Messung der dem Target während der Implantation zugeführten Ladung. Mit diesem Verfahren lassen sich daher flache, niedrig dotierte Schichten innerhalb des Halbleiters herstellen.
- Einen einheitlichen Dotierungsverlauf über der Scheibe. Die homogene Flächenbelegung ist auf das mechanische und/oder elektrische Ablenkverfahren zurückzuführen, nach dem der Ionenstrahl über die Halbleiterscheibe geführt wird.
- Die Einstellung des Tiefenprofils der Dotierung über die Beschleunigungsspannung. Mit einer kontrollierten Variation der Beschleunigungsspannung während der Implantation läßt sich ein weites Spektrum von Dotierstoffprofilen überdecken. Die endgültige Formgebung des Konzentrationsverlaufes wird von der stets notwendigen Temperaturbehandlung der Scheibe nach Beendigung der Implantation mitbestimmt.

Die Einstellung des Tiefenprofils erfordert die Kenntnis der Energie-Reichweite-Relation der speziellen Ion-Substrat-Kombination. Einen Einstieg in diese Thematik bietet Abschnitt 10.2. Die Energie der implantierten Ionen wird von den Bausteinen des Substrats aufgenommen. Das kann zu einer Modifikation des Gitters führen, die als Strahlenschaden bezeichnet wird. Dieses Thema wird in Abschnitt 10.3 behandelt. Nach der Implantation muß der Halbleiter einer geeigneten Temperaturbehandlung unterzogen werden, um einerseits die Defekte so gut wie möglich auszuheilen und andererseits die implantierten Ionen auf Gitterplätze einzubauen, auf denen sie als Akzeptoren oder Donatoren wirksam werden können. Die Ausheilverfahren und die elektrische Aktivierung sind Thema des Abschnittes 10.4. Abschnitt 10.5 behandelt die maskierenden Eigenschaften von Schichten gegenüber dem Durchdringen der energetischen Ionen, die eine selektive Implantation des Halbleiters ermöglichen. In Abschnitt 10.6 werden Beispiele aus dem Bereich der Anwendung der Implantationstechnik angegeben. Abschnitt 10.7 behandelt schließlich den Aufbau von Implantationsanlagen.

10.2 Reichweitenverteilung

10.2.1 Abbremsung energetischer Ionen im Silizium

Die in den Festkörper dringenden Ionen treten sowohl individuell als auch kollektiv mit den Atomen der Matrix in Wechselwirkung. Die Folge dieser Wechselwirkung ist ein Energieaustausch zwischen den Ionen und den anfangs stationären Gitteratomen, der zu einem Energieverlust der Ionen und zu einem Energiegewinn der Gitteratome führt. Die Energiezufuhr an die Atome des Gitters bewirkt ein lokales Aufheizen des Festkörpers, dessen Folge die thermische Diffusion der beteiligten Atome sein kann. Falls die den einzelnen Atomen zugeführte Energie eine charakteristische Schwellenenergie überschreitet, kommt es zu einer Umordnung des Gefüges bzw. bei Kristallen zu einer Zerstörung des Gitters. Der Energieverlust der Ionen führt dazu, daß diese langsamer werden und für den Fall, daß ihre kinetische Energie unter eine gewisse Schwellenenergie sinkt, schließlich zur "Ruhe" kommen. Der Abbremsvorgang der Ionen ist ein stochastischer Prozeß, da sowohl die Zahl der Stöße, die ein Ion auf seinem Weg durch den Festkörper erleidet, als auch der Betrag der Energieabgabe des Ions pro Stoß Zufallsgrößen sind. Folglich ist der zurückgelegte Weg (die Reichweite) der einzelnen Ionen trotz gleicher Anfangsenergie unterschiedlich: es stellt sich eine Verteilung der Bahnendpunkte ein. Bei Kenntnis der Wahrscheinlichkeitsfunktion für eine bestimmte Ion-Substrat-Kombination könnte man somit bei vorgegebener Anfangsenergie der Ionen eine Aussage über ihre endgültige Lage innerhalb des Festkörpers, also über das Dotierstoffprofil, machen. Alle Versuche, diese Wahrscheinlichkeitsfunktion theoretisch zu bestimmen, beschränken sich auf ein amorphes Substratmaterial. Außerdem werden Sekundäreffekte, wie z.B. die begleitende Diffusion, vernachlässigt. Schließlich wird nur die Abbremsung der Ionen und nicht die Auswirkung der Abbremsung auf das Targetmaterial betrachtet.

Einen ausführlichen Überblick über die bekannt gewordenen Theorien sowie eine Fülle von experimentellen Daten zu den Reichweiteverteilungen findet man in der speziellen Fachliteratur ([10.1-10.6]). Im folgenden wird der Weg skizziert, der zu den bekannten Energie-Reichweite-Relationen führt. Die Reichweite eines Ions wird durch die Energieabgabe pro Stoß und die Häufigkeit der Stöße mit den Gitteratomen bestimmt. Am Anfang einer Reichweitentheorie steht daher die Berechnung der Energieverlustrate $S(E)$ längs der Flugbahn eines Ions. Allen gängigen Theorien gemeinsam ist, daß man

1. nur binäre Stöße berücksichtigt;
2. für die Berechnung des Wirkungsquerschnitts ein geeignetes interatomares Potential wählen muß, das üblicherweise in der Form

$$V(r) = \frac{Z_1 Z_2 q^2}{r} \cdot g\left(\frac{r}{a}\right) \tag{10.1}$$

angegeben wird. Dabei stehen Z_1 und Z_2 für die Ladungszahl des Ions bzw. Ordnungszahl des Substratatoms. $g(r/a)$ ist eine geeignete Abschirmfunktion und a ein Abschirmparameter. Die einzelnen Reichweitetheorien unterscheiden sich gerade in der Wahl dieser Abschirmfunktion;
3. so tut, als ob der Stoß zwischen den Atomen sich in zwei voneinander unabhängige Vorgänge zerlegen läßt: den elastischen und den inelastischen Stoß.

Das Problem des elastischen Stoßes wird in der adiabatischen Näherung gelöst. Dabei wird die Bewegung der Kerne als so langsam angenommen, daß sich die Elektronenbewegung dem jeweiligen Kernabstand anpassen kann (adiabatisch folgt). Die Wirkung der Elektronen wird bei der Berechnung des Wirkungsquerschnitts durch die Abschirmfunktion $g(r/a)$ berücksichtigt. Resultat ist schließlich die Berechnung des sogenannten Kernbremsquerschnitts $S_n(E)$. Der "inelastische Teil" des Stoßes ist auf Ionisierungseffekte und Elektronenanregungen zurückzuführen und wird durch den elektronischen Bremsquerschnitt $S_e(E)$ repräsentiert. Die Berechnung dieser Bremsquerschnitte ist von Lindhard, Scharff und Schiott unter Berücksichtigung eines Thomas-Fermi-Potentials für den für die Implantation relevanten Energiebereich durchgeführt und in einer Arbeit über die Reichweitenverteilung schwerer Ionen veröffentlicht worden (LSS-Theorie, [10.7]). Abb. 10.1 gibt eine auf den Kernbremsquerschnitt normierte Darstellung der Bremsquerschnitte für die Implantation von Bor, Phosphor und Arsen in Silizium wieder. Die Darstellung läßt erkennen, daß der elektronische Bremsquerschnitt der Wurzel aus der Energie des Ions, also der Geschwindigkeit des Ions, proportional ist. Physikalisch interpretiert heißt das: das Elektronengas wirkt dämpfend auf die Bewegung des Ions mit einer Reibungskraft, die proportional zur Geschwindigkeit des Ions ist.

Die von der LSS-Theorie ausgehenden Rechenverfahren liefern zunächst die Momente der gesuchten Verteilung. Zwar ist die Verteilung erst durch die Menge aller Momente eindeutig festgelegt, jedoch wird man sich aus rechentechnischen Gründen auf einige wenige beschränken müssen. In der Praxis

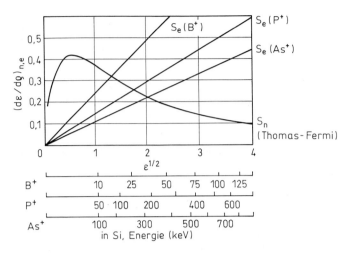

Abb. 10.1. Kernbremsquerschnitt S_n und elektronischer Bremsquerschnitt S_e in normierter Darstellung als Funktion der Implantationsenergie für eine Implantation von Bor, Phosphor und Arsen in Silizium

begnügt man sich häufig mit den ersten beiden Momenten, was dann zu einer Normalverteilung führt. Dieser Informationsverzicht hat natürlich zur Folge, daß an sich unterschiedliche Verteilungen als gleich erscheinen. Wählt man ein kartesisches Koordinatensystem derart, daß die xy-Ebene mit der Oberfläche des Festkörpers (der ansonsten den Raum $z > 0$ ausfüllt) zusammenfällt und treffen die Ionen im Ursprung senkrecht auf die Oberfläche, so lautet die Wahrscheinlichkeitsfunktion

$$f(x,y,z) \;=\; \frac{1}{(2\pi)^{3/2}\,\Delta X\,\Delta Y\,\Delta R_P} \cdot g(x,y,z) \tag{10.2a}$$

mit

$$g(x,y,z) \;=\; \exp\left[-\left(\frac{x}{\sqrt{2}\cdot\Delta X}\right)^2 - \left(\frac{y}{\sqrt{2}\cdot\Delta Y}\right)^2 - \left(\frac{z-R_P}{\sqrt{2}\cdot\Delta R_P}\right)^2\right] \tag{10.2b}$$

Hierbei ist R_P die mittlere auf die z-Achse projizierte Reichweite der Ionen, ΔR_P die Standardabweichung um diesen Mittelwert; ΔX und ΔY stellen die lateralen Standardabweichungen dar. Bei amorphen Festkörpern sind rotationssymmetrische Verteilungen zu erwarten; daher wird häufig $\Delta X = \Delta Y = \Delta R_L$ gesetzt. Bezeichnet N_I die Dosis, darunter versteht man die Anzahl der implantierten Ionen pro Flächeneinheit des Substrats, so liefert deren Faltung mit (10.2) die Konzentration der implantierten Ionen:

$$C(z) = C_{max}\exp\left[-\left(\frac{z-R_P}{\sqrt{2}\cdot\Delta R_P}\right)^2\right] \tag{10.3}$$

mit

$$C_{max} = \frac{N_I}{\sqrt{2\pi} \cdot \Delta R_P}. \tag{10.4}$$

R_P, ΔR_P sowie ΔR_L sind Funktionen der Implantationsenergie und können für eine Reihe von Ion-Substrat-Kombinationen Tabellenwerken entnommen werden (z.B. [10.8, 10.9]). Abb. 10.2 zeigt beispielhaft diese Funktionen für unterschiedliche Silizium-Fremdatom-Kombinationen. Da die Dichte der in der Halbleitertechnologie üblicherweise verwendeten Dielektrika (SiO_2, Si_3N_4) nicht sehr verschieden von der des Siliziums ist, weichen die Reichweiteparameter für diese Materialien nicht wesentlich von denen des Siliziums ab.

Reale Implantationsprofile lassen sich mit (10.3) lediglich in unmittelbarer Nähe des Maximums des Konzentrationsprofils hinreichend gut beschreiben. Für eine genauere Beschreibung der Profilausläufer in das Halbleiterinnere als auch zur Halbleiteroberfläche hin, benötigt man die höheren Momente der realen Verteilung. Einen guten Kompromiß stellt häufig die Pearson-Verteilung vom Typ IV dar, die mit vier Momenten auskommt. Die Pearson-Verteilung ist durch die Differentialgleichung

$$\frac{df(z)}{dz} = \frac{(z-a)f(z)}{b_0 + b_1 z + b_2 z^2} \tag{10.5}$$

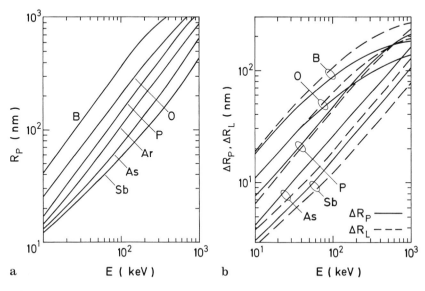

Abb. 10.2. Reichweitenparameter für die Implantation von ausgewählten Ionen in Silizium [10.5]: a) Projizierte Reichweite R_p, b) Standardabweichung in Richtung von R_p (ΔRp) und senkrecht dazu (ΔR_L)

definiert. Die vier Konstanten a, b_0, b_1 und b_2 lassen sich auf die Momente der Verteilung zurückführen, die durch

$$\mu_1 = R_P = \int_{-\infty}^{+\infty} z\, f(z)\, dz \ , \tag{10.6}$$

$$\mu_i = \int_{-\infty}^{+\infty} (z - R_P)^i\, f(z)\, dz, \quad i = 2, 3, 4 \tag{10.7}$$

gegeben sind. Diese Momente müssen experimentell als Funktion der Implantationsenergie bestimmt werden [10.10].

10.2.2 Channeling

Die LSS-Theorie beruht auf der Annahme eines amorphen Substrats. Bei der Herstellung von integrierten Schaltungen erfolgt die Implantation jedoch meist in das monokristalline Silizium. Falls die Ionen dabei auf Gitterebenen geringer Packungsdichte stoßen, werden sie beim Eindringen in den Kristall weit weniger behindert als dies bei beliebiger Orientierung der Ionenbahn der Fall ist. Die Ionen werden hierbei durch sogenannte Kanäle geführt, deren Wände von den Gitterebenen des Kristalls gebildet werden. Abb. 10.3a zeigt anschaulich den Blick in einen solchen Kanal längs der <110>-Kristallachse; Abb. 10.3b gibt qualitativ die Flugbahn des Ions innerhalb eines Kanales wieder. Solange der Winkel zwischen Flugbahn und Kanalachse unterhalb eines kritischen Werts bleibt, treten nur die Elektronenhüllen der Gitteratome und des Ions in Wechselwirkung. Die Energieabgabe des Ions ist hierbei gering, die Reichweite

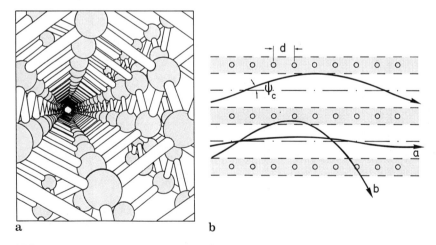

a   b

Abb. 10.3. Der Channeling-Effekt: a) Siliziumkristallgitter in Blickrichtung der (110)-Achse gesehen, b) typische Bahnen der Ionen längs der Kanäle. Die Kanäle sind aufgeteilt in erlaubte und verbotene Zonen. Ψ_c ist der maximale Winkel zwischen Flugbahn und Kanalachse, bis zu dem die Bahn innerhalb des Kanals verläuft.

entsprechend groß. Der Wert des kritischen Winkels steigt mit der Masse und sinkt mit der Energie des Ions und hängt zudem von der Hauptachsenrichtung selbst ab. Er ist größer für die <110>- als für die <111>-orientierten Kanäle und bei diesen wieder größer als bei den <100>-orientierten. Um ein Gefühl für die Größenordnung zu bekommen, mag der Hinweis reichen, daß für die üblichen Dotierelemente und Implantationsenergien der kritische Winkel zwischen 2° und 9° liegt.

Abb. 10.4 zeigt den Einfluß der Kristallbeschaffenheit und der Kristallorientierung auf das resultierende Konzentrationsprofil am Beispiel der Borimplantation [10.11]. Abb. 10.4a zeigt das Ergebnis der Implantation in polykristallines Silizium, Abb. 10.4b das einer Implantation in monokristallines Silizium längs einer hochindizierten Kristallachse. Beide Darstellungen zeigen deutlich, daß eine Beschreibung der Profile durch eine Gaußsche Funktion allenfalls in der Nähe der Maxima gültig sein kann. Abb. 10.4c zeigt das Borprofil nach einer Implantation, bei der die Siliziumscheibe so ausgerichtet war, daß die Ionen in <110>-Richtung in den Kristall treten konnten. Dieses Profil ist deutlich durch zwei Maxima gekennzeichnet. Das erste, mehr zur Oberfläche hin liegende rührt von den Ionen her, die aufgrund der nichtidealen Oberflächenstruktur durch Stöße aus dem Kanal hinaus gestreut werden und auch nicht mehr den Weg zurückfinden (dechanneling). Das zweite gibt die mittlere Reichweite der längs der <110>-orientierten Kanäle geführten Ionen an. Obwohl man tiefere Profile erwarten kann, wird der Channeling-Effekt praktisch nicht ausgenutzt, da der technische Aufwand einer solchen Implantation zu groß ist. Eine theoretische Vorhersage der Reichweitenverteilung wird in einem kristallinen Festkörper insofern erschwert, als nun noch die Orientierung des Kristalls bezüglich des einfallenden Ionenstrahls, die Oberflächenbeschaffenheit und damit die Vorgeschichte des Kristalls zu berücksichtigen wären.

Aus den genannten Gründen versucht man bei der Implantation im Rahmen eines Fertigungsprozesses den Channeling-Effekt zu vermeiden. Eine übliche Methode ist die Verkippung der <100>-orientierten Siliziumscheiben um 7°

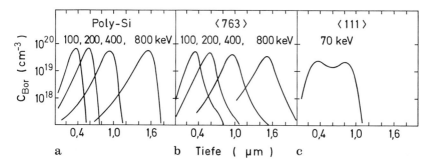

Abb. 10.4. Dotierstoffprofile von Bor nach einer Implantation in a) polykristallines Silizium, b) monokristallines Silzium längs einer hochindizierten Kristallachse, c) längs der (111)-Achse

bis 15° während der Implantation. Damit stimmen Hauptkristallrichtung und Richtung des Ionenstrahls nicht mehr überein. Mit dieser Maßnahme läßt sich das oben beschriebene axiale Channeling weitgehend vermeiden, nicht jedoch das planare Channeling. Darunter versteht man das Channeling in Richtung einer höher indizierten Kristallrichtung, jedoch parallel zu einer niedrig indizierten Kristallebene. Während das axiale Channeling die Bewegung der Ionen längs Atomreihen (anschaulich innerhalb "Röhren") beschreibt, beruht das planare Channeling auf der geführten Bewegung der Ionen zwischen niedrig indizierten Gitterebenen. Bei <100>-orientierten Scheiben, die um ca. 8° um das <110>- orientierte Flat gekippt wurden, bedeutet dies ein (planares) Channeling längs der <110>-orientierten Kristallebenen [10.12]. Auch das planare Channeling wird durch einen kritischen Winkel charakterisiert, der ebenfalls um so größer ist, je höher die Ionenmasse und je niedriger die Implantationsenergie ist. Der Channeling-Effekt wirkt sich also gerade bei der Herstellung flacher Dotierstoffprofile aus. Er wird in seiner Wirkung zudem noch dadurch begünstigt, daß sich der Einfallswinkel der Ionen bei Implantationsanlagen mit elektrostatischer bzw. magnetischer Strahlablenkung lokal auf der Scheibe ändert. Das Ergebnis kann eine ungleichmäßige Tiefenverteilung über der Scheibe sein. Abhilfe schafft hier eine zusätzliche Verdrehung der Scheibe um ca. 30°. Voraussetzung ist allerdings, daß die Anlage ein automatisches Beladungssystem mit kontrollierter Scheibenausrichtung besitzt. Der Ausweg besteht darin, die Scheiben vor der Implantation mit einem amorphen Dielektrikum (SiO_2, Si_3N_4) zu bedecken, dessen Struktur die Kanäle des Siliziumkristalls verdeckt oder in der oberflächennahen Zerstörung der Kristallstruktur durch die Implantation einer hohen Dosis von inaktiven Ionen (Amorphisierung, Abschnitt 10.3.1).

10.2.3 Mehrschichtsysteme

Bei der Herstellung integrierter Schaltungen erfolgt die Implantation des Siliziums häufig durch eine dünne dielektrische Schicht (SiO_2, Si_3N_4 oder eine Kombination von beiden). Die exakte Bestimmung des Tiefenprofils erfordert die Berechnung der Bahnendpunkte nach der Monte-Carlo-Methode bzw. die numerische Lösung der Boltzmannschen Transportgleichung. Sofern sich die mittleren Ordnungs- und Massenzahlen der Atome bzw. Moleküle der beteiligten Schichten nicht allzu stark von denen des Siliziums unterscheiden, läßt sich das resultierende Dotierstoffprofil wiederum durch gaußförmige Profile annähern. Bei einem Zweischichtsystem (z.B. Schicht der Stärke d auf Silizium) mit den Reichweiten R_{P_1} und R_{P_2} bzw. den Standardabweichungen ΔR_{P_1} und ΔR_{P_2} erhält man eine gute Annäherung durch (10.3) innerhalb der Schicht ($0 < x < d$), während man im Silizium R_{P_2} durch

$$R'_{P_2} = d + (R_{P_1} - d) \cdot \frac{\Delta R_{P_2}}{\Delta R_{P_1}} \tag{10.8}$$

zu ersetzen hat. Die Reichweitedaten von Bor in SiO_2 und Silizium sind in dem üblichen Energieintervall nahezu identisch, so daß man bei dieser Kombination sogar mit einem einheitlichem Profil auskommt. Ein Problem, das im Zusammenhang mit der Implantation bei Mehrschichtsystemen auftritt, ist die Sekundärimplantation (Rückstoßimplantation): bei der Implantation kann den Atomen der Abdeckschicht so viel Energie übertragen werden, daß sie ihrerseits in das Silizium gelangen können [10.13]. Aus den üblicherweise eingesetzten Maskierungsmaterialien wie SiO_2, Si_3N_4 und Fotolack werden hierbei vor allem an schräg verlaufenden Flanken der Maskierungsfenster Sauerstoff-, Stickstoff- bzw. Kohlenstoffatome in das Silizium implantiert. Diese Fremdatome können im Silizium zu einer erhöhten Defektdichte führen, die selbst während einer anschließenden thermischen Behandlung der Scheiben bei hoher Temperatur nicht ausheilt. Die Rückstoßausbeute Y_R (Recoil Yield), definiert als das Verhältnis der Sekundärdosis zur Dosis der einfallenden Ionen (Primärdosis), steigt mit zunehmender Massenzahl der implantierten Ionen, da mit zunehmender Massenzahl der nukleare Energieverlust dominiert. Je nach Art des Schichtmaterials sowie Masse und Energie der Ionen kann der Koeffizient Y_R Werte größer 1 annehmen, wobei der Maximalwert für $d = R_{P_1}$ erreicht wird. Die Rückstoßimplantation tritt in schwer kontrollierbarer Form auch bei der Implantation von unbeschichteten Siliziumscheiben auf. Verantwortlich hierfür ist das stets vorhandene Restgas innerhalb der Implantationsanlage.

10.3 Strahlenschaden

10.3.1 Strahlenschaden im Silizium

Bei der Stoßfolge, die das Ion während des Abbremsvorganges erleidet, kann die den Gitteratomen übertragene Energie so groß werden, daß sie ihren Gitterplatz verlassen. Die Folge ist eine lokale Erhöhung der Leerstellen und Zwischengitteratome, die zu komplexen Defekten zusammenwachsen können und als Strahlenschaden des Festkörpers bezeichnet werden. Nach der Implantation ist der Festkörper daher durch einen strahlengeschädigten Bereich gekennzeichnet, dem sich der ungestörte Kristall anschließt. Im Prinzip ist der physikalische Zustand der geschädigten Zone durch die Implantationsparameter wie Masse und Energie der einfallenden Ionen, Ionendosis und Dosisrate, den thermischen Zustand des Substrats während der Implantation und die Richtung des einfallenden Ionenstrahls bezüglich der kristallographischen Orientierung des Substrats bestimmt. Eine quantitative Beschreibung der Strahlenschäden ist wegen der Vielzahl dieser Parameter, die zudem noch voneinander abhängig sind, nicht möglich. Eine qualitative Abschätzung der zu erwartenden Strahlenschäden läßt sich jedoch bereits mit den in Abb. 10.1 dargestellten Bremsquerschnitten durchführen. Wird einem Gitteratom bei dem elastischen Stoß mit dem Ion eine Energie übertragen, die größer oder gleich der Versetzungsenergie E_D ist, so verläßt es seinen Gitterplatz. Der reguläre Aufbau des Gitters ist an dieser Stelle dann gestört. Ist die dem Gitteratom übertragene Energie T, mit $T > E_D$, so wird das Atom mit einer kinetischen Energie $T - E_D$ als Sekundärteilchen durch den Kristall wandern und nach einer Reihe von Stößen mit anderen Gitteratomen wieder zur Ruhe kommen. Ist die Energie $T - E_D$ des Sekundärteilchens groß genug, so kann es seinerseits Gitteratome aus ihren Plätzen schlagen usw.. Die Art der Wechselwirkung zwischen Ion und Substratatom wird neben der Anfangsenergie auch von der Masse des Ions bestimmt. Im folgenden wird die Auswirkung dieser Wechselwirkung mit einem relativ zur Masse des Siliziumatoms leichten Ion (Bor) bzw. schweren Ion (Arsen) diskutiert. In beiden Fällen sei die Anfangsenergie 100 keV.

Wie der Abb. 10.1 zu entnehmen ist, überwiegen bei dem leichten Borion zunächst die inelastischen Stöße mit den Substratatomen. Entsprechend dem geringen Kernbremsquerschnitt ist die mittlere freie Weglänge bezüglich der elastischen Stöße und damit der Abstand zwischen den entstehenden Gitterdefekten groß. Mit abnehmender Energie des Ions nimmt der Kernbremsquerschnitt zu, die Häufigkeit der elastischen Stöße steigt. Jedoch ist die den Sekundärteilchen übertragene Energie nun so gering, daß sie keinen großen Schaden mehr anrichten können. Berücksichtigt man ferner die relativ großen Streuwinkel des leichten Borions, so läßt sich eine zickzack-förmige Bahn vorhersagen, die von räumlich getrennten Gitterstörungen begleitet wird, deren Dichte zum Ende der Bahn hin zunimmt (Abb. 10.5a).

Im Gegensatz dazu erleidet das schwere Arsenatom hauptsächlich Kleinwinkelstreuungen, so daß es zu einer nahezu geradlinigen Ionenbahn kommt, die zylinderförmig von sich überlappenden Gitterstörungen umgeben ist. Ein Blick auf Abb. 10.1 zeigt, daß von Beginn an der Kernbremsquerschnitt dominiert. Entsprechend der kleinen mittleren freien Weglänge kommt es zu einer dichten Folge von elastischen Stößen mit den Gitteratomen. Die von den Gitterplätzen gestreuten Atome sind aufgrund der ihnen übertragenen Energie in der Lage, ihrerseits eine Kaskade von Gitterversetzungen auszulösen. Mit abnehmender Energie steigt zunächst die übertragene Energie pro Stoß, so daß die Dichte der versetzten Atome längs der Ionenbahn zunimmt. Erst gegen Ende der Ionenbahn ist die Energie des Ions soweit abgesunken, daß mit dem Kernbremsquerschnitt auch die übertragene Energie und damit die Dichte der versetzten Atome abnimmt. Der Bereich der entstandenen Gitterstörungen hat damit näherungsweise die Gestalt eines Rotationsellipsoiden, dessen große Hauptachse die Richtung des einfallenden Ions hat (Abb. 10.5b). Da die Abbremsung des Ions ein

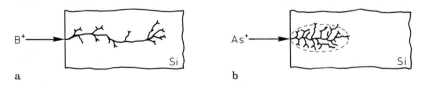

a   b

Abb. 10.5. Schematische Darstellung der Stoßkaskade, die ein in Silizium implantiertes a) Borion, b) Arsenion auslöst

stochastischer Prozeß ist, werden nicht alle Ionen bei gleicher Anfangsenergie den Kristall in gleicher Weise beeinflussen. Daß heißt, nicht alle schweren Ionen werden mit der gleichen Häufigkeit bei ihren Stößen mit den Gitteratomen diesen eine große Energie übertragen. Es wird auch schwere Ionen geben, die den größten Teil ihrer Energie durch inelastische Stöße verlieren und daher nur räumlich getrennte Gitterdefekte hervorrufen. Andererseits wird es auch leichte Ionen geben, die eine ganze Kaskade von sich überlappenden Gitterstörungen auslösen. In beiden Fällen wird man daher mit einem Untergrund von einfachen Defektstrukturen zu rechnen haben, in den Bereiche hoher Defektdichte mit unterschiedlicher Ausdehnung eingebettet sind.

Das Ausmaß der Strahlenschäden hängt damit neben der Energie wesentlich von der Zahl der pro Flächeneinheit in den Kristall eindringenden Ionen, also der Dosis N_I, ab. Auf der Basis des unterschiedlichen Ausheilverhaltens der implantierten Scheiben (Abschnitt 10.4) lassen sich bei vorgegebener Ionensorte und Ionenenergie häufig drei Dosisbereiche angeben, in denen der entstehende Strahlenschaden unterschiedlich stark ausgeprägt ist. So läßt sich z.B. für eine Phosphorimplantation folgende Unterteilung angeben:

Bereich 1, gekennzeichnet durch $N_I < 10^{13}\,\mathrm{cm}^{-2}$. Hierbei entstehen vorwiegend einfache Defekte, die voneinander isoliert sind.
Bereich 2, gekennzeichnet durch $10^{13}\,\mathrm{cm}^{-2} < N_I < 6 \cdot 10^{14}\,\mathrm{cm}^{-2}$. In diesem mittleren Bereich findet man sowohl isolierte Defekte in einer regulären Gitterstruktur, als auch isolierte amorphe Zonen.
Bereich 3, gekennzeichnet durch $N_I > 6 \cdot 10^{14}\,\mathrm{cm}^{-2}$. Oberhalb einer bestimmten Dosis, der sogenannten amorphisierenden Dosis (kurz amorphe Dosis), wachsen die zunächst isolierten amorphen Zonen zusammen, so daß schließlich der gesamte oberflächennahe Bereich des Festkörpers eine amorphe Schicht bildet.

In Abb. 10.6 ist die räumliche Verteilung des Strahlenschadens dargestellt, die nach einer Implantation von Phosphor mit 50 keV und unterschiedlichen Dosen im Silizium ermittelt wurde [10.14]. Mit R_P ist der Ort des Maximums der Phosphorverteilung gekennzeichnet. Für Dosen um $10^{14}\,\mathrm{cm}^{-2}$ erkennt man eine glockenförmige Defektverteilung mit einem Maximum bei etwa $2/3\,R_P$. Mit zunehmender Dosis nimmt die Kristallstörung zu und erreicht bei $8 \cdot 10^{14}\,\mathrm{cm}^{-2}$ im Maximum den Wert von 100%, dem der amorphe Zustand des Festkörpers zugeordnet wird. Eine weitere Zunahme der Dosis bewirkt eine Aufweitung des amorphen Gebietes, das bei etwa $3 \cdot 10^{15}\,\mathrm{cm}^{-2}$ schließlich die Oberfläche des Siliziums erreicht.

Das Beispiel läßt die Schwierigkeit einer eindeutigen meßtechnischen Bestimmung der amorphen Dosis erkennen. Die in der Literatur angegebenen Werte für die amorphe Dosis schwanken zum Teil erheblich. Das ist auch darauf zurückzuführen, daß je nach Meßmethode "amorph" etwas anderes bedeuten kann. Entsprechend den eingangs aufgezählten Implantationsparametern, die den Zustand des Festkörpers nach der Implantation bestimmen, läßt sich jedoch sagen,

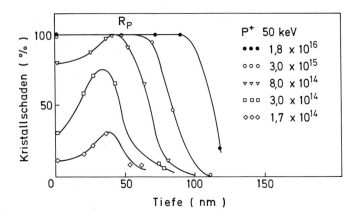

Abb. 10.6. Tiefenprofile des Strahlenschadens in Silizium nach einer Implantation mit Phosphorionen unterschiedlicher Dosis

daß die amorphe Dosis u.a. eine Funktion der Masse und der Energie des Ions ist und von der Temperatur des Substrats während der Implantation und damit auch von der Dosisrate, d.h. von der Stromdichte der Ionen, abhängt. Abb. 10.7 zeigt die Temperaturabhängigkeit dieser kritischen Dosis für verschiedene Ionensorten. Man erkennt, daß für Ionen mit kleiner Masse extrem hohe Dosen für die Erzeugung einer amorphen Schicht benötigt werden. Da eine amorphe Randschicht unter Umständen vorteilhafte Ausheilbedingungen schaffen kann, wird man in solchen Fällen den Kristall durch eine zusätzliche Implantation von elektrisch inaktiven Ionen (Argon, Neon, Silizium) zerstören oder die Implantation mit schweren Molekülen ausführen, die den gewünschten Dotanten enthalten, z.B. BF_2^+.

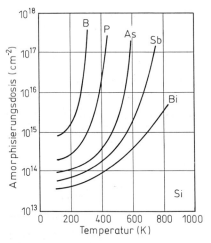

Abb. 10.7. Temperaturabhängigkeit der kritischen Dosis für die Amorphisierung von Silizium durch Bor, Phosphor, Arsen, Antimon und Wismut

10.3.2 Strahlenschaden in dielektrischen Schichten

Während der Implantation sind i.a. große Bereiche der Scheibe mit SiO_2 bzw. Si_3N_4 abgedeckt mit dem Zweck, die Maskenfunktion bei der selektiven Implantation (siehe Abschnitt 10.5) zu übernehmen oder die zu implantierenden Bereiche vor Kontamination zu schützen. In jedem Fall sind die dielektrischen Schichten dem Ionenbeschuß ausgesetzt, was auch hier zu Strahlenschäden führen kann. Der Strahlenschaden beruht hierbei auf dem Aufbrechen der $Si-O$- bzw. $Si-N$-Bindungen bzw. der Modifikation der Bindungswinkel und damit der Zerstörung der Nahordnung der amorphen Materialien. Da auch bei relativ geringen Dosen bleibende Störstellen in Oxiden nachweisbar sind, ist es ratsam, die Kanalimplantation zur Einstellung der Schwellenspannung der MOS-Transistoren vor der Gate-Oxidation durchzuführen (Kapitel 12). Zu beachten ist, daß die Störung der Nahordnung unter Umständen eine drastische Erhöhung der Ätzrate der dielektrischen Schichten zur Folge hat. Man nutzt diesen Effekt manchmal aus, um abgeschrägte Flanken der Ätzgruben zu erhalten. Die Ätzrate steigt mit der Dosis und nimmt bei hohen Dosen erst nach einer langen Temperphase bei hohen Temperaturen den ursprünglichen Wert an. Bei der Implantation von Phosphor oder Arsen mit sehr hohen Dosen ($10^{16}\,cm^{-2}$) wird die strahlenbeschleunigte Ätzrate noch durch chemische Effekte unterstüzt. In diesem Falle erweist sich die Ätzratenerhöhung als irreversibel.

10.3.3 Strahlenschaden in Fotolacken

Fotolack wird häufig als Maskierung (Block-Out-Maske) während der Implantation verwendet. Die Auswirkung der Implantation auf den Lack äußert sich in der Resistenz gegenüber den Lösungsmitteln beim Entfernen des Lackes nach der Implantation. Der allgemeine Befund ist der, daß sich der Lack nach einer Implantation im niedrigen und mittleren Dosisbereich (10^{10} bis $10^{14}\,cm^{-2}$) mit den üblichen Lösungsmitteln entfernen läßt. Nach einer Implantation mit höheren Dosen stellt man eine Verfärbung sowie eine Erhöhung der physikalischen und chemischen Resistenz des Lackes fest. Der Lack läßt sich nun nicht mehr in den Lösungsmitteln entfernen, sondern muß in einem Sauerstoffplasma verascht werden. Dieses Verhalten wird darauf zurückgeführt, daß während der Implantation Molekülbindungen aufgebrochen werden, die flüchtigen Komponenten wie Wasserstoff, Sauerstoff und Stickstoff abdampfen und eine stark vernetzte, kohlenstoffangereicherte Schicht mit graphitähnlicher Struktur zurückbleibt [10.15].

10.4 Ausheilverfahren und elektrische Aktivierung

Das Ausheilen der Strahlenschäden und die elektrische Aktivierung der Fremdatome sind parallel ablaufende, voneinander abhängige Prozesse und können daher nicht unabhängig voneinander betrachtet werden. Der Übersichtlichkeit wegen erfolgt hier die Behandlung der Themen nacheinander.

302

10.4.1 Ausheilen des Strahlenschadens

Nach der Implantation muß dem Halbleiter in geeigneter Form Energie zugeführt werden, um einerseits die Defekte so gut wie möglich auszuheilen und andererseits die implantierten Ionen auf Gitterplätzen einzubauen, auf denen sie dann als Akzeptoren oder Donatoren elektrisch wirksam sind. Die Energiezufuhr kann in Form von Wärme in einem Diffusionsofen oder durch Einstrahlung von inkohärentem Licht erfolgen. Das zuletzt angesprochene Kurzzeittemperverfahren (rapid thermal annealing, kurz RTA, Abschnitt 6.9.3) erhält immer größere Bedeutung, da es eine vollständige Aktivierung ohne nennenswerte Diffusion der Dotieratome zuläßt. Häufig läßt sich jedoch ein gewisser Restschaden nicht vermeiden. Um zu gewährleisten, daß dieser Restschaden keine elektrischen Auswirkungen auf das Bauelementverhalten hat, muß die Diffusionsfront soweit eingetrieben werden, daß der resultierende pn-Übergang außerhalb des geschädigten Bereiches liegt. Im folgenden beschränken wir uns auf die Ofenprozesse.

Vereinfacht läßt sich das Ausheilen des Strahlenschadens auf der Grundlage der in Abschnitt 10.3.1 angegebenen Unterteilung hinsichtlich der Dosis diskutieren. Bei niedrigen Dosen entstehen vorwiegend Punktdefekte (Leerstellen, Zwischengitteratome), die sehr beweglich sind und daher schon bei Temperaturen bis zu 300 °C ausheilen (rekombinieren). Wurde bei der Implantation die amorphe Dosis überschritten, so rekristallisiert die amorphe Schicht bei Temperaturen zwischen 500 und 600 °C epitaktisch, wobei als Keim der ungestörte Kristall dient. Der verbleibende Restschaden und die Rekristallisationsgeschwindigkeit sind von der kristallografischen Orientierung der Scheibenoberfläche (d.h. von der Orientierung der Keimfläche) abhängig. Während <100>-orientierte Scheiben nahezu vollständig ausheilen, zeigen

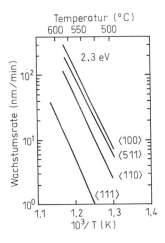

Abb. 10.8. Einfluß der Kristallorientierung auf die Rekristallisationsgeschwindigkeit amorphisierter Siliziumschichten

Rückstreumessungen an <111>-orientierten Siliziumscheiben einen verbleibenden Restschaden in der ursprünglichen amorph-kristallinen Übergangszone.
Den Einfluß der Kristallorientierung auf die Rekristallisationsgeschwindigkeit
kann man Abb. 10.8 entnehmen [10.16]. Bei den dieser Darstellung zugrundeliegenden Experimenten wurde mit Silizium implantiert, um den Einfluß der
Fremdatome auf die Rekristallisation zu vermeiden. Tatsächlich ist gezeigt worden, daß die Rekristallisationsgeschwindigkeit nach der Implantation elektrisch
aktiver Fremdatome wie B, P, As höher, nach der Implantation elektrisch neu-
traler Fremdatome wie N, O, C und Ar niedriger als die nach einer Implantation
mit Silizium ist [10.14]. Zu beachten ist, daß die epitaktische Rekristallisation
nur dann zu einem kristallinen Gefüge ohne Restschaden führen kann, wenn
das zusammenhängende amorphisierte Gebiet bis an die Oberfläche des Halbleiters reicht. Anderenfalls wandern die Kristallisationsfronten während der
Temperaturbehandlung von beiden Randzonen der amorphen Schicht aufeinander zu und hinterlassen beim Zusammentreffen ein Gebiet mit verbleibendem
Restschaden.

Nach einer Implantation im mittleren Dosisbereich liegt häufig eine Verteilung von Defekt-Clustern vor, deren Beseitigung unter Umständen eine
wesentlich höhere Energie (d.h. Temperatur) erfordert als die Rekristallisation
des amorphen Materiales. Die in Abb. 10.9 dargestellten Rückstreuspektren
demonstrieren diesen Sachverhalt recht eindrucksvoll. Die Messungen wurden
an arsenimplantierten Siliziumscheiben nach einer 15-minütigen Temperung bei
950 °C durchgeführt. Man erkennt, daß bei einer Dosis unterhalb $10^{14}\,cm^{-2}$
bzw. oberhalb $10^{16}\,cm^{-2}$ die Probe nach der Temperung im Rahmen dieser
Beurteilungsmethode als ausgeheilt angesehen werden kann. Für Dosen zwi-
schen $5 \cdot 10^{14}\,cm^{-2}$ und $10^{15}\,cm^{-2}$ deutet die hohe Rückstreuintensität auf ein
hohes Maß verbliebener Restschäden hin.

Von entscheidender Bedeutung ist die Atmosphäre, in der die Temperaturbehandlung stattfindet. Bei der Temperung in einer inerten Atmosphäre werden
die bei der Rekristallisation entstehenden mechanischen Spannungen über die

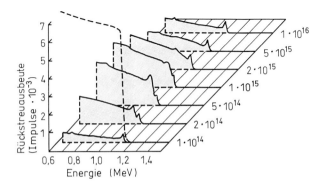

Abb. 10.9. Channeling-Spektren von Siliziumproben nach einer Arsenimplantation
mit unterschiedlichen Dosen

Oberfläche des Siliziums bzw. in Form von Versetzungen kurzer Reichweite abgebaut. Anders verhält es sich bei einer Temperaturbehandlung in oxidierender Atmosphäre. In Abschnitt 6.6 ist darauf hingewiesen worden, daß die Oxidation des Siliziums im Si/SiO_2-Grenzbereich von einer Generation an Si-Zwischengitteratomen begleitet wird. Falls daher das Silizium nach der Implantation nicht vollkommen ausgeheilt ist, wirken die verbleibenden Mikrodefekte während der Oxidation als Keime für das Wachsen von ausgedehnten Stapelfehlern. Es ist daher ratsam, die Scheiben vor einer Oxidation in einer neutralen Atmosphäre auszuheilen bzw. den Oxidationsprozeß mit einer Temperphase in inerter Atmosphäre zu beginnen.

10.4.2 Elektrische Aktivierung

In diesem Abschnitt wird das Aktivierungsverhalten von Arsen und Bor anhand des Schichtleitwertes implantierter Siliziumscheiben diskutiert.

Arsen

Wird bei der Implantation mit Arsen die amorphe Dosis überschritten, so rekristallisiert die amorphe Siliziumschicht während des nachfolgenden Ausheilprozesses bei Temperaturen zwischen 500 und 600 °C vom ungestörten Kristall her. Während dieser epitaktischen Rekristallisation werden die implantierten Atome in reguläre Gitterplätze eingebaut. Die Aktivierung der Dotierungsatome in diesem Temperaturbereich äußert sich in einem starken Anstieg des Schichtleitwertes, wie in Abb. 10.10 deutlich zu erkennen ist. Aufgetragen ist hier der Schichtleitwert arsenimplantierter Siliziumproben als Funktion der Temperatur der thermischen Nachbehandlung. Die Proben sind nach der Im-

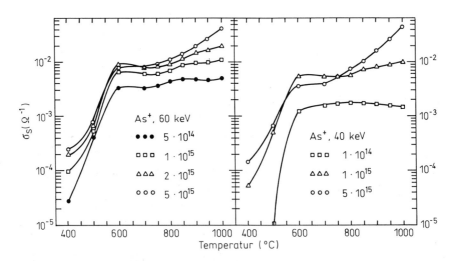

Abb. 10.10. Schichtwiderstand arsenimplantierter Siliziumproben als Funktion der Temperatur der thermischen Nachbehandlung

plantation 60 Minuten lang bei unterschiedlichen Temperaturen in einer inerten Atmosphäre getempert worden.

Dem linken Teil der Darstellung entnimmt man, daß die mit □ und ● gekennzeichneten Proben oberhalb einer Temperatur von 700 °C einen stationären Widerstandswert anstreben. Dieses Verhalten ist Merkmal für eine vollständige Aktivierung der Arsenatome. Der leichte Anstieg der Leitfähigkeitskurve bei Temperaturen zwischen 900 und 1000 °C ist auf die verstärkt einsetzende Diffusion zurückzuführen, als deren Folge die maximale Ladungsträgerkonzentration herabgesetzt und damit die mittlere Beweglichkeit der Ladungsträger angehoben wird. Anders als bei den Proben □ und ● nimmt der Leitwert der Proben △ und ○ monoton mit der Temperatur zu. Dieser Tatbestand läßt den Schluß zu, daß nach einer Implantation mit einer sehr hohen Dosis die Arsenatome selbst nach einer einstündigen Temperung um 1000 °C noch nicht vollständig aktiviert sind.

Der Grund für dieses Verhalten ist die in Abschnitt 9.4.3 geschilderte unvollständige Aktivierung (Cluster-Effekt) der Arsenatome bei sehr hohen Konzentrationen. Danach läßt sich die vollständige Aktivierung nur über eine entsprechend lange Diffusionszeit erreichen, so daß die Maximalkonzentration unter die Sättigungslöslichkeit bei der vorgegebenen Temperatur sinkt. Durch Einsatz der Kurzzeitverfahren (rapid thermal processing, kurz RTP), kann eine 100 %-ige Aktivierung bei vernachlässigbarer Ausdiffusion erreicht werden, indem der bei den hohen Temperaturen erreichte Aktivierungsgrad "eingefroren" wird. Da bei nachfolgenden Niedertemperaturprozessen im 800 bis 900 °C-Bereich eine merkliche Deaktivierung einsetzen kann, sollte man konsequenterweise diese Prozesse ebenfalls im RTP-Verfahren ablaufen lassen.

Bor

Das Ausheilverhalten und damit die elektrische Aktivierung borimplantierter Schichten ist davon abhängig, ob mit elementarem Bor oder mit Bormolekülen (BF_3, BCl_3) implantiert wurde. Die amorphe Dosis des elementaren Bors liegt bei Zimmertemperatur bei $2 \cdot 10^{16}\,\mathrm{cm^{-2}}$, die der schweren Bormoleküle ist wesentlich geringer. Nach einer Implantation mit elementarem Bor unterhalb $10^{16}\,\mathrm{cm^{-2}}$ kann deshalb mit einer relativ geringen Strahlenschadenkonzentration gerechnet werden. Wegen der nun fehlenden epitaktischen Rekristallisation ist jedoch das Ausheilverhalten der implantierten Schichten sehr komplex.

In der Abb. 10.11a ist der Schichtleitwert borimplantierter Van-der-Pauw-Strukturen in Abhängigkeit von der Temperatur der thermischen Nachbehandlung dargestellt. Die Proben sind mit einer Energie von 100 keV implantiert und anschließend 60 Minuten lang bei unterschiedlichen Temperaturen in inerter Atmosphäre getempert worden. Die fehlende epitaktische Rekristallisation äußert sich hier in dem flachen Anstieg des Schichtleitwertes mit zunehmender Temperatur. Je nach Dosis wird die vollständige Aktivierung der Boratome erst zwischen 700 und 1000 °C erreicht. Bei der mit einer Dosis von $10^{16}\,\mathrm{cm^{-2}}$ implantierten Scheibe B7 reicht selbst die einstündige Temperung bei 1000 °C für

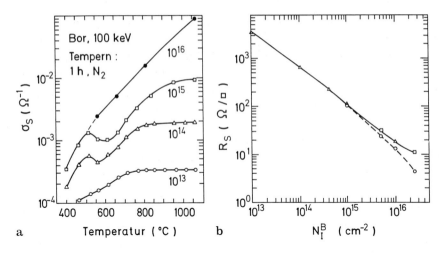

Abb. 10.11. a) Schichtwiderstand borimplantierter Siliziumproben als Funktion der Temperatur der thermischen Nachbehandlung, b) Schichtleitwert von Silizium als Funktion der implantierten Bordosis. Die Meßpunkte △, □ sind an Proben nach einer einstündigen Temperung bei 1000 °C in N_2, die mit ○ gekennzeichneten an laserbestrahlten Proben ermittelt worden

eine vollständige Aktivierung nicht aus. Der Schichtleitwert dieser Probe nimmt nahezu exponentiell mit der Temperatur zu. Dieses deutet darauf hin, daß, ähnlich wie bei dem Arsen, eine vollständige Aktivierung nur über eine verstärkt einsetzende Diffusion der Boratome möglich ist. Weiterhin fällt in Abb. 10.11a ein rückläufiger Verlauf des Schichtleitwertes für jene Proben auf, die mit einer mittleren Dosis implantiert worden sind. Das "negative" Ausheilverhalten läßt sich mit der Annahme erklären, daß sich während des Temperprozesses an den entstehenden Versetzungslinien elektrisch inaktive B-Si-Komplexe anlagern. Je größer die Dichte der Sekundärdefekte, desto stärker ist die Komplexbildung und damit der Verlust an bereits aktiven Fremdatomen.

In Abb. 10.11b ist der Schichtwiderstand als Funktion der implantierten Bordosis nach einer einstündigen Temperung bei 1000 °C in inerter Atmosphäre dargestellt. Die durch Kreise gekennzeichneten Meßpunkte sind an laserbestrahlten Proben ermittelt worden. Der Vergleich mit den thermisch behandelten Proben zeigt noch einmal deutlich, daß sich auch beim Bor Hochdotierungseffekte in einer unvollständigen Aktivierung der Dotierungsatome äußern.

10.5 Selektive Implantation

Bei der Herstellung integrierter Schaltungen sollen i.a. nur bestimmte Bereiche per Implantation dotiert werden. Die zu schützenden Bereiche müssen zumindest während der Implantation mit einem Material hinreichender Stärke abgedeckt werden, so daß sie nicht von den einfallenden Ionen erreicht werden können. Üblicherweise kommen als Maskierung die in der Halbleitertechnik ohnehin verwendeten Materialien wie SiO_2, Si_3N_4, Fotolacke und, wenn auch selten, Metalle zum Einsatz. Während der Fotolack in jedem Falle vor dem nächsten Ofenprozeß entfernt werden muß, bleiben die dielektrischen Abdeckschichten häufig erhalten. In manchen Fällen (hohe Dosis, nachfolgender Hochtemperaturprozeß in oxidierender Atmosphäre) empfiehlt es sich, die Abdeckschicht anzuätzen und damit die in dem oberflächennahen Bereich enthaltenen Dotierungsatome abzutragen, so daß das Substrat auch während der nachfolgenden Diffusion geschützt bleibt.

Die erforderliche Stärke der Maskierschicht hängt davon ab, welchen Bruchteil der Implantationsdosis man in dem zu schützenden Silizium noch zulassen darf. Ausgehend von (10.3) erhält man durch einfache Integration (siehe auch Abb. 10.12)

$$\frac{N_{Si}}{N_I} = \frac{1}{2} \cdot \left(1 - \mathrm{erf}\left(\frac{d - R_P}{\sqrt{2} \cdot \Delta R_P} \right) \right) \quad . \tag{10.9}$$

Hierbei ist N_I die implantierte Dosis, N_{Si} der Teil der Dosis, der in das Silizium gelangt und d die Stärke der Maskierschicht. Abb. 10.12a zeigt diese Funktion in normierter Darstellung. Besteht z.B. die Forderung, daß bei einer Implantation mit einer Dosis von $10^{15}\,\mathrm{cm^{-2}}$ nur $10^{10}\,\mathrm{cm^{-2}}$ in das Silizium gelangen dürfen, die Transmission also 10^{-5} betragen soll, so muß gemäß Abb. 10.12a die Stärke der Maskierschicht $d = R_P + 4\Delta R_P$ sein. Wie stark die Schicht im konkreten Fall

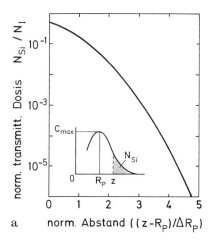
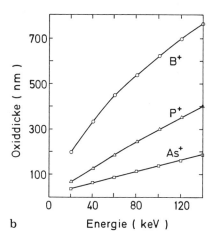

Abb. 10.12. Zur Maskierfähigkeit von Oxidschichten: a) normierter Anteil der Dosis, die in einem Abstand z von der Oberfläche der Maskierschicht gemäß (10.9) noch durchgelassen wird, b) Mindeststärke einer Oxidschicht, für die die Durchlässigkeit von 10^{-5} nicht überschritten werden darf, als Funktion der Energie für Bor, Phosphor und Arsen.

tatsächlich sein muß, hängt über R_P und ΔR_P von dem verwendeten Material und der Implantationsenergie ab. Abb. 10.12b zeigt die Stärke der maskierenden SiO_2-Schicht als Funktion der Energie für B, As und P. Mit aufgenommen ist für die B-Implantation die Stärke einer maskierenden Si-Schicht (z.B. polykristallines Silizium). Den Darstellungen liegt die Forderung $d = R_P + 4\Delta R_P$ zugrunde.

Als Beispiel sei die selbstjustierende Herstellung der S/D-Gebiete von MOS-Transistoren im Rahmen eines Silicon-Gate-Prozesses genannt (Abb. 10.13a). Hier dienen das Feldoxid und die polykristalline Siliziumelektrode gleichermaßen als Maskierung während der Implantation. Bei der Borimplantation für die S/D-Gebiete der P-Kanal-Transistoren kann es zu einer Verschiebung der Schwellenspannung der aktiven Transistoren kommen. Ein Indiz dafür, daß die maskierende Wirkung des polykristallinen Siliziums trotz geeigneter Schichtstärke nach Abb. 10.12 nicht ausreichend war. Dies ist auf die erhöhte Reichweite der Borionen längs der Korngrenzen zurückzuführen. Übliche Implantationsdosen für die Herstellung der S/D-Gebiete liegen im 10^{15}er-Bereich, die für die Einstellung der Schwellenspannung im 10^{11}er-Bereich. Es genügt also, wenn nur jedes 10^4te Ion den Weg längs einer Korngrenze in das Substrat findet, um die Schwellenspannung zu beeinflussen. Die Gegenmaßnahme besteht in einer der Implantation vorangehenden Oxidation; dabei wird das polykristalline Silizium mit einem relativ starken Streuoxid abgedeckt. Diese Maßnahme wird noch dadurch begünstigt, daß die Oxidationsrate des hochdotierten polykristallinen Siliziums wesentlich höher ist als die des niedrig dotierten Substrats (selektive Oxidation, siehe Abschnitt 6.4.4).

Bei dem genannten Beispiel tritt die Bedeutung der lateralen Streuung der Ionen (ΔR_L, Abschnitt 10.2.1) klar zum Vorschein. Nimmt man z.B. einen maskierenden Streifen der Breite $2a$ an (Gate-Elektrode), so liefert die Faltung der Maskierungsfunktion mit (10.2)

$$C(x,z) = \frac{1}{2}C(z)\left(\operatorname{erfc}\left(\frac{x+a}{\sqrt{2}\cdot\Delta R_L}\right) + \operatorname{erfc}\left(-\frac{x-a}{\sqrt{2}\cdot\Delta R_L}\right)\right) \tag{1}$$

wobei $C(z)$ durch (10.3) gegeben ist. Subtrahiert man von (10.10) eine konstante Dotierstoffkonzentration C_W, so erhält man den Konzentrationsverlauf der Source- und Drain-Gebiete im Bereich der Gate-Elektrode. Abb. 10.13 zeigt dies am Beispiel eines P-Kanal-Transistors. Die zugrundeliegenden Werte für die Borimplantation sind $40\,\mathrm{keV}$ für die Energie und $3\cdot10^{15}\,\mathrm{cm^{-2}}$ für die Dosis, die Oberflächenkonzentration der N-Wanne (Kapitel 12) ist $10^{16}\,\mathrm{cm^{-3}}$. Die Werte der Äquikonzentrationslinien wurden gemäß (10.4) auf C_{max} normiert. Man entnimmt der Abb. 10.13, daß die pn-Übergänge der S/D-Inseln nicht unmittelbar unterhalb der Berandung der Gate-Elektrode liegen, sondern aufgrund der lateralen Streuung der Borionen um ca. $0.2\,\mu\mathrm{m}$ pro Kante in Richtung des Kanalbereiches verschoben sind. Ein Transistor, dessen Kanallänge $1\,\mu\mathrm{m}$ betragen sollte, wird trotz exakter Strukturübertragung der Gate-Elektrode (Lithographie, Ätzen) eine effektive Kanallänge von ca. $0.6\,\mu\mathrm{m}$ aufweisen.

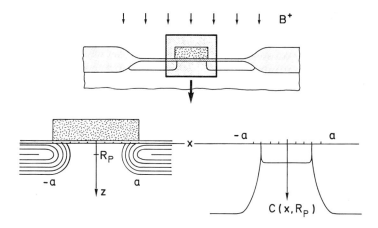

Abb. 10.13. Äquikonzentrationslinien und Dotierstoffverteilung von Bor nach einer Implantation zur Herstellung der S/D-Bereiche eines P-Kanal-Transistors $(40\,\text{kV},\ 3\cdot10^{15}\,\text{cm}^{-2})$

Das Beispiel zeigt, daß die laterale Streuung bei der Herstellung von Transistoren mit einer Kanallänge kleiner $1\,\mu\text{m}$ ein ernstes Problem darstellt. Mit dem Beispiel ist noch nicht einmal der schlimmste Fall erfaßt, da die maskierende Gate-Elektrode senkrechte Seitenwände aufweist und entsprechend der LSS-Theorie amorphes Siliziumsubstrat vorausgesetzt wird. In der Praxis weisen die Berandungen der Gate-Elektroden häufig eine gewisse Steigung auf, so daß die Maskierung am Fußpunkt der Elektrode nicht vollständig ist. Weiterhin kann sich die laterale Reichweite bei realen monokristallinen Siliziumsubstraten durch den Einfluß des Channeling-Effektes erhöhen. Wie man in diesem Zusammenhang erkennt, bewirkt eine Verkippung der Scheibe (Abschnitt 10.2.2) u.U. eine asymmetrische Anordnung der S/D-Gebiete. Fällt nämlich der Ionenstrahl nicht senkrecht ein, sondern ist um einen gewissen Winkel gegenüber der Flächennormalen geneigt, so ist die laterale Reichweite auf der dem Strahl abgekehrten Seite aufgrund des Abschattungseffektes der Gate-Elektrode geringer (eine größere laterale Reichweite stellt sich auf der anderen Seite ein). Die aufgezählten Probleme sprechen für die Wahl einer möglichst geringen Implantationsenergie. Damit verknüpft ist die Forderung nach der Pre-Amorphisierung (Abschnitt 10.3.1) und dem möglichst senkrechten Einfall der Ionen, d.h. dem Verzicht auf eine Verkippung der Scheiben und der Wahl eines mechanischen Ablenksystemes des Implanters (Abschnitt 10.2.2).

10.6 Anwendungen der Ionenimplantation

Wir beschränken uns hier auf Anwendungen der Ionenimplantation bei der Herstellung integrierter CMOS-Schaltungen. Abb. 10.14 zeigt schematisch die

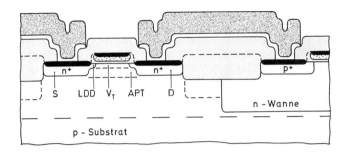

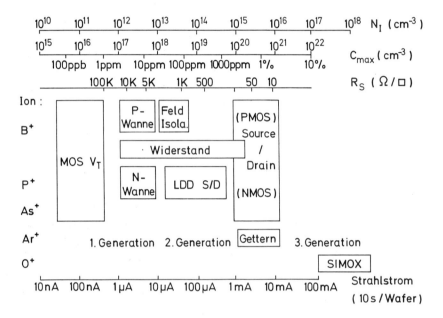

Abb. 10.14. Einsatz der Ionenimplantation bei der Herstellung von CMOS-Schaltungen

Querschnittsdarstellung eines CMOS-Inverters mit den typischen Dotierzonen. Mit aufgenommen sind die Ionen, die bei der Realisierung der Dotierzonen zum Einsatz kommen, die üblichen Strahlströme und Dosen sowie die resultierenden Maximalkonzentrationen und Schichtwiderstände. Der Einsatz der Implantationstechnik in den Fertigungslinien wird wesentlich von der Leistungsfähigkeit der verfügbaren Anlagen bestimmt. Hier unterscheidet man bis heute drei Generationen.

Die erste Generation wurde von Implantationsanlagen bestimmt, die Strahlströme von einigen $10\,\mu A$ liefern konnten. Mit diesen Anlagen konnte man nur geringe Dosen in vertretbaren Zeiten implantieren. Die Anwendungen dieser Phase betreffen die Einstellung der Schwellenspannung der aktiven Transistoren

(N-Kanal, P-Kanal, Enhancement-MOS, Depletion-MOS), die Vorbelegung der Wanne sowie die Einstellung der Schwellenspannung der parasitären Transistoren (Feld-Isolation). Gerade die Möglichkeit der kontrollierten Einstellung niedriger Dotierstoffkonzentrationen, wie sie für die Wannendotierung und die Einstellung der Schwellenspannung der komplementären Transistoren benötigt wird, verhalf der Ionenimplantation zu einem Durchbruch bei der Fertigung integrierter Schaltungen.

Die heutige, zweite Generation von Fertigungsanlagen liefert Ströme zwischen 10 und 20 mA und gestattet damit die Implantation von Dosen um 10^{16} cm^{-2} innerhalb weniger Minuten. Damit liefert diese Generation neben der technischen auch die ökonomische Voraussetzung für die Herstellung der S/D-Gebiete nach dem in Abschnitt 10.5 vorgestellten selbstjustierenden Verfahren. Weitere Anwendungen sind das extrinsische Gettern (Abschnitt 3.7.1) und die Herstellung niederohmiger Widerstände.

Wir stehen heute am Anfang der dritten Generation, die Implantationsanlagen mit Strahlströmen von 100 mA bereitstellt. Eine oft genannte Anwendung dieser Anlagen ist die Herstellung von SOI-Substraten (Silicon On Insulator) nach dem SIMOX-Verfahren (**S**eparation by **IM**plantation of **OX**ygen). Bei diesem Verfahren wird durch Implantation von Sauerstoff in Silizium eine vergrabene Oxidschicht erzeugt. Die Bauelemente, die anschließend in die oberhalb der Oxidschicht verbleibende Siliziumschicht integriert werden, lassen sich in einfacher Weise dielektrisch voneinander isolieren. Abb. 10.15 zeigt den Ablauf des Verfahrens. Während der Implantation stellt sich zunächst eine gaußförmige Sauerstoffverteilung innerhalb des Siliziums ein, deren Maximalkonzentration mit zunehmender Dosis steigt. Damit oberhalb der isolierenden Schicht noch ein kristallines Gefüge bestehen bleibt, muß das Verhältnis $R_P/\Delta R_P > 3$ sein; dies erfordert Energien zwischen 150 und 200 keV. Die Implantation wird ferner

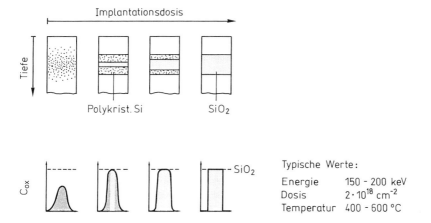

Abb. 10.15. Das SIMOX-Verfahren: Herstellung vorgegebener Oxidschichten in Silizium durch Implantation von Sauerstoff

bei höheren Scheibentemperaturen ausgeführt, um die Ausbildung einer amorphen Schicht zu vermeiden. Mit steigender Dosis wird schließlich im Maximum der Sauerstoffverteilung das stöchiometrische Verhältnis erreicht. Diese charakteristische Sauerstoffkonzentration wird aufgrund der Reaktion mit dem Silizium nicht überschritten. Zu beiden Seiten der sich bildenden SiO_2-Schicht grenzen geschädigte Siliziumbereiche an, die jedoch mit zunehmender Dosis aufoxidiert werden. Der Grund ist der hohe Diffusionskoeffizient des Sauerstoffs in der SiO_2-Schicht, aufgrund dessen der Sauerstoff zu den Rändern der bereits existierenden SiO_2-Schicht diffundiert und dort reagiert. Das Ergebnis ist eine kastenförmige SiO_2-Schicht. Im Anschluß an die Implantation erfolgt eine thermische Nachbehandlung der Scheiben bei Temperaturen zwischen 1300 und 1400 °C. Mit diesem Schritt wird

- der Implantationsschaden in der Siliziumschicht vollständig ausgeheilt,
- der Sauerstoffgehalt der Siliziumschicht durch Ausdiffusion erniedrigt,
- die SiO_2-Reaktion vervollständigt und das Oxid verdichtet.

Nach Bedarf kann die dünne Siliziumschicht, die nach diesem Verfahren ca. 0,2 µm stark ist, durch die epitaktische Abscheidung von Silizium verstärkt werden.

10.7 Implantationsanlagen

Dieser Abschnitt bietet nur eine knappe Darstellung der in der Fertigung eingesetzten Implantationsanlagen. Für das tiefere Verständnis der Architektur der Anlagen sowie deren Komponenten sei auf die reichlich vorhandene Spezialliteratur verwiesen, z.B. [10.18,10.19].

10.7.1 Anlagenkonzepte

Die Komponenten einer Implantationsanlage (Ionenquelle, Massenseparation, Beschleuniger, Targetkammer) lassen sich zum Teil in unterschiedlicher Weise kombinieren, so daß gewisse Funktionen optimiert werden können. Dabei ergeben sich im wesentlichen zwei Aufbauprinzipien, deren Realisierung als Vor- bzw. Nachbeschleunigungssystem bezeichnet wird (Abb. 10.16).

Bei den Vorbeschleunigungssystemen werden alle in der Quelle erzeugten Ionen zunächst auf die volle Energie beschleunigt, bevor der Ionenstrahl im Massenseparator in seine Komponenten zerlegt wird. Der Vorteil dieser Anordnung liegt darin, daß sich Massenanalysator und Targetkammer auf Erdpotential befinden und ein Ionenstrahl mit extrem hohem Reinheitsgrad auf die Scheibe trifft. Nachteilig sind die Entstehung einer intensiven Röntgenbremsstrahlung, die durch rücklaufende Elektronen erzeugt wird, und die erforderlichen sehr hohen Feldstärken des Analysatormagneten, mit dem in den meisten Fällen die Massentrennung realisiert wird. Bei den Nachbeschleunigungssystemen werden die Ionen mit einer Beschleunigungsspannung von 10 bis 30 kV aus der

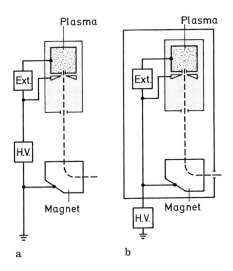

Abb. 10.16. Aufbauprinzipien von Implantationsanlagen: Vorbeschleunigungs- bzw. Nachbeschleunigungssysteme

Ionenquelle extrahiert und mit einer dieser Spannung entsprechenden Energie im Magneten analysiert. Erst nach der Massenseparation treten die Ionen nun in das Beschleunigungssystem ein, wodurch das Röntgenstrahlungsproblem reduziert wird. Wegen der niedrigen Energie der Ionen im Analysator ist ein Magnet mit verhältnismäßig geringer Feldstärke ausreichend, wobei dessen Versorgung allerdings auf das Potential der Beschleunigungsspannung hochtransformiert werden muß (Trenntransformator bzw. Motor-Generatorkombination). Außerdem besteht die Möglichkeit der Energieänderung der zu implantierenden Ionen, ohne daß dazu die Massenseparation nachjustiert werden muß.

10.7.2 Komponenten einer Ionenimplantationsanlage

In Abb. 10.17 ist eine Implantationsanlage vom Nachbeschleunigungstyp schematisch dargestellt. Die Anlage besteht im wesentlichen aus folgenden Komponenten:

1. Versorgungssystem. Das Versorgungssystem enthält die zu implantierenden Elemente in festem, flüssigem oder gasförmigem Zustand. Wegen der einfachen Dosierbarkeit gasförmiger Substanzen werden insbesondere für die Erzeugung von Bor-, Phosphor- und Arsenionen die toxischen Verbindungen dieser Elemente BF_3, BCl_3, PH_3 und AsH_3 verwendet. Ein Nachteil der Verwendung dieser Gase ist die lange Zeit, die für das Abpumpen des Quellenbereiches beim Übergang von einer Bor- zu einer Arsen- bzw. Phosphorimplantation aufgebracht werden muß. Anderenfalls kann es zu der Bildung von HF bzw. HCl kommen, wodurch die Nadelventile, mit denen die Gasflüsse eingestellt

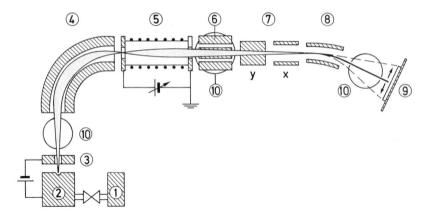

Abb. 10.17. Komponenten einer Implantationsanlage vom Nachbeschleunigungstyp (Erläuterungen siehe Text)

werden, angegriffen und innerhalb kurzer Zeit verschlissen werden. Bei den Hochstromimplantern, die große Mengen der giftigen Gase benötigen, besteht der Trend hin zu den weniger giftigen Feststoffquellen. In diesem Falle benötigt man Verdampfungseinrichtungen.

2. Ionenquelle. Die Atome bzw. Moleküle der zu implantierenden Elemente werden in die Ionenquelle geleitet und hier ionisiert. Je nach Quellentyp erfolgt diese Ionisation in einem Hochfrequenzfeld oder mit Hilfe von Elektronen aus einer Bogenentladung bzw. einer emittierenden Kathode. Das Resultat ist in jedem Falle die Entstehung eines Plasmas. Durch ein äußeres elektrisches Feld, dem Extraktionsfeld, werden Ionen aus der Quelle gesaugt und auf eine der Extraktionsspannung, die üblicherweise zwischen 15 und 30 kV liegt, entsprechende Energie gebracht. Die Energieunschärfe der austretenden Ionen hängt von der Ausführung der Quelle ab, ist jedoch meist kleiner als 10 eV. Neben der Energieunschärfe ist die erzielbare Stromstärke von entscheidender Bedeutung. Sie kann je nach Art der Ionenextraktion einige μA bis zu einigen mA betragen. Ionenquellen dürfen bei ihrer Beurteilung nicht isoliert betrachtet werden, da die Anpassung an das übrige System für ihr Verhalten maßgebend ist.

3. Fokussystem. Ohne weitere Maßnahmen würde sich der Ionenstrahl aufgrund der elektrischen Wechselwirkung der Ionen aufweiten. Mit einer elektrostatischen Linse, die häufig in die Extraktionselektrode integriert ist, wird der Strahl fokussiert und damit den Erfordernissen des folgenden Massenanalysators angepaßt.

4. Massenseparation. Die Ionenquelle produziert neben den gewünschten Ionen die unterschiedlichsten geladenen Atome, Isotope und Moleküle. Mit Hilfe des Massenanalysators werden diese Fremdkomponenten aus dem Ionenstrahl ausgefiltert. Der Analysator führt nach dem Prinzip des Massenspektrographen die Ionen in Abhängigkeit von ihrer Massenzahl auf Bahnen mit unterschiedlichem Radius. Der Radius ist durch das gekrümmte Strahlrohr innerhalb des Magneten und die Blende am Ende des Strahlrohres festgelegt, so daß bei vorgegebenem Magnetfeld nur Ionen mit einem bestimmten ME/q^2-Verhältnis durch die Blende gelangen. Hierbei ist M die Massenzahl, q die Ladung, $E = qU$ die Energie des Ions und U die Extraktionsspannung. Es erweist sich häufig als sehr nützlich, wenn zwischen dem Ende des Strahlrohres und der Blende noch ein Wien-Filter (ein elektrisches und ein magnetisches Feld, die senkrecht zueinander und senkrecht zum Ionenstrahl orientiert sind) angeordnet ist. Die Feldstärken werden so eingestellt, daß die Lorentzkraft für Ionen mit einem bestimmten M/E-Verhältnis verschwindet, diese Ionen also ungehindert das Filter passieren.

Der Vorteil dieses Filters soll durch ein Beispiel belegt werden. Doppelt ionisierte Ionen, z.B. P^{++}, erhalten beim Durchlaufen der Beschleunigungsstrecke die doppelte Energie und eignen sich daher für die Implantation tiefer Profile. Bezogen auf das einfach ionisierte Phosphoratom ist hier $M = 1, q = 2, E = 2$ und damit $ME/q^2 = 1/2$. Nun besteht die Möglichkeit, daß ein einfach geladenes Phosphormolekül (P_2^+) nach dem Durchlaufen der Extraktionsspannung, jedoch vor dem Eintritt in den Analysator, in ein neutrales Atom und ein einfach geladenes Ion zerfällt. Dieses Ion ist ebenfalls durch die Zahl $ME/q^2 = 1/2$ gekennzeichnet und passiert damit ebenfalls den Analysator. Das einfach geladene Ion verfälscht die Implantation hinsichtlich Tiefenprofil und Dosismessung und muß daher separiert werden. Dies erfolgt mit dem Wien-Filter, da die M/E-Verhältnisse unterschiedlich sind: $1/2$ für das P^{++}-Ion und 2 für das P^+-Ion.

5. Beschleunigungsstrecke. Die durch den Massenseparator ausgewählten Ionen gelangen in die Hauptbeschleunigungsstrecke und werden dort auf die gewünschte Energie gebracht. Bei der Angabe der Reichweiteparameter geht man stillschweigend davon aus, daß die Beschleunigungsspannung während der gesamten Implantationszeit konstant ist. Tatsächlich verlangt man, daß die durch Spannungsinstabilitäten hervorgerufene Variation der Eindringtiefe mindestens eine Größenordnung kleiner ist als die Streuung der erwarteten Fremdatomverteilung. Diese Bedingung erfordert eine Stabilisierung der Hochspannung auf weniger als 1%, erreicht werden etwa 0,1%.

Für die Implantation mit einer sehr geringen Energie bestehen zwei Möglichkeiten. Bei der ersten reduziert man die Extraktionsspannung und führt die Implantation ohne Nachbeschleunigung durch. Dies erfordert i.a. einen internen Maschineneingriff. Bei der zweiten läßt man die Extraktionsspannung unverändert, polt dafür die Hochspannung um und bremst damit die Ionen auf die gewünschte Energie ab.

6. Quadrupollinse. Wegen der Notwendigkeit, in Implantationsanlagen die Beschleunigungsspannung in weiten Bereichen zu variieren, kann die Linsenwirkung des Beschleunigers nur unvollkommen ausgenutzt werden. Deshalb werden dem Beschleuniger noch elektrostatische bzw. magnetische Quadrupollinsen nachgeschaltet, um den Fokus des Ionenstrahls möglichst in die Ebene der zu implantierenden Scheibe zu legen.

7. Ablenksystem. Im Sinne einer homogenen Dotierung der Scheibe ist es erforderlich, den Ionenstrahl während der Implantation gleichmäßig über die Scheibe zu führen. Die unterschiedlichen Ablenksysteme werden im Zusammenhang mit den Anlagetypen in Abschnitt 10.8.3 behandelt.

8. Neutralstrahlfalle. Durch Ladungsaustauschprozesse der Ionen mit den Restgasmolekülen kommt es je nach Betriebsdruck zu einem mehr oder weniger ausgeprägten Neutralteilchenstrahl. Die energetischen Neutralteilchen, die hinter dem Massenseparator entstehen, werden von dem elektrostatischen und magnetischen Rastersystem nicht abgelenkt und treffen den Kristall in einem Punkt (hot spot), sofern nicht zusätzliche Fallen für die neutralen Teilchen eingebaut sind. Diese Falle kann z.B. darin bestehen, daß das Führungsrohr abgeknickt wird und die Ionen mit Hilfe eines elektrischen Feldes auf eine entsprechend gekrümmte Bahn gebracht werden, während die neutralen Teilchen geradlinig weiterfliegen und von der Bewandung des Systems abgebremst werden.

9. Targetkammer. Die Targetkammer enthält die Vorrichtungen zur Aufnahme der zu implantierenden Scheiben und zur Bestimmung der implantierten Dosis. Die Dosis ist das zeitliche Integral des Ionenstromes durch eine wohldefinierte Fläche. Bei einem zeitlich konstanten Strom also

$$N_I = \frac{I\,t_I}{q\,A} \ . \tag{10.11}$$

Hierbei ist I der Strahlstrom, t_I die Implantationszeit, q die Ladung der Ionen und A die Referenzfläche. Der Strom wird während der Implantation aufintegriert. Der Stromintegrator ist i.a. in der Lage, nach Erreichen einer voreingestellten Dosis ein Signal abzugeben, mit dem der Ionenstrahl unterbrochen und die nächste Implantation eingeleitet werden kann.

Die Dosis kann durch den Neutralstrahl sowie durch Sekundärelektronen, die die Scheibe verlassen, verfälscht werden. Während der Dosisfehler infolge des Neutralstrahls durch die in Punkt 8. beschriebene Maßnahme vermieden wird, werden die Sekundärelektronen dadurch am Entweichen gehindert, daß entweder der Scheibenhalter als Faraday-Auffänger ausgebildet ist oder vor dem Scheibenhalter eine negativ geladene Suppressions-Blende angeordnet ist. Gelegentlich findet man auch Kombinationen dieser beiden Methoden.

Während der Implantation mit hohen Strömen kann es zu einer lokalen Aufladung der Scheiben kommen. Betroffen sind davon insbesondere die dielektrischen Schichten und die auf diesen Schichten isoliert angeordneten polykristallinen Siliziumbahnen. Folge der Aufladung ist ein elektrisches Potential, das den Ionenstrahl abbremst und defokussiert. Damit wird sowohl die laterale Homogenität als auch die vertikale Verteilung der Dotanten gestört. In manchen Fällen kann es sogar zum Durchbruch und damit zur Zerstörung der Schichten kommen. Viele Implanter besitzen daher in Scheibennähe angebrachte Elektronenquellen, aus denen die Scheibe während der Implantation mit Elektronen besprüht und damit die positive Ladung der implantierten Ionen kompensiert wird.

10. Vakuumsystem. Mit dem Vakuumsystem wird das Innere der Anlage von der Ionenquelle bis zur Targetkammer evakuiert und der Druck ständig überprüft. Der Betriebsdruck in der Quelle liegt nach dem Zünden des Plasmas bei 10^{-3} Torr. Um die Neutralisation der Ionen durch Stöße mit den Atomen des Restgases gering zu halten, sollte der Betriebsdruck innerhalb des Beschleunigers und der Endstation kleiner 10^{-5} Torr sein, typisch sind Werte kleiner 10^{-6} Torr.

Der Umgang und das Arbeiten mit einem Implanter sind bei Einhaltung der Sicherheitsvorschriften ungefährlich. Eine ausführliche Behandlung der Gefahrenursachen findet man in [10.20]. Hier nur einige Hinweise. Auf die Giftigkeit der verwendeten Gase ist bereits hingewiesen worden. Das Wechseln der Gasflaschen muß daher mit besonderer Sorgfalt erfolgen, u.U. sogar ein Atemschutzgerät getragen werden. Die Anlage ist vollkommen abgeschirmt und durch Interlock-Verriegelungen geschützt, so daß der Operator während des Betriebes nicht mit den spannungsführenden Teilen in Berührung kommen kann. Da die Ladungen auf den Anlageteilen nicht sofort nach Beendigung der Implantation abfließen, sollte man sie mit Hilfe eines Erdungsstabes entfernen, bevor man zu Wartungsarbeiten in die Anlage steigt. Bei der Entwicklung und dem Bau der Anlagen werden die Quellen der möglichen Röntgenstrahlung lokalisiert und mit Bleiplatten abgeschirmt, so daß das Bedienungspersonal während der Implantation geschützt ist. Trotzdem sollte man in regelmäßigen Abständen die Umgebung der Anlage mit einem Strahlungsmeßgerät überprüfen.

10.7.3 Anlagetypen

In Abb. 10.18 sind die unterschiedlichen Typen der Implantationsanlagen, unterteilt nach Strahlstrom und Energie, angegeben. Stark umrandet sind die heute bereits in der Fertigung eingesetzten Mittelstrom- und Hochstromanlagen.

Mittelstromanlagen (medium current implanter): MCI-Anlagen liefern typischerweise einen Ionenstrom von einigen $100\,\mu A$ bis maximal $2\,mA$. Die maximale, praktikable Dosis liegt entsprechend zwischen 10^{14} und $10^{15}\,cm^{-2}$. Das Einsatzfeld in der MOS-Technik ist die Einstellung der Schwellenspannung sowie die Wannen- und ChaStop-Implantation (Feld-Isolation). Die Ablenkung des Strahls erfolgt im elektrostatischen Rasterverfahren. Das Rastersystem besteht im einfachsten Fall aus zwei hintereinander angeordneten, um 90° zueinander verdrehten Ablenkkondensatoren, an die jeweils eine Dreieckspan-

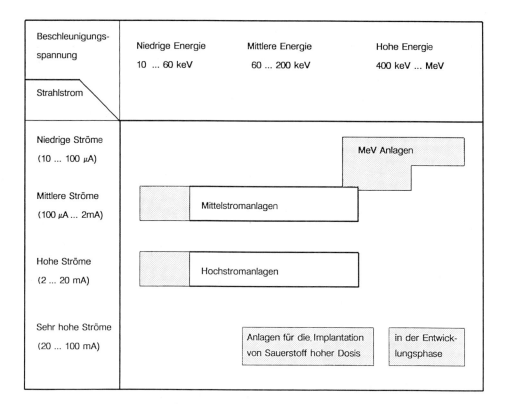

Beschleunigungs-spannung	Niedrige Energie 10 ... 60 keV	Mittlere Energie 60 ... 200 keV	Hohe Energie 400 keV ... MeV
Strahlstrom			
Niedrige Ströme (10 ... 100 μA)			MeV Anlagen
Mittlere Ströme (100 μA ... 2mA)		Mittelstromanlagen	
Hohe Ströme (2 ... 20 mA)		Hochstromanlagen	
Sehr hohe Ströme (20 ... 100 mA)		Anlagen für die Implantation von Sauerstoff hoher Dosis	in der Entwick-lungsphase

Abb. 10.18. Aufteilung von Anlagentypen nach Strahlstrom und Energie

nung gelegt wird. Zur Vermeidung von Lissajous-Figuren sollte der Frequenz-unterschied der beiden Spannungen entweder sehr groß oder sehr klein sein. Die typischen Werte liegen zwischen 10 Hz und 1 kHz. In jeden Fall muß sichergestellt sein, daß die Probe innerhalb der Implantationszeit genügend oft in dicht liegenden Zeilen überschrieben wird. Entscheidend ist, daß bei MCI-Anlagen die Scheiben seriell abgearbeitet werden. Die Scheibe steht während der gesamten Implantationszeit im Strahl und kann daher bei höheren Strömen Temperaturen von einigen 100 °C annehmen. Das ist i.a. unerwünscht, da die hohe Temperatur einerseits zu unkontrollierten Ausheileffekten während der Implantation führt und andererseits bei Verwendung einer Lackmaske der Lack stark angegriffen wird, durch Abdampfen den Druck innerhalb der Anlage unzulässig erhöht, u.U. sogar verfließt und damit die Maßhaltigkeit der selektiven Implantation beeinträchtigt. Aus diesen Gründen sind die Anlagen häufig mit kühlbaren Scheibenhaltern ausgestattet.

Hochstromanlagen (high current implanter). Hochstromimplanter können Ionenströme bis zu 20 mA liefern und damit Dosen von einigen 10^{16} cm^{-2} in wirtschaftlich vertretbarer Zeit implantieren. Typische Anwendungen in der MOS-Technik sind die S/D-Implantationen. HCI-Anlagen sind Batch-Maschinen. Es befinden sich bis zu 25 Scheiben, die auf einem Karussell angeordnet sind, gleichzeitig während der Implantation in der Targetkammer. Das Karussell rotiert während der Implantation mit ca. 1000 Umdrehungen/min und führt damit die Scheiben nacheinander durch den Strahl. Die Strahlführung senkrecht zu dieser mechanischen Bewegung kann entweder elektromagnetisch oder ebenfalls mechanisch erfolgen. Gestrichelt umrandet in Abb. 10.18 sind die Anlagen für die Implantation von Sauerstoff sehr hoher Dosis (SIMOX-Verfahren, Abschnitt 10.5), die bereits in einigen Forschungs- und Entwicklungszentren der Bauelement- und Scheibenhersteller eingesetzt werden, sowie die Anlagen, die ihrerseits noch in der Entwicklung stehen. Das sind Anlagen für sehr niedrige und sehr hohe Energien. Anlagen mit sehr niedriger Energie werden für die Herstellung ultraflacher pn-Übergänge benötigt. Die sehr hohen Energien sind z.B. für die Herstellung sogenannter retrograder Wannen im Rahmen eines CMOS-Prozesses erforderlich. Der Name dieser Wanne rührt daher, daß das Maximum der Dotierstoffkonzentration unterhalb der Siliziumoberfläche liegt, die Konzentration zur Oberfläche hin abfällt. Diese Wannen zeichnen sich durch eine niedrige Oberflächenkonzentration (geringe Schwellenspannung der aktiven Transistoren) bei hoher Sustratkonzentration aus (geringer Schichtwiderstand, Vermeidung des Latch-Up-Effektes). Anlagen, die einen sehr hohen Strom bei hoher Energie liefern können, werden für die Implantation gut leitender, vergrabener Schichten (buried layer) benötigt. Denkbar ist die Implantation von geeigneten Dotierelementen aber auch die Herstellung von vergrabenen Metall- bzw. Silizidschichten.

10.7.4 Durchsatz

Der dominante wirtschaftliche Parameter einer Implantationsanlage ist der erreichbare Durchsatz an Scheiben pro Stunde.Er ist gegeben durch

$$TP = \frac{3600\, z\, N}{t_I + t_V + t_H} \quad . \tag{10.12}$$

Hierbei ist t_I die Implantationszeit, t_V die Zeit des Abpumpens, t_H die Beladezeit (jeweils in s), z die Anzahl der Beladekammern und N die Anzahl der dem Ionenstrahl ausgesetzten Scheiben. Bei einer MCI-Anlage ist $N = 1$ und t_I die Implantationszeit einer Scheibe, bei einer HCI-Anlage ist t_I die Zeit für die Implantation der N Scheiben einer Batch. Abb. 10.19 zeigt qualitativ den Durchsatz als Funktion der Implantationsdosis in halblogarithmischer Darstellung. Für kleine Dosen ergibt sich ein dosisunabhängiger Durchsatz. Hier ist $t_I \ll t_V + t_H$, die Anlage damit schlecht ausgenutzt. Optimale Nutzung besteht für $t_I = t_V + t_H$, das ist im Übergangsbereich zum abfallenden Ast der Kurve in Abb. 10.19 der Fall. Für höhere Dosen sinkt der Durchsatz mit steigender Dosis. Jetzt ist $t_I > t_V + t_H$, der Durchsatz wird durch die Implantationszeit beschränkt. Je höher der Strom ist, den eine Anlage liefern kann, desto weiter verschiebt sich der dosislimitierende Bereich der Durchsatzkurve zu höheren Dosen. Typische Zahlen für Scheiben mit einem Durchmesser von 100 mm sind 200 Scheiben pro Stunde für die MCI-Anlage und 300 bis 400 Scheiben pro Stunde für die HCI-Anlage.

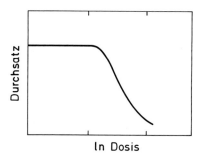

Abb. 10.19. Qualitative Darstellung des Durchsatzes implantierter Scheiben als Funktion der Dosis

11 Reinigungsverfahren

T. Evelbauer, G. Schumicki

11.1 Einleitung

Die Fertigungsausbeute hochintegrierter Schaltungen ist in erheblichem Maße von der Sauberkeit der Wafer während des gesamten Prozesses abhängig. Verunreinigungen können dabei sowohl Partikel als auch chemische Kontaminationen sein, die aus der Prozeßumgebung auf der Scheibenoberfläche adsorbiert werden. Beide Arten von Verunreinigungen können nicht streng voneinander getrennt werden, da chemische Bestandteile von Partikeln insbesondere bei Hochtemperaturprozessen in das Silizium eindiffundieren und die elektrischen oder mechanischen Eigenschaften des Materials lokal verändern können. Der folgende Abschnitt gibt einen Überblick über häufig vorkommende Arten der Verunreinigungen, ihre Herkunft und ihre Wirkung während des Herstellungsprozesses [11.1].

11.2 Arten der Verunreinigung

Partikelkontamination erfolgt durch Adsorption aus Umgebungsluft, Gasen, und Flüssigkeiten. Starke Quellen sind die im Reinstraum tätigen Personen durch Emission von Partikeln aus der Kleidung, Hautschuppen, Haaren, Make-Up; ebenso bewegliche Teile in Maschinen durch Abrieb sowie abplatzende Schichten z.B. in CVD-Prozessen. Anlagerung und Haftung der Partikel sind dabei stark vom jeweiligen elektrostatischen Ladungszustand abhängig. An der Scheibenoberfläche anhaftende Partikel führen in Fotoprozessen zu inhomogenen Lackdicken sowie Kurzschlüssen oder Unterbrechungen der Lackbahnen. Ätz- und Implantationsprozesse können lokal maskiert werden, so daß hier ebenfalls Kurzschlüsse oder Unterbrechungen auftreten können. Der Einbau von Partikeln in Isolatorschichten ergibt Stellen mit verminderter Durchbruchfestigkeit (weak spots) oder vertikalen Kurzschlüssen.

Metallkontamination erfolgt ebenfalls durch Adsorption aus Umgebungsluft, Gasen und Flüssigkeiten; Kontamination durch Schwermetalle ergibt sich häufig durch Abrieb von beweglichen Metallteilen, aber auch durch Absputtern von Metallteilchen in den Prozeßkammern in Plasmaprozessen. Da Metallatome beim Einbau im Siliziumgitter meist tiefliegende Störstellenniveaus ergeben, führt ihre Eindiffusion bei Hochtemperaturprozessen zu erhöhter Rekombination der Ladungsträger und verminderter Minoritätsträgerlebensdauer; weiterhin wirken sie als Quelle für oxidationsinduzierte Stapelfehler. Metallkontamination erfordert für den Nachweis meist einen hohen analytischen Aufwand.

Organische Kontamination erfolgt durch Partikel organischen Ursprungs, findet sich aber häufig auch in Form dünner organischer Schichten auf der Scheibenoberfläche, etwa durch Polymerisation bei Plasmaprozessen oder durch Rückstände bei der Fotolackentfernung. Weitere mögliche Quellen sind Ölrückstände aus den Pumpen bei Vakuumprozessen sowie Bakterien- oder Algenbildung in den Reinstwasseranlagen. Organische Verunreinigungen führen häufig zu schlechter Lackhaftung, aber auch zu verminderter Durchbruchfestigkeit dünner Oxide.

Für ionische Kontamination wesentlich ist die Anlagerung von alkalischen Verbindungen aus Prozeßchemikalien, wie z.B. Entwicklerflüssigkeiten, aus Gasen und Festkörpern (Quarz) durch Abrieb sowie aus dem Handschweiß. Natrium- und Kalium-Ionen führen bei entsprechenden Betriebsbedingungen zu nicht kontrollierbaren Verschiebungen der Schwellspannung von MOS-Transistoren.

Obwohl die Fertigung integrierter Schaltungen in Reinsträumen, unter Verwendung hochreiner Chemikalien und unter Beachtung strengster Kleidungsvorschriften und Verhaltensregeln erfolgt, kann eine völlig kontaminationsfreie Fertigungsumgebung nicht realisiert werden. Effektive Reinigungsverfahren müssen die oben beschriebenen Kontaminationen zwischen den Prozeßschritten beseitigen oder auf ein für die Funktionsfähigkeit der Bauelemente unkritisches Maß vermindern. Aus der Vielzahl möglicher Verfahren [11.2, 11.3] müssen dabei die mit dem jeweiligen Prozeßschritt verträglichen ausgewählt werden. Gesichtspunkte sind dabei neben der Effektivität auch die chemische Neutralität gegenüber bestimmten Schichten, die Qualität der verwendeten Chemikalien (z.B. Metall- und Partikelkontamination) sowie Fragen der Arbeitssicherheit und Ökologie (Entsorgung). Die folgenden Abschnitte können nur einen groben Abriß dieses komplexen Sachgebiets geben.

11.3 Mechanische Reinigungsverfahren

An der Scheibenoberfläche aufliegende Partikel werden meist durch mechanische Reinigungsverfahren entfernt. Während lose aufliegende Partikel schon durch einfaches Abblasen der Oberfläche mit trockenem Stickstoff entfernt werden können, erfordern stärker anhaftende Partikel zur Desorption den Einsatz mechanischer Energie in Bürsten- oder Hochdruckscrubbern sowie Ultraschallbädern. In Bürstenscrubbern werden rotierende zylindrische Bürsten oder Schwämme aus Nylon oder teflonartigen Materialien teils in direktem Kontakt mit der Oberfläche, meist aber (bedingt durch den Flüssigkeitsfilm) kontaktlos verwendet. In Hochdruckscrubbern erfolgt die Reinigung der Scheibenoberfläche durch Reinstwasserstrahlen unter hohen Drucken bis zu 10^7 Pa. Probleme können sich bei beiden Verfahren durch statische Aufladungseffekte ergeben; diese werden meist durch Zusatz von Alkohol zur Verbesserung der Leitfähigkeit reduziert. Im Gegensatz dazu erfolgt die Zuführung mechanischer Energie bei Verwendung von Ultraschall durch Kavitationseffekte in der Flüssigkeit. Die Frequenzen im Bereich von etwa 25 kHz können hierbei jedoch zur Ausbildung stehender Wellen im Material, speziell bei bestimmten Schichtzusammensetzungen, führen und damit Ursache mechanischer Schäden (Randausbrüche, Scheibenbruch, etc.) sein. Als Weiterentwicklung kann die Anwendung wesentlich höherer Schallfrequenzen bei 800 kHz betrachtet werden (Megaschall, Megasonics); der Energieübertrag erfolgt hier durch Hochdruck-Flüssigkeitswellen und umgeht den oben beschriebenen Effekt niedrigerer Frequenzen. Bei beiden Verfahren wird der mechanische Reinigungsvorgang meist durch Verwendung geeigneter Chemikalien chemisch unterstützt.

11.4 Chemische Reinigungsverfahren

Während manche Verbindungen durch einfaches Spülen in Reinstwasser (häufig bei erhöhter Temperatur) von der Scheibenoberfläche entfernt werden können, erfordern doch die weitaus meisten Kontaminanten zunächst die Überführung in einen löslichen Zustand [11.3-11.5]. Zur Anwendung kommen hier saure oder basische Lösungen, Oxidationsmittel oder Komplexbildner. Die Reihenfolge der verschiedenen Reagenzien ist dabei bedingt durch die chemische Zusammensetzung der Oberflächenkontamination. Da diese meist unbekannt ist, laufen übliche Reinigungsverfahren in drei Schritten ab:

1. Entfernung organischer Kontamination. Da organische Reste meist hydrophob (wasserabstoßend) wirken, können wässrige Lösungen erst nach diesem Schritt effizient angewandt werden.
2. Entfernung einiger Monolagen von der Oberfläche durch stark verdünnte Flußsäure. Dabei ist die Kompatibilität mit den vorausgegangenen Prozeßschritten sorgfältig zu prüfen (dünne Gateoxide etc.).
3. Reinigung der Oberfläche von metallischen Verunreinigungen.

In der Praxis laufen diese Schritte weitgehend automatisiert in Immersionsbädern oder vollautomatisch in zentrifugalen Sprühsystemen ab.

11.4.1 RCA-Reinigung

Die wohl populärste Reinigungsfolge ist die sogenannte RCA-Reinigung, die von Kern [11.4-11.6] in den RCA-Laboratorien entwickelt wurde und bis heute - teilweise modifiziert und speziellen Anforderungen angepaßt - angewendet wird. Auf den Ablauf dieses speziellen Verfahrens sei daher im Folgenden näher eingegangen.

In ihrer Grundform erfolgt die RCA-Reinigung in zwei Schritten. Die SC-1 (Standard Clean 1) genannte Lösung setzt sich dabei zusammen aus $NH_4OH/H_2O_2/H_2O$ im Verhältnis 1:1:6 bis 1:2:8 bei etwa 70 °C und entfernt neben organischen Resten auch Metalle, vorzugsweise Cu, Ag, Ni, Co und Cd. Die folgende, SC-2 genannte Lösung besteht aus $HCl/H_2O_2/H_2O$ im Verhältnis 1:1:6 bis 1:2:8 bei etwa 70 °C und entfernt insbesondere Metalle wie Au, Cu, Cr, Fe und Na. Die Effizienz dieses Schrittes kann erhöht werden, wenn der während der SC-1-Behandlung sich bildende Oxidfilm mit einem zusätzlichen kurzen Ätzschritt in stark verdünnter Flußsäure vorher entfernt wird. Starke Verdünnung und kurze Dip-Zeit sind dabei wesentlich, um eine Rekontamination von Metallen (plating) weitgehend zu vermeiden.

Vielfach wird vor der RCA-Reinigung noch eine speziell für organische Reste wirksame Reinigung vorgeschaltet. Für automatische Sprühprozeßmaschinen bietet sich hier die "Caro-Reinigung" an, die aus H_2SO_4/H_2O_2 im Volumenverhältnis von 2:1 bis 4:1 bei Temperaturen bis 90 °C besteht. Neben organischen Verbindungen (z.B. Photoresist) werden auch einige metallische Kontaminationen entfernt. Als Immersionsverfahren finden sich auch rauchende Salpetersäure und organische Photoresiststripper; mit Erfolg werden auch O_2-Plasmastrips eingesetzt.

Besonderes Augenmerk ist auf die verschiedenen Spülschritte in Reinstwasser zu richten, da diese sowohl zu Rekontamination beitragen können als auch zur Bildung hydrierter Oxide führen. Dies gilt insbesondere für den HF-Dip vor der SC-2-Reinigung; die Spülzeiten sollten hier so kurz wie möglich gehalten werden.

Die RCA-Reinigung läßt sich auch problemlos in Megaschallbädern einsetzen: bei Leistungsdichten von 5 bis 10 W/cm^2 können dabei Partikel bis hinunter zu 0,3 μm effizient entfernt werden [11.5]. Vorteilhaft ist dabei die niedrige Badtemperatur (etwa 40 °C) ohne Effizienzverlust für die Entfernung metallischer Kontamination.

11.4.2 HNO₃-Standardreinigung

Neben der RCA-Reinigung findet sich im europäischen Raum auch häufig die HNO_3-Standardreinigung, die aus der aufeinanderfolgenden Immersion in rauchender HNO_3 bei Raumtemperatur und 65% HNO_3 bei 90 bis 105 °C besteht. Auch hier werden zunächst organische, danach metallische Kontaminanten entfernt. Vergleichsmessungen zur RCA-Reinigung [11.3] resultierten in höheren metallischen Anteilen nach Anwendung von HNO_3. Da diese Art der Reinigung nur in Immersionsverfahren durchgeführt werden kann und rauchende HNO_3 einen niedrigen Dampfdruck aufweist, muß für die Absaugung der entstehenden Dämpfe ein beträchtlicher Aufwand getrieben werden, um Gesundheitsschäden auf der einen und Korrosionsproblemen bei benachbarten Maschinen auf der anderen Seite vorzubeugen. Nicht unberücksichtigt bleiben sollten auch ökologische Aspekte der Entsorgung, die zu einem Verbot von HNO_3 in USA führten.

11.5   Ausblick

Die Anwendung effizienter Reinigungsverfahren ist auch in absehbarer Zukunft als "Lebensversicherung" für die Ausbeute bei der Produktion hochintegrierter Schaltungen anzusehen. Verbesserungen sind auf der einen Seite auf dem maschinellen Sektor (z.B. Sprühsysteme, Megaschall) zu sehen, auf der anderen Seite von den Chemikalienherstellern zu fordern. Dies betrifft insbesondere die chemische Reinheit der verwendeten Chemikalien; ppb-Targets für Fremdstoffanteile müssen kurzfristig erreicht und langfristig deutlich unterschritten werden. Besondere Aufmerksamkeit ist auf die Trocknung der Scheiben nach naßchemischen Prozeßschritten zu richten. Ziel muß die Vermeidung von Rekontamination (besonders durch Partikel auf hydrophoben Oberflächen) sein. Hier sind kurzfristig Lösungen zu erwarten, die das Trockenschleudern in zentrifugalen Systemen ersetzen. Dazu gehören neben Entwicklungen im Laborstadium schon kommerziell erhältliche Trockensysteme, die eine berührungslose Trocknung in Isopropanol-Dampf ermöglichen, oder auch sogenannte "Slow-Pull-Systeme", die durch langsames Herausziehen der Scheiben aus den Spülbädern (z.T. temperaturunterstützt) einen zusätzlichen Trockenschritt überflüssig machen.

12 Prozeßintegration

P. Seegebrecht

12.1 Einleitung

In den vorangegangenen Kapiteln sind die Einzelprozesse behandelt worden, die der Strukturerzeugung (Lithographie), der Strukturübertragung (Ätzen), der Schichtabscheidung (Oxidation, CVD-Verfahren, Metallisierung) und der Schichtmodifikation (Diffusion, Implantation) dienen. Bei der Herstellung integrierter Schaltungen werden diese Einzelprozesse in einer wohldefinierten Reihenfolge, die in der Flowchart festgeschrieben ist, abgearbeitet. Man kann die Einzelprozesse, die der Erzeugung einer bestimmten Schaltungstopographie dienen, aus organisatorischen Gründen zu einem Prozeßmodul zusammenfassen. Mit Hilfe dieser Module werden Bauelemente definiert, benachbarte Strukturen voneinander isoliert, die Strukturen leitend miteinander verbunden und schließlich passiviert. Das Zusammenfügen der Einzelprozesse zu Prozeßmodulen und deren Integration zu einem Gesamtprozeß für die Herstellung integrierter Schaltungen unter Berücksichtigung der möglichen Wechselwirkungen zwischen den Einzelprozessen wird als Prozeßintegration bezeichnet. Beispiele für die angesprochene Wechselwirkung sind die Auswirkung der Oxidation auf die Dotierstoffverteilung, der Einfluß der Dotierstoffverteilung auf die Oxidationsrate, die Reflexion an Stufen bei der Strukturerzeugung, der Einfluß der beteiligten Materialien sowie des Bedeckungsgrades der maskierenden Substanz auf die Strukturübertragung als auch die Auswirkungen des nach der Implantation verbleibenden Strahlenschadens auf die Ätzrate. Die Prozeßfolge ist stets auf das Erzielen optimaler Bauelement- und Schaltungseigenschaften ausgerichtet, wobei allerdings i.a. ein Kompromiß zwischen der Prozeßkomplexität und der Leistungsfähigkeit der Schaltung eingegangen werden muß.

Die Merkmale einer integrierten Schaltung sind der Integrationsgrad, die Signalverarbeitungsgeschwindigkeit, die Leistungsaufnahme, die Zuverlässigkeit der Schaltung sowie Komplexität und Ausbeute und damit Kosten des Fertigungsprozesses. Zwischen diesen Merkmalen besteht ein Zusammenhang. Der Integrationsgrad steigt mit abnehmenden Schaltungsdimensionen und zunehmender Chipfläche. Die Chipfläche begrenzt die Ausbeute des Fertigungsprozesses auf einen Wert, der von Prozeßkomplexität und Qualität der Einzelprozesse mitbestimmt wird. Die Verringerung der Bauelementabmessungen kann zu Problemen mit Hinblick auf die Zuverlässigkeit der Schaltung führen (Auswirkung heißer Ladungsträger, Elektromigration). Gegenmaßnahmen erfordern i.a. eine höhere Prozeßkomplexität. Sowohl die Bauelementabmessungen (Treibereigenschaften, parasitäre Kapazitäten) als auch die Chipfläche (Leiterlänge, Signallaufzeit) bestimmen die Signalverarbeitungsgeschwindigkeit der Schaltung. Eine hohe Signalverarbeitungsgeschwindigkeit erfordert in jedem Fall hohe Ströme zum Umladen der Lastkapazitäten. Das bedeutet eine hohe Leistungsaufnahme und damit Erwärmung der Schaltung. Eine hohe Temperatur senkt i.a. die Zuverlässigkeit der Schaltung und begrenzt schließlich den Integrationsgrad, will man eine aufwendige Kühlung bei der Aufbau- und Verbindungstechnik vermeiden.

Während die hohe Signalverarbeitungsgeschwindigkeit das dominierende Merkmal der Bipolartechnik ist, sprechen alle anderen Merkmale für die CMOS-Technologie als Fertigungsverfahren für die VLSI-(Very Large Scale Integration) bzw. die zukünftigen ULSI-Schaltungen (Ultra Large Scale Integration). Eine aussichtsreiche Kombination aus beiden Techniken stellt die BICMOS-Technik dar. Wir beschränken uns in diesem Kapitel auf die CMOS-Technologie, genauer auf die CMOS-Technologie für die Herstellung von Digitalschaltungen. Im nächsten Abschnitt werden zunächst die Vorteile der CMOS-Technik dargestellt und Probleme behandelt, die beim Übergang zu kleinen Bauelementabmessungen zu beachten sind. Danach werden wir ausführlich jene Prozeßmodule behandeln, die zum sogenannten Front End des Herstellungsprozesses zählen. Abschnitt 12.4 gibt einen kurzen Abriß der Entwicklungsstrategie bei der Prozeßentwicklung, Abschnitt 12.5 den Fertigungsablauf für einen 1,2 μm CMOS-Prozeß an. Abschnitt 12.6 stellt mit der SOI-CMOS-Technik eine Technik für zukünftige Anwendungen vor.

12.2 CMOS-Technik

Der Begriff CMOS steht abkürzend für "Complementary MOS". Hierunter versteht man die Integration der zueinander komplementären N-Kanal- und P-Kanal-Transistoren in einem Substrat. Diese Integration erfordert zunächst die Erzeugung großflächiger Gebiete mit komplementären Grunddotierungen, sogenannte Wannen. Bei der Einwannentechnik ergeben sich zwei Möglichkeiten: entweder man geht von n-leitendem Grundmaterial (also phosphordotiertem Si) aus und erzeugt p-leitende Wannen (P-Wannentechnik) oder man wählt p-leitendes Grundmaterial und erzeugt n-leitende Wannen (N-Wannentechnik). Die CMOS-Technik ist parallel zur PMOS-Technik entwickelt worden, die die Wahl für die Fertigung der ersten integrierten MOS-Schaltungen in den späten 60'er Jahren darstellte. Der Grund dafür ist vor allem die positive Oxidladung an der Grenzfläche $Si - SiO_2$ (Abschnitt 6.5.3), die die Fertigung von P-Kanal-Transistoren vom Enhancementtyp begünstigte. Die Herstellung von N-Kanal-Transistoren vom Enhancementtyp war nur in einem entsprechend hoch dotierten Substrat möglich, wobei dann allerdings der inhärente Vorteil der N-Kanal-Transistoren, nämlich die hohe Beweglichkeit der Elektronen, verloren ging. Für die komplementäre MOS-Technik folgte daraus die Integration der P-Kanal-Transistoren in das n-leitende Substrat und die Einbettung der N-Kanal-Transistoren in die höher dotierte P-Wanne. Traditionelle CMOS-Hersteller bevorzugen daher die P-Wannen-Technik.

Verbesserte Fertigungsmethoden sowie die Einführung der Ionen-Implantation zur präzisen Einstellung der Dotierstoffmenge erlaubten dann in den 70'er Jahren die Einführung der NMOS-Enhancement-Technik als Fertigungstechnik für die Großintegration. Traditionelle NMOS-Hersteller, die im Zuge der Steigerung des Integrationsgrades den Übergang zur CMOS-Technik nachvollziehen, erweitern den erprobten NMOS-Prozeß durch Hinzufügen weiterer Prozeßschritte zu einem CMOS-Prozeß. Das Ergebnis ist dann ein N-Wannen-Prozeß. Über den Vorteil der P-Wannentechnik gegenüber der N-Wannentechnik und umgekehrt ist oft und ergebnislos gestritten worden. Letztlich bestimmt die Anwendung die Wahl der Wannentechnik. Einige Beispiele werden in Abschnitt 12.3.3 angegeben. Hinzu kommt, daß es sich mit dem Übergang zu Strukturen unterhalb von $1\,\mu$m (Submikrontechnik) als notwendig erweist, die N-Kanal- und P-Kanal-Transistoren unabhängig voneinander optimieren zu können. Dazu werden die N-Kanal-Transistoren in eine P-Wanne und die P-Kanal-Transistoren in eine N-Wanne integriert. Man spricht dann von der Doppelwannentechnik (Twin Tub).

12.2.1 Welche Vorteile bietet die CMOS-Technik?

Die Vorteile, die die CMOS-Technik für die digitale Signalverarbeitung bietet, lassen sich am Beispiel eines einfachen logischen Grundelementes, des Inverters, demonstrieren. Abb. 12.1 zeigt die Querschnittsdarstellung eines CMOS-Inverters in N-Wannentechnik zusammen mit dem elektrischen Ersatzschaltbild, der Transferkennlinie und der Querstromcharakteristik. Die Source-Inseln der Transistoren sind mit dem jeweiligen Substrat elektrisch leitend verbunden: die Source-Insel des N-Kanal-Transistors liegt mit dem Substratanschluß der Scheibe auf Nullpotential, die Source-Insel des P-Kanal-Transistors mit dem Anschluß der N-Wanne auf dem Potential V_{DD}. Die Gate-Elektroden sind zu einem gemeinsamen Eingang, die Drain-Inseln zu einem gemeinsamen Ausgang verschaltet. Liegt der Eingang auf Nullpotential, so ist der N-Kanal-Transistor gesperrt, der P-Kanal-Transistor elektrisch leitend, der Ausgang nimmt damit das Potential V_{DD} an. Liegt umgekehrt der Eingang auf V_{DD}, so ist der N-Kanal-Transistor leitend und der P-Kanal-Transistor gesperrt, der Ausgang liegt auf Nullpotential. Dieser Inversion der Zustände verdankt die Schaltung ihren Namen.

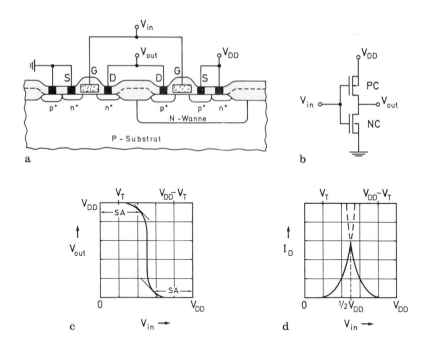

Abb. 12.1. CMOS-Inverter: a) Schematische Querschnittsdarstellung eines Inverters in N-Wannentechnik, b) elektrisches Ersatzschaltbild, c) Transferkennlinie, *SA* bezeichnet den Störabstand gemäß (12.1), d) Querstromcharakteristik

Abb. 12.1c zeigt die Transferkennlinie, die den Wert der Ausgangsspannung V_{out} als Funktion der Eingangsspannung V_{in} des Inverters angibt. Der Darstellung liegen betragsmäßig gleiche Verstärkungsfaktoren $\beta = \mu C_i W/L$ und Schwellenspannungen $V_{TN} = -V_{TP} = V_T$ der N- und P-Kanal-Transistoren zugrunde. Weiterhin ist ein verschwindender Ausgangsleitwert im Sättigungsbereich der komplementären Transistoren angenommen worden. Das führt hier zu dem vertikalen Ast der Transferkennlinie bei $V_{in} = 1/2\,V_{DD}$. Als Störabstand bezeichnet man die Potentialdifferenz zwischen den stationären Endwerten von V_{in}, nämlich $V_{in} = 0\,\text{V}$ und $V_{in} = V_{DD}$, und dem Wert von V_{in}, für den die Ableitung $dV_{out}/dV_{in} = -1$ ist. Mit den getroffenen Annahmen erhält man für den Störabstand SA

$$SA = \frac{3V_{DD} + 2V_T}{8} \ . \tag{12.1}$$

Wie Abb. 12.1c zeigt, gibt der Störabstand an, um wieviel sich die Eingangsspannung von ihrem stationären Wert verschieben darf, bevor der Inverter in den anderen Zustand übergeht. Gemäß (12.1) sollten V_{DD} und V_T im Sinne einer hohen Störsicherheit hohe Werte annehmen. Prinzipiell darf die Betriebsspannung in $2V_T \leq V_{DD} \leq BV$ liegen. Hierbei ist BV die relevante Durchbruchspannung (Diodendurchbruch, Gated-Breakdown, Punch-Through). Der daraus resultierende große Betriebsspannungsbereich ist einer der Vorteile der CMOS-Technik. Die Wahl der Betriebsspannung wird durch die Anwendung bestimmt. Batteriebetriebene Uhrenschaltkreise erfordern eine niedrige Betriebsspannung, während störsichere Logikschaltkreise gemäß (12.1) eine hohe Spannung V_{DD} benötigen. Da eine hohe Spannung V_{DD} einen großen logischen Hub impliziert, zeichnen sich die störsicheren Schaltungen auch meist durch eine geringe Geschwindigkeit aus. Im allgemeinen wird $V_{DD} = 5\,\text{V}$ gewählt. Dieser Wert stellt den heutigen Industriestandard dar, der die Kompatibilität zwischen den auf dem Markt erhältlichen Schaltungen gewährleistet. Bei der Festlegung der Schwellenspannung ist zu berücksichtigen, daß ein hoher Treiberstrom der Transistoren (hohe Geschwindigkeit) ein geringes V_T erfordert, während ein geringer Reststrom im Standby-Betrieb (I_{off}, siehe Abb. 12.2) einen hohen Wert von V_T begünstigt. Aus den genannten Gründen wird häufig als Kompromiß ein Wert der Schwellenspannung von

$$V_T = \frac{1}{4} \cdots \frac{1}{5}\, V_{DD} \tag{12.2}$$

gewählt. Abb. 12.1d zeigt den Querstrom als Funktion der Eingangsspannung. In beiden stationären Zuständen des Inverters ist einer der beiden Transistoren gesperrt, es fließt kein Kanalstrom, allenfalls der Sperrstrom des jeweils sperrenden Transistors. Lediglich im Spannungsintervall $V_{TN} < V_{in} < V_{DD} + V_{TP}$ sind kurzzeitig beide Transistoren leitend und es fließt der dargestellte Querstrom mit dem Maximum bei $V_{in} = 1/2\,V_{DD}$.

Das charakteristische Schaltverhalten des CMOS-Inverters (oder ganz allgemein der CMOS-Basiselemente) führt zu einer geringen Leistungsaufnahme der CMOS-Logikschaltungen. Im Ruhezustand (Standby-Betrieb) der Schaltung wird die Leistungsaufnahme im Gegensatz zu einer äquivalenten NMOS-Schaltung nur von den Sperrströmen der beteiligten Dioden bestimmt: $P_{stat} = \sum I_{sperr} V_{DD}$. Dieser Beitrag ist um Größenordnungen kleiner als bei der äquivalenten NMOS-Schaltung. Die dynamische Leistungsaufnahme wird bestimmt durch die Querstromkomponente der schaltenden Gatter und den Strom, der für das Umladen der kapazitiven Lasten benötigt wird. Berücksichtigt man nur die Laststromkomponente, so ist die dynamische Leistungsaufnahme eines Inverters mit der Last C_L gegeben durch $P_{dyn} = C_L V_{DD}^2 f$. Man erkennt, daß die Absenkung der Betriebsspannung ein sehr wirksames Verfahren zur Erniedrigung der Leistungsaufnahme ist. Man erkennt aber auch, daß die Leistungsaufnahme linear mit der Frequenz steigt und prinzipiell bei entsprechend hoher Frequenz größer sein kann als die von der äquivalenten NMOS-Schaltung aufgenommenen. Da jedoch bei der überwiegenden Zahl der Anwendungen nicht alle Gatter einer CMOS-Schaltung mit höchster Frequenz schalten, ist die Leistungsaufnahme der Schaltung in der CMOS-Realisierung i.a. niedriger als in der NMOS-Realisierung.

Eine Folge der geringen Leistungsaufnahme ist die mäßige Erwärmung des integrierten Systems. Das bedeutet mit Hinblick auf die Systemkomplexität, daß selbst bei einer Erhöhung des Integrationsgrades sich der Aufwand für das Kühlen des integrierten Systems in gewissen Grenzen hält. Manche Systemrealisierung ist daher in der CMOS-Technik überhaupt erst möglich. In jedem Falle ergeben sich aus dieser Eigenschaft der CMOS-Technik Vorteile für die Aufbau- und Verbindungstechnik.

Die geringe Erwärmung hat zudem eine größere Lebensdauer der Bauelemente hinsichtlich gewisser Ausfallmechanismen und damit eine höhere Zuverlässigkeit der Schaltung zur Folge. Zu den angesprochenen Ausfallmechanismen zählen die Elektromigration sowie die Spannungsfestigkeit der dielektrischen Schichten. In beiden Fällen läßt sich die Lebensdauer relativ gut durch ein Arrhenius-Gesetz mit positiven Exponenten beschreiben, d.h. sie nimmt mit zunehmender Betriebstemperatur der Schaltung ab. Neben dem indirekten Einfluß über die Temperatur hat die geringe Strombelastung der Leiterbahnen einer CMOS-Schaltung noch einen direkten Einfluß auf die Zuverlässigkeit. Während bei einer NMOS-Schaltung im Mittel während 50% der Betriebszeit der maximale Strom durch die Leiterbahnen fließt, ist dies bei der CMOS-Schaltung nur während des Umschaltvorganges der Fall. Auch hieraus resultiert eine höhere Lebensdauer mit Hinblick auf die Elektromigration für die CMOS-Schaltung.

Neben Vorteilen lassen sich für die CMOS-Technik auch eine Reihe von Problemen nennen, die aus der erhöhten Schaltungs- und Prozeßkomplexität resultieren. So führt z.B. der Übergang von der NMOS- zu der CMOS-Realisierung einer Schaltung i.a. zu einem höheren Platzbedarf auf der Scheibe. Aus wirtschaftlichen Gründen müssen Maßnahmen getroffen werden, die diesen zusätzlichen Platzbedarf minimieren. Eine Maßnahme besteht in der Verkleinerung der Bauelementabmessungen (Shrinkverfahren, Abschnitt 13.5). Ziel dieser Maßnahme ist es, die Anzahl der funktionstüchtigen Chips pro Scheibe soweit zu erhöhen, daß die aufgrund der erhöhten Komplexität des CMOS-Prozesses gestiegenen Fertigungskosten pro Scheibe kompensiert und somit die Herstellungskosten pro Chip etwa gleich bleiben.

Auch bei dem Bemühen immer mehr Funktionen auf einem Chip zu integrieren (Systemintegration), bestimmen Ausbeute und Fertigungskosten den Trend hin zu kleineren Bauelementabmessungen. Die primär durch wirtschaftliche Argumente begründete Strukturverkleinerung bringt natürlich auch Vorteile hinsichtlich der Schaltzeit der Bauelemente und damit der Signalverarbeitungsgeschwindigkeit. Mit der Strukturverkleinerung treten jedoch i.a. Mechanismen verstärkt in den Vordergrund, die zu einer Störung der Bauelementfunktion und damit zu einer Beeinträchtigung der Schaltungszuverlässigkeit führen können. Aus der Forderung nach störungsresistenten Bauelementen erwachsen daher Anforderungen an die Prozeßarchitektur, die sich in der Flowchart des technologischen Fertigungsprozesses wiederfinden. Einige dieser Störmechanismen treten gleichermaßen bei NMOS- und CMOS-Schaltungen auf, andere wiederum sind CMOS-typisch. Im folgenden werden die wesentlichen physikalischen Phänomene (häufig als Kurzkanal-Effekte bezeichnet) diskutiert.

12.2.2 Probleme beim Übergang zu kleinen Strukturen

Kanallängenmodulation

Oberhalb der Sättigungsspannung $V_{D,sat}$ dehnt sich die drainseitige Raumladungszone mit wachsender Spannung V_{DS} in Richtung des Kanales aus und verkürzt damit die effektive, von der Gate-Elektrode gesteuerten Kanallänge. Dies äußert sich in einem von Null verschiedenen Kanalleitwert im Sättigungsbereich des Transistors und damit in einer endlichen Spannungsverstärkung im Umschaltpunkt des Inverters (d.h. endliche Steigung der Transferkennlinie für $V_{in} = 1/2 V_{DD}$). Die Folge ist ein verringerter Störabstand. Gegenmaßnahmen sind solche, die den Einfluß des Gate-Feldes auf den Kanalbereich stärken und den des Drain-Feldes schwächen. Dazu zählen die Verringerung der Gate-Oxidstärke t_{ox} sowie die Erhöhung der Substratdotierung N_{sub} und die Verringerung der Eindringtiefe x_j der Source/Drain-Inseln (kurz S/D-Inseln).

Die Auswahl dieser Parameter ist nicht frei, sondern muß unter Berücksichtigung weiterer Randbedingungen erfolgen. So hat die Verringerung der Oxidstärke eine Reduktion der Oberflächenbeweglichkeit der Ladungsträger zur Folge und kann weiterhin zu einer erhöhten Ausfallsrate der Bauelemente aufgrund des elektrischen Durchbruchs des Gate-Oxides führen. Die Folge der erhöhten Substratdotierung ist eine erhöhte Schwellenspannung mit ihren Auswirkungen auf die Treibereigenschaften des Transistors, ein erhöhter Substrateffekt, erhöhte Diffusionskapazitäten sowie eine verringerte Durchbruchspannung der S/D-Inseln. Der entscheidende negative Einfluß der Verringerung der Eindringtiefe der S/D-Inseln äußert sich in der Erhöhung der Widerstände dieser Inseln, die als Serienwiderstände des MOS-Transistors dessen Treibereigenschaften (Sättigungsstrom, Steilheit) verschlechtern.

Draindurchgriff

Dieses Phänomen wirkt sich gleichermaßen auf die Schwellenspannung (DIBL) und die Spannungsfestigkeit (Punch-Through) des Bauelementes aus. Der Einfluß der Drainspannung auf die Schwellenspannung (DIBL = **D**rain **I**nduced **B**arrier **L**owering) läßt sich anhand der Abb. 12.2 erläutern. Abb. 12.2a zeigt qualitativ die potentielle Energie der Elektronen längs des Kanales von der Source- zur Drain-Insel für einen N-Kanal-Transistor mit $V_{BS} = 0$ V, $V_{GS} < V_T$ und $V_{DS} > 0$ V. Die durchgezogene Linie gibt den Verlauf für einen Langkanaltransistor, die gestrichelte für einen Kurzkanaltransistor an. Zunächst zum Langkanaltransistor. Die Diffusionsspannung der Source-Substrat-Diode erzeugt eine Potentialbarriere, die die Injektion von Elektronen aus der Source-Insel in das Substrat verhindert. Die Barrierenhöhe sowie die Ausdehnung der Raumladungszone (gekennzeichnet durch den abfallenden Ast des Potentials) sind an der Drainseite des Transistors aufgrund der positiven Spannung V_{DS} größer. Mit dem Anlegen einer negativen Substrat-Source-Spannung V_{BS} wird das Plateau zwischen den beiden Raumladungszonen angehoben (die Barriere wird erhöht), mit einer positiven Gate-Source-Spannung

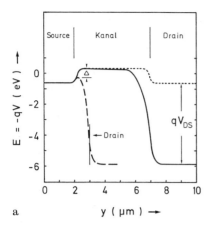

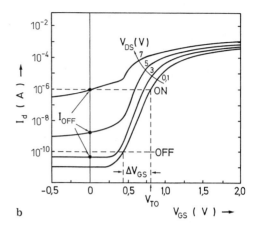

a   y (μm) →   b V_{GS} (V) →

Abb. 12.2. Zum Draindurchgriff: a) Potentielle Energie der Elektronen längs des Kanals für einen N-Kanal-Transistor mit $V_{BS} = 0\,\text{V}$, $V_{GS} < V_T$. Die gepunktete Linie gibt die Energie für $V_{DS} = 0\,\text{V}$, die durchgezogene Linie für $V_{DS} > 0\,\text{V}$ für einen Langkanal-, die gestrichelte Linie für einen Kurzkanaltransistor wieder.
Δ bezeichnet die Erniedrigung der Barrierenhöhe aufgrund des Durchgriffs des Drainfeldes auf das Feld der Source-Insel; b) Transferkennlinie eines N-Kanal-Transistors mit $W/L = 20/1,5$. Der Durchgriff des Drainfeldes bewirkt eine Verschiebung der Schwellenspannung sowie eine Erhöhung des Stromes I_{off}.

V_{GS} wird das Plateau und damit die Barrierenhöhe abgesenkt. Je kleiner die Potentialbarriere, desto größer ist die Anzahl der Elektronen, denen eine Überquerung der Barriere gelingt. Es fließt daher bereits für $V_{GS} < V_T$ ein geringer Strom, der exponentiell von der Barrierenhöhe abhängt (Subthreshold-Strom).

Bei hinreichend kleinem Abstand zwischen Source und Drain (Kurzkanaltransistor) erreichen die Feldlinien der drainseitigen Raumladungszone bereits bei Spannungen unterhalb der Spannung V_{DD} die sourceseitige Raumladungszone. Dies ist gleichbedeutend mit einem Abbau der Majoritätsladungsträger (Löcher) zwischen Source und Drain und dies wiederum bedeutet, daß man eine kleinere Spannung V_{GS} für den Einsatz der starken Inversion benötigt. Ist der Bereich zwischen Source und Drain bereits für $V_{GS} = 0\,\text{V}$ von Majoritätsträgern ausgeräumt, so induzieren die Feldlinien, die ihre Quellen im Drainbereich besitzen, bei einer Erhöhung des Drainpotentials ihre Senken im Source-Bereich: man hat nun eine direkte kapazitive Kopplung zwischen Drain und Source. Die Überlagerung von Drain- und Source-Feld schlägt sich in einer Erniedrigung der Barrierenhöhe und damit der Schwellenspannung nieder. Neben der Erhöhung des Stromes I_{off} (Subthresholdstrom für $V_{GS} = 0\,\text{V}$) bewirkt die von V_{DS} abhängige Schwellenspannung einen endlichen Leitwert des Transistors im Sättigungsbereich mit den bereits genannten Nachteilen hinsichtlich Spannungsverstärkung und Störabstand.

Die Maßnahmen, die zur Vermeidung des DIBL-Effektes beitragen sind jene, die eine zu starke Ausdehnung der Source- und Drain-Raumladungszonen verhindern. D.h. für die Technologieparameter: Verringerung der Gate-Oxidstärke und damit Erhöhung der Kopplung zwischen Gate und Kanal, Erhöhung der Dotierstoffkonzentration innerhalb des Kanales sowie Verringerung der Eindringtiefe der S/D-Inseln. Die dabei zu beachtenden Randbedingungen sind weiter oben schon genannt. Ein besonderes Augenmerk ist bei der N-Wannentechnik auf den P-Kanal-Transistor zu richten. Aus Gründen einer geringen Prozeßkomplexität und erhöhten Prozeßstabilität werden die Gate-Elektroden für den N-Kanal- und den P-Kanal-Transistor aus phosphordotiertem polykristallinen Silizium hergestellt. In Abschnitt 12.3.5 wird gezeigt, daß aufgrund der Bor-Implantation zur Einstellung der Schwellenspannung der Transistoren der P-Kanal-Transistor zum Buried Channel-Transistor wird. Das bedeutet, daß der oberflächennahe Bereich der N-Wanne umdotiert ist. Damit wird das Potential in diesem Bereich abgesenkt, insbesondere die Potentialbarriere im Source-Bereich. Numerische Berechnungen zeigen, daß die entstehende Potentialmulde um so tiefer, d.h. die Absenkung der Barriere um so stärker ist, je tiefer die p-leitende Schicht in die Wanne reicht. Das hat zur Folge, daß bei dem P-Kanal-Transistor der DIBL-Effekt um so stärker ausgeprägt ist, je tiefer die p-leitende Schicht reicht. Neben den oben genannten Maßnahmen kommt daher bei dem P-Kanal-Transistor noch die Forderung hinzu, die Bor-Implantation zur Einstellung der Schwellenspannung so flach wie möglich auszuführen.

Wie oben beschrieben, wird aufgrund des Durchgriffs des Drainfeldes die Potentialbarriere am Source-Übergang erniedrigt. Bei einer entsprechend hohen Spannung V_{DS} kann der Source-Übergang lokal in Flußrichtung gepolt werden, es kommt zu einem starken Strom zwischen Source und Drain. Dieser Zustand wird als Punch-Through bezeichnet. Abb. 12.2b zeigt die Auswirkungen des DIBL-Effektes und des Punch-Through auf das Bauelementverhalten am Beispiel der Transferkennlinie eines N-Kanal-Transistors ($\log I_D$ über V_{GS}). Die Kennlinien sind an einem Transistor mit einem W/L-Verhältnis (Weite zu Länge) von 20/1,5 aufgenommen worden, wobei die Spannung V_{DS} als Parameter variiert wurde. Häufig wird die Schwellenspannung V_T als diejenige Spannung V_{GS} definiert, für die $I_D = 1\,\mu\text{A}$ ist. Bei einer Spannung $V_{DS} = 0{,}1\,\text{V}$ ist demnach in unserem Beispiel $V_T = 0{,}8\,\text{V}$.

Betrachtet man den Transistor bei einem Strom $I_D < 100\,\text{pA}$ als gesperrt, so kann man der Kennlinie die Eingangsspannungsänderung ΔV_{GS} entnehmen, die notwendig ist, um den Transistor aus dem gesperrten in den geöffneten Zustand zu überführen und umgekehrt. Aufgrund dieses Sachverhaltes spricht man auch hier von einer Transferkennlinie. Ein Maß für die erforderliche Eingangsspannungsänderung ist der Kehrwert der Steigung im Unterschwellenbereich, der sogenannte Swing S, für den näherungsweise gilt [12.1]

$$S = U_T \ln 10 \cdot \left(1 + \frac{C_D}{C_i}\right), \tag{12.3}$$

mit der Raumladungskapazität $C_D = \varepsilon_s/W$ und der Oxidkapazität $C_i = \varepsilon_{ox}/t_{ox}$. Der Swing sollte möglichst klein sein. Man erreicht dies mit einer großen Ausdehnung der Raumladungszone W (geringe Dotierstoffkonzentration im Kanal!) und einer geringen Oxidstärke t_{ox}. Der untere Grenzwert liegt bei Raumtemperatur bei ca. 60 mV/Dekade. Mit steigender Spannung V_{DS} entnimmt man der Abb. 12.2b zunächst eine Abnahme der Schwellenspannung (DIBL-Effekt), eine Zunahme des Sperrstromes I_{off} und schließlich einen kräftigen Strom bei $V_{GS} = 0\,\mathrm{V}$ (Punch-Through).

Die Maßnahmen zur Verschiebung der Punch-Through-Spannung zu höheren Werten sind die gleichen, die zur Vermeidung des DIBL-Effektes getroffen werden müssen: geringe Oxidstärke, hohe Dotierstoffkonzentration, flache S/D-Inseln sowie, beim P-Kanal-Transistor, eine möglichst flache p-leitende Schicht innerhalb der N-Wanne. Da mit der Einstellung der Schwellenspannung des N-Kanal-Transistors die Dotierstoffkonzentration im oberflächennahen Bereich bereits angehoben ist (und damit der DIBL-Effekt vermieden wird), wird sich der Punch-Through-Pfad unterhalb der Kanalimplantation ausbilden, häufig in der Tiefe der Bodenfläche der S/D-Inseln. Die Erhöhung der Dotierstoffkonzentration in dieser Tiefe erfordert eine zweite Implantation mit entsprechend hoher Energie, während der die P-Kanal-Transistoren mit Fotoresist abgedeckt sind (Anti-Punch-Through-Implantation, Abschnitt 12.3.5).

Drain-Substrat-Durchbruch (Snap Back)

Bei einem Langkanaltransistor wird die Spannungsfestigkeit des Transistors durch den Drain-Substrat-Durchbruch bestimmt. Dazu muß das elektrische Feld im Drainbereich so hoch sein, daß die Energie der Ladungsträger ausreicht, um per Stoßionisation den Avalanche-Effekt auszulösen. Unabhängig von geometrischen Randbedingungen ist die elektrische Feldstärke innerhalb der Drain-Substrat-Raumladungszone umso größer, je höher die Substratdotierung und je steiler der Konzentrationsgradient zwischen Drain und Substrat ist. Bei einem MOS-Transistor tritt der Durchbruch häufig im Überlappungsgebiet zwischen Gate und Drain auf, da je nach Potential der Gate-Elektrode hier die Dichte der Äquipotentialflächen, also die Feldstärke, am größten ist (Gated-Breakdown). In diesem Falle ist dann die Drain-Source-Durchbruchspannung kleiner als die Drain-Substrat-Durchbruchspannung, obwohl in beiden Fällen die Drain-Substrat-Diode durchbricht.

Bei einem Kurzkanaltransistor wird der Unterschied zwischen Drain-Source- und Drain-Substrat-Durchbruchspannung noch zusätzlich von der Kanallänge beeinflußt: mit abnehmender Kanallänge kann die Drain-Source-Durchbruchspannung drastisch sinken. Dieser als Snap Back bezeichnete Effekt hat seine Ursache in der Auswirkung des durch Source, Substrat und Drain gebildeten parasitären Bipolartransistors (siehe Abb. 12.3). Bei diesem ist die Emitter-Kollektor-Durchbruchspannung BV_{EC} (die der Drain-Source-Durchbruchspannung entspricht) gemäß der Stromverstärkung B des Transistors kleiner als die Basis-Kollektor-Durchbruchspannung BV_{BC} (die der Drain-

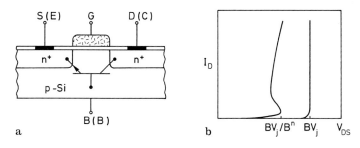

Abb. 12.3. Der 'Snap Back'-Effekt: a) Schematische Querschnittsdarstellung eines N-Kanal-Transistors. Source, Substrat und Drain bilden den Emitter, die Basis und den Kollektor des parasitären NPN-Transistors; b) die Durchbruchspannung des MOS-Transistors verringert sich aufgrund der Wirkung des parasitären Bipolartransistors (siehe (12.4)).

Substrat-Durchbruchspannung entspricht):

$$BV_{EC} = \frac{BV_{BC}}{B^n} , \quad n > 1 \quad . \tag{12.4}$$

Der Snap Back, d.h. das Sinken der Durchbruchspannung, beginnt mit der Stoßionisation im Drainbereich. Da die Ionisationswahrscheinlichkeit durch Elektronen um Größenordnungen größer ist als die durch Löcher, ist der 'Snap Back'-Effekt bei N-Kanal-Transistoren ausgeprägter als bei P-Kanal-Transistoren. Die generierten Löcher fließen als Substratstrom teilweise zur Source-Insel und erniedrigen hier die Potentialbarriere. Die Source-Insel injiziert daraufhin Elektronen, die die Ladungsträgergeneration im Drainbereich und damit den Substratstrom erhöhen. Die Potentialbarriere wird weiter abgebaut, der parasitäre Bipolartransistor geht in den leitenden Zustand über. Da i.a. die Stromverstärkung eines Bipolartransistors bis zum Erreichen der Hochinjektion steigt, fällt gemäß (12.4) die Durchbruchspannung. Dieser Effekt ist bei Kurzkanaltransistoren ausgeprägter, da mit der Kanallänge die Basisweite des Bipolartransistors abnimmt und damit ein größerer Anteil der injizierten Elektronen ohne zu rekombinieren den Drainbereich erreicht und dort die Ladungsträgervervielfachung unterstützt.

Die geeigneten Gegenmaßnahmen sind demnach jene, die das Drainfeld und damit die Ionisationswahrscheinlichkeit erniedrigen und die Stromverstärkung des Bipolartransistors reduzieren. Zur ersten Kategorie gehören die Erhöhung der Gate-Oxidstärke und der Eindringtiefe der S/D-Inseln sowie die Vermeidung eines steilen Konzentrationsgradienten im Drainbereich (z.B. durch LDD-Strukturen, siehe Abschnitt 12.3.6). Zur zweiten Kategorie gehört die Erhöhung der Basis-Gummelzahl durch Erhöhung der Basisdotierung (z.B. mittels Anti-Punch-Through-Implantation). Die Maßnahmen bezüglich Oxidstärke und Eindringtiefe stehen im Widerspruch zu den oben genannten. Die Einführung von

LDD-Strukturen kann zu unzulässig hohen Source- und Drain-Widerständen führen. Die Erhöhung der Dotierstoffkonzentration hat schließlich einen erhöhten Substratsteuereffekt und erhöhte parasitäre Kapazitäten zur Folge.

Sättigungsgeschwindigkeit

Bei Langkanaltransistoren ist die Beweglichkeit der Ladungsträger an der Oberfläche des Siliziums aufgrund der Stöße an der Grenzfläche bei gleicher Dotierung geringer als im Substrat und nimmt mit zunehmendem V_{GS} auch noch weiter ab. Sie hängt jedoch i.a. nicht von der lateralen Feldstärkekomponente im Kanal und damit nicht von V_{DS} ab. Mit geringerer Kanallänge wird die Lateralkomponente der elektrischen Feldstärke größer. Damit steigt die Stoßwahrscheinlichkeit der Ladungsträger innerhalb des Kanals, was schließlich zu einer Sättigung der Driftgeschwindigkeit führt. Daraus folgen im wesentlichen zwei Merkmale:

1. Der Drainstrom im Sättigungsbereich (also der Treiberstrom) ist nun nicht mehr quadratisch, sondern nur noch linear von $V_{GS} - V_T$ abhängig

$$I_{D,sat} = W \, C_i \, v_s \, (V_{GS} - V_T) \quad . \tag{12.5}$$

Experimentell findet man $I_{D,sat} \propto (V_{GS} - V_T)^n$ mit $1 < n < 2$.

2. Da die Sättigungsgeschwindigkeit v_s der Löcher gleich der der Elektronen ist, jedoch erst bei höheren elektrischen Feldstärken erreicht wird [12.1], passen sich die Treibereigenschaften der N-Kanal- und P-Kanal-Transistoren mit abnehmender Kanallänge immer mehr an.

Heiße Ladungsträger

Die Energiebarriere zwischen dem Silizium und dem SiO_2 beträgt im feldfreien Zustand ca. 3,2 eV für Elektronen und 4,7 eV für Löcher [12.1]. Beim Anliegen einer Spannung V_{GS} wird sich die effektive Barrierenhöhe je nach Feldrichtung erhöhen oder erniedrigen. Im thermodynamischen Gleichgewicht ist jedoch die effektive Barrierenhöhe in jedem Falle hoch genug, um eine Injektion von Ladungsträgern in das Oxid zu verhindern. Werden die Ladungsträger nun in einem elektrischen Feld beschleunigt, sei es im Drainfeld des Transistors oder in dem Feld der Raumladungszone unterhalb des Kanals, so wird ein gewisser Bruchteil der Ladungsträger eine Energie annehmen, die zur Überwindung der Potentialbarriere ausreicht. Die Übergangswahrscheinlichkeit hängt exponentiell von der Barrierenhöhe ab, d.h. sie ist bei gleicher Feldstärke für Elektronen um Größenordnungen höher als für Löcher. Diejenigen Ladungsträger, denen der Übergang gelingt, haben in dem elektrischen Feld eine derart hohe Energie angenommen, daß ihre äquivalente Temperatur deutlich über der Temperatur des Ladungsträgerkollektives liegt. Man bezeichnet sie daher als heiße Ladungsträger.

Heiße Ladungsträger sind Ursache für zwei Stromkomponenten mit meist schädlicher Auswirkung: Substratstrom und Gate-Strom. Die Energie der heißen Ladungsträger ist groß genug, um per Stoßionisation Ladungsträger zu generieren, die Träger des Substratstromes sind. Die schädliche Auswirkung des Substratstromes liegt u.a. in einem erhöhten Leistungsbedarf der Schaltung und in der Auslösung des Latchup-Effektes. Die in das Oxid injizierten Ladungsträger bilden den Gate-Strom, sofern sie die Gate-Elektrode erreichen. Ein Bruchteil der injizierten Ladungsträger wird in dem Oxid von Fangstellen eingefangen (getrappt). Meist ist dieser Vorgang mit der Generation weiterer Fangstellen verbunden, in die weitere Ladungsträger getrappt werden. Die Auswirkung besteht letztlich in einer lokalen Erhöhung der Grenzflächenzustandsdichte sowie der Oxidladung deren Folge eine Verschiebung der Schwellenspannung, eine Erhöhung des Stromes und des Swings im Unterschwellenbereich sowie eine Erniedrigung der Beweglichkeit der Ladungsträger und damit der Steilheit des Transistors im linearen Bereich ist. Insgesamt beeinträchtigen heiße Ladungsträger damit die Langzeitstabilität und die Zuverlässigkeit des Bauelementes.

Da die elektrische Feldstärke im Drainbereich mit abnehmender Kanallänge zunimmt, ist die Wahrscheinlichkeit für das Auftreten heißer Ladungsträger und deren Auswirkung auf das Bauelementverhalten bei Kurzkanaltransistoren größer als bei Langkanaltransistoren. Gegenmaßnahmen sind jene, die eine hohe Feldstärke im Drainbereich vermeiden: ein starkes Gate-Oxid, eine große Eindringtiefe der S/D-Inseln, eine niedrige Dotierstoffkonzentration im Kanalgebiet und ein nicht zu steiler Konzentrationsgradient im Übergangsbereich von Drain und Kanal (LDD-Strukturen). Auch hier muß ein Kompromiß mit Hinblick auf den DIBL-Effekt, Punch-Through und die S/D-Widerstände eingegangen werden.

Latchup-Effekt

Mit dem Snap Back-Effekt haben wir bereits einen Effekt kennengelernt, der auf die Auswirkung eines parasitären Bipolartransistors zurückzuführen ist. Der Latchup-Effekt hat seine Ursache ebenfalls in der Existenz parasitärer Bipolartransistoren, genauer in der Existenz von pnpn-Strukturen und ist daher typisch für CMOS-Schaltungen [12.2]. Der Latchup-Effekt kann auch bei Langkanaltransistoren auftreten, ist also kein Kurzkanaleffekt. Wie wir jedoch zeigen werden, wird das Problem, den Latchup-Effekt zu vermeiden, mit abnehmenden Bauelementabmessungen zunehmend größer.

Wie Abb. 12.4 zeigt, bilden bei einem CMOS-Inverter in N-Wannentechnik die p^+-S/D-Inseln, die N-Wanne und das p-Substrat den Emitter, die Basis und den Kollektor eines vertikalen pnp-Transistors, während die n^+-S/D-Inseln des N-Kanal-Transistors, das p-Substrat und die N-Wanne den Emitter, die Basis und den Kollektor eines lateralen npn-Transistors formen. Der Kollektor des einen Transistors ist gleichzeitig Basis des komplementären Transistors. Durch eine äußere Anregung können die Emitter-Basis-Dioden in Flußrichtung getrieben werden, die Bipolartransistoren steuern sich dann gegenseitig an. Wenn der Strom zwischen den Bipolartransistoren groß genug ist, wird der

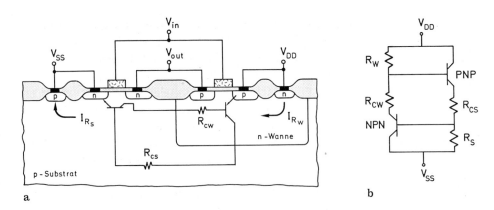

Abb. 12.4. Zum 'Latch Up'-Effekt: a) Schematische Querschnittsdarstellung eines CMOS-Inverters. Mit aufgenommen sind die Komponeneten des elektrischen Ersatzschaltbildes gemäß b); b) elektrisches Ersatzschaltbild zur Beschreibung des 'Latch Up'-Effektes

zunächst gesperrte Wannen-Substrat-Übergang von Ladungsträgern überflutet und geht lokal in Flußrichtung über. Als Ergebnis liegt schließlich ein ungewollter niederohmiger Pfad zwischen V_{DD} und V_{SS} vor. Dieser Zustand wird als Latchup bezeichnet. Sofern die Spannungsversorgung den zusätzlichen Strom liefern kann, führt der Latchup-Effekt zu einem zeitweiligen oder sogar permanenten Ausfall der Schaltung.

Voraussetzung für das Eintreten des Latchup-Effektes ist, daß zunächst wenigstens eine der beteiligten Emitter-Basis-Dioden angesteuert wird, die injizierten Ladungsträger die Basis des angesteuerten Transistors durchqueren und die Potentialbarriere des Emitter-Basis-Überganges des komplementären Transistors absenken, so daß nun auch dieser Transistor Ladungsträger injiziert, die nach dem Durchlaufen dessen Basis die Injektion des ersten Transistors unterstützen. Damit beide Transistoren auch nach dem Abklingen der äußeren Erregung in dem injizierenden Zustand verbleiben, muß einerseits die Dauer der Erregung mindestens gleich der Summe der Basislaufzeiten und andererseits das Produkt der Stromverstärkungen der beteiligten Transistoren bei dem dann fließenden Strom $B_{pnp} \cdot B_{npn} > 1$ sein. Der Latchup-Effekt wird durch Substrat- und Wannenströme ausgelöst; deren Ursache sind :

- Signalüberschwingungen an I/O-Stufen, durch die die Dioden der Schutzschaltung in Flußrichtung gepolt werden können und Ladungsträger in das Substrat bzw. die Wanne injizieren;
- steile Flanken des Eingangssignales eines Inverters, die aufgrund der kapazitiven Kopplung zwischen Ein- und Ausgang Signalüber- bzw. Unterschwingungen zur Folge haben. Die Draininsel des jeweils leitenden MOS-Transistors kann dabei in Flußrichtung gepolt werden;

- Einwirkung von ionisierender Strahlung auf die Bauelemente, die zu einer Generation von Ladungsträgern im Silizium führt;
- elektrischer Durchbruch bzw. Punch-Through der Transistoren;
- Ansteuerung parasitärer MOS-Transistoren (Abschnitt 12.3.4).

Die Maßnahmen, die zur Vermeidung des Latchup-Effektes getroffen werden müssen, bestehen in der Verschlechterung der bipolaren Transistoreigenschaften, der Entkopplung der parasitären Bipolartransistoren sowie, nach Identifikation problematischer Layout-Zonen, in der Einführung geeigneter Layout-Maßnahmen.

Maßnahmen zur Verschlechterung der Transistoreigenschaften sind jene, die die Stromverstärkung der Bipolartransistoren herabsetzen. Das ist zum einen die Verringerung der Lebensdauer der Minoritätsladungsträger, z.B. durch Golddotierung oder Neutronenbeschuß des Siliziums. Diese Maßnahmen verschlechtern jedoch auch die Eigenschaften der MOS-Transistoren. Die andere Möglichkeit besteht in der Erhöhung der Basis-Gummelzahl, also der integralen Basisladung. Sieht man einmal von dem Zustand der Hochinjektion ab, was bei den hohen Strömen im Latchup-Zustand nicht immer gewährleistet ist, so ist die Basis-Gummelzahl des vertikalen Transistors proportional der Tiefe und der Dotierstoffkonzentration der Wanne. Beide Parameter sollten im Sinne einer großen Gummelzahl hohe Werte annehmen. Eine große Tiefe bedeutet jedoch eine große laterale Ausdiffusion und damit einen großen Abstand zwischen den n^+- und p^+-Gebieten. Diese Ausdehnung stößt auf Grenzen, die durch die geforderte Packungsdichte gesetzt werden. Bei den üblichen Herstellverfahren für die Wanne (Vorbelegung per Implantation mit anschließendem thermischen Eintreiben) liegt das Maximum der Dotierstoffkonzentration an der Oberfläche. Eine hohe Dotierstoffkonzentration unterhalb der S/D-Inseln schließt daher eine hohe Oberflächenkonzentration und damit eine Degradation der MOS-Transistoren ein. Eine Ausnahme stellt die Herstellung einer retrograden Wanne (Abschnitt 12.3.3) sowie die Einbeziehung eines Buried Layers unterhalb der Wanne dar. Beide Verfahren gewährleisten eine hohe Basis-Gummelzahl des vertikalen Bipolartransistors bei geeigneter Oberflächenkonzentration für die MOS-Transistoren. Beide Verfahren erhöhen jedoch die Prozeßkomplexität beträchtlich. Beim lateralen Transistor kann die hohe Basis-Gummelzahl durch einen großen Abstand zwischen Wanne und S/D-Inseln des Substrattransistors sowie eine hohe Dotierstoffkonzentration des Substrates erreicht werden. Aus den oben genannten Gründen stoßen auch diese Anforderungen auf Grenzen. Insgesamt läßt sich sagen, daß gerade mit Hinblick auf kleine Schaltungsdimensionen, die Herabsetzung der Stromverstärkung der parasitären Bipolartransistoren nicht das geeignete Mittel zur Vermeidung des Latchup-Effektes darstellt.

Die wirkungsvollste Methode besteht in der Entkopplung der Bipolartransistoren. Die am häufigsten angewendete Maßnahme ist die Verringerung der Wannen- und Substratwiderstände, die in Abb. 12.4 als Shuntwiderstände eingezeichnet sind. Je geringer diese Widerstände, desto größer ist der Anteil des Substrat- bzw. Wannenstromes, der an der Source-Insel vorbei zum jeweiligen Substrat- oder Wannenanschluß geleitet wird und desto geringer ist die Ansteuerung der jeweiligen Source-Insel. Für die Verringerung der Widerstände bieten sich zwei Möglichkeiten an. Die eine stützt sich auf technologische Maßnahmen, die andere auf Layout-Maßnahmen.

Die technologische Maßnahme besteht darin, den Substratwiderstand durch Verwendung von epitaktischen Grundmaterial (niedrig dotierte epitaktische Schicht auf hochdotiertem Substrat) zu reduzieren. Das hochdotierte Substrat stellt näherungsweise eine Erdplatte dar (bzw. eine V_{DD}-Platte bei der P-Wannentechnik), die unterhalb der Wanne die von dem Vertikaltransistor injizierten Ladungsträger absaugt und an dem Lateraltransistor vorbei dem Substratkontakt zuführt. Je dünner die epitaktische Schicht sein darf, je näher also die Erdplatte unterhalb der Wanne liegt, um so effektiver ist die Shuntwirkung. Es sollte nicht verschwiegen werden, daß mit dieser Maßnahme die Stromverstärkung des Lateraltransistors verbessert wird, das entscheidende ist jedoch die wesentlich geringere Rückkopplung des Vertikaltransistors.

Die Layout-Maßnahme besteht darin, die Substrat- und Wannenkontakte dichter an den Wannen-Substratübergang zu legen als die S/D-Gebiete. Damit wird erreicht, daß der lateralе Substrat- bzw. Wannenstrom von dem jeweiligen Kontakt abgesaugt wird, bevor er die S/D-Inseln ansteuern kann. Besonders gefährdete Bauelemente sollten aus diesem Grunde vollkommen von Substrat- bzw. Wannenkontakten umgeben sein. Eine wirkungsvolle aber platzaufwendige Maßnahme. Als weitere Maßnahme ist die Verringerung des Abstandes zwischen der Source-Insel und dem jeweiligen Substrat- oder Wannenkontakt zu sehen. Eine elegante Methode besteht dabei in der "Verschmelzung" von Source- und Substrat- bzw. Wannenanschluß (Butted Contacts).

Eine weitere Möglichkeit der Entkopplung der Bipolartransistoren besteht in der Einführung sogenannter Guard-Rings. Das sind n^+- bzw. p^+-Gebiete oder sogar Wannengebiete, die die gefährdeten Bauelementbereiche umgeben und die injizierten Ladungsträger absaugen. Diese Maßnahme ist sehr platzaufwendig und wird vorwiegend bei problematischen Layoutzonen wie z.B. I/O-Stufen mit ihren Schutzschaltungen eingesetzt.

Abschließend seien zwei weitere technologische Maßnahme zur Entkopplung der Bipolartransistoren genannt. Zum einen die Trenchisolation (Abschnitt 12.3.2), die zusammen mit der Buried-Layer-Technik die laterale und vertikale Ladungsträgerinjektion vermeidet. Die Prozeßkomplexität wird jedoch mit dieser Maßnahme drastisch erhöht. Zum anderen die dielektrische Isolation, wie sie z.B. bei der SOI-Technik (Abschnitt 12.6) zur Anwendung kommt. Mit dieser Technik läßt sich der Latchup-Effekt vollkommen eliminieren. Mangels hochqualitativer SOI-Substrate hat sich diese Technik jedoch noch nicht bei den Fertigungstechnologien durchgesetzt.

In diesem Abschnitt sind einige physikalische Phänomene behandelt worden, die vor allem die elektrischen Eigenschaften der Bauelemente bei kleinen Schaltungsdimensionen bestimmen. Weiterhin sind die zum Teil widersprüchlichen

Tabelle 12.1. Einfluß technologischer Parameter auf die elektrischen Bauelementparameter. Der Pfeil gibt die Richtung an, in die sich der Technologieparameter verändern muß, um den jeweiligen Bauelementparameter zu verbessern

Technologie-parameter	Elektrische Parameter			
	Treiber-eigen-schaften I_{sat}, g_m	Kapazi-täten C_G, C_{Drain}	Draindurch-griff DIBL Punch-Through	Heiße Ladungs-träger Durchbruch (Snap Back)
Kanallänge L_{eff}	↓	↓	↑	↑
Gate-Oxid t_{ox}	↓	↑	↓	↑
Dotierung N Kanal, APT, Wanne	↓	↓	↑	↓ (↑)
S/D-Tiefe x_j	↑	↓	↓	↑

Einflüsse der technologischen Parameter auf das Bauelementverhalten diskutiert worden, die zu einem Kompromiß bei der Auswahl der Technologieparameter im Sinne einer Bauelementoptimierung zwingen. Tabelle 12.1 zeigt noch einmal für einige Parameterkombinationen, in welche Richtung sich ein bestimmter Technologieparameter verändern muß, um den angegebenen elektrischen Parameter zu verbessern. Die angegebenen elektrischen Parameter sind die Treibereigenschaften (gekennzeichnet durch den Sättigungsstrom I_{sat} und die Steilheit g_m), die Gate-Kapazität C_G und die Kapazität der Drain-Insel C_{Drain}, der Drain-Durchgriff (DIBL, Punch-Through) sowie die Auswirkungen heißer Ladungsträger und die elektrische Durchbruchsfestigkeit. Zusammenfassend kann die Tabelle folgendermaßen kommentiert werden: die Verkleinerung der lateralen Strukturabmessungen ist primär durch wirtschaftliche Argumente begründet. Die Folge ist ein verstärkter Drain-Durchgriff, so daß mit der Verkleinerung der Kanallänge eine Erhöhung der Dotierstoffkonzentration in mehreren Ebenen (Kanaldotierung, Anti-Punch-Through-Implantation) und eine Reduktion der Gate-Oxidstärke einhergehen muß. Diese Tendenz wird vor allem durch das Auftreten heißer Ladungsträger und deren Auswirkungen auf das Bauelement begrenzt.

12.3 Schlüsselprozesse der CMOS-Technologie

12.3.1 Prozeßmodule

In der Einleitung zu diesem Kapitel ist bereits der Begriff des Prozeßmoduls definiert worden als Folge von Einzelprozessen der Flowchart mit dem Ziel eine bestimmte Schaltungstopographie herzustellen. Für den in Abschnitt 12.5 behandelten CMOS-Prozeß ergeben sich beispielsweise folgende Module: 1. Herstellung der N-Wanne, 2. LOCOS-Isolation, 3. Kanaldotierung, 4. Herstellung der S/D-Bereiche, 5. Zwischenisolation, 6. Kontakttechnologie, 7. Intermetallisolation, 8. zweite Metallisierung und 9. Passivierung.

Die Einteilung der Prozesse in Prozeßmodule und damit deren Definition ist nicht eindeutig. So werden häufig bereits die Einzelprozesse, die der Strukturerzeugung, der Strukturübertragung, der Schichterzeugung und der Schichtmodifikation dienen, als Prozeßmodule bezeichnet und die entsprechenden Geräte modulartig im Reinraum angeordnet. Die Klassifizierung der Prozesse läßt sich auch in einer höheren Ebene als der oben angegebenen vornehmen und man erhält dann beispielsweise I. die Bauelementisolation (bestehend aus den Modulen 1 und 2 der oben angegebenen Liste), II. Herstellung der aktiven Bauelemente (3, 4), III. metallische Verbindung der Bauelemente (5 bis 8), IV. Passivierung. Technologen bezeichnen die Module 1 bis 5 häufig als Front-End-Prozesse, die Module 6 bis 9 als Back-End-Prozesse. Aber auch diese Einteilung ist nicht einheitlich, da diese Begriffe bei der Herstellung integrierter Schaltung häufig auch anders eingesetzt werden: Front-End-Prozeß für die technologische Scheibenherstellung (Module 1 bis 9) und Back-End-Prozesse für die Montage integrierter Schaltungen [12.3].

Dieser Abschnitt behandelt die Module 1 bis 4. Die hiermit erfaßten Prozesse sind jene, mit denen die technologischen Parameter zur Bauelementoptimierung eingestellt und damit die in Abschnitt 12.2 diskutierten Maßnahmen durchgeführt werden. Die Module 5 bis 9 sind im wesentlichen in den Kapiteln 7 (CVD-Verfahren) und 8 (Metallisierung) abgehandelt.

12.3.2 Bauelementisolation

In der CMOS-Technologie werden üblicherweise isolierende Oxide (Feld-Oxidisolation) und pn-Sperrschichten (Wannenisolation) für die elektrische Trennung der Transistoren verwendet. Bei der Feld-Oxidisolation wird ausgenutzt, daß der MOS-Transistor im Prinzip ein selbstisolierendes Oberflächenelement ist. D.h., ein Strom kann nur dort an der Grenzfläche $Si-SiO_2$ zwischen Source und Drain fließen, wo die Potentialdifferenz zwischen Gate-Elektrode und Kanalgebiet die Schwellenspannung übersteigt. Da die Schwellenspannung von der Höhe der Dotierstoffkonzentration im Grenzflächenbereich und der Stärke des Oxides abhängt, unterteilt man die Chipfläche in Bereiche dünnen Oxides (aktive Bereiche, Gate-Oxid) und starken Oxides (Feldbereiche, Feldoxid). Solange die parasitären Transistoren (Abschnitt 12.3.4) in den Feldbereichen sperren, sind die aktiven Transistoren elektrisch voneinander isoliert (sofern sie nicht in der Verdrahtungsebene per Schaltungszwang elektrisch leitend verbunden sind).

Die Feld-Oxidisolation sollte gewisse Eigenschaften besitzen. Die wesentlichen sind

- starke Oxidschicht im Sinne einer hohen Schwellenspannung der parasitären Transistoren und eines niedrigen Kapazitätsbelages der Verbindungsleitungen;
- geringe Lateralausdehnung der Feldgebiete, da die Erhöhung des Integrationsgrades die Verkleinerung aller Schaltungsdimensionen erfordert. Von Bedeutung ist in diesem Zusammenhang die Spannungsfestigkeit der parasitären Transistoren (Punch-Through);
- gering ausgeprägte Oberflächentopographie, da anderenfalls Probleme mit Hinblick auf die Strukturerzeugung (Tiefenschärfe) und Strukturübertragung (ungewollte Spacer an der Berandung des Feldgebietes) auftreten.

Das heute am häufigsten eingesetzte Verfahren ist das LOCOS-Verfahren (**LOC**al **O**xidation of **S**ilicon [12.4]). Im folgenden wird dieses Verfahren mit seinen Modifikationen sowie einige Planarverfahren behandelt.

Der LOCOS-Prozeß

Bei dem LOCOS-Verfahren wird ausgenutzt, daß der Diffusionskoeffizient von O_2 und H_2O in Si_3N_4 um Größenordnungen geringer ist als in SiO_2. Das gleiche gilt für die Konversionsrate des Si_3N_4 im Vergleich zur Oxidationsrate des Si (siehe Abschnitt 6.7). Aufgrund dieser Eigenschaften ist es möglich, die Oxidation auf bestimmte Bereiche der Siliziumscheibe zu lokalisieren, in dem während des Oxidationsprozesses die nicht zu oxidierenden Bereiche mit Nitrid abgedeckt sind.

Im einzelnen läuft der LOCOS-Prozeß, der im folgenden als Standardprozeß bezeichnet wird, folgendermaßen ab. Die Siliziumscheibe wird zunächst ganzflächig oxidiert (dieses als Padoxid bezeichnete Oxid hat beim Standardprozeß üblicherweise eine Stärke von 20 bis 40 nm) und anschließend mit Hilfe eines CVD-Verfahrens mit Nitrid bedeckt (Stärke 80 bis 150 nm). Während das Nitrid als Diffusionsbarriere dient, kommen dem Padoxid zwei Aufgaben zu: Ätzstopp bei der Strukturierung des Nitrids und Abbau des mechanischen Stresses während der Feldoxidation. In einem fotolithografischen Prozeß werden nun gleichzeitig die aktiven Bereiche und die Feldgebiete definiert, wobei die aktiven Bereiche nach dem Belichten und Entwickeln des Lackes mit Fotoresist bedeckt bleiben (Abb. 12.5). Mit dem Fotoresist als Maske wird das Nitrid lokal entfernt, wobei das Oxid als Ätzstopp dient. Während der nun folgenden Bor-Implantation wird die Dotierstoffkonzentration in den Feldbereichen erhöht, um hier einen parasitäreren Kanal zu vermeiden. Man spricht daher auch von der Kanalfeldimplantation oder der ChanStop-Implantation (Kurzform von Channelstop-Implantation). Bei einem reinen NMOS-Prozeß

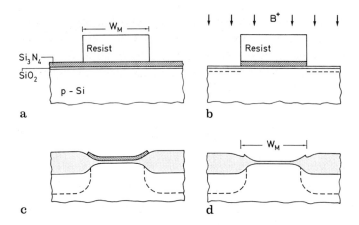

Abb. 12.5. LOCOS-Prozeß: a) Definition der aktiven Bereiche und der Feldgebiete, b) ChanStop-Implantation, c) thermische Oxidation, d) Entfernen des Restnitrides

kann dabei der Lack zur Maskierung der aktiven Gebiete stehen bleiben, womit die Auswahl der Implantationsenergie relativ unkritisch ist. Dies ist bei einem CMOS-Prozeß i.a. nicht möglich (Abschnitt 12.3.3). Nach der Implantation und dem Entfernen des Lackes werden die Scheiben thermisch in H_2O-Atmosphäre lokal oxidiert. Gleichzeitig diffundiert das implantierte Bor in das Substrat hinein. Während der Oxidation erfüllt das Padoxid seine zweite Aufgabe: es dient als Pufferschicht zur Vermeidung von Kristallschäden im Silizium unterhalb der Nitridkante (Abschnitt 6.6). Nach der thermischen Oxidation kann das Nitrid entfernt werden. Dabei ist darauf zu achten, daß das Nitrid an seiner Oberfläche in SiO_2 umgewandelt ist (Abschnitt 6.7). Man muß daher vor dem Nitridätzen zunächst dieses Oxid entfernen.

Zwei Vorteile lassen sich für das LOCOS-Verfahren nennen. Zum einen genügt ein Lithographieprozeß zur Erzeugung der aktiven Transistorgebiete und der isolierenden Umgebung (Feldoxid und Kanalfeldimplantation). Die Maske für die Kanalfeldimplantation ist gleichzeitig die Maske für die lokale Oxidation. Man bezeichnet solche Prozesse als selbstjustierend. Zum anderen ist die resultierende Stufenhöhe zwischen dem aktiven Gebieten und den Feldbereichen aufgrund des Wachstumsprozesses (Abschnitt 6.3) nur etwa gleich der halben Oxidstärke. Man bezeichnet den LOCOS-Prozeß daher auch als Isoplanarprozeß.

Das LOCOS-Verfahren ist aber auch mit Problemen behaftet. Dazu zählen der Vogelschnabel und der Kooi-Effekt. Die Bildung des Vogelschnabels und des sich anschließenden Vogelkopfes (siehe Abb. 12.5) ist darauf zurückzuführen, daß am Rand der Nitridschicht unterhalb der Schicht eine, wenn auch gehemmte, Oxidation stattfindet. Diese Oxidation besteht aus zwei Komponenten. Zum einen das laterale Voranschreiten der Oxidationsfront vom Substrat her, wobei der Nachschub an H_2O durch das bereits gewachsene Oxid erfolgt. Diese Komponente existiert auch ohne Padoxid und resultiert in dem Übergangsprofil, das als Vogelkopf interpretiert werden kann. Zum anderen die laterale Diffusion des H_2O längs des Padoxides unter dem Nitrid mit der anschließenden Reaktion an der Grenzfläche $Si - SiO_2$. Diese Oxidation führt zu dem als Vogelschnabel bezeichneten Oxidausläufer. Insgesamt erhält man also keinen abrupten, sondern einen kontinuierlichen Übergang zwischen dem Feldgebiet und dem aktiven Bereich. Als Daumenregel mag gelten, daß die Länge dieses Übergangsbereiches (ohne zusätzliche Maßnahmen) etwa gleich der Stärke des Feldoxides t_{ox} ist (Abb. 12.5). Die Transistorweite reduziert sich damit um $2\,t_{ox}$ gegenüber dem Maskenmaß. Diese Weitenreduktion kann durch das Vorhaltemaß bei der Herstellung der Masken ausgeglichen werden (Abschnitt 13.2). Das Problem ist jedoch, daß mit zunehmenden Integrationsgrad der Pitch, d.h. die Summe aus Weite und Abstand der aktiven Gebiete, klein werden muß. Ein langer Vogelschnabel kann daher Probleme mit Hinblick auf die Strukturerzeugung bereiten bzw. zu einem deutlichen Kurzkanalverhalten der parasitären Transistoren führen und damit die Isolation der aktiven Transistoren beeinträchtigen. Zudem ist die Länge des Vogelschnabels aufgrund zweidimensionaler Effekte auch noch von der Geometrie der aktiven Gebiete abhängig. Damit erschwert sich die Definition eines Vorhaltemaßes. Wie Abb. 12.6 zeigt, ist die Länge L_v auf der konvexen Seite der Randkurve kleiner (verminderte Sauerstoffzufuhr), auf der konkaven Seite jedoch größer (verstärkte Sauerstoffzufuhr) als an der geraden Kante. Dieser Effekt ist vor allem am Ende von schmalen, länglichen Strukturen ausgeprägt [12.5].

Unabhängig von diesen zweidimensionalen Effekten wird die Länge des Vogelschnabels von dem Verhältnis k_L/k_P (linearer zu parabolischer Wachstumskonstante, Abschnitt 6.4) und damit von der Oxidationstemperatur sowie dem Verhältnis $d_{Si_3N_4}/d_{SiO_2}$ der Stärken von Nitridschicht und Padoxid bestimmt. Experimentelle Daten zeigen, daß die Länge mit abnehmender Temperatur, verringerter Nitridstärke und größerer Oxidstärke zunimmt. Eine hohe Tem-

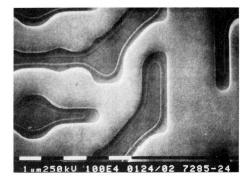

Abb. 12.6. Rasterelektronenmikroskopische Aufnahme von LOCOS-Strukturen. Die Länge des Vogelschnabels ist an konkaven und konvexen Ecken unterschiedlich.

peratur bewirkt u.U. eine zu starke Ausdiffusion des ChanStops, so daß die Transistorweite nicht mehr von dem LOCOS-Rand , sondern von dem ChanStop begrenzt und damit die Durchbruchspannung erniedrigt und die S/D-Kapazität erhöht wird. Üblicherweise wählt man eine Temperatur von 950 bis 1000 °C, wobei mit dieser Wahl das Fließverhalten des Oxides mit dem damit verbundenen Abbau der mechanischen Spannungen im System Nitrid-Oxid-Silizium berücksichtigt wird (Abschnitt 6.6). Dieser Gesichtspunkt ist um so wichtiger, als mit stärkeren Nitridschichten und dünneren Padoxidschichten die mechanischen Spannungen während der Oxidation unterhalb der Nitridkante zunehmen und zur plastischen Verformung des Siliziums führen können.

Bevor wir uns den Verfahren zur Reduzierung der Länge des Vogelschnabels zuwenden, sei noch das zweite Problem genannt, das im Zusammenhang mit der LOCOS-Technik auftritt und ebenfalls auf die laterale Diffusion und anschließende Reaktion des H_2O zurückzuführen ist. Es handelt sich hierbei um das Auftreten von Bereichen dünnen Gate-Oxides entlang des LOCOS-Randes (Kooi-Effekt, White-Ribbon-Effekt [12.6]). Abb. 12.7a zeigt in einer REM-Aufnahme deutlich die Einschnürung des Gate-Oxides am Ende des Vogelschnabels. Abb. 12.7b gibt schematisch die Ursache hierfür an. Danach diffundiert das H_2O an die untere Grenzfläche des Nitrides und wandelt das Nitrid unter Bildung von NH_3 in SiO_2 um. Das NH_3 diffundiert an die $Si - SiO_2$-Grenzfläche, reagiert dort mit dem Silizium unter Bildung einer dünnen, nitridartigen Schicht entlang des LOCOS-Randes, die Ursache für die verminderte Oxidationsrate während der Gate-Oxidation ist. Die nitridartige Schicht läßt sich beseitigen, in dem sie nach dem Entfernen der Nitridschicht aufoxidiert wird. Vor der Gate-Oxidation ist diese SiO_2-Schicht zu entfernen (man opfert also eine Oxidation und spricht daher von der "sacrificial oxidation").

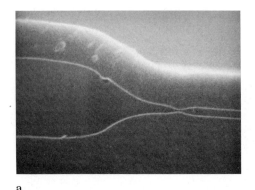
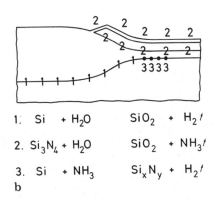

1. $Si + H_2O$ $SiO_2 + H_2 \uparrow$

2. $Si_3N_4 + H_2O$ $SiO_2 + NH_3 \uparrow$

3. $Si + NH_3$ $Si_xN_y + H_2 \uparrow$

a   b

Abb. 12.7. Der Kooi-Effekt ('White Ribbon'-Effekt): a) Rasterelektronenmikroskopische Aufnahme des Übergangsbereiches zwischen Feldoxid und Gate-Oxid. Es ist deutlich die Einschnürung des Gate-Oxides zu erkennen. b) Schematische Darstellung des chemischen Ablaufes bei der Bildung der nitridartigen Schicht an der Oberfläche des Siliziums

Das eigentliche Problem stellt somit die Existenz des Vogelschnabels dar. Es gibt eine Reihe von Vorschlägen, durch mehr oder weniger stark ausgeprägte Modifikationen des Standardprozesses den Vogelschnabel zu vermeiden oder wenigstens seine Länge zu kürzen.

Eine besonders einfache Methode besteht darin, die Zeit für das Ätzen des Padoxides (oder des "sacrificial oxide") so lang zu wählen, daß dabei der Vogelschnabel zurückgeätzt wird. Insgesamt wird dabei natürlich das Feldoxid gedünnt, so daß von vornherein ein hinreichend starkes Oxid aufgewachsen werden muß. Wie Abb. 12.8 zeigt, führt dieses Verfahren sowohl zu einem kurzen Vogelschnabel als auch zu einer geringen Stufenhöhe am LOCOS-Rand. Das Padoxid der dieser Aufnahme zugrundeliegenden Probe betrug 25 nm, die Stärke des Nitrides war 150 nm. Die Stärke des Feldoxides betrug nach der Oxidation bei 960 °C 850 nm, nach dem Zurückätzen 550 nm. Auf zwei Dinge ist bei diesem Verfahren zu achten. Es muß 1. sichergestellt werden, daß während der langen Oxidationszeit der ChanStop nicht in das aktive Gebiet diffundiert. Weiterhin darf 2. das Feldoxid nicht soweit zurückgeätzt werden, daß die untere Kontur des Vogelkopfes freigelegt wird. In diesem Bereich besitzt das Silizium an seiner Oberfläche schon eine deutlich von der (100)-Richtung unterschiedliche Kristallorientierung, was sich nachteilig auf das Bauelementverhalten auswirken kann. Der erfolgreiche Einsatz dieses Verfahrens in einem $1,2\,\mu$m-CMOS-Fertigungsprozeß zeigt, daß beide Probleme berherrscht werden.

Eine andere Möglichkeit besteht in der Verwendung einer Oxinitridschicht anstelle des Padoxides. Die Abscheidung der Oxinitridschicht und der Nitridschicht kann in einem Arbeitsgang erfolgen (Kapitel 7), indem dem $SiH_4 + NH_3$-Gemisch für die Nitridabscheidung N_2O als Sauerstoffträger beigegeben wird. Bei der Auswahl des $NH_3 - N_2O$-Verhältnisses ist ein Kompromiß nötig. Dieser leitet sich daraus ab, daß einerseits die Oxinitridschicht als Pufferschicht in der Lage sein muß mechanischen Streß abzubauen (hoher Oxidanteil) und anderer-

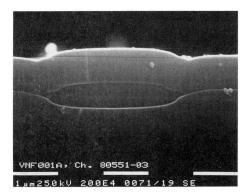

Abb. 12.8. Rasterelektronenmikroskop-Aufnahme eines modifizierten Feldoxides in LOCOS-Technologie

seits der Diffusionskoeffizient des H_2O deutlich kleiner sein sollte als in einer reinen Oxidschicht (hoher Nitridanteil). Damit die Oxidation der Feldgebiete ungehemmt erfolgen kann, muß das Oxinitrid bei der Strukturierung des Nitrides mit entfernt werden (Ätzung in 1% HF).

Die Verwendung der Oxinitridschicht führt zwar zu einem sehr kurzen Vogelschnabel (0,2 bis 0,3 µm bei einer Feldoxidstärke von 0,9 µm), ist jedoch mit einigen Problemen behaftet. Bei zu hoher Oxidationstemperatur (üblich sind bei diesem Verfahren 875 bis 900 °C) kommt es zu Grenzflächenreaktionen im aktiven Transistorbereich. Folge sind Rückstände nach dem Ätzen des Oxinitrides, die die Qualität des Gate-Oxides herabsetzen können. Die geringe Temperatur erfordert eine lange Oxidationszeit (18 bis 25 Stunden) und führt damit zu einem geringen Scheibendurchsatz. Aufgrund der Temperatureinwirkung sinkt die Ätzrate des Oxinitrides in 1% HF drastisch. Man benötigt daher zum Entfernen der Schicht eine lange Ätzzeit, während der das Feldoxid angegriffen wird. Trotz der langen Ätzzeit lassen sich Mikrorückstände nicht vollkommen beseitigen; eine Verminderung der Qualität des Gate-Oxides ist die Folge. Eine vollständige Entfernung des Oxinitrides bei gleichzeitiger hoher Selektivität zum SiO_2 bietet das Ätzen in heißer Phosphorsäure (85% H_3PO_4, 160 °C). Hierbei kommt jedoch die Phosphorsäure mit dem Silizium in den aktiven Bereichen in Kontakt. Es bildet sich dort eine Adsorptionsschicht mit hoher Phosphorkonzentration, aus der heraus das Silizium im Kanalbereich während der folgenden Hochtemperaturprozesse ungewollt dotiert wird. Die Gegenmaßnahme, die die Grenzflächenreaktion und den Kontakt zwischen Phosphorsäure und Silizium vermeidet, besteht in dem Aufwachsen eines Padoxides vor der Abscheidung des Oxinitrides. In diesem Fall darf das Padoxid jedoch sehr dünn sein (ca. 5 nm), da der Abbau des mechanischen Stresses während der Feldoxidation von der Oxinitridschicht übernommen wird.

Ein neueres, sehr elegantes LOCOS-Verfahren ist das PBL-Verfahren (**P**oly **B**uffered **LOCOS** [12.7]). Im Gegensatz zum Standardverfahren folgt hier nach dem Wachsen des Padoxides zunächst die Abscheidung einer polykristallinen Siliziumschicht und dann die Abscheidung der Nitridschicht. Mit einer Maske werden danach das Nitrid und die Polyschicht strukturiert. Während das Padoxid weiterhin die Funktion des Ätzstops beibehält, übernimmt nun das polykristalline Silizium die Funktion des Streßabbaus während der Feldoxidation. Mit Schichtstärken von 240 nm für das Nitrid, 50 nm für das polykristalline Silizium und 10 nm für das Padoxid gelingt es, den Vogelschnabel auf 0,1 µm bei einer Feldoxidstärke von 0,8 µm zu begrenzen. Die gegenüber dem Standardprozeß vergleichsweise starke Schicht(Nitrid, Poly, Oxid) erlaubt die Wahl einer höheren Energie bei der Kanalfeldimplantation, die sich in einer höheren Feldschwellenspannung niederschlägt.

Das PBL-Verfahren leitet sich aus dem SEPOX-Verfahren (**SE**lective **P**olysilicon **OX**idation [12.8]) ab. Bei diesem Verfahren wird die polykristalline Schicht nicht geätzt sondern aufoxidiert. Typische Schichtstärken sind 50 nm für das Padoxid, 0,4 µm für die Polyschicht und 0,3 µm für die Nitridschicht.

Die Kanalfeldimplantation muß hier durch das Polysilizium erfolgen. Der resultierende Vogelschnabel in dem Polysilizium ist sehr kurz, da das Nitrid direkt auf dem Poly liegt. Erfolgt das Ätzten des Polysiliziums unterhalb der Nitridschicht nach der Feldoxidation anisotrop, so bleiben in den Ecken der Berandung des Feldoxides Polyreste stehen, die während einer erneuten Oxidation aufgrund der Volumenexpansion zu abgeschrägten Übergängen zwischen aktiven und Feldgebieten führen. Als Vorteile des Verfahrens sind der kurze Vogelschnabel und die geringe Gefahr der Entstehung von Kristallfehlern im monokristallinen Silizium zu nennen. Nachteilig ist die ausgeprägte Stufenhöhe, da es sich hier nicht um einen Isoplanarprozeß handelt. Schaltungen mit Minimalabmessungen bis zu $1,5\,\mu m$ können mit dieser Technik realisiert werden.

Ein modifiziertes LOCOS-Verfahren, das sich sowohl durch einen kurzen Vogelschnabel als auch eine nahezu planare Oberfläche auszeichnet ist das SWAMI-Verfahren (Side WAll Mask Isolation [12.9]). Bei diesem Verfahren wird das strukturierte Padoxid mit Nitrid abgedeckt, so daß der laterale Sauerstofftransport durch das Padoxid verhindert wird. Zur sicheren Abdeckung wird nach dem Ätzen des Nitrides und des Padoxides das Silizium mit gleicher Maske ca. $0,1\,\mu m$ tief geätzt. Danach folgen die Kanalfeldimplantation, eine 2. Padoxidation und 2. Nitridabscheidung, die Abscheidung einer Oxidschicht im CVD-Verfahren sowie die Spacer-Technik (siehe auch Abschnitt 12.3.6) zur maskenlosen Strukturierung der zweiten Sandwichschicht (Abb. 12.9). Grundsätzlich kann nun die lokale Oxidation erfolgen. Um jedoch eine planare Oberfläche der Scheibe nach der Oxidation zu erhalten, muß nach der Herstellung der Spacer eine weitere Siliziumätzung und eine erneute Kanalfeldimplantation erfolgen. Das Silizium ist hierbei so tief abzutragen, so daß zum Ende des Oxidations-

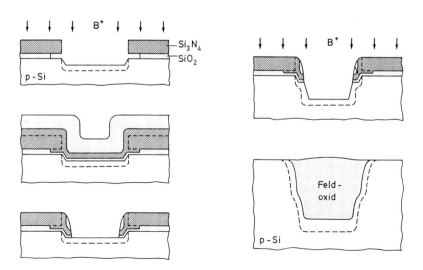

Abb. 12.9. Das SWAMI-Verfahren. Beschreibung der Prozeßabfolge siehe Text

prozesses aufgrund der dabei stattfindenden Volumenexpansion die Ätzgrube mit Oxid gefüllt ist. Mit der zweiten Kanalfeldimplantation läßt sich die Feldschwellenspannung einstellen ohne Gefahr zu laufen, daß die Kanalweite durch laterale Ausdiffusion reduziert wird. Den Vorteilen steht ganz offensichtlich als Nachteil die hohe Prozeßkomplexität gegenüber.

Die Shrinkfähigkeit der Bauelementisolation wird beim LOCOS-Verfahren durch den Isolationsprozeß und nicht durch das zur Verfügung stehende lithographische System bestimmt. Es ist daher zu vermuten, daß weder der Standardprozeß noch seine fortschrittlichen Modifikationen geeignet sind, für integrierte Schaltungen mit Minimalstrukturen von 0,5 μm und kleiner die Anforderungen bzgl. Planarität, Feldoxidstärke, Kantenstruktur und Feldschwellencharakteristik zu erfüllen (die größten Chancen werden dem PBL-Verfahren eingeräumt). Abschließend zu diesem Abschnitt werden zwei Verfahren vorgestellt, die diesen Ansprüchen genügen: Trenchtechnik und selektive Epitaxie. Ein weiteres Verfahren, die dielektrische Isolation, wird im Zusammenhang mit der SOI-Technik in Abschnitt 12.6 behandelt.

Planare Isolationstechniken

Unter der Grabenisolation (Trenchtechnik) versteht man die seitliche Isolation der aktiven Gebiete durch Gräben, die in das monokristalline Silizium geätzt und mit isolierendem Material aufgefüllt sind. Es existiert eine Reihe von Prozeßalternativen für die Herstellung der Grabenisolation. Die wesentlichen Arbeitsschritte dieser Technik sind jedoch das anisotrope Ätzen der Gräben, die konforme Abscheidung des Dielektrikums zum Auffüllen der Gräben (in manchen Fällen, z.B. bei der Herstellung von Trench-Kapazitäten erfolgt die Auffüllung der Gräben nach einer thermischen Oxidation der Seitenwände mit polykristallinem Silizium) und der abschließende Planarisierungsprozeß. Ein einfacher Prozeßablauf ist der folgende (Abb. 12.10): Die Scheibe wird zunächst mit CVD-Oxid bedeckt, das während des Ätzprozesses die Maskierung des *Si* übernimmt. Nachdem in einem lithographischen Prozeß die Isolationsgräben definiert sind, kann zunächst das Oxid und dann das Silizium anisotrop geätzt werden. Es folgen die Kanalimplantation, die Entfernung des Maskierungsoxides, die thermische Oxidation der freigelegten Siliziumfläche und dann die Abscheidung des SiO_2 zur Auffüllung der Gräben. Der Abscheideprozeß muß

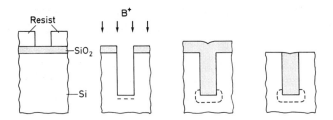

Abb. 12.10. Prozeßablauf zur Realisierung der Grabenisolation (siehe Text)

sich durch eine hohe Konformität auszeichnen (z.B. TEOS-Verfahren). Die Abscheidung erfolgt mindestens so lange, bis sich die auf beiden Seiten der Grabenwände aufgewachsenen Schichten in der Grabenmitte getroffen haben und der Graben damit geschlossen ist. Anschließend muß das auf der planen Oberfläche abgeschiedene Material durch einen Ätzprozeß wieder entfernt werden. Damit stehen Siliziumbereiche bereit, die durch schmale vergrabene Isolationsstege voneinander dielektrisch getrennt sind.

Der Vorteil des Verfahrens liegt in dem möglichen hohen Tiefen- zu Breitenverhältnis der isolierenden Gräben. Die minimale Breite des Isolationssteges wird durch das lithographische System bestimmt. Das ist eine Voraussetzung für das Erreichen einer hohen Integrationsdichte. Die Tiefe der Isolationsgräben gestattet die seitliche Isolation der Wannen und läßt damit geringe Abstände zwischen N-Kanal- und P-Kanal-Transistoren zu. Einerseits, weil die laterale Ausdiffusion der Wanne durch den Graben begrenzt wird und andererseits, weil der sensitive Latchup-Pfad verlängert wird. Die reine Trenchtechnik wird daher heute vorwiegend für die seitliche Wannenisolation und nicht so sehr für die Bauelementisolation eingesetzt. Grund dafür ist, daß die Kanalfeldimplantation der Seitenwände häufig unvollständig ist und damit zu einem erhöhten Sperrstrom der Bauelemente beitragen kann.

Ein Nachteil der geschilderten Technik ist, daß nicht gleichzeitig schmale Gräben und großflächige Feldbereiche mit einem Dielektrikum aufgefüllt und anschließend planarisiert werden können. Ein Ausweg besteht darin, das CVD-Oxid so stark abzuscheiden, daß die großflächigen Feldbereiche (Gräben) mit Oxid gefüllt sind. Die Stufenhöhe des Oxides entspricht dann immer noch der Tiefe der Gräben. Für die Planarisierung der Scheibe wird dann zunächst Fotoresist mit Hilfe eines lithographischen Schrittes in den großflächigen Feldgebieten aufgebracht (Resisttiefe = Grabentiefe). Nach dem Härten des Lackes wird ganzflächig eine einebnende Fotoresistschicht aufgeschleudert und im Rückätzverfahren zusammen mit dem Oxid über der planen Siliziumoberfläche abgetragen (geforderte Selektivität Fotoresist : SiO_2 = 1:1). Das geschilderte Verfahren wird als BOX-Verfahren (Buried OXide [12.10]) bezeichnet. Eine andere Möglichkeit besteht in der Kombination von LOCOS- und Grabenisolation [12.11].

Das zweite oben angesprochene Verfahren ist die laterale dielektrische Isolation mittels selektiver Epitaxie [12.12]. Dieses Verfahren wird in der Literatur häufig auch als SEG-Prozeß bezeichnet (Selective Epitaxial Growth). Im Prinzip handelt es sich hier um einen zum Trench-Verfahren inversen Prozeß, bei dem nicht das Silizium geätzt und die Gräben mit Dielektrikum gefüllt werden, sondern eine dielektrische Schicht auf der Siliziumscheibe wird lokal entfernt und der Graben epitaktisch mit Silizium aufgefüllt.

Der Prozeßablauf stellt sich folgendermaßen dar: Nach der ganzflächigen Kanalimplantation und der thermischen Oxidation der Siliziumscheibe werden die aktiven Gebiete in einem fotolithografischen Verfahren definiert (Abb. 12.11a). Die Strukturübertragung in das SiO_2 erfolgt durch reaktives Ionenätzen. Mit diesem Ätzprozeß wird die gesamte SiO_2-Schicht bis zur Siliziumoberfläche

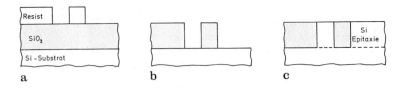

Abb. 12.11. Der SEG-Prozeß: a) Definition der aktiven Gebiete, b) Freilegen der aktiven Gebiete, c) selektive epitaktische Abscheidung von Silizium

abgetragen (Abb. 12.11b). Nach dem Entfernen des Fotoresist werden die Gräben epitaktisch mit Silizium aufgefüllt. Das geschieht in einem Niederdruck-Epitaxiereaktor, wobei die Prozeßparameter so gewählt werden, daß keine Nukleation auf der maskierenden SiO_2-Oberfläche erfolgt, in den geätzten Fenstern hingegen monokristallines Silizium vom Substrat ausgehend wächst. Der Prozeß wird gestoppt, wenn die Gräben bis zur Oberkante mit Silizium gefüllt sind (Abb. 12.11c). Es stehen nun Siliziuminseln für die Aufnahme von Bauelementen bereit, die lateral nach allen Seiten hin isoliert sind. Im Gegensatz zur Grabenisolation bereitet das Nebeneinander von aktiven bzw. Feldgebieten unterschiedlicher Ausdehnung kein prinzipielles Problem.

Mit Hinblick auf die Anwendung in der CMOS-Technologie bietet sich die Möglichkeit, das Substrat unterhalb der aktiven Bereiche zu dotieren (Herstellung dotierter vergrabener Schichten = Buried Layer). Während der Folgeprozesse diffundiert der Buried Layer aus und erzeugt eine retrograde Wanne. Die Kombination von lateraler dielektrischer Isolation und Buried Layer-Technik ist Grundlage für eine hohe Latchup-Resistenz der nach diesem Verfahren hergestellten CMOS-Schaltungen.

12.3.3 Wannenisolation

In Abschnitt 12.1 wurde bereits die Bedeutung der Wanne hervorgehoben. Aufgrund der relativ einfachen Prozeßführung wird, wenn möglich, die Einwannentechnik bevorzugt.

Einwannentechnik
Üblicherweise wird die Wanne zu Beginn des Prozeßablaufes hergestellt. Dabei bietet sich prinzipiell die Möglichkeit, zunächst die Feldoxidation durchzuführen und dann die Wanne herzustellen (selbstjustierender Prozeß) oder in der anderen Reihenfolge zu verfahren. Bei dem selbstjustierenden Verfahren wird die Wannenberandung während der Implantation durch den LOCOS-Rand definiert, das Feldoxid dient als Maskierung der Feldbereiche. Die aktiven Gebiete der Substrattransistoren müssen zwar mit Fotoresist abgedeckt werden, jedoch ist dazu nur eine grobe Justierung erforderlich (Block Out-Maske). Der Vorteil dieses Verfahren ist (wie bei allen selbstjustierenden Verfahren) der

geringe Platzbedarf der Wanne. Nachteilig ist, daß die Dotierstoffkonzentration der Wanne in lateraler Richtung vom LOCOS-Rand unter das Feldoxid schneller abnimmt als in Richtung senkrecht zur Siliziumoberfläche. Das ist auf die stärkere Verarmung der Quellbelegung während des Eintreibprozesses zurückzuführen, da vom LOCOS-Rand her ein zweidimensionaler Bereich mit Dotierstoffatomen zu versorgen ist. An den Ecken der Wanne führt dieser Effekt zu einem noch stärkeren Absinken der Wannenkonzentration. Dies äußert sich in den Schwellenspannungen der aktiven Wannentransistoren (runder Verlauf der Eingangskennlinie zwischen Unterschwellenbereich und linearem Bereich) und der Feldtransistoren (u.U. zu kleine Feldschwellen-Spannung). Einen Ausweg aus diesem Dilemma bietet die retrograde Wanne. In der konventionellen Technik wird jedoch aus den genannten Gründen die Reihenfolge Herstellung der Wanne mit anschließender Feldoxidation bevorzugt. Aber auch in diesem Falle bleiben Variationsmöglichkeiten, die die Reihenfolge der Definition der aktiven Gebiete und der Wannenherstellung betreffen. Zwei Beispiele sollen dies für einen N-Wannenprozeß belegen.

Das erste Beispiel behandelt einen Prozeß, bei dem die Kanalfeldimplantation des Substrates maskenlos erfolgen darf (Abb. 12.12, Beispiel 1, [12.13]).

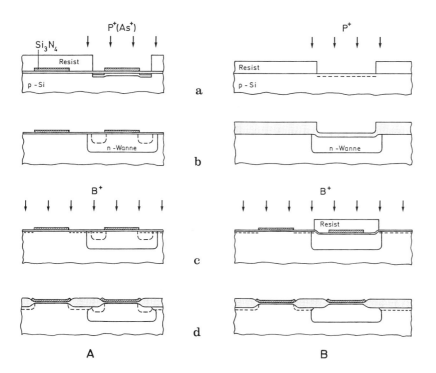

Abb. 12.12. Zur Reihenfolge bei der Definition der aktiven Gebiete und der Wannenherstellung. A = Beispiel 1, B = Beispiel 2 (siehe Text). a) Definition und Implantation der Wannen, b) Wanneneintreiben, c) Kanalfeldimplantation, d) Feldoxidation

Nach der Definition und Strukturierung der aktiven Gebiete werden die Wannengebiete mit Hilfe der Wannenmaske definiert. Die aktiven Gebiete liegen also innerhalb der Wanne, die Wannenberandung wird durch die Fotoresistmaske definiert. Nacheinander folgen nun die Phosphorimplantation für die Vorbelegung der Wanne und die Arsenimplantation für die Einstellung der Feldschwellenspannung innerhalb der Wanne. Die Stärke des Fotoresist und der $Si_3N_4 - SiO_2$-Sandwichstruktur sowie die Energien der Phosphor- bzw. Arsenimplantation sind derart aufeinander abzustimmen, daß die gesamte Wannenfläche mit Phosphor dotiert wird, die Arsenionen jedoch nur in den Bereich zwischen Nitridfläche und Resistberandung in das Silizium dringen. Für die Phosphorimplantation bedeutet dies eine Energie von 200 bis 300 keV, die mit doppelt ionisiertem Phosphor durchgeführt werden kann. Bei dem anschließenden Eintreibprozeß wird ausgenutzt, daß der Diffusionskoeffizient des Phosphors größer ist als der des Arsens und damit die Wanne tiefer eindringt als die Kanalfeldimplantation der Wanne. Im weiteren folgen die Kanalfeldimplantation des Substrates und die Feldoxidation. Damit die Borimplantation maskenlos durchgeführt werden darf muß gewährleistet sein, daß a) die Energie der Borionen niedrig genug ist, um ein Durchdringen der Nitrid-Oxid-Struktur zu vermeiden und b) die Arsenkonzentration innerhalb der Wanne hoch genug ist, so daß hier keine Umdotierung stattfindet.

Das zweite Beispiel zeigt die umgekehrte Reihenfolge von Wannen- und Felddefinition. Zunächst wird die Scheibe thermisch oxidiert (ca. 0,5 μm) und das Oxid mit Hilfe der Wannenmaske strukturiert. Nach dem lokalen Ätzen des Oxides kann der Fotoresist entfernt werden, das verbleibende Oxid dient als Maske für die nun folgende Wannenimplantation (Abb. 12.12, Beispiel 2). Der Eintreibprozeß beinhaltet eine oxidierende Phase, so daß am Maskenrand eine Stufe entsteht, die für die folgende Justage zwischen Wanne und aktiven Bereich genutzt werden kann. Nach dem Eintreibprozeß wird das Oxid ganzflächig entfernt und es folgen die in Abschnitt 12.3.2 angegeben Prozesse: Padoxidation, Nitridabscheidung sowie Definition und Strukturierung der aktiven Gebiete. Während der Kanalfeldimplantation des Substrates müssen die Wannen mit Fotoresist abgedeckt sein. Die hierzu erforderliche Maske beinhaltet die zur Wannenmaske inversen Strukturen. Nach der Implantation und dem Entfernen des Fotoresist erfolgt die Feldoxidation.

Ein Nachteil der Einwannentechnik besteht darin, daß die komplementären Transistoren nicht unabhängig voneinander optimiert werden können. Das ist darauf zurückzuführen, daß mit der Wannendotierung die vorhandene Substratdotierung überkompensiert werden muß und im Sinne einer hinreichenden Sperrfähigkeit der Wanne ihre Dotierstoffkonzentration etwa eine Größenordnung höher sein sollte als die des Grundmateriales. Diese Unsymmetrie von Wanne und Substrat hat immer wieder Überlegungen ausgelöst, welcher der komplementären Transistoren in die Wanne und welcher in das Substrat integriert werden sollte.

P-Wannen- oder N-Wannentechnik?

N-Kanal-Transistoren besitzen i.a. bessere Treibereigenschaften als P-Kanal-Transistoren. Der Sättigungsstrom der N-Kanal-Transistoren ist bei Kanallängen zwischen 1 und 2 μm ca. zweimal größer als bei P-Kanal-Transistoren (gleiche Kanalweite vorausgesetzt). Das spricht dafür, den N-Kanal-Transistor in die Wanne zu legen, wo er aufgrund der höheren Kanaldotierung an Treiberfähigkeit einbüßt und den P-Kanal-Transistor in das Substrat zu integrieren, mit der dann besseren Möglichkeit der Bauelementoptimierung (P-Wannentechnik). Andererseits ist aufgrund der höheren Ionisationswahrscheinlichkeit der Elektronen der Substratstrom der N-Kanal-Transistoren bei den oben angegebenen Kanallängen bis zu vier Größenordnungen höher als bei P-Kanal-Transistoren. Das spricht mit Hinblick auf die Latchup-Gefahr dafür, den P-Kanal-Transistor in die Wanne zu legen (N-Wannentechnik). Es lassen sich eine Reihe von Gründen für oder gegen die eine oder andere Wannentechnik angeben. Letztlich muß jedoch mit Hinblick auf die jeweilige Anwendung entschieden werden, welche Wannentechnik mit Vorteil eingesetzt werden kann. Einige Beispiele sind in Tabelle 12.2 angegeben.

Tabelle 12.2. Anwendungen der N-Wannen- bzw. P-Wannentechnik

Schaltungsanwendung	P-Wanne	N-Wanne
MOS-Logik in statischer Technik	X	
MOS-Logik in dynamischer Technik		X
SRAMs	X	
DRAMs		X
EPROM / EEPROMs		X
Strahlenharte CMOS-Schaltungen	X	

Bei statischer Logik, so werden Logikschaltungen ohne Taktvorgabe (Clock) bezeichnet, sollte die Schaltgeschwindigkeit der komplementären Transistoren aufeinander abgestimmt sein. Der P-Kanal-Transistor sollte also nach den oben angegebenen Argumenten in das Substrat gelegt und die P-Wannentechnik bevorzugt werden. Bei einer MOS-Logikschaltung in dynamischer Technik, wie z.B. der Domino-Technik, werden die Schalttransistoren der Basiszellen als N-Kanal-Transistoren ausgelegt [12.14], während die CMOS-Inverterstufe lediglich den Ausgangsknoten der Basiszelle auf- bzw. entlädt. In diesem Falle wird man den Geschwindigkeitsvorteil der N-Kanal-Substrattransistoren nutzen und die N-Wannentechnik bevorzugen.

Speicher leiden unter der Anfälligkeit gegenüber "soft errors". Darunter versteht man die ungewollte Verschiebung des Knotenpotentials einer Zelle, die zur Verfälschung der gespeicherten Information führen kann. Eine bekannte Ursache hierfür sind die beim Eindringen von α-Teilchen in das Silizium generierten Ladungsträger [12.15]. Zur Reduktion der Fehlerwahrscheinlichkeit werden die Speicherzellen häufig in eine Wanne gelegt. Damit werden die tief im Silizium generierten Ladungsträger durch das elektrische Feld des Wannenüberganges am Eindringen in die Wanne gehindert und die Speicherzelle geschützt. Bei der Realisierung von statischen Speichern (SRAMs) ist das wesentliche Kriterium die Geschwindigkeit der Zugriffstransistoren und der Treiberstufen. Dieses Kriterium wird mit den N-Kanal-Transistoren erfüllt, die eine P-Wanne benötigen. Bei der dynamischen Speicherzelle (DRAMs) kommt es nicht so sehr auf die Treibereigenschaften des Schalttransistors an, da die zu transportierende Ladung klein ist. Das wesentliche Kriterium ist hier der Substratstrom, der mit Hinblick auf die Refreshzeit klein sein sollte. Aufgrund des kleinen Ionisationskoeffizienten der Löcher haben hier P-Kanal-Transistoren Vorteile, die eine N-Wanne erfordern. Mit der Einführung der Trench-Kapazitäten und der Ladungsspeicherung auf der Innenelektrode der Kapazität ist das Substratstromproblem entschärft, so daß vorzugsweise N-Kanal-Transistoren als Zugriffstransistoren eingesetzt werden. Mit Hinblick auf die peripheren Schaltungseinheiten sprechen die oben genannten Argumente (dynamische Logik) für die Preferenz der N-Wannentechnik.

Die Programmierung eines EPROMs erfolgt i.a. mit Hilfe heißer Ladungsträger, die eines EEPROMs häufig nach dem Fowler-Nordheim-Prinzip. In dem einen Fall sollte die Potentialbarriere zwischen dem Silizium und dem SiO_2 möglichst niedrig, in dem anderen Fall die Beweglichkeit der Ladungsträger innerhalb des SiO_2 möglichst hoch sein. Beide Forderungen werden von Elektronen sehr viel besser erfüllt als von Löchern. Als Transistorstruktur kommt daher nur der N-Kanal-Transistor infrage. Da ferner die Injektionsmechanismen mit einem relativ hohen Substratstrom verknüpft sind und dieser Strom mit Rücksicht auf die Latchup-Gefahr kein Wannenstrom sein darf, kann die Wahl hier nur auf die N-Wannentechnik fallen.

Eine Domäne der P-Wannentechnik sind die sogenannten strahlenharten CMOS-Schaltungen. Eine Schaltung wird als strahlenhart bezeichnet, wenn sie in strahlender Umgebung funktionstüchtig bleibt [12.15]. Der Grad der Härte wird durch die maximale Dosis bzw. Dosisrate bestimmt, bis zu der die Schaltung ihre Funktionstüchtigkeit beibehält. Die Folge der Strahlenbelastung sind u.a. der Latchup und die Feldinversion. Zur Vermeidung des Latchup-Effektes muß epitaktisches Material eingesetzt werden. Wegen der geringeren Ausdiffusion des Arsens gegenüber dem Bor ist n/n$^+$-Material dem p/p$^+$-Material und damit die P-Wannentechnik vorzuziehen. Die Vermeidung der Feldinversion erfordert eine entsprechend hohe Dotierstoffkonzentration des Channelstoppers. Bei der üblichen Prozeßfolge (Kanalfeldimplantation mit anschließender Feldoxidation) wird die Borkonzentration innerhalb des Siliziums aufgrund des Segregationskoeffizienten stark abgesenkt. Hier würde die Möglichkeit der Implantation durch das Feldoxid Vorteile bringen. Eine solche Implantation erfordert eine Energie um 500 keV bis 1 MeV, die von den heute in der Fertigung eingesetzten Anlagen nicht aufgebracht wird. Es ist jedoch zu erwarten, daß Hochenergieimplanter in Zukunft auch in der Fertigung eingesetzt werden, da sie Voraussetzung für die Herstellung retrograder Wannen sind.

Die retrograde Wanne wird per Tiefenimplantation mit anschließendem Kurzzeitausheilen (RTA) hergestellt. Der lange Eintreibprozeß bei hohen Temperaturen entfällt also bei diesem Verfahren. Daraus resultiert die charakteristische Formgebung des Dotierstoffprofiles der Wanne mit dem Maximum im Innern des Siliziums und der relativ kleinen lateralen Ausdehnung. Die Vorteile mit Hinblick auf die Latchup-Resistenz der retrograden Wanne sind in Abschnitt 12.2 bereits genannt. Diese Technik bietet ferner die Möglichkeit, in einem Arbeitsschritt Wanne und Channelstopper herzustellen.

Doppelwannentechnik (Twin Tub)
Die Herstellung komplementärer Wannen in einem Substrat wird als Doppelwannentechnik bezeichnet. Mit dieser Technik wird man weitgehend unabhängig von dem Substratmaterial, was Vorteile hinsichtlich der Entwurfsflexibilität bringen kann. Die Twin Tub-Technik bietet die Möglichkeit, CMOS- und Bipolartransistoren in einem Chip zu integrieren (BICMOS). Im allgemeinen ist die Twin Tub-Technik jedoch bis zu Schaltungsstrukturen von $1,2\,\mu m$ nicht erforderlich. Die Notwendigkeit der Doppelwannentechnik ergibt sich erst beim Übergang zu Submikronstrukturen. Wegen der dann vorliegenden kurzen

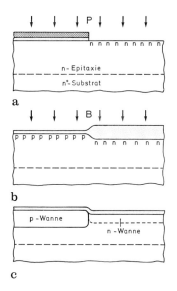

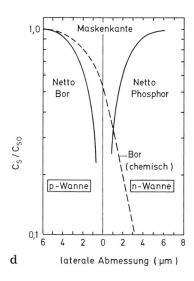

Abb. 12.13. Der 'Twin Tub'-Prozeß: a) Vorbelegung der N-Wanne mit Phosphor, b) Vorbelegung der P-Wanne mit Bor, c) Eintreiben der beiden Wannen. d) Aufgrund der ineinanderlaufenden Diffusionsfronten und des Kompensationseffektes ist die (elektrisch wirksame) laterale Ausdehnung der Wannen geringer als es der chemischen Dotierstoffverteilung entspricht.

Kanallängen müssen beide Transistorbereiche hoch dotiert sein. Diese hohe Dotierstoffkonzentration erfordert für jeden Transistortyp eine eigene Wanne.

Im folgenden wird der Ablauf eines einfachen Doppelwannenprozesses angegeben. In dem gewählten Beispiel ist das Grundmaterial n/n^+-epitaktisches Silizium (Abb. 12.13). Nach der Padoxidation und der Nitridabscheidung wird der Bereich der zukünftigen P-Wanne mit Fotoresist abgedeckt und die Schichten über der N-Wanne entfernt. Es folgt die Vorbelegung der N-Wanne durch eine Phosphorimplantation, wobei das Sandwich $Si_3N_4 - SiO_2$ als Maske dient. Während der folgenden thermischen Oxidation wächst das Oxid nur über der N-Wanne auf (LOCOS-Verfahren). Nach dem Entfernen des Nitrides wird nun die P-Wanne mit Hilfe einer Borimplantation vorbelegt. Die Energie ist dabei so gewählt, daß die Borionen zwar das dünne Padoxid, nicht jedoch das starke Oxid über der N-Wanne durchdringen (selbstjustierender Prozeß). Im Anschluß daran folgt das gemeinsame Eintreiben der Wannen in einem Hochtemperaturprozeß. In vertikaler Richtung bilden sich dabei Gaußsche Dotierstoffprofile aus. Die laterale Begrenzung der Wannen ist jedoch aufgrund der aufeinander zulaufenden Diffusionsfronten der P- und N-Wanne durch steile Konzentrationsverläufe gekennzeichnet. Nach dem Eintreiben der Wannen wird das Oxid von der Scheibe entfernt und der CMOS-Prozeß schreitet nach dem üblichen Verfahren fort (Padoxid, Nitridabscheidung, Definition und Strukturierung der aktiven Gebiete usw.).

12.3.4 Parasitäre MOS-Transistoren

Bei der Herstellung der gewollten, als aktiv bezeichneten MOS-Transistoren werden auch immer ungewollte, parasitäre Transistoren gefertigt. In einem CMOS-Prozeß können diese parasitären Transistoren vom Bipolartyp oder N-Kanal- bzw. P-Kanal-Transistoren sein. Die bipolaren Effekte wie Snap Back und Latchup sind in Abschnitt 12.2 bereits behandelt worden. In diesem Abschnitt wenden wir uns den parasitären MOS-Transistoren zu.

Ganz allgemein lassen sich für einen CMOS-Prozeß fünf unterschiedliche parasitäre MOS-Transistoren angeben, die in Abb. 12.14 für einen N-Wannenprozeß schematisch dargestellt sind. In den gezeichneten Fällen übernimmt das Feldoxid die Funktion des Gate-Oxides und eine polykristalline Leiterbahn die Rolle der Gate-Elektrode. Denkbar ist natürlich, daß eine Aluminiumleiterbahn die Funktion der Gate-Elektrode übernimmt und das Gate-Oxid dann aus dem Sandwich Feldoxid und Zwischenoxid besteht. Das ändert jedoch nichts Grundsätzliches an den gezeigten Transistorstrukturen.

Die Feldschwellenspannung V_{TNF} der parasitären N-Kanal-Transistoren (Abb. 12.14a,b,c) sowie V_{TPF} der P-Kanal-Transistoren (Abb. 12.14d,e) müssen so hoch sein, daß die Transistoren bei jedem denkbaren Betriebszustand der Schaltung sicher sperren. Aufgrund der positiven Oxidladung und dem Segregationsverhalten des Bors ist die Einstellung der Feldschwellenspannung V_{TNF} kritischer als die von V_{TPF}. Etwa 95% des implantierten Bors werden während

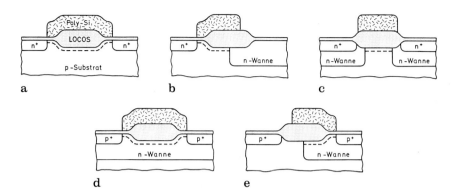

Abb. 12.14. Parasitäre MOS-Transistoren (Feldoxidtransistoren) bei einem CMOS-Prozeß in N-Wannenetechnik. Abb. a, b und c zeigen die möglichen N-Kanal-, Abb. d und e die P-Kanal-Transistoren.

des Wachstums eines $0,6\,\mu$m starken Oxides in dem Feldoxid gelöst und stehen damit dem Channelstopper nicht mehr zur Verfügung. Daher geht neben der Bordosis der Kanalfeldimplantation und der Stärke des Feldoxides auch der Oxidationszyklus (inert, trocken, naß) in die Feldschwellenspannung ein. Eine Möglichkeit die Feldschwellenspannung zu erhöhen, besteht in der Temperaturbehandlung der Scheibe in N_2 (inerte Phase) zu Beginn des Oxidationsprozesses. Während dieser Phase diffundiert das Bor in das Innere des Siliziums, so daß ein größerer Anteil der Bor-Dosis für den Channelstopper erhalten bleibt. Allerdings diffundiert das Bor auch in lateraler Richtung und kann die Weite der aktiven N-Kanal-Transistoren begrenzen.

Neben der Unterscheidung in parasitäre N-Kanal- und P-Kanal-Transistoren, lassen sich die Feldtransistoren auch in symmetrische und unsymmetrische Transistoren unterteilen. Symmetrische Transistoren sind solche, bei denen die S/D-Gebiete aus gleichartigen Diffusionsgebieten bestehen (Abb. 12.14a,c,d). Die in Abb. 12.14b,e gezeigten Transistoren gehören dagegen zur Klasse der unsymmetrischen Transistoren. Bei den unsymmetrischen Transistoren ist die tiefere der beiden Inseln (Wanne bzw. Substrat) die Draininsel des parasitären Transistors. Das hat zur Folge, daß diese Transistoren sich durch einen ausgeprägten Kurzkanaleffekt auszeichnen. Das trifft für einen Transistor mit Al-Elektrode wegen des stärkeren "Gate-Oxides" in noch höheren Maße zu.

12.3.5 Dotierstoffverteilung innerhalb der aktiven Transistoren

Die Dotierstoffkonzentration unterhalb der Gate-Elektrode bestimmt die Schwellenspannung und die Punch-Through-Festigkeit des Transistors. Beide Spannungen nehmen i.a. für die Dotierstoffkonzentration des Substrates nicht die optimalen Werte an, so daß die Feinabstimmung per Implantation vorgenommen werden muß.

Es wurde bereits darauf hingewiesen, daß die Einwannentechnik insofern Probleme bereitet, als die Dotierstoffkonzentration der Wanne eine Größenordnung höher sein sollte als die des Substrates, andererseits die Substratdotierung mit Hinblick auf den Punch-Through-Effekt nicht zu niedrig sein darf. Die Lösung dieses Problems besteht in der sogenannten Anti-Punch-Through-Implantation (kurz APT-Implantation) für den Substrattransistor. Häufig wird die APT-Implantation noch vor der Feldoxidation durchgeführt und dann ebenso häufig als Herstellung einer zweite Wanne interpretiert. Sofern diese Implantation nicht mit einer sehr hohen Energie erfolgt, diffundieren die Dotierstoffatome während der Feldoxidation und der folgenden Hochtemperaturprozesse zur Grenzfläche, heben dort die Dotierstoffkonzentration an und beeinflussen den Wert der Schwellenspannung.

Die andere Möglichkeit besteht in zwei getrennten Implantationen mit unterschiedlichen Dosen und Energien für die Einstellung der Punch-Through- und Schwellenspannung nach der Feldoxidation. In diesem Falle erhält man eine Dotierstoffverteilung, die sich als Überlagerung der beiden Implantationsprofile ergibt: ein flaches Profil für die Einstellung der Schwellenspannung und ein tieferes für die Erhöhung der Punch-Through-Spannung. Abb. 12.15a zeigt qualitativ den resultierenden Verlauf der Dotierstoffverteilung. Das Maximum der APT-Verteilung sollte etwa in Höhe der Bodenfläche der S/D-Gebiete liegen. Eine weitere Möglichkeit besteht darin, die Implantation zur Einstellung der Schwellenspannung so tief auszuführen, daß damit gleichzeitig die Punch-Through-Spannung der N-Kanal-Transistoren zu hohen Werten verschoben wird. Da hiermit jedoch gleichzeitig die Tiefe der umdotierten Zone innerhalb der Wanne zunimmt, verringert sich die Punch-Through-Spannung des P-Kanal-Transistors (eine maskenlose Implantation für die Einstellung der Schwellenspannung vorausgesetzt).

Die Gate-Elektroden der N-Kanal- und P-Kanal-Transistoren bestehen aus polykristallinen Silizium, die mit Hinblick auf einen geringen Leiterbahnwiderstand hoch mit Phosphor dotiert sind. Diese einheitliche Wahl des Gate-Materiales erleichtert die Prozeßführung, da das Polysilizium ganzflächig auf die Scheibe abgeschieden, dotiert und anschließend strukturiert werden kann. Die Festlegung auf n^+-Elektroden führt jedoch zu unterschiedlichen Eigenschaften für den N-Kanal- und den P-Kanal-Transistor. Die Schwellenspannung eines MOS-Transistors ist näherungsweise (Vernachlässigung der Grenzflächenladung und Oxidladung, Annahme einer konstanten Oberflächenkonzentration)

$$V_T = \Phi_{MS} + 2\Phi_F - \frac{t_{ox}}{\varepsilon_{ox}} Q_{Si} \quad . \tag{12.6}$$

Hierbei ist Φ_{MS} die Austrittsarbeitsdifferenz von Gate-Material und Silizium, Φ_F das Fermipotential, t_{ox} die Stärke des Oxides, ε_{ox} die Dielektrizitätszahl des Oxides und Q_{Si} die Ladung der Raumladungszone unterhalb der Gate-Elektrode im Zustand der starken Inversion. Q_{Si} ist positiv für die N-Wanne (Donatoren) und negativ für das p-leitende Substrat (Akzeptoren). Für das System n^+-Poly über monokristallinen Silizium ist die Austrittsarbeitsdifferenz näherungsweise

$$\Phi_{MS} = -\frac{1}{2}\frac{E_g}{q} \pm U_T \ln\left(\frac{C}{n_i}\right) \quad , \qquad (12.7)$$

mit der Bandlücke E_g, der Elementarladung q, der intrinsischen Ladungsträgerdichte n_i und der Dotierstoffkonzentration C. Das Pluszeichen in (12.7) und $C = N_D$ gilt für die N-Wanne (P-Kanal-Transistor), das Minuszeichen und $C = N_A$ für das P-Substrat (N-Kanal-Transistor).

Bei Annahme eines N-Wannenprozesses und einem Grundmaterial mit einer Borkonzentration von $10^{15}\,\mathrm{cm}^{-3}$ ist für den N-Kanal-Transistor $\Phi_{MS} = -0,9$ V, $2\Phi_F = 0,6$ V und der Anteil der Raumladungszone 0,1 V (hierbei ist eine Oxidstärke von 25 nm angenommen worden). Insgesamt ergibt sich also eine schwach negative Schwellenspannung (ca. $-0,2$ V). Aus den schon genannten Gründen sollte die Wannendotierung eine Größenordnung höher als die Substratdotierung sein, also $N_W = 10^{16}\,\mathrm{cm}^{-3}$. Mit diesem Wert erhält man für den P-Kanal-Transistor eine Schwellenspannung von ca. $-1,4$ V. Während der N-Kanal-Transistor selbstleitenden Charakter besitzt, ist der Betrag der Schwellenspannung für den P-Kanal-Transistor zu hoch, was einen geringen Sättigungsstrom zur Folge hat. Beide Schwellenspannungen müssen zu positiven Werten verschoben werden. Das kann mit einer einheitlichen Borimplantation in den Kanalbereich der Transistoren erreicht werden.

Bei dem N-Kanal-Transistor bewirkt die Implantation eine Anhebung des Raumladungsterms in (12.6). Zu der Ladung des Substrates kommt noch der Anteil der Dosis der Borimplantation hinzu, der beim Einsatz der starken Inversion innerhalb der Raumladungszone liegt (Abb. 12.15a). Dieser Anteil ist i.a. kleiner als die implantierte Dosis. Für den P-Kanal-Transistor bewirkt die Implantation eine Absenkung, ja sogar Kompensation der Wannendotierung im oberflächennahen Bereich. Es existiert ein pn-Übergang, der jedoch aufgrund der geringen Ladung pro Flächeneinheit des kompensierten Bereiches innerhalb der Raumladungszone liegt (Abb. 12.15b). Der Inversionskanal bildet sich unterhalb des pn-Überganges aus, man spricht daher von einem Buried Channel-Transistor. Die Probleme, die ein solcher Transistor mit Hinblick auf den Draindurchgriff (DIBL, Punch-Through) besitzt, wurden bereits in Abschitt 12.2.2 erörtert. Problematisch mit Hinblick auf eine Skalierung der Bauelementabmessungen ist, daß mit geringerer Oxidstärke t_{ox} eine immer höhere Dosis für den N-Kanal-Transistor erforderlich wird, um den Beitrag von Φ_{MS} auszugleichen. Mit größerer Dosis wird jedoch der pn-Übergang innerhalb der Wanne tiefer und damit der P-Kanal-Transistor anfälliger gegenüber dem Draindurchgriff.

Die Lösungen dieses Problems zielen darauf ab, die Austrittsarbeitsdifferenz für die N-Kanal- und P-Kanal-Transistoren einander anzupassen (Workfunction Engineering). Eine Möglichkeit besteht in der Verwendung von n$^+$-Poly als Gate-Material für die N-Kanal-Transistoren und p$^+$-Poly für die P-Kanal-Transistoren. Diese Maßnahme erhöht die Prozeßkomplexität. Hinzu kommt, daß der Diffusionskoeffizient des Bors in SiO_2 in Gegenwart von Wasserstoff

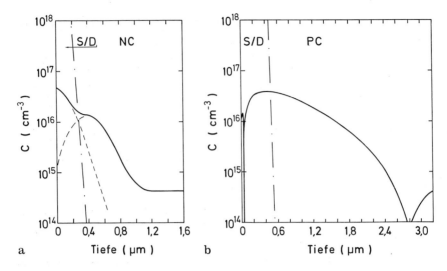

Abb. 12.15. Dotierstoffverteilung unterhalb der Gate-Elektrode bei a) einem N-Kanal-Transistor, b) einem P-Kanal-Transistor innerhalb der N-Wanne. Die strichpunktierte Linie gibt die Tiefe des jeweiligen S/D-Bereiches an.

hoch sein kann. Es besteht also die Gefahr, daß das Bor durch das dünne Gate-Oxid hindurchdiffundiert und die Schwellenspannung der P-Kanal-Transistoren unkontrolliert verschiebt. Eine andere Möglichkeit besteht in der Verwendung von Materialien, deren Fermienergie etwa gleich der Fermienergie des intrinsischen Siliziums ist. Damit ergeben sich für N-Kanal- und P-Kanal-Transistor symmetrische Werte für die Austrittsarbeitsdifferenz. Diese Materialien findet man in der Klasse der hitzebeständigen Metalle (*Mo*, *W*).

12.3.6   Herstellung der S/D-Strukturen

Die Herstellung der S/D-Strukturen stellt ein weiteres Beispiel eines selbstjustierenden Verfahrens dar. Mit der Definition der aktiven Gebiete (LOCOS-Prozeß) und der Gate-Elektroden sind die S/D-Bereiche bereits festgelegt, man benötigt dazu keine zusätzliche Maske (Abb. 12.16). Das ist das Prinzip des sogenannten Silicon-Gate-Prozesses. Der Prozeßablauf stellt sich folgendermaßen dar. Nach der Gate-Oxidation und der Einstellung der Schwellenspannung werden die Scheiben ganzflächig mit einer $0{,}5\,\mu$m starken polykristallinen Siliziumschicht beschichtet und diese Schicht mit Phosphor dotiert. Anschließend werden die Gate-Elektroden und polykristallinen Leiterbahnen in einem lithographischen Prozeß definiert und mit dem Fotoresist als Maske geätzt. Im Sinne einer genauen Strukturübertragung muß hier ein anisotropes Ätzverfahren eingesetzt werden. Um zu vermeiden, daß die Kantenverundung des Resist während des Ätzvorganges in die polykristalline Struktur übertragen wird, oxidiert man häufig das Polysilizium vor dem Aufbringen

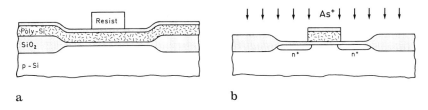

Abb. 12.16. Der Silicon-Gate-Prozeß: a) Definition der Gate-Elektrode,
b) selbstjustierende Dotierung der S/D-Bereiche per Implantation

des Fotoresist und strukturiert mit einer Maske das Oxid und das darunterliegende polykristalline Silizium, wobei die hohe Ätzselektivität zwischen Oxid und Silizium genutzt wird. Nach dem Entfernen des Fotoresist folgt die Implantation für die Dotierung der S/D-Gebiete, wobei Kanalgebiet und Feldgebiet durch Gate-Elektrode bzw. Feldoxid maskiert werden. In einem CMOS-Prozeß müssen die jeweils komplementären Transistoren mit Fotoresist abgedeckt werden. Das geschieht mit Hilfe einer Block-Out-Maske, erfordert also keine genaue Justage. Die Implantation der N-Kanal-Transistoren erfolgt üblicherweise mit Arsen, die der P-Kanal-Transistoren mit Bor.

Die Eindringtiefe der S/D-Inseln sollte mit Hinblick auf den Draindurchgriff klein sein (siehe Tabelle 12.1). Da bei den üblichen Dotierstoffkonzentrationen die Löslichkeitsgrenze der Dotierstoffatome bereits erreicht ist (Abschnitt 10.5.2), bedeutet eine geringe Eindringtiefe zwangsläufig einen hohen Serienwiderstand der S/D-Bereiche. Die Steilheit eines Transistors ist unter Berücksichtigung des Source-Widerstandes R_S bzw. des Drain-Widerstandes R_D im Triodenbereich des Transistors

$$g_m = \frac{g_{m_i}}{1 + (R_S + R_D)g_{d_i}} \tag{12.8}$$

und im Sättigungsbereich

$$g_m = \frac{g_{m_i}}{1 + R_S\, g_{m_i}} \ . \tag{12.9}$$

Hierbei bezeichnen g_{m_i} die Steilheit und g_{d_i} den Kanalleitwert des intrinsischen Transistors (also ohne die Serienwiderstände). Man erkennt, daß in beiden Betriebszuständen der Serienwiderstand die Steilheit und damit die Treibereigenschaften des Transistors absenkt.

Welche Beiträge des Strömungsfeldes bestimmen nun den Serienwiderstand R_S bzw. R_D? Abb. 12.17 zeigt schematisch das Strömungsfeld innerhalb des S/D-Bereiches sowie das diesem Strömungsfeld entsprechende Widerstandsnetzwerk. Danach setzt sich der Serienwiderstand aus vier Komponenten zusammen: dem Kontaktwiderstand R_{co}, dem Widerstand R_{Diff} der Diffusionsinseln, dem Widerstand R_{sp} aufgrund der Stromeinschnürung zum Kanal hin (Spreading Resistance) und dem Widerstand R_{ac} der Akkumulationsschicht unterhalb

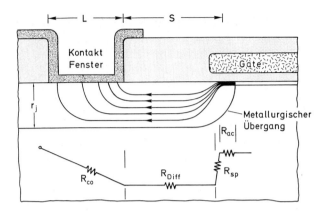

Abb. 12.17. Schematische Darstellung des Strömungsfeldes zwischen Kontakt- und Kanalbereich sowie das diesem Strömungsfeld entsprechenden Widerstandsnetzwerk (siehe Text)

der Gate-Elektrode. Der Kontaktwiderstand wird bestimmt durch den spezifischen Kontaktwiderstand ρ zwischen dem Metall und dem Silizium (siehe Kapitel 8), dem Schichtwiderstand R_{sc} des Siliziums unterhalb des Kontaktes sowie der Weite W und der Länge L des Kontaktlochfensters [12.16]

$$R_{co} = \frac{R_{sc}\, L_T}{W} \cdot \coth\left(\frac{L}{L_T}\right) \,, \qquad (12.10)$$

mit
$$L_T = \sqrt{\frac{\rho}{R_{sc}}} \,.$$

Der Widerstand R_{Diff} hängt ab von dem Schichtwiderstand, der Transistorweite und dem Abstand s zwischen Kontaktloch und Gate-Elektrode

$$R_{Diff} = R_{sc}\frac{s}{W} \,. \qquad (12.11)$$

Der Einfachheit halber sind hier Weite des Kontaktfensters und Transistorweite gleichgesetzt worden. Die Widerstände R_{co} und R_{Diff} nehmen bei einem Salicide-Prozeß (Kapitel 8) kleine Werte an. In diesem Falle ist die Kontaktlochfläche gleich der Fläche des S/D-Bereiches. Damit wird L in (12.10) groß und der coth-Term geht gegen 1. ρ ist nun der spezifische Kontaktwiderstand zwischen dem Silizid und dem Silizium. Der Widerstand R_{Diff} wird mit dem Abstand s ebenfalls klein. Die Widerstände R_{sp} und R_{ac} sind um so kleiner, je steiler der Gradient der Dotierstoffverteilung zum Kanal hin ist. Da ein hoher Konzentrationsgradient jedoch von einer hohen elektrischen Feldstärke begleitet wird, steht diese Forderung im Widerspruch zu dem Bemühen die Generation heißer Ladungsträger zu vermeiden.

Die Strukturen, die sich als relativ resistent gegnüber einer Injektion von heißen Elektronen erwiesen haben, zeichnen sich alle durch einen schwachen Konzentrationsgradienten im Drainbereich aus. Man unterscheidet hier zwischen Graded-Drain (häufig auch **Double Diffused Drain** = DDD) und LDD-Strukturen (**Lightly Doped Drain**) [12.17]. Abb. 12.18 zeigt schematisch den Querschnitt dieser Strukturen. Die DDD-Struktur entsteht, indem man bei dem oben beschriebenen Si-Gate-Prozeß zusätzlich zu der Arsen-Implantation die S/D-Gebiete noch mit einer geringen Dosis Phosphor implantiert. Während der folgenden Temperaturprozesse diffundiert das Phosphor schneller als das Arsen, so daß sich ein gradueller Übergang ergibt. Der Nachteil des Verfahrens liegt bei den dabei entstehenden großen Eindringtiefen der S/D-Inseln und den damit verknüpften Kurzkanaleffekten.

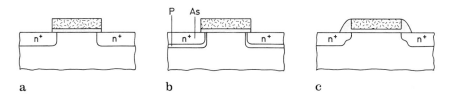

a   b   c

Abb. 12.18. Transistorstrukturen der Silicon-Gate-Technologie: a) konventionelle Struktur, b) DDD-Struktur (Double Diffused Drain), c) LDD-Struktur (Lightly Doped Drain)

Die Herstellung der LDD-Strukturen basiert auf der Spacer-Technik. Diese Technik umfaßt ganz allgemein die konforme Abscheidung einer Schicht (SiO_2, Si_3N_4, Poly) mit nachfolgendem anisotropen Ätzen dieser Schicht. Aufgrund der Konformität des Abscheideverfahrens ist die Stärke der Schicht an Stufen in Normalrichtung zur Siliziumscheibe größer als über den planen Flächen. Beim anisotropen Ätzen (Ätzrichtung = Normalrichtung) wird daher die Unterlage der Schicht in den planen Bereichen schneller erreicht als an der Stufe. Es bleibt ein Rest des Schichtmateriales in der Ecke der Stufe stehen, der als Spacer (= Abstandstück) bezeichnet wird. Spacer werden häufig bei selbstjustierenden Verfahren eingesetzt. Beispiele sind die Erzeugung der Abstandsstücke beim SWAMI-Prozeß (Abschnitt 12.3.2) und hier die Erzeugung des LDD-Dotierstoffprofiles.

Im einzelnen läuft der Herstellungsprozeß der LDD-Strukturen folgendermaßen ab (Abb. 12.19). Nach der Strukturierung der Gate-Elektrode erfolgt eine erste Arsen- oder Phosphor-Implantation mit geringer Dosis (typisch einige 10^{13} cm^{-2}). Nach einer kurzen thermischen Oxidation zur Abdeckung der polykristallinen Elektroden erfolgt die konforme Abscheidung von SiO_2 (üblicherweise TEOS). Das abgeschiedene SiO_2 wird anisotrop zurückgeätzt,

368

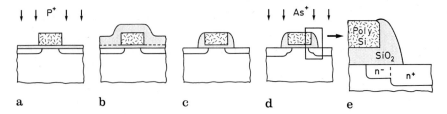

a b c d e

Abb. 12.19. Prozeßfolge zur Herstellung der LDD-Strukturen: a) Einstellung der niedrigen Dotierstoffkonzentration, b) konforme Abscheidung des Spacer-Oxides, c) anisotropes Ätzen des Oxides zur Herstellung der Spacer, d) Einstellung der hohen Dotierstoffkonzentration der S/D-Bereiche, e) vergrößerter Ausschnitt des Spacer-Bereiches

so daß die Spacer zurückbleiben. Nun folgt die zweite Implantation mit Arsen (Dosis einige $10^{15}\,\mathrm{cm}^{-2}$) für die Herstellung der niederohmigen S/D-Bereiche. Während der folgenden Temperaturprozesse diffundieren die implantierten Dotierstoffatome u.a. lateral unter die Gate-Elektrode bzw. den Spacer und formen die endgültige Drain-Geometrie. Diese Geometrie bestimmt letztlich die Höhe des elektrischen Feldes im Drainbereich, den Ort des maximalen Strahlenschadens durch Injektion heißer Ladungsträger und den resultierenden Serienwiderstand. Abb. 12.19e zeigt einen Ausschnitt des interessierenden Bereiches. Die Dosis des n^--Gebietes muß hoch genug sein, damit der Serienwiderstand nicht zu groß wird. Sie wird nach oben durch die Forderung begrenzt, daß die maximale Feldstärke im n^+-Gebiet auftreten soll. Der Übergang vom n^-- zum n^+-Gebiet sollte etwa unterhalb der Gate-Elektrodenkante liegen. Damit wird sichergestellt, daß die in den Spacer injizierten Ladungsträger keine Auswirkung auf den Serienwiderstand des Transistors haben.

12.4 Prozeßentwicklung

Die Prozeßentwicklung läuft stets nach einem iterativen Verfahren ab, unabhängig davon, ob ein völlig neuartiger Prozeß entwickelt werden soll oder ob es darum geht, längs eines vorgegebenen Shrinkpfades (Abschnitt 13.5) von einer Prozeßgeneration zur nächsten zu kommen. Der Unterschied besteht lediglich darin, daß in dem einen Fall zunächst ein Basisprozeß definiert werden muß, während er in dem anderen Fall bereits existiert. Wie Abb. 12.20 zeigt, besteht die iterative Prozedur in der Entwicklung der Einzelprozesse (Strukturerzeugung, Strukturübertragung, Schichterzeugung und Schichtmodifikation), der Entwicklung von Prozeßmodulen und deren Integration sowie der Charakterisierung der Einzelprozesse und des Gesamtprozesses mit Hilfe analytischer (Materialcharakterisierung) und elektrischer (Bauelementcharakterisierung) Verfahren und schließlich der Korrektur der Prozeßparameter auf

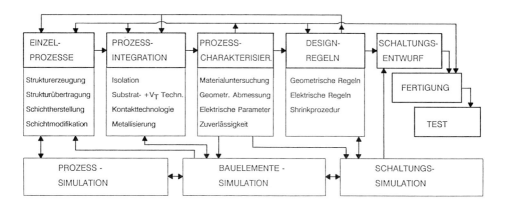

Abb. 12.20. Schematische Darstellung des Ablaufdiagramms bei der Prozeßentwicklung

der Grundlage der experimentell ermittelten Daten. Um das Prozeßfenster schneller abtasten zu können, bzw. innerhalb des Fensters bei geringem experimentellen Arbeitsaufwand einen sicheren Arbeitspunkt zu finden, werden die experimentellen Entwicklungsarbeiten häufig durch die Prozeß- und Bauelementsimulation unterstützt (siehe z.B. [12.18]).

Die Charakterisierung des Gesamtprozesses erfolgt während der Dauer der Prozeßentwicklung anhand geeigneter Teststrukturen (PEMs siehe Abschnitt 14.3), die sich häufig nur durch unterschiedliche geometrische Abmessungen unterscheiden (Weite, Länge, Abstand). Mit Hilfe der ermittelten geometrischen und elektrische Daten werden die Entwurfsregeln für den Prozeß aufgestellt. Häufig werden jedoch die Entwurfsregeln vorgegeben, so daß anhand der Meßergebnisse die Prozeßparameter in geeigneter Weise modifiziert werden müssen. Die elektrischen Messungen dienen ferner der Extraktion von Bauelementparametern für Modelle der Schaltungssimulation. Gerade bei neuartigen Transistorstrukturen muß man dazu mit Hilfe der Bauelementsimulation klären, welcher Parametersatz den Transistor für die Schaltungssimulation hinreichend genau beschreibt.

Mit dem Vorliegen der Entwurfsregeln und dem Zugriff auf geeignete Schaltungssimulationsprogramme kann der Entwurf der zu fertigenden Schaltung beginnen, der Maskensatz für die Fertigung bereitgestellt und schließlich die Fertigung des Produktes erfolgen. Damit ist jedoch die Prozeßentwicklung nicht abgeschlossen. Häufig werden erst an der gefertigten Schaltung Schwachstellen des Prozesses erkennbar, die die Zuverlässigkeit und Ausbeute des Produktes mindern und eine Modifikation der Entwurfsregeln oder des Prozeßablaufes erfordern. Erst wenn das Produkt nach umfangreichen Qualitätsuntersuchungen (Kapitel 16) qualifiziert ist, ist die Prozeßentwicklumg abgeschlossen und der

370

Prozeß mit dem Produkt qualifiziert. Nun sind die Flowchart, d.h. die Folge der Einzelprozesse des Gesamtprozesses einschließlich ihrer physikalischen Parameter (Temperatur, Druck, Atmosphäre etc.), und die Design-Regeln festgeschrieben.

12.5 Prozeßfolge für die Herstellung von CMOS-Schaltungen

Der in diesem Abschnitt vorgestellte Prozeß gestattet die Herstellung von CMOS-Schaltungen mit Minimalstrukturen von 1,2 μm. Es handelt sich hierbei um einen Si-Gate-Prozeß mit folgenden Merkmalen: N-Wannenprozeß, LOCOS-Isolation und Zweilagenmetallisierung. Der Prozeß benötigt 11 Masken, die in ihrer Reihenfolge in Tabelle 12.3 angegeben sind.

Tabelle 12.4 gibt eine kompakte Form der Flowchart des Prozesses wieder und zeigt Querschnittsdarstellungen eines CMOS-Inverters zu unterschiedlichen Zeitpunkten des Prozeßablaufes. Der Prozeß läßt sich unterteilen in die Module: 1. Herstellung der Justiermarken, 2. Herstellung der N-Wanne, 3. Einstellung der Punch-Through-Spannung, 4. Feldoxidation, 5. Einstellung der Schwellenspannung, 6. Herstellung der S/D-Bereiche, 7. Zwischenisolation einschließlich Fließverfahren, 8. Kontakttechnologie für die erste Metallisierungslage, 9. Intermetallisolation, 10. Kontakttechnologie für die zweite Metallisierungslage und 11. Passivierung.

Tabelle 12.3. Maskenfolge des CMOS-Prozesses

NW	Definition der N-Wanne
OD	Oxiddefinition (Definition der aktiven Gebiete)
NWI	Abdeckung der N-Wannen (Inverse N-Wanne)
PS	Definition der polykristallinen Si-Elektroden
SN	Block-Out-Maske für die Implantation der S/D-Bereiche der N-Kanal-Transistoren (Shallow N)
SP	Block-Out-Maske für die Implantation der S/D-Bereiche der P-Kanal-Transistoren (Shallow P)
CO	Definition der Kontakte in der Transistorebene
IN	Definition der Leiterbahnen in der ersten Metallebene
COS	Definition der Kontakte in der ersten Metallebene
INS	Definition der Leiterbahnen der zweiten Metallebene
CB	Definition der Kontakte zu den Anschlüssen (Pads) der integrierten Schaltung

Tabelle 12.4. Prozeßfolge für die Herstellung von CMOS-Schaltungen in Si-Gate-Technologie mit zwei Metallisierungsebenen

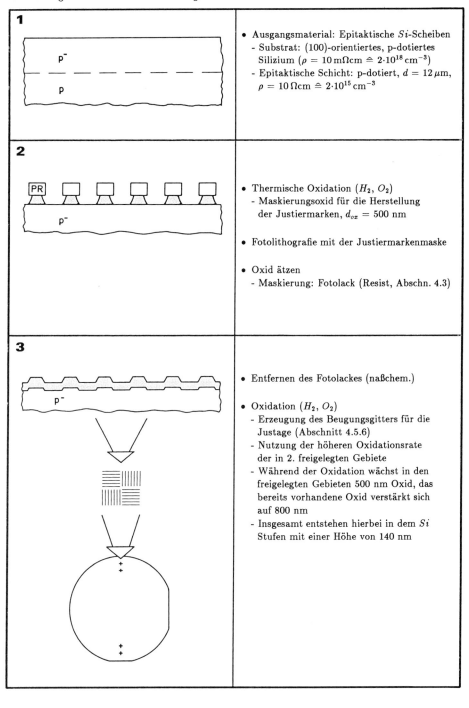

1

- Ausgangsmaterial: Epitaktische Si-Scheiben
  - Substrat: (100)-orientiertes, p-dotiertes Silizium ($\rho = 10\,\mathrm{m\Omega cm} \,\hat{=}\, 2{\cdot}10^{18}\,\mathrm{cm^{-3}}$)
  - Epitaktische Schicht: p-dotiert, $d = 12\,\mu\mathrm{m}$, $\rho = 10\,\Omega\mathrm{cm} \,\hat{=}\, 2{\cdot}10^{15}\,\mathrm{cm^{-3}}$

2

- Thermische Oxidation (H_2, O_2)
  - Maskierungsoxid für die Herstellung der Justiermarken, $d_{ox} = 500$ nm

- Fotolithografie mit der Justiermarkenmaske

- Oxid ätzen
  - Maskierung: Fotolack (Resist, Abschn. 4.3)

3

- Entfernen des Fotolackes (naßchem.)

- Oxidation (H_2, O_2)
  - Erzeugung des Beugungsgitters für die Justage (Abschnitt 4.5.6)
  - Nutzung der höheren Oxidationsrate der in 2. freigelegten Gebiete
  - Während der Oxidation wächst in den freigelegten Gebieten 500 nm Oxid, das bereits vorhandene Oxid verstärkt sich auf 800 nm
  - Insgesamt entstehen hierbei in dem Si Stufen mit einer Höhe von 140 nm

Tabelle 12.4. Fortsetzung

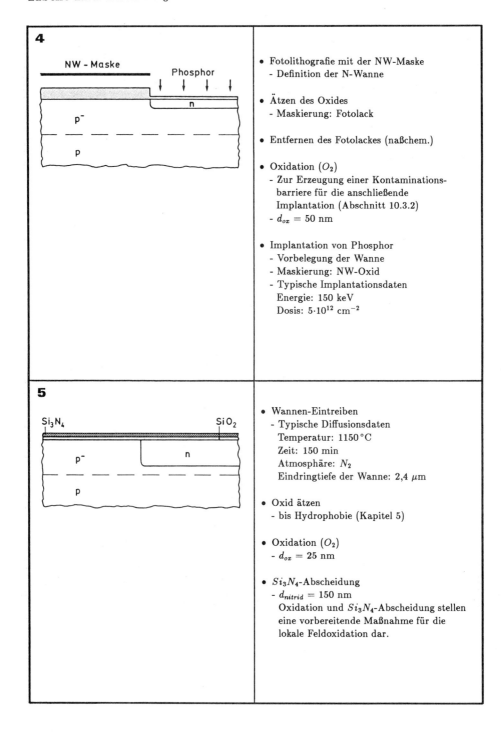

4	

NW-Maske   Phosphor ↓ ↓ ↓ ↓
 n
 p^-
 p
	• Fotolithografie mit der NW-Maske
	   - Definition der N-Wanne
	
	 • Ätzen des Oxides
	   - Maskierung: Fotolack
	
	 • Entfernen des Fotolackes (naßchem.)
	
	 • Oxidation (O_2)
	   - Zur Erzeugung einer Kontaminations-
	    barriere für die anschließende
	    Implantation (Abschnitt 10.3.2)
	   - $d_{ox} = 50$ nm
	
	 • Implantation von Phosphor
	   - Vorbelegung der Wanne
	   - Maskierung: NW-Oxid
	   - Typische Implantationsdaten
	    Energie: 150 keV
	    Dosis: $5 \cdot 10^{12}$ cm^{-2}

5	

Si_3N_4 SiO_2
 p^- n
 p
	• Wannen-Eintreiben
	   - Typische Diffusionsdaten
	    Temperatur: 1150 °C
	    Zeit: 150 min
	    Atmosphäre: N_2
	    Eindringtiefe der Wanne: 2,4 μm
	
	 • Oxid ätzen
	   - bis Hydrophobie (Kapitel 5)
	
	 • Oxidation (O_2)
	   - $d_{ox} = 25$ nm
	
	 • Si_3N_4-Abscheidung
	   - $d_{nitrid} = 150$ nm
	    Oxidation und Si_3N_4-Abscheidung stellen
	    eine vorbereitende Maßnahme für die
	    lokale Feldoxidation dar.

Tabelle 12.4. Fortsetzung

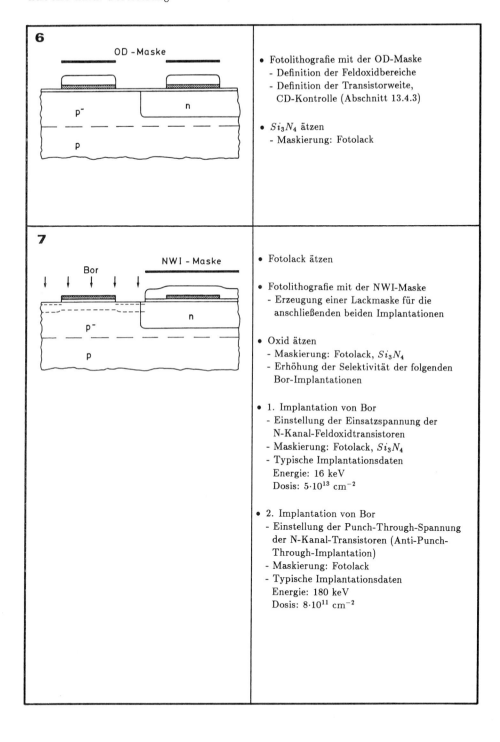

6

OD -Maske

p⁻ / n / p

- Fotolithografie mit der OD-Maske
  - Definition der Feldoxidbereiche
  - Definition der Transistorweite,
    CD-Kontrolle (Abschnitt 13.4.3)

- Si_3N_4 ätzen
  - Maskierung: Fotolack

7

Bor   NWI - Maske

p⁻ / n / p

- Fotolack ätzen

- Fotolithografie mit der NWI-Maske
  - Erzeugung einer Lackmaske für die
    anschließenden beiden Implantationen

- Oxid ätzen
  - Maskierung: Fotolack, Si_3N_4
  - Erhöhung der Selektivität der folgenden
    Bor-Implantationen

- 1. Implantation von Bor
  - Einstellung der Einsatzspannung der
    N-Kanal-Feldoxidtransistoren
  - Maskierung: Fotolack, Si_3N_4
  - Typische Implantationsdaten
    Energie: 16 keV
    Dosis: $5 \cdot 10^{13}$ cm⁻²

- 2. Implantation von Bor
  - Einstellung der Punch-Through-Spannung
    der N-Kanal-Transistoren (Anti-Punch-
    Through-Implantation)
  - Maskierung: Fotolack
  - Typische Implantationsdaten
    Energie: 180 keV
    Dosis: $8 \cdot 10^{11}$ cm⁻²

Tabelle 12.4. Fortsetzung

8	
	• Fotolack ätzen

	• Lokale Oxidation (H_2, O_2)
	  - Erzeugung des Isolationsoxides
	  - Ausdiffusion des ChaStops und der APT-Implantation
	  - Typische Oxidationsdaten
	    Temperatur: 960 °C (Abschnitt 6.4.2)
	    Stärke des Oxides: 850 nm

9	
	• Si_3N_4 ätzen - beginnend mit einer SiO_2-Ätzung zur Beseitigung des konvertierten Si_3N_4 (Abschnitt 6.2.7)
	• Oxid ätzen - Freilegen der aktiven Gebiete

	• Oxidation (H_2, O_2)
	  - Aufoxidation des oberflächennahen Siliziumbereiches in den aktiven Gebieten
	  - Vermeidung des "white ribbon"-Effektes (Abschnitt 12.3.2)
	  - $d_{ox} = 25$ nm

	• Oxid ätzen
	  - in den aktiven Gebieten wird hierbei das gewachsene Oxid geätzt. Damit sind hier insgesamt ca. 12 nm Si abgetragen worden.
	  - durch eine kräftige Überätzung wird das Feldoxid auf 500 nm gedünnt und damit die Länge des "Vogelschnabels" reduziert

	• Oxidation (O_2) - Gate-Oxidation, $d_{ox} = 25$ nm
	• Polysiliziumabscheidung - zur Erzeugung einer Kontaminationsbarriere für die anschließende Implantation, $d_{poly} = 100$ nm

Tabelle 12.4. Fortsetzung

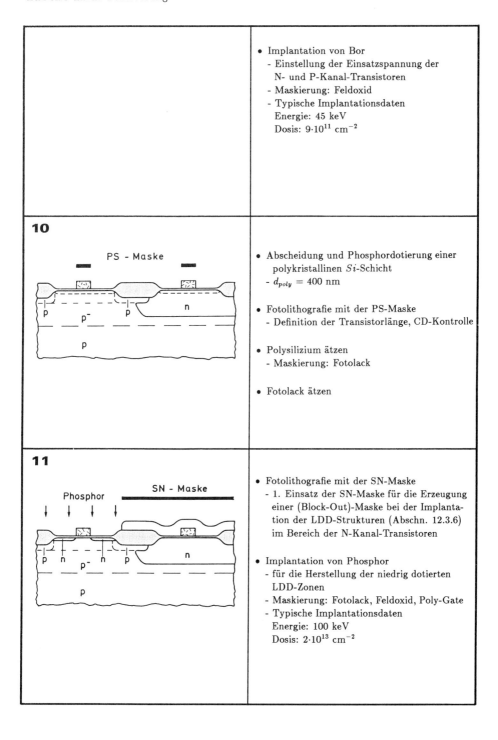

	• Implantation von Bor
	  - Einstellung der Einsatzspannung der
	    N- und P-Kanal-Transistoren
	  - Maskierung: Feldoxid
	  - Typische Implantationsdaten
	    Energie: 45 keV
	    Dosis: $9\cdot10^{11}$ cm^{-2}

10	• Abscheidung und Phosphordotierung einer
	  polykristallinen Si-Schicht
	  - $d_{poly} = 400$ nm
	
	• Fotolithografie mit der PS-Maske
	  - Definition der Transistorlänge, CD-Kontrolle
	
	• Polysilizium ätzen
	  - Maskierung: Fotolack
	
	• Fotolack ätzen

11	• Fotolithografie mit der SN-Maske
	  - 1. Einsatz der SN-Maske für die Erzeugung
	    einer (Block-Out)-Maske bei der Implanta-
	    tion der LDD-Strukturen (Abschn. 12.3.6)
	    im Bereich der N-Kanal-Transistoren
	
	• Implantation von Phosphor
	  - für die Herstellung der niedrig dotierten
	    LDD-Zonen
	  - Maskierung: Fotolack, Feldoxid, Poly-Gate
	  - Typische Implantationsdaten
	    Energie: 100 keV
	    Dosis: $2\cdot10^{13}$ cm^{-2}

Tabelle 12.4. Fortsetzung

12
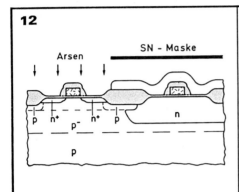
	• Fotolack ätzen
	
	• Oxid-Abscheidung
	  - TEOS (Kapitel 7)
	  - $d_{ox} = 300$ nm
	
	• Oxid ätzen
	  - Hierbei wird ein anisotropes Ätzverfahren eingesetzt, mit dem das abgeschiedene Oxid wieder entfernt wird.
	  - Aufgrund der anisotropen Ätzung bleiben (bei geeigneter Wahl der Ätzzeit) an den Rändern der polykristallinen Si-Elektroden die Oxid-Spacer stehen.
	
	• Oxidation (O_2)
	  - Bedeckung der freigelegten S/D-Bereiche mit Oxid, $d_{ox} = 30$ nm
	  - gleichzeitig oxidiert auch das Polysilizium. Aufgrund der hohen Dotierung ist hier die Oxidationsrate größer (Abschn. 6.2.3, 6.2.6)
	
	• Fotolithografie mit der SN-Maske
	  - 2. Einsatz der SN-Maske für die Erzeugung einer (Block-Out)-Maske für die Dotierung der S/D-Gebiete im Bereich der N-Kanal-Transistoren
	
	• Implantation mit Arsen
	  - Herstellung der hochdotierten S/D-Gebiete
	  - Maskierung: Fotolack, Feldoxid, Poly-Gate, Oxid-Spacer
	  - Typische Implantationsdaten
	  Energie: 100 keV
	  Dosis: $5 \cdot 10^{15}$ cm^{-2}

13 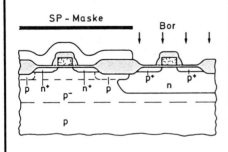	• Fotolack ätzen • Fotolithografie mit der SP-Maske - Erzeugung einer (Block-Out)-Maske für die Dotierung der S/D-Gebiete im Bereich der P-Kanal-Transistoren

Tabelle 12.4. Fortsetzung

	• Implantation mit Bor - Herstellung der hochdotierten S/D-Gebiete - Maskierung: Fotolack, Feldoxid, Poly-Gate, Oxid-Spacer - Typische Implantationsdaten Energie: 30 keV Dosis: $3 \cdot 10^{15}$ cm^{-2}
14 CO - Maske p n$^+$ n$^+$ p p$^+$ n p$^+$ p$^-$ p	• Fotolack ätzen • Oxid-Abscheidung - undotiertes TEOS, d_{ox} = 100 nm - Erzeugung einer Diffusionsbarriere (Abschnitte 6.2.4, 9.6.1) • Oxid-Abscheidung - dotiertes TEOS (BPSG, Kapitel 7), d_{ox} = 800 nm - Zwischenoxid für die Isolation der polykristallinen Si-Elektroden und der ersten Metallisierungslage • Fließen des BPSG (Flow) - Oxidation (H_2, O_2) bei 900 °C - BPSG hat die Eigenschaft, bei relativ niedrigen Temperaturen aufgrund der Oberflächenspannung zu fließen und dadurch die Oberflächentopographie auszugleichen (Planarisierung, Kapitel 7) • Fotolithografie mit der CO-Maske - Definition der Kontaktlöcher zur Substratebene/Polysilizium • Oxid ätzen - Freilegen der Kontaktflächen - Maskierung: Fotolack - Ätzung erfolgt häufig in definierter Reihenfolge von isotropen/anisotropen Ätzverfahren, um ein geeignetes Kantenprofil des Kontaktloches zu erhalten, z.B. naßchemisch, gefolgt von trockenem, anisotropem Ätzen

Tabelle 12.4. Fortsetzung

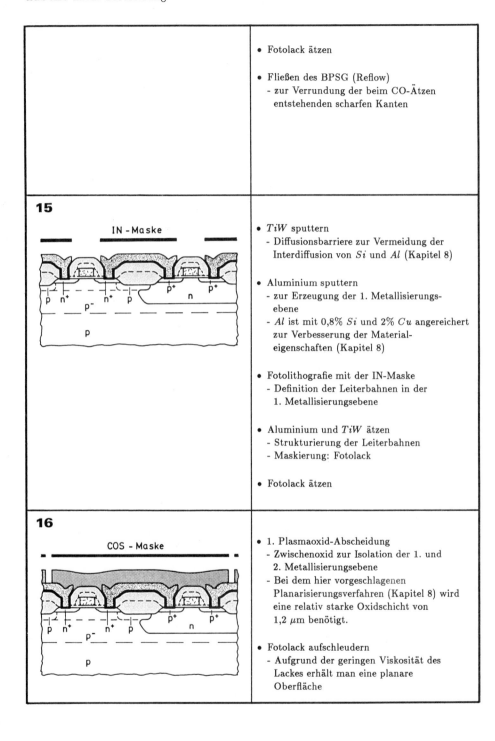

	• Fotolack ätzen • Fließen des BPSG (Reflow) - zur Verrundung der beim CO-Ätzen entstehenden scharfen Kanten
15 IN - Maske	• *TiW* sputtern - Diffusionsbarriere zur Vermeidung der Interdiffusion von *Si* und *Al* (Kapitel 8) • Aluminium sputtern - zur Erzeugung der 1. Metallisierungs-ebene - *Al* ist mit 0,8% *Si* und 2% *Cu* angereichert zur Verbesserung der Material-eigenschaften (Kapitel 8) • Fotolithografie mit der IN-Maske - Definition der Leiterbahnen in der 1. Metallisierungsebene • Aluminium und *TiW* ätzen - Strukturierung der Leiterbahnen - Maskierung: Fotolack • Fotolack ätzen
16 COS - Maske	• 1. Plasmaoxid-Abscheidung - Zwischenoxid zur Isolation der 1. und 2. Metallisierungsebene - Bei dem hier vorgeschlagenen Planarisierungsverfahren (Kapitel 8) wird eine relativ starke Oxidschicht von 1,2 μm benötigt. • Fotolack aufschleudern - Aufgrund der geringen Viskosität des Lackes erhält man eine planare Oberfläche

Tabelle 12.4. Fortsetzung

	• Rückätzen von Lack und Plasmaoxid
	  - geforderte Ätzselektivität zwischen Lack
	    und Oxid: 1:1
	  - Beim Rückätzen wid dann die planare
	    Oberfläche des Lackes in das Plasmaoxid
	    transferiert. Je nach Höhe der Stufen wird
	    hierbei das Plasmaoxid lokal stark
	    abgetragen, daher
	
	• 2. Plasmaoxid-Abscheidung
	  - zur Verstärkung des Zwischenoxides
	
	• Fotolithografie mit der COS-Maske
	  - Definition der Kontaktlöcher zur
	    1. Metallisierungsebene
	
	• Oxid ätzen
	  - Freilegen der Kontaktflächen
	  - Maskierung: Fotolack
	  - Ätzung erfolgt häufig in definierter
	    Reihenfolge von isotropen/anisotropen
	    Ätzverfahren (siehe 14.)
	
	• Fotolack ätzen

17
 	
INS -Maske
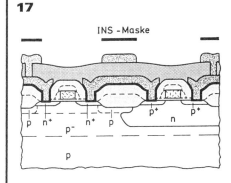
	• Aluminium sputtern
	  - zur Erzeugung der 2. Metallisierungs-
	    ebene
	  - Al ist wiederum mit Si und Cu
	    angereichert (siehe 15.)
	
	• Fotolithografie mit der INS-Maske
	  - Definition der Leiterbahnen in der
	    2. Metallisierungsebene

Tabelle 12.4. Fortsetzung

	• Aluminium ätzen
	- Strukturierung der Leiterbahnen
	- Maskierung: Fotolack
	
	• Fotolack ätzen
	
	• Temperung
	- Verringerung der Kontaktlochwiderstände in der Substratebene
	- Verbesserung der Leitungseigenschaften des Al
	- Typische Prozeßdaten
	  Temperatur 450 °C
	  Atmosphäre: 10% H_2 in N_2

18 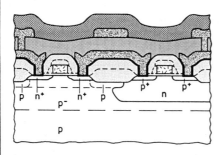	• SiN abscheiden (PECVD) - Zum Schutz der integrierten Schaltung (Passivierungsschicht) - Abscheidetemperatur 300 °C • Fotolithografie mit der CB-Maske - Definition der Kontaktlöcher zu den Bond-Pads • SiN ätzen - Freilegen der Kontakte zu den Bond-Pads • Fotolack ätzen • Temperung - Prozeß analog zu dem unter 17. Hier vorwiegend zum Ausheilen der während des SiN-Ätzens entstandenen Strahlenschäden

12.6 SOI-CMOS — Eine Technik für zukünftige ULSI-Schaltungen

Mit der Weiterentwicklung der CMOS-Technologie in den Submikronbereich steigt die Prozeßkomplexität drastisch und erfordert kostspielige Entwicklungen für platzsparende Isolationstechniken sowie die Herstellung extrem flacher S/D-Bereiche. Gerade mit Hinblicke auf die geringen Abstände zwischen den aktiven Bauelementen erfordert das Latchup-Problem eine Abkehr von der konventionellen LOCOS-Technik, hin zu aufwendigen Techniken wie der Trenchisolation kombiniert mit der Buried-Layer-Technik (Abb. 12.21), die die epitaktische Abscheidung von Siliziumschichten beim Bauelementhersteller nach sich zieht. Alternativen existieren zwar mit der selektiven Epitaxie sowie der Implantation retrograder Wannen, sie ändern jedoch nichts Grundsätzliches an der Komplexität des Fertigungsprozesses.

Einen Ausweg bietet die SOI-CMOS-Technik. SOI steht abkürzend für Silicon On Insulator. Mit diesem Begriff bezeichnet man Technologien, bei denen das Ausgangsmaterial aus einer bauelementfähigen Siliziumschicht besteht, die auf einem Isolator aufgebracht ist. Dabei kann der Isolator als Substrat dienen oder seinerseits wiederum auf einem leitenden Substrat aufgebracht sein (Sandwich-Struktur). Die Vorteile der SOI-Technik beruhen auf der dielektrischen Isolation der Bauelemente, die sich bei den zugrundeliegenden Substraten relativ einfach realisieren läßt. Diese Vorteile sind:

- eine hohe Integrationsdichte,
- eine hohe Signalverarbeitungsgeschwindigkeit,
- ein geringer Leistunsbedarf,
- eine hohe Störsicherheit.

Die hohe Intergrationsdichte beruht auf der dielektrischen Isolation der Bauelemente und wird im wesentlichen durch das Metallisierungsraster bestimmt.

Die hohe Signalverarbeitunsgeschwindigkeit leitet sich ab aus den verbesserten Treibereigenschaften und dem Schaltverhalten der SOI-Dünnfilmtransistoren, den kurzen Verbindungsleitungen sowie dem geringen Kapazitätsbelag

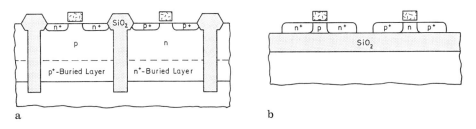

a   b

Abb. 12.21. Isolationstechniken der Subµm-CMOS-Technologie: a) Buried-layer- und Trench-Technik, b) SOI-Technik

dieser Leitungen. Die vorteilhaften Treibereigenschaften lassen sich auf die für den Dünnfilmtransistor typische Feldverteilung zurückführen. Als Dünnfilmtransistoren werden im Zusammenhang mit der SOI-Technik Transistoren bezeichnet, bei denen bereits im OFF-Zustand die Weite der Raumladungszone größer ist als die Stärke der Siliziumschicht [12.19]. Dazu sind Schichtstärken um 0,1 μm und kleiner erforderlich. Die Feldverteilung dieser Transistoren zeichnet sich durch eine sehr kleine Vertikalkomponente an der Grenzfläche $Si - SiO_2$ aus, die zu einer Reduzierung des Substrateffektes sowie einer Erhöhung der Ladungsträgerbeweglichkeit führt. Beide Phänomene schlagen sich in einem erhöhten Drainstrom und damit verbesserten Treibereigenschaften nieder. Das verbesserte Schaltverhalten der Transistoren beruht auf dem geringen Volumen, das während des Schaltens umgeladen werden muß. Bei den dünnen Siliziumschichten berührt der Boden der S/D-Inseln den rückseitigen Isolator, so daß zur Junction-Kapazität nur noch die Stirnseite der S/D-Gebiete beiträgt. Das Schaltverhalten wird weiterhin durch den verringerten Swing verbessert. Er nimmt bei Dünnfilmtransistoren einen geringen Wert an, da die Substratladung hier unabhängig von der Eingangsspannung ist. Werte von 60 mV/Dekade, wie sie bei Raumtemperatur für Bipolartransistoren üblich sind, lassen sich erreichen, wenn es gelingt den Einfluß der Grenzflächenzustände zu eliminieren.

Der Leistungsbedarf ist im Standby-Betrieb eine Funktion der Generations-/ Rekombinationsrate aller beteiligten pn-Übergänge. Er steigt mit der Temperatur, da die einzelnen Strombeiträge steigen. Dieses Problem ist bei SOI-Transistoren nicht so stark ausgeprägt, da aufgrund der dielektrischen Isolation insgesamt das Generations-/Rekombinationsvolumen klein ist. Voraussetzung ist allerdings ein Herstellungsverfahren, daß eine hohe Kristallqualität der SOI-Schichten garantiert. Die dynamische Leistungsaufnahme hängt von der kapazitiven Last und von dem Spannungshub beim Schalten des Transistors ab. Die geringe kapazitive Last der SOI-Transistoren ist weiter oben schon hervorgehoben worden. Bei Dünnfilmtransistoren ist der Durchgriff des Drainfeldes auf das Kanalgebiet sehr viel geringer als bei Substrattransistoren, so daß hier praktisch kein Kurzkanaleffekt auftritt. Die daraus resultierende stabile Schwellenspannung erlaubt zusammen mit dem geringen Swing der Transistoren eine reduzierte Betriebsspannung und damit einen reduzierten Spannungshub.

Die erhöhte Störsicherheit ist zunächst einmal dadurch gegeben, daß der Latchup-Effekt aufgrund der dielektrischen Isolation nicht mehr auftreten kann. Des weiteren ist die Generationsrate an heißen Ladungsträgern bei den Dünnfilmtransistoren geringer als bei den Substrattransistoren und damit auch die langfristige Verschiebung der Schwellenspannung bzw. Degradation der Steilheit. Das hat seine Ursache darin, daß die geringe Substratladung eine hohe Sättigungsspannung $V_{D,sat}$, d.h. eine Absenkung der maximalen Feldstärke im Drainbereich und damit eine geringere Ionisationswahrscheinlichkeit zur Folge hat. Schließlich zeichnen sich SOI-Schaltungen durch eine hohe Strahlenhärte bezüglich der Dosisraten- und SEU-Effekte aus. Gründe dafür sind zum einen das geringe Siliziumvolumen der SOI-Bauelemente, so daß die gesamte, bei der Bestrahlung generierte Ladungsmenge klein bleibt, und zum anderen die Vermeidung unkontrollierter elektrischer Ausgleichsströme aufgrund der dielektrischen Isolation. Als problematisch erweist sich die Auswirkung des parasitären lateralen Bipolartransistors, der die Durchbruchspannung BV_{DS} drastisch reduzieren kann (Snap Back). Dieser Effekt tritt um so deutlicher zutage, je besser die Qualität der SOI-Materialien ist.

Für die Herstellung der SOI-Strukturen sind unterschiedliche Fertigungstechnologien vorgeschlagen worden, die sich ganz allgemein in vier Klassen unterteilen lassen [12.20]: 1. die epitaktischen Verfahren, 2. die Oxidationsverfahren (einschließlich Wafer-Bonding), 3. die Zonenschmelzverfahren oder kurz ZMR-Verfahren (Zone Melting Recrystallization) sowie 4. die Implantation vergrabener Isolatorschichten. Mit dem SIMOX-Verfahren, das zur 4. Klasse gehört, haben wir in Abschnitt 10.7 ein Verfahren kennengelernt, das aus heutiger Sicht beurteilt zu den aussichtsreichsten für die Anwendung bei den ULSI-Schaltungen zählt. Bei der Auswahl eines geeigneten Herstellungsverfahrens muß man bereits die Anwendung der SOI-Technik im Auge haben. Grundsätzlich erfordern die unterschiedlichen Anwendungen SOI-Strukturen mit unterschiedlich starken Bauelement- und Isolatorschichten. So erfordern alle Anwendungen, bei denen es auf eine gewisse Spannungsfestigkeit bzw. eine geringe kapazitive Kopplung zur Substratebene ankommt, eine starke Isolatorschicht. Bipolaranwendungen erfordern eine relativ starke Siliziumschicht, während SOI-Dünnfilmtransistoren Siliziumstärken von ca. 0,1 μm erfordern. Das bedeutet, daß sich nicht nur ein Verfahren zur Herstellung von SOI-Strukturen durchsetzen wird, sondern für die jeweilige Anwendung das dafür am besten geeignete Verfahren.

Eine Weiterentwicklung findet die SOI-Technik in der vertikalen Integration oder 3-D-Technik [12.21], die eine Verknüpfung von Bauelementen in der Substratebene mit zusätzlichen, vertikal oder lateral orientierten Bauelementen in höheren, voneinander isolierten Ebenen ermöglicht. Dazu ist ein SOI-Verfahren erforderlich, bei dem die Funktion der bereits gefertigten Bauelemente nicht zerstört wird. Eine Forderung, die nicht von allen SOI-Verfahren erfüllt werden kann. Aussichtsreichste Kandidaten sind die Laserkristallisation (ZMR), die Molekularstrahlepitaxie und das Wafer-Bonding. Eine sehr attraktive Möglichkeit der vertikalen Integration besteht in der Verwendung unterschiedlicher Materialien in den höheren Bauelementebenen. So z.B. die Kombination Si/Ge für die Herstellung von Infrarotdetektoren mit Si-Auswertelogik oder Silizium und III/V-Halbleiter für die Realisierung von Si-Signalprozessoren mit optoelektronischen Schnittstellen.

13 Design-Regeln

H. Fehling, G. Schumicki

13.1 Einleitung

Die Entwicklung für den Herstellungsprozeß integrierter Schaltungen wird formal mit der Dokumentation des Prozeßablaufes (Flowchart) und dem Festlegen der Design-Regeln abgeschlossen.

Während die Flowchart (siehe auch Kapitel 12) die Grundlage für den Produktionsprozeß darstellt, beschreiben die Design-Regeln, welche minimalen Strukturgrößen einzuhalten sind und welche elektrischen Bauelemente-Parameter mit der festgelegten Prozeßführung eingestellt werden. Beide Dokumente sind daher von grundsätzlicher Bedeutung für die Herstellung integrierter Schaltungen.

Nur die strikte Beachtung der Design-Regeln beim Entwurf eines Layouts sowie der Flowchart bei der Herstellung garantieren die erfolgreiche und wirtschaftliche Fertigung einer komplexen integrierten Schaltung.

13.2 Grundsätzliches und Definitionen

13.2.1 Design-Regel-Handbuch

Alle Design-Regeln, die für den Entwurf eines Schaltungslayouts benötigt werden, sind in einem Design-Regel-Handbuch zusammengefaßt. Ein solches Handbuch enthält neben den geometrischen Regeln auch die elektrischen Regeln und Parameter für den Schaltungsentwurf. Es basiert auf der endgültigen Prozeßcharakterisierung. Die geometrischen Größen legen die minimalen Abmessungen der Einzelstrukturen der verwendeten Maskenebenen fest. Dabei werden sowohl kleinste Abstände einzelner Ebenen festgelegt als auch Überlappungen und Sicherheitsabstände für die Kombination der verschiedenen Maskenebenen. Die Beschreibung elektrischer Regeln und Größen umfaßt z.B. Parameter wie Schwellenspannungen und Sättigungsströme für Transistordimensionierungen. Weiterhin werden auch die Widerstände von Oberflächenschichten und Diffusionsgebieten sowie die Kapazitäts- und Isolationswerte für verwendete Dielektrika beschrieben.

Die geometrischen Regeln bilden die Grundlage des Schaltungslayouts, die elektrischen Regeln werden für die Dimensionierung der einzelnen Schaltungselemente sowie für die Funktionssimulation der Gesamtschaltung verwendet.

Aufgrund der größeren Variationsbreite und des Einflusses auf das Schaltungslayout sollen in diesem Kapitel die geometrischen Entwurfsregeln behandelt werden. Für die elektrischen Parameter siehe auch Kapitel 14.

13.2.2 Entwurfsprinzipien

Bei den Entwurfsprinzipien für Design-Regeln unterscheidet man bezüglich der geometrischen Regeln grundsätzlich drei verschiedene Methoden. Diese drei Methoden sind:

- Entwurf in rein gezeichneten Abmessungen,
- Entwurf in Masken-Abmessungen (DOM, Dimensions on Mask),
- Entwurf in Silizum-Abmessungen (DOS, Dimensions on Silicon).

Der Schaltungsentwurf in rein gezeichneten Abmessungen hat historischen Ursprung und war das erste angewendete Verfahren für einen Schaltungsentwurf. Der Nachteil ist hier, daß kein direkter Zusammenhang zu den Abmessungen auf der Maske und im Silizium besteht. Das bedeutet, daß die Daten aus dem Schaltungslayout sowohl für die Maskenherstellung als auch für die Dimensionierung und Simulation der späteren Siliziumelemente manipuliert bzw. umgerechnet werden müssen. Änderungen von Vorhaltemaßen für Prozeßführung und Maskenherstellung können deshalb im ungünstigsten Fall auch Veränderungen im Schaltungsverhalten zur Folge haben.

Bei einem Schaltungsentwurf in Maskenabmessungen besteht der direkte Zusammenhang zur Maskentechnik. Hier können solche Dimensionen, wie sie auf den Masken vorkommen, direkt benutzt werden. Für die Schaltungsdimensionierung muß dann eine Umrechnung in die endgültigen Siliziumabmessungen erfolgen, wobei die Strukturveränderungen durch die Prozeßführung zugrunde gelegt werden. Der Nachteil besteht hier darin, daß Veränderungen in der Prozeßführung natürlich auch Veränderungen für die Schaltungsdimensionierung hervorrufen.

Das dritte Layoutverfahren beschreibt den Schaltungsentwurf in den Abmessungen, wie sie später im Silizium realisiert werden sollen. Damit ist der direkte Zusammenhang zwischen den Entwurfsstrukturen und den endgültigen Abmessungen auf der Siliziumscheibe hergestellt. Das bedeutet, daß die Layout-Strukturen ohne Korrekturen für die notwendige Simulation und die Schaltungsdimensionierung verwendet werden können. Für die Maskenherstellung ist dann lediglich das jeweilige Prozeßvorhaltemaß zu berücksichtigen. Durch dieses Entwurfsverfahren werden klare Definitionen und eindeutige Schnittstellen zwischen Schaltungslayout und Maskenherstellung sowie zwischen Maske und fertiger Schaltung geschaffen. Diese Vorgehensweise ermöglicht auch einen vereinfachten Austausch von Schaltungsentwürfen zwischen verschiedenen Fertigungsstätten.

Da in diesem Zusammenhang häufig von Vorhaltemaßen die Rede ist, so sollen diese kurz erläutert werden. Je nach Prozeßführung verändern sich die einzelnen Schaltungsstrukturen während der Schaltungsherstellung. Dies geschieht durch Belichtungs- und Entwicklungsverfahren sowie durch Ätztechniken und thermische Oxidationen, wie z.B. die Locos-Technik. Um diese maßliche Veränderung während des Prozesses auszugleichen, müssen die Schaltungselemente für die Maskenherstellung um den gleichen Betrag korrigiert, d.h. vorgehalten werden.

13.2.3 Strukturgrößen und Sicherheitsabstände

Alle geometrischen Design-Regeln lassen sich grundsätzlich in die Strukturgrößen einzelner Maskenebenen und in Sicherheitsabstände bzw. Überlappungen zwischen den Strukturen verschiedener Maskenebenen unterteilen. Abb. 13.1 zeigt einen Ausschnitt aus einem Schaltungsentwurf in MOS-Technik. Gezeigt sind Strukturen der Diffusionsebene (OD), der Gate-Elektroden (PS), der Kontaktlöcher (CO) und der Verdrahtungsebene (IN). Anhand dieser Strukturausschnitte sollen geometrische Regeln dargestellt und erläutert werden. Die eingehende Erklärung, wie die einzelnen Größen und Abmessungen durch Parameter wie Geräte und Prozesse festgelegt werden, erfolgt in den Abschnitten 13.3 und 13.4.

Für jede einzelne der vier gezeigten Schaltungsebenen sind kleinste Abmessungen und Zwischenräume definiert. Dabei werden die Größen wie kleinste

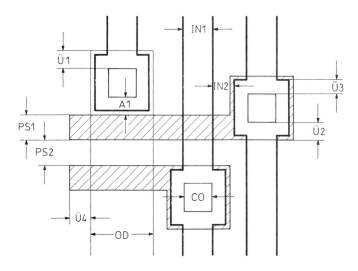

Abb. 13.1. Ausschnitt aus einem Schaltungsentwurf in MOS-Technik

Kontaktfensteröffnungen und Zwischenräume zwischen den Linienstrukturen in der Regel durch das Auflösungsvermögen der Strukturerzeugung bestimmt. Die minimalen Linienabmessungen wie Transistordimensionen oder Leiterbahnbreiten werden jedoch meistens durch die prozeßtechnischen Sicherheitsgrößen wie Spannungsfestigkeit für Transistoren oder maximale Stromdichte für Leiterbahnen festgelegt. Das minimale Rastermaß (Linienbreite plus Zwischenraum) ergibt sich jedoch nicht dadurch, daß die jeweils minimal möglichen Abmessungen addiert werden, sondern es muß auch noch das Vorhaltemaß hinzuaddiert werden, was im Falle einer konventionellen Locos-Technik sogar relativ groß sein kann (ca. 1,0 bis 1,5 μm).

Der zweite große Bereich umfaßt die Überlappungen und Sicherheitsabstände zwischen den Strukturen verschiedener Maskenebenen. Überlappungen und Sicherheitsabstände werden durch die Positioniergenauigkeiten der Maskentechnik und der Fotolithografie bestimmt, sie sind in der Abb. 13.1 mit Ü bzw. A gekennzeichnet. Überlappungen sind gezeigt für alle auftretenden Kontaktbereiche (Ü1-Ü3). Notwendig sind diese überdeckenden Strukturen, da trotz auftretender Positionierabweichungen ein Kontaktloch immer innerhalb des Diffusionsgebietes liegen muß und immer vom Verdrahtungsmetall bedeckt sein muß. Andernfalls kommt es zu Unterbrechungen oder Kurzschlüssen. Diese entstehen beispielsweise durch das Anätzen von Diffusionsgebieten bei nicht vollständig mit Metall bedeckten Kontaktlöchern oder durch Kontaktöffnungen, die über das Diffusionsgebiet hinausragen. Die Überlappung der Gate-Elektrode über das Transistorgebiet hinaus (Ü4) stellt sicher, daß bei auftretender Mißpositionierung nicht eine leitende Verbindung zwischen dem Source- und dem Draingebiet entsteht.

Durch Abstände (A1) zwischen unterschiedlichen Strukturebenen soll vermieden werden, daß ungewollte Verbindungen, wie beim Zusammentreffen von Gate-Elektroden und Kontaktlöchern, entstehen.

13.2.4 Verwendung und Überprüfung von Design-Regeln

Eine wesentliche Voraussetzung für eine erfolgreiche Prozeßtechnologie liegt in der strikten Einhaltung vorgegebener Design-Regeln.

In der Anfangszeit integrierter Schaltungen wurden die Entwürfe fast ausschließlich manuell gemacht. Dabei existierte nur ein relativ kleiner Satz von Design-Regeln mit den wichtigsten minimalen Abmessungen. Diese "Hand-Layouts" wurden von sogenannten technologieerfahrenen Designern gemacht. Bei der manuellen Erstellung von Schaltungsentwürfen konnte eine bestimmte Prozeß- und Ausbeutefreundlichkeit berücksichtigt werden, indem nicht alle Minimalregeln überall und vollständig ausgeschöpft wurden. Außerdem war ein besseres Ausnutzen der zur Verfügung stehenden Schaltungsfläche dadurch möglich, daß starre Entwurfskonzepte wie automatische Programme für die Plazierung einzelner Elemente nicht existierten. Mit dem Übergang zu komplexeren und hochintegrierten Schaltungen wurde die Möglichkeit, Entwürfe manuell zu machen, mehr und mehr zurückgedrängt. Dabei wurde nicht nur die Computerunterstützung für den Schaltungsentwurf eingeführt, sondern auch automatische Programme zur Layouterstellung entwickelt. Hier werden als Grundlage Zellenbibliotheken oder Archive mit ganzen Schaltungsblöcken und dazugehörige Verdrahtungsprogramme verwendet. Ihre ganz spezielle Anwendung findet diese Art des Schaltungsentwurfs für die Familie der ASIC-Schaltungen (application specific integrated circuits).

Für diese Formalisierung und Automatisierung in der Schaltungsentwicklung ist es daher absolut notwendig geworden, die für die Prozeßtechnologie nötigen Entwurfsregeln so umfassend und vollständig zu beschreiben und festzulegen, daß in den automatischen Entwürfen keine Abweichungen möglich sind.

Hierzu benötigt man Verfahren und Methoden, die entstandenen Schaltungsentwürfe auf Verletzungen der Design-Regeln zu überprüfen. Das geschieht mit dem sogenannten Design-Regel-Check [13.1]. Auch hier werden aufgrund der Komplexität der Schaltungen nur noch automatische Programme verwendet. Seitens der Prozeßtechnologie besteht bezüglich solcher Überprüfungen die eindeutige Forderung, daß ein Schaltungsentwurf nicht eine einzige Verletzung der aufgestellten Design-Regeln enthalten darf. Diese Forderung muß so hart gestellt werden, da anderenfalls eine Realisierung der Schaltung innerhalb des spezifizierten Prozesses mit den dazugehörigen Toleranzgrenzen nicht gewährleistet werden kann.

13.2.5 Verbindung zur Maskentechnik

Die Verbindung zwischen Schaltungsentwurf und Realisierung der Schaltung in Silizium ist die Maskentechnik. Dabei gibt es zwischen der Umsetzung des Schaltungsentwurfs in eine Maske und der Strukturerzeugung auf der Siliziumscheibe einen prinzipiellen Unterschied. Im Gegensatz zur rein optischen Übertragung von der Maskenvorlage zur Scheibe (Belichtung) muß beim Umsetzen von der gezeichneten Entwurfsvorlage zu einer Maske ein vorgegebenes Raster berücksichtigt werden. Dieses Raster ist ein zweidimensionales, quadratisches Gitter. Alle Strukturgrenzen des Schaltungsentwurfes liegen auf diesem Raster, so daß eine Struktur immer nur um ganze Gitterabstände vergrößert oder verkleinert werden kann. Da das Raster nicht beliebig klein gemacht werden kann, ist seine Größe die bestimmende Randbedingung. Das Standardverfahren in der Maskenherstellung ist die Erzeugung einer Maske mit dem Elektronenstrahl. Daher soll an diesem Beispiel die Verbindung zwischen Schaltungsentwurf und Maskentechnik erläutert werden.

Ein typischer Wert für ein CAD-Schaltungsentwurfssystem ist eine kleinste Gittergröße von 0,001 μm. Die Elektronenstrahlgeräte, mit denen die Masken hergestellt werden, haben jedoch lediglich eine kleinste Rastergröße von 0,1 μm. Technisch möglich sind variable Größen von 0,1 bis 1,0 μm. Aufgrund der sehr langen Schreibzeiten für kleine Raster und damit verbundener technischer und qualitativer Risiken, liegt die sinnvolle minimale Rastergröße bei etwa 0,2 μm.

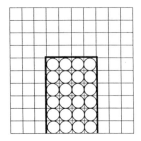 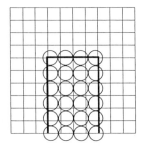

Abb. 13.2. Schaltungsentwurfsraster und Elektronenstrahlraster in Übereinstimmung (links) und von unterschiedlicher Größe (rechts)

In Abb. 13.2 ist jeweils die Überlagerung eines Entwurfsrasters und eines Elektronenstrahls gezeigt, einmal für den Fall, daß beide Raster übereinstimmen, zum anderen für den Fall, daß sie nicht zusammenpassen.

Abb. 13.2 zeigt, daß es im Falle unterschiedlicher Rastergrößen zu Rundungsfehlern kommen kann. Diese Rundungsfehler stellen auf der Maske statistisch verteilte, nicht kontrollierbare Abweichungen von der entworfenen Strukturgröße dar. Da diese Rundungsfehler maximale Werte in der Größenordnung des Rasters selbst annehmen können, also ca. 0,2 μm, sind diese zusätzlichen, nicht kontrollierbaren Abweichungen in den Strukturgrößen nicht akzeptabel. Daher muß das Raster eines Schaltungsentwurfes immer dem des Maskenherstellverfahrens angepaßt sein.

Weiterhin können die notwendigen mäßlichen Veränderungen der Schaltungsstrukturen, die Vorhaltemaße, nur in Einheiten des jeweils gewählten Rasters angewendet werden. Diese Einschränkung gilt im besonderen für direkt geschriebene 1:1-Masken; hier müssen beide Raster identisch sein. Eine wesentliche Vereinfachung ergibt sich für den Fall, daß 5:1- oder 10:1-Masken hergestellt werden. Hier können sich die beiden Raster genau um den Reduktionswert unterscheiden, wodurch Entwurfsraster und Veränderungen für Vorhaltemaße wesentlich besser an technologische Gegebenheiten angepaßt werden können. Beträgt ein Prozeßvorhaltemaß beispielsweise 0,3 μm, so ist es mit einem 0,2 μm-Raster nur unzureichend zu kompensieren, mit einem Raster von 0,2 μm : 5 = 0,04 μm ist es mit 0,28 bzw. 0,32 μm wesentlich besser auszugleichen.

13.3 Minimale Strukturgrößen und Sicherheitsabstände

13.3.1 Prozeßzuordnung

Design-Regeln werden jeweils für einen bestimmten Prozeß oder besser für eine Prozeßgeneration beschrieben und festgelegt. Die herkömmliche Beschreibung für Prozeßgenerationen wählt dabei die kleinste in dem Prozeß vorkommende

Strukturgröße. So läßt sich für die MOS-Technik beispielsweise eine Unterteilung in 3 μm-, 2 μm-, 1,5 μm- und 1 μm-Prozeßgenerationen vornehmen.

Die Design-Regeln für eine bestimmte Prozeßgeneration ergeben sich aus den Anforderungen an Maskentechnik, Fotolithografie und Prozeßführung. Alle drei Bereiche müssen in Spezifikationen und Leistungsfähigkeit aufeinander abgestimmt sein. In Tabelle 13.1 sind die wichtigsten Abmessungen und Design-Regeln am Beispiel eines 1,5 μm-Prozesses aufgezeigt. Dabei ist zu berücksichtigen, daß von allen angegebenen Abmessungen lediglich die endgültigen Strukturgrößen auf der Siliziumscheibe als Design-Regeln dokumentiert sind, es handelt sich hier um ein Beispiel nach der Regelbeschreibung in DOS (Dimensions on Silicon). Es wird gezeigt, welche zusätzlichen Abmessungen und Einflüsse bei der Definition endgültiger Regeln zu berücksichtigen sind.

Tabelle 13.1 zeigt Linienbreiten und Zwischenräume einzelner Maskenebenen auf Maske und Scheibe, Vorhaltemaße, die berücksichtigt werden müssen, und Beispiele für Sicherheitsabstände. In der Rubrik 'Abmessungen auf der Siliziumscheibe' wird deutlich, welche Abweichungen es von dem als Standardmaß gewählten Wert von 1,5 μm für diese Prozeßgeneration gibt. Bei den kleinsten Strukturabmessungen beispielsweise entsprechen die minimalen Transistorabmessungen zwar dem Maß von 1,5 μm, die Größe der kleinsten Kontaktöffnungen liegt mit 2,0 μm jedoch deutlich darüber. Das ist begründet

Tabelle 13.1. Maßveränderungen und Design-Regeln am Beispiel eines 1,5 μm-Prozesses. Alle Angaben in μm

Maskenebene		Maskenmaß	Vorhaltemaß	Siliziummaß = Design-Regel
OD	Breite (OD)	3,0	1,5	1,5
	Abstand	1,5		3,0
PS	Breite (PS1)	1,75	0,25	1,5
	Abstand (PS2)	1,75		2,0
CO	Größe (CO)	1,75	0,25	2,0
IN	Breite (IN1)	3,0	0,5	2,5
	Abstand (IN2)	1,5		2,0
Überlapp OD/CO (Ü1)				1,0
Überlapp PS/CO (Ü2)				1,0
Überlapp IN/CO (Ü3)				1,0
Überlapp PS/OD (Ü4)				1,5
Abstand PS/CO (A1)				1,5

in dem verbesserten Auflösungsvermögen für Linienstrukturen gegenüber dem von quadratischen Strukturen. Weiterhin findet man bei minimalen Sicherheitsabständen neben den Werten von 1,5 μm auch noch Werte von 1,0 μm. Die Begründung liegt in einem unterschiedlichen prozeßtechnischen Risiko. Tabelle 13.1 zeigt weiterhin, daß die minimalen Abmessungen bedingt durch die Vorhaltemaße in der Regel bei den Abständen auf der Maske und bei den endgültigen Siliziumabmessungen auftreten.

13.3.2 Einflüsse und Parameter

Die wesentlichen Einflüsse auf minimale Strukturgrößen und Sicherheitsabstände lassen sich durch die drei Bereiche der Maskentechnik, der Fotolithografie und der Prozeßtechnik beschreiben.

In der Maskentechnik werden kleinste Strukturen und Linienbreitenvariationen durch das Auflösungsvermögen der verwendeten Geräte und die dazugehörige Prozeßtechnik bestimmt. Moderne Elektronenstrahlgeräte können kleinste Linien vom vier- bis fünffachen der verwendeten Spotgröße, also etwa zwischen 0,7 und 1,0 μm, erzeugen. Hierbei handelt es sich um eine Beschreibung von Standard- und Produktionstechniken und nicht um die Leistungsgrenze dieser Geräte. Erzielbare Überlagerungsgenauigkeiten solcher E-Beam-Maschinen für die Passung unterschiedlicher Masken liegen in der Größenordnung von 0,10 bis 0,20 μm. Außerdem werden Passungsgenauigkeiten von Masken durch die Ausdehnungskoeffizienten der gewählten Substrat-Materialien bestimmt. Hier sind wesentliche Verbesserungen durch die Einführung von synthetischen Quarzgläsern möglich geworden (siehe auch Abschnitt 4.2). Eine weitere wesentliche Verbesserung wird durch den Übergang von 1:1-Masken zu den 5:1-Reticles erzielt. Dadurch können Auflösung, Linienbreitenschwankungen und Passungsgenauigkeiten um den Faktor 5 herabgesetzt und in ihrem Einfluß ganz deutlich reduziert werden.

Bezüglich der Fotolithografie sind die Einflüsse von Auflösungsvermögen und Ausrichtgenauigkeit zu nennen. Zwischen dem grundsätzlichen Auflösungsvermögen und den kleinsten Schaltungsabmessungen sind jedoch zusätzlich die auftretenden Toleranzschwankungsbreiten und eine gewisse Produktionssicherheit zu berücksichtigen, so daß hier in der Regel ein Unterschied von einigen Zehntel Mikrometern besteht. Für die Ausrichtgenauigkeit sind neben der reinen Positioniermöglichkeit einer einzelnen Maschine auch das Verhalten mehrerer Justiergeräte zueinander (Linsendistorsion) zu berücksichtigen. Verbesserungen bezüglich der verwendeten Geräte ergeben sich aus dem Übergang von Projektionsbelichtungsgeräten (2 μm Auflösung und 1 μm Passung) über die Stepper der ersten Generation zu den Reduktionssteppern folgender Gerätegenerationen mit Auflösungen von ≤ 1 μm und Passungswerten $\leq 0,5$ μm. Auch die Fotolacktechnik, die als wesentlicher Bestandteil des Gesamtsystems der Fotolithografie zu betrachten ist, kann durch die Einführung moderner Verfahren (siehe auch Abschnitt 4.7) verbessert werden.

Für die Prozeßtechnik spielen Faktoren wie minimale Transistorabmessungen, Prozeßvorhaltemaße und möglicher Scheibenverzug durch Hochtemperaturbehandlungen eine Rolle. Transistorabmessungen lassen sich durch entsprechende prozeßtechnische Maßnahmen zur Unterdrückung der Kurzkanaleffekte wie LDD oder Spacer-Techniken reduzieren. Bezüglich der Prozeßvorhaltemaße, die trotz kleiner möglicher Einzelstrukturen einen großen Einfluß auf das erzielbare Rastermaß aus Linienbreite und Zwischenraum haben, können durch anisotrope Ätzverfahren und im Falle der Locos-Technik durch eine Reduzierung des sogenannten Vogelschnabels erzielt werden. Potentielle Scheibenverzüge lassen sich durch niedrige Temperaturbudgets in der Prozeßführung reduzieren, wobei diese Forderung schon durch flachere Diffusionsgebiete mit geringerer Unterdiffusion gestellt wird.

Zur Übersicht sind alle genannten Einflüsse auf die Erstellung von minimalen Design-Regeln noch einmal in Tabelle 13.2 zusammengefaßt.

Tabelle 13.2. Einflüsse auf die Größe von Minimalstrukturen und Sicherheitsabständen

Einflußbereich	Einfluß auf Strukturgröße	Einfluß auf Sicherheitsabstände
Maskentechnik	Auflösung Vorhaltemaß Linienbreitenvariation	Passungsgenauigkeit Ausdehnungskoeffizient
Fotolithografie	Auflösung Vorhaltemaß Linienbreitenvariation Fotolacktechnik	Ausrichtgenauigkeit Maschinenpassung (Linsendistorsion)
Prozeßtechnik	Ätztechnik Vorhaltemaß Transistorabmessungen Schichtenabscheidung	Prozeßdistorsion (Temperaturbudget)

13.4 Design-Regel-Erstellung

13.4.1 Einleitung

Design-Regeln müssen zur Verfügung stehen, wenn mit dem Entwurf einer neuen Schaltung begonnen wird. Der Entwurf einer kompletten Schaltung, etwa der eines Mikrocontrollers, benötigt einen Zeitraum von ca. 1 bis 2 Jahren. Dieser Zeitraum hat und wird sich durch die Entwicklung automatischer Techniken weiter verkürzen.

Da in der Regel die Entwicklung für neue Prozeßgenerationen zeitlich parallel zum Schaltungsentwurf erfolgt, ergibt sich das Problem, daß die zum Schaltungsentwurf aufgestellten Regeln auf Abschätzungen, Erwartungen und zukünftigen Maschinenparametern basieren und damit keinen endgültigen Charakter haben können, obwohl das für die Schaltung gefordert ist. Die endgültige Freigabe von Entwurfsregeln kann erst mit Abschluß der Prozeßentwicklung bzw. mit der Realisierung erster Schaltungsmuster erfolgen und käme damit genau um den Zeitraum des Schaltungsentwurfes zu spät. Damit stellt sich die Forderung nach einem dynamischen Prozeß, der mit der Regelerstellung beginnt, über die Phase der Prozeßentwicklung und Charakterisierung verläuft und mit der Regelbestätigung bzw. Modifikation abschließt. In Bezug auf die eventuelle Vergrößerung einiger Minimalabmessungen ist diese Dynamik jedoch sehr eingeschränkt, da sich existierende Schaltungslayouts nur mit erheblichem Zeitaufwand verändern lassen.

Also besteht für den Vorlauf der Design-Regeln die Notwendigkeit, die Regeln so genau wie möglich zu bestimmen.

13.4.2 Das Kantenprinzip

Wie bereits erwähnt, lassen sich die Design-Regeln sehr grob in Strukturgrößen und Sicherheitsabstände unterteilen. Um die jeweils zulässigen Minimalabmessungen dieser beiden Kategorien zu bestimmen, muß ein Verfahren gewählt werden, daß die konsequente Behandlung aller Einzeleinflüsse ermöglicht. Eine solche Möglichkeit bietet das sogenannte Kantenprinzip. Dabei werden alle

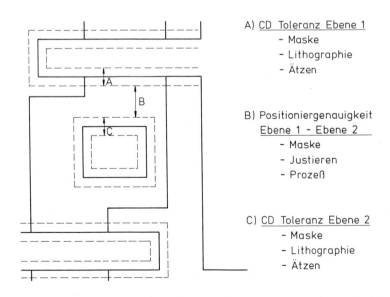

A) CD Toleranz Ebene 1
- Maske
- Lithographie
- Ätzen

B) Positioniergenauigkeit
Ebene 1 - Ebene 2
- Maske
- Justieren
- Prozeß

C) CD Toleranz Ebene 2
- Maske
- Lithographie
- Ätzen

Abb. 13.3. Das Kantenprinzip. Einflüsse auf die Variationsbreite von Strukturkanten

Berechnungen für die endgültigen Entwurfsregeln auf die Variationen der einzelnen Strukturkanten zurückgeführt [13.2]. In Abb. 13.3 ist das Kantenprinzip am Beispiel von zwei Schaltungsebenen gezeigt.

Abb. 13.3 zeigt, wie und durch welche Einflüsse sich die einzelnen Strukturkanten der beiden Schaltungsebenen verändern können. Die Kanten jeder einzelnen Ebene können durch die verschiedenen Linienbreiten oder CD-Toleranzen (critical dimension) von der Maskenherstellung, der Fotolithografie und der Ätztechnik beeinflußt und damit verändert werden. Für einen entsprechenden Minimalabstand zwischen zwei Kanten unterschiedlicher Ebenen müssen neben den Linienbreitentoleranzen auch die Einflüsse auf die Positionierung berücksichtigt werden. Diese Einflüsse liegen in der Maskenpassung, in der Justiergenauigkeit des Belichtungsgerätes und einem eventuellen Prozeßeinfluß.

13.4.3 Meßverfahren und Überprüfung

Zum einen für die Erstellung von Design-Regeln und zum anderen zur späteren regelmäßigen Überprüfung muß es geeignete Meßverfahren und Module geben, um den gestellten Anforderungen gerecht zu werden. Grundsätzlich werden dabei sowohl für die "Erstellungsmessungen" als auch für die Überprüfung dieselben Meßverfahren verwendet.

Für die Festlegung einer Linienbreitenregel müssen das Auflösungsvermögen der Strukturierungstechnik (Abbildungsgerät mit dazugehörigem Prozeß) und die mögliche Toleranzbreite ermittelt werden. Als Meß- und Auswertemöglichkeiten stehen prinzipiell die qualitativen Analysen mit einem Rasterelektronenmikroskop, die optische Linienbreitenmessung und die elektrische Linienbreitenmessung zur Verfügung. Das Rasterelektronenmikroskop wird dabei für grundlegende Untersuchungen zum optischen Auflösungsvermögen und für Analysen von Ätztechniken verwendet. Für statistisch relevante Aussagen wird nur die elektrische Linienbreitenmessung herangezogen. Dabei werden die späteren Schaltungsstrukturen in unterschiedlichen Konfigurationen durch Lithographie und Ätztechniken in leitenden Oberflächenschichten hergestellt und gemessen. Damit werden Toleranzgrenzen für die spätere Serienfertigung bestimmt. In der Serienfertigung selbst werden dann die gleichen elektrischen Module und Meßverfahren angewandt, um die Einhaltung der vorgegebenen Toleranzwerte zu überprüfen und zu gewährleisten. Abb. 13.4 zeigt ein Beispiel für ein solches elektrisch meßbares Modul. Gezeigt sind Strukturen für die Messung von Schichtwiderständen und Linienstrukturen zur Messung schmaler Widerstände. Außerdem enthält das Modul Potentiometer-Elemente für das Messen der Ausrichtgenauigkeit.

Für die Messungen zur Justiergenauigkeit bzw. Überlagerungsgenauigkeit gelten die gleichen prinzipiellen Unterscheidungen. Als Meßverfahren stehen hier mit dem Mikroskop auswertbare Strukturen und elektrisch meßbare Strukturen zur Verfügung. Anders als bei den Linienbreitenmessungen muß jedoch

396

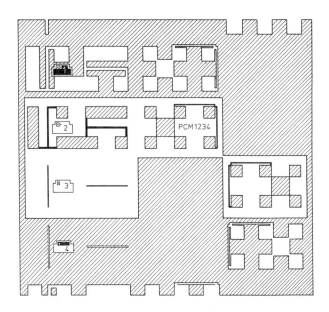

Abb. 13.4. Modul-Strukturen für die elektrische Messung von Linienbreiten und Justiergenauigkeiten in leitenden Oberflächenschichten

deutlich unterschieden werden, ob ein Meßergebnis nur die Justiergenauigkeit widergibt oder auch die Linienbreitenvariation mit einschließt. Für die Bestimmung und spätere Überprüfung der Design-Regel werden auch hier wegen der statistisch relevanten Aussage elektrische Meßverfahren bevorzugt.

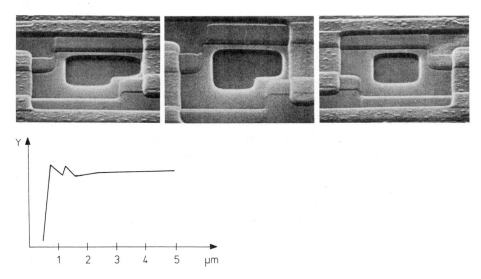

Abb. 13.5. Abgestufte Design-Regeln mit der Ausbeute (Y) als Funktion des Sicherheitsabstandes CO-PS in μm

Neben den beschriebenen Verfahren zur prinzipiellen Messung von Toleranzbreiten und Genauigkeiten gibt es noch eine weitere Methode. Hier werden
zukünftige Design-Regeln in abgestufter Form in aktuellen Schaltungsentwürfen
erprobt. In einem solchen Großversuch können dann nicht nur Aussagen über
einzelne Design-Regeln gemacht werden, sondern beispielsweise auch über damit
verbundene Schaltungsausbeuten [13.3]. Da diese Untersuchungen sehr aufwendig, langwierig und teuer sein können, finden sie nur eine sehr eingeschränkte
Anwendung. Abb. 13.5 zeigt ein Beispiel für das Ergebnis eines solchen Groß-
versuchs.

13.4.4 Design-Regel-Berechnung

Wie werden nun die Design-Regeln berechnet bzw. festgelegt? Die Grundlage
für die Design-Regel-Erstellung bilden die nach dem vorgestellten Kantenprinzip beschriebenen Einzeleinflüsse. Diese werden in prozeßorientierten Tabellen zusammengefaßt. Prozeßorientiert in diesem Zusammenhang bedeutet die
Zuordnung zu Prozeßgenerationen mit dazugehörigen Spezifikationen. Die einzelnen Werte der Einflußgrößen können dabei auf unterschiedliche Weise festgelegt werden [13.4]. Der Unterschied besteht darin, daß Regeln einerseits auf
Maschinen- und Prozeßspezifikationen basieren oder andererseits auf Untersuchungsergebnissen beruhen.

Bei Regeln, die auf Prozeß- bzw. Maschinenspezifikationen aufbauen, muß
für jeden Einzelwert minimal die festgelegte Toleranzbreite eingehalten werden. Im Zusammenspiel mehrerer Spezifikationen bzw. durch entsprechenden
Prozeßeinfluß kann sich für die Kombination der Einzeleinflüsse jedoch eine
zusätzliche Erschwernis zur Einhaltung der festgelegten Grenzen ergeben.

Bei Regeln, die auf Untersuchungsergebnissen basieren, ist die Gesamttole-
ranzbreite als Kombination der Einzeleinflüsse durch die entsprechenden Ergebnisse bestimmt. Diese Form der Regelbestimmung bietet zwar die sicherste
Art eine spätere Prozeßschwankungsbreite zu definieren, ist jedoch sehr zeitaufwendig bzw. abhängig von der Verfügbarkeit der Prozesse.

Das verwendete Verfahren zur Bestimmung der Design-Regeln beruht deshalb auf einer Kombination der beschriebenen Möglichkeiten.

Die Werte der Einzeltoleranzen, sowie auch die daraus resultierenden Ge-
samtregeln werden als 3σ-Werte beschrieben und festgelegt. Dadurch ist nahezu
der gesamte mögliche Toleranzbereich abgedeckt.

Tabelle 13.3 zeigt eine vollständige Aufstellung aller 3σ-Einflußgrößen am
Beispiel eines $1{,}5\,\mu$m- und eines $1{,}0\,\mu$m-Prozesses.

Für die Berechnung der Design-Regeln wird wiederum eine Einteilung in
kleinste Strukturgrößen und Sicherheitsabstände vorgenommen.

Generell wird die Gesamttoleranz nicht durch eine lineare Addition der
Einzelfehler, sondern durch die Wurzel aus der Summe der quadrierten Einzelfehler berechnet

$$Toleranz = \sqrt{3\sigma_1{}^2 + 3\sigma_2{}^2 + \cdots + 3\sigma_n{}^2} + systematischer Fehler \ . \quad (13.1)$$

Tabelle 13.3. Einzeleinflüsse für Linienbreitenschwankung und Passungsgenauigkeit bezogen jeweils auf eine Strukturkante (3σ-Werte). Alle Angaben in μm

Parameter	1,5μm-Prozeß	1,0μm-Prozeß
Linienbreite		
- Maske	0,05	0,025
- Lithographie	0,125	0,075
- Ätzen	0,075	0,05
Passungsgenauigkeit		
- Maske	0,20	0,04
- Ausrichtgenauigkeit Stepper	0,24	0,10
- Linsendistorsion Stepper	0,30	0,23
- Prozeßdistorsion	0,20	0,10
- Systematischer Fehler Stepper	0,10	0,05

Für diesen Ansatz muß jedoch gelten, daß die Mittelwerte aller Einzeltoleranzen gleich dem Zielwert sind.

Den Minimalwert für Einzelstrukturgrößen E oder für Maskenabmessungen berechnet man durch die Addition der prinzipiellen Auflösungsgrenze d des verwendeten Belichtungsgerätes und der Toleranzbreite für die Maske

$$E = d + 3\sigma_{Maske} \ . \tag{13.2}$$

Für einen 1,5 μm-Prozeß ergeben sich durch die Verwendung eines Steppers mit einer prinzipiellen Auflösung von $d = 1{,}25\,\mu$m und einer gesamten Maskenmaßtoleranz von $3\sigma_{Maske} = 0{,}10\,\mu$m eine mögliche Minimalstruktur von 1,35 μm. Durch die verschiedenen Einflüsse von zusätzlich geforderter Prozeßsicherheit, Unterschieden in der Konfiguration der Strukturen und der vorhandenen Topographie auf der Siliziumscheibe, werden die Minimalabmessungen der verschiedenen Ebenen jedoch in der Regel in der Größe zwischen 1,5 und 1,75 μm liegen; vgl. Tabelle 13.1.

Die gesamte Maßtoleranzbreite berechnet sich nach

$$3\sigma_{CD} = 2 \times \sqrt{3\sigma_{Maske}^2 + 3\sigma_{Litho}^2 + 3\sigma_{Ätzen}^2} \tag{13.3}$$

zu $3\sigma_{CD} = 0{,}31\,\mu$m für den 1,5 μm-Prozeß. Diese Toleranzgrößen müssen zum einen bei der Definition von Einzelstrukturen, beispielsweise der Dimensionierung und Charakterisierung von Transistorstrukturen, und zum anderen bei der Berechnung von Sicherheitsabständen berücksichtigt werden.

Zur Berechnung kleinster Sicherheitsabstände und Überlappungsregeln spielt neben den Größen der Einzeltoleranzen auch die für den Prozeß festgelegte Justierreihenfolge der einzelnen Maskenebenen eine entscheidende Rolle. Durch

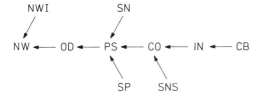

Abb. 13.6. Beispiel für die Justierreihenfolge in einem CMOS-Prozeß

die Justierreihenfolge, wie sie in der Abb. 13.6 prinzipiell dargestellt ist, ergibt sich für die verschiedenen Kombinationen der einzelnen Maskenebenen die Notwendigkeit, die unterschiedliche Anzahl dazwischenliegender Justierschritte zu berücksichtigen. So muß für eine Design-Regel der Maskenebenenkombination PS, OD die Ausrichtgenauigkeit des Steppers nur einmal berücksichtigt werden, für eine Kombination IN, OD jedoch dreimal.

Für eine Maskenkombination mit direkter Justierreihenfolge ergibt sich für einen Minimalabstand mit

$$Abstand = \sqrt{3\sigma_{CD}^2 + 3\sigma_{CD}^2 + 3\sigma_{Passung}^2} + systematischer\,Fehler \qquad (13.4)$$

ein Wert von $Abstand = 0{,}63\,\mu$m für den $1{,}5\,\mu$m-Prozeß. Auch hier werden in Abhängigkeit von bestimmten Randbedingungen die endgültigen Design-Regeln für das $1{,}5\,\mu$m-Prozeßbeispiel in einer Größenordnung zwischen $1{,}0$ und $1{,}5\,\mu$m liegen; vgl. auch Tabelle 13.1.

Welches sind nun die Randbedingungen, die die tatsächlichen Design-Regeln anders aussehen lassen als sie durch den mathematischen Ansatz berechnet werden? Zum einen gibt es unterschiedliche Sicherheitszuschläge, die auf Erfahrungen beruhen. So ist z.B. der Abstand PS/CO (A1) aus Tabelle 13.1 größer als die Überlappungen Ü1, Ü2 und Ü3.

Zum anderen können stark flächenbestimmende Regeln unterschiedliche Sicherheitszuschläge erhalten, je nachdem ob sie für den Entwurf einer Speicherschaltung oder einer Logikschaltung verwendet werden. Für eine Speicherschaltung wird der Sicherheitzuschlag einer Regel einen großen zusätzlichen Platzbedarf verursachen, da diese Regel in jeder einzelnen Speicherzelle zum Tragen kommt. Deshalb kann es aus Platzgründen erforderlich sein, Design-Regeln für Speicherschaltungen aggressiver und damit auch mit höherem Risiko auszulegen, als das in Logikschaltungen der Fall ist. Aus dieser Tatsache erklärt sich unter anderem die hohe Innovationskraft erfolgreicher Speicherfertigungen für den Technologiefortschritt.

Nicht zuletzt spielt in zunehmendem Maße der Unterschied zwischen zweidimensionalem Schaltungsentwurf und dreidimensionaler Schaltungsherstellung auf der Scheibe eine Rolle. Da die lateralen Abmessungen der Schaltungsstrukturen mit der derzeitigen Entwicklung etwa an die Größenordnung der vertikalen Abmessungen kommen, wird es notwendig, dreidimensionale Effekte, wie

die Profilform der einzelnen Oberflächenschichten, in die Design-Regeln mit
einzubeziehen.

13.5   Shrink-Techniken

13.5.1   Prozeßgeneration und Schaltungsentwicklung

Der Integrationsgrad für integrierte MOS-Schaltungen ist durch immer weiter
verfeinerte Herstellungsverfahren, vor allem in der Fotolithografie, den Ätzverfahren und der Dotierungstechnik, sprunghaft gestiegen und mit den modernen
CAD-Verfahren stehen Möglichkeiten zum sicheren Entwurf von immer komplexeren Schaltungen bis hin zur Systemintegration zur Verfügung und werden
auch ausgenutzt. Zur Erhöhung der Wirtschaftlichkeit wurden nun Methoden
entwickelt, um bereits auf dem Markt befindliche erprobte Schaltungen durch
lineare Verkleinerung ihrer Abmessungen für mehrere Prozeßgenerationen einsatzfähig zu machen [13.5,13.6].

13.5.2   Lineare Shrink-Verfahren / Shrink-Pfad

Durch sogenannte Shrink-Pfade, eine vereinfachte Darstellung ist in Abb. 13.7
gezeigt, werden mehrere Prozeßgenerationen und die entsprechenden Design-
Regeln miteinander verknüpft. Abb. 13.7 beschreibt gleichzeitig die technologische Entwicklung der modernen CMOS-Technologie von etwa 1980 bis 1995.
      Bei einer linearen Strukturverkleinerung von etwa 50 %, das bedeutet 2 μm
nach 1 μm, verringert sich die Chipgröße auf etwa 35 %. Der Grund, daß der
lineare Shrink-Faktor nicht quadratisch in die Flächenreduzierung eingeht, liegt
darin, daß der Shrink nicht gleichmäßig auf alle Schaltungsteile angewendet
werden kann. Bond-Flecken und bestimmte Schutzschaltungen können zum Teil
überhaupt nicht oder nur in geringerem Maße verkleinert werden. Diese und
ähnliche Randbedingungen, auf die hier nicht näher eingegangen werden kann,
müssen bei der Verkleinerung einer Schaltung durch "Shrinken" berücksichtigt
werden.

13.5.3   Beispiele für Schaltungs-Shrinks

Für jede zu verkleinernde Schaltung wird ein individueller, alle Besonderheiten dieser Schaltung berücksichtigender Shrink-Faktor festgelegt. Mit den entsprechenden Shrink-Algorithmen kann dann rechnergestützt die Strukturverkleinerung vorgenommen werden (Abb. 13.8), wobei die Verringerung der Polysiliziumbahn von 2,5 μm nach 1,5 μm zu einer Abnahme der effektiven Kanallänge ($L_{effektiv}$) und damit zu einer Performanceverbesserung führt, die Schaltung wird schneller.
      Die Verkleinerung des Rastermaßes der Aluminiumverdrahtung (Abb. 13.9)
wirkt sich dagegen wirtschaftlich aus. Hier wird die Chipverkleinerung be-

VLSI LOGIC SHRINK STRATEGIE

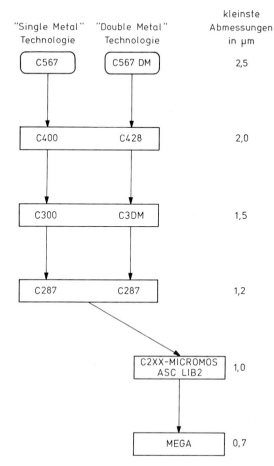

"Single Metal" Technologie	"Double Metal" Technologie	kleinste Abmessungen in μm
C567	C567 DM	2,5
C400	C428	2,0
C300	C3DM	1,5
C287	C287	1,2
C2XX-MICROMOS ASC LIB2		1,0
MEGA		0,7

Abb. 13.7. Shrink-Strategie am Beispiel der Philips-CMOS-Entwicklung 1980 - 1995

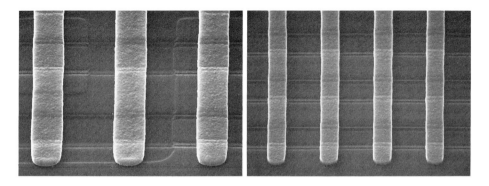

Abb. 13.8. Polysilizium-Breiten (Transistor-Kanallängen) vor (2,5 μm) und nach dem Shrink (1,5 μm)

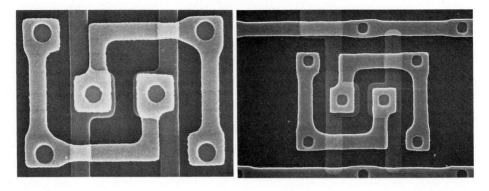

Abb. 13.9. Aluminiumleiterbahnen vor (Rastermaß 6,5 µm) und nach dem Shrink (Rastermaß 4,2 µm)

stimmt, da die Aluminiumverbindungstechnologie für die Chipgröße dominant ist. Durch die Einführung der rechnergestützten Shrink-Technik konnte die wirtschaftliche Herstellung von integrierten Schaltungen erheblich verbessert werden. Wie in diesem Abschnitt gezeigt, können mit verhältnismäßig geringem Design-Aufwand Flächeneinsparungen erzielt werden, die den nicht unerheblichen Technologieaufwand für die Herstellung der geshrinkten Schaltung bei bestimmten Schaltungen rechtfertigen. Die Entscheidung, eine komplexe integrierte Schaltung für die nächste Prozeßgeneration zu verkleinern, muß jedoch immer aufs Neue sehr sorgfältig unter Abwägung vor allem auch wirtschaftlicher Gesichtspunkte getroffen werden.

13.6 Zusammenfassung

Durch die Einführung der linearen Shrink-Technik, die die mögliche Nutzung eines Schaltungsentwurfes für mehrere Prozeßgenerationen herstellt, ist die elementare Bedeutung der Design-Regeln als Bindeglied zwischen Technologie und Schaltungsentwurf noch größer geworden. Jetzt wird nicht die Beziehung zwischen einem Schaltungsentwurf und einer Prozeßgeneration geregelt, sondern das Verhältnis zu mehreren aufeinanderfolgenden Prozeßgenerationen festgeschrieben. Bei Schaltungen mit 10^5 bis 10^6 Einzelelementen und einer entsprechenden höheren Anzahl von Einzelstrukturen sind daher die Generation von Design-Regeln und das kontrollierbare Einhalten dieser Regeln zu Schlüsselfunktionen beim Entwurf komplexer integrierter Schaltungen geworden. Sie stellen sicher, daß eine integrierte Schaltung über mehrere Prozeßgenerationen industriell hergestellt werden kann.

14 Prozeßcharakterisierung

B. Strycharczyk, G. Schumicki, P. Seegebrecht

14.1 Prozeßcharakterisierung –
Analyse und Beschreibung eines Prozesses

In allen Phasen einer Prozeßentwicklung ist die Prozeßcharakterisierung als Werkzeug zur Analyse und Beschreibung eines Prozesses beteiligt. Dabei treten sehr unterschiedliche Aufgabenbereiche auf. Bei der Evaluierung neuer einzelner Prozeßschritte sind hauptsächlich Materialeigenschaften bzw. deren Einfluß auf den Gesamtprozeß zu untersuchen. Hier werden zum größten Teil chemische und physikalische Materialanalysen, die Bestimmung von Kristallstrukturen und mechanischen Eigenschaften sowie Untersuchungen der topographischen Struktur eingesetzt. Für den Gesamtprozeß liegt der Schwerpunkt dagegen mehr auf der Bestimmung der elektrischen Eigenschaften von komplexeren Halbleiterbauelementen wie z.B. Transistoren.

Viele Techniken zur Bestimmung von Materialeigenschaften beruhen auf dem Beschuß mit Elektronen, Ionen oder Röntgenstrahlen und anschließender Auswertung der Sekundärstrahlung [14.1-2]. Licht- und besonders elektronenoptische Verfahren dienen vor allem zur Untersuchung der topographischen Verhältnisse, von der Ermittlung einfacher Abmessungen bis hin zur vollständigen Konstruktionsanalyse an der fertigen Schaltung. Dabei bedient man sich zum Teil spezieller Ätz- und Präparationsmethoden, um Einzelheiten wie Defekte oder Diffusionsgrenzen sichtbar zu machen [14.3].

Im folgenden soll schwerpunktmäßig auf die Charakterisierung eines Prozesses mit Hilfe elektrischer Messungen eingegangen werden. Der Aufbau und Einsatz speziell für diesen Zweck entworfener Testschaltungen, Meßverfahren, industriell eingesetzte Geräte und Meßsysteme sowie Auswerteverfahren werden beschrieben und ihre Wechselwirkungen untereinander (z.B. die Anforderungen an das Layout von Testschaltungen beim Einsatz automatischer Testsysteme oder die Anpassung von Meßverfahren an derartige Systeme) aufgezeigt.

14.2 Die elektrische Prozeßcharakterisierung als verbindendes Element zwischen Prozeßentwicklung, Fertigung und Design

Die elektrische Prozeßcharakterisierung ist neben der Festschreibung der Flow-chart und der geometrischen Design-Regeln ein wesentlicher Teil des Abschlusses einer Prozeßentwicklung. Diese Beschreibung eines Prozesses in Form elektrischer Parameter bildet die Verbindung zwischen der Prozeßentwicklung, dem Schaltungsdesign, der Fertigung und dem Qualitätswesen [14.4-5]. Während der Prozeßentwicklung erlauben diese Parameter eine Verifikation der Prozeßsimulationen, machen die Einhaltung gesetzter Spezifikationen überprüfbar und ermöglichen eine Aussage über die Leistungsfähigkeit des entwickelten Prozesses. In der Produktion dienen sie zur ständigen Kontrolle des Prozeßablaufs und machen in Form von Streuungen und zeitlichen Trends eine Aussage über die Qualität des Prozesses und die Stabilität der Prozeßlinie. Beim Schaltungsdesign sind sie Eingangsgrößen für Programme zur Schaltungssimulation wie z.B. SPICE [14.6]. Sie sind in Form von Schicht- und Kontaktwiderständen, Kapazitäten, Kenngrößen für Dioden und aktiven wie auch parasitären Transistoren neben den Spezifikationen für Schichtdicken und Eindringtiefen von Übergängen betragsmäßig und mit ihren maximalen Streuungen ein Teil des Design-Handbuches für einen Prozeß.

Neben der Erfassung der Parameter ist es bei neuen Prozeßgenerationen mit kleineren Dimensionen bzw. zusätzlichen Optionen auch Aufgabe der Prozeßcharakterisierung, neue, eventuell genauere, Meßverfahren zur Parameterextraktion sowie für die Kontrolle in der Serienfertigung festzulegen. Dabei ist wichtig, daß die Methoden der Charakterisierung vom zeitlichen und arbeitstechnischen Aufwand her auch in der Fertigung eingesetzt werden können. Nur durch gleiche Meßverfahren in der Entwicklung und in der Produktion kann jederzeit garantiert werden, daß der Prozeß noch die Spezifikationen erfüllt, nach denen die gefertigten Schaltungen entworfen wurden.

Die Charakterisierung eines Prozesses ist mit der Erstellung der elektrischen Design-Parameter nicht beendet. Auch das Langzeitverhalten dieser Parameter unter Fertigungsbedingungen, wie z.B. ihre zeitliche Stabilität, ist als Information für die Schaltungssimulation aufzunehmen. Die Einbettung der Charakterisierung in eine Fertigungslinie ermöglicht es, mit Hilfe der laufenden Produktion Daten für kommende Prozeßgenerationen zu sammeln. Aus der Stabilität und Reproduzierbarkeit dieser Daten lassen sich Vorhersagen bezüglich der Machbarkeit eines Prozesses für kritischere Bauelement-Abmessungen treffen. Testschaltungen mit Struktur-Dimensionen, die unterhalb der aktuell erlaubten liegen, können als Vorlauf zur Definition der kommenden Design-Regeln benutzt werden. Dabei können sehr frühzeitig durch Kombination von Teststrukturen des laufenden Prozesses mit überkritischen des Folgeprozesses statistisch aussagekräftige Daten gewonnen werden.

Die Bereitstellung der Meßwerte und Parameter aus der laufenden Fertigung trägt entscheidend zum Verständnis der Technologie und der Zuverlässigkeit eines Prozesses bei. Durch Vergleich der Parameter mit Daten aus der Chargen-Historie lassen sich oft Schwachstellen im Prozeßablauf erkennen und die fertigungstechnisch empfindlichen Prozeßmodule einer Optimierung zuführen. In diesem Sinne können die Methoden der Charakterisierung erheblich zur Erleichterung des Prozeß-Engineerings beitragen.

14.3 Designprinzipien für Testschaltungen

Die Verwendung von technologieorientierten Testschaltungen zur Prozeßcharakterisierung und Kontrolle ist in der Halbleiterindustrie derzeit Stand der Technik. Sie werden bei der Prozeßentwicklung zur Festlegung der Prozeß- und Bauelementparameter, zur Generation und Überprüfung der Design-Regeln sowie zum Nachweis der Fertigungsreife eines Prozesses eingesetzt. Außerdem werden sie zur Fertigungskontrolle, im Prozeß-Engineering zur Analyse möglicher Ausbeuteprobleme und Überwachung einzelner Prozeß- und Maschinenstufen sowie bei der Qualitätssicherung genutzt [14.7-11].

Je nach Verwendungszweck unterscheiden sich die Testschaltungen und Strukturen im allgemeinen hinsichtlich Komplexität und Layout. Während der Prozeßentwicklung werden in der Prozeßlinie Maskensätze verwendet, die ausschließlich den Teststrukturen gewidmet sind. Diese als PEMs (**P**rocess **E**valuation **M**odules) bezeichneten Testschaltungen enthalten mehrere hundert elektrisch meßbare Strukturen wie Widerstände, Kapazitäten, Isolationsmodule, Einzelkontakte und Kontaktlochketten, Module zur Bestimmung von Justiergenauigkeiten, Dioden und eine große Anzahl von Transistoren in verschiedenen Abmessungen. Teilweise werden auch einfache Schaltungen wie Inverter, Ringoszillatoren und Laufzeitketten zur Messung von Schaltzeiten in diese PEMs integriert. Die Analyse der Teststrukturen erfolgt durch Messungen am Kennlinienschreiber zur schnellen Charakterisierung einzelner Strukturen, wie auch durch automatisierte Messungen über die gesamte Scheibe, z.B. zum Erstellen von Konturkarten ('contour mappings') zur Darstellung von Parameterstreuungen auf einer Scheibe und von Scheibe zu Scheibe. Die regelmäßige Messung ganzer Chargen erlaubt die statistische Absicherung der Ergebnisse.

Wird der Prozeß in der Fertigung eingesetzt, so werden in der Regel gleichzeitig mit den Nutzsystemen 3 bis 5 Chips pro Scheibe integriert, die ausschließlich Teststrukturen beinhalten und der standardmäßigen Prozeßkontrolle dienen. Diese als PCMs (**P**rocess **C**ontrol **M**odules) bezeichneten Testschaltungen werden am Ende der Prozeßentwicklung erstellt und enthalten meistens eine Untermenge der Module aus den PEMs. Ihre Messung erfolgt auf vollautomatischen Testsystemen.

Im Rahmen der Qualitätssicherung ist es erforderlich, Testschaltungen in Gehäuse zu montieren, um Lebensdauertests, Elektromigrationsversuche und ähnliches durchführen zu können. Diese Testschaltungen werden als REMs

(Reliability Evaluation Modules) bezeichnet und sind ähnlich umfangreich wie PEMs. Wegen der geforderten Montierbarkeit sind sie in kleinere Einheiten zersägbar, die über die Anschlüsse von außen zugreifbaren Transistorgates sind mit Schutzschaltungen versehen.

Hinsichtlich des Layouts lassen sich die Testschaltungen in vier Gruppen unterteilen:

- Für Messungen von Hand, z.B. am Kennlinienschreiber, genügt eine relativ einfache, immer wiederkehrende Struktur der Kontaktflecken.

- Bei automatischen Testsystemen, bei denen man mit einem Waferprober und Prüfkarten arbeitet, wird meistens das 2·N-Konzept verwendet, d.h. die Teststrukturen werden in Subsysteme mit immer der gleichen Anordnung von 2 × N Anschlüssen aufgegliedert [14.12] (siehe z.B. Abb. 14.1). Auch in unterschiedlich umfangreichen Testschaltungen können zur Messung einzelne Subsysteme rechnergesteuert positioniert und mit einer einheitlichen Prüfkarte kontaktiert werden.

- Um die Messungen an den PCMs während des Vormessens der Nutzsysteme vornehmen zu können, werden die Anschlüsse der Testschaltung so an die Peripherie gelegt, daß Testschaltung und Nutzsystem die gleiche Anordnung der Kontaktflecken haben. Der Nachteil dieser Methode ist aber, daß für unterschiedliche Nutzsysteme auch immer die Kontaktflecken der PCMs angepaßt werden müssen. Hinzu kommt, daß die auf hohe Geschwindigkeit optimierten digitalen Tester meist nicht die Gleichstrom-Parameter (kleine Ströme, kleine Spannungen) genau genug erfassen können.

- Eine weitere Möglichkeit, besonders für die Prozeßkontrolle, besteht darin, die Testschaltungen in die Ritzbahn zwischen die Nutzsysteme zu legen [14.13-14]. Man gewinnt so zwar Fläche für zusätzliche Systeme auf der Scheibe, verliert aber an Designflexibilität für die Testschaltungen. Da der Platz in der Ritzbahn beschränkt ist, muß man für Systeme unterschiedlicher Größe und für jede Prozeßvariante neue, auf System und Prozeß optimierte Testschaltungen entwerfen.

Um den Aufwand sowohl beim Design wie auch in der Entwicklung von Testprogrammen so effektiv wie möglich zu halten, ist für den Entwurf von Testschaltungen eine Strategie notwendig, die auf einem einheitlichen Konzept für die unterschiedlichsten Anwendungsfälle basiert. Das im folgenden beschriebene Prinzip für den strukturellen Aufbau von Testschaltungen berücksichtigt auch, daß für einzelne Fertigungsprozesse Shrink-Pfade bestehen [14.15].

Jede Testschaltung wird nach derselben hierarchischen Struktur entworfen, die sich auch im Aufbau von Testprogrammen wiederfindet:

- Die Testschaltung, die sich aus elektrischen und nichtelektrischen (Schichtdickenmeßmodule, Vernierstrukturen, Bezeichnung usw.) Modulen zusammensetzt.

- Die Module, die sich alle aus den elektrischen Submodulen und einer standardisierten Konfiguration von 2 × 9 Kontaktflecken zusammensetzen. Dabei sind zwei Kontaktflecken für Wannen- und Substratkontakt festgelegt.
- Die Submodule, die die elektrischen Elemente sowie genormte elektrische Anschlüsse enthalten. Dabei haben diese Submodule in der Regel eine Größe von 2 × 2 Anschlüssen, um später bei der Messung Beeinflussungen verschiedener Meßgrößen untereinander auszuschließen. Die Submodule bestehen aus den eigentlichen Meßstrukturen wie Transistoren, Widerständen, Kontaktlochketten, Dioden, Isolationsstrukturen usw. und sind in einer Art Bibliothek für verschiedene Prozesse und Design-Regeln abgelegt, so daß Testschaltungen relativ schnell erstellt werden können. Neue Prozesse erweitern nur diese Bibliothek.

Die Submodule der Testschaltungen sind shrinkbar ausgelegt. Für einen geshrinkten Prozeß werden neue Testschaltungen generiert, indem man die ent-

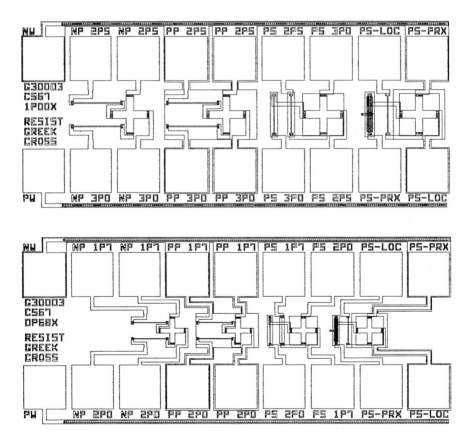

Abb. 14.1. Ein PCM-Modul mit einer Konfiguration von 2×9 Kontaktflecken vor und nach dem Shrink der inneren, elektrischen Module

sprechenden Submodule auf das neue Maß shrinkt und sie in die ursprüngliche 2 × 9 -Kontaktflecken-Struktur einbindet (Abb. 14.1). Das bedeutet: Meßprogramme müssen nur dort angepaßt werden, wo geometrische Abmessungen in die Messung eingehen. Man kann die gleichen Prüfkarten verwenden und die Stepmaße beim Abfahren der Scheiben unverändert lassen.

14.4 Testequipment

Die elektrische Charakterisierung der Teststrukturen wird in zunehmendem Maße von programmierbaren, computerunterstützten Geräten übernommen. Für Analysen und Untersuchungen von Bauelement-Eigenschaften in der Entwicklung sind hohe Präzision und großes Auflösungsvermögen gefordert, in der Produktion werden Automatisierungsmöglichkeit und schneller Scheibendurchsatz verlangt. Als weitere Forderung kommt hinzu, daß Meßdaten on-line auf übergeordnete Systeme transferiert werden können.

Für erste Untersuchungen zum Verhalten von Halbleiter-Bauelementen und zur Vorbereitung von speziellen Extraktionsmethoden werden meistens Kennlinienschreiber eingesetzt, bei denen die Meßwerte direkt auf einem Bildschirm dargestellt werden können. Neuere kommerzielle Produkte verfügen über interne Speicher, so daß Meßkonfiguration, Meßbedingungen und die Ergebnisse abgespeichert werden können. Abb. 14.2 zeigt den Analysator für Halbleiterparameter HP 4145 B der Firma Hewlett-Packard, der mit vier sogenannten SMUs (**S**ource/**M**easure-**U**nits), die sich als Spannungsquelle/Strommeßeinheit oder als Stromquelle/Spannungsmeßeinheit individuell programmieren lassen, zwei

Abb. 14.2. Analysator für Halbleiterparameter HP 4145 B mit angeschlossener Testbox zur Messung an montierten Bauelementen (Foto: Hewlett-Packard)

zusätzlichen Spannungsquellen sowie zwei Voltmetern sehr viele meßtechnische Möglichkeiten bietet. Die Auflösung der SMUs geht herunter bis auf 1 mV ($\pm$20 V-Bereich) bzw. 1 pA ($\pm$1000 pA-Bereich), die Maximalbereiche sind $\pm$100 V und $\pm$10 mA. Meßergebnisse können z.B. als Grafik, in Listenform oder als Matrix dargestellt werden. Ein interner Rechner erlaubt es, aus Meßwerten abgeleitete Größen direkt zu berechnen und auszugeben. Die Programmierung erfolgt manuell menugesteuert, Programme und Meßergebnisse lassen sich auf Disketten abspeichern. Zusätzlich ist es möglich, die Ansteuerung und Datenauswertung über einen HP-IB-Bus auf einem Computer vorzunehmen, so daß vollständige Meßabfolgen aus diversen Messungen, Berechnungen und Erstellungen von Plots vollautomatisch ablaufen können.

Zur Messung größerer Mengen von Testschaltungen und Scheiben werden sogenannte Parameter-Testsysteme eingesetzt [14.16-17]. Sie integrieren eine Anzahl von Strom- und Spannungsquellen, Source/Measure-Units, Meßinstrumente für Strom, Spannung und Kapazitäten, die über eine Schaltmatrix auf eine oder mehrere Teststationen geschaltet werden können. Programmierbare Waferprober, in der höchsten Ausbaustufe mit automatischer Scheibenbehandlung, Kassettenbeladung und automatischer Justierung, ergänzen derartiger Testsysteme. Die Programmierung und Steuerung erfolgt über Prozeßrechner (wie z.B. die PDP-Serie oder die μVAX der Firma Digital) in FORTRAN oder anderen Hochsprachen. Diese Testsysteme wie z.B. das System 350 oder das System 450 der Firma Keithley werden mit einer umfangreichen Software zur Erstellung von Meßprogrammen, zur Steuerung verschiedenster Waferprober und zur Datenauswertung bis hin zu integrierten Datenbanken angeboten. Sie erlauben einen Multi-User-Betrieb, so daß neben Messungen an bis zu vier Teststationen Auswertungen, Datenkommunikation und Testprogrammerstellung parallel ablaufen können.

14.5 Meßverfahren und spezielle Testmodule

Die Wahl spezieller elektrischer Meßverfahren in der Prozeßcharakterisierung und Kontrolle hängt stark von den verwendeten Testschaltungen und von der verfügbaren Meßausrüstung ab, zu einem großen Teil aber auch von Design-Prinzipien und der Aufgabenstellung der Charakterisierung. Hohe Anforderungen an die Meßgenauigkeit erfordern oft spezielle Vorkehrungen im Layout von Testmodulen und eine größere Anzahl von Anschlüssen. So kann, wenn z.B. aus Gründen der Platzersparnis viele Transistoren an je einen gemeinsamen Gate- und Source-Anschluß gelegt werden, der Defekt an einem Transistor die Messung an allen unmöglich machen. Zusätzlich ist es erforderlich, daß die Auswirkung einzelner Prozeßschritte eindeutig über voneinander unabhängige Module identifizierbar ist.

14.5.1 Widerstände

Üblicherweise werden Widerstandsmessungen für die Bestimmung des Schichtwiderstandes sowie geometrischer Größen wie Bahnbreiten und Fehljustierungen durchgeführt. Widerstandsmessungen dienen damit nicht nur der Beurteilung technologischer Prozeßverfahren wie Abscheidung, Dotierung, Fotolithografie und Ätzung, sondern auch der Ermittlung von Parametern als Eingabe für die Schaltungssimulation.

Die einfachste Form eines Widerstandes besteht aus einer schmalen leitfähigen Bahn der Länge L und der Weite W, die an beiden Enden über Kontakte an die Meßflecken angeschlossen ist. Normalerweise wird die Widerstandsbahn von der Oberfläche her kontaktiert. Dies führt in der Nähe der Kontakte zu einer Störung des ansonsten homogenen Stromflusses, die sich in einem höheren Widerstandswert äußert, als er nach (14.1) zu erwarten ist. Der Einfluß der stromführenden Kontakte auf die Widerstandsmessung läßt sich vermeiden, wenn man zwei zusätzliche Abgriffe an die Widerstandsbahn legt, den Strom in die äußeren Anschlüsse einprägt und die Spannung hochohmig zwischen diesen inneren Abgriffen mißt.

In der Halbleitertechnologie benutzt man zur Beschreibung elektrischer Schichteigenschaften den sogenannten Schichtwiderstand R_s, der durch den spezifischen Widerstand ρ und die Schichtdicke d des Materials bestimmt wird. Eine leitfähige Bahn der Länge L, der Breite W und der Schichtdicke d, also der Querschnittsfläche $A = W \cdot d$, hat einen Widerstand von

$$R = \rho \, \frac{L}{A} = \rho \, \frac{L}{W\,d} \; . \tag{14.1}$$

Für eine quadratische Struktur mit $L = W$ ergibt sich der Schichtwiderstand R_s zu:

$$R_s = \rho \, \frac{1}{d} \qquad \text{in Ohm pro Quadrat.} \tag{14.2}$$

(14.2) gilt, sofern der spezifische Widerstand, bestimmt durch Ladungsträgerkonzentration und Beweglichkeit, in der betrachteten Schicht konstant ist. Bei diffundierten Widerständen, die durch einen pn-Übergang vom Substrat isoliert sind, ist ρ eine Funktion der Tiefe in das Silizium und man erhält

$$R_s = \left(\int\limits_{0}^{d} \frac{1}{\rho(z)} \, dz \right)^{-1} . \tag{14.3}$$

Hierbei ist nun d näherungsweise der Ort des metallurgischen Übergangs. R_s wird gleichermaßen von der Schichtdicke bzw. Eindringtiefe sowie der Leitfähigkeit der Schicht bestimmt, ist ansonsten aber geometrieunabhängig. R_s wird damit allein durch die technologische Prozeßführung bestimmt und nicht durch das Design, hängt also nicht von der Größe der oben eingeführten Quadrate ($L = W$) ab. Zur direkten Messung des Schichtwiderstands R_s verwendet man die Van-der-Pauw-Struktur oder das 'Greek cross' (Abb. 14.3) [14.18].

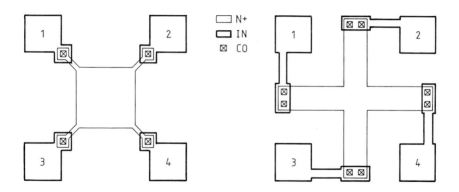

Abb. 14.3. Strukturen zur Bestimmung des Schichtwiderstands: Van-der-Pauw-Modul (links) und 'Greek cross' (rechts). Aus zwei um 90° versetzten Messungen ergibt sich: $R_s = 4,532 \cdot \dfrac{1}{2} \left(\dfrac{U_{34}}{I_{12}} + \dfrac{U_{13}}{I_{24}} \right)$.

Für beide Strukturen gilt

$$R_s = \frac{\pi}{\ln 2} \frac{U}{I} = 4,532 \frac{U}{I} \ . \tag{14.4}$$

Dabei prägt man über zwei Kontakte den Strom I ein und mißt die Spannung U an den gegenüberliegenden Anschlüssen. Um geometrische Effekte auszuschließen, wird die Messung wiederholt durchgeführt, wobei die Kontakte für Stromeinprägung und Spannungsabgriff zyklisch vertauscht werden.

Der Widerstand einer willkürlich geführten leitfähigen Bahn läßt sich mit Hilfe von R_s und der Anzahl der Quadrate $n = L/W$ nach

$$R = R_s \cdot n \tag{14.5}$$

berechnen. Dabei müssen die Anschlußkontakte und, z.B. bei einer mäanderförmigen Bahn, die Art der Eckführung (rechtwinklig, abgerundet) durch Korrekturfaktoren berücksichtigt werden [14.19].

14.5.2 Geometrische Größen

Die reale Weite W_{eff} eines Widerstandes weicht häufig aufgrund der technologischen Prozeßführung (Lithographie, Ätzung, Dotierung) von dem durch das Design festgelegten Wert W_{drawn} ab. Die Abweichung ΔW läßt sich gleichzeitig mit dem Schichtwiderstand R_s bestimmen, wenn auf der Scheibe Widerstände unterschiedlicher Weite zur Verfügung stehen.

Für zwei Widerstände der gleichen Länge L und den Weiten W_1 und W_2 gilt:

$$R_1 = R_s \cdot \frac{L}{W_1 + \Delta W}$$

und $\qquad\qquad\qquad\qquad\qquad\qquad\qquad\qquad\qquad$ (14.6)

$$R_2 = R_s \cdot \frac{L}{W_2 + \Delta W} \; .$$

Damit ergeben sich die Abweichung der Bahnbreite ΔW und der Schichtwiderstand R_s zu:

$$\Delta W = \frac{R_1 W_1 - R_2 W_2}{R_2 - R_1} \qquad\qquad (14.7)$$

und

$$R_s = \frac{R_1 R_2 \,(W_2 - W_1)}{(R_1 - R_2)L} \; . \qquad\qquad (14.8)$$

Bei hohen Genauigkeitsanforderungen kann es notwendig werden, etwa 4 bis 6 verschieden breite Bahnen gleicher Länge auszumessen und eine lineare Regressionsanalyse für $1/R$ gegen W vorzunehmen. Neben R_s und ΔW erhält man über den Regressionskoeffizienten gleichzeitig eine Aussage darüber, ob ΔW unabhängig von W ist (Linearität der Lithographie).

Zur Prozeßkontrolle werden meistens eine geometrieunabhängige Schichtwiderstandsmessung an einer Van-der-Pauw-Struktur und eine 4-Punkt-Messung an einem langen Widerstand mit der prozeßspezifischen Minimalbreite kombiniert, um ΔW zu bestimmen [14.20-21].

Bisher sind wir stillschweigend davon ausgegangen, daß die Leiterbahnen einen rechteckigen Querschnitt aufweisen. Ist die Bahn trapezförmig, so läßt sich ein gemitteltes Rechteck annehmen. Problematisch wird die Bahnbreitenberechnung, wenn die Strukturkante abgerundet ist oder am Fußpunkt Reste, z.B. durch unvollständiges Ätzen, vorhanden sind.

Bei der Messung von sehr schmalen diffundierten Widerständen ist zu berücksichtigen, daß die ermittelte Breite in zunehmendem Maße vom Anteil der Unterdiffusion bestimmt wird:

$$W_{eff} = W_{drawn} + \Delta W + \alpha \cdot d \; . \qquad\qquad (14.9)$$

Hierbei ist α ein Faktor, der die laterale Diffusion beschreibt und d die Tiefe des pn-Übergangs. Abb. 14.4 zeigt die über eine Scheibe gemittelten Ergebnisse verschiedener 'Greek crosses'. Mit abnehmender Weite wird der gemessene Schichtwiderstand größer [14.22].

Eine gleiche Auswertung der Widerstandswerte von Polysiliziumbahnen zeigt den Einfluß der kristallinen Struktur: bei schmaleren Weiten der 'Greek crosses' nimmt die Streuung über die Scheibe zu (Abb. 14.5). Der Widerstand der polykristallinen Bahn wird von der Anzahl der Korngrenzen innerhalb des Leiterbahnquerschnittes bestimmt. Je kleiner der Querschnitt, je kleiner also die Anzahl der Körner, desto stärker äußert sich der Einfluß der Schwankung der Anzahl der Körner in der Streuung des Widerstandes. Um diesen Effekt zu umgehen, werden zur Messung relativ lange Bahnen ($> 1000\,\mu$m) eingesetzt.

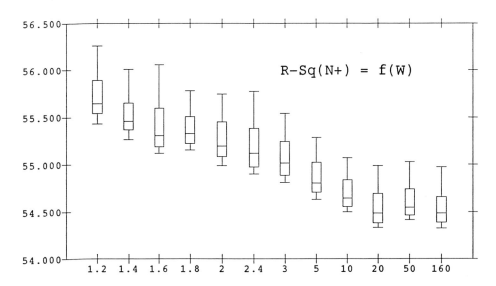

Abb. 14.4. Der Schichtwiderstand R_s von N+ in Abhängigkeit von der Weite der Arme des 'Greek cross'. Mit abnehmender Weite nimmt der Anteil der Unterdiffusion zu.

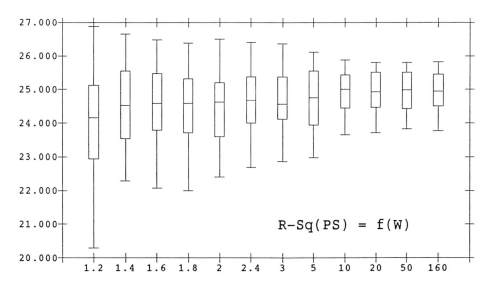

Abb. 14.5. Der Schichtwiderstand R_s von PS als Funktion der Arm-Weite des 'Greek cross'. Bei kleiner Weiten erfaßt man immer mehr die Kornstruktur des Polysiliziums, die Streuung über die Scheibe nimmt zu.

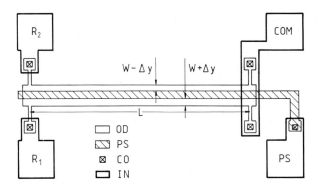

Abb. 14.6. Struktur zur Bestimmung von Justiergenauigkeiten in Form eines geteilten Widerstands

Prometrix * LithoMap EM1

THREE DIMENSIONAL MAP
(21-Nov-89 11:48, Ver. 01.40)

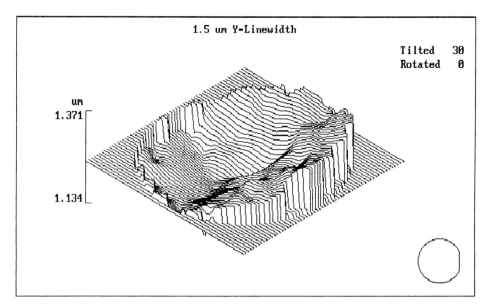

FOLDER ID........... 572	SMART CHART TITLE... 1.5 um Y-Linewidth	
FOLDER TITLE........ UT-Evaluation	CD-Variation/Wafer UT normal	
MASK TITLE.......... PMXSUB-02A		
FILE ID............. F572-1	WAFER ID............ 03/26.1.89	
WAFER TITLE......... TRACK 2/160mJ/27.1.89/WHOLE WAFER MEDIUM-LAYOUT		
LOT ID..............		
OPERATOR NAME....... NUTELMANN	PROCESS DATE........ 03-FEB-89	
LOCATION............ MIC	PROCESS TIME........ 14:47	
EQUIPMENT ID........ UT 6	SHIFT...............	

Abb. 14.7. Verteilung der Linienbreite über eine Scheibe als dreidimensionale Darstellung

Eine andere Anwendung der Widerstandsanalyse ist die Erfassung der Ausrichttoleranz zweier Maskenebenen zueinander. Abb. 14.6 zeigt als Beispiel einen N+-Widerstand (OD-Maske), der in der Mitte von einem Polysiliziumstreifen bedeckt ist. Das Polysilizium wirkt während der dotierenden Source/Drain-Implantation maskierend, so daß man zwei getrennte Widerstände erhält. Bei exakter Justierung sind beide Widerstände gleich breit. Bei einer Fehljustierung Δy der PS-Maske ergeben sich die Bahnbreiten $W + \Delta y$ bzw. $W - \Delta y$. Damit ergibt sich die Fehljustierung zu:

$$\Delta y = \frac{R_s L}{2} \left(\frac{1}{R_1} - \frac{1}{R_2} \right) . \tag{14.10}$$

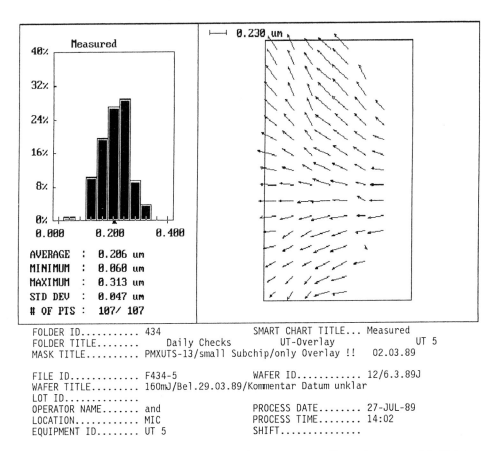

Abb. 14.8. Ein sogenanntes 'vector-mapping' zur Darstellung der unterschiedlichen Justierungen innerhalb eines Belichtungsfeldes zwischen zwei 1:1-Steppern

Mit zwei derartigen Strukturen in x- und y-Richtung und der Kenntnis des Schichtwiderstandes lassen sich über ganze Scheiben Mappings der Fehljustierung zur Kontrolle von Belichtungsgeräten erstellen. Im Bereich der Lithographie werden kommerziell erhältliche Systeme eingesetzt, die speziell auf diese Messungen optimiert sind. Diese Systeme werden mit den Daten für entsprechende Teststrukturen und einer kompletten Software zur Steuerung der Messungen und Auswertungen angeboten [14.23-25]. Abb. 14.7 zeigt eine dreidimensionale Darstellung der Linienbreitenverteilung über eine Scheibe, Abb. 14.8 ein sogenanntes 'vector-mapping', das in Form von Vektoren die Unterschiede in der Justierung innerhalb eines Belichtungsfeldes zwischen zwei 1:1-Steppern zeigt. Beide Darstellungen sind Beispiele für die Auswertemöglichkeiten des "LithoMap EM1 Yield and Lithography Process Control System" der Firma Prometrix.

14.5.3 Kontaktwiderstände

Der Widerstand, der beim Übergang von einer leitfähigen Ebene in eine andere auftritt, wird als Kontaktwiderstand R_c bezeichnet. Zur Messung dieses Widerstandes wird unter anderem die Kelvin-Struktur (Abb. 14.9) verwendet. Üblicherweise prägt man einen Strom I von der einen leitfähigen Ebene durch das Kontaktloch in die zweite ein und mißt die Spannung U zwischen beiden Ebenen an den zwei anderen Anschlüssen. Als Kontaktwiderstand definiert man dann $R_c = U/I$ für die entsprechende Kontaktlochfläche A. Da es sich auf Grund des Potentialverlaufs rund um das Kontaktloch nicht vermeiden läßt, daß auch ein Anteil $\Delta U/I$ vom Bahnwiderstand zum gemessenen Kontaktwiderstand beiträgt, ist es notwendig, Korrekturen in Abhängigkeit vom Schichtwiderstand R_s vorzunehmen. Nur so ist es möglich, einen spezifischen Kontaktwiderstand $\rho_c = R_c \cdot A$ in $\Omega\mu m^2$ zu ermitteln [14.26-27].

Bei Kontakten N+/IN, P+/IN und PS/IN, die in einem Prozeß mit $1,5\,\mu$m-Strukturen z.B. zwischen 20 und 40 Ohm / $2,0 \times 2,0\,\mu m^2$ liegen, ist die Meß-

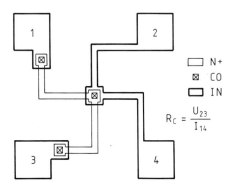

N+

CO

IN

$$R_C = \frac{U_{23}}{I_{14}}$$

Abb. 14.9. Kelvin-Struktur zur Bestimmung eines einzelnen Kontaktwiderstands mit Hilfe einer 4-Punkt-Messung

technik kein Problem. Kritischer wird die Messung bei Kontakten zwischen verschiedenen Aluminiumlagen; so ist z.B. der maximale Wert eines $2,0 \times 2,0 \,\mu m^2$-Kontaktfensters mit 0,2 Ohm spezifiziert. Gleichzeitig ist der maximal zulässige Strom mit 2,0 mA festgelegt, um Elektromigration zu vermeiden. Das bedeutet, daß bei einem eingeprägtem Strom von $I = 2,0$ mA eine maximale Spannung von $U = 0,4$ mV auftreten kann. In der Praxis hat sich gezeigt, daß man auf einem Parametertester Spannungen herunter bis zu 0,125 mV reproduzierbar messen kann. Der minimal meßbare Kontaktwiderstand R_c liegt also bei etwa 0,06 Ohm.

Eine weitere Möglichkeit stellt die Messung an Kontaktlochketten mit einer großen Anzahl von Kontakten dar. Dabei geht in den Meßwert allerdings der Widerstand der Leiterbahnen zwischen den Kontaktfenstern ein. Man kann den Widerstand R_c eines Kontaktfensters angenähert zurückrechnen, wenn man die genauen geometrischen Daten L_i, W_i und ΔW_i dieser Leiterbahnen kennt [14.28]:

$$R_c = \frac{R_{ges}}{n} - R_{s1}\frac{L_1}{W_1 + \Delta W_1} - R_{s2}\frac{L_2}{W_2 + \Delta W_2} \,. \tag{14.11}$$

Dabei ist R_{ges} der gemessene Gesamtwiderstand der Kette, n die Anzahl der Kontaktfenster und R_{si} sind die Schichtwiderstände der einzelnen Ebenen (Abb. 14.10).

In der Praxis werden Messungen an Kontaktketten vorwiegend eingesetzt, um den Einfluß statistisch verteilter Defekte zu ermitteln. Bei langen Kontaktketten ist die Wahrscheinlichkeit, nicht geöffnete Fenster oder Ablagerungen in der Kontaktfläche bzw. eine sehr geringe Widerstanderhöhung zu erfassen, wesentlich höher als bei Einzelkontakten. So wird man mehr der Situation in der Schaltung mit mehreren 10.000 Kontakten gerecht; allerdings würden Kontaktketten mit nur annähernd so viel Kontakten, wie sie in realen Systemen auftreten, den verfügbaren Platz in PCMs weit überschreiten. Derartig lange Ketten werden in der Regel in spezielle Testschaltungen eingebracht, die als Ausbeute-Monitore eingesetzt werden.

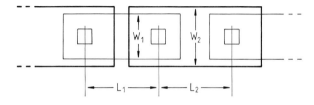

Abb. 14.10. Ausschnitt aus einer Kontaktkette mit den Dimensionen, die zur annähernden Berechnung des einzelnen Kontaktwiderstands aus der Messung der gesamten Kette notwendig sind (14.11)

14.5.4   Isolator-Eigenschaften: Durchbrucheigenschaften, Kapazität

Zur Charakterisierung der Güte von Oxiden oder anderer dielektrischer Schichten werden die sogenannten E_{Bd}- bzw. Q_{Bd}-Meßverfahren an einfachen Kondensatorstrukturen eingesetzt (siehe auch Abschnitt 6.5.3). Bei der E_{Bd}-Messung wird die elektrische Feldstärke E über den Isolator linear gesteigert und der Leckstrom erfaßt. Die Überschreitung eines bestimmten Niveaus im Strom wird als Durchbruch (Bd = Breakdown) des Kondensators betrachtet, die entsprechende Feldstärke als Durchbruch-Feldstärke E_{Bd} definiert. Das Ergebnis der Messung ist zum Teil abhängig von der Anstiegsgeschwindigkeit des Feldes, vom Strom-Niveau und vom Material der Elektroden. Diese Messungen werden an einer großen Anzahl von Kondensatoren pro Scheibe durchgeführt und statistisch ausgewertet: trägt man die kumulative Fehlerwahrscheinlichkeit $F(E)$ durchgebrochener Kondensatoren als $\ln(-\ln(1 - F(E)))$ gegen das angelegte Feld E_{Bd} auf, so erhält man eine Kurve, die aus zwei Ästen besteht (Abb. 14.11). Eine Komponente streut über einen weiten Bereich der Feldstärke und stellt den defektabhängigen Teil dar. Geht die Defekt-Dichte gegen Null oder ist die Fläche sehr klein, kann dieser Teil unmeßbar werden. Der zweite Teil der Kurve wird dem intrinsischen, materialspezifischen Durchbruch zugeordnet. Bei einer hohen Isolatorqualität beträgt die Streuung hier nicht mehr als $0,1\,\mathrm{MV/cm}$.

Die Wahrscheinlichkeit $F(E)$ für m defektbedingte Durchbrüche ergibt sich unter der Annahme statistisch verteilter Defekte und einer Poisson-Verteilung für $m \geq 1$ zu

$$F(E) = \sum_{m=1}^{\infty} \frac{(A \cdot D(E))^m \exp[-A \cdot D(E)]}{m!} \qquad (14.12)$$

mit der Defektanzahl $m = D(E) \cdot A$, der von der Feldstärke E abhängigen Defektdichte $D(E)$ und der Fläche A [14.29-30]. Die Wahrscheinlichkeit, keinen Defekt zu finden ($m = 0$), ist dann

$$1 - F(E) = \exp[-A \cdot D(E)]$$

oder
$$\ln(-\ln(1 - F(E))) = \ln(A \cdot D(E)) \ . \qquad (14.13)$$

Zur Beschreibung der Isolatorqualität kann man eine materialspezifische, intrinsische "Defektdichte" $D_i(E)$ definieren. $D_i(E)$ läßt sich aus

$$D_i(E) = \frac{\exp P}{A} \qquad (14.14)$$

mit $P = \ln(-\ln(1 - F(E)))$ und der Fläche A bestimmen. Dabei ist P der Schnittpunkt der zwei Geraden durch den intrinsischen und den defektabhängigen Teil der Kurve.

Zur Messung von Q_{Bd} wird ein konstanter Strom I in den Kondensator eingeprägt bis dieser nach einer Zeit t_{Bd} durchbricht. Die sich daraus ergebende

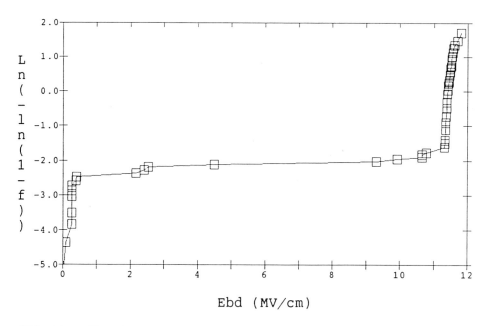

Abb. 14.11. Kumulative Verteilung der Durchbruchfeldstärke E_{Bd} für ein 175 Å dickes Gateoxid

eingeprägte Ladung $I \cdot t_{Bd}$ wird als Q_{Bd} bezeichnet. Dieser Wert ist nur in geringem Maße vom Strom abhängig, benötigt aber erheblich längere Meßzeiten als die Messung von E_{Bd}. Die Auswertung ist für beide Methoden gleich.

Ein weiterer Parameter von Dielektrika ist die Kapazität C. Zu einem Flächenanteil, der sich nach

$$C = \epsilon_0 \cdot \epsilon_r \cdot \frac{A}{d} \qquad (14.15)$$

aus der Fläche A und der Schichtdicke d ergibt, kommt noch ein Randanteil, der die Streufelder berücksichtigt und bei schmalen Leiterbahnen nicht vernachlässigt werden kann. Um meßtechnisch beide Anteile zu erfassen, werden große quadratische Strukturen (relativ geringer Randanteil) sowie kamm- oder mäanderförmige Strukturen minimaler Breiten (relative großer Randanteil) miteinander verglichen. Sowohl Flächen- als auch Randkapazitäten werden als Eingangsgrößen für Programme der Schaltungssimulation benötigt.

Direkte Kapazitätsmessungen auf Parametertestern erfordern einen relativ hohen Aufwand bezüglich Abschirmung, Vermeidung von Streukapazitäten durch Anschlußkabel und Prüfkarten sowie spezieller Anforderungen an die Schaltmatrix der Tester. Mit Hilfe speziell ausgelegter Testschaltungs-Module ist es möglich, Messungen relativ zu Referenzkapazitäten (z.B. Gateoxid) über Spannungsmessungen durchzuführen [14.31-32].

14.5.5 Transistoren

Transistoren werden durch ihre "Transistorparameter" charakterisiert. Diese Parameter werden unter Zugrundelegung eines Transistormodelles aus elektrischen Messungen extrahiert. Man kann ihnen eine besonders hohe Bedeutung zumessen, da sie am besten Aufschluß über das Zusammenwirken aller einzelnen Prozeßschritte zu dem Gesamtprozeß geben. Da die Parameter sowohl für die Prozeßcharakterisierung und Kontrolle als auch für die Schaltungssimulation herangezogen werden, ergeben sich gewisse Bedingungen an das Modell und die Extraktionsverfahren: das Modell muß sich so eng wie möglich an den physikalischen Gegebenheiten orientieren (man spricht dann von einem "physikalischen Modell"), um aus den Parametern Rückschlüsse auf die Prozeßführung zu erlauben; die Extraktionsverfahren dürfen nicht zu zeitintensiv sein, um noch sinnvoll in der Prozeßkontrolle eingesetzt werden zu können; das Modell sowie die Parameter müssen in der Form, wie sie zur Simulation eingesetzt werden, auch zur Prozeßkontrolle tauglich sein. Nur so kann garantiert werden, daß alle beteiligten Gruppen – Entwicklung, Design und Produktion – die 'gleiche Sprache sprechen'.

Eine oft angewandte Methode zur Extraktion von Transistorparametern besteht in der Aufnahme kompletter Kennlinienfelder, aus denen per Optimierungsverfahren die Parametersätze abgeleitet werden. Dieses Verfahren erfordert eine erhebliche Anzahl von Meßwerten, also einen großen Zeitaufwand, und ist damit für eine Anwendung in der Prozeßkontrolle nicht geeignet.

Im Folgenden wird eine Methode vorgestellt, die unter Verwendung eines physikalischen Modells die Parameterextraktion (für den linearern Bereich) auf analytischem Wege aus nur wenigen Meßwerten gestattet [14.33]. Die erforderlichen Meßverfahren sind so gestaltet, daß sie auf handelsüblichen Parametertestern in Forschung, Entwicklung und Produktion durchgeführt werden können.

Üblicherweise unterscheidet man bei einem MOS-Transistor drei Betriebsbereiche: den linearen Bereich, den Sättigungsbereich und den Sub-Threshold-Bereich.

Der lineare Bereich

Der lineare Bereich ist durch $V_{DS} < V_{GS} - V_T$ definiert. In diesem Bereich (Abb. 14.12) läßt sich der Drainstrom I_{DS} als Funktion der Drain-Source-Spannung V_{DS}, der Gate-Source-Spannung V_{GS} und der Substrat-Source-Spannung V_{SB} folgendermaßen darstellen [14.34-35]:

$$I_{DS} = \beta \, \frac{V_{GS} - V_T - 0,5 \cdot (1 + \delta) \, V_{DS}) \, V_{DS}}{(1 + \theta_1 (V_{GS} - V_T) + \theta_2 \, V_{SB})(1 + \theta_3 \, V_{DS})} \qquad (14.16)$$

mit
$$\delta = \frac{0,3k}{\sqrt{V_{SB} + 2\Phi_F}} \; .$$

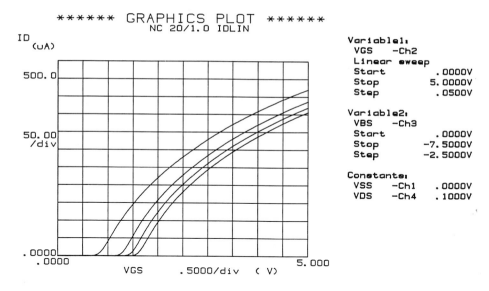

****** GRAPHICS PLOT ******
NC 20/1.0 IDLIN

ID
(uA)

Variable1:
VGS -Ch2
Linear sweep
Start   .0000V
Stop   5.0000V
Step   .0500V

Variable2:
VBS -Ch3
Start   .0000V
Stop   -7.5000V
Step   -2.5000V

Constants:
VSS -Ch1   .0000V
VDS -Ch4   .1000V

500.0

50.00
/div

.0000
.0000

VGS   .5000/div   (V)   5.000

Abb. 14.12. Abhängigkeit des Drainstroms I_{DS} von der Gatespannung V_{GS} im linearen Bereich ($V_{DS} = 100\,\text{mV}$) für einen n-Kanal-Transistor mit $W/L = 20/1,0$ [Alle Transistorkennlinien sind mit Hilfe eines HP 4145 B erstellt.]

Dabei bezeichnet β den Verstärkungsfaktor

$$\beta = \frac{W}{L}\,\mu_n\,C_{Ox}\,, \tag{14.17}$$

der neben der Elektronenbeweglichkeit μ_n hauptsächlich von der Transistorlänge L und Weite W sowie durch die Dicke des Gateoxids bestimmt wird.

Für die Schwellenspannung V_T des MOS-Transistors gilt:

$$V_{T_0} = V_{FB} + 2\Phi_F + k\sqrt{2\Phi_F} \tag{14.18}$$

oder bei Anlegen einer Source-Substrat-Spannung V_{SB}:

$$V_T = V_{T_0} + k\left[\sqrt{V_{SB} + 2\Phi_F} - \sqrt{2\Phi_F}\right]\,. \tag{14.19}$$

Dabei ist V_{FB} die Flachband-Spannung. Der Substrateffektfaktor

$$k = \frac{\sqrt{2\epsilon_{Si}eN_A}}{C_{Ox}} \tag{14.20}$$

mit der Elektronenladung e, der Dielektrizitätskonstanten des Siliziums ϵ_{Si} und der Dotierstoffkonzentration N_A des Siliziums wird hauptsächlich durch die Substratdotierung und – über die Oxidkapazität C_{Ox} – durch die Oxiddicke bestimmt.

Für das Diffusionpotential von Silizium Φ_F gilt:

$$\Phi_F = \frac{k_B T}{e} \ln \left(\frac{N_A}{n_i}\right) \qquad (14.21)$$

mit der Boltzmannkonstanten k_B, der absoluten Temperatur T, der Elektronenladung e, der intrinsischen Ladungsträgerkonzentration des Siliziums n_i und der Dotierstoffkonzentration N_A.

Die Parameter θ_1, θ_2 und θ_3 berücksichtigen die Reduktion der Ladungsträgerbeweglichkeit durch Streuung an der Oberfläche, durch den Einfluß der Substratspannung sowie die Geschwindigkeitssättigung der Ladungsträger. Für $V_{DS} = 50\ldots100\,\text{mV}$ und $V_{SB} = 0\,\text{Volt}$ reduziert sich (14.16) auf

$$I_{DS} = \beta \, \frac{(V_{GS} - V_T - 0,5\,(1 + \delta)\,V_{DS})\,V_{DS}}{1 + \theta_1\,(V_{GS} - V_T)} \, . \qquad (14.22)$$

Diese Gleichung läßt sich umstellen zu:

$$V_{GS} - 0,5\,(1 + \delta)\,V_{DS} = V_T \left(\frac{1}{\beta} - \frac{\theta_1\,V_T}{\beta}\right) \frac{I_{DS}}{V_{DS}} + \frac{\theta_1}{\beta} \, \frac{V_{GS}\,I_{DS}}{V_{DS}} \, . \qquad (14.23)$$

Mit den Substitutionen:

$$V_T = x, \quad \frac{1}{\beta} - \frac{\theta_1\,V_T}{\beta} = y \quad \text{und} \quad \frac{\theta_1}{\beta} = z$$

erhält man schließlich

$$V_{GS} - 0,5\,(1 + \delta)\,V_{DS} = x + \frac{I_{DS}}{V_{DS}}\,y + \frac{V_{GS}\,I_{DS}}{V_{DS}}\,z \, . \qquad (14.24)$$

Mit drei Messungen von $I_{DS} = f(V_{GS})$ bei $V_{DS} = 50\ldots100\,\text{mV}$ und $V_{SB} = 0$ erhält man drei lineare Gleichungen mit den drei Unbekannten x, y und z. Mit Hilfe eines Näherungswertes für δ (14.16, 14.20-21) läßt sich sich das Gleichungssystem leicht lösen, man erhält die Werte für V_T, β und θ_1. Wiederholt man diese Prozedur für ein $V_{SB} \neq 0$, so lassen sich der k-Faktor und θ_2 ermitteln. Dabei wird der Rechenvorgang iterativ vorgenommen, mit dem gewonnenen k-Faktor wird noch einmal das System für V_T, β und θ_1 gelöst, um genauere Ergebnisse zu erzielen.

In der Praxis ist es notwendig, vor den eigentlichen Messungen einige Tests durchzuführen: es muß sichergestellt werden, daß weder Gate- noch Source- oder Drain-Leckströme die Messungen verfälschen. Um die Meßpunkte in einen sinnvollen Bereich zu legen, wird außerdem eine grobe Vorbestimmung der Schwellenspannung vorgenommen (V_T'), die endgültigen Meßpunkte liegen dann bei $V_T' + 0,5\,\text{V}$, $V_T' + 1,5\,\text{V}$ und $V_T' + 3,5\,\text{V}$.

Bei den bisherigen Betrachtungen hinsichtlich des Substateffekts wurde angenommen, daß das Substrat gleichförmig dotiert ist. Bei einer V_T-Implantation ergibt sich ein Dotierungsprofil wie in Abb. 14.13a angedeutet. Die Grenze der Verarmungszone y_d liegt im Ende der Verteilung und man nimmt als Näherung ein stufenförmiges Profil der Höhe N_i und der Dicke d_i. Für die Schwellenspannung V_T gilt weiterhin (14.19) mit

$$k_i = \frac{\sqrt{2\epsilon_{Si} q N_i}}{C_{Ox}} \, . \tag{14.25}$$

Bei Kurzkanal-Transistoren wird meistens eine Anti-Punch-Through-Implantation eingebracht, um die Durchbruchspannung zu erhöhen. Das Maximum dieser Implantation liegt üblicherweise tiefer als die V_T-Implantation (Abb. 14.13b). Da die APT-Schicht relativ flach ist, wird diese Schicht schon bei einigen Volt vollständig verarmt. Bei einer weiteren Erhöhung der Substratspannung läuft die Verarmungszone wesentlich schneller in das niedriger dotierte Substrat. Das bedeutet, daß der Faktor k nicht konstant ist; trägt man V_T gegen $\sqrt{V_{SB} + 2\Phi_F} - \sqrt{2\Phi_F}$ auf, erhält man man zwei unterschiedliche Steigungen k und k_0, sowie die Übergangsspannung V_{SX} (Abb. 14.13c).

Der Sättigungsbereich

Im Sättigungsbereich $(V_{DS} \geq V_{GS} - V_T)$ weist der Drainstrom I_{DS} in erster Näherung keine Abhängigkeit von der Drain-Source-Spannung V_{DS} mehr auf (Abb. 14.14), es gilt:

$$I_{Dsat} = \beta \cdot \frac{(V_{GS} - V_T)^2}{2} \tag{14.26}$$

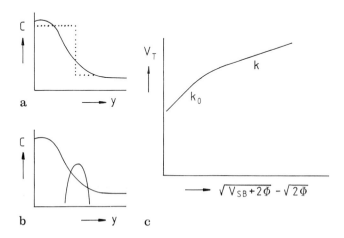

Abb. 14.13. Dotierungsprofil eines implantierten MOSFETs mit im Modell angenommenem Profil (a), mit zusätzlicher APT-Implantation (b) und der daraus resultierende doppelte k-Faktor

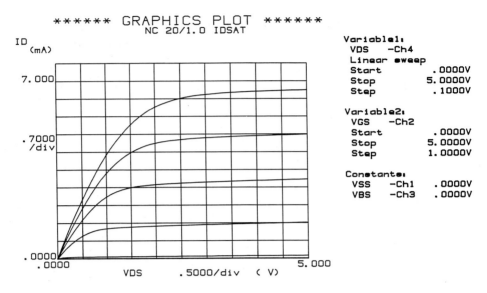

Abb. 14.14. Kennlinie im Sättigungsbereich: Drainstrom I_{DS} als Funktion der Drain-Source-Spannung V_{DS} bei fester Gate-Spannung (20/1,0 n-Kanal)

Dieser sogenannte Sättigungsstrom I_{Dsat} wird als typischer Parameter für die Charakterisierung und Prozeßkontrolle für Enhancement-Transistoren bei $V_{DS} = V_{GS} = 5,0$ Volt (bzw. $-5,0$ für p-Kanal) bzw. für Depletion-Transistoren bei $V_{DS} = 5,0$ Volt, $V_{GS} = 0,0$ Volt gemessen.

Das Subthreshold-Gebiet

Auch bei $V_{GS} < V_T$ fließt bereits ein Drain-Source-Strom, der als Subthreshold-Strom bezeichnet wird (Abb. 14.15). Er wird durch eine Diffusion von Ladungsträgern, welche die Potentialbarriere zwischen dem Kanal und der Source überwinden können, bewirkt und läßt sich in der folgenden Form darstellen [14.33]:

$$I_{DS} = \frac{W}{L} \cdot I_0 \, \exp\left(\frac{e\,(V_{GS} - V_T)}{M\,k_B T}\right) \qquad (14.27)$$

mit einer Stromkonstanten I_0 und der Steigung

$$M = M_0 + 0,5k \cdot \sqrt{V_{SB} + \Phi_F} \; . \qquad (14.28)$$

Der Parameter M_0 ist von der Dichte der Oberflächenzustände abhängig. Aus zwei Messungen von $I_{DSi} = f(V_{GSi})$ läßt sich M leicht ermitteln:

$$M = (V_{GS1} - V_{GS2})\Big/ \log\left(\frac{I_{DS1}}{I_{DS2}}\right) \cdot \frac{k_B T}{e} \qquad (14.29)$$

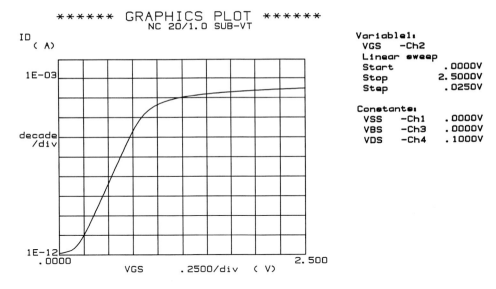

Abb. 14.15. Der Subthresholdbereich: $\log(I_{DS})$ als Funktion der Gate-Source-Spannung V_{GS} bei $V_{DS} = 100\,\mathrm{mV}$ (20/1,0 n-Kanal)

Im Rahmen der Prozeßkontrolle ist es üblich, eine Spannung S_{VT} für einen spezifizierten Strom sowie die Steigung $m = (V_{GS1} - V_{GS2})/(\log(I_{DS1}/I_{DS2})$ zu bestimmen.

Substratstrom
Beim Übergang zu kürzeren Kanallängen kommt es aufgrund der hohen elektrischen Feldstärke ($> 10^6\,\mathrm{V/m}$) in der Raumladungszone nahe der Drain zu einer so starken Beschleunigung eines Teils der Elektronen ('hot electrons'), daß diese durch Stöße eine Ladungsträgergeneration auslösen können. Dies führt zu einem signifikanten Substratstrom. Wegen der geringeren freien Weglänge und dem kleineren Ionisationskoeffizienten der Löcher (im Vergleich zu diesen Größen bei Elektronen) ist der Substratstrom beim p-Kanal-Transistor erheblich kleiner als beim n-Kanal-Transistor.

Mit der mittleren freien Weglänge λ der heißen Ladungsträger und der Ionisierungsenergie ϕ_i ist $\phi_i/(e \cdot E_m)$ die Distanz, die ein Ladungsträger zurücklegen muß, um die Energie ϕ_i im Feld E_m zu erreichen und $\exp(-\phi_i/(E_m e\lambda))$ die Wahrscheinlichkeit, diese Strecke ohne Stoß zu durchlaufen. Mit dem Drainstrom I_{DS} ist die Menge aller Ladungsträger angegeben, die in die drainseitige Raumladungszone eintreten. Die Menge n' aller Ladungsträger, die eine Energie größer ϕ_i aufnehmen und somit zum Substratstrom beitragen können, ergibt sich zu:

$$n' = I_{DS} \cdot \exp\left(-\frac{\phi_i}{E_m e\lambda}\right) \; . \qquad (14.30)$$

Mit dem Multiplikationsfaktor a und der Konstanten $b = \phi_i/e\lambda$ läßt sich der Substratstrom in der Form

$$I_{Sub} = a\,I_{DS}\,\exp\left(-\frac{b}{E_m}\right) \tag{14.31}$$

darstellen.

E_m ist die mittlere elektrische Feldstärke innerhalb der Raumladungszone. Mit einer geeigneten Länge $l = l(d_{Ox}, x_j)$ kann näherungsweise geschrieben werden:

$$E_m = \frac{V_{DS} - V_{DSsat}}{l}\,. \tag{14.32}$$

Für die Sättigungsspannung V_{DSsat} gilt:

$$V_{DSsat} = \frac{V_{GS} - V_T \cdot l \cdot E_{sat}}{V_{GS} - V_T + l \cdot E_{sat}} \tag{14.33}$$

mit der Sättigungsfeldstärke E_{Sat}.

Bei konstantem V_{DS} steigt I_{Sub} zuerst aufgrund des mit steigendem V_{GS} wachsenden I_{DS} an. Gleichzeitig wird mit V_{GS} nach (14.33) auch V_{Dsat} größer und damit nach (14.32) E_m kleiner. Die Feldstärke wirkt dem Anwachsen des Drainstroms exponentiell entgegen, so daß der Substratstrom zu höheren Gatespannungen hin wieder abnimmt. (Abb. 14.16). Als Parameter für die Prozeßkontrolle werden zumeist der maximale Substratstrom bei etwa $V_{GS} = 0,5\,V_{DS}$, die zugehörige Gatespannung und gegebenenfalls das Verhältnis I_{DS} / I_{Sub} angegeben.

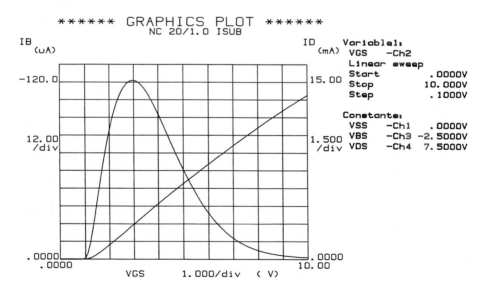

Abb. 14.16. Drainstrom I_{DS} und Substratstrom I_{Sub} als Funktion von V_{GS} bei $V_{DS} = 7,5\,\mathrm{V}$

Durchbruchverhalten

Eine weitere Limitierung bei kurzen Kanallängen ist das Durchbruchverhalten. Man unterscheidet drei Durchbruchmechanismen: den reinen Diodendurchbruch, den Gated-Breakdown und den Punch-Through.

Als Diodendurchbruch bezeichnet man den Durchbruch von der Drain oder der Source zum Substrat. Zur Messung werden Drain-, Source- und Gate-Spannung gemeinsam gegen das Substrat angehoben, bis ein spezifizierter Strom (z.B. 1 nA pro μm^2 Diodenfläche) fließt. Diese Spannung wird dann als Diodendurchbruchspannung bezeichnet und ist nicht von der Kanallänge abhängig.

Liegen Gate und Substrat auf Null-Potential und wird das Potential von Drain und Source dagegen angehoben, so kommt es bei längeren Transistoren ($L_{eff} > 2,5\,\mu m$ bei n-Kanal) zum sogenannten Gated-Breakdown. Der geringe Abstand zwischen dem Gate und der Drain bzw. Source führt am Ende des Kanals zu einer Erhöhung der Feldstärke, die diesen Durchbruch auslösen kann.

Bei kürzeren Kanallängen kann eine starke Erhöhung der Drainspannung V_{DS} bewirken, daß die Verarmungszonen an Drain und Source unterhalb der Oberfläche zusammenwachsen, es kommt zum sogenannten Punch-Through. Zur Bestimmung der Punch-Through-Spannung legt man auch die Source auf Null und hebt die Spannung an der Drain an, bis ein spezifizierter Strom fließt. In grober Näherung gilt für die Punchthrough-Spannung

$$V_{Pt} = L_{eff}^2 \, N_A \, \frac{e}{2\epsilon_0\epsilon_{Si}} \qquad (14.34)$$

mit der effektiven Kanallänge L_{eff} und der Substratdotierung N_A [14.36].

Als Parameter zur Charakterisierung und Prozeßkontrolle (z.B. Überprüfung der Anti-Punchthrough-Implantation) wird eine minimale Spannung spezifiziert, bei der ein bestimmter Strom fließen darf, z.B. $U_{min} \geq 7,5\,$Volt für $I = 0,1\,$nA pro μm Transistorweite.

Meßtechnisch ist es günstiger, den Leckstrom bei einer festen Spannung zu erfassen, da es in gewissen, prozeßabhängigen Fällen zum sogenannten 'Snap Back' kommen kann [14.37]. Die Ursache ist ein parasitärer bipolarer Transistor mit der Source als Emitter, der Drain als Kollektor und dem Substrat als Basis. Der Substratstrom, der bei einer hohen Feldstärke an der Drain generiert wird, steuert diesen bipolaren Transistor an. Dadurch verringert sich die Durchbruchspannung des n-Kanal-Transistors, da die Kollektor-Emitter-Durchbruchspannung des bipolaren Transistors kleiner ist als die zwischen Kollektor und Basis. Kommt es bei der Messung zum 'Snap Back', so ist kein stabiles Ergebnis zu erzielen.

Transistorabmessungen

Die geometrischen Größen von Transistoren lassen sich aus der Beziehung

$$\beta = \beta_{Sq} \cdot \frac{W_{eff}}{L_{eff}} \qquad (14.35)$$

ermitteln. Dabei ist β_{Sq} der Verstärkungsfaktor eines großflächigen quadratischen Transistors (in der Praxis: $W = L = 20\,\mu$m) und

$$W_{eff} = W_{Design} + W_{Tol} \tag{14.36}$$

bzw.

$$L_{eff} = L_{Design} - 2\,LAP + L_{Tol}. \tag{14.37}$$

Die Unterdiffusion unter das Gate beträgt hierbei $2\,LAP$; W_{Tol} bzw. L_{Tol} bezeichnen die Toleranzen der Maskenherstellung bzw. des Prozesses, die durch Belichtung, Ätzen und eventuell Diffusion hervorgerufen werden.

Aus dem Vergleich zwischen diesen Transistordimensionen und den Weiten von n+- bzw. p+-Widerstandsbahnen bzw. der Breite der Polysiliziumbahn lassen sich die Ausdehnungen der Unterdiffusion bestimmen (Abb. 14.17).

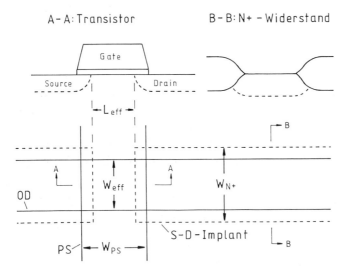

Abb. 14.17. Zusammenhang zwischen den gezeichneten Leiterbahnweiten von PS und N+ und den gemessenen effektiven Weiten sowie den Transistorabmessungen

14.6 Rechnergestützte Meßtechnik

Der Einsatz von Parameter-Testern zur Charakterisierung und zur Prozeßkontrolle im Rahmen einer Fertigungslinie bietet die Möglichkeit, über eine große Anzahl von Meßdaten, eine Langzeiterfassung dieser Daten sowie über eine aussagefähige Statistik zu verfügen. Um diese Vorteile optimal ausnutzen zu können, ist sowohl im Design von Testschaltungen als auch im Konzept der Test- und Auswertesoftware eine möglichst große Flexibilität notwendig, wenn diese zur Charakterisierung in der Entwicklung und auch in der laufenden Prozeßkontrolle eingesetzt werden soll.

Die Einbindung in die Fertigung erfordert einen hohen Automatisierungsgrad und eine standardisierte, sichere Benutzeroberfläche. Wird ein solches System als 'stand alone'-Einheit eingesetzt, so ist im Anschluß an die Messungen eine sofortige Auswertung und eventuell eine Aussage über den weiteren Verbleib der Scheiben vom System zu erstellen. Wechselnde Meßorte auf der Scheibe und Grenzen für die einzelnen Messungen müssen einfach zu ändern sein, ohne daß z.B. ganze Programme neu erstellt werden müssen.

Zur Charakterisierung ist meistens eine wesentlich größere Anzahl von Messungen innerhalb einer Testschaltung oder die Messung von einigen hundert Testschaltungen pro Scheibe notwendig. Es sind sehr viele unterschiedliche Testprogramme für PEMs, REMs und andere spezielle Testschaltungen zu erstellen, wobei neben Programmen zur allgemeinen Prozeß-Evaluation genauso häufig solche zur Parameterextraktion auftreten. Die Generierung neuer Testprogramme muß also möglichst einfach sein, ihre Struktur sollte für alle Anwendungen gleich sein.

Um die Ergebnisse zwischen Forschung, Entwicklung und eventuell verschiedenen Produktionszentren austauschen zu können, ist es erforderlich, daß alle Gruppen auf identischen Testern mit den gleichen Meßverfahren arbeiten. Programme, die bei der Entwicklung eines Prozesses erstellt wurden, müssen problemlos auf andere Tester an anderer Stelle transferierbar sein. Das bedeutet, daß überall das gleiche Programmkonzept eingesetzt werden muß.

Eine weitere Forderung ist ein standardisiertes Datenfileformat, das unabhängig von der Art des Testprogramms (Parameterextraktion, PCM-Test, Lebensdaueruntersuchungen an montierten Testschaltungen) angelegt ist. So ist es möglich, auf die unterschiedlichsten Daten eine einheitliche Auswertung anzuwenden. Außerdem ist der Austausch von Daten zwischen verschieden Zentren durch Austausch dieser Datenfiles ohne Anpassungsprogramme möglich.

Eine Möglichkeit, diesen Anforderungen gerecht werden, soll im folgenden beschrieben werden [14.38-39]. Nimmt man als Grundlage für ein universell einsetzbares System z.B. den Parametertester System 350 der Firma Keithley Instruments, so sind einige Randbedingungen vorgegeben. Der Steuerungs- und Auswertecomputer ist ein Rechner des Typs PDP 11/xx der Firma Digital Equipment, das Betriebssystem ist RSX-11M (DEC), ein Multi-User-System, das pro lauffähigem Programm nur eine Größe von 32 kB zuläßt. Da die Firma Keithley einen großen Teil Software für das System in FORTRAN 77 liefert, ist es zweckmäßig, diese Sprache auch für eigene Software einzusetzen.

Die Einschränkung in der maximalen Programmgröße läßt sich leicht umgehen, indem man verschiedene Aufgaben wie Testen, Auswerten und Koordination zwischen verschiedenen Teststationen und Meßprogrammen auf getrennte Programme aufteilt. Größere Programme werden in unabhängige Subroutinen aufgeteilt, die bei Bedarf abwechselnd vom Rechner in den Arbeitsspeicher geladen werden (Overlay-Struktur) [14.40]. Der gesammte Ablauf auf dem

System wird über eine Kommandoprozedur [14.41] gesteuert, die für eine Koordination der verschiedenen Teststationen bezüglich Testprogrammen, Datensofortauswertung und Datenübertragung zu übergeordneten Rechnern sorgt.

14.6.1 Systemsteuerung

Meßprogramme für verschiedene Testschaltungen unterscheiden sich nur in dem Programmteil, der die eigentlichen Messungen und eventuell die Bewegungen des Waferprobers steuert, also in einem design-spezifischen Teil. Die gesamte Systemsteuerung kann für alle Programme gleich sein. Der Anwender, der ein Testprogramm für eine spezielle Schaltung schreibt, sieht nur den Programmteil, der die Messungen betrifft.

Eine derartige strukturierte Programmierung wird erreicht, indem man die gesamte Software in einzelne FORTRAN-Subroutinen aufteilt, die so aufgebaut sind, daß die Benutzung der Overlay-Technik möglich ist. Dabei sind teilweise spezielle, lokale Gegebenheiten (unterschiedliche Waferprober, verschiedene Mutter-Sprachen und zum Teil abweichende Anbindung an übergeordnete Rechner) zu berücksichtigen.

Zur reinen Systemsteuerung gehören Unterprogramme zur Eingabe von Chargeninformationen und Überprüfung dieser Eingaben gegen vorgegebene Listen, eventuell Abfrage von Informationen von einem übergeordneten Rechner, Ein- und Ausgaben vom Terminal während der Messungen, Zugriff auf den Tester für die benutzte Meßstation, Steuerung des Waferprobers, der Aufruf des Meßablaufs und die Abspeicherung von Meßwerten. Benutzt man für die Steuerung des Waferprobers Daten aus einer speziellen Datei, so bildet nur der Meßablauf selbst eine Einheit, die für jedes Meßprogramm neu erstellt werden muß. Die Unterprogramme zur Systemsteuerung werden beim Erzeugen des ablauffähigen Programms unverändert hinzugefügt.

14.6.2 Meß-Routinen

Die Software, die mit kommerziellen Parameter-Testern geliefert wird, enthält unter anderem Unterprogramme, mit denen eine direkte Programmierung der vorhandenen Hardware möglich ist. Die sogenannte LPTLIB (Linear Parametric Test Library) der Firma Keithley enthält Routinen, mit denen Verbindungen zwischen den Instrumenten und dem zu untersuchenden Modul geschaltet werden können, Ströme und Spannungen forciert werden können, Routinen zur Messung von Strömen, Spannungen und Kapazitäten, Routinen zur Programmierung von zeitlichen Verzögerungen sowie für allgemeine Anwendungen wie Instrumentenauswahl, Initialisierung usw.. Mit solchen Unterprogrammen ist es prinzipiell sehr einfach, Testprogramme für die unterschiedlichsten Anwendungen zu erstellen. Abb. 14.18 zeigt die Programmsequenz für eine einfache Widerstandsmessung aus den Befehlen CONNEC, FORCE und MEASUR.

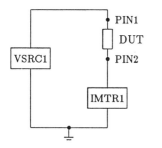

```
CALL DEVINT
CALL TSTSEL(1)
CALL CONNEC(VSRC1,PIN1)
CALL CONNEC(IMTR1L,GND)
CALL CONNEC(IMTR1H,PIN2)
CALL FORCE(VSRC1,5.0)
CALL DELAY(20)
CALL MEASURE(IMTR1,RESULT)
CALL DEVCLR
```

Abb. 14.18. Sequenz zur Messung eines Widerstands mit direkter Programmierung der LPTLIB-Befehle

In den meisten Testschaltungen wiederholen sich einzelne Elemente sehr oft. So hat man Widerstandselemente in verschiedenen Ebenen, unterschiedliche Isolationsstrukturen und oft eine große Anzahl von Transistoren. Bei der direkten Programmierung von Schaltmatrix, Quellen und Instrumenten würden also einzelne Abschnitte im Testprogramm mehrmals auftreten. Um eine strukturierte Programmierung zu ermöglichen, ist es deshalb sinnvoll, für immer wieder auftretende Meßfolgen standardisierte Unterprogramme zu verwenden, die die entsprechenden Parameter ermitteln. Dabei enthalten diese Unterprogramme nicht nur die Beschaltung und die Programmierung von Quellen und Meßgeräten, sondern können gleichzeitig zusätzliche Testmessungen und Berechnungen sowie von Meßwerten abhängige weitere Messungen mit einschließen. Im übergeordneten Testprogramm werden diese Unterprogramme nur noch mit den entsprechenden Argumenten wie Anschlußbelegung, Spannung oder Strom sowie eventuell speziellen Testbedingungen aufgerufen, um den Test oder sogar ganze Testfolgen durchzuführen.

Derartige Bibliotheken zur Parameterextraktion werden als Softwarepaket zu den Parametertestern angeboten. Allerdings ist es oft erforderlich, diese Bibliotheken um spezielle Meßroutinen zu erweitern oder an firmenspezifische Modelle anzupassen. Abb. 14.19 zeigt eine kurze Meßabfolge für Messungen an einem Transistor mit Hilfe von Routinen aus einer Bibliothek [14.42]. Im Aufruf der Routinen werden Anschlüsse, Polarität und die Meßbedingungen übergeben.

14.6.3 Sofortauswertung

Um eine schnelle Aussage über gemessene Chargen zu erhalten und einen stand-alone-Betrieb der Testsysteme zu ermöglichen, wird ein Programm eingesetzt, das schon auf dem Steuerungsrechner des Testers eine sofortige Datenauswertung pro Charge durchführt. Dabei werden die Meßwerte auf sogenannte NONSENSE-Grenzen hin überprüft, um Fehlmessungen auszuschließen. Alle akzeptierten Werte innerhalb dieser Grenzen werden einer statistischen Analy-

```
C        -----------------------------------------------------------------!
CN                                                                         !
CC       Linear Region Enhancement MOST (Model 7C) Parameters Test         !
C                                                                          !
C             F4300(SOUR,GATE,DRAI,SUBS,PEX ,SIGN,PARAL,SELECT,            !
C       >           TEMP,LEAKFL,TID,PARAM)                                 !
         CALL F4300(P104,P204,P205,P201, 0  , 1 , 1 ,  1 ,                 !
         >          27.0,  2  ,TID,PARAM)                                  !
C                                                                  Result  !
C                                         Testname      Units       nr.    !
         RESULT(NR  )=PARAM(1) ! "N20/1.2 VtO " , [Volt ] , # ...          !
         RESULT(NR+1)=PARAM(2) ! "N20/1.2 kO  " , [Sq(V)] , # ...          !
         RESULT(NR+2)=PARAM(3) ! "N20/1.2 k   " , [Sq(V)] , # ...          !
         RESULT(NR+3)=PARAM(4) ! "N20/1.2 XoV " , [Volt ] , # ...          !
         RESULT(NR+4)=PARAM(5) ! "N20/1.2 Beta" , [mA/V2] , # ...          !
         RESULT(NR+5)=PARAM(6) ! "N20/1.2 Th1 " , [1/kV ] , # ...          !
         RESULT(NR+6)=PARAM(7) ! "N20/1.2 Th2 " , [mV-.5] , # ...          !
         TESTID(NR  )=TID                                                  !
         TESTID(NR+1)=TID                                                  !
         TESTID(NR+2)=TID                                                  !
         TESTID(NR+3)=TID                                                  !
         TESTID(NR+4)=TID                                                  !
         TESTID(NR+5)=TID                                                  !
         TESTID(NR+6)=TID                                                  !
         NR=NR+7                                                           !
C        -----------------------------------------------------------------!
CN                                                                         !
CC       MOS Transistor Subthreshold Behaviour Evaluation                 !
C                                                                          !
C             F4700(SOUR,GATE,DRAI,SUBS,PEX ,SIGN,VDS   ,VGS   ,VBS  ,     !
C       >           ISURCH ,LEAKFL,TID,PARAM)                             !
         CALL F4700(P104,P204,P205,P201, 0  , 1 ,1.0  ,1.0  ,0.0  ,        !
         >          1.0E-8 ,  2   ,TID,PARAM)                              !
C                                                                  Result  !
C                                         Testname      Units       nr.    !
C        RESULT(NR  )=PARAM(1) ! "N20/1.2 SVt " , [Volt ] , # ...          !
         RESULT(NR+1)=PARAM(2) ! "N20/1.2 m/60" , [-   ] , # ...           !
         RESULT(NR+2)=PARAM(3) ! "N20/1.2 IxO " , [fAmp ] , # ...          !
         TESTID(NR  )=TID                                                  !
         TESTID(NR+1)=TID                                                  !
         TESTID(NR+2)=TID                                                  !
         NR=NR+3                                                           !
C        -----------------------------------------------------------------!
CN                                                                         !
CC       General MOST Current Meas. : Force VDS,VGS,VBS , Measure IDS      !
C                                                                          !
C             F4900(SOUR,GATE,DRAI,SUBS,PEX , VDS, VGS, VBS,IS,ID,IB,IG,!
C       >           TID,PARAM)                                            !
         CALL F4900(P104,P204,P205,P201, 0  , 5.0, 5.0, 0.0, 0, 1, 0, 0,!
         >          TID,PARAM)                                             !
C                                                                  Result  !
C                                         Testname      Units       nr.    !
         RESULT(NR  )=-PARAM(2) ! "N20/1.2 Isat" , [mAmp ] , # ...         !
         TESTID(NR  )=TID                                                  !
         NR=NR+1                                                           !
C        -----------------------------------------------------------------!
```

Abb. 14.19. Ausschnitt aus einem PCM-Meßprogramm mit Aufrufen von Meßunter-routinen und Zuweisung der Ergebnisse sowie der Testidentifikation

```
*SUMMARY*   BATCH:123456   PART:20                        N-PCMs: 15   PC250A-GPCMC250(V2.30:04-Dec-89)
```

Box-plot scale header:

```
                                        <-------------BOX-PLOT------------->
                                        LOLIM                          HILIM
                                  -2     -1      0      1      2
```

NO.	TID NAME	MEDIAN	RANGE	UNITS	ACC [%]	LO-LIM	HI-LIM	MEAN	DEV	MIN	MAX	LO REJECTS [%]	HI REJECTS [%]
1	0 X-Position	0.00	26.00	-	100	-99.00	99.00	-0.67	11.00	-14.00	12.00	0	0
2	0 Y-Position	1.00	1.00	-	100	-99.00	99.00	0.67	0.49	0.00	1.00	0	0
3	1704+R-Sq_N+_GrX	59.95	0.92	O/Squ	100	45.00	65.00	60.03	0.32	59.57	60.49	0	0
4	911+dW_N+_3Rs	0.36	0.23	um	100	-0.10	0.50	0.36	0.06	0.26	0.48	0	0
5	1704+R-Sq_P+_GrX	75.30	0.57	O/Squ	100	60.00	90.00	75.31	0.15	75.03	75.61	0	0
6	911+dW_P+_3Rs	0.35	0.22	um	100	-0.10	0.50	0.35	0.06	0.25	0.47	0	0
7	1704+R-Sq_PSN_GrX	29.34	2.45	O/Squ	100	21.00	33.00	29.23	0.74	28.13	30.58	0	0
41	4301#N20/20_Vt0	0.79	0.02	Volt	100	0.69	1.00	0.79	0.00	0.78	0.80	0	0
42	4301/N20/20_k0	0.66	0.02	sq(V)	100	0.60	0.85	0.66	0.00	0.65	0.67	0	0
43	4301/N20/20_k	0.36	0.02	V^1/2	100	0.33	0.45	0.36	0.01	0.36	0.38	0	0
44	4301/N20/20_XoV	2.28	0.13	Volt	100	1.65	2.85	2.29	0.04	2.23	2.36	0	0
45	4301#N20/20_Beta	82.10	1.44	uA/V2	100	72.00	92.00	81.96	0.43	81.11	82.55	0	0
46	4301/N20/20_Th1	65.13	2.43	1/kV	100	60.00	80.00	65.25	0.65	64.19	66.62	0	0
47	4301/N20/20_Th2	57.67	3.94	mV-.5	100	30.00	70.00	57.46	1.09	55.45	59.39	0	0
66	4301/N20/1.2_Vt0	0.72	0.04	Volt	100	0.58	0.92	0.72	0.01	0.71	0.75	0	0
67	4301/N20/1.2_k0	0.47	0.08	sq(V)	100	0.45	0.75	0.48	0.03	0.44	0.51	0	0
68	4301/N20/1.2_k	0.00	0.00	sq(V)	100	0.00	0.20	0.75	0.03	0.44	0.75	20	0
69	4301/N20/1.2_XoV	1.47	0.15	Volt	100	1.35	1.85	1.46	0.04	1.39	1.54	0	0
70	4301/N20/1.2_Beta	1.58	0.22	mA/V2	100	1.10	2.00	1.61	0.07	1.50	1.72	0	0
71	4301/N20/1.2_Th1	238.91	26.65	1/kV	100	220.00	300.00	239.44	7.76	225.23	251.88	0	0
72	4301/N20/1.2_Th2	-3.93	8.14	mV-.5	100	0.00	5.00	-3.73	2.86	-2.10	8.24	0	40
97	4311#P20/20_Vt0	-1.11	0.04	Volt	100	-1.27	-0.86	-1.10	0.01	-1.11	-1.07	0	0
98	4311/P20/20_k	-0.65	0.01	sq(V)	100	-0.71	-0.53	-0.65	0.00	-0.66	-0.66	0	0
99	4311#P20/20_Beta	31.20	0.79	uA/V2	100	27.00	36.00	31.20	0.43	30.77	31.56	0	0
100	4311/P20/20_Th1	161.14	5.32	1/kV	100	140.00	180.00	160.88	1.43	158.44	163.76	0	0
115	4311/P20/1.2_Vt0	-1.10	0.11	Volt	100	-1.30	-0.90	-1.10	0.03	-1.14	-1.03	0	0
116	4311/P20/1.2_k	-0.50	0.05	sq(V)	100	-0.63	-0.41	-0.50	0.02	-0.47	-0.52	0	0
117	4311/P20/1.2_Beta	506.59	72.94	uA/V2	100	385.00	664.00	520.97	27.95	494.85	567.78	0	0
118	4311/P20/1.2_Th1	222.13	15.08	1/kV	100	180.00	260.00	223.54	5.08	216.48	231.56	0	0
119	4311/P20/1.2_Th2	108.78	13.70	mV-.5	100	70.00	140.00	109.21	3.52	103.89	117.00	0	0
261	9800+PC_Beta-Sq_3	31.20	0.77	uA/V2	100	28.00	34.00	31.14	0.22	30.89	31.66	0	0
262	9800+PC_dW_(3Trs)	0.03	0.28	um	100	-0.40	0.20	0.04	0.09	-0.08	0.20	0	0
263	9800+PC_dL_(3Trs)	0.03	0.16	um	100	-0.20	0.20	0.00	0.06	-0.10	0.06	0	0

```
LEGEND BOX-PLOT:   ???      or  <-------------0=======0-------------->   or  ***
                   NO DATA      MIN  25%   50%   75%   MAX                 OUT OF RANGE
```

Abb. 14.20. Ausschnitt aus einer direkt auf einem Keithley Testsystem 350 erstellten Sofortauswertung

se unterworfen, die den Mittelwert, die Standardabweichung, den Medianwert, und die Streuung zwischen Minimal- und Maximalwert berechnet. Zusätzlich werden die einzelnen Meßwerte gegen Spezifikationsgrenzen überprüft. Diese Auswertung läuft parallel zum eigentlichen Testen und gibt die Ergebnisse auf einem Drucker aus. Abb. 14.20 zeigt als Beispiel die statistische Auswertung einer Charge mit einer quasigraphischen Darstellung der Verteilung der Meßwerte. Zusätzlich dazu kann ein Ausdruck aller Meßwerte pro Testschaltung sowie eine stark komprimierte Zusammenfassung der Charge erstellt werden [14.43].

14.7 Auswerteverfahren mit Computerhilfe

Besonders in der Prozeßcharakterisierung bestehen hohe Anforderungen an computergestützte Auswertemöglichkeiten, da sehr unterschiedliche Aufgabenstellungen zu erfüllen sind. Zum einen ist das Verhalten von Parametern über einzelne Scheiben gefragt, zum anderen sind Teilchargen mit Matrixexperimenten miteinander zu vergleichen. Daneben ist eine Auswertung von zeitlichen Trends über eine große Anzahl von Chargen und Meßwerten gefordert. Neben der Forderung nach einer möglichst großen Flexibilität von Auswertesoftware steht auch die Notwendigkeit einer guten Benutzerführung.

Ein Weg, diese Anforderungen zu erfüllen, besteht darin, oft benötigte Auswerteverfahren als Standard zur Verfügung zu stellen und daneben die Möglichkeit zu bieten, freie Auswertungen selber zu programmieren. Erforderliche graphische Auswertungen sind z.B. die Darstellung von einem oder mehreren Parametern über der Scheibennummer, Histogrammdarstellung, die Abhängigkeit zwischen Parametern, Analogdarstellung der Verteilung eines Parameters über die Scheibe (Abb. 14.21a), 'contour mapping' (Abb. 14.21b) sowie kumulative Wahrscheinlichkeiten.

Für die Auswertung von zeitlichen Trends werden die Chargenmittelwerte, Medianwerte, die Standardabweichungen sowie Spezifikations- und Akzeptanzgrenzen der aufeinanderfolgenden Chargen gespeichert und für Standardauswertungen zur Verfügung gehalten.

Auswertesoftware wird zum Teil für Parametertester als Paket mit angeboten. Ihr Einsatz bedeutet aber, daß die Datenbank der Meßergebnisse auf dem Rechner des Testers angeordnet sein muß. Will man neben den Parametertests auch andere Daten wie Ergebnisse von Kontrollen, In-line-Messungen etc. auswerten, so müssen diese dann auf den Tester transferiert werden. Häufiger ist, daß sowohl In-line-Daten wie auch die Parameter auf übergeordnete Rechner transferiert werden, auf denen große Datenbanken vorhanden sind.

Ein Beispiel für eine sehr flexible Auswertesoftware ist RS/1 der Firma BBN Software Products Corporation, Cambridge. Daten werden in Form von Tabellen abgespeichert, die graphisch dargestellt oder statistisch ausgewertet werden können. Dabei sind x-y-Darstellungen, Balkendiagramme, Histogram-

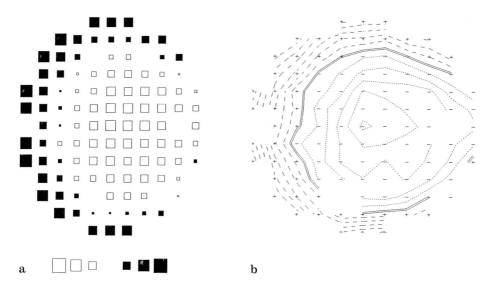

Abb. 14.21. Beispiel für die Darstellung der Verteilung eines Parameters über eine Scheibe in analoger Form (a) und als Kontur-Mapping (b)

me, Torten-Diagramme und 3-dimensionale Darstellungen genauso möglich wie lineare und nichtlineare Kurvenfittings und Regressionsanalysen. Dabei benutzt RS/1 einfache englische Kommandos wie 'MAKE TABLE', 'MAKE GRAPH' und 'DISPLAY GRAPH'. Der Benutzer kann auf diese Art sehr leicht Tabellen erzeugen und auswerten.

Daneben bietet RS/1 die Möglichkeit, über eine spezielle eigene Programmiersprache, RPL (**R**esearch **P**rogramming **L**anguage), komplette Prozeduren für häufig benutzte Auswertungen zu erstellen und als Standardauswertungen abzuspeichern.

14.8 Entwicklung in der Zukunft

Es ist abzusehen, daß mit der zunehmenden Prozeßkomplexität auch der Aufwand zur Charakterisierung immer größer werden wird. Neue Prozeßoptionen werden den Umfang von Testschaltungen stark ansteigen lassen. Abnehmende Strukturgrößen und dünnere Isolationsschichten verlangen immer empfindlichere und genauere Meßverfahren, wobei gleichzeitig der Zeitaufwand nicht noch weiter ansteigen darf. Geometrische Daten, die man jetzt noch auf optischem Wege ermitteln kann, werden nur noch über elektrische Messungen bestimmbar sein. Der Aufwand für Testsysteme wird weiterhin anwachsen, wenn verstärkt Messungen von kleinsten Leckströmen, Kapazitäten und zeitlichem Verhalten von kleinen Schaltungsteilen zum Standard werden. Die

Meßmethoden und die Modelle, die ihnen zugrunde liegen, müssen teilweise überdacht und angepaßt werden. Auch die Datenauswertung wird weiter automatisiert werden müssen, da die zunehmende Menge an Meßwerten sonst nicht mehr hantierbar sein wird.

15 Prozeßkontrolle

B. Strycharczyk, G. Schumicki

15.1 Einleitung

Immer höhere Anforderungen an die Leistungsfähigkeit integrierter Schaltungen führen zu einer ständig wachsenden Miniaturisierung der Bauteileabmessungen und einem ansteigenden Integrationsgrad. Auch die Herstellungsprozesse nehmen an Komplexität zu. Das äußert sich unter anderem in einer Zunahme der Bearbeitungsschritte sowie in einer ansteigende Bearbeitungszeit. Nicht nur im Hinblick auf den Wertzuwachs vom Substrat zur fertigen Scheibe (z.B. von DM 100,- für 5''-Epi-Scheiben auf DM 600,- ... 700,- für einen Doppelmetall-Prozeß mit $1,5\,\mu$m-Strukturen), sondern auch, weil der Kunde eine immer bessere Produktqualität erwartet, ist es unumgänglich, einen Fertigungsprozeß in allen Schritten umfassend zu kontrollieren. Eine Besonderheit bei der Halbleiterherstellung ist dabei, daß an einem kontrollierten und fehlerhaften Produkt keine Korrekturmöglichkeit besteht. Eine Nachbearbeitung einzelner Prozeßschritte ist in einem MOS-Prozeß fast nicht möglich, aber erkannte Fehler an Maschinen oder im Bearbeitungsablauf lassen sich für nachfolgende Chargen vermeiden. Durch eine frühzeitige Erfassung irreparabler Scheiben oder Chargen lassen sich unnötiger Prozeßaufwand verhindern und rechtzeitige Ersatzmaßnahmen in die Wege leiten. Verbindet man die andauernde Kontrolle mit entsprechenden sofortigen Reaktionen im Falle von Abweichungen, so kann langfristig eine ansteigende Leistungsfähigkeit erreicht werden.

Die Kontrollmöglichkeiten umfassen im Prinzip drei verschieden weite Bereiche eines Prozesses: den einzelnen Prozeßschritt (wie eine Schichtabscheidung oder ein Ätzschritt), das Prozeß-Modul, also die Kombination mehrerer Einzelschritte (wie eine gesamte Strukturierung inklusive Fotoprozeß und Ätzen) und den Gesamtprozeß als Zusammenwirken aller Prozeß-Module. Während die Prozeßschritte und -module durch sogenannte 'In-line'-Messungen oder die Verwendung von speziellen, elektrisch meßbaren Teststrukturen mit einem verkürzten Prozeßablauf kontrolliert werden, benutzt man zur Überprüfung des gesamten Prozesses sogenannte Prozeß-Kontroll-Module (process control modules = PCMs). Diese auf automatischen Parametertestern (siehe Abschnitt 14.4) elektrisch meßbaren Teststrukturen sind meistens auf einigen oder allen Scheiben einer Charge zwischen den Nutzsystemen angeordnet.

15.2 Kontrolle der Prozeßmodule

Zur Überwachung einzelner Prozeßschritte oder -abschnitte werden sowohl optische als auch elektrische Meß- und Kontrollverfahren eingesetzt. Dabei wird je nach Anforderung oder Meßmöglichkeit auf blanken Monitorscheiben oder Systemscheiben, die bis zum entsprechenden Kontrollschritt normal prozessiert wurden, kontrolliert.

Eine wichtige Überwachung ist die optische Kontrolle auf Partikel, Verunreinigungen oder lokale Defekte wie z.B. Kratzer durch falsches Scheibenhandling oder Lackspritzer. Hierbei wird auf Systemscheiben eine festgelegte Anzahl von Nutzsystemen unter dem Mikroskop mäanderförmig abgefahren und auf Fehler abgesucht. Für die Art und Anzahl der möglichen Fehler gibt es Tabellen zur Klassifizierung und zur Zulässigkeit.

Neben der reinen Kontrolle auf Defekte werden optische Verfahren zur Messung von Linienbreiten eingesetzt. Kommerzielle Geräte, die mit digitaler Bildverarbeitung arbeiten, sind für Abmessungen von 0,5 bis 200 μm mit Streuungen von $\sigma = 0,010\,\mu$m auf Scheiben bzw. $\sigma = 0,005\,\mu$m auf Masken spezifiziert. Sie erlauben erste statistische Auswertungen wie Mittelwert, Standardabweichung und Vergleich mit älteren Messungen. Über RS-232- oder SECS II-Schnittstellen können die Daten an übergeordnete Systeme gesendet werden. Trotz Verwendung von Bildverarbeitungsgeräten tritt bei optischen Messungen das Problem auf, daß an schrägen Kanten von Strukturen die Messung nicht ausreichend definiert werden kann. Man mißt am höchsten und am niedrigsten Punkt der Kante, kann aber einen konkaven oder konvexen Verlauf nicht mit berücksichtigen.

Eine erste Linienbreitenkontrolle ist die Messung der Dimensionen auf der Maske vor ihrer ersten Benutzung. Außerdem ist die Messung von Linienbreiten nach jedem Fotoprozeß angebracht. Hier ist eine Möglichkeit gegeben, in einem MOS-Prozeß korrigierend einzugreifen: werden im Lack falsche Linienbreiten festgestellt, so läßt sich der Fotoprozeß durchaus wiederholen. Ziel in einer Fertigungslinie muß es allerdings sein, Reparaturschritte auf jeden Fall zu vermeiden.

Bei immer kleiner werdenden Dimensionen sind genaue Breiten- und Abstandsmessungen mit lichtoptischen Verfahren nicht mehr möglich. Trotz des wesentlichen höheren arbeitstechnischen und finanziellen Aufwands geht der Trend dahin, Elektronenmikroskope zur Messung von Linienbreiten in der Prozeßlinie einzusetzen. Außerdem werden Elektronenmikroskope eingesetzt, um Defekte mit sehr kleinen Abmessungen zu untersuchen und speziell dreidimensionale Struktureigenschaften (z.B. Stufenbedeckungen, Kantenform von Leiterbahnen oder Füllraten von Kontaktlöchern) zu kontrollieren.

Auch zur Kontrolle von Schichtdicken werden optische Verfahren eingesetzt. Dabei wird meistens die Reflexion eines Lichtstrahls oder die Änderung der Polarisation bei Reflexion durch ein Dielektrikum hindurch ausgenutzt, um die Dicke und/oder den Brechungsindex der zu messenden Schicht zu bestimmen. Diese Schichtdickenmessungen werden auf speziellen Testscheiben oder auf besonderen Schichtdicken-Meßmodulen in den PCMs durchgeführt.

Zur Überwachung von Implantationen, Diffusionsprozessen, der Polysilizium-Deposition und der Metallisierung wird in der Produktionslinie zumeist der Schichtwiderstand mit Hilfe von Vier-Spitzen-Meßplätzen erfaßt. Vier linear angeordnete Meßspitzen in gleichem Abstand dienen zum Einprägen eines Stromes I und zum Messen des Spannungsabfalls U. Der spezifische Widerstand ρ ergibt sich für dünne, vom Untergrund vollständig isolierte Schichten zu:

$$ \rho = \frac{2\pi d}{\ln 2} \cdot \frac{U}{I} \ , \tag{15.1} $$

wobei d die als bekannt vorausgesetzte Schichtdicke ist. Aufgrund der Nadelabmessungen von $40\,\mu$m bis zu $250\,\mu$m und Nadelabständen um $1\,$mm, wie sie in kommerziellen Geräten verwendet werden, sind für diese Messungen unstrukturierte Monitorscheiben erforderlich. Stand der Technik sind Geräte, die Messungen und Auswertungen in Form von zwei- oder dreidimensionalen Grafiken, Balkendiagrammen etc. über Personal Computer steuern. Derartige Geräte sind spezifiziert im Bereich $5\,$mΩ/Sq ... $4\,$MΩ/Sq mit einer Reproduzierbarkeit von $< 0,2\,\%$.

Ein weiteres Verfahren, einzelne Prozeß-Module unter Kontrolle zu halten, ist die Verwendung von 'short-loop'-Monitoren. Speziell entworfene Testschaltungen enthalten Strukturen, die nur einen kurzen Prozeßabschnitt durchlaufen müssen und dann auf automatischen Parametertestern gemessen werden können. Derartige Teststrukturen werden in erster Linie dazu eingesetzt, um zeitliche Trends an einzelnen Fertigungsmaschinen zu erkennen. Dabei erlaubt der verkürzte Prozeßablauf eine schnelle Reaktion auf mögliche Abweichungen.

Zur Überwachung von Depositions- und Ätzprozessen werden großflächige Mäander- und Kammstrukturen oder Kontaktlochketten mit einer großen Anzahl von Kontakten eingesetzt, die eine Fläche von bis zu $100\,$mm^2 und mehr umfassen können. Teilt man derartige Schaltungen in mehrere, gleichgroße Teile auf, ist es möglich, Fehlerdichten zu bestimmen. Auch für die Kontrolle von Oxiden mittels Q_{Bd}-, E_{Bd}- oder Kapazitäts-Messungen (siehe Abschnitt 14.5.4) werden solche 'short-loop'-Monitore eingesetzt.

15.3   Kontrolle des Gesamtprozesses

Neben der Kontrolle der einzelnen Prozeßmodule ist es zwingend notwendig, ihr Zusammenwirken am Ende des Prozesses elektrisch zu kontrollieren. Auf den PCMs sind einzelne elektrische Elemente wie aktive und parasitäre Transistoren,

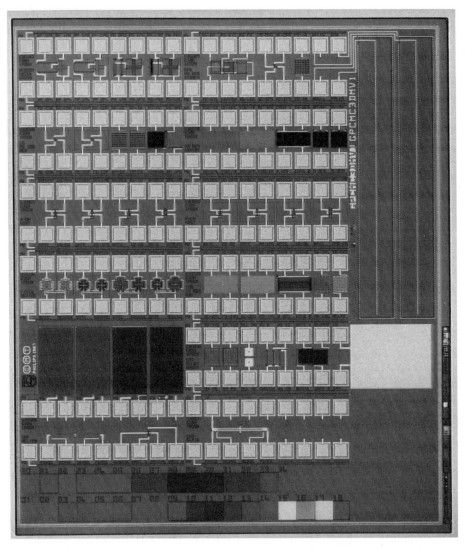

Abb. 15.1. Photo eines PCMs für einen Prozeß mit 300 Å Gateoxid und einer Zwei-Lagen-Metallisierung

Widerstandsbahnen, Kontaktketten usw. zusammengefaßt, die eine umfassende Beurteilung des gesamten Prozesses über elektrische Messungen erlauben (Abb. 15.1).

Diese abschließenden PCM-Tests dienen vor allem dazu, sicherzustellen, daß der komplexe Fertigungsprozeß zufriedenstellend abgelaufen ist. Ein Zusammenhang mit der Funktionsfähigkeit der Nutzsysteme ist nur bedingt gegeben. Für eine Vorhersage von Funktionalausbeuten, die zu einem großen Teil von statistisch verteilten Defekten ('random defects') bestimmt werden, müßten in die PCMs großflächige Module integriert werden, mit denen derartige Defekte bzw. Defektdichten erfaßt werden können. Die PCM-Messungen sollen vielmehr für jede aus der Fertigung ausgelieferte Charge die Einhaltung von elektrischen Design-Parametern garantieren.

Aufgrund der regelmäßigen Messungen über längere Zeiträume geben die Ergebnisse der PCM-Messungen wichtige Erkenntnisse für die Prozeßcharakterisierung. Neben der Streuung innerhalb einer Charge können mit ihnen Aussagen über Streuungen zwischen verschiedenen Chargen und die Langzeitstabilität der Linie gemacht werden. Man kann die PCM-Messungen also durchaus als Fortsetzung der Prozeßcharakterisierung in der Fertigung betrachten.

Vom Aspekt der Produktqualität her können die regelmäßig verfügbaren Daten, zusammen mit speziell qualitätsbezogenen Ergebnissen wie z.B. dem Durchbruchverhalten von Oxiden, Aussagen über die Zuverlässigkeit der Linie ermöglichen. Implementiert man in die PCMs auch Strukturen, die überkritisch ausgelegt sind, so lassen sich auch für die kommende Prozeßgeneration erste Erkenntnisse über die Machbarkeit sammeln.

In vielen Fertigungen erfüllt das PCM-Testen auch eine Art Gatter-Funktion vor Ablieferung der Scheiben an das Vormessen. Um den kostenintensiven Funktionaltest auf Scheiben oder Chargen mit 'tödlichen' Prozeßfehlern zu vermeiden, muß eine Anzahl von Schlüssel-Parametern (in der Regel 20 bis 30) innerhalb definierter Grenzen liegen, bevor Chargen für den Funktionaltest freigegeben werden. Der Begriff Freigabe ist allerdings mit größter Vorsicht zu betrachten. Um aus Abweichungen einzelner Parameter auf eine systematische Ausbeutebeeinflussung schließen zu können, muß ein erhebliches Expertenwissen über den Prozeß und die Schaltung vorhanden sein.

Die beim PCM-Test verwendeten Meßverfahren entsprechen denen, die in der Charakterisierung eingesetzt werden. Es ist unzweckmäßig, mit Hinsicht auf Meßzeiten, diese Verfahren zu kürzen oder auszutauschen, da sonst beim Auftreten von Problemen immer erst die Frage von Korrelationen zwischen den unterschiedlichen Meßmethoden geklärt werden müßte. Außerdem dienen die PCM-Messungen zur Überprüfung von Design-Parametern, die in der Charakterisierungs-Phase sowohl von der Extraktionsmethode als auch vom Betrag her fest definiert werden.

Für einen CMOS-Prozeß sollten minimal folgende Meßwerte aufgenommen werden, um den gesamten Prozeß zu kontrollieren:

- die Schichtwiderstände der Wanne, der Source- und Drain-Gebiete sowie der leitenden Ebenen in Polysilizium und Aluminium,
- die Weiten schmaler Widerstandsbahnen in denselben Ebenen,
- die Widerstände einzelner Kontakte zwischen den leitenden Schichten,
- die Kontinuität von Kontaktlochketten,
- der Leckstrom und die Durchbruchspannung großflächiger Dioden,
- die Schwellenspannung und der Durchbruch parasitärer Transistoren mit Polysilizium- und Aluminium-Gate,

- die Kontinuität von langen Aluminium-Bahnen über 'worst case'-Stufen,
- die Isolation innerhalb der einzelnen Leitungsebenen an Kammstrukturen mit minimalem Abstand,
- die Isolation zwischen den einzelnen Leitungsebenen,
- die sogenannten Design-Parameter V_T, k, β, L_{eff} und W_{eff} an aktiven n-Kanal- und p-Kanal-Transistoren,
- die Punchthrough-Spannung an Transistoren minimaler Kanallänge.

Zur Qualitätsüberwachung des Gateoxides sollte trotz langer Testzeiten auch eine E_{Bd}- oder Q_{Bd}-Messung durchgeführt werden.

Typischerweise benutzt man für die PCM-Messungen sogenannte 'drop-in'-PCMs. An drei bis fünf Stellen auf der Scheibe sind statt der Nutzsysteme PCMs plaziert. Werden zur Zeitersparnis nur 3 PCMs gemessen, so empfiehlt es sich, diese in Form eines Winkels zu messen, also z.B. oben, im Zentrum und auf der rechten oder linken Seite der Scheibe. Dadurch werden sowohl kreisförmig (Vergleich Mitte - Rand) wie auch linear über die Scheibe verlaufende Abhängigkeiten (Vergleich oben - Mitte für y-Abhängigkeiten, Vergleich Mitte - rechts für x-Abhängigkeiten) erfaßt.

Um keine Nutzsysteme durch die PCMs zu verlieren, ist es teilweise üblich, die PCMs in die Ritzbahn zwischen die Systeme zu plazieren. Den Gewinn an möglicherweise guten Systemen erkauft man sich durch eine absolut geringere Flexibilität im PCM-Design. Für Prozeßoptionen kann man nicht mehr einfach zusätzliche Module an ein bestehendes PCM anfügen, sondern wegen der kleinen verfügbaren Fläche ist meistens ein neues Design – und damit auch ein neues Testprogramm – notwendig. Gleichzeitig muß man auf Module verzichten, die eine Aussage bezüglich der Qualität erlauben, wie großflächige Module zur Messung der Oxide oder der Diodenleckströme. Im Fall von Prozeßproblemen sind bei diesen Ritzbahn-PCMs die Möglichkeiten zu einer weiteren elektrischen Analyse stark eingeschränkt.

PCMs in der Ritzbahn sind nur dann sinnvoll, wenn ein Prozeß über einen längeren Zeitraum verwendet wird und sehr stabil ist. Das Problem dabei ist, daß bei Einführung eines Prozesses und neuer Schaltungsdesigns auf die besseren Analysemöglichkeiten von 'drop-in'-PCMs Wert gelegt wird und noch nicht bekannt ist, für welchen Minimalsatz an Messungen zur Abdeckung besonders kritischer Prozeßschritte ein Ritzbahn-PCM optimiert werden muß. Die nachträgliche Einführung von Ritzbahn-PCMs oder ihr Redesign verursacht aber wegen der Notwendigkeit eines neuen Maskensatzes erhebliche Kosten.

Eine gute Möglichkeit, nicht zu viele Systeme zu verlieren und trotzdem die Vorteile der 'drop-in'-PCMs nutzen zu können, bieten Belichtungsgeräte, die erkennen, ob auf einer Scheibe PCMs zu belichten sind oder nicht. Da in der laufenden Fertigung nur eine Stichprobe aus einer Charge (etwa 6 bis 10 Scheiben aus 50) den PCM-Test durchläuft, ist es sinnvoll, auch nur auf einem Teil der Scheiben PCMs zu plazieren. Man hat die volle Flexibilität und Analysemöglichkeit von standardisierten PCMs, verliert aber kaum Nutzsysteme.

PCM-Tester können günstigerweise als 'stand-alone'-Systeme betrieben werden, da die üblichen Rechner, die zur Steuerung eingesetzt werden, über die entsprechende Software zur Auswertung der Daten verfügen. Es ist möglich, direkt nach dem Test Aussagen über Mittelwert, Standardabweichung, Medianwert, Minimum und Maximum sowie prozentuale Ausfälle einzelner Messungen bezüglich definierter Grenzwerte zu erhalten. Falls eine Art Freigabefunktion beim PCM-Test implementiert ist, können Chargen ohne Probleme direkt nach den Messungen weitergeleitet werden, wenn eine entsprechende Meldung vom Testsystem ausgegeben wird.

15.4 Datenverarbeitung

Im Laufe der Bearbeitung wird schon für eine Charge eine große Anzahl von Informationen und Meßdaten gesammelt. Dabei ist die Art der Daten sehr unterschiedlich. Technische Informationen wie benutzte Arbeits- und Meßvorschriften, Termine, benutzte Maschinen, Umgebungsdaten wie Luftfeuchte und Temperatur, eingesetztes Material und Chemikalien, verwendete Masken, Ergebnisse der In-line-Messungen, Inspektionsresultate sowie die große Anzahl der PCM-Ergebnisse werden an sehr unterschiedlichen Orten auf verschiedene Weise generiert. Um Einflüsse von Maschinen ermitteln zu können, ist es notwendig, Informationen über Gerätetests, Kalibrierung, Wartungen und Reparaturen usw. zur Verfügung zu haben. Dazu kommen nach der Scheibenfertigstellung anfallende Ausbeuteergebnisse und Ausfallkategorien vom Vor- und Endmessen, qualitätsrelevante Daten z.B. aus Lebensdauermessungen, Temperatur-Wechsel-Tests und Burn-In-Untersuchungen.

Neben diesen technikbezogenen Informationen, die zur Kontrolle und Steuerung des Fertigungsablaufs sowie zu Analysezwecken herangezogen werden können, sind Informationen zur logistischen Steuerung der Linie wie Scheiben-Input, Durchlaufzeiten, Auslastungsfaktoren der Linie, Verfügbarkeit von Maschinen notwendig.

Für den Technologen gibt es drei hauptsächliche Interessenschwerpunkte: die Sammlung aller verfügbarer Daten zu einer Charge, der gezielte Vergleich verschiedener Chargen und der zeitlichen Trend bestimmter Parameter über alle gefertigten Chargen.

Die Anforderungen an eine Datenbank zur Speicherung und Verarbeitung dieser Datenmengen sind sehr komplex. Als Eingangsgrößen kommen Daten von sehr unterschiedlichen Geräten: manuellen Eingabestationen, Einzelmeßgeräten mit RS-232- oder IEEE-Schnittstellen, Personal Computern und größeren Rechnern, wie sie zur Steuerung von Parameter-Testern oder Funktional-Testern eingesetzt werden. Die manuelle Eingabe von Daten muß abgesichert sein gegen Fehlbedienung und Mißbrauch, der Datenaustausch mit anderen Computern kann als reine Abfrage oder als intelligente Kommunikation zwischen den Rechnern erfolgen. Sind in der Datenbank auch Vorschriften zur Prozeßdurchführung und Meßanweisungen gespeichert, so können diese direkt an die entsprechenden Maschinen gesendet werden. Auf dem Weg zur automatisierten Fertigung werden Geräte zur Chargenerkennung wie z.B. Strichcodeleser eingesetzt, um einer Charge die entsprechende Vorschrift zuzuordnen. Durch entsprechende An- und Abmeldeschritte kann sichergestellt werden, daß kein Prozeßschritt übersprungen oder ausgelassen wird, und es ist jederzeit der Status einer Charge abfragbar. Auch bei Ausfall von Maschinen können Ausweichmaßnahmen vom Rechner vorgenommen werden, wenn Vorschriften für diesen Fall in der Datenbank vorliegen. Fällt z.B. ein Testsystem A aus, so kann in der Datenbank gespeichert sein, ob das geforderte Testprogramm auf System B oder C zur Verfügung steht und die Charge auf das entsprechende System umgeleitet werden.

Um alle diese Forderungen zu erfüllen, kann ein derartiges CAM-System folgendermaßen aufgebaut sein:

- Die Rechnerhardware besteht aus mehreren CPUs, die in einem sogenannten Cluster verbunden sind und gemeinsamen Zugriff auf Plattenspeicher, Magnetbandeinheiten und Drucker haben. Bei ansteigendem Bedarf läßt sich der Cluster leicht um weitere CPUs und Speichereinheiten erweitern. Außerdem ist durch die Möglichkeit, von einer CPU auf eine andere umzuschalten, ein stetiger Betrieb sichergestellt.
- Die Verbindung zwischen Zentraleinheit und der 'Außenwelt' wird über ein LAN (Local Area Network) vorgenommen. Ein derartiges Netz ist leicht zu erweitern und Geräte können an beliebiger Stelle angeschlossen werden.
- Die Daten werden unabhängig von der Datenstruktur der Anwenderprogramme z.B. in einer relationalen Datenbank abgespeichert.
- Die Software wird in funktional zusammengehörige Teilsysteme wie Auftragsverwaltung, Auftragsabwicklung, Anlagenüberwachung, Maskenverwaltung, Meßspezifikationen, Basisauswertungen und vom Anwender zu erstellende Auswertungen aufgeteilt.
- Für jede dieser und für neu dazukommende Funktionen existiert ein Zwischenprogramm, das die benötigten Daten aus der Datenbank liest oder in diese einträgt.
- Zeitintensive Standardauswertungen werden nicht interaktiv am Bildschirm, sondern im sogenannten 'batch mode' – z.B. über Nacht – gerechnet.
- Die Datensicherheit wird über abgestufte Zugangsberechtigungen gewährleistet.

15.5 Statistische Prozeßkontrolle (SPC)

Die statistische Prozeßkontrolle (SPC) oder – in der früheren Bezeichnung – statistische Qualitätskontrolle (SQC) ist ein Werkzeug, um einen höheren

Qualitätsstandard zu erreichen [15.1-2]. Durch fortdauernde statistische Kontrolle wichtiger Prozeßparameter und sofortige Gegenmaßnahmen im Falle eines Abdriftens des Prozesses vom Nominalwert kann erreicht werden, daß die Endprodukte in einem relativ engen Toleranzbereich liegen. Die Qualität wird nicht in das Produkt 'hineingemessen', sondern alle Prozeßschritte werden derart stabilisiert und auf die Einhaltung der Sollwerte eingestellt, daß im Prinzip alle Produkte gut sein müßten. Abb. 15.2a zeigt die Situation für einen Parameter ohne SPC. Die Verteilung der Meßwerte geht weit über die Spezifikationsgrenzen hinaus, man muß die 'guten' Teile aus der Gesamtverteilung herausschneiden. Nach der erfolgreichen Einführung von SPC liegt der Mittelwert der gemessenen Verteilung auf dem Sollwert und es tritt nur eine geringe Streuung auf, so daß nur eine verschwindend kleine Menge an Parametern die Spezifikation nicht einhält (Abb. 15.2b).

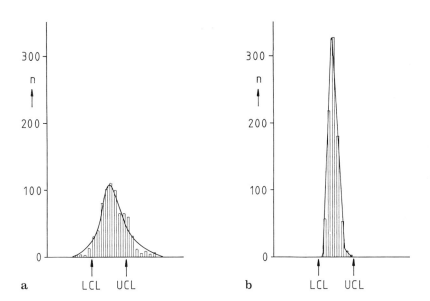

Abb. 15.2. Häufigkeitsverteilung eines Parameters vor (a) und nach (b) der Einführung von SPC

Ausgangsidee bei SPC ist die statistische Erfassung der Daten, d.h. es werden z.B. beim PCM-Testen nicht alle Scheiben gemessen und eventuell "schlechte" Scheiben aussortiert, sondern es wird eine relevante Stichprobe getestet und die Ergebnisse werden statistisch ausgewertet. Man betrachtet nicht mehr den einzelnen Meßwert und prüft gegen (produktbezogene) Spezifikationsgrenzen, sondern wertet sowohl Betrag als auch Lage des arithmetischen Mittelwerts in Bezug auf Kontrollgrenzen aus.

15.5.1 Einführung von SPC : 'control charts'

Bei der Einführung von SPC muß der Prozeß stabil sein. Durch Auswertung der Daten über einen längeren Zeitraum lassen sich dann Mittelwert und Prozeßstreuung ermitteln. Aus den Messungen aufeinanderfolgender Stichproben lassen sich der Stichprobenmittelwert $\overline{X}$ und die Stichprobenstreuung R_i für jede Stichprobe ermitteln:

$$\overline{X} = \frac{X_1 + X_2 + ... + X_n}{n} = \sum_{j=1}^{n} \frac{X_j}{n},$$

$$R_i = X_{max} - X_{min},$$

(15.2)

mit n = Umfang der Stichprobe. Für einen Analysezeitraum lassen sich dann aus einer Anzahl von Stichproben der Prozeß-Mittelwert $\overline{\overline{X}}$ und die durchschnittliche Streuung $\overline{R}$ berechnen:

$$\overline{\overline{X}} = \frac{\overline{X}_1 + \overline{X}_2 + ... + \overline{X}_k}{k} = \sum_{i=1}^{k} \frac{\overline{X}_i}{k}$$

$$\overline{R} = \frac{R_1 + R_2 + ... + R_k}{k} = \sum_{i=1}^{k} \frac{R_i}{k}$$

(15.3)

mit k = Anzahl der Stichproben.

Aus diesen Werten lassen sich nun Kontrollgrenzen UCL (**upper** control limit = obere Kontrollgrenze) und LCL (**lower** control limit = untere Kontrollgrenze) für den Mittelwert und die Streuung festsetzen, d.h. Grenzen, deren Überschreitung sofortige Gegenmaßnahmen an dem entsprechenden Prozeßschritt veranlassen:

$$UCLx = \overline{\overline{X}} + A_2 \overline{R},$$

$$LCLx = \overline{\overline{X}} - A_2 \overline{R},$$

$$UCLR = D_4 \overline{R}$$

$$LCLR = D_3 \overline{R}.$$

(15.4)

Dabei können die von der Stichprobenanzahl abhängigen Faktoren D_3, D_4 und A_2 aus Tabellen wie Tabelle 15.1 abgelesen werden [15.3]. Die so ermittelten Grenzen UCL und LCL liegen bei $\mu + 3\sigma$, bzw. bei $\mu - 3\sigma$.

Die Einhaltung des Prozesses wird durch sogenannte 'control charts' gewährleistet: Die Mittelwerte und Streuungen von Kontrollmessungen werden fortlaufend in Formulare eingezeichnet, wie sie Abb. 15.3 zeigt. Über- bzw.

Tabelle 15.1. Faktoren zur Bestimmung der 3σ-Kontrollgrenzen in Abhängigkeit von der Stichprobengröße [15.3]

Stichproben-größe	A_2	D_3	D_4
2	1,88	0	3,27
3	1,02	0	2,57
4	0,73	0	2,28
5	0,58	0	2,11
6	0,48	0	2,00
7	0,42	0,08	1,92
8	0,37	0,14	1,86
9	0,34	0,18	1,82
10	0,31	0,22	1,78
15	0,22	0,35	1,65
20	0,18	0,41	1,59

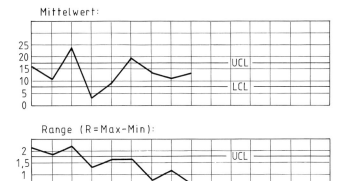

Abb. 15.3. Eine sogenannte 'control chart' zur Kontrolle von Mittelwert und Streuungen

unterschreitet eine Messung UCL oder LCL, sind gegensteuernde Maßnahmen zu treffen, um den entsprechenden Prozeßschritt wieder auf den Sollwert zu bringen. Die Verwendung dieser 'control charts' führt dazu, daß der Erfolg korrigierender Maßnahmen direkt vor Ort abgelesen werden kann.

Nach Ablauf einer gewissen Zeit werden die Kontrollgrenzen erneut überprüft. Wenn die Verwendung von SPC erfolgreich war, sollte die Streuung zurückgegangen sein. Die Kontrollgrenzen können dann neu berechnet und enger gesetzt werden, um eine noch bessere Qualität zu erzielen.

15.5.2 SPC als Maß der Prozeß-Leistungsfähigkeit

Neben den Kontroll-Grenzen gibt es unabhängig von der realen Situation im Prozeß die meistens durch technische Gründe bestimmten Spezifikationsgrenzen USL ('upper spec limit') und LSL ('lower spec limit'). Mit Hilfe der SPC-Methoden kann erreicht werden, daß diese Grenzen auf jeden Fall von allen Produkten eingehalten werden.

Als Maß für die Güte eines Prozesses sind die Faktoren C_p und C_{pk} definiert zu:

$$C_p = \frac{\text{Spec} - \text{Toleranz}}{\text{Prozeßstreuung}} = \frac{USL - LSL}{6\sigma} \tag{15.5}$$

und

$$C_{pk} = \frac{|\mu - LSL|}{3\sigma} \quad \text{oder} \quad \frac{|USL - \mu|}{3\sigma} . \tag{15.6}$$

Dabei sind: USL = obere Spezifikations-Grenze (upper spec limit)

$\quad\quad\quad\quad LSL$ = untere Spezifikations-Grenze (lower spec limit)

$\quad\quad\quad\quad \mu$ $\quad$ = arithmetischer Mittelwert

$\quad\quad\quad\quad \sigma$ $\quad$ = Standardabweichung .

Liegt der Mittelwert μ bei einer symmetrischen Verteilung exakt auf dem Targetwert, so ist $C_p = C_{pk}$. Die C_{pk}-Werte werden inzwischen als Maß für Qualität von Produkten und die Zuverlässigkeit von Fertigungslinien verwendet. In der Halbleiterindustrie wird ein C_{pk} von 1,33 als Minimalwert für Schlüsselparameter gefordert. Für eine Normalverteilung, bei der 99,73 % aller Werte in den Bereich zwischen -3σ und $+3\sigma$ fallen, müssen USL bzw. LSL bei $\mu \pm 4\sigma$ liegen, d.h. 0,006 % der Werte können statistisch gesehen außerhalb der Spezifikation liegen.

15.6 Ausblick

Der Trend in der Halbleiterfertigung geht zu immer kleineren Strukturen und komplexeren Prozessen. Dabei werden die zulässigen Toleranzen stetig geringer, die Kontrollen erfordern einen entsprechend höheren Aufwand. Unterhalb von $1\,\mu m$ Strukturabmessungen sind optische Verfahren nicht mehr anwendbar. Elektronenoptische Untersuchungen aber sind in einer Fertigung mit mehreren hundert gestarteten Scheiben pro Tag vom apparativen und zeitlichen Aufwand her für Standard-Kontrollen fast nicht einzusetzen. Elektrische Meßverfahren, die nicht durch kleiner werdende Abmessungen begrenzt sind, haben den Nachteil, daß sie Ergebnisse oft erst viel später – z.B. beim PCM-Test – liefern. Der Anteil von 'short-loop'-Monitoren zur Überwachung einzelner Maschinen und Prozeßschritte mit Hilfe elektrischer Messungen wird als Mittel zur 'Inline'-Kontrolle sicher noch zunehmen.

Auf längere Sicht wird man nicht umhinkönnen, den Begriff 'Kontrolle' anders zu betrachten. Es wird nicht mehr ausreichen, einen Prozeß durch ständige

Messungen nach der Ausführung eines Schrittes zu 'kontrollieren', sondern man muß ihn durch vorbeugende Maßnahmen 'unter Kontrolle' halten. Das bedeutet möglichst robuste Prozeßschritte, genau definierte Umweltbedingungen in der Fertigung und vorbeugende Maschinenwartung, aber auch sehr gut ausgebildete und motivierte Mitarbeiter, die sich mit ihrem Produkt identifizieren.

16   Ausbeute und Zuverlässigkeit

T.Evelbauer, G.Schumicki

16.1   Einleitung

Ein wesentlicher Kostenfaktor bei der Herstellung integrierter Schaltungen ist die Anzahl produzierter und elektrisch funktionaler Chips pro Prozeßdurchlauf. Aufgrund der hohen Komplexität eines solchen Prozesses sowie der hohen Packungsdichte von Schaltungselementen existiert eine Vielzahl von Einflußfaktoren, die die Zahl elektrisch funktionaler Bauteile auf einer Siliziumscheibe begrenzen. Diese Zahl liegt auch bei gut beherrschten Prozessen deutlich unter der maximal möglichen Zahl von Bauelementen, die unter anderem durch Schaltungsgröße und Scheibendurchmesser bestimmt ist; das Verhältnis beider Zahlen wird als Ausbeute ("Yield") bezeichnet und ist zentraler Punkt sowohl technischer als auch unternehmerischer Entscheidungen. Im Folgenden wird zunächst ein kurzer Überblick über die zugrundeliegenden Begriffsbestimmungen und die häufig verwendeten Ausbeutemodelle gegeben; zudem werden einige Einflußfaktoren verdeutlicht. Von besonderer Bedeutung für den Anwender ist die Zuverlässigkeit integrierter Schaltungen. Auf Herstellerseite wird mit teilweise erheblichem Aufwand an qualitätsabsichernden Maßnahmen das Ausfallrisiko minimiert. Empirisch läßt sich ein Zusammenhang mit der Ausbeute herstellen; häufig führen Maßnahmen zur Ausbeutesteigerung gleichzeitig zu einer höheren Lebensdauer des jeweiligen Produktes. Entsprechende Fragen sollen ebenfalls in den folgenden Abschnitten diskutiert werden.

16.2   Prozeßdefekte

16.2.1   Punkt- und Flächendefekte

Eine grobe Klassifizierung führt zunächst zur Unterscheidung von visuellen und nicht-visuellen Defekten. Visuelle Defekte können bei üblichen optischen Kontrollen im Fertigungsprozeß mit dem Lichtmikroskop beobachtet und dokumentiert werden. Hierzu gehören etwa lokale Unterbrechungen, Kurzschlüsse und Querschnittsveränderungen von Leiterbahnen (durch Partikelkontamination im Foto- oder Ätzprozeß), Lacklöcher, sowie Maskenfehler (durch Herstellungsfehler, Korrosion oder Verschmutzung). Punktdefekte dieser Art können sowohl statistisch auf der Scheibe verteilt ("random defects") als auch in Clustern auftreten. Großflächigere Defekte ergeben sich häufig durch unzureichende Lackhaftung im Fotoprozeß; ihre Ausdehnung kann durchaus einige cm^2 erreichen; gleiches gilt für Kratzer durch falsches Scheibenhandling. Im Gegensatz hierzu gestaltet sich die Analyse und Dokumentation nicht-visueller Defekte ungleich schwieriger. Neben den schon in Kapitel 3 diskutierten Fehlern im Si-Ausgangsmaterial zählen zu diesen Defekten pinholes und "weak spots" in Isolatorschichten (etwa durch Partikel- oder chemische Kontamination) sowie Fehldotierungen, die durch Partikelkontamination und folgende Maskierung während der Implantation oder Crosskontamination bei unzureichender Trennung von Prozeßschritten hervorgerufen werden können. Defekte dieser Art werden meist erst bei elektrischen Tests am Prozeßende entdeckt und erfordern in der Mehrzahl der Fälle eine destruktive Analyse. Allgemein ist anzumerken, daß nicht jeder visuelle oder nicht-visuelle Defekt automatisch zu einem Funktionalausfall der Schaltung führen muß; dies gilt insbesondere für den Anteil statistisch verteilter Punktdefekte, der elektrisch inaktive Schaltungsgebiete betrifft. Der Anteil fataler Defekte ("killer defects") ist dabei im allgemeinen abhängig von der Packungsdichte der Schaltung (d.h. den verwendeten geometrischen Designregeln) und der Prozeßumgebung, die etwa die Zahl und Größenverteilung der Partikel bestimmt, die während des Prozeßdurchlaufs auf die Scheiben einwirken können. Für die Größe visueller fataler Defekte (Partikel) wird allgemein das 0,1 bis 0,5-fache der minimalen Linienbreite angesetzt; dies kann jedoch nur als grobe Faustregel gelten. Im Zuge der fortschreitenden Miniaturisierung hoch integrierter Schaltungen ist abzusehen, daß insbesondere nicht-visuelle Defekte schon im Nanometer-Bereich zu Testausfällen führen können.

16.2.2 Parametrische Defekte

Neben den oben beschriebenen Defektmechanismen, die im allgemeinen zu direkten Schäden in oder zwischen Leiterbahnebenen führen, kann auch das Überschreiten von Parametergrenzwerten zu einem elektrischen Funktionalausfall führen. Auch diese Grenzwertüberschreitungen werden als Defekt angesehen. Die in Großserienprozessen inhärenten Streuungen von Prozeßparametern wie Schichtdicken, Linienbreiten nach Lithografie- und Ätzschritten oder Schichtwiderständen führen unausweichlich zu Streuungen der damit verbundenen elektrischen Schaltungsparameter und gegebenenfalls zur Überschreitung vorgegebener Spezifikationsgrenzen. Entsprechende Schaltungen sind in diesem Sinne als "defekt" anzusehen, so daß die Bezeichnung "parametrischer Defekt" gerechtfertigt erscheint. Durch Prozeßstreuung hervorgerufene parametrische Ausfälle zeigen sich häufig als zusammenhängende Bereiche auf einer Siliziumscheibe; diese "zonalen" Ausfälle können dabei von Scheibe zu Scheibe sowohl weitgehend identisch liegen (bei Maschinenproblemen), als auch stark in Lage und Größe variieren. Letzteres kann sowohl durch Prozeß- oder Maschinenprobleme bedingt sein, als auch durch manche der oben erwähnten visuellen und nicht-visuellen Defekte hervorgerufen werden (z.B. erhöhte Leckströme durch dekorierte Stapelfehler an pn-Übergängen), wobei Defekt-Cluster entsprechende Ausfallzonen ergeben. Geeignete Maßnahmen können somit erst nach einer sorgfältigen Analyse der Ausfallursachen festgelegt und in ihrer Wirksamkeit statistisch abgesichert werden.

16.3 Ausbeutemodelle

16.3.1 Einfache Defektverteilungen

Aus dem bisher Gesagten wird deutlich, daß die Schaltungsausbeute wesentlich durch Fehlerdichte und -verteilung, Schaltungsgröße sowie Packungsdichte bestimmt ist und durch statistische Gesetzmäßigkeiten beschrieben werden muß; wir beschränken uns dabei zunächst auf den Einfluß visueller und nicht-visueller Defekte. Der Zusammenhang zwischen parametrischen Defekten und Ausbeute wird in 16.3.2 beschrieben. Abbildung 16.1 verdeutlicht die Abhängigkeit von Ausbeute und Schaltungsgröße und zeigt den Einfluß von Defekt-Clustering; bei gleicher Anzahl fataler Defekte ist die Ausbeute größerer Schaltungen deutlich geringer (Abb. 16.1a,b), sofern kein Defekt-Clustering vorliegt (Abb. 16.1c). Die statistische Beschreibung der Ausbeute gestaltet sich sehr einfach im Falle gleichverteilter Defekte konstanter Dichte. Mit der Fehlerdichte D (Zahl der fatalen Defekte pro Flächeneinheit) und der Chipfläche A ist die Wahrscheinlichkeit, daß genau x Fehler auf der Fläche A liegen, gegeben durch die Poisson-Verteilung

$$p(x) = \frac{(D \cdot A)^x}{x!} \cdot \exp(-D \cdot A) \ , \tag{16.1}$$

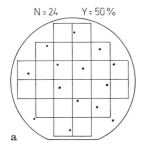 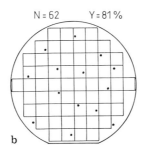 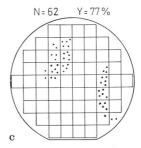

Abb. 16.1. Zusammenhang zwischen Defektdichte, Defektverteilung sowie Chipgröße und der Vormeßausbeute Y. Defektdichte und Defektverteilung sind für a) und b) gleich; das Flächenverhältnis der Chips ist 1:2,25. c) zeigt eine inhomogene Defektverteilung (Clustering) bei gleicher Chipgröße wie in b).

Die Schaltungsausbeute Y ergibt sich dann aus der Wahrscheinlichkeit, daß kein Fehler auf der Chipfläche A liegt, d.h. für $x = 0$ aus (16.1) zu

$$Y = \exp(-D \cdot A) \ , \tag{16.2}$$

In der Praxis ist die Voraussetzung konstanter Fehlerdichten, die der Ableitung von (16.2) zugrunde liegt, in den seltensten Fällen erfüllt. Die Fehlerdichte zeigt hier sowohl innerhalb einer Scheibe, als auch von Scheibe zu Scheibe Schwankungen, die zunächst statistisch erfaßt werden müssen; die folgenden Überlegungen gehen daher jeweils von einer großen Anzahl von Beobachtungen aus (große Flächen bzw. große Anzahl von Scheiben). Die relative Häufigkeit der fatalen Fehler bzw. ihrer Dichte kann dann durch ihre Wahrscheinlichkeitsfunktion $p(D \cdot A)$ angenähert werden; die Berücksichtigung dieser Dichteverteilung führt dann zu der allgemeinen Gleichung für die mittlere Ausbeute als Erwartungswert von (16.2):

$$Y = \int_0^\infty p(D \cdot A) \cdot \exp(-D \cdot A) \cdot d(D \cdot A) \tag{16.3}$$

Gleichung (16.2) ergibt sich hieraus, wenn die Deltafunktion als Wahrscheinlichkeitsdichte für eine konstante Defektdichte eingesetzt wird. Die Bestimmung der Defektdichte und ihrer Verteilungsfunktion etwa aus Messungen und Kontrollen während des Herstellungsprozesses erweist sich in der Praxis als äußerst schwierig (siehe Abschnitt 16.4); man hat daher versucht, durch Wahl geeigneter Verteilungsfunktionen tatsächlich erhaltene Ausbeuteverteilungen bestmöglich zu beschreiben. Von Murphy wurde hier eine Normalverteilung zugrunde gelegt; da das entstehende Integral (16.3) zu keinem geschlossenen Ausdruck führt, wird die Glockenkurve durch eine Dreiecksverteilung angenähert. Daraus folgt Murphy's Modell [16.1]

$$Y = \left(\frac{1 - \exp(-D \cdot A)}{D \cdot A} \right)^2 \ . \tag{16.4}$$

Ein in vielen Halbleiterfertigungen benutztes Modell geht auf Seeds und Price zurück [16.2,16.3]. Es wird die Beobachtung zugrunde gelegt, daß niedrige Fehlerdichten wesentlich häufiger als hohe auftreten; das Seeds-Modell beschreibt diesen Sachverhalt in einer exponentiellen Verteilung der Defektdichte und führt mit (16.3) zu

$$Y = \frac{1}{1 + A \cdot D} \ . \tag{16.5}$$

Es ist anzumerken, daß die hier vorgestellten einfachen Yieldmodelle die Defektverteilung auf der Scheibe selbst nicht berücksichtigen (Clustering, Zunahme der Fehlerdichte am Scheibenrand o.ä.). Eine Behandlung der zugrunde liegenden theoretischen Modelle würde den Rahmen dieses Buches sprengen, so daß auf die Literatur verwiesen werden muß [16.5-16.8]. In den folgenden Abschnitten wird das Seeds-Modell für alle weiteren Überlegungen zugrunde gelegt; dieses Modell wird allgemein akzeptiert, da es die in modernen Fertigungslinien erzielbaren hohen Ausbeuten bei großen Chipflächen mit guter Genauigkeit beschreibt.

16.3.2 Parametrische Ausbeute

Im Gegensatz zu der durch Punktdefekte begrenzten Ausbeute ist die parametrische Ausbeute nicht direkt von der Chipfläche abhängig. Wie erwähnt, sind parametrische Defekte als Überschreitung von Spezifikationsgrenzen anzusehen, hervorgerufen durch entsprechende Prozeßvariationen während des Fertigungsdurchlaufs. Parameter, die durch ihre Verteilung zu einer gewissen Ausfallwahrscheinlichkeit der Schaltung führen, werden dabei als "kritische Parameter" bezeichnet; für eine elektrisch funktionale Schaltung müssen dann die kritischen Parameter alle innerhalb der vorgegebenen Spezifikationsgrenzen liegen. Damit läßt sich für jeden Parameter eine parametrische Ausbeute definieren, die sich aus der Lage der Verteilungsfunktion der Parameterwerte bezüglich der Spezifikationen ergibt. Hat ein Parameter P_i die Verteilungsfunktion $p(P_i)$ mit der Spezifikation

$$P_{min} \leq P_i \leq P_{max} \ , \tag{16.6}$$

so ist die parametrische Ausbeute für diesen Parameter offensichtlich gegeben durch

$$Y_i = \int_{P_{min}}^{P_{max}} p(P_i) \cdot dP_i \ \Big/ \ \int_{-\infty}^{+\infty} p(P_i) \cdot dP_i \ . \tag{16.7}$$

Fuer 3σ Spezifikationsgrenzen folgt daraus für jeden Parameter

$$Y_i = 0,9973 = 99,73\%$$

so daß die parametrische Ausbeute eines Fertigungsprozesses mit etwa 15 kritischen Parametern $Y_{Par} = 0,96 = 96\%$ beträgt.

16.4 Ausbeute-Monitoring

Die Ausbeute als Verhältnis funktionaler Einheiten (Scheiben, Schaltungen) zur Gesamtzahl in der Produktion gestarteter oder getesteter Einheiten kann an verschiedenen Stellen des Produktionsprozesses berechnet und dokumentiert werden. Meist unterscheidet man zwischen

- Linienausbeute (Fab Yield, Line Yield) als Verhältnis von gestarteten zu abgelieferten Scheiben,
- Vormeßausbeute (Pretest Yield) als Ausbeute an elektrisch funktionalen Bauelementen auf Scheibenbasis,
- Montageausbeute (Assembly Yield) als Ausfall von Bauelementen während des Verpackungsprozesses in die entsprechenden Gehäuse,

- Endmeßausbeute (Final Test Yield) als Ausbeute an elektrisch funktionalen Bauelementen nach dem Verpacken (andere Testabdeckung als Pretest).

Die Gesamtausbeute an Bauelementen als Verhältnis der Zahl der abgelieferten zur Zahl der potentiell guten Schaltungen am Beginn des Gesamtprozesses kann dann beschrieben werden als das Produkt aller dieser Ausbeutezahlen. Dafür ist die niedrigste der oben angeführten Ausbeuten bestimmend; generell ist dies die sogenannte Vormeßausbeute ("Pretest Yield"), oft auch als "Probe Yield" bezeichnet. Neben der Linienausbeute, die durch falsches Scheibenhandling oder Maschinenfehler (Scheibenbruch) bestimmt ist, wird daher die Vormeßausbeute in einer Halbleiterfertigung besonders beobachtet.

16.4.1 Defektdichte und Ausbeute

Da die Vormeßausbeute nach (16.5) noch von der Chipfläche abhängt, wird häufig nicht die Ausbeute, sondern die Defektdichte als Monitor- und Kontrollparameter herangezogen, um einen bestimmten Herstellungsprozeß zu charakterisieren; in $Y = 1/(1 + A \cdot D_0)$ wird D_0 dabei als Fit-Parameter aus Kurven bestimmt, die die Ausbeute verschieden großer Schaltungen im gleichen Herstellungsprozeß beschreiben (siehe Abb. 16.2). Dabei ist allerdings weder ein Rückschluß auf Defektdichten in einzelnen Prozeßschritten möglich, noch kann D_0 auf einfache Weise aus den im Prozeßdurchlauf bestimmten Defektdichten bestimmt werden. Ein effektives Prozeß-Engineering, das Maßnahmen zur Prozeßstabilisierung und Ausbeutesteigerung erarbeiten soll, erfordert daher ein detaillierteres Modell zur Beschreibung der Ausbeute. Bei der Her-

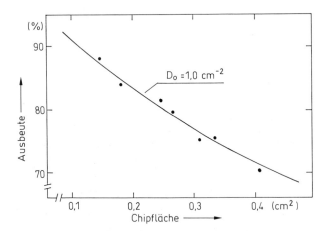

Abb. 16.2. Bestimmung der Defektdichte D durch Anpassung der Ausbeuteformel (16.5) an gemessene Werte der Ausbeute von Chips verschiedener Größe, aber gleicher Fertigungstechnologie.

leitung der Ausbeutegleichungen in Abschnitt 16.3 wurde stillschweigend vorausgesetzt, daß die zur Defektdichte D beitragenden Fehler ununterscheidbar sein sollen, jeder dieser Fehler also mit gleicher Wahrscheinlichkeit zum gleichen Ausfallbild führt. Eine korrekte Beschreibung der Ausbeute müßte daher von der Beschreibung der Defektdichte jeder Klasse (visuell, nicht-visuell, etc.) in jedem Prozeßschritt ausgehen. Dies ist wegen der Vielzahl von Schritten (einige hundert) in VLSI-Prozessen nicht möglich, aber auch nicht sinnvoll, da die in aufeinanderfolgenden Fertigungsschritten akkumulierten Defekte meist erst nach Ätz- oder Depositionsschritten fixiert werden. Eine sinnvolle Gruppierung des Prozesses kann daher nach Maskenebenen erfolgen; die mathematische Beschreibung der Ausbeute reduziert sich dann auf die Beschreibung der visuellen und nicht-visuellen Defektdichte pro Maskenebene. Mit $D_{V,i}$ und $D_{NV,i}$ als Dichte der visuellen bzw. nicht-visuellen Defekte in der Ebene i ergibt sich dann für einen Prozeß mit n Maskenebenen

$$Y = \prod_{i=1}^{n} \frac{1}{\left(1 + A \cdot D_{V,i}\right)} \cdot \prod_{i=1}^{n} \frac{1}{\left(1 + A \cdot D_{NV,i}\right)} \cdot Y_{Par} \ . \tag{16.8}$$

Sind die jeweiligen Defektdichten in den einzelnen Maskenebenen nicht sehr voneinander verschieden, kann (16.8) vereinfacht werden durch die Annahme einer mittleren Defektdichte pro Ebene; mit meist ausreichender Genauigkeit kann dann die Ausbeute beschrieben werden durch

$$Y = \left(\frac{1}{1 + A \cdot \overline{\overline{D}}_V}\right)^n \cdot \left(\frac{1}{1 + A \cdot \overline{\overline{D}}_{NV}}\right)^n \cdot Y_{Par} \ , \tag{16.9}$$

mit Y_{Par} nach (16.7).

Eine Analyse der parametrischen Ausbeute kann meist zwanglos anhand der elektrischen Testdaten von Kontrollschaltungen (PCM's, siehe Abschnitt 15) erfolgen, die auf den Scheiben im gleichen Prozeßdurchlauf gefertigt wurden. Für die Bestimmung der Defektdichten D_V und D_{NV} können die im folgenden Abschnitt diskutierten Verfahren eingesetzt werden.

16.4.2 Monitorkonzepte

Die einfachste Methode zur Bestimmung der visuellen Defektdichte in den einzelnen Maskenebenen ist die optische Kontrolle der prozessierten Scheiben nach definierten Fertigungsschritten. Dies ist häufig eine großflächige Kontrolle der Scheiben unter kollimiertem Licht (Spotlight-Kontrolle), die vor allem großflächige Defekte aufzeigt (Lackhaftungsprobleme, Schichtdickenschwankungen, aber auch größere Partikel und Kratzer). Kleinere Defekte erfordern den Einsatz von optischen Mikroskopen, die bei bis zu 1000-fachen Vergrößerungen vibrationsfrei aufgestellt werden müssen und meist über zusätzliche Möglichkeiten wie Hell/Dunkelfeldumschaltung sowie Phasen- und Interferenzkontrast verfügen. Generell ist ein Transport der Wafer von Kas-

458

sette zu Kassette über den Probentisch üblich. Die Inspektion der Scheiben erfolgt dabei meist nach Stichprobenverfahren, die die Anzahl der zu kontrollierenden Felder pro Scheibe sowie die Scheibenanzahl festlegen. Dies erweist sich insbesondere bei kleinen Fehlerdichten als nachteilig; auch besteht die Gefahr, daß Defekt-Cluster nicht erkannt werden, wenn sie nicht mit den gewählten Sichtpunkten zusammenfallen. Obwohl für diese Inspektionen besonders ausgebildetes und erfahrenes Personal eingesetzt werden sollte, zeigt die Praxis doch, daß ein subjektiver Einfluß auf die Inspektionsergebnisse nicht ausgeschlossen werden kann. Moderne Fertigungslinien setzen daher in steigendem Maße automatische Inspektionsgeräte ein, die die oben erwähnten Nachteile umgehen sollen. Im einfachsten Fall sind dies Geräte, die die Scheibenoberfläche nach dem Dunkelfeldprinzip abtasten. Hierbei wird der Wafer mit kollimiertem weißem Licht oder einem Laser unter einem bestimmten Winkel beleuchtet; die z.B. von einem Partikel ausgehende Streulichtamplitude kann dann mit der Partikelgröße korreliert und das Meßergebnis in Form sogenannter "Wafermaps" dargestellt werden (Abb. 16.3). Da durch Lithografie- und Ätzprozesse erzeugte Strukturen aber ebenfalls zum Streulicht beitragen, können diese Geräte effektiv nur auf nicht-strukturierten Oberflächen eingesetzt werden, d.h. zur Kontrolle deponierter Schichten oder zur Erfassung der durch Maschinenzyklen bedingten Partikelkontamination. Die Entwicklung ausreichend empfindlicher (auch farbsensitiver) Bildaufnahmeverfahren sowie leistungsfähiger Algorithmen zur Bildverarbeitung und -analyse gibt die Möglichkeit, diese Einschränkung des Einsatzbereichs automatischer Inspektionsgeräte aufzuheben. Modernste kommerziell erhältliche Geräte gestatten somit auch die Kontrolle strukturierter Waferoberflächen. Die Funktion basiert dabei entweder auf dem oben beschriebenen Streulichtverfahren, wobei durch

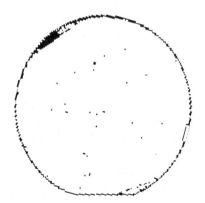

Abb. 16.3. Typisches Wafermap eines Oberflächeninspektionsgerätes; Streulichtamplituden oberhalb eines gewählten Schwellwertes werden als schwarze Punkte dargestellt; dadurch wird gleichzeitig der Scheibenrand definiert. In der Nähe des Scheibenrandes sind deutlich Kratzer und Abdrücke von Pinzetten erkennbar.

Polarisationsfilter und geeignete Algorithmen der Streulichtanteil der Schaltungsstrukturen unterdrückt wird, oder auf Vergleichsverfahren, d.h. der Bildaufnahme zweier im Layout gleicher Chip("Die")-Flächen auf einer Scheibe mit anschließender Differenzbildung ("die-to-die"-Vergleich) bzw. dem Vergleich einer optisch aufgenommenen Chipfläche mit der zugehörigen, im System gespeicherten Layout-Datenbasis ("die-to-database"-Vergleich). Ein anderes Vergleichsverfahren benutzt das Prinzip der holografischen Abbildung von Strukturen ausreichender Periodizität, wie sie etwa bei Speicherbausteinen (z.B. RAM) vorliegen. Eine holografische Aufnahme eines entsprechenden (defektfreien) Chipbereichs dient als Phasenfilter bei der Abbildung gleicher Bereiche auf anderen Scheiben, wobei der Phasenfilter die repetitiven Strukturen ausfiltert und nur die irregulären Strukturen abbildet. Dieses Inspektionssystem ist allerdings z.Z. beschränkt auf die Kontrolle von periodischen Strukturen ausreichender Wiederholrate, so daß es im wesentlichen bei der Inspektion großflächiger Speicherbausteine oder Bildaufnehmer (CCD's) Eingang finden dürfte; die hohe Empfindlichkeit des Systems für Submikron-Partikel ist dabei von Vorteil. Die Inspektion von "random logic"-Bereichen ohne periodische Struktur ist vom Prinzip her noch nicht möglich. Zudem muß natürlich für jede zu kontrollierende Stufe jedes Schaltungsdesigns eine eigene Phasenfilterplatte erstellt werden. Mit diesen Systemen ist es nun zumindest prinzipiell möglich, die Dichte und Art aller visuellen Defekte in den kontrollierten Prozeßstufen zu bestimmen; sie gestatten aber noch nicht die direkte Messung allein der fatalen Defekte, die zu einem tatsächlichen Funktionalausfall der Schaltung führen. Dieser für ein Ausbeutemodell allein wesentliche Anteil muß nach wie vor durch eine optische Nachkontrolle der gefundenen Defekte nach weitgehend festgelegten Kriterien bestimmt werden. Allerdings ist auch hier in Zukunft ein Fortschritt in Form sogenannter "Expertensysteme" zu erwarten, die dann auch eine automatische Klassifikation der gefundenen Defekte vornehmen. Tiefergehende Ausbeuteanalysen erfordern auch die Lokalisation und Charakterisierung nichtvisueller Defekte. Dies sind insbesondere Stapelfehler in aktiven Bereichen, "pinholes" in Isolationsschichten, die zu Kurzschlüssen führen, sowie Kontaminationen, aus denen lokale Fehldotierungen folgen. Untersuchungen dieser Art sind generell destruktiv, da in allen Fällen die deponierten Schichten schrittweise entfernt werden müssen ("Deprocessing"). Da die aufgetretenen Fehler meist durch vorausgegangene elektrische Tests (z.B. Potentialkontrastverfahren o.ä.) auf der Scheibe lokalisiert werden können, kann der noch erforderliche Inspektionsaufwand (z.B. REM) zur Charakterisierung nach Art und Größe des Defekts auf die interessierenden Bereiche konzentriert werden. Zur Verifikation der elektrischen Messungen, d.h. zur Sichtbarmachung der zugrundeliegenden Defekte, können folgende Verfahren angewendet werden:

Kristallbaufehler: Deprocessing bis zur Si-Oberfläche,danach Delineation der Defekte durch Secco-, Sirtl-, oder Wright-Ätze (Abschnitt 3.6.1)

Pinholes: Abätzen der jeweils oberen Leiterbahnebene; danach optische Kontrolle mit dem Rasterelektronenmikroskop

Kontamination: Deprocessing bis zur Si-Oberfläche; danach a) Kupferdekoration durch Immersion in Kupfersulfatlösung (5 - 20 sec); Lichteinfluß verbessert den Dekorationsvorgang. Hiermit werden n-dotierte Gebiete mit Cu dekoriert und können im Lichtmikroskop lokalisiert werden(Abschnitt 3.6.1) b) Staining-Dekoration: durch Immersion in eine Staining-Lösung bestehend aus etwa 0,001 Vol-% $HNO3$ (konz.) in HF (50%). Die Dekoration erfolgt hier durch eine chemische Oxidation, die für unterschiedlich dotierte Bereich unterschiedliche Oxiddicken ergibt. Die Lokalisation der Defekte kann dann im Lichtmikroskop unter Interferenz- oder Phasenkontrast erfolgen. Das Staining-Verfahren erweist sich meist als empfindlicher als die Cu-Dekoration, erfordert aber Erfahrung im Ansetzen der Staining-Lösung und ihrer Anwendung.

Die bisher beschriebenen Verfahrensweisen gestatten die Bestimmung von Defektdichten für einzelne Prozeßschritte (Maschinenkontrolle) sowie kumulativ für den Gesamtprozeß (Ausfallanalyse) und bilden damit die Grundlage für Maßnahmen zur Ausbeuteverbesserung. Insbesondere die Analyse am Prozeßende führt jedoch zu Rückmeldezeiten von Ausfallmechanismen, die für eine Großserienproduktion nicht akzeptabel sein können. Folgt man den Ausführungen in Abschnitt 16.4.1 und beschreibt die Ausbeuten über mittlere Fehlerdichten pro Maskenebene, so können entsprechende Daten für die Auswertung von (16.8) auch über sogenannte "Short-Loop"-Monitore gewonnen werden. Hierbei werden spezielle Testschaltungen innerhalb be-

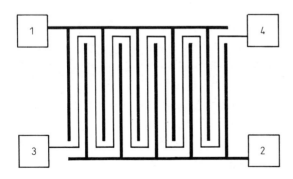

Abb. 16.4. Typische Monitorstruktur zur elektrischen Defektdichte-Bestimmung innerhalb bestimmter Prozeßmodule. Kurzschlüsse sind durch einfache Widerstandsmessung zwischen den Anschlußpunkten 1,2 und 4 meßbar; entsprechend kann auf Unterbrechung des Mäanders zwischen 3 und 4 geprüft werden.

grenzter Prozeßabschnitte ("Module") mit entsprechend verkürzten Durchlaufzeiten gefertigt und (meist elektrisch) charakterisiert. Als Beispiel sei eine Testschaltung nach Abb. 16.4 angeführt, mit der eine Kontrolle auf Unterbrechungen, Kurzschlüsse und Querschnittsveränderungen innerhalb von Leiterbahnebenen z.B. durch einfache Widerstandsmessungen möglich ist. Im einfachsten Fall erfordert die Herstellung dieser Schaltung nur je einen Depositions-, Lithografie- und Ätzschritt auf geeignetem Substratmaterial, so daß eine schnelle Rückmeldung der Ergebnisse an die entsprechenden Fertigungsabteilungen ermöglicht wird. Näheres zu dieser Art des Defekt-Monitorings findet sich in [16.9-16.11].

16.5 Zuverlässigkeit

Die bisherigen Ausführungen zu Ausbeute und Ausfallmechanismen bezogen sich auf den Bereich der Waferfertigung bis hin zum ersten elektrischen Funktionaltest. In diesem Test führen jedoch nicht notwendigerweise alle Defekte zu einem Ausfall der getesteten Schaltung, vielmehr bleibt ein gewisser Anteil potentiell fataler Defekte, die erst zu einem (teilweise erheblich) späteren Zeitpunkt zu einem Funktionalausfall führen. Die Annahme ist gerechtfertigt, daß dieser Anteil der potentiell fatalen Defekte mit der Defektdichte des Fertigungsprozesses korreliert ist; in diesem Sinne kann die Zuverlässigkeit einer integrierten Schaltung durchaus abhängig von der Vormeßausbeute des zugrundeliegenden Fertigungsprozesses sein. Beispiele für zeitabhängige Ausfallmechanismen sind etwa Elektromigration und Korrosion (siehe Abschnitt 8.4). Die folgenden Abschnitte geben einen kurzen Abriß der Begriffsbestimmungen, mathematischen Modelle und Testverfahren zur Bestimmung der Zuverlässigkeit von VLSI-Schaltungen.

16.5.1 Grundbegriffe

Der Begriff "Zuverlässigkeit" beschreibt die Wahrscheinlichkeit dafür, daß eine Schaltung ihre spezifizierte Funktion unter gegebenen Umgebungsbedingungen für eine gewisse Zeit erfüllt. Die Ausfallwahrscheinlichkeit der Schaltung während dieser Zeit läßt sich durch eine kumulative Verteilungsfunktion $F(t)$ beschreiben, die den Bedingungen

$$
\begin{aligned}
F(t) &= 0 & &, t = 0 \\
F(t) &\rightarrow 1 & &, t \rightarrow \infty \\
0 &\leq F(t_1) \leq F(t_2) & &, 0 \leq t_1 \leq t_2
\end{aligned}
\tag{16.9}
$$

genügt; gemäß ihrer Definition erhält man daraus die Zuverlässigkeit $R(t)$ ("reliability function") mit

$$
R(t) = 1 - F(t) \; .
\tag{16.10}
$$

Die zeitliche Änderung ergibt sich hieraus sofort als

$$\frac{dR(t)}{dt} = -\frac{dF(t)}{dt} \quad . \tag{16.11}$$

Von besonderem Interesse ist die Ausfallrate $\lambda(t)$ ("failure rate"), die definiert ist als Zahl der Ausfälle pro Zeiteinheit, bezogen auf die Zahl der zu diesem Zeitpunkt noch funktionalen Schaltungen. Wegen (16.9-16.11) ist der Anteil von Schaltungen, der im Zeitraum Δt ausfällt, gegeben durch $R(t) - R(t + \Delta t)$, so daß die mittlere Ausfallrate für den Zeitraum Δt gegeben ist durch

$$\overline{\lambda}(\Delta t)\mid_t = \frac{1}{R(t)} \cdot \frac{R(t) - R(t + \Delta t)}{\Delta t} \quad . \tag{16.12}$$

Der Grenzübergang $\Delta t \to 0$ liefert die Ausfallrate $\lambda(t)$ als

$$\lambda(t) = -\frac{1}{R(t)} \cdot \frac{dR(t)}{dt} = -\frac{d}{dt} \ln R(t) \tag{16.13}$$

bzw. die Zuverlässigkeitsfunktion

$$R(t) = \exp\left(-\int_0^t \lambda(t')dt'\right) \quad . \tag{16.14}$$

Die übliche Maßeinheit für die Ausfallrate $\lambda(t)$ ist 1 FIT (**failure unit**) mit 1 FIT = 1 Ausfall / 10^9 Schaltungs-Betriebsstunden.

Ein weiterer wichtiger Begriff ist die mittlere Zeit bis zum Schaltungsausfall; diese wird als $MTTF$ ("mean time to failure") bezeichnet und ergibt sich aus der Wahrscheinlichkeitsdichte der Zuverlässigkeit $r(t) = dR(t)/dt$ zu

$$MTTF = \int_0^\infty t \cdot r(t) \cdot dt \quad . \tag{16.15}$$

Für den speziellen Fall einer konstanten Ausfallrate $\lambda(t)$ = const. erhält man aus (16.14,16.15)

$$\begin{aligned} \lambda(t) &= \lambda \\ R(t)^{\cdot} &= \exp(-\lambda \cdot t) \\ MTTF &= \frac{1}{\lambda} \end{aligned} \tag{16.16}$$

in Analogie zu den entsprechenden Gesetzen des radioaktiven Zerfalls. Für $\lambda = 100$ FIT ergibt dies eine mittlere Lebensdauer von $MTTF = 10^7$ Schaltungs-Betriebsstunden; bei Dauerbetrieb einer komplexen Schaltung aus etwa 100 IC's führt dies zu einer $MTTF$ von etwa 11 Jahren für die Gesamtschaltung. Die Ausfallrate einer integrierten Schaltung, betrachtet über einen langen Zeitraum, folgt einer Kurve, wie sie in Abb. 16.5 dargestellt ist. Einer anfänglich hohen Ausfallrate (Frühausfälle, "infant mortality") folgt ein langer Zeitraum mit weitgehend konstanter Ausfallrate ("steady state"), der durch (16.16) beschrieben werden kann. Der sich anschließende Zeitraum mit steigen-

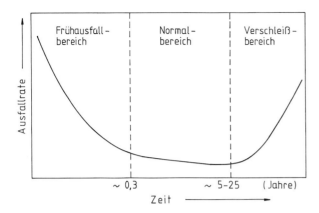

Abb. 16.5. Typischer Verlauf der Ausfallrate einer integrierten Schaltung über einen längeren Zeitraum (Badewannenkurve). Den verschiedenen Bereichen sind unterschiedliche Aktivierungsenergien bzw. Formfaktoren für die mathematische Beschreibung zuzuordnen (siehe Text).

der Ausfallrate wird als Verschleißbereich ("wearout period") bezeichnet. Die mathematische Beschreibung dieser Kurve erfordert komplexe Modelle für die Zuverlässigkeitsfunktion; eine Möglichkeit ist durch die "Weibull-Verteilung" gegeben. Ausfallrate und Zuverlässigkeit sind in dieser Verteilung gegeben durch

$$\lambda(t) = \frac{\beta}{\alpha} \cdot t \cdot \exp(\beta - 1) \tag{16.17}$$

$$R(t) = \exp\left(-\frac{1}{\alpha} \cdot t \exp(\beta)\right) \tag{16.18}$$

mit der charakteristischen Lebensdauer α und einem Formfaktor β. $\beta = 1$ führt auf den Spezialfall der konstanten Ausfallrate (16.16); $\beta < 1$ beschreibt den Frühausfallbereich, während mit $\beta > 1$ die steigende Ausfallrate im "wearout"-Bereich angepaßt werden kann. Erwähnt sei noch, daß auch eine logarithmische Normalverteilung für die Beschreibung der Ausfallraten in Abb. 16.5 angewendet werden kann [16.12,16.13]. Die Wahrscheinlichkeitsdichte $f(t) = 1 - r(t)$ ist hier gegeben durch

$$f(t) = \frac{1}{\sigma \cdot t \cdot \sqrt{2\pi}} \cdot \exp\left(-\frac{1}{2} \cdot \left(\frac{\ln t - \mu}{\sigma}\right)^2\right) \quad , \tag{16.19}$$

50% der Schaltungen sind in dieser Verteilung nach der Zeit $t_{50} = \exp(\mu)$ ausgefallen; der Skalierungsparameter σ ist in guter Näherung $\sigma = \ln(t_{50}/t_{16})$, und die Ausfallrate wird beschrieben durch

$$\lambda(t) = \frac{f(t)}{(1 - F(t))}, \quad f(t) = \frac{dF(t)}{dt} \quad . \tag{16.20}$$

Die durchschnittliche Zeit bis zum Ausfall ist gegeben durch

$$\bar{t}_{fail} = \exp\left(\mu + \frac{\sigma^2}{2}\right) \tag{16.21}$$

Obwohl die logarithmische Normalverteilung eine gute Beschreibung des Lebensdauerverhaltens einer Schaltung liefert, wird die Weibull-Verteilung wegen ihrer einfacheren Berechnung häufig vorgezogen.

16.6 Methoden der Lebensdauerprüfung

Aus dem bisher Gesagten wird deutlich, daß die Lebensdauerprüfung auf der Herstellerseite einen erheblichen Aufwand bedeutet. Die statistische Absicherung erfordert eine große Anzahl von Schaltungen für die verschiedenen Tests; gleichzeitig muß der dafür erforderliche Zeitaufwand minimiert werden. Wie im vorgehenden Abschnitt gezeigt, ist bei einer Ausfallrate von 100 FIT davon auszugehen, daß von 1000 IC's, die einer Prüfung unter Normalbedingungen unterzogen werden, im Mittel erst 1 Chip nach 10000 Stunden Betriebsdauer ausfällt. Man muß hier also nach Möglichkeiten suchen, die Ausfallrate in einem solchen Test unter kontrollierten Bedingungen künstlich zu erhöhen, um dadurch die mittlere Lebensdauer in einen ökonomisch sinnvollen Bereich zu senken; die zugrundeliegenden Ausfallmechanismen müssen daher künstlich forciert werden, ohne dabei allerdings grundlegend andere oder neue Mechanismen auszulösen. Wesentliche Parameter für diese Beschleunigung sind:

Bei Lebensdauertests:	Temperatur, Spannung
Bei Klima-/Tropentests:	Temperatur, Spannung, Luftfeuchte (THB, "temperature-humidity-bias")
Bei thermomechanischen Tests:	Temperaturgrenzwerte, Änderungsgeschwindigkeit (TC, "temperature cycling")

Temperaturzyklen prüfen dabei insbesondere die mechanischen Eigenschaften der integrierten Schaltung und ihre Wechselwirkung mit dem Gehäuse. Zu berücksichtigen ist, daß die verschiedenen oben erwähnten Streßtests die im Einzelfall zugrundeliegenden Ausfallmechanismen verschieden stark beschleunigen; quantitative Extrapolationen der gewonnenen Daten auf Normalbedingungen können daher meist erst nach einer Analyse der aufgetretenen Ausfälle vorgenommen werden.

16.6.1 Temperaturbeschleunigung

Der Ausfall einer integrierten Schaltung im Test ist meist die Folge von chemischen oder physikalischen Reaktionen, die in ihrem Ablauf bestimmte elektrische Parameter beeinflussen. Die Zeit bis zum Ausfall t_{fail} wird dann durch

die Reaktionsrate bestimmt; eine erhöhte Reaktionsrate ist in diesem Fall gleichbedeutend mit einer erhöhten Ausfallrate. Viele dieser Reaktionen folgen einem
Arrheniusgesetz der Form

$$R(T) = const \cdot \exp\left(-\frac{E_a}{kT}\right) \tag{16.22}$$

wobei die Reaktionsrate $R(T)$ durch die Temperatur T und die Aktivierungsenergie E_a bestimmt ist; die Aktivierungsenergie ist dabei für den jeweiligen
Reaktionsmechanismus charakteristisch. Bei positiver Aktivierungsenergie läuft
die zum Ausfall führende Reaktion bei höheren Temperaturen schneller ab und
verkürzt in gleichem Maße die Zeit bis zum Ausfall der Schaltung; es läßt sich
daher ein Beschleunigungsfaktor a definieren aus

$$a = \frac{R_2}{R_1} = \exp\left(\frac{E_a}{k} \cdot \left(\frac{1}{T_2} - \frac{1}{T_1}\right)\right), \quad T_2 > T_1 \ . \tag{16.23}$$

Die Zeit bis zum Ausfall verkürzt sich entsprechend

$$t_{fail}(T_2) = \frac{t_{fail}(T_1)}{a} \ . \tag{16.24}$$

Trägt man $\ln(t_{fail})$ gegen $1/T$ über einen ausreichend großen Temperaturbereich
auf, so erhält man bei Gültigkeit von (16.22) eine Gerade, aus deren Steigung
die Aktivierungsenergie des Reaktionsmechanismus entnommen werden kann;
in den weitaus meisten Fällen kann dann die Lebensdauer der Schaltung im
normalen Betriebstemperaturbereich mit guter Genauigkeit durch Extrapola-
tion bestimmt werden. Aufgrund des Exponentialverhaltens ergeben sich für die
Praxis ausreichend hohe Beschleunigungsfaktoren; für $E_a = 0{,}7$ eV, $T_1 = 340$
K, $T_2 = 470$ K erhält man aus (16.23) $a = 740$; eine Lebensdauer von 20 Jahren
bei einer Kristalltemperatur von etwa 70 °C kann daher bei 200 °C innerhalb
von etwa 240 Stunden simuliert werden. Der in Betracht kommende Temperaturbereich ist natürlich durch technologische Faktoren begrenzt; dies betrifft
z.B. die Voidbildung in Aluminiumleiterbahnen, irreversible Änderungen des
Plastikgehäuses durch Schrumpfung oder Dekomposition oder die Metallurgie
der Gold-Aluminium-Übergänge an den Bondstellen.

16.6.2 Spannungs-und Strombeschleunigung

Einige Ausfallmechanismen sind wesentlich abhängig von den elektrischen Betriebsbedingungen der integrierten Schaltung. Beispiele dafür sind Durchbrüche
in Isolatorschichten (Abschnitt 14.5.4) und Elektromigration (Abschnitt 8.4.2).
Elektrische Durchbrüche treten meist als Frühausfälle während entsprechender Tests mit ausreichend hoch eingeprägten Betriebsspannungen auf und
können mit der Extremwertstatistik aus Abschnitt 14.5.4 beschrieben werden.
Spannungs- und strominduzierte Ausfallmechanismen wie die Elektromigration
zeigen dagegen ein mehr zeitabhängiges Verhalten; für solche Vorgänge kann

der Einfluß elektrischer Parameter auf die Reaktionsrate des zugrundeliegenden Mechanismus häufig durch eine Funktion der Form (bei Strombeschleunigung; Spannungsbeschleunigung analog)

$$R(I,T) = R_0(T) \cdot I \cdot \exp\left(\gamma(T)\right) \qquad (16.25)$$

beschrieben werden. Der Koeffizient $R_0(T)$ folgt dabei üblicherweise einem Arrheniusgesetz (16.22) mit Aktivierungsenergien für die Elektromigration von 0,5...0,6 eV (Abschnitt 8.4.2). Für den Parameter $\gamma(T)$ finden sich Werte zwischen 1 und 4, so daß eine Strom- oder Spannungsbeschleunigung weit geringere Beschleunigungsfaktoren aufweist als die Temperaturbeschleunigung. Erwähnt sei noch die Schwierigkeit, bei hoch eingeprägten Spannungen oder Strömen den funktionellen Betrieb der Schaltung zumindest partiell (d.h. testbar) sicherzustellen; Probleme entstehen z.B. auch durch ungewollte Querströme in CMOS-Schaltungen, die zu Elektromigrationsausfällen führen können.

16.6.3 Temperatur-Feuchte-Test

Die Plastikumhüllung integrierter Schaltungen ist nicht hermetisch dicht und damit nur bedingt ein Hindernis für die Eindiffusion von Wasserdampf; zudem kann sie geringe Mengen Wasser (ca. 0,2...0,5 Gewichts-%) absorbieren. Wie in Abschnitt 8.4.1 beschrieben, ergibt sich ein Zuverlässigkeitsproblem durch die damit verbundene mögliche Korrosion der Aluminiumleiterbahnen im Bereich von Fehlstellen in der Passivierungsschicht (meist Siliziumnitrid). Die diesem elektrochemischen Prozeß zugrundeliegende elektrolytische Zelle basiert hier auf ionischen Kontaminationen aus dem Plastikgehäuse, die während der Wasserdampfdiffusion in Lösung gehen und den Elektrolyten bilden. Eine Beschleunigung dieses Ausfallmechanismus kann einfach durch Erhöhung des Wasserdampfpartialdrucks in der Umgebung des IC erfolgen; gleichzeitig führt eine Erhöhung der Temperatur zu höheren Diffusionskonstanten der beteiligten Komponenten. Um den elektrochemischen Prozeß der Korrosion in Gang zu setzen und zu verstärken, werden entsprechende Spannungen und Ströme eingeprägt. Bei der Festlegung der elektrischen Beschaltung muß dabei der trocknende Einfluß der inneren Erwärmung in Bauteilen mit nicht vernachlässigbarer Verlustleistung in Betracht gezogen werden. Wegen der drei wesentlich beteiligten Parameter Temperatur, Feuchte und Betriebsspannung wird dieser Test als THB-("temperature-humidity-bias") Test bezeichnet.

16.6.4 Burn-In

Auch nach Eliminierung der bekannten Ausfallmechanismen durch entsprechende Maßnahmen im Herstellungsprozeß folgt die Ausfallrate integrierter Schaltungen im wesentlichen dem Verlauf nach Abb. 16.5 mit einer (dann minimalen) konstanten Ausfallrate. Es verbleibt der Anteil von Frühausfällen mit erhöhter Ausfallrate, der mit den mathematischen Modellen aus

Abschnitt 16.5.1 beschrieben werden kann. Diese Frühausfälle sind meist bedingt durch Herstellungsfehler, die in den üblichen Schaltungstests nicht notwendigerweise sofort zum Ausfall führen. Dazu gehören Querschnittsveränderungen von Leiterbahnen, die noch nicht vollständig zu Unterbrechungen oder Kurzschlüssen geführt haben, lokale Schwachstellen in Isolatorschichten, unzureichende Qualität der Bondanschlüsse, oder alle Arten von Kontaminationen. Um zu vermeiden, daß latente Frühausfälle ausgeliefert werden und dann zu Ausfällen in der Schaltungsanwendung führen ("Feldausfälle"), kann das gesamte Produktionslot einer Schaltung einer "burn-in"-Prozedur unterzogen werden. Dies ist meist ein 12...200 Stunden Dauerbetrieb der Schaltungen mit Temperaturbeschleunigung und - soweit möglich - höher als normal eingeprägten Spannungen oder Strömen. Üblich sind dabei etwa 168 Stunden Dauerbetrieb bei 150 °C . Bei Aktivierungsenergien unter 1 eV (16.22), die sich häufig für Frühausfallmechanismen ergeben, ist dies ein zwar zeitaufwendiges und teures, aber effektives Verfahren, um die Frühausfallrate der ausgelieferten Schaltungen unter einen kritischen Wert zu senken (Abb. 16.6).

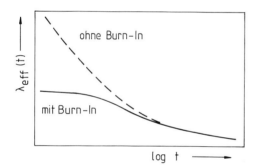

Abb. 16.6. Auswirkung von Burn-In auf die Frühausfallrate einer integrierten Schaltung nach Ablieferung.

Daneben gibt es Methoden, integrierte Schaltungen bereits während des Vormessens einer Belastung zu unterziehen, die einen wesentlichen Teil der Bauteile mit Isolationsschwächen ausfallen lassen; der Anteil potentiell schwacher IC's kann damit auf ein so geringes Maß reduziert werden, daß dann auf ein Burn-In ganz oder teilweise verzichtet werden kann.

Literatur

Kapitel 1

[1.1] Moore, G.E.: Progress in Digital Integrated Electronics. Tech. Dig. IEDM Washington, 11, 1975

[1.2] Osburn, C.M.; Reismann, A.: Challenges in Advanced Semiconductor Technology in the ULSI Era for Computer Applications. Journal of Electronic Materials, Vol 16, No. 4, 223-243, 1987

Kapitel 2

[2.1] Fry, G.; Skinner, R.: Basiscs of Cleanroom Design. Integrated Circuit Engineering Corp., ICE, 1988

[2.2] Zeiner, F.: Moderne Reinraumsysteme. H. Stürtz AG, Würzburg 1987

Kapitel 3

[3.1] Czochralski, J.: Z. phys. Chemie 92 (1977) 219

[3.2] Zulehner, W.; Huber, D.: Czochralski Grown Silicon in Grabmeier, J. (Hrsg): Crystals. Growth, properties and applications. Berlin-Heidelberg-New York: Springer 1982

[3.3] Dash, W. C.: J. Appl. Phys. 30 (1959) 459

[3.4] Runyan, W. R.: Silicon Semiconductor Technology. Mc Graw-Hill New York 1965

[3.5] Pfann, W. G.: Zone Melting, 2nd ed. New York: Wiley 1966

[3.6] Sze, S. M.: Semiconductor Devices, Physics and Technology. Wiley New York 1985

[3.7] Burton, J. A.; Prim, R. C.; Slichter, W. P.: J. Chem. Phys. 21 (1953) 187

[3.8] Dietze, W.; Keller, W.; Mühlbauer, A.: Float Zone Grown Silicon. In: Grabmeier, J. (Hrsg.): Silicon. Berlin-Heidelberg-New York: Springer 1981

[3.9] Patel, J. R.: Current Problems on Oxygen in Silicon. In: Semiconductor Silicon 1981. Pennington, N.J.: The Electrochemical Society

[3.10] Leroy, B.; Plougouven, C.: Warpage of Silicon Wafers. J. Electrochem. Soc. 127 (1980) 961

[3.11] Doerschel, J.; Kirscht, F. G.: Differences in Plastic Deformation Behaviour of CZ and FZ Grown Silicon Crystals. phys. stat. sol. A 64 (1981) K85

[3.12] Wolf, S.; Tauber, R. N.: Silicon Processing for the VLSI Era. Volume 1: Process Technology. Sunset Beach, California: Lattice Press 1987

[3.13] Huber, D.; Reffle, J.: Precipitation Process Design for Denuded Zone Formation in CZ Silicon Wafers. Solid State Technology 26 (1983)

[3.14] Chiou, H.-D.: Oxygen Precipitation Behaviour and Control in Silicon Crystals. Solid State Technology 30, 3 (1987) 77

[3.15] Hu, S. M.: Defects in Silicon Substrates. J. Vac. Sci. Technol. 14 (1977) 17

[3.16] Huff, H. R.: Chemical Impurities and Structural Imperfections in Semiconductor Silicon. Solid State Technology 26 (1983) 89 und Solid State Technology 26 (1983) 211

[3.17] Swanson, D.: Improving Yield in Wafer Slicing. Semiconductor International, August (1986) 95

[3.18] Murray, C.: Techniques of Wafer Lapping and Polishing. Semiconductor International, July (1985) 94

[3.19] Robbins, H.; Schwartz, B.: Chemical Etching of Silicon. J. Electrochem. Soc. 106 (1959) 505, 107 (1960) 108, 108 (1961) 365, 123 (1976) 1909

[3.20] Monocrystalline Silicon. Wacker-Chemitronic Data Sheet Wacker Burghausen 1987

[3.21] Annual Book of ASTM Standards. American Society for Testing and Materials, 1916 Race Street, Philadelphia, Pennsylvania

[3.22] Bean, K.E.; Runyan, W.R.; Massey, R.G.: Silicon Epitaxy: a Critical Technology. Semiconductor International, May (1985) 136

[3.23] Logar, E.R.; Borland; J.O.: Silicon pitaxial Processing Techniques for Ultra-low Defect Densities. Solid State Technology, June (1985) 133

[3.24] Ban, V.S.: Mass Spectrometric Studies of Chemical Reactions and Transport Phenomena in Silicon Epitaxy. Proc. 6th Int. Conf. on Chemical Vapour Deposition 1977 The Electrochemical Society (1977) 66

[3.25] Nishizawa, J.; Saito, M.: Growth Mechanism of Chemical Vapour Deposition of Silicon. Proc. 8th Int. Conf. on Chemical Vapour Deposition 1981 The Electrochemical Society (1981) 317

[3.26] Rossi, J.A.; Dyson, W.; Hellwig, L.G.; Hanley, T.M.: Defect Density Reduction in Epitaxial Silicon. J. Appl. Phys. 58,5 (1985) 1798

[3.27] Sirtl, E.; Adler, A.: Chromsäure-Flußsäure als spezifisches Medium zur Ätzgrubenentwicklung auf Silizium. Z. Metallkunde 52 (1961) 529

[3.28] Secco d'Aragona, F.: Dislocation Etch for (100) Planes in Silicon. J. Electrochem. Soc. 119,7 (1972) 948

[3.29] Wright Jenkins, M.: J. Electrochem. Soc. 123,5 (1977) 757

[3.30] Dash, W.C.: J. Appl. Phys. 27 (1956) 1193

[3.31] Hofmann, S.: Practical Surface Analysis: State of the Art and Recent Developments in AES, XPS, ISS and SIMS. Surface and Interface Analysis 9 (1986) 3

[3.32] Monkowski, J.R.: Gettering Processes for Defect Control. Solid State Technology 24,7 (1981)

[3.33] Craven, R.A.; Korb, H.W.: Internal Gettering in Silicon. Solid State Technology 24,7 (1981)

[3.34] Huff, H.R.; Shimura, F.: Silicon Material Criteria for VLSI Electronics. Solid State Technology 28,3 (1985) 103

[3.35] Krullmann, E.: Epitaktische Abscheidung von monokristallinem Silizium bei reduziertem Totaldruck. Dissertation RWTH Aachen 1981

Kapitel 4

[4.1] Iscoff, R.: Photomask and Reticle Material Review. Semiconductor International (March 1986) 82-86

[4.2] Yabumoto, S. et al.: Design-data Based Inspection of Photomasks and reticles. SPIE Vol. 633 Optical microlithography (1986) 138-144

[4.3] Cowan, M. J.: Mask Limitations to VLSI Overlay Accuracy and Linewidth Variation. Solid State Technology (May 1982) 55-59

[4.4] Bentz, E.; Feindt, H.: Eine neue, hochpräzise Maskentechnik. ITG Fachberichte 98 Großintegration (1987) 175-180

[4.5] Titus, A. C.: Photomask Defects Causes and Solutions. Semiconductor International (October 1984) 94-100

[4.6] Hearn, G.: Repair of Both Clear and Opaque Mask Defects. Microelectronics manufacturing and testing (October 1985) 19-20

[4.7] Hershel, R.L: Pellicle Protection of IC Masks. Semiconductor International (August 1981)

[4.8] Turnage, R.; Winn, R.: Attaching Pellicles to Photomasks in a Production Environment; Microelectronic Manufacturing and Testing (June 1983)

[4.9] Wolf, S; Tauber, R.N.: Silicon Processing For The VLSI Era Volume 1: Process Technology. Sunset Beach, California, USA: Lattice Press 1987

[4.10] Dill, F.H. et al.: Optical Lithography. IEEE Transactions On Electron Devices ED-22 (1975) 440-464

[4.11] Wake, R.W.; Flanigan, M.C.: A Review of Contrast in Positive Photoresists. SPIE 539 (1985) 291-298

[4.12] Tai, K.L. et al.: Submicron Optical Lithography using an Inorganic Resist/Polymer Bilevel Scheme. J. Vac. Sci. Technol. 17 (1980) 1169-1176

[4.13] Cuthbert, J.D.: Optical Projection Printing. Solid State Technology (August 1977) 59-69

[4.14] Arden, W.; Keller, H.; Mader, L.: Optical Projection Lithography in the Submicron Range. Solid State Technology (July 1983) 143-150

[4.15] Arden, W.; Mader, L.: Linewidth Control in Optical Projection Printing: Influence of Resist Parameters. SPIE 539 (1985) 219-226

[4.16] Walker, E.J.: Reduction of Photoresist Standing-Wave Effects by Post-Exposure Bake. IEEE Transactions On Electron Devices ED-22 (1975) 464-466

[4.17] Born, M.; Wolf, E.: Principles of Optics, sixth edition. Oxford: Pergamon Press 1986

[4.18] Goodman, J.W.: Introduction to Fourier Optics. New York: McGraw-Hill 1968

[4.19] Bowden, M.J.: The Physics and Chemistry of the Lithographic Process. J. Electrochem. Soc. 128 (1981) 195C-214C

[4.20] King, M.C.: Principles of Optical Lithography. Einspruch, N.G. (Hrsg.): VLSI Electronics Microstructure Science Volume 1. New York: Academic Press 1981 41-81

[4.21] Stephanakis, A.C.; Rubin, D.I.: Advances in 1:1 Optical Lithography. SPIE 772 (1987) 74-85

[4.22] van den Brink, M.A. et al.: Performance of a Wafer Stepper with Automatic Intra-die Registration Correction. SPIE 772 (1987) 100-117

[4.23] Guild, J.: Diffraction Gratings as Measuring Scales. London: Oxford University Press 1960

[4.24] Bouwhuis, G.; Wittekoek, S.: Automatic Alignment System for Optical Projection Printing. IEEE Transactions On Electron Devices ED-26 (1979) 723-728

[4.25] Brown, A.V.; Arnold, W.H.: Optimization of Resist Optical Density for High Resolution Lithography on Reflective Surfaces. SPIE Vol. 539 Advances in Resist Technology and Processing II (1985) 259-266

[4.26] Griffing, B.F.; West, P.R.: Contrast Enhancement Lithography. Solid State Technology (May 1985) 152-157

[4.27] Mc Donnell Bushnell, L.P. et al.: Multilayer Resist Lithography Performance and Manufacturability. Solid State Technology (1986) 133-137

[4.28] Lin, B.Y.: Multilayer Resist Systems and Processing. Solid State Technology (May 1983) 105-112

[4.29] Coopmans, F.; Roland, B.: DESIRE: A New Route to Submicron Optical Lithography. Solid State Technology (June 1987) 93-99

[4.30] Jain, K.: Advances in Excimer Laser Lithography. SPIE 774 (1987) 115-123

[4.31] Stengl, G. et al.: Current Status of Ion Projection Lithography. SPIE 537 (1985) 138-145

[4.32] Heuberger, A.: X-Ray Lithography. Solid State Technology (February 1986) 93-101

Kapitel 5

[5.1]   Chapman, B.: Glow discharge processes. New York: John Wiley & Sons 1980

[5.2]   Sugano, T.; Kim, H.G.: Applications of Plasma Processes to VLSI Technology. New York: John Wiley & Sons 1985

[5.3]   Morgan, R.A.: Plasma Etching in Semiconductor Fabrication. Amsterdam: Elsevier 1985

[5.4]   Coburn, J.W.: Pattern Transfer. Solid State Technol. 29,4 (1986) 117-122

[5.5]   Sawin, H.H.: A Review of Plasma Processing Fundamentals. Solid State Technol. 28,4 (1985) 211-216

[5.6]   Bisschops, T.H.J.: Investigations on a RF-plasma Related to Plasma Etching. Eindhoven: Dissertation Technische Universität 1987

[5.7]   Coburn, J.W.: Plasma Etching and Reactive Ion Etching. New York: Am. Vac. Soc. Monograph Series (Editor: N.R. Whetten) 1982

[5.8]   Fonash, S.J.: Advances in Dry Etching Processes - A review. Solid State Technol. 28,1 (1985) 150-158

[5.9]   Coburn, J.W.; Winters, H.F.: Plasma Etching - A Discussion of Mechanisms. J. Vac. Sci. Technol. 16,2 (1979) 391-403

[5.10] Winters, H.F.; Coburn, J.W.: Plasma-assisted Etching Mechanisms: The Implications of Reaction Probability and Halogen Coverage. J. Vac. Sci. Technol. B3,5 (1985) 1376-1383

[5.11] Vossen, J.L.: Glow Discharge Phenomena in Plasma Etching and Plasma Deposition. J. Electrochem. Soc. 126,2 (1979) 319-324

[5.12] Cook, J.M.: Downstream Plasma Etching and Stripping. Solid State Technol. 30,4 (1987) 147-151

[5.13] Dieleman, J.; Sanders, F.H.M.: Plasma Effluent Etching: Selective and Non-damaging. Solid State Technol. 27,4 (1984) 191-196

[5.14] Johnson, D.: Plasma Etching Processes. European Semicon. Design & Production 9 (1984) 37-39

[5.15] Bollinger, D.; Iida, S.; Matsumoto, O.: Reactive Ion Etching: Its Basis and Future I. Solid State Technol. 27,5 (1984) 111-117

[5.16] Bollinger, D.; Iida, S.; Matsumoto, O.: Reactive Ion Etching: Its Basis and Future II. Solid State Technol. 27,6 (1984) 167-173

[5.17] Weiss, A.D.: Plasma Etching of Aluminum: Review of Process and Equipment Technology. Semicon. Int. 5,10 (1982) 69-84

[5.18] Lory E.R.: Magnetic Field Enhanced Reactive Ion Etching. Solid State Technol. 27,11 (1984) 117-121

[5.19] Hill, M.L.; Hinson, D.C.: Advantages of Magnetron Etching. Solid State Technol. 28,4 (1985) 243-246

[5.20] Bogle-Rohwer, E.; Gates, D.; Hayler, L.; Kurasaki, H.; Richardson, B.: Wall Profile Control in a Triode Etcher. Solid State Technol. 28,4 (1985) 251-255

[5.21] Minkiewicz, V.J.; Chapman, B.N.: Triode Plasma Etching. Appl. Phys. Lett. 34,3 (1979) 192-193

[5.22] Bollinger, D.; Fink, R.: A New Production Technique: Ion Milling. Solid State Technol. 23,11 (1980) 79-84

[5.23] Downey, D.F.; Bottoms, W.R.; Hanley, P.R.: Introduction to Reactive Ion Beam Etching. Solid State Technol. 24,2 (1981) 121-127

[5.24] Chinn, J.D.; Adesida, I.; Wolf, E.D.: Profile Formation in CAIBE. Solid State Technol. 27,5 (1984) 123-129

[5.25] Brewer, P.D.; Reksten, G.M.; Osgood, R.M.: Laser-assisted Dry Etching. Solid State Technol. 28,4 (1985) 273-278

[5.26] Holber, W.M.; Osgood, R.M.: Photon Assisted Plasma Etching. Solid State Technol. 30,4 (1987) 139-143

[5.27] Walton, J.P.: Perspective on Etching. European Semicon. Design & Production 5 (1987) 13-19

[5.28] Ohlson, J.: Dry Etch Chemical Safety. Solid State Technol. 29,7 (1986) 69-73

[5.29] Herb, G.K.; Caffrey, R.E.; Eckroth, E.T.; Jarret, Q.T.; Fraust, C.L.; Fulton, J.A.: Plasma Processing: Some Safety, Health and Engineering Considerations. Solid State Technol. 26,8 (1983) 185-193

[5.30] Weiss, A.D.: Endpoint Monitors. Semicon. Int. 6,9 (1983) 98-99

[5.31] Greene, J.E.: Optical Spectroscopy for Diagnostics and Process Control during Glow Discharge Etching and Sputter Deposition. J. Vac. Sci. Technol. 15,5 (1978) 1718-1729

[5.32] Ilic, D.B.: Impedance Measurements as a Diagnostic for Plasma Reactors. Rev. Sci. Instrum. 52,10 (1981) 1542-1545

[5.33] Sternheim, M.; van Gelder, W.: A Laser Interferometer System to Monitor Dry Etching of Patterned Silicon. J. Electrochem. Soc. 130,3 (1983) 655-658

[5.34] Sze, S.M.: VLSI Technology. New York: McGraw-Hill 1983, 303

[5.35] Broydo, S.: Important Considerations in Selecting Anisotropic Plasma Etching Equipment. Solid State Technol. 26,4 (1983) 159-165

[5.36] Hutt, M.; Class, W.: Optimization and Specification of Dry Etching Processes. Solid State Technol. 23,3 (1980) 92-97

474

[5.37]   Bergendahl, A.S.; Bergeron, S.F.; Harmon, D.L.: Optimization of Plasma Processing for Silicon-gate FET Manufacturing applications. IBM J. Res. Develop. 26,5 (1982) 580-588

[5.38]   Reynolds, J.L.; Neureuther, A.R.; Oldham, W.G.: Simulation of Dry Etched Line Edge Profiles. J. Vac. Sci. Technol. 16,6 (1979) 1772-1775

[5.39]   Fonash, S.J.: Damage Effects in Dry Etching. Solid State Technol. 28,4 (1985) 201-205

[5.40]   Pang, S.W.: Dry Etching Induced Damage in Si and $GaAs$. Solid State Technol. 27,4 (1984) 249-256

[5.41]   Hall, L.H.; Crosthwait, D.L.: The Use of Silane Silicon Dioxide Films to Contour Oxide Edges. Thin Solid Films 9 (1972) 447-455

[5.42]   van Roosmalen, A.J.: Review: Dry Etching of Silicon Oxide. Vacuum 34,3-4 (1984) 429-436

[5.43]   Day, A.P.; Field, D.; Klemperer, D.F.; Song, Y.P.: Reexamine Mass Spectrometry for Endpoint Detection. Semicon. Int. 12, 12 (1989) 110-113

[5.44]   Sze, S.M.: VLSI Technology. New York: McGraw-Hill 1983, 558

[5.45]   Schwarzl, S.; Beinvogl, W.: Reactive Ion Etching of Aluminum in Boron Chloride / Chlorine Mixture. Proceeding of the Fourth Symp. on Plasma Processing; Proc. Vol 83-10, The Electrochemical Society, (1983) 310ff

[5.46]   Sato, M.; Nakamura, H.: Reactive Ion Etching of Aluminum Using $SiCl_4$. Journal of Vac. Sci. Techn. 21 (1982) 186ff

[5.47]   Schwartz, G.C.; Schaible, P.M.: Reactive Ion Etching of Silicon. Journal of Vac. Sci. Techn. 16(2) (März/April 1979) 410ff

[5.48]   Schwartz, G.C.; Schaible, P.M.: Reactive Ion Etching in Chlorinated Plasmas. Solid State Technology (Nov. 1980) 85ff

[5.49]   Lee, Y.H; Chen, M.M.: Silicon Doping Effects in Reactive Plasma Etching. Journal of Vac. Sci. Techn. 4(2) (März/April 1986) 468ff

[5.50]   Sellamuthu, R.; Barkanic, J.; Jaccodine, R.: A Study of Anisotropic Trench Etching of Si with NF_3-holocarbon. Journal of Vac. Sci. Techn. 5(1) (Jan./Feb. 1987) 342ff

[5.51]   Woytek, A.J.; Lileck, J.T.; Barkanic, J.A.: Nitrogen Trifluoride - A New Dry Etchant Gas. Solid State Technology (März 1984)

Kapitel 6

[6.1]   Ligenza, J.R.; Spitzer, W.G.: The Mechanism for Silicon Oxidation in Steam and Oxygen. J. Phys. Chem. Solids 14 (1960) 131 - 136

[6.2]   Jorgensen, P.J.: Effect of an Electric Field on Silicon Oxidation. J. Chem. Phys. 37 (1962) 874 - 877

[6.3]   Deal, B.E; Grove, A.S: General Relationship for the Thermal Oxidation of Silicon. J. Appl. Phys. 36 (1965) 3770 - 3778

[6.4]   Wolters, D.R.: On the Oxidation Kinetics of Silicon: The Role of Water. J. Electrochem. Soc. 127 (1980) 2072 - 2082

[6.5]   Massoud, H.Z.; Plummer, J.D.; Irene, E.A.: Thermal Oxidation of Silicon in Dry Oxygen: Accurate Determination of the Kinetic Rate Constants. J. Electrochem. Soc. 132 (1985) 1745 - 1753

[6.6]   Naito, M.; Homma, H.; Momma, N: A Practical Model for Growth Kinetics of Thermal SiO_2 on Silicon Applicable to a Wide Range of Oxide Thickness. Solid State Electronics 29 (1986) 885 - 891

[6.7]   Blanc, J.: On Modeling the Oxidation of Silicon by Dry Oxygen. J. Electrochem. Soc. 133 (1986) 1981 - 1982

[6.8]   Nicollian, E.H.; Reisman, A.: A New Model for the Thermal Oxidation Kinetics of Silicon. J. Electronic Materials 17 (1988) 263 - 272

[6.9]   Revesz, A.G.; Mrstik, B.J.; Hughes, H.L.; McCarthy, D.: Structure of SiO_2 Films on Silicon as Revealed by Oxygen Transport. J. Electrochem. Soc. 133 (1986) 586 - 592

[6.10]   Han, C.J.; Helms, C.R.: Parallel Oxidation Mechanism for Si Oxidation in Dry O_2. J. Electrochem. Soc. 134 (1987) 1297 - 1302

[6.11]   Massoud, H.Z.; Plummer, J.D.; Irene, E.A.: Thermal Oxidation of Silicon in Dry Oxygen: Growth Rate Enhancement in the Thin Regime. J. Electrochem. Soc. 132 (1985) 2693 - 2700

[6.11]   Murali, V.; Murarka, S.P.: Kinetics of Ultrathin SiO_2 Growth. J. Appl. Phys. 60 (1986) 2106 - 2114

[6.13]   Burn, I.; Roberts, J.P.: Influence of Hydroxyl Content on the Diffusion of Water in Silica Glass. Physics and Chemnistry of Glasses 11 (1970) 106 - 114

[6.14]   Lie, L.N.; Razouk, R.R.; Deal, B.E.: High Pressure Oxidation of Silicon in Dry Oxygen. J. Electrochem. Soc. 129 (1982) 2828 - 2834

[6.14]   Ho, C.; Plummer, J.D.: Si/SiO_2 Interface Oxidation Kinetics: A Physical Model for the Influence of High Substrate Doping Levels. J. Electrochem. Soc. 126 (1979) 1516 - 1522

[6.16]   Irene, E.A.; Dong, D.W.: Silicon Oxidation Studies: The Oxidation of Heavily B- and P-Doped Single Crystal Silicon. J. Electrochem. Soc. 125 (1978) 1146 - 1151

[6.17]   Revesz, A.G.; Evans, R.J.: Kinetics and Mechanism of Thermal Oxidation of Silicon with Special Emphasis on Impurity Effects. J. Phys. Chem. Solids 30 (1969) 551 - 564

[6.18]   Deal, B.E.; Hess, D.W.; Plummer, J.D.; Ho, C.: Kinetics of the Thermal Oxidation of Silicon in O_2/H_2O and O_2/Cl_2 Mixtures. J. Electrochem. Soc. 125 (1978) 339 - 346

[6.19]   Palik, E.D.: Handbook of Optical Constants of Solids. Academic Press. Inc. 1985

[6.20]   Bräunig, D.: Wirkung hochenergetischer Strahlung auf Halbleiterbauelemente. Berlin, Heidelberg, New York, London, Paris, Tokyo: Springer 1989

[6.21]   Nicollian, E.H.; Brews, J.R.: MOS (Metal Oxide Semiconductor) Physics and Technology. New York, Chichester, Brisbane, Toronto, Singapore: John Wiley & Sons 1982

[6.22]   Sze, S.M.: Physics of Semiconductor Devices, 2nd Edition. New York, Chichester, Brisbane, Toronto, Singapore: John Wiley & Sons 1981

[6.23]   Wolters, D.R.; van der Schoot, J.J.; Porter, T.; Verweij, J.F. (ed.): Damage Caused by Charge Injection. In: Insulating Films on Semiconductors. North-Holland 1983

[6.24]   Hearn, E.W.; Werner, D.J.; Doney, D.A.: Film-Induced Stress Model. J. Electrochem. Soc. 133 (1986) 1749 - 1751

[6.25]   Bhattacharyya, A.; Vorst, C.; Carin, A.H.: A Two-Step Oxidation Process to Improve the Electrical Breakdown Properties of Thin Oxides. J. Electrochem. Soc. 132 (1985) 1900 - 1908

[6.26]   EerNisse, E.P.: Stress in Thermal SiO_2 during growth. Appl. Phys. Lett. 35 (1979) 8 - 10

476

[6.27]   EerNisse, E.P.; Derbenwick, G.F.: Viscous Shear Flow Model for MOS Device
         Radiation Sensitivity. IEEE Trans. Nucl. Science NS-23 (1976) 1534 - 1539

[6.28]   Chin, D.; Oh, S.Y.; Dutton, R.W.: A General Solution Method for Two-
         Dimensional Nonplanar Oxidation. IEEE Electr. Dev. ED-30 (1983) 993 - 998

[6.29]   Lin, A.M.; Dutton, R.W.; Antoniades, D.A.; Tiller, W.A.: The Growth of
         Oxidation Stacking Faults and the Point Defect Generation at Si-SiO_2 Interface
         during Thermal Oxidation of Silicon. J. Electrochem. Soc. 128 (1981) 1121 -
         1130

[6.30]   Declerck, G.J.: The Role and Effects of Cl in the Thermal Oxidation of Silicon.
         In: Solid State Devices 1979, Institute of Physics Conference Series No. 53
         (1979) 133 - 153

[6.31]   Weber, E.R.: Transition Metals in Silicon. Appl. Phys. A 30 (1983) 1 - 22

[6.32]   Foster, B.D.; Tressler, R.E.: Silicon Processing with Silicon Carbide Furnace
         Components. Solid State Technology (Oct. 1984) 143-146

[6.33]   Moss, S.J.; Ledwith,A. (Eds.): The Chemistry of the Semiconductor Industry.
         Glasgow, London: Blackie 1987, S.23

[6.34]   Westdeutsche Quarzschmelze, Geesthacht; Firmenschrift: Quarzglas für die
         Halbleiterindustrie, Neue Qualität 214LS

[6.35]   Norton, Worcester; Firmenschrift: Experimental Results of CRYSTAR XP,
         Form 4799-014

[6.36]   Heraeus Quarzschmelze, Hanau; Firmenschrift: Quarzglas und Quarzgut, Q-A
         1/112.2

[6.37]   Schmidt, P.F.: A Neutron Activation Analysis Study of the Sources of Transi-
         tion Group Metal Contamination in the Silicon Device Manufacturing Process.
         J. Electrochem. Soc. 128 (1981) 630-637

[6.38]   Schmidt, P.F.: Contamination-free High Temperature Treatment of Silicon or
         other Materials. J. Electrochem. Soc. 130 (1983) 196-199

[6.39]   Eisele, K.M.: Stabilized Fused-Quartz Tubes with Reduced Sodium Diffusion
         for Semiconductor Device Technology. J. Electrochem. Soc. 125 (1978) 1188-
         1190

[6.40]   Thomas, R.C.: Noncontaminating Gas Distribution Systems. Solid State Tech-
         nology (Sept. 1985) 153-158

[6.41]   Accomazzo, M.A. et al.: Ultrahigh Efficiency Membrane Filters for Semicon-
         ductor Process Gases. Solid State Technology (March 1984) 141-146

[6.42]   Janssens, E.J.; Declerck, G.J.: The Use of 1.1.1. Trichloroethane as an Opti-
         mized Additive to Improve the Silicon Thermal Oxidation Technology. J. Elec-
         trochem. Soc. 125 (1978)

[6.43]   Waugh, A.; Foster, B.D.: Design and Performance of Silicon Carbide Cantilever
         Paddles in Semiconductor Diffusion Furnaces. Am. Ceramic Soc. Bull. 64 (1985)
         550-554

[6.44]   Tay, S.P.; Ellul, J.P.: High Pressure Technology for Silicon IC Fabrication.
         Semiconductor International (May 1986)

[6.45]   Hayafuji, Y.; Kajiwara, K.: Nitridation of Silicon and Oxidized Silicon. J. Elec-
         trochem. Soc. 129 (1982) 2102-2108

[6.46]   Seidel, T.E. et al.: A Review of Thermal Annealing (RTA) of B, BF_2 and As
         Ions Implanted into Silicon. Nucl. Instr. Meth. Phys. Res. B 7/8 (1985) 251-260

[6.47]   Kato, J.; Iwamatsu, S.: Rapid Annealing using Halogen Lamps. J. Electrochem.
         Soc. (1984) 1145-1152

[6.48] Kernani, A. et al.: Process Control of Titanium Silicide Formation using Rapid Thermal Processing. Proc. 6th Int. Conf. Ion Implant 1986

[6.49] Mercier, J.S.: Rapid Flow of Doped Glasses for VLSI Fabrication. Solid State Technol. (July 1987) 85-90

[6.50] Faith, T.J.; Wu, C.P.: Elimination of Hillocks on Al-Si Metallization by Fast-Heat-Pulse Alloying. Appl. Phys. Lett. 45 (1984) 470-472

[6.51] Nulman, J. et al.: Rapid Thermal Processing of Thin Gate Dielectrics. Oxidation of Silicon. IEEE El. Dev. Lett. EDL-6 (1985) 205-207

[6.52] van Houtum, H.J.W.; Jonkers, A.G.M.: Temperature Control in the Heatpulse 610 System. Nat.Lab. Technical Note 292/86, Philips Research Laboratories, Eindhoven 1986

Kapitel 7

[7.1] Sherman, A.: Chemical Vapor Deposition for Microelectronics. Park Ridge, New Jersey: Noyes Publications 1987

[7.2] Frey, H.; Kienel, G. (Hrsg.): Dünnschichttechnologie. Düsseldorf: VDI-Verlag 1987

[7.3] Gerthsen, C.: Physik. Berlin: Springer 1963

[7.4] Huppertz, H.: Modellierung einer Niederdruckabscheidung von SiO_2. Dissertation, Fakultät der RWTH Aachen, 1980

[7.5] Kamins, T.: Polycristalline Silicon for Integrated Cicuit Applications. Kluwer Academic Publishers 1988

[7.6] Bird, R.B.; Stewart, W.E.; Lightfoot, E.N.: Transport Phenomena. John Wiley + Sons 1960

[7.7] Wiesemann, K.: Einführung in die Gaselektronik. Stuttgart: B.G. Teubner 1976

[7.8] Kumagi, H.Y.: Design of Plasma Etching and Deposition Systems. J. Vac. Sci. Technol. A 4(3) (1986) 1800-1804

[7.9] Seegebrecht, P.; Sigmund, H.; Haberger, K.: Entwicklung und Einsatzmöglichkeiten von Produktionssystemen für die modulare Prozeßtechnik unter Berücksichtigung photonenunterstützter Prozesse. GME-Fachbericht 5 "Halbleiterfertigung", VDE-Verlag 1989, 125-136

[7.10] Singer, P.H.: Use Dry Pumps for Aluminum Etch and Other Challenging Processes. Semiconductor International (Oct. 1989) 70-73

[7.11] Wutz, M.; Adam, H.; Walcher, W.: Theorie und Praxis der Vakuumtechnik, 3. Aufl. Braunschweig, Wiesbaden: Vieweg 1986

[7.12] Rosler, R.S.: Low Pressure CVD Production Processes for Poly, Nitride and Oxide. Solid State Technology (April 1977) 63-70

[7.13] Lucovsky, G.; Tsu, D.V.: Plasma Enhanced Chemical Vapor Deposition: Differences between Direct and Remote Plasma Excitation. J. Vac. Sci. Technol. A 5(4) (1987) 2231-2238

[7.14] Verordnung über gefährliche Stoffe vom 26.8.86 (BGBl. I, S. 1470), 1. Aufl. Köln, Berlin, Bonn, München: Carl Heymanns Verlag 1986

[7.15] Kühn, Birett: Merkblätter Gefährliche Arbeitsstoffe. Ecomed, jährlich neu

[7.16] Schumacher, Carlsbad; Firmenschriften: Product Data Sheets, Material Safety Data Sheets

[7.17] Sze, S.M.(Ed.); Adams, A.C.: Dielectric and Polysilicon film deposition. In: VLSI Technology. Singapore: McGraw-Hill 1983

478

[7.18]   Harbeke, G. et al.: LPCVD Polycristalline Silicon: Growth and Physical Properties of In-situ Phosphorus Doped and Undoped Films. RCA Review 44 (1983) 287-312

[7.19]   Kern, W.; Rosler, R.S.: Advances in Deposition Processes for Passivation Films. J. Vac. Sci. Technol. 14 (1977) 1082-1099

[7.20]   Yeckel, A.; Middleman, S.: Stategies for the Control of Deposition Uniformity in CVD. J. Electrochem. Soc. 137 (1990) 207-212

[7.21]   Chin, B.L.; van de Ven, E.P.: Plasma TEOS Process for Interlayer Dielectric Applications. Solid State Technology (April 1988) 119-122

[7.22]   Pan, P. et al.: The Composition and Properties of PECVD Silicon Oxide Films. J. Electrochem. Soc. 132 (1985) 2012-2019

[7.23]   van de Ven, E.P.G.T.: Plasma Deposition of Silicon Dioxide and Silicon Nitride Films. Solid State Technology (April 1981) 167-171

[7.24]   Levin, R.M.; Evans-Lutterodt, K.: The Stepcoverage of Undoped and Phosphorus-doped SiO_2 Glass Films. J. Vac. Sci. Technol. B 1 (1983) 54-61

[7.25]   Adams, A.C.; Capio, C.D.: The Deposition of Silicon Dioxide Films at Reduced Pressure. J. Electrochem. Soc. 126 (1979) 1042-1046

[7.26]   Visser, C.G.: Supply Techniques for Liquid Starting Materials with a Low Vapour Pressure into CVD Reactors. Report 18/89EN, Philips CFT, Eindhoven 1989

[7.27]   Tong, J.E. et al.: Process and Film Characterization of PECVD Borophosphosilicate Films for VLSI Applications. Solid State Technology (Jan. 1984) 161-170

[7.28]   Wong, J.: A Review of Infrared Spectroscopic Studies of Vapour Deposited Dielectric Glass Films on Silicon. J. El. Mat. 5 (1976) 113

[7.29]   Becker, F.S. et al.: Process and Film Characterization of Low Pressure Tetraethylorthosilicate-borophosphosilicate Glass. J. Vac. Sci. Technol. B 4 (1986) 732-744

[7.30]   Hurley, K.H.; Bartholomew, L.D.: BPSG Films Deposited by APCVD. Semiconductor International (Oct. 1987) 91-95

[7.31]   Law, K. et al.: Plasma-enhanced Deposition of Borophosphosilicate Glass using TEOS and Silane Sources. Solid State Technology (April 1989) 60-62

[7.32]   Shioya, Y.; Maeda, M.: Comparison of Phosphosilicate Glass Films Deposited by Three Different Chemical Vapour Deposition Methods. J. Electrochem. Soc. 133 (1986) 1943-1950

[7.33]   Kern, W.; Schnable, G.L.: Chemically Vapor-deposited Borophosphosilicate Glasses for Silicon Device Applications. RCA Review 43 (1982) 423-457

[7.34]   Levin, R.M.; Adams, A.C.: Low Pressure Deposition of Phosphosilicate Glass Films. J. Electrochem. Soc. 129 (1982) 1588-1592

[7.35]   Williams, D.S.; Dein, E.A.: LPCVD of Borophosphosilicate Glass from Organic Reactants. J. Electrochem. Soc. 134 (1987) 657-664

[7.36]   Becker, F.S.; Röhl, S.: Low Pressure Deposition of Doped SiO_2 by Pyrolisis of Tetraethylorthosilicate (TEOS). J. Electrochem. Soc. 134 (1987) 2923-2931

[7.37]   Levy, R.A.; Nassau, K.: Reflow Mechanisms of Contact Vias in VLSI Processing. J. Electrochem. Soc. 133 (1986) 1418-1424

[7.38]   Hashimoto, N. et al.: Glass Flow Mechanism of Phosphosilicate Glass and its Application in MOS Devices. Jap. J. Appl. Phys. 16 (1977) Suppl. 16-1, 73-77

[7.39]   Mercier, J.S.: Rapid Flow of Doped Glasses for VLSIC Fabrication. Solid State Technology (July 1987) 85-91

[7.40] Roenigk, K.F.; Jensen, K.F.: Low Pressure CVD of Silicon Nitride. J. Electrochem. Soc. 134 (1987) 1777-1785

[7.41] Claasen, W.A.P. et al.: Influence of Deposition Temperature, Gas Pressure, Gas Phase Composition and RF Frequency on Composition and Mechanical Stress of Plasma Silicon Nitride Layers. J. Electrochem. Soc. 132 (1985) 893

[7.42] Claasen, W.A.P. et al.: Characterization of Plasma Silicon Nitride Layers. J. Electrochem. Soc. 130 (1983) 2419-2423

[7.43] Kapoor, V.J.; Bailey, R.S.: Hydrogen-related Memory Traps in Thin Silicon Nitride Films. J. Vac. Sci. Technol. A 1 (1983) 600-603

[7.44] Wolf, S.; Tauber, R.N.: Silicon Processing for the VLSI Era. Sunset Beach, Cal.: Lattice Press 1986

[7.45] Makino, T.: Composition and Control by Source Gas Ratio in LPCVD SiN_x. J. Electrochem. Soc. 130 (1983) 450-455

[7.46] Kuiper, A.E.T. et al.: Deposition and Composition of Silicon Oxynitride Films. J. Vac. Sci. Technol. B 1 (1983) 62-66

[7.47] Denisse, C.M.M. et al.: Plasma-enhanced Growth and Composition of Silicon Oxynitride Films. J. Appl. Phys. 60 (1986) 2536-2542

Kapitel 8

[8.1] Pramanik, D.; Saxena, A.N.: VLSI Metallization Using Aluminum and its Alloys. Solid State Tech.: Pt.I (Jan. 83) 127-133, Pt.II (Mar. 83) 131-138

[8.2] Iscoff, R.: Trends in Metallization Materials. Semiconduct International (Oct. 82) 57-65

[8.3] Vossen, J.L. (Editor): Bibliography on Metallization Materials and Techniques for Silicon Devices. VII (1981), VIII (1982), American Vacuum Society

[8.4] Sze, M.S.: Physics of Semiconductor Devices. 2nd Ed. John Wiley & Sons, 304

[8.5] Wolf, S.; Tauber, R.N.; Silicon Processing for the VLSI Era, Volume 1. Lattice Press, Sunset Beach, California (1987) 335-374

[8.6] Hinson, D.C.; McLachlan, D.R.; Smith, J.; Aronson, A; Stander, R.: The Book of Basics. 3rd Ed., Material Research Corp., Orangeburg, New York

[8.7] Smith, J.F.; Hinson, D.C.; Aronson, A. J.; Park, Y.H.; McLachlan, D.R.; Gibson R.C.; Avins, J.B.; Wagner, I.; Beeston, B.E.P.: The 36th, 37th and 38th Sputtering Schools; Sputtering and Dry Etching Technology for VLSI and ULSI Devices. Material Research Corp., Orangeburg, New York, 1986

[8.8] Hansen, M.: Constitution of Binary Alloys. McGraw-Hill Book Company (1958) 133

[8.9] Philips Research Report WJR M88/12222

[8.10] Murarka, S.P.: Silicides for VLSI Applications. Academic Press, Orlando, Fla. (1983)

[8.11] Chow, T.P.; Steckl, A.J.: Refractory Metal Silicides: Thin Film Properties and Processing Technology. IEEE Trans. on Electron Devices, Vol. ED-30, No.11 (1983) 1480-1497

[8.12] Murarka, S.P.; Fraser, D.B.: Silicide Formation in Thin Cosputtered (Titanium + Silicon) Films on Polycristalline Silicon and SiO_2. J. Appl. Phys. 51 (1980) 350-356

[8.13] Okabayashi, H. et al.: Low Resistance MOS Technology Using Self-Aligned Refractory Silicidation. IEDM Tech. Dig. (1982) 556-557

[8.14] Wang, A.; Lien, J.: A Self-Aligned Titanium Polycide Gate and Interconnect Formation Scheme Using Rapid Thermal Annealing. VLSI Science and Technology (1985), Eds. Bullis, W.M. and Broydo, S.: Electrochem. Soc., Pennington, N.J. (1985) 203-212

[8.15] Bartur, M.; Nicolet, M.A.: Thermal Oxidation of Transition Metal Silicides on Si: Summary. J. Electrochem. Soc. 131 (Feb. 84) 371-375

[8.16] Gardener, D.S. et al.: Layered and Homogeneous Films of Aluminum and Aluminum/Silicon with Titanium and Tungsten for Multilevel Interconnects. IEEE Trans. on Electron Devices, Vol. ED-32, No.2 (Feb. 85) 174-183

[8.17] Peck, D.S.: The Design and Evaluation of Reliable Plastic-Encapsulated Semiconductor Devices. Proceedings 8th Annual Reliability Physics Symposium, Las Vegas, Nevada (April 1970) 81-93

[8.18] Reich, B.; Hakim, E.B.: Environmental Factors Governing Field Reliability of Plastic Transistors and Integrated Circuits. Proceedings 10th Annual Reliability Physics Symposium, Las Vegas, Nevada (April 1972) 82-87

[8.19] Gunn, J.E.; Camenga, R.E.; Malik, S.K.: Rapid Assessment of the Humidity Dependence of IC Failure Modes by Use of Hast. 21st Annual Proceedings IEEE/IRPS (1983) 66-72

[8.20] Striny, K.M.; Schelling, A.W.: Reliability Evaluation of Aluminum-Metallized MOS Dynamic Rams in Plastic Packages in High Humidity and Temperature Environments. 31st ECC Proceedings (1981) 238-244

[8.21] Küderle, N.: Temperatur-Feuchte-Test an kunststoffverkapselten integrierten Halbleiterschaltkreisen. Elektronik Produktion & Prüftechnik (Januar 1982) 61-64

[8.22] D'Heurle, F.M.: Electromigration and Failure in Electronics: An Introduction. Proc. IEEE, Vol. 59 (1971) 1409-1418

[8.23] Black, J.R.: Electromigration - A Brief Survey and Some Recent Results. IEEE Trans. Electron Dev., Vol. ED-16 (1969), 338-347

[8.24] Ghate, P.B.: Electromigration-Induced Failures in VLSI Interconnects. 20th Annual Proc. IEEE/IRPS (1982) 292-299

[8.25] Sigsbee, R.A.: Failure Model for Electromigration. 11th International Reliability Physics Symposium Proceedings (1973) 301-305

[8.26] Schafft, H.A.; Grant, T.C.; Saxena, A.N.; Kao, C.: Electromigration and the Current Density Dependence. 23rd International Reliability Physics Symposium Proceedings (1985) 93-99

[8.27] Black, J.R.: Electromigration of Al-Si Alloy Films. 16th Annual Proceedings Reliability Physics Symp. (1978) 233-240

[8.28] Thomas, R.W.; Calabrese, D.W.: Phenomenological Observations on Electromigration. IEEE/IRPS (1983) 1-9

[8.29] Black, J.R.: Electromigration Failure Modes in Aluminum Metallization for Semiconductor Devices. Proc. of the IEEE, Vol. 57, No.9 (1969) 1587-93

[8.30] Schafft, H.A.; Younkins, C.D.; Grant, T.C.: Effect of Passivation and Passivation Defects on Electromigration Failure in Aluminum Metallization. 22nd Annual Proc. IEEE/IRPS (1984) 250-253

[8.31] Merchant, P.; Cass, T.: Comparative Electromigration Tests of Al-Cu Alloys. 22nd Annual Proc. IEEE/IRPS (1984) 259-261

[8.32] Thomas, R.E.: Stress-induced Deformation of Aluminum Metallization in Plastic Molded Semiconductor Devices. IEEE Transaction on Components, Hybrids, and Manufacturing Technology, Vol. CHMT-8, No.4 (1985) 427-434

[8.33] Edwards, D.R.; Groothuis, S.K.; Murtuza, M.: VLSI Packaging Thermome-chanical Stresses.

[8.34] Natarajan, B.; Bhattacharyya, B.: Die Surface Stresses in a Molded Plastic Package. Proc. 36th Electronic Components Conference (1989) 544-551

Kapitel 9

[9.1] de Groot, S.; Mazur, P.: Anwendung der Thermodynamik irreversibler Prozesse. Bibliographisches Institut Mannheim (1974)

[9.2] Morin, F.J.; Maita, J.P.: Electrical Properties of Silicon Containing Arsenic and Boron. Phys. Rev. 96 (1954) 28

[9.3] Fick, A.: Ann. Phys., Vol. 94 (1953) 59

[9.4] Ruge, I.: Halbleiter-Technologie, Springer-Verlag, 1975

[9.5] Ryssel, H.; Ruge, I.: Ionenimplantation. Teubner: Stuttgart 1978

[9.6] Fair, R.B.: Concentration Profiles of Diffused Dopants in Silicon, in Wang, F.F.Y.(Ed.): Impurity Doping Processes in Silicon. North-Holland, New York 1981

[9.7] Ghezzo, M.: Diffusion from a Thin Layer into a Semi-Infinite Medium with Concentration Dependent Diffusion Coefficient. J. Electrochem. Soc. 120 (1973) 1123ff

[9.8] Guerreo, E.; Plötzl, H.; Tielert, R.; Grasserbauer, M.; Stingeder, G.: Generalized Model for the Clustering of As Dopants in Si. J. Electrochem. Soc. 129 (1982) 1826

[9.9] Lietoilla, A.; Gibbons, J.F.; Regolini, J.L.; Sigmon, T.W.; Magee, T.J.; Peng, J.; Hong, J.D.: Observations of Metastable Concentrations of As in Si Induced by CW Scanned Laser and Electron-Beam Annealing. Electrochem. Soc., Fall Meeting, Los Angeles, California, Extended Abstracts (1979) 1295

[9.10] Angelucci, R.; Celotti, G.; Nobli, D.; Solmi, S.: Precipitation and Diffusivity of Arsenic in Silicon. J. Electrochem. Soc. 132 (1985) 2726

[9.11] Seegebrecht, P.: Der PNM-Transistor - Eine skalierfähige bipolare Transistorstruktur. Dissertation, RWTH Aachen, 1981

[9.12] Ryssel, H.; Müller, K.; Haberger, K.; Henkelmann, R.; Jahnel, F.: High Concentration Effects of Ion Implanted Boron in Silicon. Appl. Phys. 22 (1980) 35

[9.13] Ryssel, H.: private Mitteilung

[9.14] Matano, C.: On the Relation between the Diffusion Coefficients and Concentration of Solid Metals (The Nickel-Copper System). Jap. J. Phys. 8 (1933) 109

[9.15] Guerreo, E.; Jüngling, W.; Plötzl, H.; Gösele, U.; Mader, L.; Grasserbauer, M.; Stingeder, G.: Determination of the Retarded Diffusion of Antimony by SIMS Measurements and Numerical Simulations. J. Electrochem. Soc. 133 (1986) 2181

[9.16] Hu, S.M.: Formation of Stacking Faults and Enhanced Diffusion in the Oxidation of Silicon. J. Appl. Phys. 45 (1974) 1567

[9.17] Lin, A.; Dutton, R.; Antoniadis, D.; Tiller, W.: The Groeth of Oxidation Stacking Faults and the Point Defect Generation at Si-SiO Interface during Thermal Oxidation of Silicon. J. Electrochem. Soc. 128 (1981) 1121

[9.18] Dt. Forschungsgemeinschaft (Hrsg.): Maximale Arbeitsplatzkonzentrationen und biologische Arbeitsstofftoleranzwerte 1986. Weinheim: VCH 1986

[9.19] Heynes, M.S.R.; van Loon, P.G.G.: Phosphorus Diffusion into Silicon using Phoshine. J. Electrochem. Soc. 116 (1969) 890-893

[9.20] Heynes, M.S.R.: Boron Diffusion into Silicon using Diborane. Electrochem. Technol. 5 (1967) 25-29

[9.21] Hsueh, Y.W.: Arsenic Diffusion in Silicon using Arsine. Electrochem. Technol. 6 (1968) 361-365

[9.22] Weast, R.C. (Ed.): Handbook of Chemistry and Physics. Cleveland: Chemical Rubber 1972 D-171ff

[9.23] Heynes, M.S.R.; Wilkerson, J.T.: Phosphorus Diffusion in Silicon using $POCl_3$. Electrochem. Technol. 5 (1967) 464-467

[9.24] Parekh, P.C.: On the Uniformity of Phosphorus Emitter Concentration for Shallow Diffused Transistors. J. Electrochem. Soc. 119 (1972) 173-177

[9.25] Parekh, P.C.; Goldstein, D.R.: The Influence of Reaction Kinetics between BBr_3 and O_2 on the Uniformity of Base Diffusion. Proc. IEEE 57 (1969) 1507-1512

[9.26] Jones, N.: A Solid Planar Source for Phosphorus Diffusion. J. Electrochem. Soc. 123 (1976) 1565-1569

[9.27] Rupprecht, D.; Stach, J.: Oxidized Boron Nitride Wafers as an In-situ Boron Dopant for Silicon Diffusions. J. Electrochem. Soc. 120 (1973) 1266-1271

[9.28] Tressler, R.E. et al: Present Status of Arsenic Planar Diffusion Sources. Solid State Technol. (Oct. 1984) 165-171

[9.29] Monkowski, J.; Stach, J.: System Characterization of Planar Source Diffusion. Solid State Technol. (Nov. 1976) 38-43

Kapitel 10

[10.1] Gibbons, J.F.: Ion Implantation in Semiconductors. Proc. IEEE. Vol. 59, (1968) 295 und Vol. 60 (1972) 1062

[10.2] Dearnaly, G.; Freeman, J.H.; Nelson, R.S.; Stephen, J.: Ion Implantation. North-Holland Publishing Company: Amsterdam 1973

[10.3] Ryssel, H.; Ruge, I.: Ionenimplantation. B.G. Teubner: Stuttgart 1978

[10.4] Ziegler, J.F. (Ed): Ion Implantation - Science and Technology. Academic Press 1984

[10.5] Ziegler, J.F.; Biersack, J.P.; Littmark, J.: The Stopping and Range of Ions in Solids. Pergamon Press 1985

[10.6] Carter, G.; Grant, W.A.: Ionenimplantation in der Halbleitertechnik. Carl Hanser Verlag: München - Wien 1981

[10.7] Lindhard, J; Scharff, M.; Schiott, H.E.: Range Concepts and Heavy Ion Ranges. Kgl. Danske Videnskab. Selbkab. Mat.-Fys. Medd. 33 (1963)

[10.8] Gibbons, J.F.; Johnson, W.S.; Mylroie, S.M.: Projected Range Statistics. Dowden, Hutchinson and Ross, Inc., Stroudsboury, U.S.A. 1975

[10.9] Landolt-Börnstein: Semiconductors: Technology of Si, Ge and SiC. Ed. Madelung, O.; Schulz, M.; Weiss,H.; Springer-Verlag 1984

[10.10] Ryssel, H.; Prinke, G.; Haberger, K.; Hoffmann, K.; Müller, K.; Henkelmann, R.: Range Parameter of Boron Implanted into Silicon. Appl. Phys. Vol. 24 (1981) 39

[10.11] Hofker, W.K.: Implantation of Boron in Silicon. Philips Res. Repts. Suppl. No.8 (1975)

[10.12] Turner, N.L.; Current, M.; Smith, T.C.; Crane, D.: Effects of Planar Channeling Using Moden Ion Implantation Equipment. Solid State Techn. Feb. 1985

[10.13] Christel, L.A.; Gibbons, J.F.: Recoil Range Distributions in Multilayered Targets. Nucl. Instr. and Meth. 182/183 (1981) 187

[10.14] Tkuyama, T.; Miyao, M.; Yoshihiro, N.: Nature and Annealing Behaviour of Disorders in Ion Implanted Silicon. Jap. J. Appl. Phys. 17 (1978) 1301

[10.15] Okuyama, Y.; Hashimoto, T.; Koguchi, T.: High Dose Ion Implant into Photoresist. J. Electrochem. Soc. Vol. 125 (1978) 1293

[10.16] Csepregi, L.; Mayer, J.W.; Sigmon, T.W.: Regrowth Behaviour of Ion Implanted Amorphous Layers on (111) Silicon. Appl. Phys. Lett. 29 (1976) 92

[10.17] Young, R.T.; White, C.W.; Clark, G.J.; Marayan, J.; Christie, W.H.; Marakami, M.; King, P.W.; Kramer, D.: Laser Annealing of Boron Implanted Silicon. Appl. Phys. Lett. Vol. 32 (1978) 139

[10.18] Ryssel, H.; Glawischnig, H. (Eds.): Ion Implantation: Equipment and Techniques. Springer-Verlag 1982

[10.19] Current, M.I.; Cheung, N.W.; Weisenberger, W.; Kirby, K. (Eds.): Ion Implantation Technology. Proc. of the Sixth Int. Conf. on Ion Implantation Technology, University of California (1986)

[10.20] Ryssel, H.; Haberger, K. in [10.4]

Kapitel 11

[11.1] Burkman, D.C.; Peterson, C.A.; Zazzera, L.A.; Kopp, R.J.: Understanding and specifying the sources and effects of surface contamination in semiconductor processing. Microcontamination 6,11 (1988) 57

[11.2] Skidmore, K.: Cleaning Techniques for Wafer Surfaces. Semiconductor International 9 (1987) 80

[11.3] Burkman, D.C.; Schmidt, W.R.; Peterson, C.A.; Phillips, B.F.: Critical Wafer Cleaning. Proc. Semiconductor Intern. (1983) 25

[11.4] Kern, W.; Puotinen, D.A.: Cleaning Solutions based on hydrogen peroxide for use in silicon semiconductor technology. RCA Review 31 (1970) 187

[11.5] Kern, W.: Hydrogen peroxide solutions for silicon wafer cleaning. RCA Engineer 28,4 (1983) 99

[11.6] Kern, W.: Radiochemical Study of Semiconductor Surface Contamination, 1. Adsorption of reagent components, 2. Deposition of trace impurities on silicon and silica. RCA Review 31 (1970)

[11.7] Ruzyllo, J.: Evaluating the feasability of dry cleaning of silicon wafers. Microcontamination 6,3 (1988) 39

Kapitel 12

[12.1] Sze, S.M.: Physics of Semiconductor Devices. John Wiley & Sons, 1981

[12.2] Troutman, R.R.: Latchup in CMOS Technology - The Problem and its Cure. Kluwer Academic Publishers, 1986

[12.3] Hacke, H.-J.: Montage Integrierter Schaltungen. Serie Mikroelektronik: Herausgeber Engl, W.L.; Friedrichs, H.; Weinerth, H.; Springer-Verlag, 1987

[12.4] Appels, J.A.; Kooi, E.; Pfaffen, M.M.; Schlorje, J.J.H.; Verkuylen, W.H.C.G.: Local Oxidation of Silicon and its Application in Semiconductor Technology. Philips Res. Rep., Vol. 25, pp.118, 1970

[12.5] van der Plas, P.A.; Wils, N.A.H.; de Werdt, R.: Geometry Dependent Bird's Beak Formation for Submicron LOCOS Isolation, 19th European Solid State Device Research Conference, ESSDERC 89, Springer-Verlag, 131, 1989

[12.6] Kooi, E.; van Lierop, J.G.; Appels, J.A.: Formation of Silicon Nitride at a Si-SiO_2 Interface during Local Oxidation of Silicon and During Heattreatment of Oxidized Silicon in NH_3 Gas. J. Electrochem. Soc. ,123(7), 1117-1120, 1976

[12.7] Chapman, R.A.; Haken, R.A.; Bell, D.A.; Wei, C.C.; Havemann, R.H.; Tang, T.E.; Holloway, T.C.; Gale, R.J.: An 0.8 μm CMOS Technology for High Performance Logic Applications. IEDM 87, Washington D.C., Tech. Digest, 362-365, 1987

[12.8] Matsukawa, M.; Nozawa, N.; Matsunaga, J.; Kohyama, S.: Selective Polysilicon Isolation. IEEE Trans. Electron Devices ED-29(4), 561-567, 1982

[12.9] Teng, C.W.; Pollack, G.; Hunter, W.R.: Optimization of Sidewall Masked Isolation Process. IEEE Trans. Electron Devices ED-32(2), 124-131, 1985

[12.10] Shibata, T.; Nakayama, R.; Kurosawa, K.; Onga, S.; Konaka, M.; Iizuka, H.: A Simplified BOX (buried oxide) Isolation Technology. IEDM 83, Washington D.C., Tech. Digest, 27-30, 1983

[12.11] Fuse, G.; Fukumoto, M.; Shinohara, A.; Odanaka, S.; Sasago, M.; Ohzone, T.: A New Isolation Method with Boron-Implanted Sidewalls for Controlling Narrow-Width Effects. IEEE Trans. Electron Devices ED-34(2), 356-360, 1987

[12.12] Voß, H.-J.: MOS Transistoren in selektiver Epitaxie. Dissertation, Fakultät für Elektrotechnik der RWTH-Aachen, 1988

[12.13] de Werdt, R.: The Development and Status of an N-Well CMOS Process, Internal Report, Philips Research Laboratories, 1983

[12.14] Weiß, H.; Horninger, K.: Integrierte MOS-Schaltungen. Springer-Verlag, 1982

[12.15] Bräunig, D.: Wirkung hochenergetischer Strahlung auf Halbleiterbauelemente. Serie Mikroelektronik, Herausgeber: Engl, W.L.; Friedrichs, H.; Weinerth, H.; Springer-Verlag, 1989

[12.16] Cohen, S.S.; Gildenblatt, G.SH.: Metal-Semiconductor Contacts and Devices. VLSI Electronics Vol. 13, Ed. Einspruch, N.G.; Academic Press, 1986

[12.17] Sanchez, J.J.; Hsueh, K.K.; DeMasa, T.A.: Drain-Engineered Hot-Electron Resistent Device Structures: A Review. IEEE Trans. Electron Devices ED-36(6), 1125-1132, 1989

[12.18] Process and Device Modelling. Herausgeber Engl, W.L.: Advances in CAD for VLSI, Vol. 1, North-Holland, 1986

[12.19] Colinge, J.-P.: Thin-Film SOI Technology: The Solution to Many Submicron CMOS Problems. IEDM 89, Washington D.C., 817- 820, 1989

[12.20] Seegebrecht, P.: SOI-Technologien. GME-Fachbericht 4 Mikroelektronik, VDE-Verlag, 97-102, 1989

[12.21] Akasaka, Y.: Three-Dimensional IC Trends. Proc. IEEE, Vol. 74, 1703-1714, 1986

Kapitel 13

[13.1] Eo, K.S.; Kyung, C.M.: A New Design Rule Checker based on Corner Checking and Bit Mapping. Proceedings of ISACS (1985) 1289 - 1292

[13.2] Heavlin, W.D.; Beck, C.: On Yield Optimizing Design Rules. IEEE Circuits and Device Magazine (March 1985) 7-12

[13.3] Fehling, H.: Erhöhung der Packungsdichte von VLSI-Schaltungen durch automatisches Justieren. BMFT-Forschungsbericht T85-020 (1985)

[13.4] Rung, R.D.: Determining IC Layout Rules for Cost Minimization. IEEE Journal of Solid State Circuits (February 1981) 35-43

[13.5] Lin, S.S.; et al.: 1,5 μm Scaled CMOS Microcomputer Technology. Proceedings of IEEE International Solid State Circuits Conference (1984) 156-157

[13.6] Tielert, R.; Werner, C.; Beinvogel, W.: Scaling of Complex Logic Circuits from 2 μm to 1,5 μm Design Rules. Siemens Forsch.- u. Entwickl.-Ber. 13 (1984) 221-227

Kapitel 14

[14.1] Bindell, J.B.: Analytical Techniques in: Sze, S.M.: VLSI Technology, 516-565; McGraw-Hill 1988

[14.2] McGuire, G.E.: Characterization of Semiconductor Materials in: McGuire, G.E.: Semiconductor Materials and Process Technology Handbook, 610-668; Noyes Publications 1988

[14.3] Beck, F.: Präparationstechniken für die Fehleranalyse an integrierten Halbleiterschaltungen. VCH Verlagsgesellschaft 1988

[14.4] Bösenberg, W.A.; Goldsmith, N.: Parametric Testing of Integrated Circuits - an Overview. RCA Engineer 30-2 (March/April 1985) 29-33

[14.5] Richter, H.: Elektrische Charakterisierung und Kontrolle von MOS- und Bipolarprozessen. Mikroelektronik 2 (1988) 268-271

[14.6] Hoefer, E.E.E.; Nielinger, H.: Spice - Analyseprogramm für elektronische Schaltungen. Springer 1985

[14.7] Buehler, M.G.; Linholm, L.W.: Role of Test Chips in Coordinating Logic and Circuit Design and Layout Aids for VLSI. Solid State Technology 9/81, 68-74

[14.8] Perloff, D.S.; Wahl, F.E.; Mallory, C.L.; Mylroie, S.W.: Microelectronic Test Chips in Integrated Circuit Manufacturing. Solid State Technology 9/81, 75-80

[14.9] Mitchell, M.A.: Defect Test Structures for Characterization of VLSI Technologies. Solid State Technology 5/85, 207-213

[14.10] Linholm, L.W.: The Design, Testing and Analysis of a Comprehensive Test Pattern for Measuring CMOS/SOS Process Performance and Control. NBS Special Publication, Semiconductor Measurement Technolgy 1981

[14.11] Chen, I.: A Methodology for Optimal Test Structure Design. Research Report No. CMUCAD-85-50, Carnegie Mellon University, Pittsburgh

[14.12] Buehler, M.G.: Comprehensive Test Patterns with Modular Test Structures: The 2 by n Probe Pad Array Approach. Solid State Technology 10/79, 89-94

[14.13] Alcorn, C.: Kerf Structure Designs for Process Problem Debugging and Yield Prediction Experiments. Solid State Technology 3/86, 87-92

[14.14] Alcorn, C.: Kerf Test Structure designs for Process and Device Characterization. Solid State Technology 5/85, 229-234

[14.15] Joosten, J.J.M.; Ketting, A.; Melis, F.: Process Related Design Philosophy. Report WJR-M86/05-001, Philips Research Lab. Eindhoven

[14.16] Chrones, C.: Parametric Test Systems for Wafer Processing. Semiconductor International 3 (1980) 113-122

[14.17] Kaempf, U.: Automated Parametric Testers to Monitor the Integrated Circuit Process. Solid State Technology 9/81, 81-87

486

[14.18] Versnel, W.: Analysis of the Greek Cross, a Van der Pauw Structure with Finite Contacts. Solid-State Electronics, Vol. 22 (1979) 911-914

[14.19] Glaser, A.B.; Subak-Sharpe, G.E.: Integrated Circuit Engineering. Addison-Wesley Publishing Company 1977

[14.20] Buehler, M.G.; Grant, S.D.; Thurber, W.R.: Bridge and van der Pauw Sheet resistors for Characterizing the Line Width of Conducting Layers. Electrochemical Society 125 (1978) 650-654

[14.21] Swaving, S.; Van der Klauw, K.L.M.; Joosten, J.J.M.: Analysis of the Determination of the Dimensional Offset of Conducting Layers and MOS Transistors. Proc. IEEE 1989 Int. Conference on Microelectronic Test Structures, Vol. 2, No. 1, March 1989, 15-21

[14.22] Joosten, J.J.M.: Private Mitteilung

[14.23] Perloff, D.S.: A Four Point Electrical Measurement Technique for Characterizing Mask Superposition Errors on Semiconductor Wafers. IEEE Journal of Solid State Circuits, SC-13 (1978) 436-444

[14.24] Hasan, T.F.; Katzmann, S.U.; Perloff, D.S.: Automated Electrical Measurements of Registration Errors in Step and Repeat Optical Lithography Systems. IEEE Trans. Electron Devices, ED-27 (1980) No. 122

[14.25] Keller, G.A.: Practical Process Applications of a Commercially Available Electrical Overlay and Linewidth Measuring System. SPIE Vol. 538 Optical Microlithography IV (1985) 166-170

[14.26] Loh, W.M.; Swirhun, S.E.; Schreyer, T.A.; Swanson, R.M.; Saraswat, C.: Modeling and Measurement of Contact Resistances. IEEE Trans. Electron Devices, ED-34 (1987) 512-524

[14.27] Gillenwater, R.L.; Hafich, M.J.; Robinson, G.Y.: The Effect of Lateral Current Spreading on the Specific Contact Resistivity in D-resistor Kelvin Devices. IEEE Trans. Electron Devices, ED-34 (1987) 537-543

[14.28] Cohen, S.S.; Gildenblat: Metal-Semiconductor Contacts and Devices in: Einspruch, N.G.(Editor): VLSI Electronics 13, 87-133; Academic Press Inc., 1986

[14.29] Wolters, D.R.; Verwey, J.F.: Breakdown and Wear-out Phenomena in SiO_2 Films in: Barbottin, G.; Vapaille, A. (Editors): Instabilities in Silicon Devices Vol. 1, 315-362; North-Holland 1986

[14.30] Wolters, D.R.: Growth, Conduction, Trapping and Breakdown of SiO_2 Layers on Silicon. Doktorarbeit Universität Groningen 1985

[14.31] Iwai, H.; Kohyama, S.: On-chip Capacitance Measurement Circuits in VLSI Structures. IEEE Trans. Electron Devices ED-29 (1982) 1622-1626

[14.32] Kortekaas, C.: Floating-gate Capacitance Measurement Circuits for Process Characterization and Process Monitoring. Proceedings of the 1990 IEEE International Conference on Microelectronic Test Structures, March 1990

[14.33] Klaassen, F.M.: Compact MOSFET Modelling; Process and Device Modelling, Edited by W.L. Engl, North Holland Publishing Company 1986

[14.34] De Graaff, H.C.; Klaassen, F.M.: Compact Transistor Modelling for Circuit Design; Springer-Verlag Wien New York, 1990

[14.35] Tuinhout, H.P.; Swaving, S.; Joosten, J.J.M.: A Fully Analytical MOSFET Model Parameter Extraction Approach. Proceedings of the 1988 IEEE International Conference on Microelectronic Test Structures, 79-84, February 1988

[14.36] El-Kareh, B.; Bombard, R.J.: Introduction to VLSI Silicon Devices. Kluwer Academic Publishers, 1986

[14.37] Beitman, B.A.: N-channel MOSFET Breakdown Characteristics and Modeling for p-well Technologies. IEEE Trans. Electron Devices ED-35 (1988) 1935-1941

[14.38] Swaving, S.; Ketting, A.; Trip, A.: MOS-IC Process and Device Characterization within Philips. Proceedings of the 1988 IEEE International Conference on Microelectronic Test Structures, 180-184, February 1988

[14.39] Description of the Generic PCM Evaluation System GEPSYS. ©N.V. Philips Gloeilampenfabrieken 1989

[14.40] PDP-11 FORTRAN-77 User's Guide. digital equipment corporation

[14.41] RSX-11M Command Language Manual. digital equipment corporation

[14.42] Description of the Generic Test Library of PCM Measurement Routines GETLIB. ©N.V. Philips Gloeilampenfabrieken 1989

[14.43] Description of the Generic PCM Evaluation Program GENPEP, a Program for the Statistical Analysis and Printout of PCM Results. ©N.V. Philips Gloeilampenfabrieken 1989

Kapitel 15

[15.1] Montgomery, D.C.: Introduction to Statistical Quality Control. John Wiley & Sons, 1985

[15.2] Mortimer, J. (Editor): Statistical Process Control. IFS Publications / Springer-Verlag, 1988

[15.3] Grant, E.L.; Leavenworth, R.S.: Statistical Quality Control. McGraw-Hill, 6. edition, 1988

Kapitel 16

[16.1] Murphy, B.T.: Cost-Size Optima of Monolithic Integrated Circuits. Proc. IEEE 52 (1964) 1537

[16.2] Seeds, R.B.: Yield, Economic, and Logistic Models for Complex Digital Arrays. IEEE Conf. Rec. 6 (1967) 60

[16.3] Price, J.E.: A New Look at Yield of Integrated Circuits. Proc. IEEE 58 (1970) 1290

[16.4] Hilberg, W.: Grundprobleme der Mikroelektronik. Oldenbourg 1982

[16.5] Stapper, C.H.: LSI Yield Modeling and Process Monitoring. IBM J.Res.Dev. 20,5 (1976) 228

[16.6] Stapper, C.H.: On Yield, Fault Distributions, and Clustering of Particles. IBM J.Res.Dev. 30,3 (1986) 326

[16.7] Warner, R.M.: Applying a Composite Model to the IC Yield Problem. IEEE J. Solid State Circuits SC-9,3 (1974) 86

[16.8] Gandemer, S.; Tremintin, B.C.; Charlot, J.-J.: Critical Area and Critical Levels Calculation in I.C. Yield Modeling. IEEE Trans. Electron Devices 35,2 (1988) 158

[16.9] Mitchell, M.A.: Defect Test Structures for Characterization of VLSI Technologies. Solid State Technology 28,5 (1985) 207

[16.10] Lukaszek, W.; Yarbrough, W.; Walker, T.; Meindl,J.: CMOS Test Chip Design for Process Problem Debugging and Yield Prediction Experiments. Solid State Technology 29,3 (1986) 87

[16.11] Peuscher, J.F.; Beem, D.J.L.: Yield Analysis and Improvement of CCD Devices. Solid State Technology 29,2 (1986) 111

[16.12] Bertram, W.J.: Yield and Reliability. In: Sze, S.M. (ed.) VLSI Technology. Mc Graw Hill 1983

[16.13] Goldthwaite, L.R.: Failure Rate Study for the Lognormal Lifetime Model. IEEE Proc. 7th Symp. on Reliability and Quality Control 1961

Index

494

MIKROELEKTRONIK

Herausgeber: W. Engl, H. Friedrich, H. Weinerth

H.-J. Hacke

Montage Integrierter Schaltungen

1987. X, 211 S. 100 Abb. Brosch. DM 88,- ISBN 3-540-17624-1

Inhaltsübersicht: Montage integrierter Schaltungen. – Beteiligte Verbindungs-
partner in der Montagetechnik. – Verbindung Chip-Substrat. – Kontaktier-
verfahren. – Schutz kontaktierter Halbleiter. – Fertigbearbeitung umhüllter
integrierter Schaltungen. – Gehäusebauformen. – Eigenschaften von
Gehäusen. – Ausblick. – Literaturverzeichnis. – Erläuterungen gebräuchlicher
Abkürzungen und Fremdwörter. – Stichwortverzeichnis.

A. Kemper, M. Meyer

Entwurf von Semicustom-Schaltungen

1989. X, 250 S. 84 Abb. Brosch. DM 88,- ISBN 3-540-51561-5

Inhaltsübersicht: Anwendungsspezifische integrierte Schaltungen (ASICs). –
Technologien. – Semicustom-Schaltungen. – CAD-Werkzeuge. – Design-
Ablauf. – Test von Semicustom-Schaltungen. – Literatur. – Sachregister.

Folgende Bände sind in Vorbereitung:

J. Macha
Entwurf testfreundlicher Schaltungen
Etwa 150 S. Brosch. ISBN 3-540-17619-5

H. J. Pfleiderer, W. Ulbrich
Integrierte digitale Signalverarbeitung
Etwa 250 S. 150 Abb. Brosch. ISBN 3-540-52186-0

H. Conzelmann, U. Kiencke
Mikroelektronik im Kraftfahrzeug
Etwa 150 S. Brosch. ISBN 3-540-50128-2

Springer-Verlag
Berlin
Heidelberg
New York
London
Paris
Tokyo
Hong Kong
Barcelona

MIKROELEKTRONIK

Herausgeber: W. Engl, H. Friedrich, H. Weinerth

J. Eggers (Hrsg.)

Entwurf kundenspezifischer, integrierter MOS-Schaltungen

1990. 240 S. 145 Abb. Brosch. DM 88,– ISBN 3-540-51684-0

Inhaltsübersicht: Einleitung. – Design Flow. – Systementwurf. – Chip Design System (CDS). – Block Design System (BDS). – Layoutverarbeitung zur Maskenherstellung. – Masken. – Verifikation und Charakterisierung des Produktes. – Physikalische Analyseverfahren. – Design Information Management. – Literatur. – Glossar. – Sachregister.

D. Bräunig

Wirkung hochenergetischer Strahlung auf Halbleiterbauelemente

1989. 190 S. 164 Abb. Brosch. DM 88,–
ISBN 3-540-50891-0

Inhaltsübersicht: Einführung. – Wechselwirkung (WW) zwischen Strahlung und Materie. – Schädigungsmechanismen im Silizium und Siliziumdioxid. – Bauelementbezogene Schädigung. – Bestrahlungstests und Schädigungsvorhersage. – Literatur. – Sachregister.

Springer-Verlag
Berlin
Heidelberg
New York
London
Paris
Tokyo
Hong Kong
Barcelona